普通高等教育"十一五"国家级规划教材

工程材料与机械
制造基础　上册

Gongcheng Cailiao yu Jixie Zhizao Jichu

第 3 版

孙康宁　张景德　主　编
王　昕　莫德秀　副主编
毕见强　范润华　谭训彦　龚红宇　李爱菊　参　编
傅水根　审　阅

高等教育出版社·北京

内容简介

本书是普通高等教育"十一五"国家级规划教材，是在第2版基础上修订而成的。

本书基于新工科的要求，按照教育部高等学校机械基础课程教学指导分委员会工程材料与机械制造基础课程指导小组制定的最新课程知识体系和教学基本要求修订而成，内容力求与国外先进教材接轨，体现工程材料与机械制造基础课程知识体系的完整性与系统性。横向上不仅涵盖了常规机械制造基础知识，还充分体现了与材料科学、先进制造技术、现代信息技术和现代管理科学等学科的交叉与融合；纵向上不仅涉及现有工程材料成形和制造技术，还体现了工程材料和制造技术的历史传承和未来发展趋势。

全书分为上、下两册。上册由10章组成，包括工程材料与制造技术简论、工程材料的性能及应用基础、热处理与表面工程技术、材料的液态成形工艺、材料的塑性成形工艺、材料的连接技术、粉末冶金与陶瓷材料的成形工艺、高分子材料的成形工艺、复合材料的成形工艺、增材制造技术。各章均附有本章学习指南和复习思考题。

本书内容较传统的金属工艺学更为丰富，特别注意了按照成形工艺和不同工程材料种类的成形方法加以分类，并据此进行了模块化编写。

本书可以作为高等学校工科各专业获取制造基础知识的教材，也可以供从事材料科学与工程、机械工程、工业管理等工作的人员参考。

图书在版编目（CIP）数据

工程材料与机械制造基础．上册/孙康宁，张景德主编．--3版．--北京：高等教育出版社，2019.10（2023.5重印）
ISBN 978-7-04-052521-2

Ⅰ．①工… Ⅱ．①孙… ②张… Ⅲ．①工程材料-高等学校-教材②机械制造工艺-高等学校-教材 Ⅳ．①TB3②TH16

中国版本图书馆CIP数据核字（2019）第181710号

策划编辑	宋 晓	责任编辑	宋 晓	封面设计	张 志	版式设计	张 杰
插图绘制	于 博	责任校对	陈 杨	责任印制	赵 振		

出版发行	高等教育出版社	网　　址	http://www.hep.edu.cn
社　　址	北京市西城区德外大街4号		http://www.hep.com.cn
邮政编码	100120	网上订购	http://www.hepmall.com.cn
印　　刷	天津鑫丰华印务有限公司		http://www.hepmall.com
开　　本	787mm×960mm 1/16		http://www.hepmall.cn
印　　张	30.25	版　次	2004年3月第1版
字　　数	560千字		2019年10月第3版
购书热线	010-58581118	印　次	2023年5月第4次印刷
咨询电话	400-810-0598	定　价	57.00元

本书如有缺页、倒页、脱页等质量问题，请到所购图书销售部门联系调换
版权所有 侵权必究
物料号 52521-00

工程材料与机械制造基础
上册 第3版

孙康宁 张景德 主编

1. 计算机访问http://abook.hep.com.cn/1238993，或手机扫描二维码、下载并安装Abook应用。
2. 注册并登录，进入"我的课程"。
3. 输入封底数字课程账号（20位密码，刮开涂层可见），或通过Abook应用扫描封底数字课程账号二维码，完成课程绑定。
4. 单击"进入课程"按钮，开始本数字课程的学习。

课程绑定后一年为数字课程使用有效期。受硬件限制，部分内容无法在手机端显示，请按提示通过计算机访问学习。

如有使用问题，请发邮件至abook@hep.com.cn。

扫描二维码
下载Abook应用

http://abook.hep.com.cn/1238993

第3版前言

制造技术发展迅速,制造业作为最重要的实体经济和工业基础,在国家发展战略中意义重大。为此,各国围绕先进制造技术的发展提出了各种引人注目的发展规划。比如,2012年德国政府率先提出了"工业4.0"的发展战略,其本质是基于"信息物理系统"实现"智能工厂",从而构建一个高度灵活的个性化和数字化的智能制造模式。同年,美国提出"先进制造业国家战略计划"和"工业互联网"战略,鼓励制造企业回归美国本土,目的是利用互联网激活传统工业过程,更好地促进物理世界和数字世界的融合。2015年,日本制造业另辟蹊径,提出"机器人新战略",专攻"人工智能",积极建立世界机器人技术创新高地,继续引领物联网时代机器人的发展。从2010年起,中国成为世界第一制造业大国,发展迅速,但是中国制造业大而不强,一方面在中低端制造领域产能过剩,另一方面在高端制造业,跟欧、美、日等发达地区和国家相比仍有较大差距。为解决中国制造业面临的两难问题,2015年5月8日,中国公布了"中国制造2025"战略规划,力争通过"三步走"战略实现中国制造业强国的目标,最终在中华人民共和国成立一百年时,综合实力进入世界制造强国前列。毫无疑问,先进制造技术的快速发展给新经济、新业态、新型工程人才培养乃至制造类课程的发展建设带来了挑战,也带来了机遇。2017年,教育部基于新经济和新型工程人才培养的发展要求,适时推出了新工科建设计划,试图通过新理念、新结构、新模式、新质量、新体系,结合理工和多学科融合、产学融合、校企融合、教研学融合等多重融合创新,实现能满足新经济要求人才的培养。这对制造类基础课和教材的发展建设无疑是一个难得的机遇。

本书特有的工程材料及其制造知识体系(而不是金属材料及其制造知识体系)成为"推进基础课与实践教学协同创新、致力于知识向能力有效转化"教学成果的重要组成部分,该教学成果荣获2018年国家级教学成果一等奖。同时,编写组有幸与教育部机械基础课程教学指导委员会、高等教育出版社、数家企业共同承担了有关该课程改革的教育部新工科研究项目,根据新工科项目建设的要求,编写组计划进一步修订该书。大家认为:鉴于中国制造业的现状和发展要求,无论是新工科还是传统意义上的工科,优秀人才培养都离不开坚实的基础知识、突出的实践能力和创新能力。因此,我们的整体修订思路是坚持教育的本真,保持基本核心知识点与能力要求不动摇,对基础课和教材改革一定要遵循教学规律、采取循序渐进的原则，结合目前基础课程存在的问题，以及新工科的要求，在原有基础上重构课程知识体系，补充新材料新工艺、增材制造、互联网及智能制造技术等与先进制造技术有关的内容，充分体现知识的交叉融合。使教材更好地适应新工科人才的培养和中国工程教育专业认证需求。

本书是根据教育部高等学校机械基础课程教学指导分委员会工程材料与机械制造基础课程指导小组制定的最新课程知识体系和教学基本要求（基于新工科版）修订而成。除保持了第2版的编写特点外，还在第一章工程材料与制造技术简论中，按照本书整体内容变化情况进行了部分修改调整，重点介绍了有关新材料、新技术、新工艺。鉴于增材制造与各种制造技术的交叉融合及重要性，在上册增加了第十章增材制造。鉴于智能制造、大数据、工业互联网在先进制造技术中的广泛应用，在下册第七章先进制造技术中增加了智能制造、大数据、工业互联网一节。考虑到学时限制，下册原第六章不再予以保留。

因此，再次修订后，本书不仅可作为工科各专业学习现代制造工艺技术的专业基础教材，也可作为培养复合型人才、新工科人才，以及为理、医、管、文、艺术等不同学科学生获取基础制造知识的特色教材。

本书分上、下两册，是普通高等教育国家级"十五""十一五"规划教材，并于2008年荣获山东省优秀教材一等奖，被评为2011年度普通高等教育精品教材，由山东大学孙康宁、李爱菊、张景德组织编写。上册由孙康宁、张景德主编，王昕、莫德秀任副主编。修订分工如下：山东大学孙康宁编写第一章、第二章，以及第三章第三、四节，第七章第六节，第八章第四节，第九章第一节；山东大学张景德与中国海洋大学王昕编写第三章其他节与第四章；山东理工大学莫德秀编写第五章及第八章其他节；山东大学李爱菊、范润华编写第六章；景德镇陶瓷大学谭训彦、山东大学龚红宇编写第七章其他节；山东大学张景德编写第十章。

下册由李爱菊主编，付平、龚红宇任副主编。修订分工如下：山东大学李爱菊编写第二章，同时与合肥工业大学王瑞芳编写第一章，与青岛科技大学的周桂莲编写第四章，与山东大学龚红宇编写第五章，与福州大学林钦平编写第六章、第七章；青岛科技大学付平编写第三章，同时与周桂莲编写第九章，合肥工业大学王瑞芳编写第八章。

全书由清华大学傅水根教授审阅。在编写过程中得到《现代工程材料成形与机械制造基础》编写人员提供的一些宝贵资料，在此一并表示感谢。

由于编者水平所限，本书难免存在不当之处，诚请读者提出宝贵意见。

编　者

2019年3月

第 2 版前言

随着知识更新的加快、学科间的相互渗透和现代工业结构的变化,"工程材料及机械制造基础"作为高等院校学生了解、认知现代工业的窗口课程和应当具备的制造技术基础,其原来的知识体系与内容构成已远远滞后于时代的发展。为充分体现各学科的交叉、融合与现代工业的"综合性"特点,全面拓宽课程的知识体系,使理论、实践、素质教育、创新和现代教育技术有机地结合在一起,编者认为,新的课程内容横向上不仅应涵盖常规机械制造技术,还应充分体现与现代制造技术、材料科学、现代信息技术和现代管理科学等学科的密切交叉与融合;纵向上不仅应涵盖现有工程材料成形和制造技术,还要体现工程材料和制造技术的历史传承和未来发展趋势。事实上,我国作为制造业大国,各学科、各行业对制造技术均有涉及,使本课程成为不同专业共同的工业基础知识平台。再加上该课程兼有基础性、实用性、知识性、实践性与创新性等特点,使其在一定程度上成为理、工、医、文、管理、艺术等不同学科之间交叉的"点",成为当前培养复合型人才的重要基础之一。

本书是根据教育部机械基础课程教学指导分委员会有关"重点院校金属工艺学课程改革指南"精神,借鉴国外教材的内容、结构特点,并结合作者多年来取得的教学改革经验和成果编写而成的。编写指导思想是:继承教材原有的基础性、综合性、实践性特点,力求实现两个基本转变,即将金属材料制造工艺为主的课程内容向工程材料制造工艺为主的课程内容转变,实现将机械制造工艺为主向制造工艺为主的知识体系转变;展现新材料制备与制造技术在跨学科领域中的交叉渗透和通道作用,力求与国际最新教材知识体系接轨。

本书有以下主要特点:

(1) 力求处理好常规工艺与现代新技术的关系。对于仍广泛用于现代机械制造工业的常规工艺精选保留;对于过时的内容予以淘汰;对于技术上较成熟、应用范围较宽或发展前景看好的新材料、新技术、新工艺(即"三新")作为基本内容引入,使"三新"内容在本课程理论教学中占 1/3 以上。例如,在新的教材中增加了材料及制造技术发展史与研究进展;制造类企业的特点与组织结构;在传统金属材料及热处理的基础上增加了部分常用工程材料的性能、材料学基础知识以及表面工程技术和非金属材料热处理的内容;增加了粉末冶金与陶瓷材料的成形工艺、高分子材料的成形工艺、复合材料的成形工艺三章;把材料与制造技术有机地联系起来,体现了将金属制造工艺为主向工程材料制造工艺为主的课程内容的转变。

(2) 全面体现先进制造工艺技术的特点,并重点增加或增强了数控加工技术、快速成形技术、非金属材料的加工、计算机集成制造技术等先进制造工艺和应用实例,以体现现代制造技术的特征。首次增加了电子设备制造技术基础,包括集成电路制造技术、插接件制造技术、壳体制造技术和装配技术,增加了工业管理与可持续发展对制造技术的影响等相关内容,比如质量与成本、管理与效益、产品生产的可行性分析、机械制造技术与环境保护等。从而使本课程与信息技术、市场经济融为一体,体现了现代制造技术与有关学科的相互交叉与渗透。

(3) 教材内容既系统丰富又重点突出,为学生预留了足够的自学与思考的空间,每章附有学习指南和与其他章节相互关联的提示。各个章节既相互联系,又相对独立,力图建立起柔性较大的模块化教材体系,以适应培养复合型、创新型人才的需求,并方便不同专业、不同学习背景、不同学时、不同层次的学生选用。

因此,本书既是适用于工科各专业学习现代制造技术的专业基础教材,也是培养复合型人才,为理、医、文、管理、艺术等不同学科之间提供快速工业知识渗透的特色基础教材。

本书是普通高等教育"十一五"国家级规划教材,由山东大学孙康宁、李爱菊、张景德负责组织编写。全书分为上、下两册,上册由山东大学孙康宁、张景德主编,王昕、莫德秀任副主编。其中:第一章、第二章由孙康宁编写,同时参与了第三章第三节、第四节,第七章第六节,第八章第四节,第九章第一节的编写;第三章其他节与第四章由山东大学张景德与王昕编写;第五章与第八章其他节由山东理工大学莫德秀编写;第六章由山东大学李爱菊、范润华编写;第七章其他节由景德镇陶瓷学院谭训彦、山东大学龚红宇编写;第九章其他节由山东大学毕见强编写。

下册由山东大学李爱菊主编,付平、龚红宇任副主编。李爱菊编写了第二章,同时与青岛科技大学的周桂莲编写第四章、与山东大学的龚红宇编写第五章,与石油大学的甄玉花编写第六章;青岛科技大学的付平编写了第三章,同时与合肥工业大学王瑞芳编写了第一章,与福州大学的林钦平编写了第七章、第八章,与周桂莲编写了第十章;第八章由合肥工业大学王瑞芳编写。

本书由清华大学傅水根教授审阅。在教材编写中得到原《现代工程材料成形与制造技术基础》编写人员提供的一些宝贵资料。在此一并表示感谢!

由于编者水平所限,本书难免存在不当之处,诚请各位读者提出宝贵意见。

编　者
2010年3月

目 录

第一章 工程材料与制造技术简论 … 1
第一节 工程材料的发展简述 … 2
一、金属材料的发展简述 … 2
二、无机非金属材料(陶瓷)的发展简述 … 8
三、工程塑料的发展简述 … 12
四、复合材料的发展简述 … 14
五、材料的发展趋势及典型先进材料简介 … 18
第二节 制造(工艺)技术发展史、现状与发展趋势 … 26
一、制造技术的发展史 … 27
二、制造技术的现状 … 28
三、材料成形技术发展史 … 29
四、制造业及先进制造技术的发展趋势 … 34
五、智能制造、互联网、大数据 … 35
第三节 制造类企业的组织结构与运行模式 … 38
一、近代企业的组织结构与运行模式 … 38
二、现代企业的组织结构与运行模式 … 39
第四节 产品制造的过程简介 … 45
一、产品与零部件设计 … 45
二、产品或零件的选材与制造 … 47
第五节 课程的性质、任务和学习要求 … 49
复习思考题 … 50

第二章 工程材料的性能及应用基础 … 51
第一节 工程材料的力学性能 … 51
一、强度 … 52
二、塑性 … 56
三、冲击韧度 … 57
四、疲劳强度 … 58
五、硬度 … 59
六、断裂韧度 … 61
七、材料的高温性能 … 61
八、高弹性和黏流性 … 63

第二节　材料学基础 …………………………………………………… 63
　　　一、金属学基础 ……………………………………………………… 63
　　　二、陶瓷材料学简介 ………………………………………………… 83
　　　三、高分子材料学简介 ……………………………………………… 88
　　第三节　工程材料的分类、编号及用途 ……………………………… 89
　　　一、金属材料 ………………………………………………………… 89
　　　二、高分子材料 ……………………………………………………… 100
　　　三、无机非金属材料 ………………………………………………… 104
　　　四、复合材料 ………………………………………………………… 106
　　复习思考题 ……………………………………………………………… 107

第三章　热处理与表面工程技术 …………………………………………… 108
　　第一节　钢的热处理 …………………………………………………… 109
　　　一、钢在加热和冷却时的组织转变 ………………………………… 109
　　　二、钢的热处理工艺 ………………………………………………… 112
　　　三、其他热处理 ……………………………………………………… 116
　　第二节　金属间化合物材料的热处理 ………………………………… 118
　　第三节　非金属材料的热处理 ………………………………………… 121
　　　一、玻璃的热处理 …………………………………………………… 121
　　　二、陶瓷的热处理 …………………………………………………… 123
　　第四节　表面工程技术 ………………………………………………… 125
　　　一、表面工程技术分类 ……………………………………………… 126
　　　二、表面工程技术简介 ……………………………………………… 126
　　复习思考题 ……………………………………………………………… 138

第四章　材料的液态成形工艺 ……………………………………………… 139
　　第一节　金属铸造工艺简介 …………………………………………… 139
　　第二节　铸造工艺基础知识 …………………………………………… 141
　　　一、液态金属的充型能力 …………………………………………… 141
　　　二、合金的凝固特性 ………………………………………………… 143
　　　三、合金的收缩性 …………………………………………………… 145
　　　四、合金的吸气性及气孔 …………………………………………… 149
　　　五、常用铸造合金的铸造性能特点 ………………………………… 149
　　　六、新型材料——金属间化合物及其铸造性能特点 ……………… 151
　　第三节　砂型铸造 ……………………………………………………… 152
　　　一、造型方法的选择 ………………………………………………… 153
　　　二、砂型铸造常见缺陷 ……………………………………………… 155

第四节　特种铸造 …………………………………… 156
　　　一、金属型铸造 …………………………………… 157
　　　二、熔模铸造 ……………………………………… 158
　　　三、压力铸造 ……………………………………… 159
　　　四、低压铸造 ……………………………………… 160
　　　五、离心铸造 ……………………………………… 161
　　　六、消失模铸造 …………………………………… 161
　　　七、铸造方法的选择 ……………………………… 163
　　第五节　铸件结构工艺性 …………………………… 165
　　　一、铸件结构应利于避免或减少铸件缺陷 ……… 165
　　　二、铸件结构应利于简化铸造工艺 ……………… 167
　　　三、铸件结构要便于后续加工 …………………… 170
　　第六节　计算机在铸造生产中的应用简介 ………… 171
　　　一、系统组成 ……………………………………… 172
　　　二、测试系统的工作过程 ………………………… 173
　　　三、控制系统 ……………………………………… 173
　　复习思考题 …………………………………………… 174

第五章　材料的塑性成形工艺 ………………………… 175
　　第一节　塑性成形理论基础 ………………………… 176
　　　一、塑性变形机理 ………………………………… 177
　　　二、加工硬化、回复和再结晶 …………………… 177
　　　三、冷变形、热变形、温变形 …………………… 178
　　　四、锻造比与锻造流线 …………………………… 179
　　　五、塑性成形基本定律 …………………………… 179
　　　六、材料的塑性成形性 …………………………… 182
　　第二节　金属塑性成形方法 ………………………… 183
　　　一、自由锻 ………………………………………… 184
　　　二、模型锻造 ……………………………………… 193
　　　三、板材冲压成形 ………………………………… 200
　　第三节　锻压件结构工艺性 ………………………… 215
　　　一、自由锻件的结构工艺性 ……………………… 215
　　　二、模锻件的结构工艺性 ………………………… 216
　　　三、冲压件的结构工艺性 ………………………… 217
　　第四节　先进塑性成形方法 ………………………… 222
　　　一、精密模锻 ……………………………………… 222
　　　二、摆动碾压 ……………………………………… 223

三、液态模锻 …………………………………… 224
　　　四、径向锻造 …………………………………… 225
　　　五、粉末锻造 …………………………………… 226
　　　六、超塑性成形 ………………………………… 227
　　　七、高能成形 …………………………………… 229
　　复习思考题 ………………………………………… 230

第六章　材料的连接技术 …………………………… 234
第一节　焊接理论 …………………………………… 235
　　　一、焊接热过程及焊接热源 …………………… 235
　　　二、焊接化学冶金 ……………………………… 237
　　　三、焊接接头的金属组织和性能 ……………… 239
　　　四、焊接应力与变形 …………………………… 241
第二节　常用焊接方法 ……………………………… 244
　　　一、熔焊 ………………………………………… 244
　　　二、压焊 ………………………………………… 249
　　　三、钎焊 ………………………………………… 251
　　　四、焊接新工艺的发展 ………………………… 252
　　　五、各种焊接方法的比较 ……………………… 253
第三节　各种材料的焊接 …………………………… 255
　　　一、金属材料的焊接 …………………………… 255
　　　二、塑料的焊接 ………………………………… 260
　　　三、异种材料的连接 …………………………… 262
第四节　焊接结构及工艺性 ………………………… 263
　　　一、焊接结构材料的选择 ……………………… 263
　　　二、焊缝的布置 ………………………………… 264
　　　三、焊接接头及其设计 ………………………… 267
第五节　焊接质量检测 ……………………………… 269
　　　一、常见焊接缺陷及其分析 …………………… 269
　　　二、焊接缺陷常用检验方法 …………………… 271
第六节　材料的其他连接方法 ……………………… 274
　　　一、铆接 ………………………………………… 274
　　　二、胶接 ………………………………………… 275
　　复习思考题 ………………………………………… 279

第七章　粉末冶金与陶瓷材料的成形工艺 ………… 281
第一节　粉体成形原理 ……………………………… 281

一、粉料的基本物理性能 ………………………………………………… 282

　　二、压制成形原理 ………………………………………………………… 284

　　三、可塑泥团的成形原理 ………………………………………………… 286

　　四、泥浆/粉浆的成形原理 ……………………………………………… 289

第二节　粉体制备技术 …………………………………………………………… 291

　　一、粉碎与机械合金化方法 ……………………………………………… 292

　　二、合成法 ………………………………………………………………… 293

第三节　粉末冶金的成形工艺 …………………………………………………… 300

　　一、压制成形 ……………………………………………………………… 300

　　二、粉浆浇注成形 ………………………………………………………… 302

　　三、楔形压制 ……………………………………………………………… 303

第四节　陶瓷材料的成形工艺 …………………………………………………… 304

　　一、普通日用陶瓷的成形工艺 …………………………………………… 304

　　二、高技术陶瓷的成形工艺 ……………………………………………… 308

第五节　烧结 ……………………………………………………………………… 313

　　一、烧结工艺 ……………………………………………………………… 313

　　二、烧结方法 ……………………………………………………………… 314

第六节　陶瓷与粉末快速成形工艺 ……………………………………………… 315

　　一、快速成形原理 ………………………………………………………… 315

　　二、快速原型技术的发展现状 …………………………………………… 316

　　三、快速成形技术的加工特点 …………………………………………… 317

　　四、粉体的分层实体制造技术 …………………………………………… 318

　　五、选择性激光烧结工艺 ………………………………………………… 319

　　六、三维打印法 …………………………………………………………… 319

复习思考题 ………………………………………………………………………… 320

第八章　高分子材料的成形工艺 ………………………………………… 321

第一节　高分子材料成形原理 …………………………………………………… 322

　　一、高分子材料的结构 …………………………………………………… 322

　　二、高分子链内旋转构象及其柔顺性 …………………………………… 323

　　三、高聚物的聚集态和物理状态 ………………………………………… 323

　　四、聚合物的成形性能 …………………………………………………… 325

　　五、高聚物的类型 ………………………………………………………… 326

第二节　塑料成形工艺 …………………………………………………………… 326

　　一、塑料的组成 …………………………………………………………… 326

　　二、塑料的性能 …………………………………………………………… 327

　　三、塑料的分类 …………………………………………………………… 330

四、塑料成形工艺 …… 331
　　五、典型模具结构 …… 335
　　六、塑料件的结构工艺性 …… 341
　　七、常用零件的塑料选材 …… 345
　第三节　橡胶成形工艺 …… 346
　　一、橡胶的组成 …… 346
　　二、橡胶的成形性能 …… 347
　　三、橡胶加工的工艺过程 …… 348
　　四、橡胶成形方法 …… 350
　　五、常用橡胶材料 …… 353
　第四节　薄膜成形技术简介 …… 355
　　一、薄膜的成形工艺 …… 355
　　二、拉幅薄膜的成形 …… 357
　第五节　高分子材料快速成形方法 …… 357
　　一、常用高分子快速成形技术 …… 358
　　二、快速成形技术的应用 …… 361
　复习思考题 …… 363

第九章　复合材料的成形工艺 …… 365
　第一节　复合材料简介 …… 365
　　一、复合材料基本概念 …… 365
　　二、复合材料使用的原材料 …… 367
　　三、复合材料的增强机制和复合原则 …… 370
　　四、复合材料的失效 …… 372
　第二节　金属基复合材料成形工艺 …… 372
　　一、固态法 …… 373
　　二、液态法 …… 375
　　三、其他方法 …… 378
　第三节　树脂基复合材料成形工艺 …… 378
　　一、手糊成形工艺 …… 378
　　二、喷射成形工艺 …… 379
　　三、袋压成形工艺 …… 380
　　四、层压成形工艺 …… 381
　　五、模压成形工艺 …… 381
　　六、缠绕成形工艺 …… 383
　　七、拉挤成形工艺 …… 384
　第四节　陶瓷基复合材料成形工艺 …… 385

一、模压成形 ………………………………………………… 385
　　二、等静压成形 ……………………………………………… 385
　　三、注浆成形 ………………………………………………… 386
　　四、热压铸成形 ……………………………………………… 386
　　五、注射成形 ………………………………………………… 387
　　六、直接氧化法 ……………………………………………… 387
　　七、化学气相渗透工艺 ……………………………………… 387
　复习思考题 ………………………………………………………… 388

第十章　增材制造技术 ………………………………………… 390
　第一节　增材制造工艺原理 …………………………………… 391
　　一、激光光固化工艺 ………………………………………… 391
　　二、粉末烧结成形 …………………………………………… 397
　　三、三维喷涂黏结成形 ……………………………………… 401
　　四、喷墨技术工艺 …………………………………………… 403
　　五、熔融挤压堆积成形 ……………………………………… 404
　　六、箔材黏结工艺 …………………………………………… 412
　第二节　增材制造技术的应用 ………………………………… 416
　　一、在汽车领域的应用 ……………………………………… 419
　　二、在国防、航空航天领域的应用 ………………………… 433
　　三、在电子电气领域的应用 ………………………………… 445
　　四、在光伏领域的应用 ……………………………………… 451
　　五、在其他领域的应用 ……………………………………… 456
　第三节　增材制造技术的发展现状与趋势 …………………… 462
　　一、国外发展现状 …………………………………………… 462
　　二、国内发展现状与趋势 …………………………………… 462
　复习思考题 ………………………………………………………… 464

参考文献 ………………………………………………………… 465

第一章 工程材料与制造技术简论

本章学习指南

本章内容主要是为了拓宽读者的知识面,所涉及内容十分丰富。从横向看,包括工程材料、材料成形、机械加工、计算机技术、自动化技术、工业管理等系列知识;从纵向看,则包括了材料与制造技术的发展历程和相关学科发展对制造技术的积极渗透。可以说本章是工科低年级同学进入本课程学习以及进入专业学习的起点。建议在学习中能跳出本课程,站在技术和社会发展的高度,理解该课程的基础地位和重要性。

建议本章学习重在从纵向了解材料与制造技术的发展历程与趋势,从横向了解学科之间的交叉与渗透,从总体上把握工程材料、制造技术与相关专业知识之间的密切联系,不断拓展自己的知识面。本章学习无须记忆过多的概念,有些概念可以在后续章节的学习中加以深入理解。在时间允许的情况下,建议在本课程学习结束后重新阅读本章内容,并参考有关文献,这对本课程的融会贯通,为后续课程学习与专业选择将会有大的帮助或启示。

人类为了自身的生存与发展,在各种生产活动中逐渐形成了不同的产业,这些产业包括大家熟悉的第一产业——农业,第二产业——工业,第三产业——信息与服务业。由于工业在国民经济和社会发展中的重要地位,工业化进程一直被认为是现代化的标志。现代工业门类繁多,但概括起来可分为材料工业、能源工业、建筑业和制造工业等。其中材料工业与制造工业密切相关。材料工业是将自然资源制备成具有各种性能或功能、能满足各种要求的材料;制造工业则是将材料加工制造成各种产品,以满足人类生活、生产和社会的需求。因此就本课程而言,要想获得所需要的各种制造技术知识,除要了解制造技术的历史和现状、制造类企业的组织结构和产品生产过程外,还需要对工程材料的发展和制备技术有一个基本的了解。为此,本章将重点介绍工程材料和制造技术的历史、现状和发展以及制造类企业的组织结构和产品生产过程,希望读者能在进入现代工程材料成形与机械制造基础的学习之前,对工程材料和制造技术的背景有一个比较完整的了解,以利于本课程和后续相关知识的学习。

第一节　工程材料的发展简述

材料是人类用以制作有用物件的物质,而新材料主要是指最近发展起来或正在发展之中的具有特殊功能和效用的材料。人类历史证明,材料是人类社会进步的物质基础和先导。

世界各国对材料的分类虽然不尽相同,但按照传统的分类方法可以分为金属材料、无机非金属材料(陶瓷)、有机高分子材料和复合材料四大类。这四类工程材料虽然都有漫长的发展历史,但其在不同历史阶段所具有的相对重要性却是不断变化的。在图1-1中对上述四类材料在不同历史年代的相对重要性进行了描述。

现代工程材料的种类更是千差万别,例如按照材料的使用功能,可以将材料分为结构材料、功能材料、生物材料、智能材料、生态环境材料、信息功能材料等。按照材料的维度,又可以将材料分为三维块体材料、二维薄膜材料、一维纤维材料和零维纳米颗粒材料等。按照组成材料的尺度,还可将材料分为毫米级材料、微米级材料、纳米级材料、分子和原子级材料等。材料种类不同,不仅用途不同,性能差异巨大,而且制备工艺与材料成形技术也各不相同,但是不管哪种材料,它们在自己的应用领域都起着十分重要的作用。本节将结合部分材料的发展现状加以介绍。

一、金属材料的发展简述

众所周知,金属材料具有其他材料体系不可能完全取代的独特的性质和使用性能,这是由于金属材料主要通过金属键结合而成,这种键合特点使得金属有比高分子材料高得多的模量、比陶瓷高得多的韧性、可加工性、磁性和导电性。正是具有上述特点,使金属材料迄今为止不仅难以被快速发展的其他材料体系所替代,而且不断地推陈出新,在工程材料中占有十分重要的地位。

1. 金属材料的发展史

早在公元前4000年,人类就已发现并开始使用金属材料,青铜是最早发现和使用的材料之一,历史上称之为青铜器时代。中国早在公元前2500年就开始使用铁,公元前1500—1200年为铁器时代,以后随着铁和钢冶炼方法的不断发现和改进,人类社会生产力水平不断提高,社会不断进步,到了18世纪英国产业革命期间,钢铁工业开始迅猛发展,成为产业革命的主要潮流和物质基础,其他金属材料也得到相应的快速发展。到20世纪中叶,金属材料一直在材料工业中

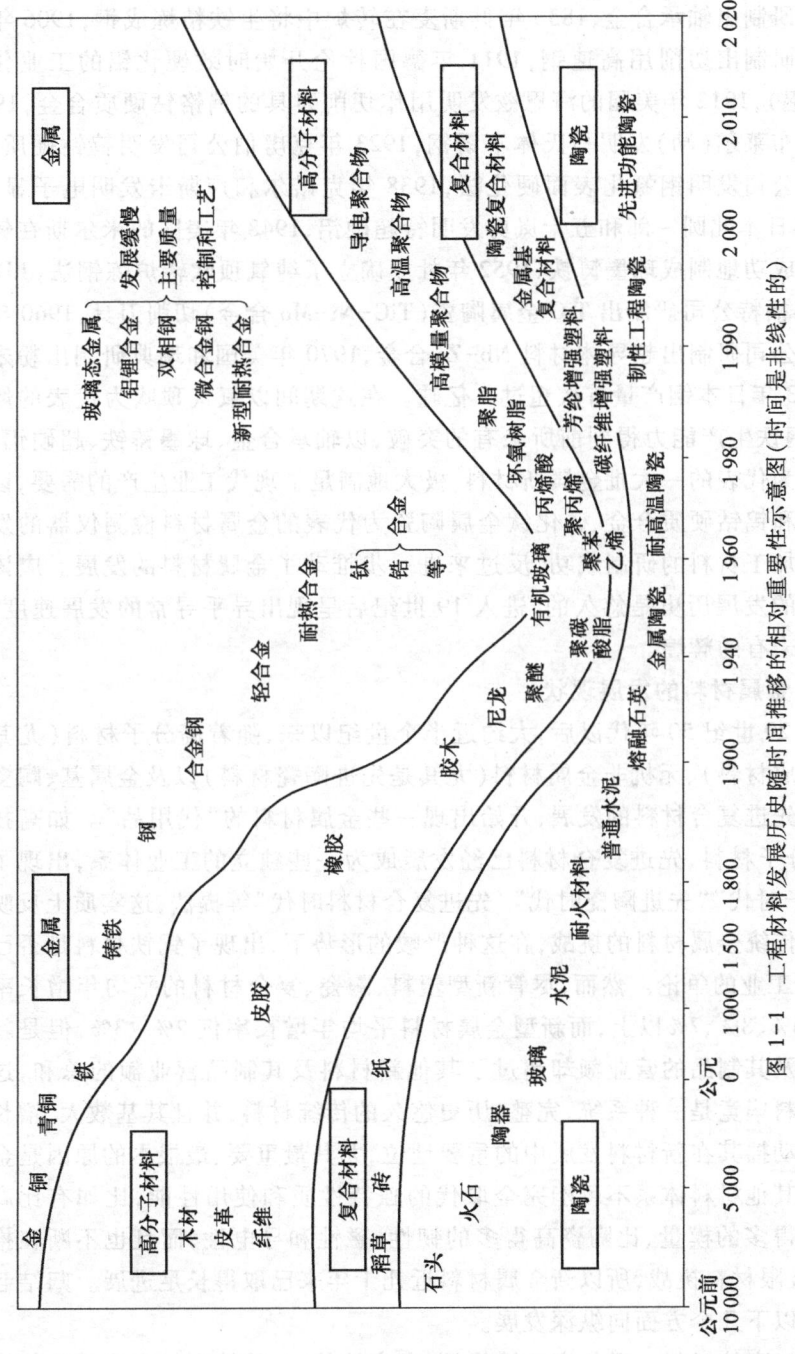

图 1-1 工程材料发展历史随时间推移的相对重要性示意图（时间是非线性的）

占有统治性的主导地位。例如:19世纪20年代法拉第开始研究合金钢,1839年巴比特研制出轴承合金,1856年贝斯麦在转炉中将生铁精炼成钢,1906年泰勒和霍特研制出切削用高速钢,1911年德国杜伦开始时效硬化铝的工业化生产(杜拉铝),1912年美国的海恩兹发明用作切削刀具的钨铬钴硬质合金,1912年英国的布莱尔(勒)发明马氏体不锈钢,1923年克虏伯公司发明钨钴硬质合金,弗来伊公司发明钢氮化表面硬化法,1938年克诺尔和卢斯卡发明电子显微镜,1940年日本北圆一郎和五十岚勇发明特超硬铝,1948年美国的米尔斯在铸铁水中加镁成功地制成球墨铸铁,1952年杜立确立了纯氧顶吹转炉炼钢法(LD法),1959年福特公司研制出 TiC 金属陶瓷(TiC-Ni-Mo合金)切削刀具,1960年美国瓦卡恩公司研制出超导体材料 Nb-Zr 合金,1970年美国和瑞典研制出粉末高速钢,1973年日本钢产量首次超过1亿吨。在这期间以氧气顶吹为代表的炼钢工艺,使钢铁生产能力得到前所未有的突破,以轴承合金、球墨铸铁、超硬铝、硬质合金等为代表的一大批金属新材料,极大地满足了现代工业生产的需要,以电子显微镜和钨钴硬质合金、碳化钛金属陶瓷为代表的金属材料检测仪器的发明以及切削加工材料的研制成功,反过来进一步推动了金属材料的发展。应该说金属材料的发展历史是悠久的,进入19世纪后呈现出异乎寻常的发展速度,出现了前所未有的辉煌。

2. 金属材料的发展现状

自20世纪50年代以后,大约近半个世纪以来,随着高分子材料(尤其是高分子合成材料)、无机非金属材料(尤其是先进陶瓷材料)以及金属基、陶瓷基和树脂基先进复合材料的发展,开始出现一些金属材料的"代用品"。如高技术陶瓷、高分子材料、先进复合材料已经发展成为一些独立的工业体系,出现了所谓"高分子时代""先进陶瓷时代""先进复合材料时代"等提法,这实质上反映了新材料对传统金属材料的挑战,在这种严峻的形势下,出现了钢铁材料是否已进入"夕阳"工业的争论。然而,尽管新型塑料、陶瓷、复合材料的平均年增长率分别超过16%、8%、7%以上,而新型金属材料平均年增长率仅2%~3%,但是新型金属材料及其制品的营业额却超过了其他新材料及其制品营业额的总和,这说明金属材料毕竟是一种系统、完整、历史悠久的传统材料,并且其基数大,增长率低并没有动摇其在新材料发展中的重要地位,尤其最重要、最根本的原因是金属材料具有其他材料体系不可能完全取代的独特性质和使用性能,比如有比高分子材料高得多的模量、比陶瓷高得多的韧性、磁性和导电性,而且也不断在推陈出新,向极限材料挑战,所以新金属材料近几十年来已取得长足进展。归结起来主要围绕以下几个方面向纵深发展。

(1)高纯材料 以超高纯铁为例,在高纯状态,纯铁不仅有优异的软磁性能和良好的耐腐蚀性能,残余电阻率(residual resistivity ratio,RRR)高,而且以高纯铁为基础进行合金研制,预计在高真空容器、极低温材料、核反应堆材料等方面的应用将十分引人注目。

(2) 高强度及超高强度金属材料 超高强度是当代材料科学家为减轻重量、节省资源而追求的目标,这在航空航天、原子能、深海潜艇等领域有极大的需求,典型实例是飞机起落架。提高材料强度,严格讲,一是指提高材料抵抗塑性变形的能力,二是指提高材料抵抗破坏的能力。提高材料抵抗塑性变形的能力通常称为强化,提高材料抵抗破坏的能力称为韧化,两者同时提高,则称强韧化。通常典型超高强度材料包括超高强度钢、高强度铝合金、高强度钛合金等。

(3) 超易切削钢和超高易切削钢 金属材料通常要求机械加工,据统计,切削加工费用大约占总成本的75%。若改成超高易切削钢,试验表明刀具寿命可提高30倍,因此零件成本会大幅度下降,甚至可减少一半。其社会效益和经济效益极其显著。超易切削钢主要设计原理为:通过加入硫、铅、钙等元素,使材料本身存在空洞和软物质。

(4) 硬质合金与金属陶瓷 工具和耐磨材料通常要求高硬度、高耐磨性、耐高温、抗氧化,因此传统金属材料难以胜任。自1923年克虏伯公司发明碳化钨钴合金以来,到目前为止,各种硬质合金和金属陶瓷材料发展迅速,尤其在刀具、模具、轧辊、耐磨材料等应用领域,得到十分广泛的应用,其中硬质合金除WC-Co等系列外,WC-TiC-TaC-Co系列以及各种新的系列(包括各种表面陶瓷涂层刀具)发展迅速。经过几十年的发展,硬质合金性能已有极大提高,例如硬度可达93 HRA,抗弯强度可超过300 MPa,其用途更广泛。今后仍需研究解决的问题包括:刀具与被切削材料的反应、积屑瘤问题、物理性能与杂质关系等方面的问题。

金属陶瓷(Cermet)最早是为耐磨材料而研制,它是金属材料(metal)与陶瓷(ceramic)的复合材料。新的金属陶瓷材料目前不仅用于耐磨材料,而且已用于刀具和模具,例如由Al_2O_3+(W,Ti)C+Mo+Ni等成分组成的金属陶瓷,其硬度达94.5 HRA,抗弯强度达1 250 MPa,断裂韧度达8 MPa·$m^{1/2}$,性能优越。

(5) 高温合金与难熔合金 由于飞机涡轮发动机进口温度高达1 240 ℃以上,因此飞机发动机喷嘴及动静叶片也必须在1 000 ℃或更高温度下才能可靠工作。目前可用于高温合金的材料主要由铁、镍、钴组成,其中当铁的质量分数大于50%时,称之为耐热钢;当铁的质量分数小于50%时,称之为高温合金。研究表明:镍基高温合金较钴基合金发展更快,典型合金有尼莫尼克合金(Ni、Cr、Ti、C)等。

难熔合金通常是指在超高温(超过1 300 ℃)下仍具有很高强度的合金,由铌、钼、钽、钨等高熔点元素组成。但是上述合金也有缺点,如易氧化、密度大、熔点高、难熔炼、难加工等。目前已研制出的合金有铌基合金、钼基合金、钽基合金、钨基合金。制备方法包括电子束法熔炼、粉末冶金法等。其中钽基合金使用温度为 1 650 ℃ ~1 930 ℃,低温使用温度为-240 ℃,该材料低温韧性好,可使用温度范围宽。钨基合金使用温度最高,可高达 2 000 ℃。

(6) 纤维增强金属基复合材料 该类复合材料的比强度极高,其强度 σ_c 很大程度上取决于增强体纤维强度 σ_f。目前可供选择的纤维较多,如硼纤维、碳纤维、碳化硅纤维、玻璃纤维、氧化铝纤维等。纤维的选择原则是:密度小,弹性模量 E_f 大,强度 σ_f 高。金属复合材料的发展目标是:制备出各种比强度、比弹性模量高的材料。

(7) 共晶合金定向凝固材料 该材料属新型复合材料,是共晶合金在特殊工艺条件下制备出来的复合材料,其性能特点是在超高温情况下呈现更高强度。它是通过温度梯度定向凝固,使共晶各相在本身的相上连续长大而成的复合材料,这种复合也称为原生复合(in situ composite)。目前已研制出的典型材料有 Cu-Cr 共晶合金(Cr 为晶须,$w_{Cr} = 1.6\%$)、Al-Al$_3$Ni 共晶合金(Al$_3$Ni 为晶须,$w_{Al_3Ni} = 10\%$),此外 Al$_2$O$_3$-ZnO$_2$ 陶瓷复合材料也在进行研究。

共晶合金定向凝固材料可广泛用于涡轮叶片等耐热材料,也可以用于偏光材料。

(8) 快速冷凝金属非晶及微晶材料 快速冷凝技术是 20 世纪下半叶以来材料制备技术中的重大突破,由此产生了一系列非平衡态的金属合金,包括:非晶(amorphous)、微晶(microcrystallite)、纳米晶(nanocrystal)、准晶(quasicrystal)。其技术关键是极快的冷凝速度。常规冷凝速度如果在 $10^{-5} \sim 10^3$ K/s,则凝固后枝晶间距为 5 000~500 μm;快速冷凝速度高达 $10^3 \sim 10^6$ K/s(甚至更高),此时枝晶间距为 5~0.5 μm,或小于 0.5 μm。快速冷凝可以导致非晶(原子呈无序排列)和微晶材料。

典型非晶和微晶金属材料:

1) 金属玻璃 非晶态金属材料具有类似玻璃的某些结构特征,固称为"金属玻璃"。金属玻璃具有很多优异的性能,如超耐腐蚀性、高磁导率、恒弹性、高强韧性、低热膨胀系数、高磁致伸缩等。目前典型合金有 Fe$_{82}$B$_{10}$Si$_8$(Metglass2605S2)等,主要用于变压器铁心。与普通变压器相比,空载损耗可节约 2/3,社会与经济效益十分巨大。

2) 金属微晶材料 微晶材料的晶粒度比常规材料的晶粒度小一到二个数量级,并具有一系列组织性能上的优点。这主要是由于快速凝固增大了溶质原子在基体中的固溶极限,同时固液界面推进速度很大,长程扩散被抑制,来不及扩散的原子被正在凝固的固相所俘获,这就导致了固溶强化及时效沉淀强化的效果显著,使材料强度增高。此外微小的晶粒度,也使得材料的强度、韧性、耐蚀性、耐磨性、抗疲劳断裂性能获得提高。快速冷凝合金包括快速冷凝轻合金（铝、镁、钛）、快速冷凝铜合金、快速冷凝铁合金、镍合金、钴合金以及快速冷凝金属间化合物。

（9）金属间化合物　金属间化合物是新一代高温结构材料,这类化合物与正常价化合物之间的区别在于,金属间化合物的晶体结构中,其构成元素的原子以整数比构成化合物,不是按照化学价的概念,而是按照金属键与部分共价键结合,由于原子在晶体中作长程有序排列,因而也称有序金属间化合物。已发现的金属间化合物已达 2 万种,由两个组元 A 和 B 组成的金属间化合物一般具有 AB、A_2B、A_3B、A_5B_3、A_7B_6 等类型,由于金属间化合物具有长程有序的特殊结构,就带来许多特殊的物理、化学、力学性质。作为结构材料,其突出的性能包括:高温强度高、抗氧化性好、弹性模量高、密度低、疲劳强度和蠕变性能也较好等,某些金属间化合物的屈服强度还有随温度升高而提高的反常特性。正是由于金属间化合物具有比陶瓷材料要高的韧性,比高温合金要低的密度,所以通常认为金属间化合物是介于高温合金与陶瓷材料之间的一类新型高温结构材料(有人称之为半陶瓷材料)。但是金属间化合物也有缺点,即其塑性和韧性较低,加工性能差。目前改善金属间化合物性能的方法包括:金属间化合物的微合金化和宏观合金化,以及制备金属间化合物与陶瓷或金属的复合材料等。就目前我国研究工作者和美国橡树岭国家实验室等单位的研究报道看,金属间化合物的塑性,已有突破性的进展,典型金属间化合物包括:Fe-Al 金属间化合物、Ti-Al 金属间化合物、Ni-Al 金属间化合物等,它们已在很多领域获得应用。

（10）纳米金属材料　纳米金属(ultrafine metallic particle)是泛指颗粒径小于 100 nm 的金属材料,大于 100 nm 的金属颗粒称为粉末(power),小于 2 nm 的金属颗粒则称为原子簇(cluster),纳米金属颗粒具有一些明显不同于块状金属和一般粉末金属的属性,这主要是由于其表面效应与体积效应所决定的。纳米金属颗粒有许多奇异的性能,例如:所有超细金属颗粒外观呈黑色(能完全吸收电磁波),熔点比块状金属低很多(20 nm 的镍粉烧结温度可从 700 ℃ 降到 200 ℃),强度大幅度提高(铁纳米金属材料断裂强度可提高 10 倍),低温下无热阻,导热性良好,有超导性,有较大表面能(有利于各种活化反应等)。正是由于上述优点,纳米金属材料在电子工业、原子能工业、航空航天工业、化学工业、生物医药等方面才具有了广泛的用途。但是由于纳米金属颗粒制备方法生产率低、成本高,纳米金属颗粒易氧化、易团聚、易自燃和易爆炸等,因此纳米金属颗粒的分散、存储、运输等方面尚存在不少问题有待研究。

(11) 形状记忆合金 形状记忆合金是指在一定条件下,具有虽经变形但仍能恢复到变形前原始形状的能力的合金。最早是由美国人 1951 年在金-镉合金中发现的,形状记忆效应是利用了马氏体相变与其逆转变的特性,即高温下将处理成一定形状的合金急冷下来,再在低温下经塑性变形成另一种形状,然后加热到一定温度时通过马氏体相变恢复到低温变形前的原始形状(这种马氏体相变必须是可逆的热弹性马氏体相变)。目前最有实用化前景的形状记忆合金是 Ni-Ti 系形状记忆合金,最典型的案例是美国 F14 飞机油路连接系统的 Ni-Ti 形状记忆合金管接头。此外,铁系形状记忆合金、铜系形状记忆合金等一批新材料也得到快速发展,其不仅适用于航空航天、核工业及海底输油管线等危险场合和军事检修方面,而且在火灾报警器、液化气泄漏探测器、医疗器械、工业传感器等方面也都具有广泛的应用前景。

(12) 贮氢合金 贮氢合金是一种新型贮能材料,吸氢特性是美国布鲁海文国家实验室 1968 年在镁镍合金中发现的。此后在钐钴合金、镧镍合金中也发现了良好的吸氢性能,尤其是 $LaNi_5$ 合金在室温下具有良好的可逆吸放氢性能,使贮氢合金作为一种贮能材料成为可能。贮氢原理如下:某些过渡族金属、合金和金属间化合物,由于特殊的晶体结构,使氢原子容易进入其晶格的间隙并形成金属氢化物,但氢与这些金属的结合力很弱,而且这些金属氢化物的贮氢量很大,可以贮存比其本身大 1 000~1 300 倍的氢,因而在加热时氢就能从金属中释放出来。利用贮氢合金贮存氢气,既轻便又安全,不仅没有爆炸的危险,而且还有贮存时间长、无损耗、无污染的优点。目前,贮氢合金包括:镁系贮氢合金、稀土贮氢合金、钛系贮氢合金、锆系贮氢合金、铁系贮氢合金。贮氢合金除可用于贮存氢气,还可以利用它达到贮热或制冷的目的,另一用途是利用其高活性,在化学工业中用作催化剂。

二、无机非金属材料(陶瓷)的发展简述

陶瓷有两种不同的定义。广义上讲陶瓷是泛指一切经高温处理而获得的无机非金属材料。除先进(特种)陶瓷外,还包括玻璃、搪瓷、水泥和耐火材料等。从狭义上讲,用无机非金属化合物粉体,经高温烧结而成的,以多晶聚积体为主的固态物均称为陶瓷,显然该定义不含玻璃、搪瓷和金属陶瓷,这主要是指先进(特种)陶瓷。

先进陶瓷的化学键是由共价键和离子键组成,其结合强度较金属键更高,因此具有优良的耐高温、耐磨、耐腐蚀的特点。先进陶瓷(也称精细陶瓷或高技术陶瓷)是在传统陶瓷的基础上发展起来的,除具有上述特点外,还具有比传统陶瓷高强、高韧的优良特性。

1. 陶瓷的发展史

中国是陶瓷的发源地,最早人类利用黏土的可塑性将其加工成所需形状,然后用火烧制成形,这就是陶器。陶器的发明和广泛应用是社会生产力的一个飞跃,同时大大方便和丰富了人类的生活。陶器的发展经历了漫长的过程,经过几千年的发展,在原料的选择和处理、成形技术、烧结工艺以及器型的复杂性方面都获得了长足进步。但是陶器的致密性差(存在大量微孔)、透水、强度和硬度低等缺点极大地限制了其进一步发展和应用。陶瓷的第一次重大飞跃是人类掌握了通过鼓风提高燃烧温度的技术,进而利用黏土、石英、长石等矿物制成了瓷器。与陶器不同,由于长石熔点低,这样便在焙烧过程中形成了流动性很好的玻璃液相,它们填塞了陶器的大量微孔,而且还能加速组成之间所发生的固相反应,从而使瓷器更加坚硬、不透水和致密。前面提到的陶瓷(陶器和瓷器)统称为传统陶瓷,以日用瓷器和卫生瓷器为典型代表。

除了日用陶瓷和卫生陶瓷以外,人们还试图将传统陶瓷用于电力行业的绝缘子,代替天然云母等材料,但是传统陶瓷的最大缺点是存在玻璃相,它妨碍了强度的进一步提高,同时也阻碍了绝缘性的进一步提高,为此从 20 世纪二三十年代开始,陶瓷研究人员不断通过各种技术减少玻璃相含量,甚至制造出了几乎不含玻璃相的陶瓷,比如 Al_2O_3 纯陶瓷就是最典型的例子,其中 Al_2O_3 的质量分数可高达 99% 以上,熔点达到 2 050 ℃,有 1 000 ℃ 以上高温强度,莫氏硬度为 9 级,室温热导率达 29 W/(m·K),其绝缘性能非常好,其介质损耗低于 10^{-4}。由于 Al_2O_3 陶瓷优异的性能,人们称其为高技术材料。高技术陶瓷种类很多,包括氧化物陶瓷、氮化物陶瓷、碳化物陶瓷、各种复相陶瓷等。也有人称其为精细陶瓷或先进陶瓷(advanced ceramic)。从传统陶瓷到先进陶瓷,是陶瓷发展过程中的第二次重大飞跃。

2. 先进陶瓷(高技术陶瓷)的主要研究领域与研究现状

先进陶瓷的研究领域包括:粉体、结构陶瓷、功能陶瓷、生物陶瓷、薄膜及喷涂、陶瓷工艺等。其中结构、功能、生物陶瓷分属不同的应用领域,粉体及陶瓷制备工艺的研究则直接影响高技术陶瓷材料的性能、成本、应用和发展水平。作为结构陶瓷,其发展经历了几十年全球性的研究热潮后,目前正围绕陶瓷材料的弱点(脆性大,可靠性、均匀性、重复性差,加工制造成本高等)方面转入更细致的基础研究和应用研究。

3. 结构陶瓷的研究发展趋势

(1) 结构陶瓷的脆性研究　结构陶瓷以其优良的高温强度、抗氧化、抗蠕变、耐磨、耐腐蚀和比强度、比模量高等特点,使人们对陶瓷用于结构零件寄予厚望,但陶瓷材料的脆性本质,影响了陶瓷材料的应用,主要原因之一是陶瓷内部存在缺陷。为克服该缺点,提高陶瓷材料的韧性,近二十年来经历了艰苦的努力和尝试,取得了以下重要进展。

1) 相变增韧陶瓷　利用 ZrO_2 在应力作用下由四方相向单斜相转变时的体积膨胀效应,使裂纹尖端受闭合压力,抑制裂纹的扩展和萌生,由此提高陶瓷材料的断裂韧性,这在低温下的应用获得极大成功。主要有 ZrO_2 陶瓷及其增韧的 Al_2O_3 陶瓷、莫来石陶瓷等。

2) 高精细陶瓷　以纳米陶瓷和纳米陶瓷复合材料为代表,其目的是尽量消除陶瓷内部的缺陷和玻璃相,减小陶瓷的内部缺陷的尺度和数量,防止裂纹的萌生。

3) 高韧性/高硬度 α-Sialon 陶瓷　该材料使用 $α-Si_3N_4$ 为原料,烧结过程因部分相变可获得由细长 $β-Si_3N_4$ 晶体穿插在等轴状 $α-Si_3N_4$ 中所组成的自增韧陶瓷,其中,具有高长径比的 α-Sialon 可获得高的硬度和高的断裂韧度。

4) 可塑性变形陶瓷　以 Ti_3SiC_2 为代表的一类在室温到高温总存在一个滑移系的三元合成陶瓷材料,具有金属和陶瓷双重性能,其抗热振性好、导电、导热、耐高温(使用温度 1 400 ℃)、抗氧化,尤其具有可加工性。它是一种新颖奇特的材料。

5) 金属间化合物与陶瓷复合材料　金属间化合物是由金属键与部分共价键结合而成(陶瓷则由共价键和离子键结合而成)的新金属材料,其性能介于金属与陶瓷之间,除具有良好的耐热、耐磨、耐腐蚀性能以外,还具有良好的导电性和比陶瓷材料好得多的韧性和加工性,与陶瓷材料组成复合材料后,两者优势互补,新材料的强度尤其韧性有较大的提高,而且材料制备成本大幅度下降,是目前非常有价值的研究新领域。典型材料有: $Fe-Al/Al_2O_3$、$Ni-Al/Al_2O_3$ 复合材料等。

6) 纤维及晶须增强陶瓷基复合材料　此类材料容忍陶瓷基体中存在缺陷,但缺陷对裂纹扩展不敏感,因为裂纹扩展到纤维或晶须后会发生偏折而消耗能量,当纤维从陶瓷基体拔出时,也需消耗能量,它是依靠增强体纤维的特性来保持高强度并借助纤维与基体断裂过程的能量消耗提高材料的断裂韧性和断裂功的。该类材料在重要结构零件(如航空航天零件、刀具、模具等)中应用尤其广泛。

7) 叠层结构陶瓷基复合材料　该材料也称仿生复相陶瓷(模仿贝壳结构),最初是用 SiC 薄片与石墨片交替叠层而成的结构复合材料。其断裂韧性和断裂功比常规陶瓷高几倍到几十倍,分别达 15 $MPa·m^{1/2}$ 和 4 250 J/m^2,其指导思想是人为地制造缺陷层(石墨),并利用缺陷层阻断裂纹的扩展,这是一种新颖的设计思想,并已取得很好的成果。

8) 纳米陶瓷及其复合材料　制备大块致密的纳米陶瓷目前尚有难度,但是纳微米复合陶瓷的研究已有重要进展,其中"内晶型"纳微米复合陶瓷是通过特定的制备工艺,使纳米颗粒主要处于微米颗粒内部,而不是晶界之间,这种特殊的结构不仅造成晶粒的潜在分化,同时增加了次界面,而且还对裂纹位错起到"钉扎"作用,从而起到对陶瓷的增韧作用。

综上所述,陶瓷材料发展的过程也是陶瓷增韧的发展过程,设计思想经历了"限制和减少缺陷—容忍缺陷—利用缺陷"的变化过程。

(2) 有关结构陶瓷粉体制备的研究　粉体的优劣、加工成本高低直接影响结构陶瓷材料的性能、推广应用和发展。粉体的发展经历了由高纯—超细—异型结构的过程,其中微米级超细粉、纳米级超细粉的各种制备方法(从物理制备到化学合成)层出不穷,例如燃烧合成法、低温冷冻法、固液相合成法等。超细晶粒使陶瓷材料具备了全新的性能。

(3) 有关陶瓷材料的制备与加工技术　陶瓷材料的特点之一就是制备与加工技术的一体化。由于陶瓷材料具有熔点高、硬度大、耐磨、不导电等特点,因此在制粉—制坯—烧结—加工各个制备和加工环节都不同程度地增加了成本。考虑到制备和加工技术不仅直接影响材料的性能和成本,也直接影响陶瓷材料的推广应用,因此陶瓷材料的低价制备和加工技术,一直是陶瓷界致力攻关的重要内容。例如:利用凝胶注模方法可使生坯固相的质量分数达到60%以上,固化后致密度可高达65%,不仅性能大大优于冷压生坯工艺,可获得更复杂形状,而且使后续烧结成本大幅度下降,是目前最重要的制坯技术之一。烧结技术也在不断改进,其中无压烧结、低温烧结和微波烧结一直是陶瓷界的攻关内容,是降低成本、节能降耗的关键。陶瓷材料加工也一直是技术难题,除特种加工技术以外,利用生坯的精密成形并结合无压烧结技术,实现近净尺寸成形将是重要的发展方向,其特点是,制备和加工一体化,两者已不存在明显的技术分工,增材制造技术发展迅速,目前在陶瓷材料的成形方面也得到重要应用。

(4) 有关陶瓷材料的可靠性检测与评价技术　陶瓷材料可靠性、品质稳定性差,影响了陶瓷材料在很多重要领域的应用,因此陶瓷材料的检测和评价技术也是重要的研究前沿,除传统的研究方法以外,利用声学及声像技术检测与评价陶瓷材料是最新研究技术之一。其特点是快速、可靠、可实现无损检测。

4. 结构陶瓷的研究展望

预期结构陶瓷在以下领域具有重要的研究发展前景,例如:新型层状碳化物和氮化物陶瓷的研究,这是一类最新发现的三元系层状六方晶系碳化物和氮化物陶瓷材料(如 Ti_3SiC_2、Ti_2AlC、Ti_2AlN 等),其特点是:在任何温度下都有至少一个滑移系,因而在室温和高温下都可延展和塑性变形。高性能复相陶瓷和陶瓷基复合材料,包括金属陶瓷、纳米复相陶瓷、多层次复合与融合(熔铸)复相陶瓷。金属间化合物与陶瓷复合材料以及陶瓷纤维增强的陶瓷基复合材料的研究。高性能、批量化、低成本先进陶瓷的制备和加工技术,包括:(1)高性能、批量化、低成本、系列化陶瓷粉体及纤维的制备技术;(2)高可靠性、低成本、适于批量化的近净尺寸成形技术;(3)高可靠性、低成本、适于批量化的连续化烧结技术;(4)陶瓷部件的高可靠性、低成本、批量化的加工技术;(5)陶瓷材料的增材制造技术。先进结构陶瓷的可靠性及性能评价技术,包括:结构陶瓷的可靠性和保障体系研究;结构陶瓷材料物理力学性能检测方法与标准及评价技术;结构陶瓷材料可靠性的声学快速评价技术;以及高性能、低成本、高可靠性陶瓷材料的制备技术等。

三、工程塑料的发展简述

塑料是一种主要的高分子材料,工程塑料作为塑料工业的重要分支、新的发展点,是在塑料工业的高分子理论基础和生产实践的大环境中成长起来的。工程塑料是一个特定的名称,其广义上是泛指具有高性能又可能代替金属材料的塑料,狭义上是指比通用塑料的强度与耐热性优异,可作为工业用的结构材料并具有功能作用的高性能塑料。

1. 工程塑料的发展史

20世纪30年代,高分子结构与性能关系研究的兴起及理论的创立,推动了新型高分子的合成。1931年,W.H.Carothers研制出聚酰胺,并申请了专利,工程塑料聚酰胺率先工业化,由杜邦公司于1939年组织工业生产。初期主要用于开发优质纤维,到二次世界大战期间开始用于军事方面,例如用尼龙作电线电缆包覆材料和少量成形品。而用于塑料制品开始于20世纪50年代初期。1956年杜邦公司又成功地开发出均聚甲醛,并于1959年实现工业化生产。随后美国塞拉尼斯公司在1962年生产共聚甲醛。聚甲醛是一种高刚性、高硬度、力学性能优异的树脂,这种塑料可以代替金属作为结构材料加以应用。1958年和1960年,德国拜耳公司和美国通用电气公司分别开发生产了酯交换法聚碳酸酯和光气化法聚碳酸酯,它的优异性能,进一步拓宽了包括作为结构材料在内的应用领域,加强了工程塑料的市场占有力度。1964年,通用电气公司开发了聚苯醚,该塑料性能突出,但加工困难,应用受阻。但两年后该公司成功地推出了聚苯醚与聚苯乙烯或高抗冲聚苯乙烯的共混改性树脂——改性聚苯醚(MPPO),打开了产品市场和应用领域,进一步开启了工程塑料通过共混改性合金化、提高树脂性能,广开应用市场的途径。1970年,由美国塞拉尼斯公司将热塑性聚酯类的聚对苯二甲酸丁二醇酯开发成工程材料,它成为五大通用工程塑料最后开发成功而产量增长率极高的品种。

1964年,美国杜邦公司开发成功聚酰亚胺,这是迄今耐热性能最佳的高分子材料。它的出现推动了性能优异的特种工程塑料的开发,后又相继开发生产了聚砜类树脂、聚苯硫醚等耐高温工程塑料。1980年,英国卜内门公司开发成功熔点高达336℃并能注塑的热塑性工程塑料聚醚醚酮,从而开辟了聚醚酮系列高性能树脂新领域。1996年,美国陶氏化学公司和日本出光化学公司,开发成功间规聚苯乙烯,并实现了工业化。这是一种原料资源丰富、产品性能优良、具有高熔点的新型树脂,市场潜力巨大。其中,工程塑料主要品种工业化年度及首家商品化的企业见表1-1。

表1-1 工程塑料主要品种工业化年度及首家商品化的企业

品种名称	工业化年度	首家商品化企业	品种名称	工业化年度	首家商品化企业
尼龙66	1939	美·杜邦	聚砜	1965	美·联合碳化物
尼龙6	1942	德·洁本	改性聚苯醚	1966	美·通用电气
聚四氟乙烯	1945	美·杜邦	尼龙12	1966	德·许尔斯
尼龙11	1955	法·阿托	聚苯硫醚	1968	美·菲利浦
聚甲醛(均聚)	1959	美·杜邦	聚对苯二甲酸丁二醇酯	1970	美·塞拉尼斯
聚碳酸酯(酯交换法)	1958	德·拜耳	聚酰胺酰亚胺	1971	美·阿莫科
聚碳酸酯(光气化法)	1960	美·通用电气	聚醚砜	1972	英·卜内门
聚甲醛(共聚)	1961	美·塞拉尼斯	聚醚醚酮	1980	英·卜内门
尼龙1010	1961	中·上海赛璐珞厂	聚醚亚胺	1981	美·通用电气
聚酰亚胺	1964	美·杜邦	间规聚苯乙烯	1996	美·陶氏
聚苯醚	1964	美·通用电气			日·出光

工程塑料的快速发展源于20世纪80年代以后,在高分子聚集态界面物理及化学研究不断取得新进展的理论指导下,在双螺杆挤出设备及工艺不断创新,提供了先进加工手段等的推动下,极大地促进了工程塑料通过共混改性合金化的进程,开发出更多的新品种,满足了高新技术对工程塑料品种及性能愈来愈高的要求。

2. 工程塑料的特点

(1) 与金属材料相比其优点是:① 相对密度小,仅为1.0~2.0,约为铁的1/6;② 加工性好,生产效率高;③ 耐水及各种化学药品腐蚀;④ 自润滑性好,摩擦系数小;⑤可以自由着色;⑥容易与玻璃纤维及各种填料复合;⑦优异的电绝缘性;⑧隔热性优良,导热系数约为铁的1%;⑨可降低成本、节约资源和能源。

（2）与金属材料相比其缺点是:①耐热性能差,软化点低;②机械强度低,抗张强度一般约为钢的1/10;③尺寸稳定性差,线膨胀系数约为钢的5倍;④耐久性差,长期受重力作用易产生疲劳,在室外长期受紫外线作用,易降低性能。

四、复合材料的发展简述

1. 复合材料的特点

现代材料科学技术的发展,促进了金属、无机非金属和高分子（聚合物）材料之间的密切联系,彼此可以通过异质材料"扬长避短",以不同复合线度的量值（毫米、微米、纳米、分子或原子水平）进行复合,出现了许多复合材料。所谓复合材料是指由不同材料组合而成,在新制成的材料中,原来各材料的特性得到了充分的应用,而且复合后,可望获得单一材料得不到的新功能材料。简单地说,将具有 A 特性和 B 特性的材料相互组合,形成的复合材料 X 的特征是:X = $f(A,B)$。例如将纤维单向排列强化的复合材料,其弹性模量 E_C 可由纤维和基体的弹性模量（E_f, E_m）以及各自的比例按下式计算出来:

$$E_C = E_f V_f + E_m (1 - V_f)$$

式中:V_f——纤维的体积百分数。当然也可能复合后出现新的特性 C（A+B=C）。

通常根据复合材料的基体相或分散相（增强相）的尺寸把复合材料分为金属基复合材料、陶瓷基复合材料、聚合物基复合材料,以及微米级复合材料、纳米级复合材料、杂化（原子或分子水平）材料这些宏观-微观复合为一体的各种新型复合材料。上述具有不同结构（化学和物理）和不同性能的材料复合后,可制得增强、增韧或功能化的各种新型复合材料,这样的复合材料不仅可克服单一材料的缺点,而且可以出现原来单一材料本身所没有的新性能。因此它比单一材料具有更优良的综合性能。而且还可以通过材料设计达到预定的使用性能,以满足当代高技术发展对材料性能越来越高的要求。

2. 复合材料的发展史

复合材料的发展经历了古代—近代—先进复合材料的过程。最原始的复合材料是在黏土泥浆中掺稻草,制成很好的土砖。在灰泥中加入马鬃,在石膏里加入纸浆,或在磷酸水泥里加入石棉纤维等,制成纤维增强复合材料。在古代,最令人瞩目的应属我国的漆器,它是以丝、麻等天然纤维作增强材料,用大漆作黏结剂制成的复合材料,所以说复合材料对人类社会生活和社会进步起着重要作用。

近代复合材料主要包括软质复合材料和硬质复合材料。把橡胶和纺织材料结合在一起使用,即称软质复合材料或橡胶复合材料,其增强材料包括:天然纤维、人造丝、尼龙、聚酯纤维、芳香族聚酰胺纤维、金属纤维等,其最显著的特点是高强度和高质量。硬质复合材料是由纤维增强合成树脂制成的复合材料。合成树脂包括脆性热固性树脂(酚醛树脂、环氧树脂、不饱和树脂等)以及性能各异的热塑性树脂(聚苯乙烯、尼龙、聚氯乙烯、聚砜等)。增强材料包括:玻璃纤维、碳纤维、石墨纤维、硼纤维、碳化硅纤维、芳香族聚酰胺纤维等。就目前看,热固性基体复合材料仍占统治地位,其中玻璃纤维增强的热固性树脂复合材料"玻璃钢"是最典型的代表。

3. 先进复合材料的研究现状

20世纪60年代以来,随着航空航天等尖端技术的迅猛发展,对复合材料提出了"三高一低"的性能要求,即高强度、高模量、耐高温、低密度。为此,材料研究人员先后研究和生产出多种高性能的纤维增强材料,如碳纤维(CF)、硼纤维(BF)、芳纶纤维(KF)、碳化硅纤维(SF)和氧化铝纤维(AF)等,这些高性能纤维的比强度和比模量分别在 6.5×10^6 cm 和 6.5×10^8 cm 以上。通常把具有比强度大于 4×10^6 cm,比模量大于 4×10^8 cm 的复合材料称为先进复合材料,先进复合材料的重要追求目标就是优质耐高温。

先进复合材料使用温度和加工条件主要取决于基体的特征,基体则采用各种耐高温的聚合物、金属、陶瓷等。由上述基体制成的聚合物基复合材料(PMC)、金属基复合材料(MMC)和陶瓷基复合材料(CMC),其最高使用温度分别达到 250~350 ℃、350~1 200 ℃ 和 1 200~2 000 ℃ 以上。

先进复合材料除结构材料外,还有功能复合材料、生物复合材料和结构与功能一体化的复合材料。复合材料除使用纤维、晶须等增强材料外,还有颗粒等各种弥散分布的增强材料。其中典型复合材料的研究现状如下:

(1) 金属基复合材料　金属基复合材料(metal matrix composites, MMC)是由各种纤维、晶须、颗粒增强材料与金属基体复合而成的材料,与树脂基复合材料比较,MMC不仅具有较高的耐高温性能和不燃烧性,而且具有高的导热性和导电性、抗辐射性、不稀释和耐老化性,而纤维增强的MMC还具有较高的横向强度和模量。就目前研究情况看,MMC所用基体除 Al、Mg 外还包括 Ti、Cu、Zn、Pb、Be 超合金及金属间化合物。与传统金属材料比较,MMC具有重量轻、强度和刚度高、耐磨损、高温性能好等显著优点。例如 SiC 颗粒增强铝合金复合材料,其重量只有钢的 1/3,钛合金的 2/3,强度优于中碳钢,模量高于钛合金。就目前 MMC 总的研究、开发应用情况看,铝基金属复合材料仍占主导地位,但是其他基体的 MMC 也具有加速发展的趋势。例如,美国早在 20 世纪 90 年代初就提出研究开发以金属间化合物为基的 MMC,以支持国家航空航天飞机(NASP)发展计划。由于金属间化合物性能介于金属与陶瓷之间,因此,中国、德国等国家的材料研究工作者积极从事该领域的研究开发工作,并取得一批有价值的研究成果。MMC 的制备方法在相当大程度上决定着材料的性能,因此成为重要的研究领域之一。MMC 在制备过程中,纤维与金属基体将会发生不同程度的界面反应,严重的界面反应会导致纤维的损伤,形成界面反应脆性物和强界面结合,导致复合材料性能大幅度下降,此外,多种纤维和液态金属的浸润性差,难以复合。所以要想获得高性能 MMC,解决界面反应与浸润性是两个技术关键。

颗粒增强 MMC 是经过一种或多种金属、非金属或陶瓷颗粒在基体弥散强化后制得的复合材料,其增强颗粒的种类、数量、形状、尺寸以及基体成分和制备工艺对 MMC 的性能影响最大,其中颗粒增强相可以由外部加入或化学反应内生。但是颗粒在基体中的分布必须均匀,因此减少颗粒间的相互接触和团聚,以减少材料受载时内部的应力不均,成为目前要解决好的重要技术关键。采用混合增强复合材料设计方法,提高复合材料的综合性能,也是目前的研究热点之一。颗粒增强复合材料的制备方法对 MMC 的性能影响很大,目前主要采用粉末冶金法和铸造法两种。而粉末冶金方法又分反应烧结粉末冶金法、机械合金化粉末冶金法、挤压粉末冶金法等。铸造法又包括流变铸造法、挤压铸造法、喷雾铸造法等。

就目前研究情况看,颗粒增强铝基复合材料和颗粒增强钛基复合材料均已取得重要研究成果,并获得广泛应用与发展,而颗粒增强金属间化合物基复合材料(包括 $NiAl/TiB_2$、$TiB_2/NiAl$、$SiC/MoSi_2$、Al_2O_3/Fe_3Al 等)还处于发展初期,但是其良好的开发前景,正吸引着一大批研究工作者从事进一步深入的研究。

(2)陶瓷基复合材料 陶瓷基复合材料(ceramic matrix composite,CMC)是由各种纤维、晶须、颗粒增强材料与陶瓷基体复合而成,具有优良的耐高温、高强度、高硬度及耐腐蚀性,同时由于增强材料的存在使复合材料的脆性和裂纹敏感性得到很大的改善,韧性和热疲劳性有很大的提高,该材料可以在 1 200~2 000 ℃温度下使用。CMC 的最高使用温度主要取决于基体,而基体包括石英玻璃、Al_2O_3、莫来石、Y-TZP(Y_2O_3 稳定的四方氧化锆)、Si_3N_4 等。典型的陶瓷复合材料包括:① 碳纤维/石英玻璃复合材料;② 碳纤维/氮化硅复合材料;③ 碳化硅纤维强化铝硅酸锂(LAS)微晶玻璃;④ SiC 晶须/ Al_2O_3 复合材料;⑤ SiC 晶须/莫来石复合材料;⑥ SiC 晶须/Y-TZP/莫来石复合材料;⑦ SiC 晶须/ Si_3N_4 复合材料;⑧ SiC-TiC 复相陶瓷(颗粒增强复合材料);⑨ ZrO_2/ Al_2O_3

颗粒复合材料;⑩ Al_2O_3/SiC 纳米陶瓷复合材料;⑪ Si_3N_4/SiC(p)纳米陶瓷复合材料等。研究表明纤维增强机理是由于纤维从基体中拔出要消耗大量的拔出功,CMC 就是利用这种拔出效应达到增韧效果的。此外纤维的断裂、纤维与基体之间的界面解离和滑移都要消耗能量,这些能量消耗也不同程度地增加了材料的韧性。作为晶须增韧的 CMC,其主要增韧机理是靠裂纹的偏转与晶须的拔出,而颗粒增强的 CMC 则主要靠裂纹偏折与分叉、钉扎、微裂纹等效应实现增韧的。

先进陶瓷复合材料的制备技术包括:① 热压烧结法;② 粉末泥浆浸渗法;③ 溶胶-凝胶及聚合物先驱体热解法;④ 熔融浸渗法;⑤ 原位化学气相沉淀(VCD)和化学气相浸渗(CVI)法;⑥ 纳米复合技术;⑦ 自蔓延高温合成法等。上述工艺无论对改善纤维、晶须或颗粒在基体中分布的均匀性,还是复杂形状制品的制备均有十分重要的意义。

CMC 的另一个研究热点是界面研究。界面研究涉及以下两方面:① 纤维与基体之间的化学与物理相容性。化学相容性主要指所需温度下纤维与陶瓷基体之间不发生化学反应及纤维在该温度下性能不退化;物理相容性主要指纤维与陶瓷基体在热膨胀系数和弹性模量上的匹配。在材料设计时,一般希望利用两者在热膨胀系数和弹性模量上的不一致,使基体产生一定预压应力。② 在晶须与基体之间如何获得良好的物理结合。对此,通常要满足两个基本条件:基体线膨胀系数 α_m 要大于晶须线膨胀系数 α_w;界面上无化学反应生成物。

(3) 其他复合材料 除 MMC 和 CMC 复合材料外,目前处于大量研究、开发应用的复合材料还包括:① 树脂基(高聚物)复合材料。② 原位复合材料(in situ composite),它是由自增强作用的热致液晶高聚物组成的共混复合材料。③ 功能精细复合材料(functional fine composite),它是在微米以至纳米线度上复合而成的具有优良功能效应的材料。④ 梯度功能材料(functionally gradient material),它是为满足极限环境(超高温、大温度落差)下能反复正常工作而开发的一类新型复合材料,其特点是使复合材料的组分、结构能连续变化。⑤ 碳-碳复合材料(carbon-carbon composites),它是由碳纤维增强剂与碳基体组成的复合材料,开始主要用于航空航天,目前也逐渐用于民用工业。此外还有各种特殊类型和用途的复合材料,也受到材料科学界的高度重视。

4. 复合材料的发展趋势

复合材料的研究涉及数学、物理、化学、力学、生物学、金属、高分子、无机非金属材料、机械、电子学等基础与专业知识,是一门综合学科。它的发展规律不是孤立的,学科边缘与学科交叉点是复合材料的重要生长点,许多与复合材料有关的新知识、新理论、新工艺是复合材料今后发展的重点。因此,在以下几个方面加大研究力度将是公认的发展趋势。

首先应进一步了解复合材料所特有的复合效应。复合效应包括线性效应和非线性效应,线性效应又包括平均效应、平行效应、相补效应和相抵效应,而非线性效应则包括乘积效应、系统效应、诱导效应和共振效应。上述诸效应在复合材料的研究中,尚有较大的差距,如何应用这些效应,并进行有效的理论设计则更是亟待解决的问题。此外与复合材料有关的物理现象,包括结晶体、稳定态、亚稳态和非稳态或暂稳态、各向同性和各向异性、热力学体系与非热力学体系等这些相互对立的物理现象的产生、转化都是复合材料设计和研究的焦点。这些理论研究的突破将意味着复合材料学科的革命性进展。

五、材料的发展趋势及典型先进材料简介

材料的发展日新月异,不同材料各有各的重点发展领域,但总体上今后材料发展趋势大致可以用"小、强、智、绿"四个字概述。其中"小"表示组成材料的组织结构今后会越来越小,纳米材料是"小"的典型代表;"强"指材料的性能今后会越来越强大,这也是材料工作者永恒的追求目标;"智"是智能材料、聪明的材料;"绿"则指今后材料的发展会追求绿色环保、健康、节能、可持续发展。不仅如此,随着计算机技术、信息技术与材料物理化学研究的深度融合,材料的设计、制备到应用也将进入加速阶段,其中材料基因工程的出现意味着材料设计、研究和应用将会出现革命性变革。以下简要介绍几种典型先进材料。

1. 智能材料

(1) 基本概念

智能材料与结构(smart/intelligent material and structure)是一门新兴起的多学科交叉的综合科学。20世纪80年代末,随着材料技术和大规模集成电路技术的进步,美国军方首先提出了智能材料与结构的设想和概念,随后展开了大规模的研究。如今它的发展非常迅速,并且越来越受到重视。

智能材料是同时具有感知功能即信号感受功能(传感器功能)、自己判断并自己做出结论的功能(情报信息处理机功能)和自己指令并自己行动的功能(执行机构功能)的材料(感知、反馈、响应是其三大基本要素),其动作流程如图1-2所示。它是能够接收和响应外部环境的信息而自动改变自身状态的一种新型材料,它不但可以判断环境,而且还可顺应环境,即具有类似于活的生物肌体组织那样的病变自诊断、外部伤口自愈合、环境自适应、预告寿命、甚至自己分解、自己学习、自己增值、自组装、自恢复、应对外部刺激自身积极发生变化等功能效应。由于这种材料不是过去常见的单一的、简单的组织结构,因此常称之为智能材料系统。

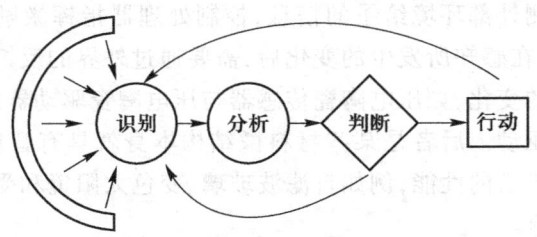

图 1-2 智能材料的动作流程

智能材料有时又称为机敏材料,而智能材料与机敏材料并非完全相同,前者(日本多用)指具有智慧和智力、有思考和推理的本领,或具有敏捷的体会、解释和正确决定的本领。后者(美国多用)具有或显示出思维的机灵和感受的敏捷性,即具有计算能力、敏捷有效的能动性和充满生气的活度。有些学者认为二者有层次上的区别,即机敏复合材料只能作出简单线性的响应,但智能复合材料可根据环境条件的变化程度非线性地使材料与之适应以达到最佳的效果,可以说在机敏复合材料的自诊断、自适应和自愈合的基础上增加了自决策功能,体现具有智能的高级形式。但因二者在现研究阶段联系多于区别,故常混用。

智能材料本身一定是复合材料。因为智能材料应具备复杂的独特的多功能,而一种材料不可能兼备这些功能,必须复合化后才能得到智能材料。智能材料又多是纳米材料,如生物肌体一般都是由纳米材料组成,这是因为纳米材料具有许多优异的特性,同时便于集成。智能复合材料和系统也可简称为智能材料系统,目前尚无统一的名称,同时它的概念也在不断地扩展。它是材料学、电子学、信息科学、生命科学等众多学科与技术的交叉产物,具有极为旺盛的生命力,目前正在研究发展之中。例如,自愈合复合材料、自应变复合材料等,这是可以把某种处于暂稳态的材料作为潜在组分与其他常规条件下起作用的材料复合,一旦出现异常状态(如受力损伤等),则在外场的作用下(如力场)使潜在组分所处的暂稳态变成稳定态而起到应有的效能,以达到自愈合和自应变的目的。

(2) 智能材料的类别

智能材料按产生方式可分为天然(生物)智能材料和人工智能材料。前者主要指有机活体,如人和动物的皮肤、骨骼、肌肉、脏器、血液、毛发等;后者是人为制造的具有智能功能的材料(一般简称为智能材料),是高科技发展的产物,它大多是在前者的启发下而发展的,这时又称为生物拟态材料。

智能材料结构按驱动方式可以分为两种类型,一类是嵌入式智能材料,又称主动式智能材料,另一类是材料本身具有一定的智能功能,又称被动式智能材料。前者在基体材料中嵌入具有传感、动作和控制处理功能的三种原始材料,传感元件采集和检测外部环境给予的信息,控制处理器指挥激励驱动元件执行相应的动作,即材料在感知所发生的变化后,需要通过外界的反馈系统作用在材料上使其发出所需的变化,如压电陶瓷传感器与压电陶瓷驱动器结合起来,通过外部反馈电路进行驱动。后者是某些材料微结构本身就具有智能功能,能够随着环境和时间改变自己的性能,例如自滤波玻璃、变色太阳镜和受辐射时性能自衰减的 InP 半导体等。

目前,能够在感知后无需指令就能"动"的材料公认的有三种:压电陶瓷、形状记忆合金、电磁流变体。它们的共同特点是本身能感受电磁信号或热能等物理信号,并随之发生明显的内部结构状态的变化或形状体积的变化。例如电磁流变体在正常状态下是一种可以用勺子搅动的液体,但当有电流通过时,就会变得黏稠甚至像混凝土那样坚硬。人们期望用这种液态材料制造新型汽车的悬梁、传动装置以及减振系统、还有可变阻力的锻炼器械。压电陶瓷受到力的作用会产生电,在电的作用下会产生形变力;形状记忆合金能够在加热时发生大的形变,并恢复到原来赋予和指定的形状。对于其他智能材料,一般就要把感知组元与驱动组元组合在一起,捆绑式地一起埋入到基体材料中,其组合的方式和埋入的部位都有一定讲究,需要在结构上比较巧妙地布局和设计,所以这样将两个独立的传感元件与驱动元件组合而形成的材料结构体系,往往称之为智能材料结构。主动式智能材料可以通过改变反馈系统,使其优化反应,能够随不同的条件做出不同的反应,还能够随时间发生变化,因此更加灵活机动,并为今后进一步发展成具有学习和预见能力的材料,促进智能材料向更高阶段发展奠定了基础。

智能材料按材料基质的不同又可分为金属系智能材料、无机非金属系智能材料、高分子系智能材料。

2. 生物材料

生物材料一般是指生物医学材料,在不同的历史时期,生物材料被赋予不同的意义,其定义是随着生命科学和材料科学的不断发展而演变的。但是,它们都有一些共同的特征,即生物医学材料是一类人工或天然的材料,可以单独或与药物一起制成部件、器件用于组织或器官的治疗增强或替代,并在有效使用期内不会对宿主引起急性或慢性危害。它是一类特殊的结构-功能一体化材料,利用它可以对有机体进行修复、替代与再生。生物医学材料研究的最终目的是用其能够代替或修复人体器官和组织,并实现其生理功能。由于生命现象是极其复杂的,是在几百万年的进化过程中适应生存需要的结果。生命具有一定的生长、再生和修复以及精确调控能力。这是目前所有人工器官和材料所无法比拟的。因此,目前的生物医学材料与人们的真正期望和要求相差甚远,常常出现各种各样的问题和失败。长期以来,人们一直希望研究出能够使损伤、病变的组织或器官完美重现和再生的材料和装置。20世纪80年代以来,一类新的具有激发、促进人体组织自身修复和再生作用的第三代生物活性复合材料的研究开始兴起。这类生物活性复合材料能够激发、主动诱导人体组织的自身修复、再生能力,从而达到使病变组织、器官最终完全或主要是由再生的自身天然健康组织或器官所取代,成为生物医学材料未来发展最具有活力的方向之一。

生物材料的研究与开发对于人类的健康、生活、国家的经济前途及社会的和谐发展,均具有重要意义。并且,现代医学的发展也日趋依赖于医用装置和治疗手段的进步,日趋具有"工程学"的色彩。

生物材料科学是20世纪新兴学科中最耀眼的新星之一。现在,生物材料科学已成为一门与人类现代医疗保健系统密切相关的边缘学科。各国相继成立的有关生物材料的学会对生物材料科学的创立和发展起到了促进作用。其重要性不仅因为它与人类自身密切相关,还因为它跨越了材料、医学、物理、生物化学和其他现代高科技等诸多学科的领域。现在对于该材料的研究已从被动地适应生态环境发展到有目的地设计材料,以达到与生物组织的有机连接。随着生命科学和材料科学的发展,生物材料必将走向功能性半生命方向。生物材料的临床应用已从短期的替换和填充发展成永久性牢固种植,并与其他高科技(如电子技术、信息处理技术)相结合,制备富有应用潜力的医疗器械。

(1) 生物医学材料的发展历程

人类利用生物材料的历史与人类历史一样漫长。有的学者依据生物医学材料的发展历史及材料本身的特点,将已有的材料分为三代,它们各自都有自己鲜明的特点和发展时期,代表了生物医学材料发展的不同水平。

20世纪初第一次世界大战以前所使用的医用材料可归于第一代生物医学材料,这一代的材料大都被现代医学所淘汰。第一代生物医学材料是人类对医学、科学、技术工程学都缺乏透彻了解的情况下使用的,多采用就地取材和纯经验的方式对病人进行治疗。这类材料多以石膏、各种金属、橡胶以及棉花等物品为主,其研究人员大多是由医生担任,以被动探求和利用各种天然材料或从已有的材料中寻求比较适合于人体组织的人工材料。当时尚未明确提出生物相容性、生物安全性等概念,被植入的材料也大多由于感染、排异或失效而失败。第一代生物医学材料并不能与生物组织相配合而发挥作用,而是始终为生物体的异己成分,植入人体后最好的结果也就是在材料表面形成一层包被性纤维组织,将材料与生物体组织隔离。所以,这一代材料多数未能得到持久、广泛的应用。

第二代生物医学材料的发展是建立在医学、材料科学(尤其是高分子材料学)、生物化学、物理学及大型物理测试技术发展的基础之上的。研究工作者也多由材料学家或主要由材料学家(与医生合作)来承担。当时,人们能够详细分析和测定各种生物体物质的成分、结构和性能，医学的研究也开始由宏观世界进入微观世界。20世纪40年代由于高分子学说的建立，众多的高分子新材料不断涌现，为医学界提供了大量在性能和结构上与生物组织相类似的多种新材料，极大地促进了生物医学材料的研究及学科的确立，并使高分子材料在生物医学材料领域处于主导地位。人工脏器的出现是20世纪医学的一项重大进展。人们开始有意识地通过成分、结构模仿、材料设计或采用与人体组织结构、成分相类似的天然材料。这类材料主要包括：羟基磷灰石、磷酸三钙、聚羟基乙酸、聚甲基丙烯酸、羟乙基酯、胶原、多肽、纤维蛋白等。这类材料有良好的生物相容性和亲和性，能与生物体组织直接接触、结合并能够部分模仿、替代生物组织的某些机能，但替代、修复的效果仍然很有限。这类材料与第一代生物材料一样，研究的主攻方向仍然是努力改善材料本身的力学、生化性能，以使其能够在生理环境下有长期的替代、模拟生物组织的功能。

近年来，随着世界性高技术的发展和医学、生物工程技术的进步，人们逐渐加深了对生物体内各种细胞组织、生长因子、生长抑素及生长机制等结构和性能的了解，在此基础上建立了研制第三代生物医学材料的新概念。该材料是一类具有促进人体自身修复和再生作用的生物医学复合材料，它们一般是由具有生理"活性"的组元及控制载体的"非活性"组元所构成，具有比较理想的修复再生效果。其基本思想是通过材料之间的复合、材料与活细胞的融合、生体材料和人工材料的杂交等手段，赋予材料具有特异的靶向修复、治疗和促进作用，从而达到病变组织部分甚至全部由健康的再生组织所取代。BMP(bone morphogenetic protein)复合材料是第三代生物医学材料中的代表。在该复合材料中，BMP具有诱导间叶细胞向成骨方向转化的积极作用，而载体材料则控制BMP诱导成骨作用量、速度、位置以及设计再生骨形状。材料植入后最终形成由自身天然骨或主要由天然骨构成的新骨再建骨。1987年，美籍华人科学家Y.C.Fung提出组织工程概念，使第三代生物医学材料得到快速发展及应用。表1-2列出了近年来生物陶瓷复合材料的研究进展概况。

(2) 生物材料的类型与应用

生物材料种类繁多，到目前为止，被详细研究过的生物材料已经超过一千种，在医学临床上广泛应用的也有几十种，涉及材料学科各个领域。依据不同的分类标准，可以分为不同的类型。例如以材料的生物性能为分类标准，生物材料可分为生物惰性材料、生物活性材料、生物降解材料和生物复合材料四类。

生物惰性材料(bioinert material)是指一类在生物环境中能保持稳定，不发生或仅发生微弱化学反应的生物医学材料。实际上，完全惰性的材料是没有的，生物惰性材料在机体内基本上不发生化学反应。生物惰性材料主要包括氧化物陶瓷、玻璃陶瓷人工关节材料、Si_3N_4陶瓷人工骨、医用碳素材料和大多数医用金属材料等。

表 1-2 生物陶瓷复合材料的研究进展概况

	组　　成	报道时间	商品名
	HA（致密）	1971 年	
	HA（多孔）	1973 年	
	45S5 玻璃	1972 年	Bioglass
微晶化	G+A	1973 年	Ceravital
	G+A+P	1982 年	Bioverit
	G+A+W	1982 年	
涂层	金属基体+Al_2O_3涂层	1976 年	
	金属基体+HA 涂层	1980 年	
	金属纤维+生物活性玻璃	1982 年	
	HA+PE	1985 年	
	组织工程材料	1990 年	

注：G—生物活性玻璃；HA—羟基磷灰石；P—金云母；W—硅灰石；PE—聚乙烯；A—磷灰石。

生物活性材料(bioactive material)是一类能诱出或调节生物活性的生物医学材料。1969 年，美国人 L. 亨奇首先提出，生物活性材料是一类能在材料界面上诱出特殊生物反应的材料，这种反应导致组织和材料之间形成键结。此处，他把生物医学材料中所指的"生物活性"看作为一种特殊的能导致材料和组织在界面上形成化学键结的性质。但是，也有人认为生物活性是增进细胞活性或新组织再生的性质。生物活性材料主要有羟基磷灰石、磁性材料、生物活性玻璃、生物降解材料（如 β-TCP 生物降解陶瓷）等。

生物复合材料是指由两种或两种以上的生物材料复合而成，并且与其所有单体的性能相比，复合材料的性能都有较大程度的提高。制备该类材料的目的就是进一步提高或改善某一种生物材料的性能。该类材料目前主要有以下几类：① 多种复合型人工骨，这是一类以纯刚玉为基体，表面涂附一层用生物活性玻璃作黏接剂的多孔羟基磷灰石的烧结材料。② 陶瓷与高分子复合型硬质牙冠材料。③ HA/PDLLA 复合材料。④ TCP（或 HA）与骨形态发生蛋白复合材料为一种优良的骨填补、修复材料。⑤ 活性纤维增强的高抗弯强度生物活性玻璃。⑥ 二氧化锆相变增韧、纤维增韧生物陶瓷复合材料。⑦ 利用等离子或氧-乙炔火焰喷涂制备的生物陶瓷涂层材料等。

此外按照材料的属性为分类标准，可分为生物医用金属材料(biomedical

metallic material)、生物医用高分子材料(biomedical polymer)、生物医用无机非金属材料或称为生物陶瓷(biomedical ceramic)、生物医用复合材料(biomedical composite)和生物衍生材料(biologically derived material)等。

3. 生态环境材料

(1) 生态环境材料的基本概念

生态环境材料是近十几年来才提出的一个概念，其发展历史非常短暂。关于该类材料的定义也有各种各样的提法。例如，1992年，日本东京大学的山本良一教授在研究现有材料与环境间的关系时首次提出了环境材料(ecomaterial)的概念。在日本未来技术学会主办的环境与材料研讨会上，科学家们对ecomaterial给出了3种解释，environmentally conscious material(具有环境意识的材料)；ecological material(生态学材料)；economical material(经济材料)。最后认为environmentally conscious material比较恰当，并简写为ecomaterial，这是ecomaterial概念的最初来源。ecomaterial源于日本，由于国内学者对此词的理解不同，出现了各种各样的译法。实际上，ecomaterial并不是一类新材料，而主要是从它对周围环境的功能或环境保护的贡献的角度来进行命名的。它仅是一个指导性的原则，其目的是为了防止对环境的损害，在人类认识自然和改造自然的活动中对自然环境和自然资源进行保护，同时保证材料有较好的性能。它与传统材料的明显不同之处，在于它赋予了传统的结构材料或功能材料以优异的环境协调性以及净化、修复等功能。

目前，对于"生态环境材料"仍然没有非常确切的定义。有人认为，生态环境材料是一类在各自应用领域中具有良好的使用性能，在原料制备、产品制造、使用以及再生利用过程中不产生或仅产生极少量废物，并且废物对环境的毒副作用很小的一类材料。环境保护的意识应始终贯穿在材料的开发、使用及再循环的整个过程之中。生态环境材料应具有三个特性，即环境协调性、舒适性和先进性。前者保证了材料使环境的负荷最小，后两者使材料具有很高的经济和社会效益。

(2) 生态环境材料的分类

现在，生态环境材料的研究范围越来越宽，研究程度也在逐步深入。关于生态环境材料及其产品的研究和开发近年来主要集中在净化环境、防止污染、替代有害物质、减少废弃物、材料的资源化以及利用自然能等方面，现在已取得了重要的进展。表1-3列出了生态环境材料的一些种类及其产品。

4. 纳米材料

(1) 基本概念

纳米科学技术(Nano-ST)是20世纪80年代末期新崛起的科学技术，纳米材料是纳米科技的重要组成部分，它虽然起步很晚，但是发展迅速，其基本含义是组成材料的纳米颗粒尺寸在$10^{-9} \sim 10^{-7}$ m范围。研究表明，在上述范围，纳米材料将具有一些独特的力、声、光、电、磁等物理和化学效应,或称为纳米尺度效应。这些效应在其他材料体系是不存在的。例如纳米陶瓷材料具有超塑性,纳米材料在光吸收、催化、敏感特性和磁性方面均表现出明显不同于传统材料的特性。纳米科技的另一个分支是纳米机械与纳米机器人,一个十分引人注目的研究方向是用原子与分子直接组装纳米生物机器和纳米生物部件。这种机器人的研制成功,将为直接打通脑血栓、清除心脏动脉脂肪沉淀物提供可能,人类的医疗也会因之发生革命性的变化。事实上在纳米尺度,纳米材料与纳米机械的分类界面是模糊不清的。

表1-3 生态环境材料的一些种类及其产品

生态环境材料	分 类	相 关 产 品
环境相容性材料	纯天然材料	木材、竹材、石材
	仿生材料	人工骨、人工关节和脏器
	绿色包装材料	绿色包装袋、包装容器
	生态建材	无毒装饰材料、环境相容性涂料
可降解材料		生物降解塑料、可降解无机磷酸盐
可再循环制备和使用的材料		再生纸、再生塑料、再生金属 再循环利用混凝土
环境工程材料	环境修复材料	治理大气污染的吸附、吸收和催化转化材料 治理水污染的沉淀、中和、氧化还原材料 防止土壤沙化的固沙植被材料
	环境净化材料	过滤、分离、杀菌、消毒材料
	环境替代材料	替代氟利昂的制冷剂材料 工业和民用的无磷化学品材料 用竹、木等替代那些环境负荷较大的结构材料 替代铅的无铅焊料

(2) 典型纳米材料举例

碳纳米管(CNT)是20世纪90年代被发现的一种碳材料的一维形式,目前已可以批量化生产,生产成本也大幅度下降。碳纳米管通常分为单壁碳纳米管(SCNT)和多壁碳纳米管(MCNT),它们都具有许多优异的性能。单壁碳纳米管管径分布较窄,一般在0.55 nm左右。由于范德华力的作用,大部分单层碳纳米管集结成束,每束含几十、几百根单层碳纳米管,束的直径约几十纳米。理想的多层碳纳米管可以看成是多个直径不等的单层管同轴套构而成,其层数可以从两层到几十层,其外径一般为几个到几十纳米,内径 0.5 到几个纳米,长度为几个至几十微米,甚至几个毫米或更长。碳纳米管具有优良的物理化学性能。其密度仅为钢的 1/6~1/7,而其强度约为钢的 100 倍,MCNT 的弹性模量 E 则高达 1.7~2.4 TPa(Lovrie 等利用拉曼光谱方法测得),并且可以重复弯曲、扭折;其导电性因结构上的差异(旋向)可以类似铜类金属,又可类似硅类半导体;其导热性优于现有任何材料。不仅如此,中国科学院于作龙教授还发现碳纳米管能用作微波吸收剂,并发现了多壁碳纳米管的宽带电磁波吸收特性。

(3)纳米材料的发展趋势

纳米材料发展经历了三个阶段。第一阶段(1990 年前),主要在实验室探索纳米颗粒、纳米块体、纳米薄膜的制备技术、性能和分析测试技术;第二阶段(1990—1994),主要研究纳米材料奇特的性能和纳米复合材料;第三阶段(1994 至今),主要研究纳米材料的组装技术和人工组装合成的纳米结构合成体系,这种从下到上的、按照自己的意愿组装原子、分子成为所需材料的技术具有极大的创造性。

5. 材料基因工程

新材料研发目前主要依据研究者的科学直觉和大量重复的"尝试法"实验,从新材料的最初发现到最终工业化应用一般需要 10~20 年的时间。漫长的研发周期显然不能满足科学技术快速发展的需要,制约材料研发周期的另一因素是从发现、发展、性能优化、系统设计与集成、产品论证及推广过程中涉及的研究团队间彼此独立,缺少合作和相互数据的共享以及材料设计的技术有待大幅度提升。为此,随着实验技术、计算技术和数据库之间的协作和共享日益进步,2011 年 6 月 24 日,美国总统奥巴马宣布启动一项"先进制造业伙伴关系"(advanced manufacturing partnership,AMP)计划,呼吁美国政府、高等学校及企业之间应加强合作,以强化美国制造业领先地位,而"材料基因组计划"(materials genome initiative,MGI)作为 AMP 计划中的重要组成部分被提出。材料基因工程的核心是通过广泛的数据库资源共享、利用先进的计算机技术和实验室技术从电子到宏观层面做到高效跨尺度计算以达到材料性能准确预测,加快各个环节材料的研发步伐,力图把现有的材料研发周期从 10~20 年缩短到 2~3 年。

第二节 制造(工艺)技术发展史、现状与发展趋势

制造技术是围绕工程材料进行的。根据国家现行统计划分,工业由制造业、采掘业、电力、煤气和水的生产与供应业等构成。其中制造业是对一切生产和装配制成品的企业群体的总称,其构成见表 1-4。据统计在 20 世纪 80 年代,美国

的制造业对 GDP 的贡献率达到 35.3%，日本的制造业对 GDP 的贡献率则达到 41%。在我国，1995 年制造业占 GDP 的比重达到 35.2%，2007 年制造业占 GDP 的比重超过 40%，2010 年中国制造业 GDP 按美元计算首次超过美国制造业 GDP，成为世界第一制造业大国，名副其实的世界工厂。

表 1-4 制造业的分类及构成

分 类	制造业的构成/%		
	1987 年	1992 年	1996 年
金属制品	3.372	2.989	3.395
一般机械	13.423	11.388	8.625
运输机械	4.185	6.085	6.424
电器设备	4.479	4.591	5.125
电子设备	3.078	3.278	4.588
仪器仪表	1.077	0.939	0.998
食品工业	12.445	13.058	15.335
纺织	10.898	8.736	7.193
服装	3.032	3.344	5.018
家具	1.386	1.015	1.542
文教用品	3.997	3.592	4.292
油加工	1.482	3.678	3.870
化工	15.003	16.292	15.586
建材	7.480	7.835	7.299
黑色冶金	7.916	9.308	6.904
有色冶金	2.159	2.272	2.120
其他制造	1.587	1.601	1.681

注：本表主要源于《中国统计年鉴》。

由于制造业在整个国民经济中占有超过 1/3 的比重，所以制造技术的重要性是不言而喻的。所谓制造技术（manufacturing technology）是制造业为国民经济建设和人民生活生产各种必需物质所使用的一切生产技术的总称。

一、制造技术的发展史

制造业以及制造技术的发展已有漫长的历史，但其真正形成与发展还只是近 200 年来的事情，先进制造技术的提出则只是近几十年间的事情。制造技术的发展大约经历了以下六个阶段：

（1）从18世纪后半叶开始，蒸汽机与工具机的发明导致近代产业革命，揭开了近代工业的历史，促成了制造企业的雏形，其特征是工场式生产的出现（被称为第一次工业革命或工业1.0）。

（2）19世纪电气技术得到快速发展，导致电气技术与制造技术的融合，开创了电气化新时代，促进了制造业的飞速发展，使制造技术实现了批量化生产和工业化生产的新局面（被称为第二次工业革命或工业2.0）。

（3）20世纪初，内燃机这项重大发明引发了制造业的一场革命，使流水生产线和泰勒式工作制得到了广泛应用，特别是受二次大战的影响，使以降低成本为中心的刚性、大批大量制造技术和科学管理方式得到空前发展。

（4）制造技术发展的第四个阶段出现在二战以后，随着计算机、微电子、信息和自动化技术的快速发展，制造技术开始向高质量生产和柔性化生产发展。生产模式由中、小批量生产，向小批量自动化生产转变（被称为第三次工业革命或工业3.0）。

（5）如果说前四个发展阶段是由于技术推动造成的，那么从20世纪80年代以来制造技术的发展则是由于市场牵动造成的。柔性制造单元（FMC）引发了制造工程中组织结构和运行模式的革命性飞跃。

（6）进入20世纪90年代，制造技术的重要特征是与信息技术、人工智能技术融为一体，随着人工智能（专家系统）、人工神经网络、模糊逻辑等计算机智能的应用，制造知识的获取、表示、存储和推理已成为可能。美国把具有这种特征的制造技术称之为先进制造技术（advanced manufacturing technology，AMT）（被称为第四次工业革命或工业4.0），AMT虽然至今尚未有明确的定义，但很快就得到了各个国家的认同与重视。

二、制造技术的现状

制造业是工业经济时代经济增长的"发动机"，在新经济时代，制造业在国民经济中的地位仍然是十分重要的。可以认为先进制造技术是制造业不断吸收信息技术和现代管理技术的成果，将其综合应用于产品设计、加工、检测、管理、销售、使用、服务乃至回收的制造全过程，以实现优质、高效、低耗、清洁、灵活生产，提高对动态多变的市场的适应能力和竞争能力的制造技术的总称。

就制造业的发展现状看，制造业在国民经济中的地位与经济发展水平有关，在工业经济时代，制造业在国民经济中的比重达到最高水平，在知识经济时代，制造业的比重将逐渐由上升转为下降，但是即使如此，在美国、日本等发达国家所占比重仍然高达18%~24%。而像我国等发展中国家，制造业在国民经济中的比重不仅高达35%以上，而且仍然处于上升阶段，据预测在未来几十年制造业与制造技术仍然有极大的发展空间。以机械制造业为例（机械制造工艺的流程图与具体内容见表1-5和图1-3),在2000年前后,我国规模化企业有4万多个(指产值大于500万的企业),资产超过2.5万亿人民币,职工达到1 200万,年产值近2万亿,利润约为650亿,税收约为800亿,占工业总产值的1/4~1/5。虽然机械制造业规模很大,但也明显存在不足,例如规模不小,素质不高,分层重复严重,服务领域保守,大的不强、小的不专,产品高科技含量和个性化明显不够等。这些不足实际上也为我国机械制造工业今后的发展提供了思路,这些思路包括:① 将主要为生产资料而生产的观念向生产与消费双重观念转变。② 将进口大国向进出口大国转变。③ 将生产大国向生产强国转变。同时实施开放的外资与民营政策,推进企业内部结构的转型,改变两头小中间大的结构。以信息技术提升与改造机械行业,攻克一批关键技术难关等,这些思路无疑会大大改变我国机械制造技术的现状,同时进一步拓宽国际发展空间。

表1-5 机械制造工艺类别及代码

代码	大类名称	小类名称
0	铸造	砂型铸造,特种铸造
1	压力加工	锻造 轧制 冲压 挤压 旋压 拉拔 其他
2	焊接	电弧焊 电阻焊 气焊 压焊 特种焊 钎焊
3	切削加工	刃具加工 磨削 钳加工
4	特种加工	电物理加工 电化学加工 化学加工 复合加工 其他
5	热处理	整体热处理 表面热处理 化学热处理
6	覆盖层	电镀 化学镀 真空沉积 热浸镀 转化膜 热喷涂 涂装 其他
7	装配与包装	装配 试验与检验 包装
8	其他	粉末冶金 冷作 非金属材料成形 表面处理 防锈 缠绕 编织

我国政府于2015年5月发布"中国制造2025"战略,力争2050年前后进入世界制造业强国。但是鉴于我国工业发展的不平衡,虽然我国在很多领域取得重大突破,但不可否认,我国在工业2.0方面还要补课,工业3.0还有差距,工业4.0还需要加快追赶,这是我国目前制造技术的现状。

三、材料成形技术发展史

材料成形是机械制造技术的重要组成部分,包括材料液态成形(铸造)、材料塑性成形(锻压)、材料连接成形(焊接)、材料粉体成形等。材料成形技术历史悠久,对机械制造领域有深远影响。此处将结合几种常见成形工艺的发展,简要介绍它们的发展历史。

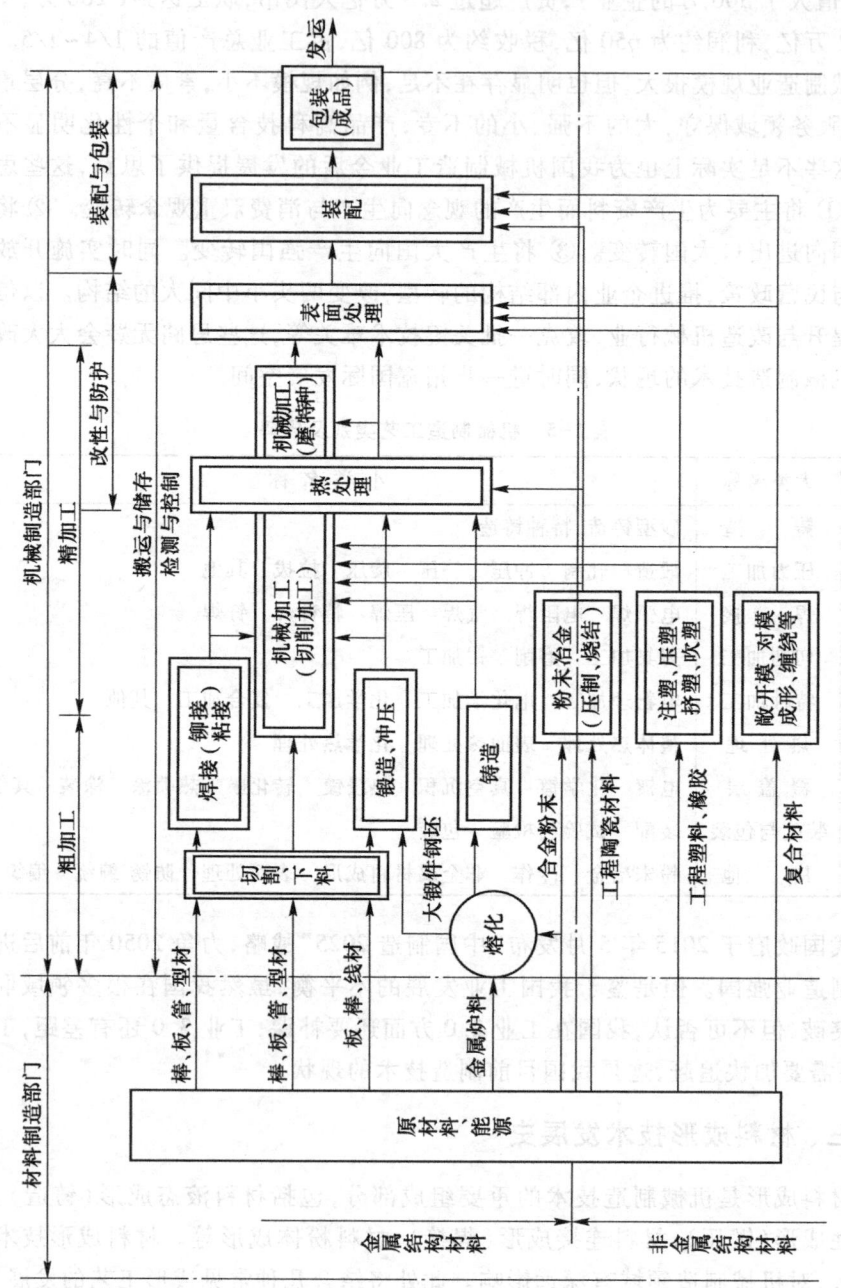

图 1-3 机械制造工艺流程图

1. 铸造

中国古代铸造技术史是中华五千年文明史的重要组成部分。新石器时代先民们创造的制陶技术，从制陶材料、器物造型、烘烤烧制、陶窑建造、烧陶温度和气氛，都为冶铸技术的起源提供了直接的技术借鉴。商周开始，中国古代铸造技术发展经历了陶冶、陶铸、冶铸的独特进程，相继发明应用了石范、泥范、陶范、金属范及失蜡铸造方法，并娴熟运用浑铸、分铸、焊铸、嵌镶铸、叠铸等工艺，铸就了礼器、农具、工具、兵器等大批器物，为华夏文明奠定了物质基础。出土文物及古籍文献记载均已表明中国古代铸造技术的领先地位及伟大成就，如后母戊大鼎、四羊方尊、青铜人像群、随县铜编钟、曾侯乙尊及盘、"透光"铜镜、沧州铁狮及永乐大钟等古代铸造精品。

青铜器是我国铸造史上历史最悠久、最成功的成形器件，我国青铜器时代历经夏、商、周三代，时间跨度约有 1 500 年。青铜之所以适用于铸造成形，是因为其熔点比铜低、浇注时气泡少、流动性好。之所以在古代得到广泛应用，不仅是因为青铜比铜硬度大，可铸出锋利刃口及精美的花纹，适用于制造坚实的兵器、工具及金光亮丽的容器和钱币，还因为中国古代的礼制、礼仪需要大量礼器，对礼器的推崇也促进了青铜器铸造技术的发展。例如：夏商出土的爵、斝，商周出土的鼎、编钟等。夏、商、周三代以后，自秦汉至明清，历经 2 000 余年的朝代更迭，物质原料的日益更新，都没有能够冲击《周礼》，反而自汉代开始，铁、原始陶器、瓷器等都步入礼坛，成为礼祭器物。这种中华礼文化的传承也不同程度地促进了铸造成形的发展。

现代铸造技术始于 20 世纪，从传统的砂型铸造到树脂铸模经历了从单件小批量到大批量生产的快速发展进程，新的铸造技术层出不穷，例如压力铸造、离心铸造、低压铸造等。1956 年，美国人 H. F. SHOYER 开始了将聚苯乙烯泡沫塑料用于铸造的试验（消失模铸造），并获得成功，引起人们的极大兴趣。1958 年他将其以专利的形式公布于众，当时称为"无型铸造"。1962 年，西德从美国引进该专利，消失模铸造才开始被开发，并在工业上得到较广泛应用。

2. 锻造

锻造与铸造一样都是人类最早发明的金属材料成形技术，世界上最早发现的锻造器物是在伊拉克北部出土的金属铜经锻打而成的装饰物，距今已有 1 万多年。我国也发现在 6 000 年以前经过锻打的黄金和铜等金属制品。但是其原料通常都是未经冶炼的黄金、铜以及陨铁。随着冶炼技术的不断进步，其用途主要为礼器、饰品以及少量生活用品。我国古代锻造含义与现代不同，它包括冶炼与锻造两部分。锻造技术的快速发展得益于"铁器"时代的到来。我国早期的"铁器"包括"生铁"与"熟铁"两部分，熟铁相当于现代的低碳钢，是锻造的重要原料。

我国出现冶铁的时间大约在春秋战国时期,到汉代有了炼钢技术,并在此基础上炼制了百炼钢。发展到南北朝的东魏时期,出现了含碳量较高的优质钢——灌钢。中国古代的炼钢技术不同于现代,通常以固态的铁料为主,掺入脱碳剂或增碳剂,加热后经反复锻打而成,固有百炼成钢之说。由于钢能经过热处理获得优异的性能,因此是铸铁无法比拟的。

我国古代的锻造技术一直延续了一千多年,甚至迄今仍能在我国一些乡村看到。钢质锻件的优异特性使铁器时代向前跨越了一大步,但受锻造成形原理所限,锻造技术没有古代铸造技术那样留下众多的辉煌成果。

现代锻造技术的大量出现在 20 世纪,如辊锻成形技术、模锻成形技术、碾压成形技术等。

3. 焊接

焊接技术历史悠久,例如我国商代制造的铁刃铜钺,就是铁和铜的焊铸件,其表面铜与铁的熔合线蜿蜒曲折,结合良好。春秋战国时期曾侯乙墓中的建鼓铜座上有许多蟠龙,是分段钎焊而成。经分析,与现代软钎料成分相近。此外,战国时期制造的刀剑,刀刃为钢,刀背为熟铁,一般是经过加热锻焊而成的。

现代焊接技术更多起源于 19 世纪。例如:humphrey Dauy 发现在电路两极能产生稳定电弧的时间大约在 1810 年,俄国人 Nikolai Benardos 利用该方法发明电弧焊的时间在 1881 年。1953 年,Lyubavskii 和 Novoshilov 发明了 CO_2 气体保护焊。美国的 Hunt 发明了冷焊技术,在室温压力下,通过金属的塑性变形实现了固态连接。1956 年,苏联的秋季可夫发明了摩擦焊,利用摩擦热实现了固态连接。同年,美国的琼斯发明了超声波焊。1957 年,美国的卡扎科夫发明了扩散焊,同年 Robert F. Gage 发明了等离子弧焊。1958 年,苏联发明了电渣焊。1959 年,美国人发明了爆炸焊。1961 年后出现了激光焊技术。各种现代焊接技术出现的年代参见表 1-6。

4. 增材制造

在产品制造中,如果根据原材料的利用情况,可将材料制造分为减材制造、等材制造、增材制造。传统的制造方法中主要涉及等材制造和减材制造,例如铸造、锻压、焊接、注塑等被近似认为是等材制造,其特点是在原材料与零件之间的转换中材料没有损失或损失很少。切削加工是典型的减材制造,通过切削加工将毛坯上多余的材料不断切除,其特点是通过逐渐减重获得所需零件。

增材制造与减材和等材制造不同,它是基于离散-堆积原理,由零件三维数据驱动直接制造零件的成形技术。增材制造出现的时间不长,只有几十年的历史,但发展极其迅速。基于不同的分类原则和理解方式,增材制造技术早期也称为快速成形、快速原型、快速制造、3D 打印等,而且其内涵仍在不断深化,外延也不断扩展,所谓"增材制造"与"快速成形""快速制造"意义是相同的。

表 1-6　焊接技术的发展

焊接种类	简称	发明人	发明时间	所在组织	国家
电阻焊		Elihu, Thomoon	1886—1900	Thomoon 电焊	美国
氧乙炔焊	OAW	Emund, Fouche, Charles Picard	1900		法国
钎焊	TW	Goldschmidt	1900	Goldschmidt AG	德国
手工金属电弧焊	MMA, SMAW	Oscar, Kjellberg	1907	伊萨	瑞典
电渣焊	ESW	N. Benardos, R. K. Hopkins	1908, 1940, 1958	Paton 焊接学会	苏联、美国、乌克兰
等离子焊接	PAW	Schonner, R. F. Gage	1909, 1957	BASF	德国、美国
钨极惰性气体保护电弧焊	TIG, GMAW	C. I. Coffin, HMHobar, K. Devers	1920, 1941		美国
药芯焊丝	FCAW	Stoody	1926		美国
螺柱焊			1930	纽约海军厂	美国
熔化极惰性气体保护电弧焊	MIG	H. M. Hobart, P. K. Devers	1930, 1948	航空战争纪念学会	美国
埋弧焊	SAW	Robinoff	1930	国家地下铁道公司	美国
活性气体保护电弧焊	MAG, GMAW	Lyubavskii, Novoshilow	1953		苏联
激光切割		Peter, Houldcroft	1966	RWRA(TWI)	英国
激光焊接	LBW	Martin Adams	1970		英国
搅拌摩擦焊	FSW	Wsyne, Thomas	1991	TWI	英国

增材制造(additive manufacturing, AM)俗称 3D 打印,融合了计算机辅助设计、新材料、材料加工与成形技术,其特点是化繁为简,以数字模型文件为基础,将复杂的三维零件制造化为简单的二维分层累积制造,通过软件与数控系统将专用的金属材料、非金属材料以及医用生物材料,按照挤压、烧结、熔融、光固化、喷射等方式逐层堆积,制造出实体物品的制造技术。与传统的、对原材料去除-切削、组装的加工模式不同,这是一种"从无到有、自小到大"通过材料累加的制造方法。这使得过去受到传统制造方式约束,无法实现的复杂结构件制造变为可能,并由此真正实现了设计与加工的一体化。

增材制造发展迅速,在各行各业得到广泛应用,其中航空零件制造和医学应用是增长最快的应用领域。

四、制造业及先进制造技术的发展趋势

随着经济的全球化,要求制造企业对市场反应更灵捷化,随着知识经济的到来,制造业将走向高技术化;随着经济水平的不断发展和居民生活水平的提高,制造业的产品将日益多样化。对 21 世纪先进制造技术的发展趋势,杨叔子院士曾将其概括为五个字:① 微:涉及精密加工、芯片制造、纳米科技、微机电系统等。② 众:涉及机电信息一体化技术、自动化技术、特种加工技术等(体现学科交叉)。③ 网:把所有概念都集成在网络上,全球一体化,也就是资源优化。④ 智:智能化。⑤ 绿:考虑环保,使产品具有文化含量,使之具有推进与协调环境的功能。

总之,先进制造技术的发展趋势今后将具有以下明显特征:

(1) 信息技术正在向制造技术注入并与之融合,促进制造技术的不断发展。

(2) 设计技术在不断现代化的同时,设计过程也由单纯考虑技术因素转向综合考虑技术、经济和社会因素。设计不仅只是单纯追求某项性能指标的先进和高低,而是注意考虑市场、价格、安全、美学、资源、环境等方面的影响。

(3) 成形及制造技术向精密、精确、少能耗、无污染方向发展,比如成形技术正在从制造工件的毛坯、接近零件的形状向直接制造工件即精密成形或净成形(net shape process)的方向发展。

(4) 加工制造技术则向着超精密加工技术、超高速切削以及发展新一代制造装备的方向发展。

(5) 此外,工艺将由技艺发展为工程科学。工艺设计由经验判断走向定量分析,工艺模拟将广泛用于金属切削和产品设计过程。使产品设计完成时,成形制造的准备工作也同时完成。

(6) 随着先进制造技术的不断进步,冷、热加工之间,加工、检测、物流、装配

过程之间,设计、材料应用、加工制造之间,其界限将逐渐淡化,并逐渐走向一体化。例如机器人加工工作站及柔性制造系统的出现,使加工、检测过程、物流过程融为一体;精密成形技术则淡化了冷热加工的界限。受环境和资源的限制,绿色制造将成为21世纪制造业的重要特征,这包括产品的回收和循环再制造。在产品真正制造出来以前,先在虚拟制造环境中生成产品原形代替传统的硬样品进行试验,对其性能和可制造性进行预测和评价,从而缩短产品的设计与制造周期,降低成本,提高系统快速响应市场变化的能力,也是发展趋势之一。各种新技术的紧密结合将使先进制造生产模式获得不断发展,典型例子包括计算机集成制造系统、智能制造技术等。

(7)随着自然界可利用资源的困乏、人类生存环境的日趋恶化,可持续制造、绿色制造技术、循环生产技术是21世纪制造技术的重要发展趋势之一;与低碳经济发展模式相一致,是现在制造业重要的发展方向之一。

五、智能制造、互联网、大数据

1. 智能制造

制造技术发展到今天,已进入工业4.0时代,工业4.0的重要技术特征之一就是智能制造(intelligent manufacturing,IM)。智能制造是一种由智能机器和人类专家共同组成的人机一体化智能系统,其特点是在制造过程中能进行智能活动,与智能材料三要素类似,制造过程包括了分析、推理、判断、构思和决策等,同时通过人与智能机器的合作共事,去扩大、延伸和部分地取代人类专家在制造过程中的脑力劳动。智能制造其实是在信息技术的推动下,把制造自动化的概念更新扩展到柔性化、智能化和高度集成化。从而就出现了智能制造系统(包括智能设计,智能管理、信息集成、全局优化)、智能自动化(例如计算机集成制造系统、敏捷制造)等概念。

从制造系统的功能角度分析,可将智能制造系统细分为设计、计划、生产和系统活动四个子系统。在设计子系统中,智能制造突出了产品的概念设计和功能设计,在概念设计过程中主要考虑消费需求的影响,而功能设计则关注了产品的可制造性、可装配性和可维护及保障性;在计划子系统中,数据库构造将从简单信息型发展到知识密集型,在排序和制造资源计划管理中,模糊推理等多类专家系统将被集成应用;在生产系统中,该子系统属自治或半自治系统,在监测生产过程、生产状态、获取和故障诊断、检验装配中,会广泛应用智能技术;在系统活动子系统中,不仅神经网络技术在系统控制中被应用,同时分布技术、多元代理技术和全能技术也获得应用,并采用开放式系统结构,使系统活动并行,解决系统集成问题。

和传统制造相比，智能制造系统具有自律能力、人机一体化、虚拟现实技术、自组织超柔性、学习与维护等重要特征。这些特征使得智能制造具有了以下能力：(1) 搜集与理解环境信息和自身的信息，并进行分析判断和规划自身行为的能力；(2) 突出人在制造系统中的核心地位，在智能机器的配合下，更好地发挥出人的潜能，使人机之间表现出一种平等共事、相互"理解"，相互协作的能力；(3) 使得制造过程和未来的产品，从感官和视觉上让人获得完全如同真实的感受；(4) 在运行方式和结构组合方面具有自行实现最佳组合的能力；(5) 故障自行诊断，对故障自行排除、自行维护的能力。

智能制造涉及众多先进技术，包括：高灵敏度、精度、可靠性和环境适应性的传感技术；模块化、嵌入式控制系统设计技术（软硬件、组态语言、人机界面技术、数据格式等）；先进控制与优化技术（评估、建模、目标优化、系统仿真、精密运动控制等）；系统协同技术（系统整体方案设计、安装调试、界面和工程工具的设计、报警处理、资产管理等技术）；故障诊断与健康维护技术（故障诊断、可靠性与寿命评估技术等）；实时通信网络技术（嵌入式互联网、通信网络构建、网络信息安全、信息无缝交换等技术）；控制系统整体功能安全评估技术；特种工艺与精密制造技术（精密加工、精密成形、焊接、黏接、烧结、微机电系统（MEMS）、可控热处理技术，精密锻造技术等）；识别技术（图像识别、物体缺陷识别）等。

智能制造遵循以下运作过程：(1) 网络用户访问智能制造系统，通过填写用户定单登记表向该系统发出定单；(2) 系统如接受网络用户的定单，Agent 技术（一种处于一定环境下包装的智能计算机系统，简称智能体）就将其存入全局数据库，任务规划结点则从中取出该定单，进行任务规划，分解成若干子任务并将其分配给系统上获得权限的结点；(3) 其中产品设计子任务被分配给设计结点，该结点通过良好的人机交互完成产品设计子任务，生成相应的 CAD/CAPP 数据和文档以及数控代码，并将其存入全局数据库，然后向任务规划结点提交该子任务；(4) 加工子任务被分配给生产者，该子任务被生产者结点接受，机床 Agent 将被允许从全局数据库读取必要的数据，并将这些数据传给加工中心，加工中心则根据这些数据和命令完成加工子任务，并将运行状态信息送给机床 Agent，机床 Agent 向任务规划结点返回结果，提交该子任务；(5) 在整个运行期间，系统 Agent 对系统中的各个结点间的交互活动进行记录，如消息的收发，对全局数据库进行数据的读写，查询各结点的名字、类型、地址、能力及任务完成情况等；(6) 网络客户可以了解定单执行的结果。

2. 物联网

1999 年，美国麻省理工学院（MIT）的 Kevin Ash-ton 教授首次提出物联网的概念（Internet of things，IoT）。物联网就是基于物物相连的互联网，物联网是新一代信息技术的重要组成部分,也是"信息化"发展的必然结果。但物联网的核心和基础就是互联网,它是互联网的延伸和扩展,同时其用户端延伸和扩展到了任何物品与物品之间,进行信息交换和通信。物联网通过智能感知、识别技术与普适计算等通信感知技术,广泛应用于网络的融合中。在技术层面上,物联网架构分为三层:感知层(由各种传感器构成)、网络层(包括互联网、广电网、网络管理系统和云计算平台等)和应用层(是物联网和用户的接口,与行业需求结合,实现物联网的智能应用)。也就是说物联网不仅仅是网络,更是业务和应用。物联网用途广泛,遍及智能交通、环境保护、政府工作、公共安全、平安家居、智能消防、工业监测、环境监测、路灯照明管控、景观照明管控、楼宇照明管控、广场照明管控、老人护理、个人健康、花卉栽培、水系监测、食品溯源、敌情侦查和情报搜集等多个领域。但是,当智能制造与物联网交叉融合时,这种应用创新也成为物联网发展的核心应用之一。

例如,很多专家认为制造业的两化融合将为中国制造业的升级提供一条路径,其中智能化是信息化与工业化"两化融合"的必然途径,其技术核心无疑就是物联网。因为,在传统的工业生产过程中,各生产要素都是相互独立的运营主体,没有任何的联系,也没有进一步的逻辑控制,而智能化工厂模式,强调的是产业链生产模式,不仅是将企业的内部,更是将企业之间的生产合作连接起来,形成一个全行业的产业链模式,这样就实现了生产要素的协作沟通,让互联网+智能制造成为企业生产的核心技术,从而降低企业的运营成本,提高生产效率,缩短产品更新的周期。比如,有一些大型装备,由厂商制造,交付和部署后开始运营。这些装备在基于工业4.0的智能制造系统内出厂,鉴于整个制造过程中所牵涉的不仅仅是一个制造商,而是成十上百个制造商一起参与共同制造出来。当这些生产设备部署完以后,不仅可以通过工业互联网的技术进行优化运营,也可以通过厂商的专门技术对设备的维护保养和绩效优化,反过来,厂商也需要得到设备的使用和维保数据,为设计和制造过程提炼反馈信息。也就是说运营系统需要与制造系统连接融合,让数据和信息互流,需要两个系统之间的交互操作。可见智能制造与物联网融合是十分重要的。

3. 大数据

工业大数据是指在工业领域中,围绕典型智能制造模式,从客户需求到销售、订单、计划、研发、设计、工艺、制造、采购、供应、库存、发货和交付、售后服务、运维、报废或回收再制造等整个产品全生命周期各个环节所产生的各类数据及相关技术和应用的总称。工业大数据以产品数据为核心,极大延展了传统工业数据范围,同时还包括工业大数据相关技术和应用。

大数据是制造业提高核心能力、整合产业链和实现从要素驱动向创新驱动转型的有力手段。对一个制造型企业来说,大数据不仅可以用来提升企业的运行效率,更重要的是如何通过大数据等新一代信息技术所提供的能力来改变商业流程及商业模式。大数据及相关技术对企业发展具有以下重要意义:(1)大数据可以用于提升企业的运行效率;(2)可以帮助企业扁平化运行、加快信息在产品生产制造过程中的流动;(3)可用于帮助制造模式的改变,形成新的商业模式。其中典型的智能制造模式有自动化生产、个性化制造、网络化协调及服务化转型等。

大数据关键技术包括大数据采集、传输、存储、管理、处理、分析、应用、可视化和安全等,以及大数据分析、理解、预测及决策支持与知识服务等智能数据应用技术等。

制造业与互联网融合发展,工业大数据与物联网、云计算、信息物理系统等新兴技术在制造业领域的深度集成与应用,有利于产生制造业新模式。有利于构建制造业企业大数据"双创"平台,培育新技术、新业态和新模式。有利于促进协同设计和协同制造,有利于提升制造过程智能化和柔性化程度,促进生产型制造向服务型制造转变。

第三节 制造类企业的组织结构与运行模式

制造类企业能否安全、可靠、高效运行,与制造系统中的各种要素的合理组成和优化运作有关,这些要素包括原材料、工艺、设备、员工知识结构等。而企业管理运行模式的核心问题是这些资源的有效集成和组织。200多年以前的企业运行模式是手工业模式,这与基本制造单位是手工业作坊有关。其特点是从产品设计到产品制造的各个工序以及供销、后勤、财务等工作都由作坊主统管,其他人员则无明显的专业分工。每位工匠必须是"多面手",作坊内部不存在组织结构,作坊之间是相互独立的。生产能力很小,是单件、小批量,生产中心围绕顾客。因此就导致生产率低、质量不稳定、交货不及时等问题。随着制造技术的不断进步,企业的组织结构与运行模式也在经历着巨大而深刻的变化。

一、近代企业的组织结构与运行模式

20世纪初期,随着钢铁工业与电力和石油工业的迅速发展,交通和通信设施的逐步完善,商业开始从制造业分离出来,制造业所面临的问题是如何以高的效率、稳定的质量和低廉的成本,生产出大量的产品,以满足社会上急剧增长的需要。而传统的手工业生产模式显然是做不到的。当时亨利·福特发现了问题的症结所在,他结合汽车生产发明了一种全新的制造模式,即大批量生产(mass production)模式。福特生产模式的特点包括以下几个方面：

（1）标准化产品的大批量生产　即重复地、大量地生产同样的产品,制造与装配同样的零件,以量取胜,通过批量获得效益,并同时通过批量生产不断积累经验,完善产品的设计,创造先进的制造工艺方法。

（2）互换性原理的应用　先进的制造方法保证了零件的几何形状和尺寸都限制在很窄的公差范围之内,保证了零件具有高度的一致性,换句话说,就保证了它们装配时的互换性。互换性不仅大大减小了产品的装配工作量,而且有利于保证产品质量的稳定。

（3）流水作业与精密加工　与手工业时代不同,一件产品是由许多工人在加工流水线和装配流水线上连续完成的。加工流水线上的每一台设备只完成零件上的某一道工序,在装配流水线上,在每一个装配工位上的工人,只从事一项简单的安装工作。这种安排对工人的技术水平要求就大大地降低了,同时也保障了产品的制造质量。

（4）刚性生产　刚性自动生产线是指在流水生产线上再加上零件自动输送装置与自动上、下料装置,其特点是设备只能用于加工专一的零件,对同一种零件不仅可以保证质量,而且可以大批量生产,但是产品微小的改变,就可能使整条流水线报废,这是称其为刚性而不是"柔性"的原因。

（5）专业化分化和顺序决策　流水作业与大批量生产必然造成制造企业内部的专业分化,并出现专门的设计、加工、装配、质检、供销等部门。由于部门之间分工明确,企业的决策出现按照"产品设计→工艺、工装设计→原材料、标准件、外购件采购→零件加工→产品装配→销售"的顺序决策次序。这种决策次序虽然使下游的决策与规划只能依据上游的决策,使产品的研制周期长,反复大,但是当生产一旦稳定下来,所需新的决策并不多,故上述危害并不突出。

（6）集中领导与分级管理　福特生产模式实际上是一种"机械的模式"。每一个工作人员,无论是技术人员还是工人都像一个机器零件,在那里机械地运行。不仅工作单一枯燥,而且还必须严格遵守固定的节拍,即使出现故障也无权做出改变的决定,所以该模式下的制造企业是一种权力高度集中的层次结构,厂长、管理部门、车间、班、组,一层驾驭一层,这种管理模式有效地实现了高效率、低成本,保证了稳定的产品质量,但也缺乏独立自主和机动灵活性。

二、现代企业的组织结构与运行模式

随着现代制造科学技术的快速发展,传统制造企业的组织结构与运行模式已不能适应市场竞争的需要。这些需要包括顾客消费日趋个性化和顾客化大生产。首先,人们生活水平的提高,使所生产的那种规格划一的产品已经不再受到顾客的青睐，而个性化在更高层次上复现了手工业时代的需求特征，然而这不是简单的复现。因为今天的市场是由大量的自以为是、自作主张而又互相影响的个体行为的综合来决定的，这就决定了顾客需求的随机性、突变性、混沌性和不可预测性。面对这样一个瞬息万变、难以预测的市场，企业的产品质量和生产成本虽然仍是赢得竞争的重要因素，但是企业对市场的响应速度与快速的交货能力已成为获胜的关键，因此顾客化大生产或大批量定制生产（mass customized manufacturing）就应运而生。与手工业生产模式和福特生产模式不同，顾客化大生产既没有生产率低、质量稳定性差的缺点，同时又克服了不能满足个性化消费需求的不足，使手工业生产模式和福特生产模式优势互补，实现了既能满足大批量生产的规模和效率，又能制造出满足顾客个性化消费需要的产品这种新型制造模式。例如美国IBM公司一条有40多个工人的生产线，可以同时生产27种产品，而每一种产品又由于用户的特殊要求而变异，用户通过电话或电子邮件从网上订货，订货数据输入计算机数据库，机器人根据计算机中的数据挑选零部件，由传送带送往组装站，组装工人按照计算机屏幕指示的步骤进行组装，然后由包装工人包装、启运。第二天，产品就出现在用户的门口。但是顾客化大生产也存在两个难题需要解决，一是如何使企业生产系统、制造工艺、产品和组织结构都具有高度的柔性、机动性和适应性，以跟踪瞬息万变、难以预测的市场，从而避免新产品制造出来后，市场却时过境迁。二是如何实时地、高效地处理由于产品的多样化造成的急剧增长的产品信息、工艺信息、经营管理信息和有关知识。通过近十几年的探索，人们认为精益生产（lean production, LP）、计算机集成制造系统（computer integrated manufacturing system, CIMS）和敏捷制造（agile manufacturing, AM）可以有效地解决上述问题。

1. 精益生产

精益生产的基本原则是，以"人"为中心，以简化为手段，以"尽善尽美"为最终目标。其中以"人"为中心，就是尊重人，充分发挥人的主观能动性，要把工人组织起来，集体地对产品负责，生产线一旦出现问题，每个工人都有权把生产线停下来，解决问题，体现出人的中心地位。而简化产品开发过程、零件制造过程、产品结构等，杜绝一切浪费则是精益生产的最重要的手段。"尽善尽美"则反映了精益生产中产品从前一工序流到后一工序要保证100%的合格率，绝不允许任何中间环节有不合格的产品流入后道工序的质量管理标准。事实上要想达到精益生产，通常还要涉及即时生产（just in time production, JIT）、成组技术（group technology, GT）和全面质量管理（total quality control, TQC）等具体内容。

（1）即时生产 即时生产与福特生产模式有很大的不同。在福特生产模式中每道工序一次要生产一大批零件，这些零件需要半成品仓库存放，在两道工序之间零件的流动量很大,但是在即时生产中,两道工序之间的零件流动量很小,甚至是单件流动,因此工序之间不积压产品,资金的积压可以减少到最低限度,从而提高企业的生产效益。其基本含义可理解为在所需的时间,按所需的数量,生产所需要的产品。事实上,如果将福特生产模式的物流与信息流的方向看成是一致的,那么物流与信息流的传输可以看成是正向"推"进的。而即时生产的物流与信息流的方向是相反的,也就是说,只有在下一道工序需要零部件或半成品时,上一道工序才生产。这样不仅及时地满足了下道工序的要求,也防止了材料、半成品、零部件或产品的积压。传统生产模式与即时生产模式的物流与信息流示意图如图1-4所示。

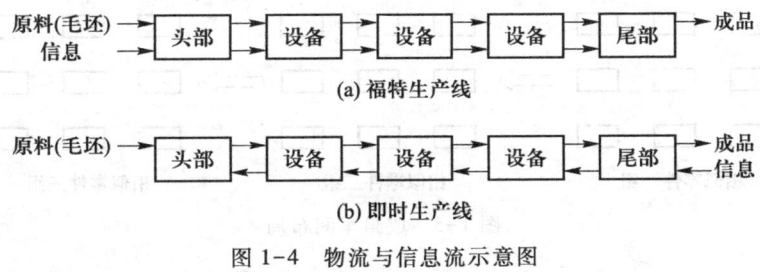

图1-4 物流与信息流示意图

(2)成组技术 成组技术的出现是与如何高效地组织即时生产(或多品种混流的开发与生产)相适应的,其要点是按照零件或产品之间的相似性,将它们分类成组,使相类似的产品设计、开发和零件的生产能遵循相类似的方法来解决,以达到节省时间、精力和费用,提高效率与降低风险的目的。成组技术又包括成组设计、成组工艺、成组车间布局等具体内容。就成组设计而言,由于大部分设计是在原有产品的基础上进行的所谓"变异设计",较少有全新的"创成设计",这样就可以借助成组技术使变异设计的效率大大提高,例如利用计算机可以从图库与数据库中调出相类似的、已经成熟的产品图样或数据,以留同存异的方式,很快完成新产品的设计。成组工艺也是如此,如果事先按照零件的结构特征、工艺特征以及加工设备特征,将零件进行分组、归类和编码,组建各类零件的典型图库与工艺库,此外在加工之前,对每一个要编制工艺的零件,按其特征进行编码,然后将该零件编码与库中典型零件编码进行匹配,从而确定该零件的组别,然后再从工艺库中调出该组零件的典型工艺,借助计算机辅助工艺规划(CAPP)软件加以修改,就可自动生成该零件的工艺。毫无疑问,其编制工艺规程的速度是非常快的。成组工艺的上述特点就要求车间既不能是以产品为中心的布局,也不能是以工艺顺序为中心的布局。以产品为中心的车间布局是按照原料与成品的分类来选用设备,然后按照工艺顺序布成流水线,其缺点是灵活性差,一旦出现故障,全线都要停车。以工艺顺序为中心的车间布局则是将设备按其工艺分类,分成各种工段,其缺点是生产调度复杂,半成品积压较多,传输费用高等。成组车间布局则有效地克服了上述不足,它既考虑到产品也考虑到工艺过程,它按照相似与相同产品或零件所要求的工艺进行合理划分,然后按照该划分,将不同的机器设备编组,形成一个针对某类零件或产品的、相对独立的工作单元。由于各单元可以有不同的设备、工艺规程和控制过程,因此各单元均具有一定的独立性与灵活性。这种布局有利于调动人员的主动性与积极性,也有利于系统整体的优化和质量的保证。其中成组车间布局如图1-5所示。

图1-5 成组车间布局

(3) 全面质量管理 精益生产不仅要有合理的生产调度方式和配套的生产技术来支持,还要有相应的管理方法来保证,这是容易理解的。由于现代产品质量的概念,不仅涉及产品的功能质量,还涉及寿命、可靠性、安全性和可负担性等全方位的质量;不仅制造过程要进行管理,对市场调查、产品设计开发、外协准备、制造装配、检查试验和售后服务等全过程都要进行质量管理;要想在各个运行环节都不出问题,不仅经理人员要参加管理,而且企业的所有员工都要参与质量管理。由于传统的质量监测管理和统计质量管理已经难以保证精益生产的产品质量,这样一来,由全体人员参加的,全方位、全过程的质量管理就成为精益生产的重要保障。该质量管理方法即全面质量管理(TQC)。

2. 集成制造

集成制造其实质是通过信息的沟通与交流,将企业各部分组成一个有机的整体,使之成为具有共同目标和协调行动的系统。与精益生产不同,集成制造侧重于企业内部各环节、各部门之间的信息沟通与网络连接,精益生产却侧重于企业内部组织管理的改革与精化,可以看出两者的相互补充是非常重要的。事实上集成制造与信息技术的发展水平密切相关,在以计算机为中心的现代信息技术时代,制造系统各环节之间充分的信息交流和共享,形成了一种分布式网络化的组织结构,这种结构即现代生产模式。其中福特模式与现代模式在信息交流和组织结构之间的差异如图1-6所示。

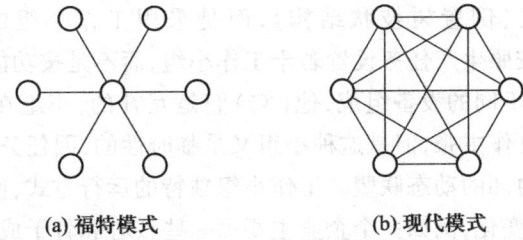

图 1-6 福特模式与现代模式在信息交流和组织结构之间的差异示意图

典型的现代集成制造系统是计算机集成制造系统（computer integrated manufacturing system，CIMS）。它通过计算机实现信息交流与信息共享，并通过计算机将企业的设计、工艺、生产环节、供销和管理部门集成为一个整体。但是计算机集成制造系统实施中也有一些问题需要解决，例如异构（指系统中包含了不同的操作系统、控制系统、数据库和应用软件部分）环境下的信息集成问题。当各个部分的信息不能自动交换时，就不能保证信息传递和交换的效率与质量，此时企业的整体效益就无从谈起。解决该问题的有效方法包括：① 使不同通信协议共存；② 使不同通信协议标准化；③ 使不同数据库能相互访问；④ 使不同商业软件之间能相互对接。但是随着科学技术的不断进步，CIMS 在观念和技术上的欠缺也日益显现。例如它过分局限于信息、企业内部和技术方面的集成，而忽视了并行工程之间、企业之间和人的因素之间的集成。显然这些不足仍然不能完全适应现代顾客化大生产的要求。针对上述问题，1991 年美国提出了敏捷制造的概念（它是由美国里海大学牵头，100 多家大企业和咨询公司参加，向国会提交的一份研究报告中提出的）。该制造方法的提出，受到美国、西欧和日本等先进国家的广泛重视，并获得具体实施。

3. 敏捷制造

与集成制造相比，敏捷制造的内涵已有很大的不同，首先集成不仅仅局限在企业内部，而是通过网络化将企业和制造资源连成一个整体，形成一个企业网，或叫虚拟企业（virtual enterprise）。虚拟企业并不虚，它是一个实实在在的、分布式、网络化的，能提供包括并行工程服务在内的一系列特殊服务的企业联盟。其次，由敏捷制造方式组成的企业联盟不是固定不变的，而是一个不断动态调整的临时性的联盟。该联盟的特点是由共同利益驱动，不听从行政命令，不由长官意志来支配，联盟成员可以自由进出，盟主则由最早发现和把握商机的企业担任，联盟基于自身和共同的利益由盟主发起。该联盟的最大特点是动态，它没有固定的实体和边界，在共同利益的驱动下，其规模既可"席卷天下"，也可因利益的消失而"烟消云散"。此外，敏捷制造在组织结构与运行方式上与集成制造也有不同，敏捷制造的组织结构不同于福特模式(倒置树枝状结构),而是采用工作小组的结构模式(work team)。其特点是按照生产任务设置若干工作小组,而不是按功能划分部门。小组是由不同的专家和不同的设备组成,他(它)们是互补的,小组在执行某一任务时具有自主性,有权自作主张,但是这种小组又是临时性的,因任务而生,随任务完成而逝,相当于企业内部的动态联盟。工作小组独特的运行方式,使企业的人才组成和流动性发生很大变化,例如一个企业主要由一些核心和骨干成员组成,固定组成人员很少,所需其他大部分人员是临时雇用的,流动性很大,任务完成,就可离开企业。概括起来敏捷制造可以认为是以计算机网络支持的、按照动态联盟的方式运行并采用工作小组的组织形式实现顾客化大生产的先进制造模式。总结以上内容可以看出,敏捷制造的突出特点主要表现在以下几个方面:

(1) 制造资源能快速重组,能敏捷地跟上市场的变化,具有快速的市场响应能力。

(2) 能跨企业、跨地区甚至跨国界实现资源共享,使制造资源得到最充分的利用。

(3) 在共同利益驱动下,能实现局部利益与整体利益的高度一致,而无需行政命令。

(4) 能在保证整体利益的协调一致性的前提下,最大限度地发挥个体的积极性。

4. 可持续制造及绿色制造技术

以钢铁产业为例,目前我国钢铁工业吨钢综合能耗比世界先进水平高15%~20%,资源有效利用率比世界先进水平低20%~40%。据统计,我国2005年钢铁产量是3.4亿多吨,2017年以8.32亿吨再次成为全球第一大粗钢生产国。如此高的产量,钢铁工业必须由"大量生产、大量消费、大量废弃"的传统生产模式,向"资源—产品—废弃物—再生资源"的反馈式循环生产模式转轨。作为重污染行业,钢铁工业还面临三方面环保问题:① 环境方面(噪声污染、大气污染、土壤污染,以及对地下水和地表水的污染);② 资源和生态方面(地形地貌的破坏、矿产资源的破坏、植被的破坏、对土地的占有,以及水土流失和水资源的破坏);③ 地质灾害方面(导致滑坡、泥石流、地表塌陷、诱发地震等)。因此,按照循环经济、绿色制造的原则,钢铁生产过程要做到三个最大化:一是最大限度地减少资源投入;二是最大限度地实现生产过程、资源循环利用,提高资源的有效利用率;三是最大限度地减少废弃物的排放和实现废弃物的回收利用。

目前钢铁生产过程的四个循环链包括:

(1) 可燃气体的回收利用循环链。从煤、焦炭等能源的投入高炉煤气、转炉煤气、焦炉煤气的全面回收利用,实现可燃气体的零排放,例如先用高温煤气热源发电,再利用发电装置的低温余热取暖,以及热电联产等。

(2) 工业用水循环链。从企业补充新水,到生产过程的用水,工业污水的回收,污水处理代替新水,实现水资源的循环利用循环链。例如对高炉炉体间接冷却水循环系统、炉顶喷淋冷却水循环系统、高炉煤气洗涤水循环系统的"排污"水,依次串接使用,作为补充水。对水资源的使用应当通过废水串联使用、中水回用等措施,构建水资源再利用的生态工业链。以高炉煤气洗涤循环系统的"排污"水作为高炉冲渣水循环系统的补充水,水冲渣循环系统则密闭"不排污"。这种多系统串接使用最终实现水的零排放。

(3) 固态废弃物的循环链。实现从铁矿石等原料的投入钢铁产品生产、固体废弃物的全面回收利用。例如尾矿-建材行业的生态工业循环链,建材行业可利用尾矿生产微晶玻璃、瓷质砖、彩色地板砖等。

(4) 高炉渣-建材、化工行业的生态工业链。例如建材行业利用高炉渣生产矿渣水泥、化工行业利用高炉渣生产化肥(硅肥)等。

第四节 产品制造的过程简介

现代产品的制造过程包括产品设计(概念设计、结构设计、外观设计)、零部件设计(形状设计、生产工艺设计)、材料选择、材料成形、加工与表面处理、检验与装配等。产品制造过程是一个系统工程,每一个环节的变化都涉及产品制造的成功与否。现代产品制造过程尤其如此,设计与制造是不分家的。

一、产品与零部件设计

与早期的产品设计不同,现代产品设计与产品制造是分别进行的,又是密切相关的。由于产品总成本中的70%以上是在设计过程决定的,因此可以毫不夸张地说设计工作决定着产品的命运和前途。传统的设计通常基于经验的积累,设计的中心围绕产品本身和成品的功能。但是现代设计则基于丰富的知识(包括以计算机为核心的信息技术、办公自动化技术以及现代制造技术等),设计的中心则转向顾客需求和产品全生命周期,也就是要对产品负责终身。

就现代设计而言,首先要做的是获取设计知识,知识的获取不能仅限于几本手册和以往积累的经验,虽然原有知识非常重要(包括各种标准、规范、技术资料、工作经验和秘密配方等),但是现代设计知识远非如此简单,要获取的知识还要包括以下几个方面:

(1) 获取计算机辅助设计知识,其中很重要的就是要学会使用计算机辅助设计来表达原有知识。

（2）从市场信息中获取设计知识。事实上具有市场竞争力的新产品的开发往往发端于技术上的可能性与市场需求的有机结合上。

（3）从物理模型试验中获取知识。由于物理模型比真实模型成本低，易于制造，便于修改，可以预先提供比较准确的数据和知识，所以对优化设计非常有利。物理模型很多，包括用于船舶稳定性、航行阻力、噪声和耐压性能的水池试验；用于测量零件受力状态下应力分布的光弹试验；用于零件静动态力学性能的力学试验；用于测量产品空气动力学性能的风洞试验等。

（4）从样机试验中获取知识。与物理模型相比，样机试验虽然成本较高，但是它能直接、准确、全面地提供所需性能与数据，这对一些性命攸关的重要产品是非常必要的。例如汽车的撞击试验等。

（5）从用户反映中获取知识。用户反映是对产品性能的最权威的评价，是设计知识的重要来源，老产品的改进与新产品开发都需要从中汲取知识。

（6）通过计算机仿真获取知识。计算机仿真的核心技术是数学模型的建立，所涉及的模型必须提供产品设计与产品性能之间合理数量关系和相关性规律。仿真实际上是对计算机中的电子样机（储存在计算机中的一套完整的产品设计和全部设计信息）进行虚拟试验。这样可以及时修改与优化设计，并缩短研制周期。

现代产品设计是一个动态的过程。它不仅要考虑产品的出世，还要考虑产品从生到死整个生命周期和服役过程，这种设计思想的更新是基于制造业要对环境保护负责，企业要在市场激烈竞争中提高生产效率、降低产品的制造成本等要求中逐渐演化而成的。例如早期的设计思想局限于成品功能设计，而设计方案和产品结构很少考虑工艺的可能性与合理性，即所谓的"按图施工"。但是基于市场的压力，制造环节不断反作用于设计过程，产品设计中的工艺性日益重要，特别是随着 CAD 技术的成熟，开始出现"面向制造的设计"（design for manufacturing）和"面向装配的设计"（design for assembling）。这些设计思想一扫卖方市场造成的只管产品出厂的传统观念，充分体现了对产品结构、制造、使用、报废、回收和降解等全过程负责一辈子的设计理念，使现代设计思想达到一个全新的高度。不过现代产品设计思想的完成要涉及很多具体问题，这些问题必须加以考虑与解决。例如：产品功能能否保证，产品模型是否含有全部所需信息，制造与装配工艺能否经济、高效地生产出产品，产品的可靠性如何保证，产品出现故障时是否便于维修，通过测试能否随时显示产品的状态与故障，产品在生产、运输、使用过程中是否安全，产品损毁或报废时，是否能快速拆卸等。总之产品在制造、装配、销售、使用、售后服务以及报废和回收中存在的问题在现代产品设计中必须加以考虑与解决，才能在设计阶段就预见产品的整个生命周期。由于利用传统的串行的设计方法难以同时解决上述诸多问题,目前有效的解决办法是采用"并行设计"或"并行工程"(concurrent engineering,CE)。图1-7是串行设计与并行设计的示意图。与串行设计相比,并行设计大量采用加工仿真、装配仿真、使用与维修仿真等技术预测产品在加工、装配、使用和维修环节中可能出现的情况和问题,及时修改或优化设计。由于仿真花费时间少,成本低,可以大大减少返工时间,所以使产品开发与更新换代的周期大大缩短。并行工程的核心是设计人员、采购人员、工艺人员、销售与售后服务人员并行地、协同工作,共同参与设计,共同对设计负责。但是并行工程绝不是设计工作与制造工作并行,其实与设计工作并行的并不是真实的制造过程,而是一个虚拟的制造(virtual manufacturing)过程。它是虚拟现实(virtual reality)技术在制造中的应用。虚拟制造实际上是在计算机里开工厂。通过计算机仿真、智能推理和预测为基础,利用先进的传感技术和声像技术将一个看得见、摸得着的虚拟产品呈现给人的感官,以提供虚拟的消费过程、损耗过程和维修过程,为全生命周期设计服务。

随着计算机技术的发展,设计技术逐渐进入自动化。设计自动化主要包括以下三个方面:一是CAD,它的功能主要用于辅助绘图,辅助优化设计和通过庞大的知识库和推理机来处理无法量化的经验性知识。二是计算机辅助工艺规划(CAPP),它能通过分析所涉及的零件特征,自动生成相应的工艺规程,甚至自动设计所需的刀具、夹具和量具。三是数控自动编程(AP)。编程是一个非常复杂的工作,AP的特点是根据零件的设计特点及CAPP所生成的工艺规程自动形成数控加工程序。这将为设计自动化奠定重要基础。

二、产品或零件的选材与制造

产品或零件设计过程中,通常要根据产品的各种要求进行选材。选材时不仅对材料的性能有要求,而且对材料的成本和可加工性能等诸多方面也有要求。当已有材料难以同时满足上述要求时,材料科学工作者还要根据产品的特殊要求研制所需要的新材料。所以新产品的出现往往也是新材料发展的源泉之一。选材完成以后,接下来要采用不同的工艺技术将原材料转变成产品或零件,所谓工艺是指将原材料转变成产品的方法和技术。产品制造工艺技术很多,概括起来主要有以下几大类:① 成形工艺;② 切削与磨削工艺;③ 特种工艺;④ 塑料成形工艺;⑤ 生长成形工艺(增材制造)。但是不管采用哪种工艺,成熟工艺技术的基本标志都是能对所选材料实施加工,并保证产品质量,减少加工成本,提高加工效率。

材料的成形常常是产品制造工艺中的第一步,它是将原材料加工成毛坯或成品的方法。在传统的金属成形工艺中主要包括铸造、锻压和焊接工艺。但是工程材料的成形则包含了一个非常广泛的领域。例如在现代工程材料成形中,

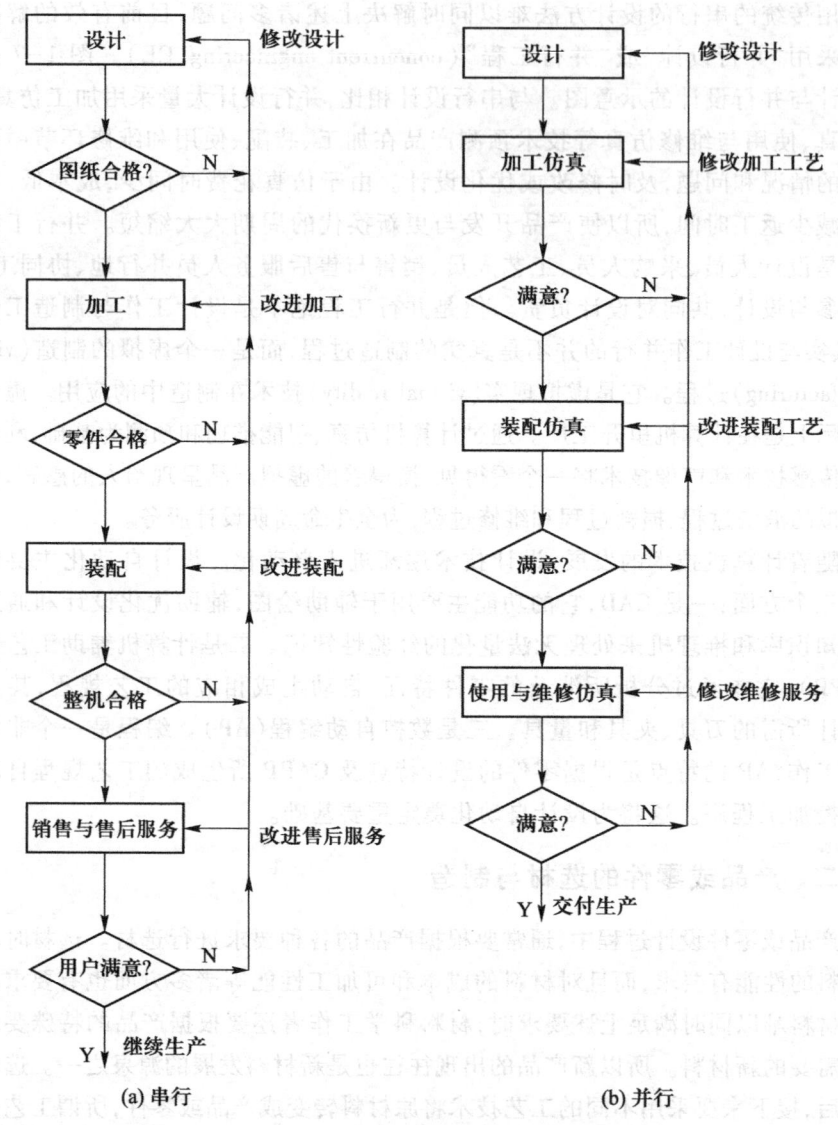

图 1-7 串行设计与并行设计的示意图

随着可供选择材料的增多,塑料成形工艺、粉末冶金成形工艺、生长成形工艺、陶瓷成形工艺和复合材料成形工艺等越来越重要,它们不仅可以使原材料成形为近净尺寸的毛坯,也可以直接获得所需要的成品。新的成形工艺可以使成形与精加工一体化,甚至使材料的制备与成形一体化。由于成形工艺将是本课程的重点内容之一,所以具体内容将在后续章节中详细介绍。

材料经成形加工以后,如果不能达到零件所需要的尺寸和形状精度,此时的被加工材料称为毛坯或半成品,为了达到所需精度,第二步通常要对毛坯进行切削或磨削加工。切削与磨削加工最重要的是刀具、机床和各种机床控制技术。例如:由于刀具直接参与对工件的切削加工,因此刀具材料的选择就至关重要,加工不同材料需要不同刀具,所以刀具材料的种类从高速钢到高性能陶瓷,种类繁多。此外,刀具的性能不仅与材质有关,而且与刀具的结构形状和使用方法也有重要关系,这就造成刀具的种类五花八门,千差万别。除了刀具以外,机床则是保证产品精度、提高加工效率和获得所需形状的重要工具。传统的机床主要用于金属切削,它包括车床、磨床、钻床、镗床、铣床、刨床、插床、拉床、锯床和齿轮加工机床等专用加工设备。一般来说,不同的机床可以加工不同形状的工件,不同的机床具有不同的加工精度,代表机床性能的主要指标是:精度、刚度、热稳定性、耐磨性和噪声。只有高精度的机床才能加工出高精度的零件,具有足够刚度的机床才能抵御切削变形而不影响精度,热稳定性好的机床才能减少热变形,耐磨性好的机床才能长期稳定服役,噪声小的机床才不会污染环境、影响健康。由于普通机床主要靠人工控制,加工精度很大程度取决于操作工人,这和操作工人的技术水平、注意力和工作情绪密切相关,所以对大批量、高精度复杂零件的加工仅靠人工操作显然是非常困难的。对此数字控制(NC)技术引入机床,应该说是一场革命,包括后续出现的加工中心(machining center)、机器人化的虚拟轴机床等,均使产品的高速、精加工技术进入一个新阶段。随着科学技术的发展,对精度的追求是无止境的,在最近200多年中,普通加工的精度提高了约三个数量级,目前已经达到纳米级制造精度。超精密加工利用普通机床往往是难以完成的。超精密加工通常需要超精密切削刀具和超精密加工机床,该类机床加工精度可以达到0.025 μm,表面粗糙度值可以达到5 nm,但是即使如此,人们对加工精度的要求也并不满足,目前人们正在继续向纳米世界进军,在纳米精度范围,超精密加工机床也已无能为力,但是扫描隧道显微技术(STM)和原子力显微镜(AFM)则独树一帜,它们可以移动原子,使材料的加工进入分子与原子尺度。这些进步在机械加工时代是难以想象的。

当然现代产品的制造过程还包括:特种加工与表面处理、检验与装配等过程与环节,这些内容可以在后续有关章节的学习中加以了解。

第五节　课程的性质、任务和学习要求

1. 课程性质

传统的工程材料及机械制造基础课程是研究机器零件常用材料和加工方

法,即从选择材料、制造毛坯直到加工出零件的综合性课程。随着科学技术的快速发展、知识更新的加快,本课程性质也在逐渐发生变化,为充分体现各学科的交叉、融合,全面拓宽课程知识体系,使理论、实践和创新结合在一起,本课程的内容已不仅局限于机械制造,而是更充分地体现了先进制造技术、材料科学与工程、材料及制造技术发展史、现代信息技术、现代管理科学等跨学科之间的密切交叉与融合。可以说该课程是一门以各种制造方法为载体,涉及多学科知识渗透与交叉,从常用工程材料的选择、成形、加工制造直到加工出零件或产品的综合性课程,它体现了理论教学与实践环节(或工程训练环节)密切结合的特点,它既是高等学校机械、材料、管理等类专业必修的技术基础课,也是培养复合型人才的重要工程技术入门课程。

2. 学习要求

通过本课程的学习,要求学习者结合现代工程训练或金工实习环节,了解材料及制造技术发展史和现代制造行业的组织结构与运行模式,获得常用工程材料、各种制造技术的基础知识以及零件或产品的加工工艺知识,培养工艺分析的初步能力,为学习其他有关课程及以后从事机械设计和加工制造工作奠定必要的基础,并为复合型人才的培养奠定现代制造技术基础。

3. 课程任务

(1)了解材料及制造技术发展史、现代制造业的组织结构与运行模式。

(2)了解常用工程材料的种类、成分、组织、性能和改性方法以及表面工程原理,具有选用工程材料的初步能力。

(3)掌握主要工程材料或零件的成形加工方法的基本原理和工艺特点,具有选择毛坯、零件加工方法及工艺分析的初步能力。

(4)具有综合运用工艺知识、分析零件结构工艺性的初步能力。

(5)了解与本课程有关的新材料、新工艺、新技术相互交叉渗透的特点及其发展趋势。

复习思考题

1. 阐述工程材料的发展对制造技术进步的推动作用。
2. 你是如何理解先进制造技术的?
3. 简述学科交叉渗透对技术进步的意义。
4. 预测信息技术、环境保护和新材料发展对制造技术发展趋势的影响。
5. 阐述你对工业4.0、智能制造、大数据、增材制造等先进制造技术的理解。
6. 简述我国制造业的现状。

第二章 工程材料的性能及应用基础

本章学习指南

本章学习内容包括工程材料的力学性能、材料学基础以及工程材料的选用，三部分内容不是孤立的，其中材料的宏观力学性能取决于材料的微观组织结构，微观组织与材料的成分、温度、冷却方式等因素密切相关，而宏观力学性能与材料学基础既是后续制定加工制造工艺的理论基础，也是材料选择的理论依据。因此建议同学们特别注意材料成分、性能、组织结构与工艺性能之间的关系，同时在学习其他章节时应不断体会本章内容对其他章节的基础与指导作用。

建议将材料性能、微观组织结构、成分综合在一起，以金属材料为主线，比较分析其特点与应用范围，并记忆基本概念。

本章重点：掌握常见力学性能指标与表示方法；了解材料的基本晶体结构、合金的组织结构和同素异晶现象；学会二元相图的建立、分析与使用；了解不同类工程材料的特点与差异，学会材料的选择。

本章难点：二元相图的建立、分析与使用。

设计与制备工程材料的目的是应用。工程材料能否满意地应用于所需零件或产品，不仅取决于材料的力学性能，也取决于材料的可加工性能和成本等因素。由于材料的宏观性能与微观组织结构密切相关，因此初步了解材料学的基本知识，进而掌握选材的方法，将是合理选用材料与制定材料加工工艺的重要前提。故本章将重点介绍材料的力学性能、材料学的部分基础知识、材料的分类编号及用途，以便为选材和制定后续制造工艺奠定基础。

第一节 工程材料的力学性能

绝大多数零件与产品选用工程材料与制定加工工艺时，是以其力学性能作为主要依据的，因此了解材料的力学性能是必需的。

力学性能(mechanical performance)是指材料受到外加载荷作用时，所反映出来的固有性能。根据工件受力情况的不同,常用不同的力学性能指标加以描述。例如静载荷作用下的力学性能指标有强度[①]、硬度、塑性、断裂韧度等;动载荷作用下的力学性能指标有冲击韧度;在交变载荷作用下的力学性能指标则主要通过疲劳强度来描述。

一、强度

强度(strength)是指材料抵抗由外力载荷所引起的应变或断裂的能力。外力载荷方式不同,描述强度的指标也不同。例如工程材料常用的强度指标有抗拉强度、抗压强度、抗折(抗弯曲)强度等。值得注意的是,由于材料的种类和性质不同,常用的强度衡量指标也有所不同。

1. 抗拉强度

塑性较好的金属或高分子材料常用抗拉强度衡量其抵抗破坏的能力,它是通过标准试样在拉伸试验机上通过拉伸试验测出来的。图2-1为低碳钢拉伸试样的形状和尺寸示意图。试样标距为 L_0,试样的横截面积为 A_0。在拉伸试验中,试样被装夹在拉伸试验机上,对试样的两端缓慢的施加载荷,试样的受力方向与其轴向平行。此时试样随载荷的增加同时被逐渐拉长,直至颈缩断裂。在整个拉伸过程中,材料试验机自动记录每一瞬间的载荷 F 及相应的试样伸长量 ΔL,并给出拉伸曲线。

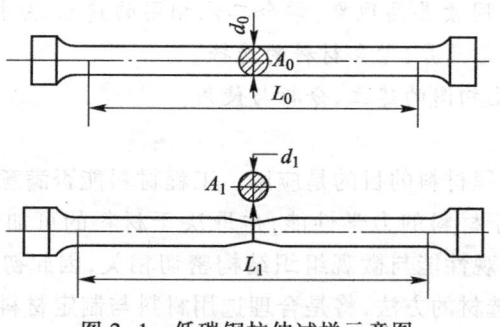

图 2-1 低碳钢拉伸试样示意图

(1) 金属材料抗拉强度

图 2-2a 为低碳钢的拉伸曲线。由图可以看出,当载荷较小时,试样的拉伸量 ΔL 与载荷成比例增加,拉伸曲线在 OE 段保持直线,并遵循胡克定律。若在此阶段卸载,试样会恢复到原始状态,这种变形称为弹性变形,点 E 对应最大弹

---

① 金属材料的强度和塑性是通过拉伸试验测定的。目前金属材料室温拉伸试验方法采用 GB/T 228.1—2010 标准,本书为叙述方便采用旧标准。

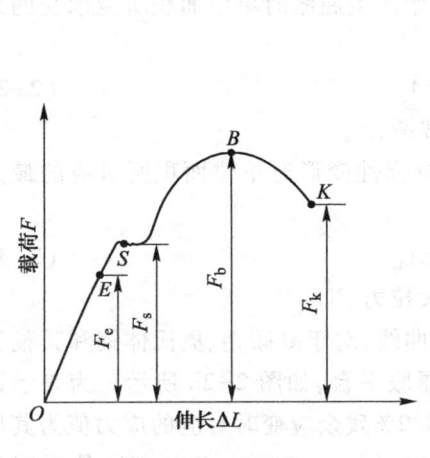
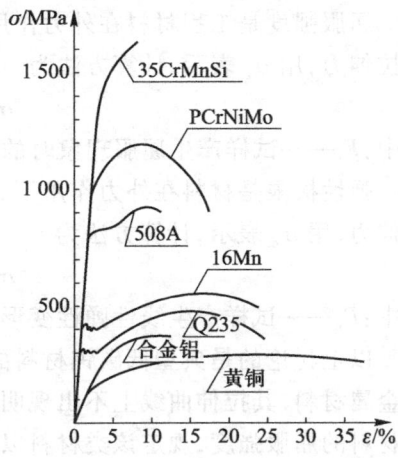

(a) 低碳钢的 $F-\Delta L$ 拉伸曲线图　　　　(b) 不同金属的应力-应变拉伸曲线图

图 2-2　拉伸曲线图

性变形载荷为 F_e；继续增加载荷达到点 F_s 时，拉伸曲线将出现锯齿形平台，即载荷在基本保持不变情况下试样继续产生塑性伸长，这种现象称屈服，点 S 称为屈服点；若在此后卸载，试样不能完全恢复到初始状态而产生永久性变形，即塑性变形。值得注意的是，塑性变形过程总是伴随有弹性变形。屈服产生以后，继续增加载荷，试样将继续伸长，当载荷增加到 F_b 时，试样标距内的某局部截面将开始缩小，产生颈缩现象，此时的载荷 F_b 是试样所能承受的最大载荷。颈缩产生以后，金属材料仍继续变形，所需的载荷将下降，载荷达到 F_k 时，试样在颈缩处断裂。

拉伸曲线也可以用应力 ($\sigma = F/A$)-应变 ($\varepsilon = \Delta L/L$) 曲线表示，这种表示排除了材料的尺寸因素而可达到仅仅表征材料力学性能的目的，而且曲线形状相似，如图 2-2b 所示。

分析拉伸过程可知，在不同的阶段，材料抵抗变形与破坏的能力是不同的，对应不同阶段的最大抵抗能力，拉伸强度又可细分为抗拉强度、屈服强度、弹性极限等。为便于相互比较，强度常用材料单位面积所能承受载荷的最大能力表示（即应力，单位 MPa）。

其中抗拉强度是表示材料在拉伸过程中单位面积所能承受的最大拉伸力，用 σ_b 表示，计算方法为

$$\sigma_b = F_b / A_0 \tag{2-1}$$

式中：F_b——试样拉伸时的最大拉力，N；

A_0——试样的原始截面积，mm^2。

屈服强度是工程材料在外力作用下开始产生屈服时单位面积所能承受的最大拉伸力,用 σ_s 表示,计算方法为

$$\sigma_s = F_s/A_0 \qquad (2-2)$$

式中:F_s——试样产生屈服现象时的对应载荷,N。

弹性极限是材料在外力作用下,能保持弹性变形时单位面积所对应的最大拉伸力,用 σ_e 表示,计算方法为

$$\sigma_e = F_e/A_0 \qquad (2-3)$$

式中:F_e——试样产生线性弹性变形的最大拉力,N。

以上讨论的是典型低碳钢材料的拉伸曲线,对于高碳钢、奥氏体钢和其他脆性金属材料,其拉伸曲线上不出现明显的屈服平台,如图 2-2b 所示。为表示该类材料的屈服强度,规定该类材料以产生 0.2% 残余应变时对应的应力值为其屈服极限,称为条件屈服极限或名义屈服强度,用 $\sigma_{0.2}$ 表示。此外不同的屈服阶段,材料的变形方式不同,变形方式包括滑移与孪晶两种。平滑的屈服平台主要对应滑移变形方式,该变形过程比较平稳。锯齿状屈服平台则包含大量的孪晶变形方式,表明变形过程非常剧烈。

(2) 高分子材料抗张(拉)强度

高分子材料的性能不同于金属材料,因此其抗拉伸特征也不同,例如金属材料的可延性(塑性)主要来自晶面之间的滑移和晶间转动,而高分子聚合物的可延性来自于大分子的长链结构和柔性,这些特点就保证了高分子固体聚合物在一个方向或两个方向上受到压延或拉伸变形时,产生很大的长径比。材料的这种性质为生产大长径比(长度比直径,有时是长度比厚度)的产品提供了可能。此外对应不同温度,聚合物结构与性能也有很大的差异,在较低温度时材料为玻璃态,相应临界温度为 T_g,较高温度时为黏流态,相应临界温度为 T_f,$T_g \sim T_f$ 之间则为高弹态(相互关系可参见第八章图 8-4)。图 2-3 为高分子聚合物在不同温度范围时的拉伸曲线(应力-应变关系)。

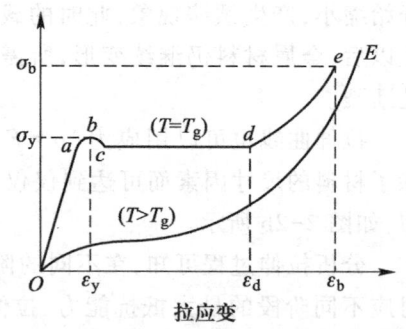

图 2-3 聚合物拉伸时典型的应力-应变图

在临界温度 T_g,直线 Oa 段说明材料初期的形变为普弹形变,弹性模量高,延伸形变值很小。ab 处的弯曲说明材料抵抗形变的能力开始降低,出现形变加速的倾向,并由普弹形变转变为高弹形变。点 b 称为屈服点,对应于点 b 的应力称为屈服应力 σ_y。从点 b 开始,近水平的曲线说明在屈服应力的作用下,通过

链段的逐渐形变和位移，聚合物逐渐延伸，应变增大。在屈服应力的连续作用下，材料形变的性质也逐渐由弹性形变发展为大分子链的解缠和滑移为主的塑性形变。由于材料在拉伸时发热（外力所做的功转化为分子运动的能量，使材料出现宏观的放热效应），温度升高，以致形变明显加速，并出现形变的"细颈"现象。这种因形变引起发热，使材料变软、形变加速的现象称为"应变软化"。

所谓"细颈"，是指材料在拉应力作用下截面形状突然变细的一个很短的区域。在出现细颈以前，材料基本是未拉伸的（以弹性变形为主），细颈部分的材料则是拉伸的。细颈区后（图 2-3 中 cd 线段）的材料在恒定应力下被拉长的倍数称为自然拉伸比。显然自然拉伸比越大，聚合物的延伸程度越高，结构单元的取向程度也越高。随着取向程度的提高，大分子间作用力增大，引起聚合物黏度升高，使聚合物表现出"硬化"倾向，形变也趋于稳定而不再发展。取向过程的这种现象称为"应力硬化"，它使材料的弹性模量增加，抵抗形变的能力增大，引起形变的应力也就相应地升高。当应力达到点 e，材料因不能承受应力的作用而破坏，这时的应力 σ_b 称为抗拉（张）强度或极限强度。强度的计算方法与金属相同。此时形变的最大值 ε_b 称为断裂伸长率。由于点 e 的强度和模量比取向程度较低的点 c 要高得多，所以在一定温度下，材料在连续拉伸中拉细不会无限地进行下去，拉应力势必转移到弹性模量较低的低取向部分（变形将在阻力小的部分进行），使那部分材料进一步取向，从而可获得全长范围都均匀拉伸的制品。这是聚合物通过拉伸能够生产纺丝纤维和拉幅薄膜等制品的原因。聚合物通过拉伸作用可以产生各向异性，从而可根据需要使材料在某一特定方向（即取向方向）具有比别的方向更高的强度。

2. 弯曲强度

对工程陶瓷等脆性材料，由于其塑性几乎为零，用抗拉强度已难以准确描述其抵抗变形与破坏的能力，因此常用弯曲强度表示，可参阅标准 GB/T 6569—2006 或 ISO 14704:2016。在进行弯曲试验时，既可采用三点弯曲的加载方式，也可以采用四点弯曲的加载方式，图 2-4 为弯曲加载示意图，对应弯曲断裂载荷 F，此时的强度为弯曲强度，计算公式为：

$$\sigma_f = \frac{3F(L-l)}{2bh^2} \tag{2-4}$$

式中：F——断裂载荷，N；

L——下支点间跨距，mm；

b——试样的宽度，mm；

h——试样的厚度，mm；

l——支点间的跨距（三点弯曲 $l=0$），mm。

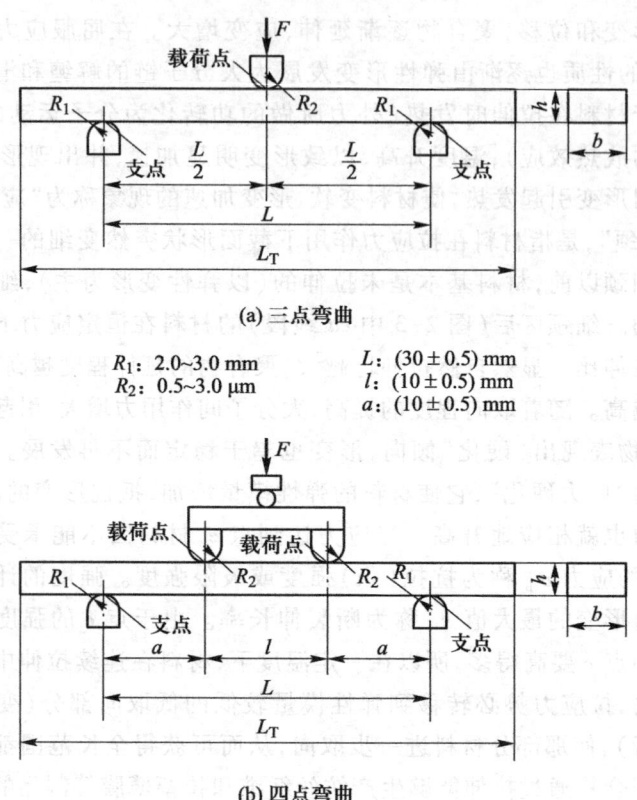

图 2-4 弯曲加载示意图

二、塑性

工程材料的塑性(plasticity)是指工程材料在外力作用下产生塑性变形而不破坏的能力。对应拉伸变形,通常用两种方式来表示,即伸长率(δ)和断面收缩率(ψ)(参考图 2-1)。

$$\delta = \frac{L_1 - L_0}{L_0} \times 100\% \tag{2-5}$$

$$\psi = \frac{A_0 - A_1}{A_0} \times 100\% \tag{2-6}$$

式中:L_0——试样标距的原始长度,mm;

L_1——试样拉断瞬间标距的实际长度,mm;

A_0——试样原始截面积,mm^2;

A_1——试样断口处的截面积,mm^2。

对高分子材料,延伸程度也可以由自然拉伸比描述(图2-3)。自然拉伸比越大,聚合物的延伸程度越高,结构单元的取向程度也越高。

三、冲击韧度

冲击韧性(参见 GB/T 229—2007)是工程材料在冲击载荷作用下表现出来的力学性能指标。实践证明,冲击载荷比静载荷对零件的破坏程度更严重,所以设计承受冲击载荷作用下的零件时就必须考虑材料的冲击韧度。

冲击韧度(impact toughness)是指被冲击试件在一次冲击试验时被冲断所吸收的能量 A_K 除以原试件的最小横截面积 A_0 所得的值[式(2-7)],用符号 a_K(单位为 J/cm^2)表示。工程上常用摆锤冲击试验机来测定冲击韧度,图2-5为试验示意图。

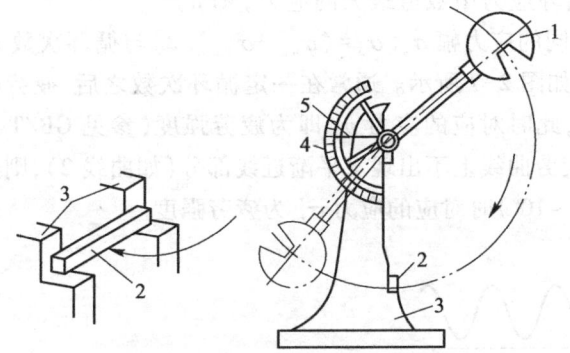

图2-5 冲击韧度试验示意图
1—摆锤;2—试样;3—支座;4—刻度盘;5—指针

试验时,将冲击试样放在试验机的支座上,然后将摆锤自一定高度处落下,冲击试样,从刻度盘上即可读出 A_K,其中:

$$a_K = A_K/A_0 \tag{2-7}$$

式中:A_K——摆锤对冲击试样做的功,J;

A_0——试样缺口处截面积,cm^2。

冲击韧度主要用于衡量材料承受能量冲击而不破坏的能力,a_k 越大,材料抵抗冲击而不破坏的能力越强。冲击韧度的大小除与材料本身特性有关外,还受试样的尺寸、缺口形状和试验环境等因素影响,使用时应一并把这些因素都考虑进去。此外,试验证明小能量反复冲击时,冲击韧度与强度有关,强度越高,材料耐冲击性能越好。

四、疲劳强度

在机械设备中,有些机件是在变动载荷作用下工作的,它们的主要破坏形式是疲劳(fatigue)断裂。疲劳断裂是指机件在变动载荷作用下,尽管所受应力低于屈服强度,仍会发生损伤、断裂的现象。变动载荷是指载荷大小或大小和方向随时间按一定规律呈周期循环变化或呈无规律随机变化的载荷。图2-6列出了几种变动载荷示意图。

疲劳强度(fatigue strength)是工程材料承受规定循环次数(常取 $10^6 \sim 10^7$)而不失效的最大应力,用 σ_r 表示。下标 r 表示应力循环系数,由下式确定:

$$r = \sigma_{min}/\sigma_{max} \tag{2-8}$$

式中:σ_{min}——循环应力中数值最小的应力,MPa;

σ_{max}——循环应力中数值最大的应力,MPa。

试样承受不同的应力幅 $\sigma_a [\sigma_a = (\sigma_{max} - \sigma_{min})/2]$ 与循环次数 N 之间的关系曲线,称疲劳曲线,如图2-7所示。通常在一定循环次数之后,疲劳曲线出水平渐近线(如曲线1),此时对应的应力 σ_r 即为疲劳强度(参见 GB/T 4337—2015);对于某些材料,其疲劳曲线上不出现水平渐近线部分(如曲线2),则规定循环次数为某一值(常为 $10^5 \sim 10^8$)时对应的应力 σ'_r 为疲劳强度。

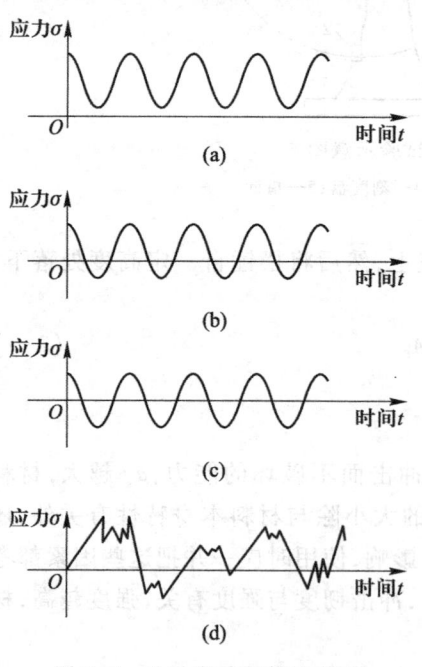

图2-6 几种变动载荷示意图

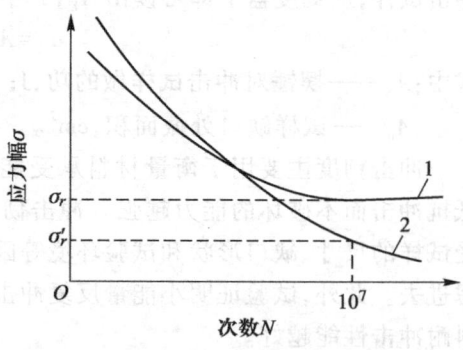

图2-7 疲劳曲线图

五、硬度

硬度(hardness)是指更硬的外来物体作用于固体材料上时,固体材料抵抗塑性变形、压入或压痕的能力。硬度也是工程材料的主要力学性能指标。硬度高低对工程材料的切削加工性、零件的耐磨性和使用寿命影响显著。一般来说,硬度越高,材料耐磨性越好,使用寿命越高,但也会给切削加工带来困难。

对于金属材料,主要使用布氏硬度(参见 GB/T 231.1—2018)和洛氏硬度(参见 GB/T 230.1—2018)测量其硬度,对工程陶瓷则常用维氏硬度和 A 种洛氏硬度 HRA。对于高分子材料来说,一般用邵氏硬度计来测量,下面分别介绍其测量方法与原理。

1. 布氏硬度(HB)

它是用载荷为 F 的力把直径为 D 的碳化钨合金球压入材料表面(如图2-8),并保持一定的时间,然后卸载,测出碳化钨合金球在材料表面上所压出凹痕的直径 d,由此计算出压痕球面面积 A_R,求出单位面积所受的力,即为材料的布氏硬度值。布氏硬度用符号 HBW(碳化钨合金球)表示,计算公式为

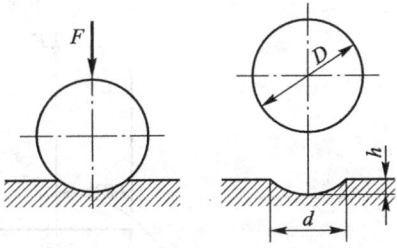

图 2-8 布氏硬度试验示意图

$$\mathrm{HBW} = 0.102\frac{F}{A_R} = 0.102\frac{2F}{\pi D(D-\sqrt{D^2-d^2})} \quad (2-9)$$

式中:F——载荷,N;

D——钢球直径,mm;

d——压痕直径,mm。

实际应用中一般不直接计算 HBW,可以根据测量的 d 值在相关的表中查出布氏硬度值。

2. 洛氏硬度(HR)

用一个锥顶角为 120°的金刚石圆锥或一定直径的钢球为压头,在规定载荷作用下压入被测材料表面,由压头在材料表面所形成的压痕深度来确定其硬度值,如图 2-9 所示,显然压痕深度越浅,材料硬度越大。根据压头形状与载荷不同,常用的洛氏硬度又分为 HRA、HRB、HRC 三种。

3. 维氏硬度(HV)

维氏硬度(参见 GB/T 4340.1—2009)的测试原理基本上与布氏硬度相同,也是根据压痕凹陷单位面积上的力作为硬度值,所不同的是维氏硬度试验压头采用锥面夹角为 136°的金刚石四方角锥体(图 2-10)。试验时,在载荷 F 的作用

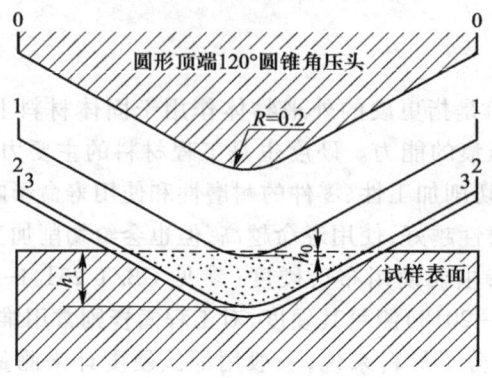

图 2-9 洛氏硬度试验示意图

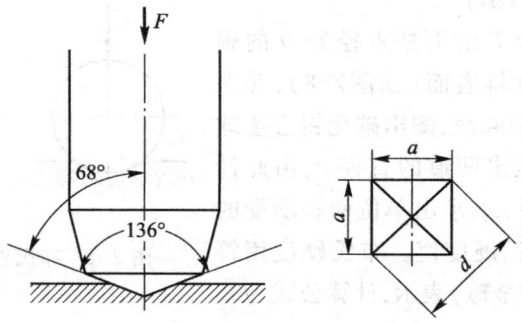

图 2-10 维氏硬度试验示意图

下,在试样表面压出一个正方形的压痕,只要测量出压痕两对角线的平均长度 d,即可计算压痕的面积 A_V,维氏硬度用 HV 表示:

$$HV = F/A_V = 1.854\ 4\ F/d^2 \qquad (2\text{-}10)$$

式中:F——载荷,N;

A_V——压痕面积,mm^2;

d——对角线的平均长度,mm。

4. 邵氏硬度

邵氏硬度又称肖氏硬度(参见 GB/T 4341.1—2014),是用来测量弹性体和热塑性软塑料的穿透硬度的,邵氏硬度分为邵氏压痕硬度与邵氏反弹硬度两种。前者被测试样放在硬度计台面的适当位置,压紧到规定时间后立即读取用数字 0~100 表示的压痕硬度读数。使用的压痕硬度计有 A 型、C 型和 D 型三种刻度型号;后者则使用邵氏反弹式硬度计进行测定,使用顶端装有金刚石的冲头(总重 3 g),从 300 mm 高度的玻璃管中垂直落于试件上,由玻璃管的刻度读出其垂直反弹高度,其硬度值由下式计算:

$$HS = KH/H_0$$

式中:HS——邵氏反弹硬度;
　　　H——冲头反弹的高度,mm;
　　　H_0——冲头的原始高度,mm;
　　　K——反弹硬度系数。

六、断裂韧度

工程上,对于一些尺寸较大的零件,若其内部存在裂纹,往往在裂纹处产生应力集中,并易于导致材料低应力脆断,这种脆断是十分危险的。因此针对材料内部存在裂纹的情况,通常采用断裂韧度(fracture toughness)指标 K_{IC} 来评定。K_{IC} 主要用于脆性材料,断裂韧度的测量方法(参阅GB/T 4161—2007)与抗折强度测量方法相类似(图2-11),不同之处是在弯曲试样中部预制一个 0.1 mm 左右宽的小口,以模拟材料内部微裂纹的一半,然后加载后测量其断裂韧度 K_{IC},单位为 $MPa \cdot m^{1/2}$。K_{IC} 计算公式见(2-11)。

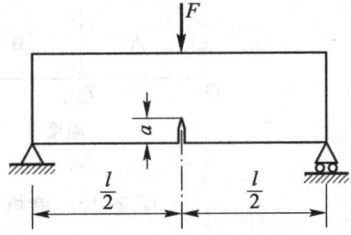

图 2-11　断裂韧度测量示意图

$$K_{IC} = Y\sigma_c\sqrt{a} \tag{2-11}$$

式中:Y——与裂纹形状及加载方式有关的量;
　　　σ_c——裂纹失稳扩展的应力,即断裂应力,计算与测量方法见式(2-4),MPa;
　　　a——材料内部裂纹长度的一半,m。

K_{IC} 是材料抵抗裂纹失稳扩展能力的度量,是材料抵抗低应力脆性断裂的能力。如果零件中裂纹的形状和大小一定,若材料的断裂韧度 K_{IC} 较大,则其裂纹快速扩展的应力 σ_c 便越高,零件便不容易发生低应力脆断。例如氧化铝陶瓷的断裂韧度通常小于 $4 \text{ MPa} \cdot m^{1/2}$。

七、材料的高温性能

高温结构材料包括工程陶瓷、高温合金等。衡量高温性能的指标很多,典型指标包括高温强度和抗热振性等。

1. 高温强度

高温强度是指材料在高温下,抵抗外力载荷所引起的应变或断裂的能力。典型单相多晶陶瓷材料的强度和变形随温度的变化见图2-12,在不同的温度区,强度变化较大。在低温 A 区,强度随温度的变化很小,断裂是脆性的,无塑性变形;在中温 B 区强度随温度的升高而下降,断裂仍是脆性的,无塑性变形;在高温 C 区,则出现明显的塑性流动。对应温度 T_A、T_B、T_C 分别称为脆性温度、半脆性温度和黏滞状态温度。

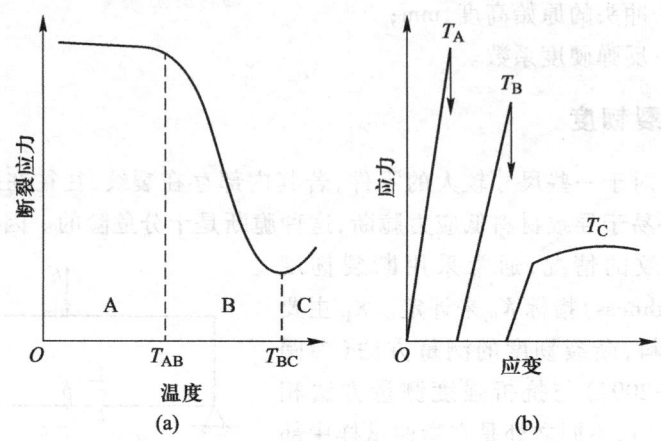

图 2-12 单相多晶陶瓷材料的性能与温度关系

2. 抗热振性

材料的抗热振性(thermal shock)是指材料抵抗温度变化能力的大小,分为热冲击作用下的瞬时断裂和热冲击循环作用下的开裂、剥落,终至整体损坏的热振损伤两大类。为此脆性陶瓷材料抗热振性的评价理论也相应分为两种观点。一种是基于热弹性理论,以热应力和材料固有强度之间的平衡条件作为热振破坏的判据;另一种是基于断裂力学的概念,以热弹性应变能和材料的断裂能之间的平衡条件作为热振破坏的判据。对应热弹性理论,当热应力大于材料固有强度或临界应力时,平衡条件破坏,材料发生热冲击破坏。

根据上述理论,水急冷条件下平板件表面及中心处产生的热应力 σ_s 为

$$\sigma_s = \frac{E\alpha(T_1 - T_0)}{1-\nu} \tag{2-12}$$

式中:α——热膨胀系数;

ν——泊松比(取 $\nu=0.2$);

T_1——从高温炉取出温度;

T_0——抛入介质温度;其余同前。

当温度梯度不同时,在一定冷却条件下产生的热应力为

$$\sigma = \psi E\alpha \frac{T_1 - T_0}{1-\nu} \tag{2-13}$$

其中，ψ 为与毕渥数 Bi 有关的热应力衰减系数，与几何因素、热性质和受热环境有关，水冷时，近似认为冷却时间为零，取 $\psi=1$，此时式（2-13）与式（2-12）相同。随冷却时间延长，ψ 值减小，在空气中冷却时取 $\psi=0.6$，冷却速度介于两者之间时取 $\psi=0.8$。

为判断材料抗热冲击的能力，对急剧受热受冷的材料，通常把达到断裂强度 σ_f 所对应的临界温差参数 ΔT_c 称为热振参数 R，工程中常利用 R 衡量材料抗热振的能力，由式（2-12）可知，水冷时的热振参数 R 为

$$R = \Delta T_c = \frac{\sigma(1-\nu)}{E\alpha} \qquad (2-14)$$

热振破坏的判据为实际温差 ΔT 大于热振参数 R：

$$\Delta T > R \qquad (2-15)$$

八、高弹性和黏流性

非晶态聚合物在不同的温度下，可以表现出不同的性质。典型的性质包括高弹性与黏流性。在外力作用下，高聚物会发生大的变形，当外力去除后，其变形逐渐回复的性质称为高弹性。在此状态下，聚合物受外力作用，大分子链可以通过链段的运动以适应外力的作用。当受拉力作用时，分子可以从卷曲的线团状态变为伸展状态，表现出很大的形变；当外力去除后，大分子链又可以通过链段的运动回复到最可能的卷曲线团状态。

黏流性是指高聚物黏性流动的性质。在黏流态，分子具有很高的能量，不仅链段能够运动，而且整个大分子链都能运动，聚合物在外力作用下将呈现黏性流动，分子间发生相对滑动。这种形变和低分子液体的黏性流动相似，是不可逆的。当外力去除后，形变不回复。

第二节　材料学基础

材料的力学性能和工艺性能与材料的微观组织结构密切相关，而材料学基础是研究微观组织结构的，所以学习有关材料学基础知识是必需的。考虑到各种类型工程材料的微观组织、晶体结构既有相同，又有差异，而且种类繁多，为此本节以金属材料为主，结合其他工程材料，简述材料学的有关基本知识。

一、金属学基础

1. 金属的晶体结构

（1）晶体点阵和晶胞

固体材料主要有晶体(crystal)与非晶体之分，晶体材料又分为单晶体与多晶体。晶体材料的主要特征是组成质点之间是有序排列的，而且排列规律可以各不相同，这反映了晶体结构的差异。例如：金属、合金、无机非金属材料(陶瓷)和高分子材料在性质和晶体结构上均有很大差异。性质的差异除了质点的排列不同以外，还在于键合类型不同。对金属而言，晶体质点间的结合是由金属键联系而成的，这决定了金属材料的诸多特性。

晶体是一个重要的概念，它是指由许多质点(原子、离子和分子)在三维空间呈周期性规则排列所构成的固体。为了便于了解这些排列规律，常将晶体中的质点假设为固定不动的刚性球体，而晶体就是由这些刚性球体堆垛而成的，如图 2-13a 所示。若用许多平行的直线将这些原子刚性球体连接起来，就构成三维的空间构架，如图 2-13b 所示。这种用来描述晶体中质点(原子、离子或分子)排列规则的空间构架模型称为晶体点阵。研究晶体有很多种方法，例如为了研究晶体的规律性，通常取晶体点阵的一个基本单元来描述晶体的构造，这种基本单元也称为晶胞(unit cell)。晶胞是晶体点阵中最小的排列周期单位。为了描述晶胞内的几何特征和质点空间位置，通常可用三个棱边长 a、b、c 和三个棱边之间夹角 α、β、γ 来进行，如图 2-13c 所示，其中 a、b、c 又称为点阵常数。

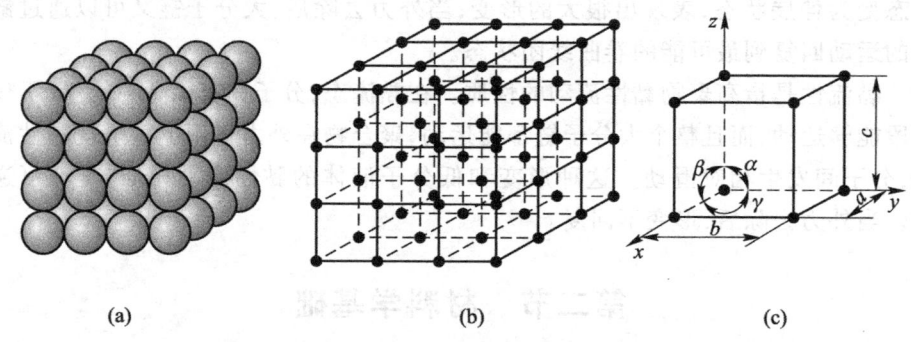

图 2-13 晶体点阵和晶胞示意图

(2) 金属的单晶体结构

金属的单晶体结构种类很多，最典型、最常见的金属单晶结构有三种，即体心立方晶体(bcc)结构、面心立方晶体(fcc)结构和密排六方晶体(hcp)结构。结构不同，既反映了原子堆垛方式的不一样，也反映了性能的差异。

1) 体心立方晶体结构　该晶体结构的原子排布规律如图 2-14 所示，其单个晶胞为立方体结构，在该结构中每个顶点各占有一个原子，其中心也存在一个原子。体心立方晶体的结构参数特点是，三个棱边长相等，各个棱边夹角均为

90°,即 $a=b=c,\alpha=\beta=\gamma=90°$,具有这种晶体结构的金属包括 α-Fe、Cr、V、Nb、Mo、W 等。

2)面心立方晶体结构　该晶体结构原子排布规律如图 2-15 所示,原子除分布在立方六面体晶胞的各个顶点上外,在每个面的中心也分布着一个原子。面心立方晶体的结构参数特点是,晶胞的各个棱边长相等,棱边夹角也均为 90°,即 $a=b=c,\alpha=\beta=\gamma=90°$。具有这种晶体结构的金属有 γ-Fe、Cu、Ni、Al、Ag 等。相对而言,具有面心立方晶体结构的材料塑性更好。

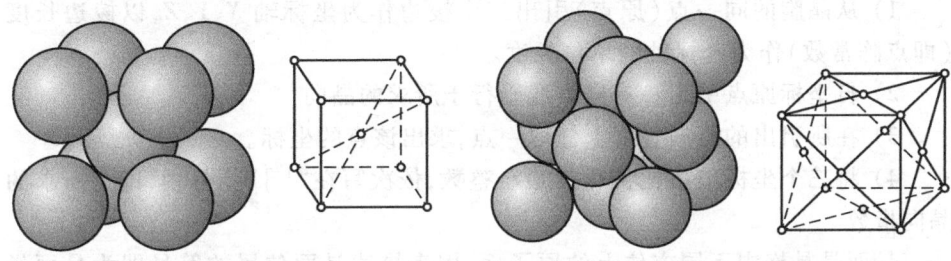

图 2-14　体心立方晶胞示意图　　　　图 2-15　面心立方晶胞示意图

3)密排六方晶体结构　该晶体结构的原子排布规律如图 2-16 所示,结构特点为六方柱体,其上下底面分别为正六边形,晶胞有十二个顶角,每个顶角各占有一个原子,上、下底面中心各有一个原子,另外,两个正六方面之间还有三个原子。密排六方晶体的结构参数特点是,a 为正六边形边长,c 为正六方柱高,通常 $a\neq c$。具有这种晶体结构的金属有 Zn、Mg、Be、α-Co 等。

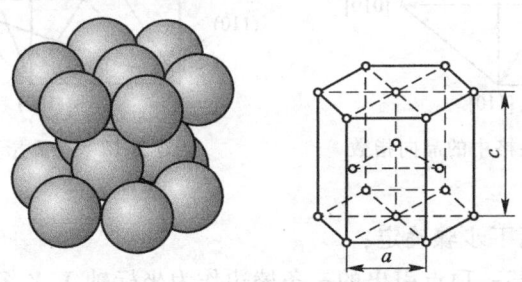

图 2-16　密排六方晶体晶胞

*(3)晶向指数和晶面指数

由于晶体中的原子是在三维空间周期性规则排列的,为了更清楚地描述晶体排列规律,更形象地描述原子在晶体中的位置,确定晶体中相关的点、线和面,分析晶体的各种原子列和原子面的特点,研究人员除了用晶胞内的几何参数

($a、b、c$ 和 $α、β、γ$)来描述质点空间位置外,还同时采用晶向指数和晶面指数来表达其空间排列方向和位置,并引入晶向、晶面等基本概念。

晶向是晶格中各种原子列的位向,晶向指数即是用来描述晶向的一种符号。研究人员通常以[uvw]来表示晶向指数的通式,若晶向指数坐标中有负值,则在该坐标值上方加上负号,如[$\bar{uvw}$]。图 2-17 中示出了立方晶体结构中的几种晶向指数。

晶向指数可以按以下步骤确定:

1)从晶胞的同一点(原点)引出三个棱边作为坐标轴 $X、Y、Z$,以棱边长度(即点阵常数)作为坐标轴的单位长度。

2)自坐标原点引出一有向直线平行于所求的晶向。

3)在所引出的有向直线上任取一点,求出该点的坐标。

4)将三个坐标值按比例化为最小整数,依次写在"[ ]"括号内,即为所求的晶向指数。

晶面是晶格中不同方位上的原子面,用来描述晶面位置的符号即为晶面指数。晶面通常用(hkl)表征,如为负值,则在相应指数上方加上负号,如($h\bar{k}l$)。图 2-18 给出几种晶面指数类型。

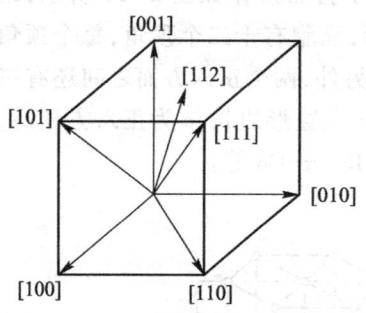

图 2-17 立方晶格中的晶向指数

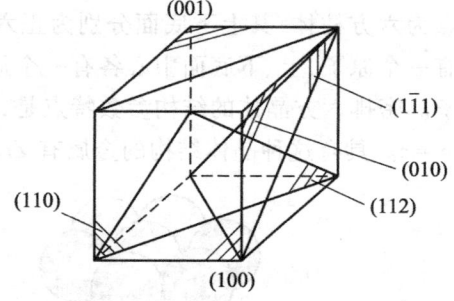

图 2-18 晶面指数示意图

晶面指数按以下步骤确定:

1)将晶胞中某一顶点引出的三条棱边作为坐标轴 $X、Y、Z$,坐标原点应选在待定晶面之外,以免出现零截面。

2)以晶胞的棱边长为度量单位,求出待定晶面在各轴上的截距。

3)取各截距的倒数,并化为最小简单整数,放在圆括号"( )"内,即为求得的晶面指数。

显而易见,沿不同的晶向或晶面,原子的排列密度是不一样的,这决定了晶体在不同位相的性质。例如,材料变形时,滑移方向总是沿着最密排方向,而滑移面往往是密排面。

(4) 多晶结构

大块单晶体金属是指整个金属内部的晶向(或晶面)互相平行且完全一致，这种单晶材料在实际应用中是很少见的。而实际应用中的大块金属材料通常是由许多小晶体组成的，如图2-19所示。这种位向不同、形状各异的小晶体称为晶粒。晶粒与晶粒之间的交界称为晶界。这种由多个晶粒组成的晶体结构称为多晶体结构。

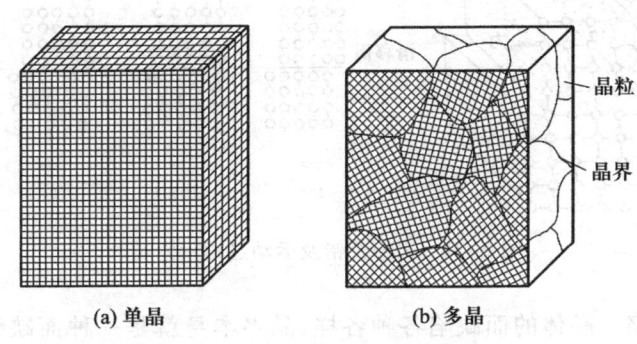

图2-19 单晶与多晶体结构

(5) 晶体缺陷

晶体中原子完全有规则的排列是难以实现的，实际晶体或多或少总是存在各种各样的偏离规则排列的不完整区域。这种原子偏离规则的不完整区域称为晶体缺陷。由于晶体缺陷的存在，使得实际晶体的性能(特别是对结构敏感的性能，如强度及塑性等)会发生很大变化。这些变化并非总是有害，如能加以利用，也能为改变材料的某些性能提供帮助。晶体的缺陷种类较多，若按晶体缺陷的几何形状划分，可将它们分为点缺陷、线缺陷和面缺陷三种。

1) 点缺陷 常见的点缺陷有三种，即空位、间隙原子和置换原子，如图2-20所示。该缺陷的主要特征是三维方向上的尺寸都很小，仅相当于一个原子尺寸。其中空位是指结点上没有原子，间隙原子是指存在于点阵间隙位置处的原子，而置换原子是取代正常点阵原子的其他原子。点缺陷有一个共同的特点，即它们的存在使其周围临近原子偏离平衡位置，造成了点阵畸变，形成应力场。这种畸变有利于材料强度性能的提高。

2) 线缺陷 刃型位错是一种比较典型的线缺陷，其结构特点如图2-21所示。它的特征

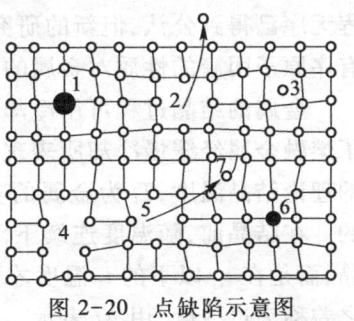

图2-20 点缺陷示意图

是沿着晶体结构某一方向的尺寸很大,而三维空间的其他两个方向尺寸很小。若假设有一原子平面在晶体内部中断,那么这个原子面中断处的边缘就是一个刃型位错,它好似一把刀刃插入晶体中。晶体线缺陷的产生、增殖或减少对金属材料的力学性能有很大影响。事实上,金属材料之所以能产生塑性变形,位错的存在和运动起到至关重要的作用。

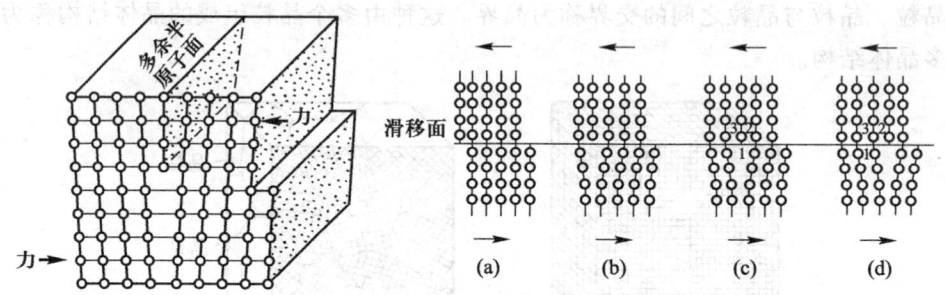

图 2-21 刃型位错及运动过程示意图

3) 面缺陷 晶体的面缺陷各种各样,晶界本身就是一种面缺陷,它是由于相邻两晶粒的位向不同,从一种位向晶粒向另一种位向晶粒过渡时引起的。除晶界外,面缺陷还包括堆垛层错、亚晶界、相界和孪晶界等。面缺陷的特征为空间点阵两个方向上的尺寸很大,而第三方向的尺寸很小。该缺陷由于晶界处原子排列不规则,晶体处于畸变状态,存在畸变能,是杂质原子聚集的场所,也是金属材料发生损坏失效的策源地。

2. 金属的结晶过程

在实际生产中,金属要经过熔炼或铸造(指由液态向固态的转变过程)之后才能制成各种制品。由于固态金属的原子是排列有序的晶体,而液态金属中的原子是无序排列的,所以冷却时,金属将由液态向固态转变,该过程称为结晶。从原子排列规则性看,结晶就是原子排列从无规则状态向规则状态的转变过程。液态金属是否一定是无序状态,目前的研究结果尚有不同看法,虽然液态金属长程无序已得到公认,但新的研究也发现液体还具有短程有序的证据。这些局部有序原子团簇的性质对金属的结晶也有重要影响,可以成为晶核。

金属的结晶过程可用冷却曲线描述,图 2-22a 为纯金属的冷却曲线,它表明了熔融金属经缓慢冷却所表现出的温度随时间的变化规律。如果以 t_m 为金属的理论结晶温度,T_i 为金属的实际结晶温度。由图可知,结晶并不是瞬间完成的。在结晶前,随温度连续下降,液态金属冷却到理论结晶温度时并未开始结晶,而是在 t_m 以下的 t_i 温度才开始($t_i<t_m$),这种理论结晶温度与实际结晶温度之差称为过冷度,用 Δt 表示。

$$\Delta t = t_m - t_i \quad (2-16)$$

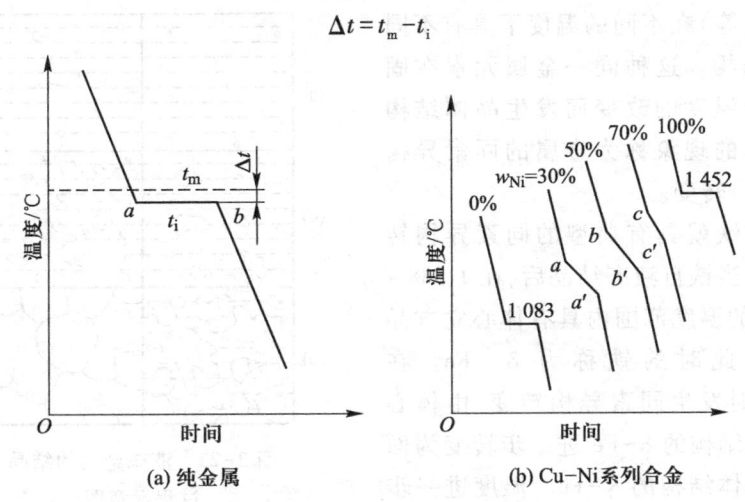

图 2-22 金属的冷却曲线

过冷度的大小与冷却速度有关,冷却速度越大,过冷度越大,实际结晶温度越低。

此外纯金属的结晶过程也是一个热平衡的过程,当液态金属冷却到结晶温度 t_i 时,会放出结晶潜热,结晶潜热的释放将补偿散失到周围的热量,如完全补偿会使冷却曲线出现平台。

合金(或非纯金属)的结晶不同于纯金属,以 Cu-Ni 合金为例(图 2-22b),纯金属的冷却曲线都有一水平线段,表示结晶始终在同一温度下进行;而合金的冷却曲线不同,它可以没有水平线段,但最少可以出现两次转折,表示这些合金是在某个温度范围内进行结晶的。温度较高的折点是结晶开始温度,称上相变点;温度较低的折点是结晶终了温度,称为下相变点。之所以出现冷却曲线中的上下相变点,是因为结晶潜热不足以补偿散失到周围的热量。

研究还表明,金属的结晶过程实质上是晶核的形成与长大过程。结晶时,首先围绕短程有序的液态原子团簇形成某一临界尺寸的晶核,然后金属原子以晶核为核心,按一定位向和几何形状在晶核上排列,使晶核不断长大。与此同时,在液相的其他部位也产生类似晶核,并以同样的机制长大。这样,通过形核、长大的不断进行,最终各晶核相互接触,形成晶界,结晶过程全部结束。由此可见,固态金属大部分是由多晶体构成的。图 2-23 描述了液态金属的结晶全过程。

3. 金属的同素异构转变

液态金属结晶后的原子排列规律,不仅与金属元素有关,有时还与温度有关,虽然大多数金属在结晶后,其晶体结构类型保持不变,但有些金属(如铁、锰、钛、锡等)在不同的温度下具有不同的晶体结构。这种同一金属元素在固态下由于温度的改变而发生晶体结构类型变化的现象称为金属的同素异构(allotropy)转变。

例如铁就具有典型的同素异构转变特征。当铁自液态结晶后,在 1 538~1 394 ℃的温度范围内具有体心立方晶体结构,此时的铁称为 δ-Fe。在 1 394 ℃时发生同素异构转变,由体心立方晶体结构的 δ-Fe 进一步转变为面心立方晶体结构的 γ-Fe。温度进一步降低到 912 ℃时,面心立方晶体结构的

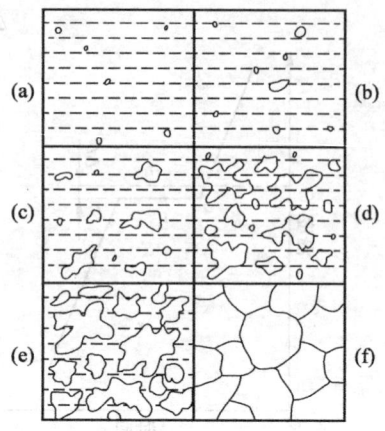

图 2-23 液态金属的结晶过程示意图

γ-Fe 重又转变为体心立方晶体结构的铁,但是为区别起见,称该温度下的铁为 α-Fe。这种同素异构转变也可由冷却曲线描述(图 2-24)。

固态下的同素异构转变与液态结晶类似,也是形核与长大交替并存的过程,也会放出结晶潜热。为与液态结晶区别开来,固态下的结晶过程又称为相变重结晶。

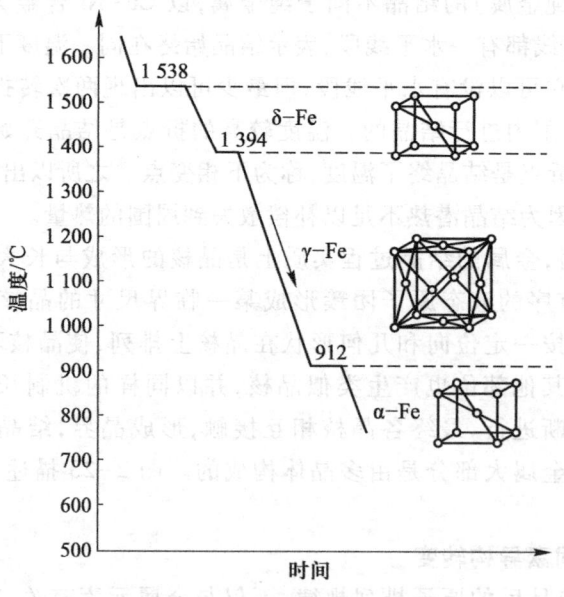

图 2-24 纯铁的冷却曲线

4. 合金的相与相结构

纯金属虽然具有良好的塑性，较高的导电、导热等性能，但由于它们的力学性能（如强度）较差，所以其在工程中的应用受到限制。人们常将几种元素组合在一起制成合金，以获取良好的综合力学性能。

合金是指由两种或两种以上的金属元素或金属元素与非金属元素组成的材料，而且具有金属的特性，它与纯金属有很多不同。为研究方便，把组成合金的元素称为组元。例如钢和铸铁都是由铁和碳组成的合金，黄铜是由铜和锌组成的合金，其中铁、碳、铜、锌分别为相应合金的组元。此外把合金中结构相同、成分和性能均一，并以界面相互隔开的组成部分称为相（phase）。把合金中不同相的组合称为组织。通过上述划分会发现合金的优良特性是由它内部的组织和相结构决定的。而合金中相结构对合金的性能起决定性作用，合金组织的变化对合金性能也有很大的影响。

需要注意的是合金中不同的相具有不同的晶体结构。按其晶体结构的基本属性，固态合金中的相可分为固溶体和金属化合物两类。

（1）固溶体

当合金组元之间以不同比例相互混合后，若所形成的固相晶体结构与组成合金的某一组元相同，这种相称为固溶体。其中体现这种晶体结构的组元称为溶剂，而其他的组元则称为溶质。例如铁素体 F 即为铁与碳组成的固溶体，其晶体结构为体心立方结构，与溶剂 α-Fe 结构相同，而溶质碳原子则固溶于 α-Fe 晶体结构之间。

固溶体的固溶方式也有所不同，按溶质原子在溶剂晶格中所处的位置，又可分为间隙固溶体和置换固溶体，间隙固溶体是指溶质原子位于溶剂原子点阵的间隙位置中，置换固溶体是指溶质原子占据溶剂原子点阵位置，如图 2-25 所示。

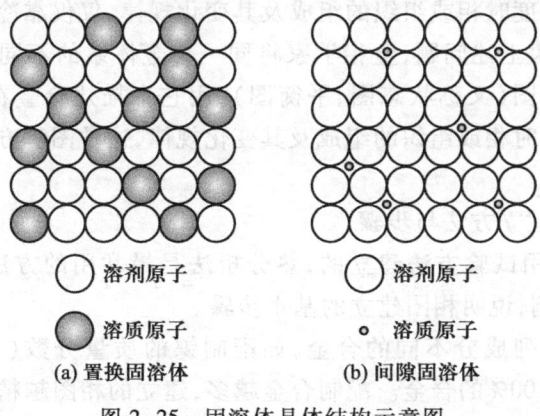

图 2-25 固溶体晶体结构示意图

分析图2-25可知,无论何种固溶体,由于溶质与溶剂的原子半径存在差异,必然导致固溶体点阵结构的畸变。并且原子尺寸差别越大,这种点阵畸变越大。在间隙固溶体中,虽然一般溶质原子尺寸比溶剂原子尺寸小得多,但也同样会导致固溶体的点阵畸变。

点阵的畸变并非完全不利,虽然它能使合金塑性变形更加困难,但却能通过提高抵抗变形的能力,增强合金的强度和硬度。通常,将这种由于溶质原子的引入而使固溶体强度提高的强化方法称为固溶强化。

(2) 金属化合物

与固溶体不同,金属化合物是合金组元间发生相互作用而形成的一种新相,它的晶体结构类型和性能不同于任一组元,但具有金属性质。金属化合物的特点是晶体结构复杂、熔点高、硬而脆,在合金中起强化相作用。它的存在和分布对合金的强度、硬度和耐磨性产生很大的影响。例如,铁碳合金钢中的渗碳体(Fe_3C),布氏硬度高达800 MPa,脆性很大,塑性几乎为零,它的存在使钢的强度、硬度增加,而塑性、韧性下降。有一类特殊的金属化合物相组成的材料称为金属间化合物材料,这些相不仅具有金属键,还同时具有共价键,这种特殊的键合类型,使该类材料不仅具有金属的特性,还具有陶瓷的性能,所以该类材料又称为半陶瓷材料。典型的金属间化合物包括:$FeAl$、Fe_3Al、$TiAl$、Ti_3Al、$NiAl$、Ni_3Al等。

5. 二元合金相图

如前所述,对单一的一种合金,可以通过冷却曲线来描述其温度与时间的关系,研究相之间的平衡条件。但是这种方法仅适用于单一合金的纵向状态研究,却不适合于同类合金之间横向的比较。由于实际使用的合金往往是一个体系,例如Fe-C合金体系、Ti-Al合金体系等,所以描述整个合金体系在平衡条件下,不同成分、不同温度时相或组织的组成及其变化规律,仅仅靠冷却曲线方法显然是不够的。为解决上述问题,金相学家将同一合金体系的不同冷却曲线组合在一起,组成合金相图(又称状态图、平衡图),用它来描述合金在平衡条件下,不同成分、不同温度时相或组织的组成及其变化规律,这种图解方法是非常直观有效的。

(1) 相图的建立方法与步骤

相图通常是用试验方法建立的,热分析法是最常用的方法之一,现以铜镍(Cu-Ni)合金为例,说明相图建立的基本步骤。

1) 配制一系列成分不同的合金,如配制镍的质量分数(w_{Ni})分别为0%、30%、50%、70%、100%的合金。配制合金越多,建立的相图越精确。

2) 作出各种不同成分合金的冷却曲线,并找出冷却曲线上相变点(转折点)

的温度,如图 2-26a 所示。

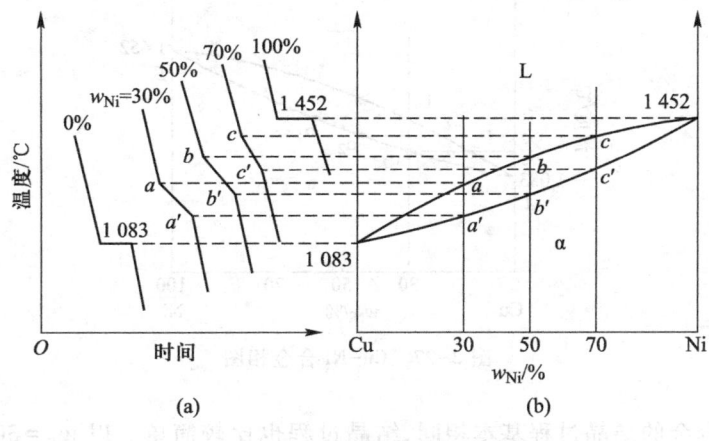

图 2-26 相图建立过程示意图

3) 以温度为纵坐标、成分为横坐标建立一个直角坐标系,将相变点分别标在这个坐标系上,如图 2-26b 所示。

4) 把具有相同意义的各相变点连成曲线,即将所有上相变点相连,所有下相变点相连,则构成了图 2-26b 所示的 Cu-Ni 二元合金相图。Cu-Ni 相图是一种最简单的二元合金相图。大多数合金的相图都较其复杂。

相图中不同的点、线、面代表不同的物理意义,由上相变点连成的曲线称为液相线,表示各不同成分合金结晶开始(或加热过程中完全熔化时)的温度;下相变点的连线称为固相线,表示合金结晶终了(或加热过程中熔化开始)的温度。在 Cu-Ni 相图中,固液两条线把相图分成三个相区,即液相区、固相区和固液两相共存区。

大部分相图要比 Cu-Ni 相图复杂,在分析相图时,可以把复杂的相图看作是由几个简单的相图组成的。例如匀晶相图、共晶相图等。

（2）匀晶相图

Cu-Ni 合金相图即是匀晶相图,其特征是两组元在液态和固态下都能彼此无限互溶而形成固溶体。这类二元合金很多,包括:Cu-Ni、Ag-Au、Cr-Mo、Cd-Mg、Fe-Ni、Mo-W 等,由于这些合金结晶时都是从液相结晶出单相的固溶体,这种结晶过程称为匀晶转变,这种相图称为匀晶相图。

以 Cu-Ni 合金相图为例(图2-27),相图由两条平衡转变曲线组成,位于上方的 AB 线为液相线,位于下方的 AB 线为固相线,两条线将相图分为三个区:液相线以上合金处于液态的高温区,即液相区;固相线以下合金则完全处于固态的低温区,即固相区;上下两相区之间为固液两相共存区。

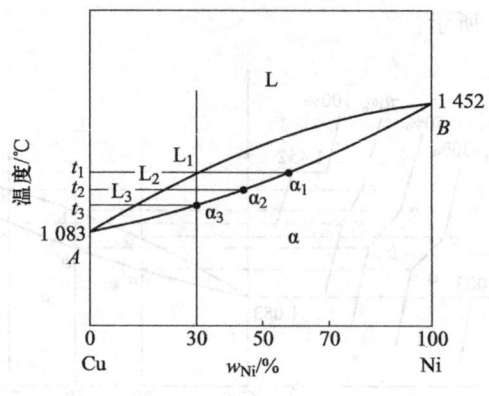

图 2-27 Cu-Ni 合金相图

这类合金的结晶过程基本相同,结晶过程也比较简单。以 $w_{Ni}=30\%$ 的合金为例,可以说明合金的结晶过程。在温度 t_1 以上时,合金处于液态。当温度降到 t_1 时开始结晶出微量 α_1 固溶体。应注意的是此时结晶出的固溶体成分并非 Ni30%,而是 α_1 固溶体对应处的成分,它位于 t_1 所作水平线与固相线交点所对应处的成分,此时液相成分基本未变化仍是 Ni30%。

当温度缓慢冷却到 t_2 时,固溶体结晶数量逐渐增多,此时固相成分和液相成分分别对应 α_2、L_2 成分点。在结晶过程中,因为冷却速度非常缓慢,除新结晶出固相 α_2 外,一方面先结晶出的固溶体会通过液相进行原子扩散(主要是扩散 Ni 原子),另一方面液相也会通过 α_2 向先结晶固溶体进行原子扩散(Cu 原子)。这样才达到 α_1 向 α_2 转变、L_1 成分向 L_2 变化。这就保证了冷却过程中固相成分沿固相线变化,液相成分沿液相线变化。

当温度冷却到 t_3 时,液相全部结晶成固相,此时固相成分为 $w_{Ni}=30\%$ 的 α_3 固溶体。温度继续下降时不再发生相的变化。

以上的分析是在冷却速度极其缓慢时进行的,只有这样,原子才能进行充分扩散。在实际结晶过程中,冷却速度比较快,原子扩散不能充分进行。在快速冷却时,晶体各部分的成分就存在差异,先结晶出的部分含镍量较高,后结晶部分含镍量较低。对同一晶粒来说,晶粒中心部位含镍高而晶粒表面含镍较少,这样的结晶过程称为非平衡结晶,而把极缓慢冷却下进行的结晶称为平衡结晶。由非平衡结晶产生的晶粒内化学成分不均匀的现象称为晶内偏析。为了消除这种偏析,可把合金重新加热到稍低于固相线的温度,并长时间保温,使原子扩散充分进行,从而达到化学成分均匀,这种处理方法称为扩散退火。当然通过快速冷却的非平衡结晶也可加以利用,比如反复利用非平衡结晶过程可以对金属进行提纯。

(3) 共晶相图

共晶合金的特点是两组元在液态时能无限互溶,但在固态下则有限固溶,不仅如此,结晶时还能够发生共晶相变。所谓共晶相变,是指具有一定成分的液相在一定的温度下,同时结晶出两种具有不同成分的固相的相变(在共晶相图中一定有一个由共晶成分和温度组成的共晶点),对应该相变产生的组织称为共晶组织。具有共晶组织的二元合金相图即为二元共晶相图。二元共晶合金有 Ag-Cu、Pb-Sn、Al-Sn、Pb-Bi、Pb-Sb 等。事实上,在复杂的 Fe-C、Al-Mg 相图中也包含共晶相变部分。

图 2-28 为 Pb-Sn 二元共晶相图,它的共晶点为点 E,它是液相线 AE、BE 的交点。如果说线 AE 是表示从液相(L)开始结晶出 α 相的开始线,线 BE 是表示从液相(L)开始结晶出 β 相的开始线;那么在点 E 一定会同时结晶出 α 相和 β 相,共晶的含义也就在于此。同样若用 AM、BN 分别表示 α 和 β 相结晶完毕的固相线;水平线 MEN 可表示为共晶反应线,此时任何成分的合金液体一旦温度冷却到该线,液体成分通过自动调整后都会满足点 E 共晶条件(请同学自己分析原因),发生共晶反应,即 $L_E = α + β$,它表示从液相中同时结晶出两种固相,故线 MEN 又称为共晶线。此外线 MF 和 NG 称为固溶度线,分别表示 α 和 β 固溶体的固溶度随温度的降低而减小的特性。

为了说明共晶合金从高温到低温的平衡与结晶过程,以 Ⅰ、Ⅱ、Ⅲ、Ⅳ 几种 Pb-Sn 合金为例加以分析,如图 2-28 所示。

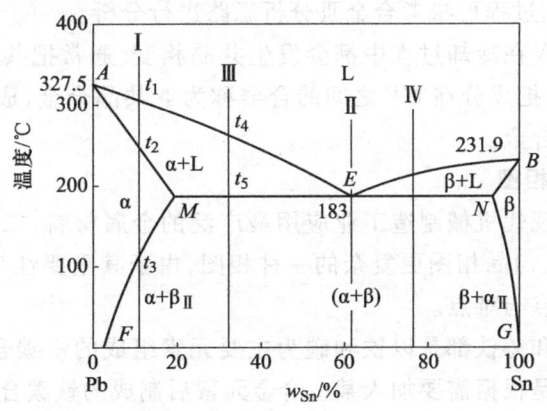

图 2-28 Pb-Sn 二元共晶相图

合金 Ⅰ 当合金 Ⅰ 从液态缓慢冷却到 t_1 时,开始结晶出 α 固溶体。随着温度继续降低,α 固溶体的数量不断增加,液态相数量减少,固液两相的成分分别沿线 AM 和 AE 发生变化。当冷却到 t_2 温度时,结晶完成,形成合金 Ⅰ 的单相 α

固溶体。在 $t_2 \sim t_3$ 之间，α 固溶体不发生成分和相的变化。在 t_3 温度以下，Sn 在 α 固溶体中呈过饱和状态，多余的 Sn 以 $β_{II}$ 固溶体形式从 α 相中析出（以区别从液体结晶出的 β 相），随着温度继续降低，固溶体溶 Sn 能力继续下降，$β_{II}$ 固溶体不断析出。在这个过程中，α、$β_{II}$ 固溶体的成分分别沿 MF 和 NG 线变化。在室温下，合金 I 是由点 F 成分的 α 固溶体和点 G 成分的 $β_{II}$ 固溶体组成的两相合金。

合金 II　合金 II 由液态缓慢冷却到点 E 温度（183 ℃）时发生共晶相变，即从液相中同时结晶出 α 相和 β 相，这个转变是在恒温下进行的，直到结晶完毕。继续冷却时，α 相和 β 相都要发生溶解度的变化，α、β 相的成分分别沿线 MF、NG 变化，并分别析出 β 相和 α 相。同样为便于区别，将点 E 温度以下析出的 α 相和 β 相称为二次析出相，分别记为 $α_{II}$ 和 $β_{II}$。在室温下合金 II 的组织为共晶体（α+β）上分布着二次析出相 $α_{II}$ 和 $β_{II}$。

合金 III　合金 III 在 t_4 温度以上为液体，在 $t_4 \sim t_5$ 温度之间冷却时，随着温度降低，α 固溶体的数量不断增多，α 相与液相的成分分别沿着线 AM 和 AE 变化。当温度降到 t_5（$t_5 = t_E$）时，所有未结晶液相的成分变为与点 E 相同的成分，并在此时发生共晶相变，直到全部液相结晶完毕。这类合金在共晶相变刚完成时的组织由先结晶 α 相和共晶体（α+β）相组成。在 t_5 以下继续冷却时，α 相和 β 相分别析出二次相 $β_{II}$ 和 $α_{II}$，所以常温下的结晶组织为 α 相+共晶体（α+β）+二次析出相 $α_{II}$ 和 $β_{II}$。不过一般情况下，$α_{II}$ 和 $β_{II}$ 很难在显微镜下观察到。

合金 IV　合金 IV 的结晶过程与合金 III 类似，只是先结晶出来的是 β 相而不是 α 相，具体结晶过程可参考合金 III 分析思路进行分析。

合金 II、III、IV 在冷却过程中都会发生共晶相变，通常把共晶点对应的合金称为共晶合金，而把成分在 ME 之间的合金称为亚共晶合金，成分在 EN 之间的合金称为过共晶合金。

6. 铁碳合金相图

铁碳合金是现代机械制造工业应用最广泛的金属材料，二元铁碳合金相图也是较共晶相图、匀晶相图更复杂的一种相图，由于其重要性与复杂性，一直是本课程的学习重点与难点。

普通碳素钢和铸铁都是以铁和碳为主要元素组成的铁碳合金，合金钢和合金铸铁实际上也是根据需要加入某些合金元素后制成的铁碳合金。所以了解掌握铁碳合金相图具有重要实用价值。通常说的铁碳合金相图是指碳的质量分数在 6.69% 以下的部分，因为碳的质量分数大于 6.69% 的铁碳合金中会形成大量脆性 Fe_3C，没有实用价值。由于碳的质量分数为 6.69% 的 Fe_3C 是一个亚稳定的化合物，可以将其看作一个组元。因此，铁碳合金相图实际上也可以看成是 Fe 与 Fe_3C 两个组元所构成的相图。

(1) 铁碳合金的基本相

根据纯铁的同素异构转变可知,铁在1 394 ℃以下有两种主要相结构,即体心立方晶体结构的 α-Fe(912 ℃以下)和面心立方晶体结构的 γ-Fe(912~1 394 ℃之间)。但对铁碳合金,相结构则比较复杂,研究发现铁碳合金主要相结构包括铁素体、奥氏体、渗碳体三种。

如前所述,若碳原子溶于 α-Fe 中形成间隙固溶体,原子排列仍为体心立方点阵,该结构即为铁素体,用 F 或 α 表示。由于碳原子在 α-Fe 中的最大溶解度仅为0.021 8%(727 ℃时),固溶强化效果有限,因此铁素体的性质与纯铁相近,强度、硬度较低,塑性很好。

同样道理,碳原子若溶于 γ-Fe 中,形成间隙固溶体,仍保持面心立方晶体结构,该结构称为奥氏体,用 A 或 γ 表示。奥氏体的碳质量分数随温度升高而增大,在727 ℃时为0.77%,到1 148 ℃时达到最大值为2.11%。奥氏体的强度、硬度随碳的质量分数的增加而增加,但塑性良好。

渗碳体是铁和碳的化合物,碳质量分数为6.69%,晶体结构复杂,呈复杂斜方晶体结构。其特点是硬度高(800 HBW)、脆性大($\psi=0\%$),是一种硬而脆的组织,但它是钢和铸铁中一种主要的强化相。渗碳体在铁碳合金中的含量、形状和分布情况对合金性能有很大的影响。

(2) 铁碳合金相图分析

建立铁碳合金相图的方法与步骤与前相同,分析研究方法也类似,只是更复杂。通过后续分析可以看出它既是研究铁碳合金成分、组织和性能之间关系的基础,也是制定各种加工工艺(热锻、铸造和热处理)的基本依据。

完整的铁碳合金相图比较复杂,为便于学习,该图常做以下简化,如图2-29所示,图中横坐标表示碳质量分数。

相图中各主要特征点均具有重要含义,连接各特征点将组成特征线,特征线则将相图分成特征区,上述点、线、面及其含义说明列于表2-1。

相图中 ACD 为液相线,合金在冷却过程中遇上此线时开始结晶。线 AECF 为固相线,在该线以下各对应成分的合金均为固态,其中 ECF 为共晶线,凡在此成分范围内的合金冷却到共晶温度时都会发生共晶相变。线 GS(也称 A_3 线)是合金在冷却过程中由奥氏体析出铁素体的开始线,或者是加热过程中铁素体溶入奥氏体的终了线。线 ES 是碳在奥氏体中的固溶度曲线,随温度升高,奥氏体中碳质量分数增加;当温度低于线 ES 时,奥氏体过饱和碳以渗碳体的形式析出,通常将这个过程中析出的渗碳体称作二次渗碳体,记为 Fe_3C_{II},线 ES 也称作 A_{cm} 线。PQ 线是碳在铁素体中的固溶度曲线,随着温度的降低,多余的碳以渗碳体的形式析出,这一阶段析出的渗碳体常称为三次渗碳体,记为 Fe_3C_{III}。

表 2-1 铁碳合金相图点、线、面及其含义说明

点的符号	对应温度	碳质量分数 $w_C/\%$	物理意义
A	1 538	0	纯铁熔点
C	1 148	4.3	共晶点,$L_C \rightleftharpoons \gamma+Fe_3C$
D	1 227	6.69	渗碳体熔点 Fe_3C(计算值)
E	1 148	2.11	碳在奥氏体中的最大固溶度
F	1 148	6.69	共晶渗碳体成分点
G	912	0	α-Fe 和 γ-Fe 同素异构(晶)转变点
P	727	0.021 8	碳在 α-Fe 中的最大固溶度
S	727	0.77	共析点,$\gamma=\alpha+Fe_3C$

线的符号	碳质量分数区间 $w_C/\%$	含义	
ACD	0~6.69	液相线	
AC	0~4.3	奥氏体结晶开始线	
CD	4.3~6.69	一次渗碳体结晶开始线	
AECF	0~6.69	固相线	
AE	0~2.11	奥氏体结晶终了线	
ECF	2.11~6.69	共晶线,液体同时结晶出奥氏体与渗碳体的结晶线	
GSE	0~2.11	碳的最大固溶度曲线	
GS	0~0.77	铁素体析出线	
SE	0.77~2.11	二次渗碳体析出线	
PSK	0.021 8~6.69	共析线,发生共析反应,结晶出共析产物珠光体	
GP	0~0.021 8	铁素体转变终了线	
PQ	0~0.021 8	三次渗碳体析出线	

区域符号	相组成	含义
ACD 线以上区	液相 L	在该区金属全部为液体
ACEA 区	$L+\gamma$	液体与奥氏体共存区
CDFC 区	$L+Fe_3C$	液体与渗碳体共存区
AESGA 区	γ	单一奥氏体区
EFKSE 区	$\gamma+Fe_3C$	奥氏体与渗碳体共存区
GSPG 区	$\alpha+\gamma$	铁素体与奥氏体共存区
GPQG 区	α	单一铁素体区
QPSK 线以下区	$\alpha+Fe_3C$	铁素体与渗碳体共存区

线 PSK 为共析线,也称 A_1 线,与共晶线相类似,它是由线 PS 和线 SK 组成,其中点 S 为共析点,当奥氏体的温度降至该线时都会发生共析反应。所谓共析反应是由一种确定成分的固态分解为两种不同成分的固态的反应。如

$$\gamma = \alpha + Fe_3C$$

通常把奥氏体的共析体 $\gamma(F+Fe_3C)$ 称为珠光体,用符号 P 表示。

由图 2-29 和表 2-1 可知,铁碳合金相图中有四个单相区:① L 液相区(ACD 以上区);② γ 奥氏体区($AESGA$ 区);③ α 铁素体区($GPQG$ 区);④ Fe_3C 渗碳体区($DFKL$ 区)。

按照相图的规律,两个单相区之间必然夹有一个两相区作为这两个相的过渡区(点接触除外),那么 $Fe-Fe_3C$ 相图中就有如下五个两相区:① L+γ 相区($ACEA$ 区);② L+Fe_3C 相区($CDFC$ 区);③ α+γ 相区($GSPG$ 区);④ γ+Fe_3C 相区($EFKSE$ 区);⑤ α+Fe_3C 相区($QPSK$ 以下区)。

(3) 铁碳合金结晶过程分析

如上所述,铁碳合金对应不同的温度和成分,组织结构有很大的差异,这些差异不仅极大地影响材料的性能,还将影响材料的加工,因此分析铁碳合金的结晶过程,了解合金在加热或冷却过程中的组织转变过程,具有重要的实际应用价值,特别是对制定正确的热加工工艺很有帮助。为此,特以几种典型成分合金为例分析其结晶过程及组织转变规律。

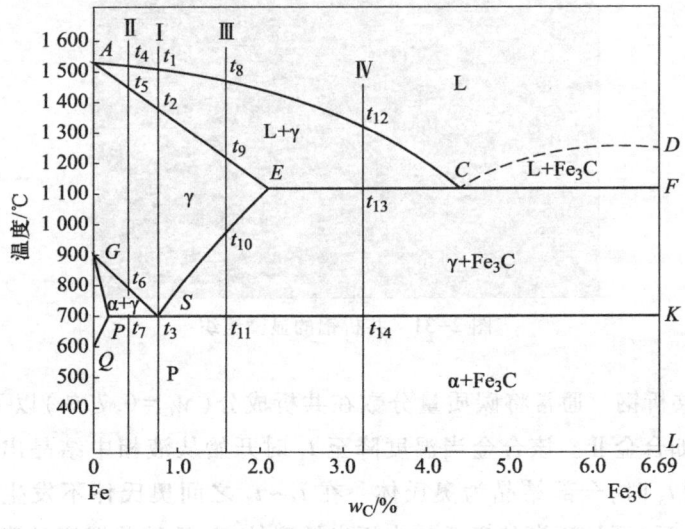

图 2-29 铁碳合金相图

1) 共析钢　成分对应共析点 S 的铁碳合金为共析钢(图 2-29)。在 t_1 点温度以上时,合金为液态。当温度达到 t_1 之后,液相中开始析出奥氏体 γ。随着温度降低,奥氏体的数量将逐渐增多。达到温度 t_2 时,液相全部结晶为奥氏体。当温度继续下降在 $t_2 \sim t_3$ 之间时,奥氏体不发生组织变化;而降到点 S 时,奥氏体将发生共析转变,即

$$\gamma = \alpha + Fe_3C$$

此时钢的组织全部转变为珠光体。温度继续下降,珠光体不再发生变化。因此,共析钢的室温平衡结晶组织为珠光体。图 2-30 为组织转变示意图,图 2-31 是共析钢的显微组织。

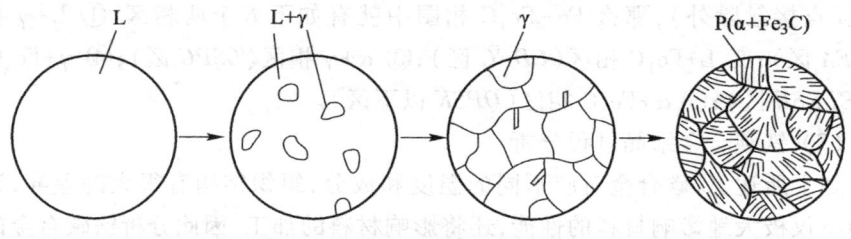

图 2-30　共析钢组织转变示意图

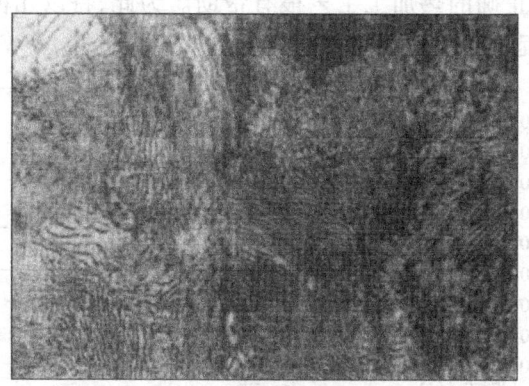

图 2-31　共析钢的显微组织

2) 亚共析钢　通常将碳质量分数在共析成分($w_C = 0.77\%$)以下的钢称为亚共析钢,如合金Ⅱ。该合金当温度降至 t_4 时开始从液相中结晶出奥氏体,当温度降低到 t_5 时,全部结晶为奥氏体。在 $t_5 \sim t_6$ 之间奥氏体不发生组织转变。温度降到 t_6 后,开始逐渐从奥氏体中析出铁素体,并且随着温度的降低,铁素体的数量逐渐增多,而奥氏体的数量逐渐减少,其成分也沿着线 GS 变化。当冷却到温度 t_7 时,剩余奥氏体成分变得与点 S 成分相同,此时将发生共析转变,生成

珠光体。继续冷却直到室温,不再发生组织变化。所以亚共析钢的室温组织为铁素体+珠光体。亚共析钢的结晶过程的组织转变如图2-32所示。

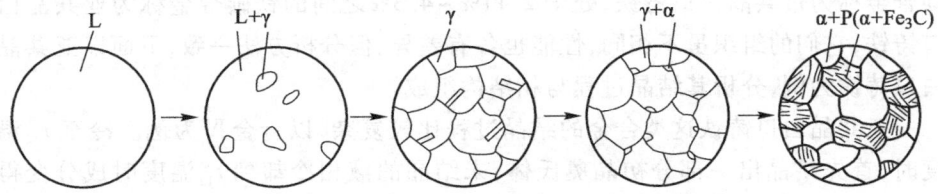

图 2-32 亚共析钢的结晶过程的组织转变

3) 过共析钢 与亚共析钢不同,通常将碳质量分数超过共析成分0.77%,但小于2.11%的铁碳合金称为过共析钢,如合金Ⅲ。该合金在 t_8 以上为液体,在 t_8 下下开始结晶出奥氏体,到达 t_9 温度时全部结晶完毕。在 $t_9 \sim t_{10}$ 之间奥氏体不发生组织转变。当温度降低到 t_{10} 以后,由于奥氏体的成分沿 ES 线变化,所溶解的多余碳以二次渗碳体形式析出。冷却到 t_{11} 时,即共析温度时,剩余奥氏体的成分将变得与共析成分相同,从而发生共析转变,生成珠光体。因此过共析钢的室温组织为珠光体+二次渗碳体。这类合金的二次渗碳体通常呈网络状分布在珠光体周围,如图2-33所示。图2-34为过共析钢的结晶过程组织转变示意图。

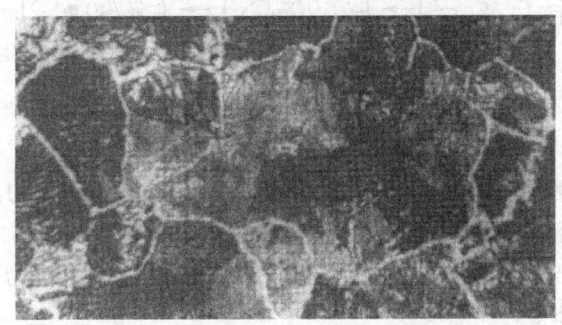

图 2-33 网络状二次渗碳体

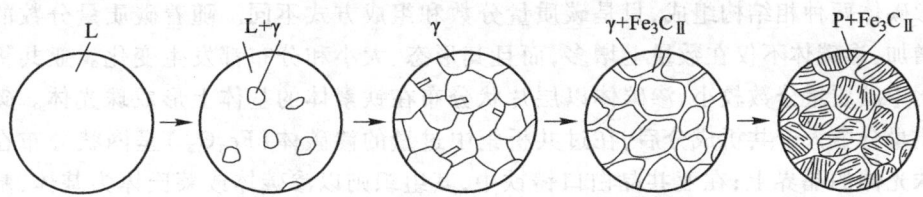

图 2-34 过共析钢的结晶过程组织转变示意图

4) 白口铸铁 碳质量分数为 4.3% 的铁碳合金称为共晶白口铸铁,该合金的组织由莱氏体组成,它是共晶产物。以此为分界,碳质量分数大于 4.3% 的铁碳合金称为过共晶白口铸铁,处于 2.11%~4.3% 之间的铁碳合金称为亚共晶白口铸铁,它们的组织虽不相同,性能也各有差异,但分析方法一致,下面以亚共晶白口铸铁为例,分析其结晶过程与相结构组成。

亚共晶白口铸铁这类合金的结晶过程比较复杂,以合金Ⅳ为例。冷至 t_{12} 温度时,首先结晶出一部分初晶奥氏体,未结晶的液相冷却到 t_{13} 温度时成分变得与 C 点的共晶成分相同,这时剩余液体将发生共晶相变,即:

$$L = \gamma + Fe_3C$$

这种共晶产物即为莱氏体。温度继续降低时,初晶奥氏体与莱氏体中的奥氏体转变过程完全相同,即先析出 $Fe_3C_{Ⅱ}$,达到 t_{14} 之后碳质量分数变为 0.77% 的奥氏体再通过共析反应变为珠光体。这样,莱氏体的组织变为 $(P+Fe_3C_{Ⅱ}+Fe_3C)$,通常把这种组织称为低温莱氏体或变态莱氏体。为了方便,莱氏体和低温莱氏体分别用符号 L_d 和 L_d' 表示。图 2-35 是亚共晶白口铸铁的结晶过程示意图。

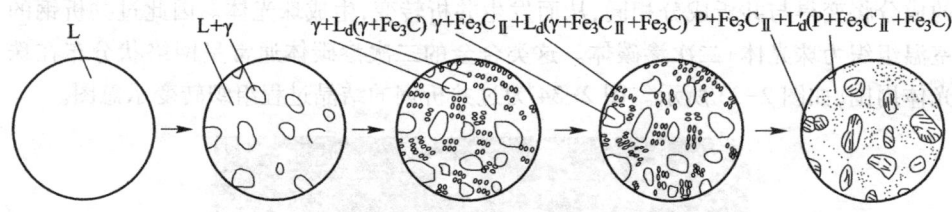

图 2-35 亚共晶白口铸铁的结晶过程示意图

图 2-36 是亚共晶白口铸铁的显微组织,图中只能看到由初晶奥氏体转变而来的珠光体和低温莱氏体,组织中所有二次渗碳体均与共晶体中的渗碳体连在一起,难以分辨出来。而实际亚共晶白口铸铁的室温组织应为珠光体+二次渗碳体+低温莱氏体。

综上所述,室温下的铁碳合金虽然组织复杂,但概括起来,都是由铁素体和渗碳体两种相结构组成,只是碳质量分数和组成方式不同。随着碳质量分数的增加,渗碳体不仅在数量上增多,而且其形态、大小和分布都发生变化。亚共析钢中碳质量分数较小,渗碳体以层片状分布在铁素体的基体上形成珠光体。碳质量分数大于共析成分后,在过共析钢中过量的渗碳体($Fe_3C_{Ⅱ}$)呈网状分布在珠光体的晶界上;在亚共晶白口铸铁中,其组织则以渗碳体或莱氏体为基体,基体上分布着珠光体。这些特征决定了铁碳合金的力学性能和可加工性能有很大不同。

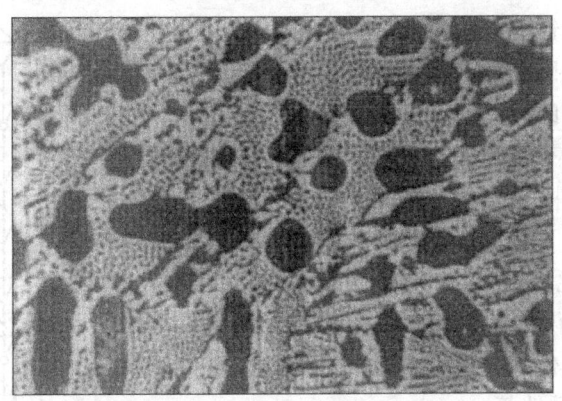

图 2-36 亚共晶白口铸铁的显微组织

二、陶瓷材料学简介

陶瓷材料按照习惯可分为两类,即传统陶瓷和先进陶瓷。传统陶瓷主要指黏土制品,以黏土、长石、石英等天然原料为主,经粉碎、成形、烧结等工艺制成制品。先进陶瓷也称为高技术陶瓷、特种陶瓷、精细陶瓷。先进陶瓷又分为结构陶瓷和功能陶瓷两部分,结构陶瓷主要是利用其良好的力学性能;功能陶瓷主要利用其优异的声、光、电、磁、热等物理性能。例如电容器陶瓷、工具陶瓷、耐热陶瓷、压电陶瓷等都属于先进陶瓷,先进陶瓷是用化工合成原料制成的。

与金属不同,无机非金属材料(陶瓷)除玻璃材料是通过液态浇注成形外,大部分陶瓷成形是由粉体经过高温烧结而成。陶瓷通常也具有晶体结构,是各种晶粒、晶界、气孔和包裹物的组合体。

1. 典型陶瓷的晶体结构

按照晶体原子间相互作用的形成机制,晶体可大致分为5种基本类型:离子晶体、共价晶体、金属晶体、分子晶体和氢键晶体。晶体中原子间的相互作用称为键,5种基本晶体对应5种基本的键,即离子键、共价键、金属键、范德瓦尔斯键和氢键。陶瓷晶体主要以离子键、共价键为主,也可以是两种结合类型的综合或是介于某两种类型之间的过渡。陶瓷晶体的键合方式,决定了这种材料具有比金属更高的耐热性能,更好的耐腐蚀性能,较差的导电、导热性能和难加工性等。工程陶瓷种类很多,常用的典型材料有氧化铝陶瓷、氧化锆陶瓷等。

(1) 氧化铝陶瓷的晶体结构及性能

Al_2O_3 主要有 $\alpha\text{-}Al_2O_3$、$\beta\text{-}Al_2O_3$、$\gamma\text{-}Al_2O_3$ 三种同素异构晶体,最常用的是 $\alpha\text{-}Al_2O_3$。$\alpha\text{-}Al_2O_3$ 属离子型晶体,其晶体结构见图 2-37,力学性能见表 2-2,该结构最紧密,活性低,高温稳定。它是三种形态中最稳定的晶型,电学性质最好,

具有优良的机电性能,氧化铝又称刚玉。

(2) 氧化锆陶瓷的晶体结构

氧化锆陶瓷的热力学和电学性能使它在先进陶瓷和工程陶瓷中有广泛的应用。典型应用包括挤压模、机器的耐磨件、陶瓷发动机的活塞顶等。目前氧化锆正在从韧性、耐磨损和抗热性能方面开拓自己的应用。用氧化锆作增韧剂的复合材料,如 ZTA(氧化锆增韧氧化铝陶瓷)可用作切削刀具。离子导电氧化锆能用作氧传感器的固体电解质、燃料电池、炉子的发热元件等。

氧化锆在不同温度下存在三种稳定的同素异构晶体:从高温到室温分别为液相(L)→立方相(c-ZrO_2)→正方相(t-ZrO_2)→单斜相(m-ZrO_2),如图 2-38 所示。

纯氧化锆的单斜相从室温到 1 170 ℃ 是稳定的,超过这一温度转变为正方相,然后在 2 370 ℃ 转变为立方相,直到 2 680 ℃ 发生熔化。由单斜相变为正方相有滞后现象。冷却时,由 t-相到 m-相的相变在冷却到 1 170 ℃ 以下约 100 ℃ 的温度范围内发生。由 t-相变为 m-相的相变是马氏体相变,冷却时会引起 3%~4% 的体积增加。这一体积变化足以超过 ZrO_2 晶粒的弹性限度,并将引起开裂。因此制造大的纯氧化锆块体材料是很难的。但是当纯氧化锆加入适量氧化钇等相变稳定剂后(例如组成 Y-TZP 陶瓷或 Ce-TZP 陶瓷),部分正方氧化锆会在室温下保留下来,而且研究发现室温正方氧化锆具有

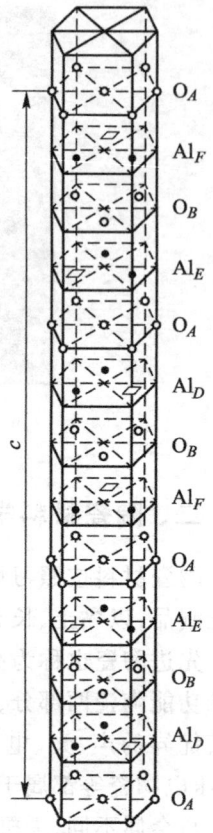

○ —— O^{2-} 离子
● —— Al^{3+} 离子
▱ —— 空位

图 2-37 α-Al_2O_3 晶体阳离子排列

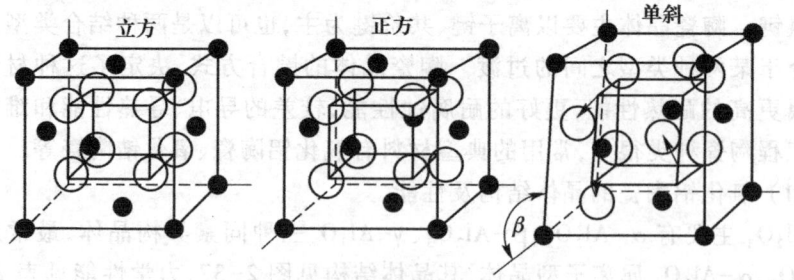

图 2-38 ZrO_2 的三种晶胞结构

表 2-2 α-Al_2O_3 的典型力学性能

$w_{Al_2O_3}$/%	>99.9	>99.7	>99~99.7	>99~96.5
密度/(g·cm^{-3})	3.97~3.99	3.89~3.96	3.6~3.85	3.73~3.8
硬度 HV(500 g)	1 930	1 630	1 500~1 600	1 280~1 500
断裂韧度 K_{IC}/(MPa·m$^{1/2}$)	2.8~4.5	—	5.6~6	—
弹性模量/GPa	366~410	300~380	330~400	300~380
室温弯曲强度/MPa	550~600	160~300	550	230~350
热膨胀系数(10^{-6}K^{-1}) 200~1 200 ℃	6.5~8.9	5.4~8.4	6.4~8.2	8~8.1
室温热导率/[W/(m·K)]	38.9	28~30	30.4	24~26
烧成温度范围/℃	1 600~2 000	1 750~1 900	1 700~1 750	1 700~1 600
泊松比	0.27~0.3			

在应力作用下诱发相变的特点,能导致正方相(t-ZrO_2)→单斜相(m-ZrO_2)转变,并伴有相变后的体积增加,若此时陶瓷内部存在微裂纹,裂纹尖端将在体积膨胀时受到闭合作用。该作用对降低材料脆性,增强韧性效果显著,所以该方法也称为陶瓷材料的相变增韧。

商业正方氧化锆陶瓷的典型力学和物理性能示于表 2-3。表中所得到的某一特性数据与试验方法有关,特别是 K_{IC} 值。而且这些常用数据会受到显微结构变化(如稳定剂含量、晶粒尺寸等)和外界条件变化如气氛、温度的影响。使用时仅供参考。

表 2-3 正方氧化锆多晶体 TZP 的典型物理性能

	Y-TZP	Ce-TZP
稳定剂(mol%)	2~3	12~15
硬度	1 000~1 200	700~1 000
室温断裂韧度 K_{IC}/(MPa·m$^{1/2}$)	6~15	6~30
弹性模量/GPa	140~200	140~200
弯曲强度/MPa	800~1 300	500~800
热膨胀系数(×10^{-6}K^{-1}) 20~100 ℃	9.6~10.4	—
室温热导率/[W/(m·k)]	2~3.3	—

2. 陶瓷显微组织及相结构

（1）晶相

陶瓷的晶相千差万别，与原料组成和制备工艺密切相关。例如：反应烧结氮化硅陶瓷的主晶相为 $\alpha\text{-}Si_3N_4$，热压烧结氮化硅陶瓷的主晶相为 $\beta\text{-}Si_3N_4$；长石质瓷器中晶相为莫来石、偏方石英和残余石英。又例如，刚玉瓷的主晶相是 $\alpha\text{-}Al_2O_3$，由于氧化铝属离子键结合，所以刚玉瓷具有力学性能好、耐高温、绝缘、介电损耗小等优点。

（2）晶界

陶瓷晶粒的晶界形状多呈规则多边形，这与金属晶界有较多不同。由于晶界两侧的晶粒取向不同，因而晶界处的原子排列呈过渡层状态，该过渡层有一定的厚度。由于晶界的结构较疏松，能量较高，在晶粒生长过程中，易析出一些杂质，这些杂质通常聚集在晶界上。晶界中的杂质对陶瓷性能有很大影响，假如晶界杂质较多又成连续分布时，高温下会显示出较大的导电性，即晶界电导率决定整个陶瓷的电导率。此外晶界存在杂质和气孔，晶界结合强度会受到削弱，沿晶界断裂是陶瓷材料脆性破坏的常见情况。杂质在晶界上的存在方式如图 2-39 所示。

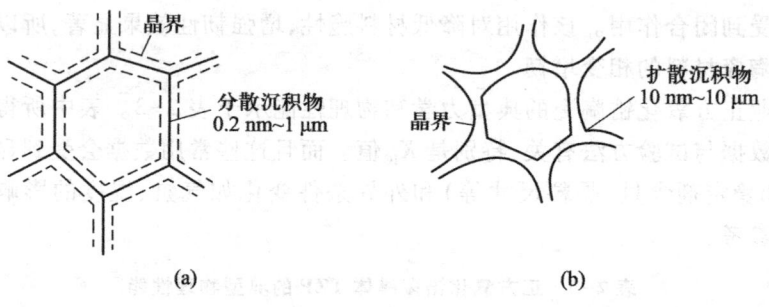

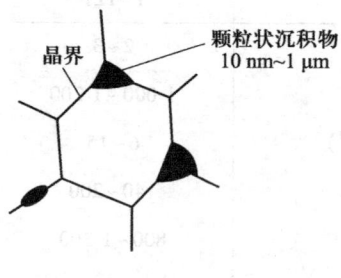

图 2-39 杂质在晶界上的存在方式

(3) 玻璃相

陶瓷坯体中常存在玻璃相,玻璃相属非晶体相(无序相),通常是由坯体的组分及杂质或添加物所形成的低熔点物质。玻璃相的数量会随坯料组成和烧结工艺而不同。玻璃相通常分布在晶相周围形成连续相,它具有黏接晶粒、提高致密性、增加透明度和降低烧结温度的优点。但是也存在使强度降低、在高温下易软化以及使抗热振性能下降等缺点。对高技术陶瓷,玻璃相含量受到严格控制,甚至不允许存在。

(4) 气孔

由于陶瓷通常是由粉体烧结而成,陶瓷结构中就不可避免地存在气孔。气孔量与烧成条件以及坯料的组成有关,一般产品的气孔率在 5%~10%。气孔既可分布于玻璃相中,也可包含在大颗粒晶体中。气孔的存在不仅影响材料的致密程度,也影响材料强度,因此想办法排除气孔是陶瓷制备工艺的重要研究内容之一。

3. 影响组织结构的因素

影响陶瓷微观组织结构的因素很多,归纳起来主要有以下几种。

(1) 原料粉体

研究表明,细颗粒烧结成陶瓷后,晶粒容易长大;中粗颗粒烧结后,晶粒长大较小。这与细颗粒表面能大,烧结驱动力强有关。此外粉末的形状对坯体烧结也有影响,例如等轴颗粒比棒状颗粒更容易致密烧结。颗粒尺寸分布的均匀程度也会影响致密烧结,例如颗粒分布不均时,烧结体临界密度为 90%,若分布均匀时,临界密度可以达到 99%。

(2) 添加元素

掺杂是陶瓷生产中的常用手段,它对材料微观组织结构和性能的影响有两个:一是使掺杂物溶入固溶体,增加晶格缺陷,促进晶格扩散,减少气孔,使坯体致密;二是在晶界上形成连续的第二相,使其溶解晶粒,促进烧结,提高材料的致密性。

(3) 烧结制度

烧结制度中包括烧结气氛、烧结温度、烧结时间、烧结压力和冷却温度等。例如在还原气氛下烧结时,气孔率仅有 4.6%,而在氧化气氛中烧结,气孔率高达 17%。在热压条件下烧结,不仅烧结时间大大减少,致密性和力学性能大幅度提高,烧结温度也可大幅度下降。

(4) 陶瓷材料的强韧化方法

由于影响陶瓷材料微观组织结构的因素很多,因此改善陶瓷材料力学性能的方法也各不相同。例如通过淬冷热处理细化晶粒,可使表面产生压应力。加入金属颗粒,可通过金属的塑性变形吸收裂纹断裂能。此外还可以通过控制陶瓷体积相变闭合扩展裂纹,通过加入高强度纤维,提高陶瓷基体抵抗载荷的能力。总之,上述方法都可以明显提高材料的强韧性。

有关粉体的成形理论见第七章。

三、高分子材料学简介

高分子(high molecule)材料包括塑料、橡胶、合成纤维、油漆和胶黏剂等五种。通常相对分子质量大于 10 000 的物质称为高分子化合物。塑料的相对分子质量一般由几万到几百万,橡胶分子在十万以上,合成纤维的相对分子质量也在一万以上。高分子化合物尽管相对分子质量很大,但其化学组成一般较简单,可以由一种或几种简单化合物(也称单体)聚合而成,也称高聚物。组成高分子的单元结构称为链节,一个高聚物分子中所具有的链节数称为聚合度(D.P)。

聚合度×链节相对分子质量=高分子相对分子质量

例如聚合度为 1 500,链节相对分子质量为 62 的聚氯乙烯相对分子质量为 1 500×62=93 000。

虽然高分子材料通常为非晶态,但塑料成形、薄膜拉伸及纤维纺丝过程中也会出现聚合物结晶现象。结晶速度慢、结晶具有不完全性和结晶聚合物没有清晰的熔点是大多数聚合物结晶的基本特点。一般认为:聚合物加工过程中,熔体冷却结晶时,通常生成球晶。在高应力作用下的熔体还能生成纤维状晶体。聚合物熔体或浓熔液冷却时发生的结晶过程是大分子链段重排进入晶格并由无序变为有序的松弛过程。大分子进行重排运动需要一定的热运动能,要形成结晶结构又需要分子间有足够的内聚能。所以热运动能和内聚能有适当的比值是大分子进行结晶所必需的热力学条件。当温度很高($T>T_f$)时,分子热运动的自由能显著地大于内聚能,聚合物中难于形成有序结构,故不能结晶。当温度很低,即 $T<T_g$ 时,因大分子运动处于冻结状态,不能发生分子的重排运动和形成结晶结构。所以,聚合物结晶过程只能在 $T_g<T<T_f$ 的情况下发生。

聚合物结晶时有两种成核方式。均相成核(又称散现成核)是纯净的聚合物中由于热起伏而自发地生成晶核的过程,过程中晶核密度能连续地上升。异相成核(又称瞬时成核)是不纯净的聚合物中某些物质(如成核剂、杂质或加热时未完全熔化的残余结晶)起晶核作用成为结晶中心,引起晶体生长过程,过程中晶核密度不发生变化。

聚合物结晶后还可能发生二次结晶和后结晶现象。二次结晶是在一次结晶完了后在一些残留的非晶区域和晶体不完整部分即晶体间的缺陷或不完善区域,继续进行结晶和进一步完整化过程。这些不完整部分可能是在初始结晶过程中被排斥的比较不易结晶的物质。聚合物的二次结晶速度很慢,往往需要很长时间(几年甚至几十年)。除二次结晶以外,一些加工的制品中还发生一种后结晶现象,这是聚合物加工过程中一部分来不及结晶的区域在加工后发生的继续结晶的过程,它发生在球晶的界面上,并不断形成新的结晶区域,使晶体进一步长大,所以后结晶是加工中初始结晶的继续。二次结晶和后结晶都会使制品性能和尺寸在使用和贮存中发生变化,影响制品正常使用。

有关高分子材料成形原理将在第八章专门介绍。

复合材料与金属、陶瓷、高分子材料相比,既有很多共同的理论基础,也有各自的不同,鉴于篇幅所限,此处不作详细介绍。

第三节 工程材料的分类、编号及用途

如前所述,工程材料包括金属材料、有机高分子材料(高聚物)、无机非金属材料(陶瓷)和复合材料四大类。本节将重点介绍那些比较常用的工程材料。

一、金属材料

金属材料包括结构金属材料和功能金属材料,根据本课程的要求,介绍以金属结构材料为主。考虑到金属结构材料又分成黑色金属(钢铁)和有色金属,本节将分别介绍其分类、牌号、性能和适用范围等内容,以便选用。

1. 钢铁

如前所述,铁碳合金通常根据材料内部的组织结构分为钢和铁,其中碳质量分数 $w_C<2.11\%$ 的铁碳合金称为碳素钢,简称碳钢,组织主要是由铁素体与珠光体组成,该组织决定了钢不仅具有强度,同时还具有塑性和良好的综合力学性能。当铁碳合金 $w_C>2.11\%$ 时,它的组织结构以莱氏体和珠光体(或渗碳体)为主,该类材料抗拉强度低,脆性大,断口呈银白色,用途很少,但铸造性能好,所以该类材料又称为白口铸铁。钢铁在制造业应用范围非常广泛,但是实际应用中发现,铁碳合金也不能保证适用于各种场合,为此在碳钢的基础上,人们在冶炼时会有目的地加入一种或数种合金元素,生产出性能更好的合金钢,合金钢种类很多,用途有很大的拓展。

白口铸铁是碳质量分数 $w_C>2.11\%$ 的铁碳合金,但又不完全等同于铸铁,因为采用不同的制备工艺,加入各种有益元素,会使白口铸铁的组织发生各种变化,例如白口铸铁中的碳会以石墨的方式析出并分布于基体中,这种含有石墨的铁碳合金就是铸铁。根据石墨形状的不同(片状\团絮状\球状),铸铁还包括灰铸铁、可锻铸铁和球墨铸铁。下面分别加以介绍。

(1)普通碳素结构钢

牌号 普通碳素结构钢的牌号由 QXXXYZ 四部分组成,"Q"代表屈服点屈

服强度的拼音首字母,XXX 代表屈服应力数值,Y 代表质量等级符号,Z 代表脱氧方法。例如 Q235AF 表示屈服点强度为 235 MPa 的 A 级沸腾钢。这类钢的牌号、化学成分及用途举例见表 2-4。

表 2-4　普通碳素结构钢的牌号、化学成分与用途

牌号	等级	化学成分(质量分数)/%,不大于					脱氧方法	用途举例
		C	Mn	Si	S	P		
Q195	—	0.12	0.50	0.30	0.040	0.035	F、Z	用于制作钉子、铆钉、垫块及轻负荷的冲压件
Q215	A	0.15	1.20	0.35	0.050	0.045	F、Z	
	B				0.045			
Q235	A	0.22	1.40	0.35	0.050	0.045	F、Z	由于制作小轴、拉杆、连杆、螺栓、螺母、法兰等不重要的零件
	B	0.20			0.045			
	C	0.17			0.040	0.040	Z	
	D				0.035	0.035	TZ	
Q275	A	0.21	1.50	0.35	0.050	0.050	F、Z	用于制作拉杆、连杆、转轴、心轴、齿轮和键等
	B	0.22			0.045	0.045	Z	
	C				0.035	0.040		
	D	0.20			0.035	0.035	TZ	

注:1. 表中符号:Q—屈服点"屈"字汉语拼音字母的字头;A、B、C、D—质量等级;F—沸腾钢;Z—镇静钢;TZ—特殊镇静钢。在牌号中 Z、TZ 符号予以省略。

2. 拉伸试验值,适用于钢板厚度(或直径)为 16 mm 以下的钢材值。

(2) 优质碳素结构钢

牌号　优质碳素结构钢的牌号由两个数字 XX 组成,表示碳含量万分之几。例如 45 钢表示碳质量分数为万分之四十五。对锰含量高的钢,须将锰元素标出。与普通碳素结构钢比优质钢的特点是有害杂质硫、磷含量低,均限制在 0.04%(质量分数)以下。这类钢的牌号及用途举例见表 2-5。

(3) 碳素工具钢

牌号　碳素工具钢的牌号由 T XX 两部分组成,即钢号前冠以"碳"或"T",表示碳素工具钢,其后跟一组数字,表示碳质量分数的千分之几。碳素工具钢碳质量分数一般在 0.65% ~ 1.35% 之间,特点是材料硬度较高,韧性较差,有害杂质少。常见碳素工具钢的牌号、化学成分及用途如表 2-6。

表 2-5　优质碳素结构钢的牌号和用途

牌号	用途举例
05F	主要作为冶炼不锈、耐酸、耐热、不起皮钢的炉料,也可代替工业纯铁使用,还用于制作薄板、冷轧钢带等
08 08F	用于制作薄板,制造深冲制品、油桶、高级搪瓷制品,也用于制成管子、垫片及心部强度要求不高的渗碳和碳氮共渗零件等
10 10F	用来制造锅炉管、油桶顶盖、钢带、钢板和型材,也可制作机械零件
15 15F	用于制造机械上的渗碳零件、紧固零件、冲锻模件及不需热处理的低负荷零件,如螺栓、螺钉、拉条、法兰盘及化工机械用贮存器、蒸汽锅炉等
25	用于热锻和热冲压的机械零件,机床上的渗碳及碳氮共渗零件,以及重型和中型机械制造中负荷不大的轴、辊子、连接器、垫圈、螺栓、螺母等,还可用作铸钢件
30	用于热锻和热冲压的机械零件,冷拉丝、重型和一般机械用的轴、拉杆、套环以及机械上用的铸件,如气缸、汽轮机机架、飞轮等
35	用于热锻和热冲压的机械零件,冷拉和冷顶锻钢材、无缝钢管,机械制造中的零件,如转轴、曲轴、轴销、杠杆、连杆、横梁、星轮、套筒、轮盘、钩环、垫圈、螺钉、螺母等;还可用来铸造汽轮机机身、轧钢机机身、飞轮、均衡器等
40	用来制造机器的运动零件,如辊子、轴、曲柄销、传动轴、活塞杆、连杆、圆盘以及火车的车轴
45	用来制造蒸汽轮机、压缩机、泵的运动零件,还可以用来代替渗碳钢制造齿轮、轴、活塞等零件,但零件需经高频或火焰表面淬火,并可用作铸件
50	用于耐磨性高、动载荷及冲击作用不大的零件,如铸造齿轮、拉杆、轧辊、轴摩擦盘、次要的弹簧、农机上的掘土犁铧、重负荷的心轴和轴等
55	用于制造齿轮、连杆、轮面、轮缘、扁弹簧及轧辊等,也可作铸件
60	用于制作轧辊、轴、偏心轴、弹簧圈、弹簧、各种垫圈、离合器、凸轮、钢丝绳等
65	用于制造气门弹簧、弹簧圈、轴、轧辊、各种垫圈、凸轮及钢丝绳等
70 80	用于制造弹簧
15Mn 20Mn	用于制造中心部分的力学性能要求高且需渗碳的零件
30Mn	用于制造螺栓、螺母、螺钉、杠杆、刹车踏板;还可以制造在高应力下工作的细小零件,如农机钩环、链等

表 2-6 碳素工具钢的牌号、化学成分及用途

牌号	化学成分/%					用途举例
	w_C	w_{Mn}	w_{Si}	w_S	w_P	
T7 T7A	0.65~0.74	≤0.40	≤0.35	≤0.030 ≤0.020	≤0.035 ≤0.030	制造承受振动与冲击载荷,要求较高韧性的工具,如凿子、各种锤子、石钻等
T8 T8A	0.75~0.84	≤0.40	≤0.35	≤0.30 ≤0.020	≤0.035 ≤0.030	制造承受振动与冲击载荷,要求足够韧性和较高硬度的工具,如简单模具、冲头、剪切金属用剪刀、木工工具等

(4) 合金结构钢

牌号 合金结构钢的牌号编排原则是采用"数字+化学元素+数字"的方法。前面的数字表示钢的平均碳含量的万分之几,化学元素以其元素符号来表示,合金元素后面的数字表示合金元素的含量,一般以百分之几表示,当平均含量<1.5%时,钢号中一般只标出元素符号而不标明含量,当平均含量≥1.5%、2.5%、3.5%、…时,则在元素后面相应地标出 2、3、4、…。表 2-7、表 2-8、表2-9分别为调质钢、渗碳钢、弹簧钢的牌号及用途。

表 2-7 调质钢的牌号与用途

牌 号	用 途 举 例
40Cr	齿轮、花键轴、后半轴、连杆、主轴
45Mn2	齿轮、齿轮轴、连杆、盖、螺栓
35CrMo	大电机轴、锤杆、连杆、轧钢机曲轴
30CrMnSi	飞机起落架、螺栓
40MnVB	代替 40Cr、汽车、机床的轴、齿轮
30CrMnTi	汽车主动锥齿轮、后主齿轮、齿轮轴
38CrMoAl	磨床主轴、精密丝杠、量规、样板

表 2-8 渗碳钢的牌号与用途

牌号	试样毛坯尺寸/mm	用途举例
20Cr	15	齿轮、齿轮轴、凸轮、活塞销
20Mn2B	15	齿轮、轴套、气阀挺杆、离合器
20MnVB	15	重型机床的齿轮和轴、汽车后桥齿轮
20CrMnTi	15	汽车、拖拉机上变速齿轮、传动轴
12CrNi3	15	重负荷下工作的齿轮、轴、凸轮轴
20Cr2Ni4	15	大型齿轮和轴,也可用作调质件

表 2-9 弹簧钢的牌号与用途

牌号	化学成分(质量分数)/%					用途举例
	C	Si	Mn	Cr	V	
65Mn	0.62~0.70	0.17~0.37	0.90~1.20	≤0.25		作 $\phi8 \sim \phi15$ mm 以下小型弹簧
55Si2Mn	0.52~0.60	1.50~2.00	0.60~0.90	≤0.35		作 $\phi20 \sim \phi25$ mm 弹簧可用于230 ℃以下温度
60Si2Mn	0.56~0.64	1.50~2.00	0.60~0.90	≤0.35		作 $\phi25 \sim \phi30$ mm 弹簧可用于230 ℃以下温度
50CrVA	0.46~0.54	0.17~0.37	0.50~0.80	0.80~1.10	0.10~0.20	作 $\phi30 \sim \phi50$ mm 弹簧可用于210 ℃以下温度
60Si2CrVA	0.56~0.64	1.40~1.80	0.40~0.70	0.90~1.20	0.10~0.20	作 $\phi<50$ mm 弹簧可用于250 ℃以下温度

(5) 合金工具钢

牌号 合金工具钢的牌号编排原则与合金结构钢基本相似,但是规定如果工具钢中的平均碳质量分数>1.00%时不予标出,碳质量分数<1.00%时,平均碳质量分数以千分之几表示。高速钢和高铬钢不管碳质量分数多少一律不标出。表 2-10 为低合金工具钢的牌号、化学成分及用途。

表 2-10 低合金工具钢的牌号、化学成分及用途

牌号	化学成分(质量分数)/%					用途举例
	C	Cr	Si	Mn	其他	
9SiCr	0.85~0.95	1.20~1.60	0.30~0.60			冷冲模、板牙、丝锥、钻头、铰刀、拉刀、齿轮铣刀
8MnSi	0.75~0.85	0.30~0.60	0.80~1.10	0.95~1.25		木工凿子、锯条或其他工具
9Mn2V	0.85~0.95	≤0.40		1.70~2.40	V 0.10~0.25	量规、块规、精密丝杠、丝锥、板牙
CrWMn	0.90~1.05	≤0.40	0.80~1.10	0.90~1.20	W 1.20~1.60	用作淬火后变形小的刀具、量具等,如拉刀、长丝杠、量规及形状复杂的冲模

(6) 灰铸铁

牌号 灰铸铁牌号由"灰铁"二字汉语拼音"HT"和后续三个数字组成,数字表示最低抗拉强度。例如灰铸铁 HT200 表示最低抗拉强度为 200 MPa。一般情况下,牌号为 HT100 的灰铸铁可用于制造端盖、外罩、支架等低载荷的零件;牌号为 HT150 的灰铸铁可用来制造支柱、底座、齿轮箱、工作台等承受中等载荷的零件;牌号为 HT200 的灰铸铁可用来制造汽缸套、活塞、齿轮等承受较大载荷的零件。在灰铸铁中,石墨以片状形式分布于材料基体,由于石墨强度很低,片状石墨对基体有严重的割裂作用,导致材料的强度远比碳钢要低,因此改变石墨在材料基体中的形状就成为改善材料性能的重要方法,表 2-11 为灰铸铁的牌号、性能及用途。

表 2-11 灰铸铁的牌号、性能及用途

铸铁类别	牌号	机械性能			用途举例
		抗拉强度 σ_b/MPa	抗弯强度 σ_{bb}/MPa	硬度 HBW	
		不小于			
铁素体灰铸铁	HT100	100	260	143~229	低载荷和不重要的部件,如盖、外罩、手轮、支架等
铁素体-珠光体灰铸铁	HT150	150	330	163~229	承受中等应力的零件,如底座、床身、工作台、阀体、管路附件及一般工作条件要求的零件
珠光体灰铸铁	HT200	200	400	170~241	承受较大应力和较重零件,如汽缸体、齿轮、机座、床身、活塞、齿轮箱等
	HT250	250	470	170~241	
孕育铸铁	HT300	300	540	187~255	床身导轨,车床、冲床等受力较大的床身、机座、主轴箱、卡盘、齿轮等
	HT350	350	610	197~269	高压油缸、泵体、衬套、凸轮、大型发动机的曲轴、气缸体、气缸盖等
	HT400	400	680	207~269	

(7) 可锻铸铁

牌号 可锻铸铁用"KT"符号表示,其后的两项数字分别表示最低抗拉强度和伸长率,可锻铸铁的组织特点是基体上分布有团絮状石墨,这是将白口铸铁长时间退火后获得的。团絮状石墨对基体的割裂作用明显减小,材料性能提高明显,表 2-12 是可锻铸铁的牌号、性能和用途举例。

表 2-12 可锻铸铁的牌号、性能及用途

牌号	基体类型	试样毛坯直径/mm	用途举例
KTH300-06 KTH330-08 KTH350-10 KTH370-12	铁素体	12 或 15	汽车、拖拉机零件,如后桥壳、轮壳、转向机构壳体、弹簧钢板支座等;机床附件,如钩形扳手、螺纹绞扳手等;各种管接头、低压阀门、农具等
KTZ450-06 KTZ500-04 KTZ600-03 KTZ700-02	珠光体	12 或 15	曲轴、连杆、齿轮、凸轮轴、摇臂、活塞环等

(8) 球墨铸铁

牌号 球墨铸铁用"QT"符号表示,牌号中的数字与可锻铸铁牌号的数字意义相同。其组织特点是基体上分布有球状石墨,球状石墨是通过加入球化剂等工艺方法获得的,球状石墨是最理想的形态之一,因此材料的性能可与中碳钢比美,表 2-13 为球墨铸铁的牌号、性能和用途举例。

表 2-13 球墨铸铁的牌号、性能及用途

牌号	用途举例
QT400-17 QT420-10	汽车、拖拉机的牵引框、轮毂、离合器、差速器及减速器的壳体等;农机具的犁铧、犁柱、犁托、犁侧板及牵引架;高压阀门的阀体、阀盖及支架等
QT500-5	内燃机的油泵齿轮、水轮机的阀门体、铁路机车车辆的轴瓦等
QT600-2 QT700-2 QT800-2	柴油机和汽油机的曲轴、连杆、凸轮轴、气缸套、进排气门座;脚踏脱粒机的齿条、轻载齿轮;畜力犁铧;空气压缩机及冷冻机的缸体、缸套及曲轴;球磨机齿轮轴、矿车轮及桥式起重机大小车滚轮等
QT1200-1	汽车螺旋伞齿轮、拖拉机减速齿轮、柴油机凸轮轴及犁铧、耙片等

2. 有色金属

有色金属种类很多,但常用的主要包括铝及铝合金,铜及铜合金。这些金属或合金又可按照其纯度、性质和用途细分成很多种,例如:纯铝按其纯度可分为高纯铝、工业高纯铝和工业纯铝。铝合金按性质和用途分为防锈铝、硬铝、超硬铝、锻铝四类。工业纯铜按所含杂质的多少分为四级。铜合金按化学成分可分为黄铜、青铜和白铜等。

(1) 纯铝

铝含量不低于 99.00% 时为纯铝,其牌号用 1××× 系列表示。牌号的最后两位数字表示最低铝百分含量。当最低铝百分含量精确到 0.01% 时,牌号的最后两位数字就是最低铝百分含量中小数点后面的两位。牌号第二位的字母表示原始纯铝的改型情况。如果第二位字母为 A,则表示为原始纯铝;如果是 B~Y 的其他字母,则表示为原始纯铝的改型,与原始纯铝相比,其元素含量略有改变。高纯铝主要用于科研及电容器。工业高纯铝的纯度为 99.85%~99.90%,主要用于制造铝箔及铝合金等。工业纯铝的纯度为 98.00%~99.00%,主要用于配制铝合金和制造导线、电缆和电容器等。

(2) 铝合金

1) 防锈铝合金

表 2-14 为防锈铝合金的牌号及化学成分,主要用于制造各种深冲压件和焊接件。

2) 硬铝合金

硬铝合金如表 2-15 所示。硬铝合金主要用于制作各种铆钉。超硬铝合金如表 2-16 所示,这类合金可以板材、型材和模锻件等形式应用于飞机制造业中。

3) 锻铝合金

表 2-17 为锻铝合金的牌号与化学成分,这类合金主要用于制造形状复杂的大型锻件。

表 2-14 防锈铝合金的牌号及化学成分

新牌号	旧牌号	化学成分(质量分数)/%							
		Mn	Mg	Fe	Si	Cu	Zn	Ti	Al
3A21	LF21	1.0~1.6	0.05	0.70	0.60	0.20	0.10	—	余量
5A02	LF2	0.15~0.4	2.0~2.8	0.40	0.40	0.10	—	—	余量
5A03	LF3	0.3~0.6	3.2~3.8	0.50	0.50~0.80	0.10	0.20	0.15	余量
5A05	LF5	0.3~0.6	4.8~5.5	0.50	0.50	0.05	0.20	—	余量
5A06	LF6	0.5~0.8	5.8~6.8	0.40	0.0001~0.05Be	0.10	0.20	0.02~0.10	余量
5B05	LF10	0.2~0.6	4.7~5.7	0.40	0.40	0.20	—	0.15	余量
5A12	LF12	0.4~0.8	8.3~9.6	0.30	Sb≥0.004	0.05	0.20	0.05~0.15	余量

表 2-15 硬铝合金的牌号及化学成分

新牌号	旧牌号	主要化学成分(质量分数)/%					
		Cu	Mg	Mn	Cr	Ti	Al
2A01	LY1	2.2~3.0	0.2~0.5	0.20	—	0.15	余量
2A02	LY2	2.6~3.2	2.0~2.4	0.45~0.7	—	0.15	余量
2A06	LY6	3.8~4.3	1.7~2.3	0.5~1.0	0.001~0.005Be	0.03~0.15	余量
2A10	LY10	3.9~4.5	0.15~0.3	0.3~0.5	—	0.15	余量
2A11	LY11	3.8~4.8	0.4~0.8	0.4~0.8	—	0.15	余量
2A12	LY12	3.8~4.9	1.2~1.8	0.3~0.9	—	0.15	余量

表 2-16 超硬铝合金的牌号及化学成分

新牌号	旧牌号	化学成分(质量分数)/%								
		Zn	Mg	Cu	Cr	Mn	Ti	Fe	Si	Zn/Mg
7A03	LC3	6.0~6.7	1.2~1.6	1.8~2.4	0.05	0.10	0.02~0.08	≤0.2	≤0.2	4.52
7A04	LC4	5.0~7.0	1.8~2.8	1.4~2.0	0.1~0.25	0.2~0.6	0.10	≤0.5	≤0.5	2.61
7A05	LC5	7.0~8.0	1.2~2.0	0.3~1.0	—	0.3~0.8	—	≤0.6	≤0.4	4.68
7A06	LC6	7.6~8.6	2.5~3.2	2.2~2.8	0.1~0.25	0.2~0.5	—	≤0.5	≤0.5	2.82

表 2-17 锻铝合金的牌号与化学成分

新牌号	旧牌号	化学成分(质量分数)/%								
		Mg	Si	Cu	Mn	Cr	Ti	Fe	Zn	Ni
6A02	LD2	0.45~0.9	0.5~1.2	0.2~0.6	0.15~0.35	—	0.15	0.5	0.2	—
2A50	LD5	0.4~0.8	0.7~1.2	1.8~2.6	0.4~0.8	—	0.15	0.7	0.3	0.10
2B50	LD6	0.4~0.8	0.7~1.2	1.8~2.6	0.4~0.8	0.01~0.2	0.02~0.1	0.7	0.3	0.10
2A14	LD10	0.4~0.8	0.6~1.2	3.9~4.8	0.4~1.0	—	0.15	0.7	0.3	0.10
2A70	LD7	1.4~1.8	0.35	1.9~2.5	0.20	—	0.02~0.1	1.0~1.5	0.3	1.0~1.5
2A80	LD8	1.4~1.8	0.5~1.2	1.9~2.5	0.20	—	0.15	1.1~1.6	0.3	1.0~1.5
2A90	LD9	0.4~0.8	0.5~1.2	3.5~4.5	0.20	—	0.15	0.5~1.0	0.3	1.8~2.3

(3) 工业纯铜

牌号 工业纯铜按所含杂质的多少分为四级,编号方法以"T"(铜的汉语拼音字头)为首,其后再附以级别数字,数字越小,则纯度越高。表 2-18 为纯铜的牌号、化学成分和用途。

表 2-18 纯铜的牌号、化学成分和用途

牌号	铜的质量分数 w_{Cu}/%	杂质(质量分数)/%		杂质总量 (质量分数)/%	用途举例
		Bi	Pb		
T1	99.95	0.002	0.005	0.05	电线、电缆、雷管、贮藏器等
T2	99.90	0.002	0.005	0.1	
T3	99.70	0.002	0.01	0.3	电器开关、垫片、铆钉、油罐等
T4	99.50	0.002	0.05	0.5	

(4) 铜合金

1) 黄铜

牌号 黄铜是以锌为主要合金元素的铜合金,其编号方法是以汉语拼音"H"表示,后面的两位数字表示合金中含铜量的百分数,例如 H80,即表示含铜量为 80%,表 2-19 是黄铜的牌号、化学成分及用途。

表 2-19 黄铜的牌号、化学成分及用途

牌号	主要成分(质量分数)/%		状态	用途举例
	Cu	Zn		
H96	95~97	余量	软	适于制造奖牌、美术工艺品、热交换器及冷凝管等
H90	88~91	余量	软	
H80	79~81	余量	软	
H68	67~70	余量	软	适于制造弹壳、电器零件、散热器等
H62	60.5~63.5	余量	软	用于汽车、造船、热工、化工等,适用于做焊条等
H59	57~60	余量	软	

2) 青铜

牌号 青铜是指除以锌、镍为主要合金元素以外的铜合金,其编号用代号 Q(青铜汉语拼音字首)+主要元素符号+主加元素的含量。例如,QSn7 为 7% 的锡青铜。青铜主要包括锡青铜、铝青铜、铍青铜。锡青铜可用来制造弹簧、耐磨零

件等;铝青铜主要用来制造弹簧、船用零件等;铍青铜用来制造各种重要弹性元件、耐磨零件及防爆工具等。

二、高分子材料

高分子材料的种类繁多,按工艺性质可分为塑料、橡胶、纤维、油漆、胶黏剂等,高分子材料的命名一般有三种形式。简单高聚物的命名常根据原料的名称,在前面加上"聚"字,例如,聚苯乙烯,聚丙烯。还有些缩聚物在它的原料名称之后加上"树脂"二字,如苯酚和甲醛的缩聚物,称酚醛树脂。另外,有一些结构复杂的高聚物,往往采用商品牌号,如聚酯纤维名为"涤纶",聚酰胺名为"尼龙"。

1. 塑料

塑料是以合成树脂为主要成分的有机高分子材料。通用塑料指产量大、用途广、价格低的一类,包括聚氯乙烯、聚烯烃、聚苯乙烯、酚醛和氨基塑料等。工程塑料指作为结构材料在机械装备和工程结构中使用的塑料,它们一般具有良好的刚度、韧度、耐热、耐腐蚀等性能,包括聚甲醛、聚酰胺、聚碳酸酯、ABS、氯化聚醚等。耐高温塑料是一类价格高、产量少的塑料,通常用于宇宙航行、火箭导弹等特殊制造业,如氟塑料、硅树脂和耐高温的芳杂环聚合物。表 2-20、表 2-21、表 2-22 列出了在机械制造工业中各种不同用途的零件所选用的塑料。塑料的详细分类、特点以及选材方法可参见第八章第二节。

表 2-20 一般结构零件用塑料的特性与用途

塑料名称	特 性	用 途 举 例
高密度聚乙烯(HDPE)	比水轻,-70 ℃柔软、耐酸、碱、有机溶剂,注射成形工艺好,成形温度范围宽	汽车调节器盖、喇叭后壳、电动机壳、手柄、风扇叶轮、机床低速运动导轨滚柱框
改性聚苯乙烯(改性 PS)	刚性好,韧性好,吸水性好,耐酸、碱好,不耐有机溶剂,成形性好	自动化仪表零件、切换开关、数字电压表壳、电镀表外壳
ABS	机械强度高,硬度高,表面可电镀	水表外壳、电话机外壳、泵叶轮、汽车挡泥板、小汽车车身
改性有机玻璃(改性 PMMA)	极好的透光性,可透紫外线、耐日光性好,但不耐有机溶剂	微安表外壳、继电器罩壳等
聚丙烯	最轻的塑料,较高力学性能和抗应力开裂,耐腐蚀性好	化工容器、管道、法兰接头、汽车零件、仪表罩壳

表 2-21 耐磨受力传动零件用塑料特性与用途

塑料名称	特 性	用途举例
尼龙（PA）	良好的冲击韧性,耐磨、耐油,吸水性好,影响尺寸稳定性	轴承、密封圈、轴瓦、高压碗状密封圈、石墨填充轴承
MC 尼龙	强度高、减摩,耐磨性超过尼龙,可浇注大型铸件	大型轴承、齿轮、蜗轮、轴套、轴承
聚甲醛（POM）	耐疲劳、抗蠕变、摩擦系数低,收缩率最大 2.5%	同上,汽车钢板弹簧衬套、阀杆、螺母等

表 2-22 典型工程塑料（增强型）物理、力学性能一览表

物理、力学性能（单位）	尼龙 6	尼龙 66	PBT	POM	PC	改性PPC	聚砜	PAR	PPS	PAI
力学性能										
抗拉强度/MPa	152(98)	172 (127)	132	127	127	113	108	103	152	186 (84.3)[*2]
断裂伸长率/%	4(5)[*1]	7(7)[*1]	5.5	3	5.5	5	2	10	3.0	5(8)[*2]
抗弯强度/MPa	221 (132)[*1]	248 (176)[*1]	176	196	176	137	157	108	234	319 (127)[*2]
弯曲模量/GPa	7.84 (4.41)[*1]	8.31 (5.68)[*1]	7.84	7.55	6.86	7.55	7.55	3.82	10.4	11.1 (8.43)[*2]
抗冲击性/($J \cdot cm^{-2}$)	0.882 (1.67)[*1]	0.931 (1.37)[*1]	0.882	0.882	1.57	1.18	0.784	1.27	0.745	1.06
硬度	R121 (R113)[*1]	R120 (R115)[*1]	R120	M75	R120	M93	M85	R122	R122	E94
耐磨耗/(μg/r)	14	24	25	40	33	35				
摩擦系数	0.35	0.4	0.15	0.15	0.4	0.3				
热性能										
软化点/℃	224	263	224	180	246	—	—	—	285	—
热变形温度1.82/℃	215	249	215	163	148	145	181	167	266	274
线碰撞系数×10⁵(K^{-1})	3	3	3	6	1.9	2.5	2.5	4.0		1.6
电性能										
体积电阻系数/($\Omega \cdot cm$)	10^{15} (10^{12})[*1]	10^{15} (10^{12})[*1]	10^{16}	10^{14}	4×10^{16}	10^{17}	10^{16}	10^{16}	10^{16}	10^{16}

续表

物理、力学性能（单位）	尼龙6	尼龙66	PBT	POM	PC	改性PPC	聚砜	PAR	PPS	PAI
绝缘破坏强度/(kV/mm)	4~6 (10)*1	18 (17)*1	20	22	24	21	19	36	15	—
相对介电系数/(10^6Hz)	0.02 (0.1)*1	0.02 (0.04)*1	3.4	5	3.3	3	3.7		3.4	—
耐电弧性/s	130~140 (同)*1	110 (110)*1	130	136	120	107	120	100	—	—
其他 密度/(g·cm^{-3}) 吸水率/%	1.48 -(2.4)*1	1.37 -(2.0)*1	1.52 0.07	1.61 0.15	1.48 0.15	1.27 0.06	1.49 0.2	1.32 0.21	1.55 0.01	1.57 0.22
燃烧性(UL94)	HB	HB	HB	徐燃性	V-0	自熄性	V-0	V-2~V-0	V-0	V-0
备注	GF 30%	GF 30%	GF 30%	GF 25%	GF 30%	GF 30%	GF 30%	GF 15%	GF 30%	GF 30%

注：*1—吸湿时的物理性能；*2—260℃时的物理性能。

2. 橡胶

橡胶是具有卷曲长链分子结构的有机高分子材料。按应用范围，橡胶可分为通用橡胶、准通用橡胶和特种橡胶。通用橡胶是指天然橡胶以及能够用来代替天然橡胶制造轮胎和其他大宗橡胶制品的合成橡胶，如丁苯橡胶、顺丁橡胶等；准通用橡胶，如丁基橡胶；特种橡胶，如硅橡胶、聚硫橡胶等。橡胶在相当宽的温度范围内仍不失其高弹性，并且具有良好的耐磨性和绝缘性，表2-23为几种主要橡胶产品的用途。

3. 有机纤维

有机纤维可分为天然纤维和化学纤维。天然纤维包括棉花、羊毛、蚕丝、麻等；化学纤维又分为人造纤维和合成纤维。人造纤维是利用自然界中纤维素或蛋白质做原料，经过化学处理与机械加工制得的纤维；合成纤维是利用煤、石油、天然气、水等不含天然纤维的物质作为原料，经过化学合成与机械加工等制得的纤维。合成纤维与天然纤维相比，具有强度高、质轻、易洗快干等特点，应用的范围比较广，表2-24为几种主要合成纤维的用途。

第三节　工程材料的分类、编号及用途

表 2-23　橡胶的特性与用途

名称	天然橡胶	丁苯橡胶	顺丁橡胶	氯丁橡胶	丁腈橡胶	乙丙橡胶	聚氨酯橡胶	硅橡胶	氟橡胶	聚硫橡胶
代号	NR	SBR	BR	CR	NBR	EPDM	VR		FPM	
抗拉强度/MPa	25~30	15~20	18~25	25~27	15~30	10~25	20~35	4~10	20~22	9~15
伸长率/%	650~900	500~800	450~1000	800~1000	300~800	400~800	300~800	50~500	100~500	100~700
使用温度/°C	-50~120	-50~140	120	-35~130	-35~175	150	80	-70~300	-50~300	80~130
特性	高强、绝缘、防振	耐磨	耐磨、耐寒	耐酸、碱、阻燃	耐油、水、气密	耐水绝缘	高强耐磨	耐热绝缘	耐油、碱、真空	耐油、耐碱
用途举例	轮胎通用制品	胶板、胶布、轮胎通用制品	运输带、轮胎	电缆外皮、黏合剂、胶管道、胶带、防毒面具	油管、轮胎、胶垫圈	绝缘体汽车零件	耐磨件胶辊	耐高低温零件	高真空件、尖端技术用化工设备衬里、高级密封件	水龙头、衬垫用、丁腈改性管子

表 2-24　主要合成纤维性能与用途

商品名称	锦纶	涤纶	腈纶	维纶	氯纶	丙纶	芳纶
化学名称	聚酰胺	聚酯	聚丙烯腈	聚乙烯醇缩醛	含氯纤维	聚烯烃	聚芳酰胺
密度/(g·cm^{-3})	1.14	1.38	1.17	1.30	1.39	0.91	1.45
吸湿率/%	3.5~5	0.4~0.5	1.2~2.0	4.5~5	0	0	3.5
软化温度/°C	170	240	190~230	220~230	60~90	140~150	160
特性	耐磨、强度高、弹性模量低	强度高、弹性好、吸水低、冲击黏着力差	柔软、蓬松、耐晒、强度低	价格低、比棉纤维优异	化学稳定性好、不燃、耐磨	轻、坚固、低、耐磨	强度高、模量大、化学稳定性好
用途举例	轮胎帘子布、渔网、绳、帆布	电绝缘材料、运输带、帐篷、帘子线	窗布、帐篷、帆、碳纤维的原料	包装材料、船帆、过滤布、渔网	化工滤布、化服、安全帐篷	军用被服、水龙带、合成纸、地毯	用于复合材料、飞机、驾驶员安全椅、绳索

4. 胶黏剂

胶黏剂亦称为黏合剂,是一类能将同种或不同种材料胶合在一起,并在胶接面有足够强度的物质,它能起胶接、固定密封、浸渗补漏和修复的作用,因此在现代工业和民用中应用很广,在许多场合代替螺栓、铆、焊等传统连接工艺。胶黏剂可以用来胶接金属、陶瓷、木材、塑料、织品等。胶接可以连接各种同种或不同种材料,且不受厚度限制,极薄、极厚的材料也可以连接起来。接头处应力均匀,密封性好,绝缘性好,耐腐蚀,抗疲劳,重量轻,工艺简单。

三、无机非金属材料

传统的无机非金属材料主要指陶瓷、玻璃、水泥和耐火材料四类,这里主要讨论陶瓷材料。研究结果表明,高硬度的陶瓷材料,具有摩擦系数小、耐磨、耐化学腐蚀、密度小等特征,在精密机械中,可应用于高温、中温、低温各种环境,可以作机械零件,也可作电动机零件。陶瓷广泛应用于化工、冶金、机械、电子、能源和尖端科学技术领域中。

陶瓷作为高温结构材料,应用前景广阔。其中氧化物陶瓷(包括 Al_2O_3、ZrO_2)以及一些非氧化物陶瓷(如 Si_3N_4、SiC)已用于转子发动机叶片、汽车热交换器、切削刀具等方面。

化学化工用陶瓷的主要特点是化学稳定性好,对酸、碱、盐有很好的抵抗力。其中化学化工用的坩埚、蒸发皿、杯、舟、绝缘管以及化工厂里输送液体和气体的管道、泵和阀等,为了防腐蚀,用陶瓷是最好的选择。

尖端工业用陶瓷,例如氮化硅、碳化硅、氧化铝陶瓷,都有很好的抗腐蚀性,可以用作原子反应堆的中子吸收棒。洲际导弹的端头、人造卫星的鼻锥和宇宙飞船的腹部,都装有特别的防热烧蚀陶瓷材料。纯陶瓷用途较少,大部分是以复合材料的形式用于工程。表 2-25、表 2-26、表 2-27 列出了部分陶瓷及其复合材料的性能。

表 2-25 Al_2O_3 陶瓷主要物理性能

性能	测试条件	单位	75 瓷	90 瓷	95 瓷	99 瓷	99.5 瓷
密度		$g \cdot cm^{-3}$	>3.20	>3.40	>3.60	3.70	3.70
抗弯强度		MPa	1.96×10^8	2.25×10^8	2.24×10^8	$>2.24 \times 10^8$	$>2.74 \times 10^8$

续表

性能	测试条件	单位	75 瓷	90 瓷	95 瓷	99 瓷	99.5 瓷
线膨胀系数	20~100 ℃	$\times 10^{-6}$ ℃$^{-1}$	6				
	20~500 ℃	$\times 10^{-6}$ ℃$^{-1}$		6.3~7.3	6.2~7.5	6.2~7.5	6.2~7.5
	20~800 ℃	$\times 10^{-6}$ ℃$^{-1}$		6.3~7.3	6.5~8.0	6.5~8.0	6.5~8.0
介电常数	1 MHz		≤9	8.5~9.5	9~10	9~10.5	9~10.5
	10 GHz				9~10	9~10.5	
介质损耗值	1 MHz	$\times 10^{-6}$	≤10	≤8	≤4	≤2.5	≤1.5
正切值	10 GHz	$\times 10^{-6}$			≤10	≤6	
比体积电阻	100 ℃	Ω·cm	>10^{12}	>10^{13}	>10^{13}	>10^{13}	>10^{14}
	300 ℃	Ω·cm		>10^{15}	>10^{16}	>10^{16}	>10^{12}
	500 ℃	Ω·cm			>10^{8}	>10^{9}	
击穿强度		kV/mm	20	15	15	15	
导热系数	20 ℃	W/(m·K)		16.8	25.2	25.2	29.2

表 2-26 热压 TiC 的性能

原始粉末颗粒大小/μm	相对密度	电阻/Ω	抗弯强度/MPa	洛氏硬度/HRA
2~8	100	6.82×10^{-7}	865	92.5~93.5
8~37	100	7.21×10^{-7}	700	91~92
37~44	99.5	7.20×10^{-7}	640	88~89
44~47	98.6	7.83×10^{-7}	510	89

表 2-27 陶瓷复合材料(CMC)增强补韧效果

材料	相对密度	抗弯强度/MPa	$K_{IC}/(MPa \cdot m^{1/2})$
Al_2O_3	99.6	285	4.45
ZTA	98.9	568	5.77
$ZTA-SiC_w$	96.2	564	9.23
$ZTA-SiC_p$	97.1	591	6.84
$Al_2O_3-SiC_w$		800	8.0
$Al_2O_3-SiC_{nano}$		1 520	4.8
$Al_2O_3/SiC+ZrO_2(Y)$	98.5	533.7	5.39
$Al_2O_3/Ti(C,N)$	99	800	7.0

四、复合材料

复合材料(Composites)一般是指由两种或两种以上不同物质所组成的新材料,至少一种物质是增强相,一种物质是基体相。通过这种基体相和增强相的结合,可以获得异于基体相和增强相的优良机械性能,从而形成复合效应。现代复合材料主要以金属、陶瓷、树脂为基体,通过加入增强相,使得材料具有高的比强度、比刚度以及防腐、耐蚀等性能。

复合材料发展迅猛,命名也不单一,广义的称树脂基复合材料、金属基复合材料、陶瓷基复合材料。有时以增强材料冠在命名之前,称纤维增强复合材料、粒子增强复合材料等。现在常用的表达形式是用斜线将增强相与基体相分开:斜线上写增强材料,斜线下写基体材料,如 SiC/AZ91 表示碳化硅增强的镁基复合材料、碳纤维/环氧树脂复合材料表示碳纤维增强的环氧树脂基复合材料等。复合材料的分类有以下四种:

(1) 以基体类型分类:金属基复合材料;树脂基复合材料;无机非金属基复合材料。

(2) 以增强相类型分类:碳纤维复合材料;玻璃纤维复合材料;有机纤维复合材料;复合纤维(SiC、B)复合材料;混杂纤维复合材料;纳米颗粒增强复合材料;金属陶瓷复合材料。

(3) 以增强相外形分类:连续纤维增强复合材料;纤维织物或片状材料增强复合材料;短纤维增强复合材料;粒状填料复合材料。

(4) 同质物复合材料:碳纤维增强碳复合材料;不同密度聚合物复合的复合材料。

复合材料中以纤维增强树脂基(或称聚合物基)复合材料应用最广,其适用温度范围一般小于 300 ℃,其中以玻璃纤维增强复合材料所占比例最高。玻璃纤维增强热固性复合材料和玻璃纤维增强热塑性复合材料,均已广泛应用于机电、汽车、建筑、化工、轻工、造船、运输、冶炼、石油等行业。在航空工业领域中新型飞机使用碳纤维、硼纤维等高性能复合材料的多少,已成为衡量飞机先进程度的主要标志之一。金属基复合材料可分为连续增强型复合材料、非连续增强型复合材料,其使用温度在 300~1 200 ℃。金属基复合材料性能优越,质量小,连续增强型复合材料造价高,主要应用于航空航天飞行器、发动机和某些高技术军工产品,能大幅度提高整机性能。非连续增强型复合材料造价较低,除应用于航空航天产品外,多用于民用部门,特别是在汽车工业,具有重要用途。陶瓷基复合材料是指在陶瓷基体中引入第二相材料,从而构成的多相复合材料,陶瓷基复合材料的使用温度超过 1 200 ℃。依第二相形态,陶瓷基复合材料包括连续纤维补强的陶瓷基复合材料、异相颗粒弥散强化的多相复合材料、自补强复相复合材料以及梯度功能复合材料。复合材料的牌号、用途、选用可参见第九章和《机械工程材料手册》(第 2 版)工程材料分册。

复习思考题

1. 说明下列力学性能指标的意义:σ_b,$\sigma_{0.2}$,ψ,HR,K_{IC}。
2. 比较金属与高分子材料的拉伸曲线特征,分析其异同点,并描述高弹性橡胶材料的拉伸曲线特点。
3. 简述过冷度的意义,并简述结晶基本过程。
4. 根据铁碳合金相图,简述碳质量分数分别为 0.3%,0.77%,1.2%,2.6% 的合金从高温冷却下来,其组织的基本变化过程。
5. 简述碳素工具钢、合金结构钢和合金工具钢牌号的含义。
6. 为汽车连杆选材,可有哪些选择,为什么?
7. 比较高分子材料与金属材料,分析其微观组织结构有何不同。
8. 简述各种不同工程材料的特点与应用范围。

第三章 热处理与表面工程技术

本章学习指南

　　本章重点是钢材的热处理,热处理的目的是改变钢的内部组织,从而得到所需工件的性能。需要注意的是不仅钢材可以热处理,不同金属材料、非金属材料都可以进行热处理。热处理后材料的组织不同,所获得的性能也不同。由于热处理只是通过加热、保温和适当的冷却完成,所以热处理是改善材料性能既经济又简便的工艺方法。

　　了解材料热处理后的组织变化,需要学习材料学基础知识。掌握热处理工艺知识会对后续材料的成形与加工提供方便。建议读者认真学习掌握热处理原理,了解各种热处理工艺的特点、用途,比较其异同,并在后续章节中加以利用。

　　与热处理工艺相比,表面工程技术所涉及的内容更宽,用途更广泛。学习表面工程技术的关键是了解经表面预处理后,基体材料的表面涂覆、表面改性或多种表面工程技术复合处理是如何实现的,以及怎样才能改变固体金属表面或非金属表面的形态、化学成分和组织结构,以获得所需要表面性能。

　　表面工程技术与热处理技术是相互交叉、相互渗透的,可以将表面工程技术看成是表面热处理技术的延伸与扩展。本章所介绍的表面工程技术内容主要用于拓宽读者的知识面。如需深入了解,建议学习参考文献提供的参考书目和有关文献。

　　工程材料的性能不仅取决于材料的组成,也取决于材料的微观组织结构与外在工艺条件,不同的热处理或形变条件会显著影响材料的微观组织结构,进而影响材料的性能。固态材料通过热处理的方式可以大幅度改善其力学性能与可加工性能,不仅工艺简单,而且经济实用。本章将重点介绍钢材和非金属材料的热处理工艺,并在表面热处理技术基础上,进一步介绍各种实用化表面工程技术。

第一节 钢的热处理

钢的热处理(heat treatment)是指将钢在固态下加热到一定的温度,保温一段时间,并以适当的速度冷却至室温,以改变钢的内部组织,从而得到所需性能的工艺方法。热处理可以强化金属材料,充分发挥材料内部潜力,提高或改善工件的使用性能和工艺性能,提高工件加工质量,延长零件和刀(工)具的使用寿命。所以,重要的金属零件一般都要通过热处理来提高其质量和性能。表 3-1 是 45 钢热处理前后的性能对比。

表 3-1 45 钢热处理前后的性能

状态	σ_b/MPa	$\delta \times 100$	$\alpha_K/(J \cdot cm^{-2})$	HBW
热轧	600	16	40	229
正火	700~800	15~20	50~80	162~220
淬火	750~850	2~0.25	80~120	210~250

热处理过程一般包括加热、保温、冷却几个阶段。当工件加热和冷却时,实际相变往往偏离 Fe-Fe₃C 状态图中的相变温度,而是在一定过热和过冷的情况下进行,过热度和过冷度随加热速度和冷却速度升高而增大。通常把加热时的实际相变线标以字母 c,如 Ac_1、Ac_3、Ac_{cm} 等;而冷却时的相变线标以字母 r,如 Ar_1、Ar_3、Ar_{cm} 等,如图 3-1 所示。

一、钢在加热和冷却时的组织转变

1. 钢在加热时的组织转变

碳钢的室温组织基本上由铁素体和渗碳体两相组成,只有将钢加热到奥氏体状态才能通过不同的冷却方式获得不同的组织,从而得到所需要的性能。所以,热处理时合理地加热金属是十分重要的。下面以共析钢为例讨论钢在加热过程中奥氏体的形成过程,如图 3-2 所示。

若共析钢的原始组织为片状珠光体,当温度升高到 Ac_1 时,奥氏体优先在铁素体与渗碳体相界面上形核。这是由于铁素体的碳含量很少,渗碳体的碳含量很高,而奥氏体的碳含量介于两者之间。另外,相界面上的原子是以铁素体与渗碳体两种晶格的过渡结构排列,原子处于畸变状态,容易形成新相。形核后晶粒的长大是通过原子扩散使铁素体晶格逐渐变成奥氏体晶格,使渗碳体向奥氏体中溶解,最后使整个奥氏体的成分达到均匀。

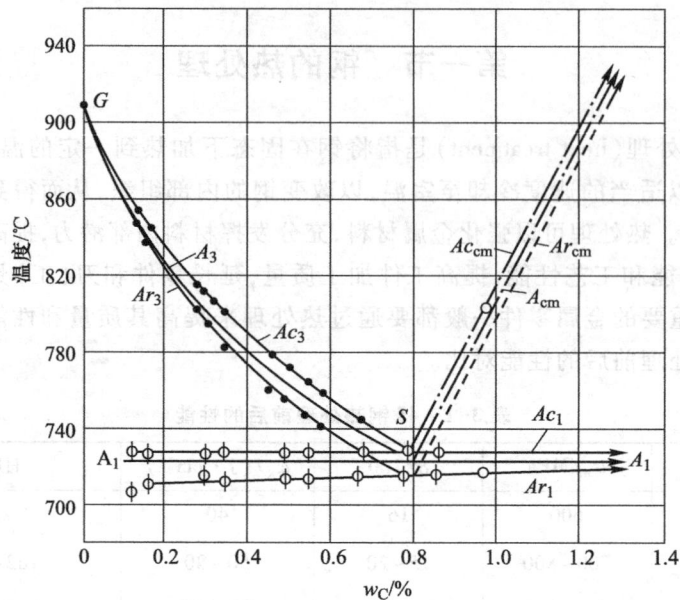

图 3-1 加热和冷却时 Fe-Fe$_3$C 相图中相变线的移动

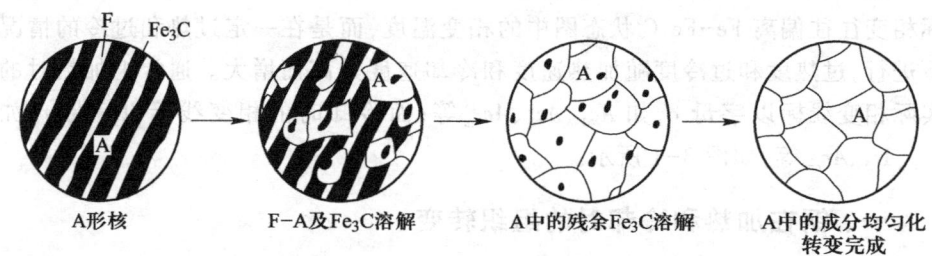

图 3-2 共析钢中奥氏体形成过程示意图

当亚共析钢加热至 Ac_1 以上时,珠光体转变为奥氏体,此时的组织为奥氏体和铁素体。若继续升温,铁素体也逐渐转变为奥氏体。在温度超过 Ac_3 时,铁素体完全消失,全部组织为细而均匀的单一奥氏体。而过共析钢在 Ac_1 至 Ac_{cm} 的升温过程中,二次渗碳体逐渐溶入奥氏体中,直到温度超过 Ac_{cm} 时全部组织为奥氏体。

2. 钢在冷却时的组织转变

大多数钢制零件都是在室温下工作,室温时钢的力学性能不仅与经过加热、保温后所获得的奥氏体晶粒大小等有关,而且也决定于过冷奥氏体经冷却转变后所获得的组织。而冷却方式和冷却速度对奥氏体的组织转变有直接的影响。

钢的热处理工艺有如下两种冷却方式。

(1) 连续冷却

连续冷却就是使加热到奥氏体的钢,在温度连续下降的过程中发生组织转变。这在热处理生产上经常使用,例如在水中、油中或空气中冷却都是连续冷却方式。

(2) 等温冷却

等温冷却就是使加热到奥氏体的钢,先以较快的冷却速度冷至 A_1 线以下一定的温度,这时奥氏体尚未转变,但成为过冷奥氏体。然后进行保温,使奥氏体在等温状态下发生组织转变。转变完成后再冷却到室温。例如等温退火、等温淬火等热处理操作,都采用等温冷却方式。

等温冷却方式对研究冷却过程中的组织转变较为方便。现在仍以共析钢进行一系列不同过冷度的等温冷却试验为例,可以测出过冷奥氏体在恒温下转变开始和转变终了的时间,若绘制在转变温度和时间坐标图上,然后把转变开始的时间和转变终了的时间分别连接起来,即得到共析钢的奥氏体等温转变曲线,如图3-3所示。奥氏体等温转变曲线颇似"C"字,故又称为C曲线。根据C曲线可以了解到不同温度下的转变产物,为制定热处理工艺提供参考。共析钢过冷奥氏体等温转变的产物大致可分为三个类型:

1) 高温转变产物 共析钢过冷奥氏体冷却到 $A_1 \sim 550$ ℃之间任一温度后,等温转变的产物属于珠光体型组织,是由铁素体和渗碳体的层片所组成的机械混合物。过冷度越大,层片越薄,硬度也越高。实验证明,过冷到 $A_1 \sim 650$ ℃之间后转变得到的组织为珠光体;过冷到 650~600 ℃之间后转变得到的组织为索氏体,又称细珠光体;过冷到 600~550 ℃之间后转变得到的组织为托氏体,又称为极细珠光体。

2) 中温转变产物 共析钢奥氏体过冷到 550~230 ℃之间后等温转变的产物属于贝氏体型组织,是由铁素体和微小的渗碳体混合而成。贝氏体比珠光体硬度更大。如果将过冷到 550~350 ℃之间后转变而得到的组织称为上贝氏体,过冷到 350~230 ℃之间后转变而得到的则为下贝氏体。下贝氏体较上贝氏体有较高的强度和硬度,塑性和韧度也较好。

3) 低温转变产物 共析钢过冷奥氏体冷却到 230 ℃以下后转变为马氏体。它实质上是碳在 α-Fe 中的过饱和固溶体。马氏体是一种不稳定的组织,有很高的硬度,但塑性、韧度很低。共析钢奥氏体过冷到 230 ℃ (M_s) 时,开始转变为马氏体,随着温度下降,马氏体逐渐增多,过冷奥氏体不断减少,直至 -50 ℃ (M_f) 时,过冷奥氏体才转变完了。所以 M_s 和 M_f 之间的组织为马氏体和残余奥氏体。

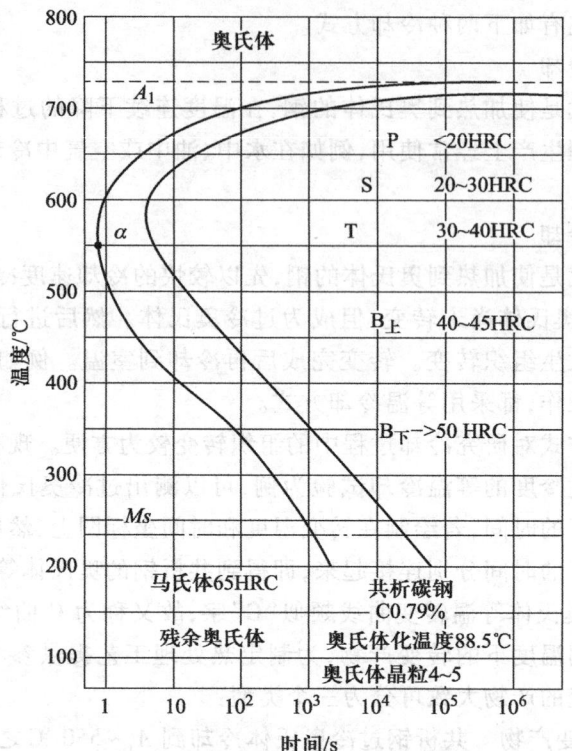

图 3-3 共析钢过冷奥氏体等温转变图

二、钢的热处理工艺

钢件最常用的热处理工艺为退火、正火、淬火、回火及表面热处理。

1. 钢的退火和正火

退火(annealing)和正火(normalizing)是生产上应用很广泛的预备热处理工艺。大部分钢制构件经退火和正火后,钢的力学性能和工艺性能都得到改善和调整,从而为下道工序作好组织、性能准备。对于一些受力不大、性能要求不高的机械零件,如铸件,退火和正火亦可作为最终热处理。各种退火、正火方法的加热温度范围如图 3-4 所示。

(1) 退火 退火是将钢材或钢件加热到适当温度,保温一定时间,随后缓慢冷却以获得接近平衡状态组织的热处理工艺。

1) 完全退火

将钢件加热至 Ac_3 以上 20~30 ℃,经完全奥氏体化后进行缓慢冷却,以获得近于平衡组织的热处理工艺。完全退火使钢的组织全部进行了重结晶,主要用

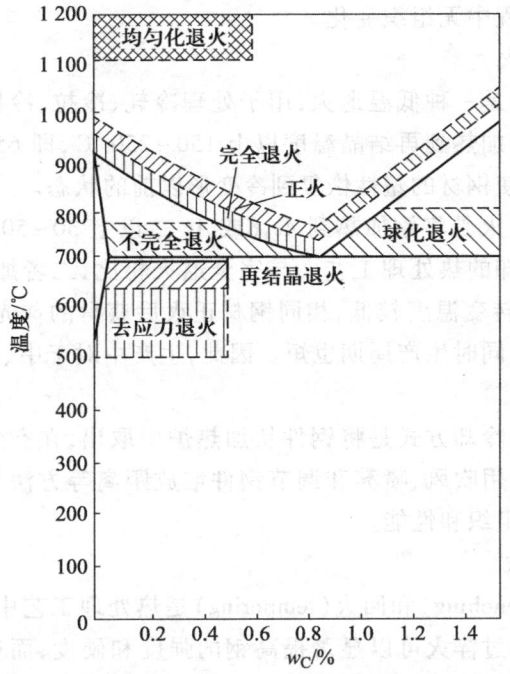

图 3-4 退火正火加热温度示意图

于亚共析钢,其目的是通过完全重结晶,使铸造、锻造或焊接所造成的粗大晶粒细化,并可使产生的不均匀组织得到改善。通过退火可使中碳以上的钢件获得接近平衡状态的组织,以降低硬度,便于切削加工。由于退火时冷却缓慢,也可以消除内应力。

2) 球化退火

球化退火是不完全退火的一种,将过共析钢加热到 Ac_1 以上 10~20 ℃,保温一定时间后缓慢冷却,使过共析钢中碳化物球化,获得粒状珠光体的一种热处理工艺。其目的在于降低硬度,改善切削加工性能,提高塑性,为淬火做组织准备。

3) 均匀化退火

均匀化退火又称扩散退火,它是将钢锭、铸件加热至略低于固相线的温度下长时间保温,然后缓慢冷却以消除化学成分不均匀现象的热处理工艺。其目的是消除铸锭或铸件在凝固过程中产生的枝晶偏析及区域偏析,使成分和组织均匀化。

4) 去应力退火

又称低温退火,即将钢加热至低于 Ac_1 的某一温度(一般为 500~600 ℃),经保温后缓慢冷却。低温退火主要用来消除铸件、锻件、焊接件等的残余内应力,在低温退火过程中无组织变化。

5) 再结晶退火

再结晶退火也是一种低温退火,用于处理冷轧、冷拉、冷压等发生加工硬化的钢材。把这类钢加热到再结晶温度以上 150~250 ℃,即 650~750 ℃,保温后空冷,通过再结晶使钢材的塑性恢复到冷变形以前的状态。

(2) 正火　正火是将钢加热到 Ac_3(或 Ac_{cm})以上 30~50 ℃,保温适当的时间后,在空气中冷却的热处理工艺。与完全退火相比,二者加热温度相同,但正火冷却速度较快,转变温度较低,相同钢材正火后获得的珠光体组织较细,钢的强度、硬度也较高,同时生产周期也短。因此,生产中对于中、低碳钢常常以正火代替退火。

正火最常用的冷却方式是将钢件从加热炉中取出,在空气中自然冷却。对于大型工件也可采用吹风、喷雾和调节钢件堆放距离等方法控制钢件的冷却速度,以达到要求的组织和性能。

2. 淬火与回火

钢的淬火(quenching)和回火(tempering)是热处理工艺中最重要,也是用途最广泛的工序。通过淬火可以显著提高钢的强度和硬度,而通过回火可以消除淬火钢的残余内应力,稳定钢的组织,所以淬火和回火工艺是密不可分的。

(1) 淬火

将钢加热到 Ac_3(亚共析钢)或 Ac_1(过共析钢)以上一定温度,保温后以大于临界冷却速度的冷速得到马氏体(或下贝氏体)的热处理工艺称为淬火。淬火的目的是使奥氏体化后的工件获得尽量多的马氏体(或下贝氏体),提高工件的硬度,并配以不同温度回火,以获得各种需要的性能。

对淬火工艺而言,碳素钢的淬火温度根据钢的含碳量而定,亚共析钢的加热温度在 Ac_3 以上 30~50 ℃,共析钢、过共析钢加热到 Ac_1 以上 30~50 ℃。若亚共析钢淬火加热温度在 Ac_1 和 Ac_3 之间,淬火组织中除马氏体外,还保留一部分铁素体,使钢的强度和硬度降低。作为韧性相的铁素体,虽然会富集一些有害杂质,但是可以降低钢的冷脆转变温度,减小回火脆性及氢脆敏感性。因此,对于低、中碳合金钢,近年来往往采用加热温度略低于 Ac_3 点的亚温淬火工艺。过共析钢的加热温度限定在 Ac_1 以上 30~50 ℃ 是为了得到细小的奥氏体晶粒和保留少量渗碳体质点,淬火后获得马氏体和其上均匀分布的粒状碳化物,从而使钢不但具有更高的强度、硬度和耐磨性,而且也具有较好的韧度。

共析钢淬火时,由于冷却速度过快,奥氏体来不及形成铁素体和渗碳体的机械混合物,而发生无扩散型相变形成马氏体。面心排列的奥氏体点阵变成体心排列的点阵,体心点阵中过饱和的碳因温度低也不能析出,所以淬火后获得的组

织是过饱和的 α 固溶体，即马氏体。体心排布的点阵中由于有过饱和的碳存在，使点阵发生畸变，因而增加了塑性变形的抗力，所以马氏体具有很高的硬度，而且含碳量愈高硬度越大。

工件进行淬火冷却所使用的介质称为淬火介质。水最便宜而且冷却能力较强，适合于尺寸不大、形状简单的碳钢工件的淬火。浓度为 10% 的 NaCl 和 10% 的 NaOH 的水溶液与纯水相比，能提高冷却能力。油也是一种常用的淬火介质。早期采用动、植物油脂。目前工业上主要采用矿物油，如锭子油、全损耗系统用油（机油）、柴油等，多用于合金钢的淬火。

常用的淬火方法有下列几种：

1) 单介质淬火

它是将加热到奥氏体状态的工件，在温度低于工件材料的上马氏体点（M_s 点）的一种淬火介质中连续冷却下来以形成马氏体的淬火方法（如图 3-5 中曲线 1 所示）。该方法的优点是操作简单。但只适用于小尺寸、形状简单的工件，对于尺寸较大的工件实行单介质淬火易产生变形和开裂。

2) 双介质淬火

先将加热到奥氏体状态的工件在冷却能力强的淬火介质中冷却至接近 M_s 点温度，再立即转入冷却能力较弱的淬火介

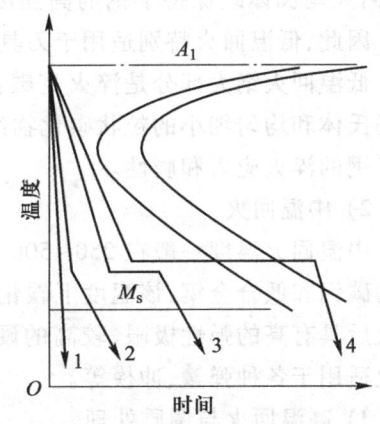

图 3-5　各种淬火方法冷却曲线示意图
1—单介质淬火；2—双介质淬火；
3—分级淬火；4—等温淬火

质中冷却，直至完成马氏体转变（见图 3-5 曲线 2）。由于这种方法的马氏体转变是在冷却能力较低介质中进行的，故产生的内应力小，减少了变形和开裂倾向。

3) 喷液淬火

它是向工件喷射急速水流的淬火方法。这种方法主要用于局部淬火的工件。由于这种淬火方法不会在工件表面形成蒸汽膜，故淬硬层更厚。

4) 分级淬火

它是将奥氏体状态的工件首先淬入略高于钢的 M_s 点的盐浴或碱浴中保温，当工件内外温度均匀后，再从浴炉中取出空冷至室温，完成马氏体转变（见图 3-5 曲线 3）。这种淬火法克服了单介质和双介质淬火法存在的工件内外温度不均的缺点，故可减少淬火应力，防止变形开裂。它一般适合于较小工件的淬火。

5) 等温淬火

钢件加热奥氏体化，随之快冷到贝氏体转变温度区间（260～400 ℃）保持等

温，使奥氏体转变为贝氏体的淬火工艺（见图3-5曲线4）。这种淬火方法也只适用于尺寸不大、形状复杂而要求较高的工件，如弹簧、小齿轮及丝锥等。

（2）回火

回火是将淬火后的钢加热到 A_1 以下温度，保温一段时间，然后置于空气或水等介质中冷却的热处理工艺，故回火总是在淬火之后进行的。

根据回火温度的不同，可分为低温回火、中温回火和高温回火等。

1）低温回火

低温回火温度约为150~250 ℃，回火组织为回火马氏体。与淬火马氏体相比，回火马氏体既保持了钢的高强度、高硬度和良好的耐磨性，又适当提高了韧性。因此，低温回火特别适用于刀具、量具、滚动轴承、渗碳件及高频表面淬火工件。低温回火钢大部分是淬火高碳钢和高碳合金钢，经淬火并低温回火得到回火马氏体和均匀细小的粒状碳化物组织，具有很高的硬度和耐磨性，同时显著降低了钢的淬火应力和脆性。

2）中温回火

中温回火温度一般在250~500 ℃之间，回火的组织为回火托氏体。对于一般的碳钢和低合金钢，该温度下碳化物开始聚集，淬火应力基本消失。钢经中温回火后具有高的弹性极限、较高的硬度和强度、良好的塑性和韧性。因此，中温回火适用于各种弹簧、冲模等。

3）高温回火与调质处理

高温回火温度约为500~650 ℃，回火组织为回火索氏体。淬火和高温回火的复合热处理工艺称为调质处理。经调质处理后，钢具有优良的综合力学性能，主要用于中碳结构钢或低合金结构钢，用来制作齿轮、曲轴、连杆、螺栓、汽车半轴等主要的机器零件。

工件回火一般在空气中冷却。一些主要的机器零件和工、模具，为了防止重新产生内应力、变形和开裂，通常都采用缓慢的冷却方式；对于有高温回火脆性的钢件，回火应进行油冷和水冷，以抑制回火脆性。

三、其他热处理

在实际生产中，一些机器零件在复杂应力条件下工作，其表面和心部承受不同的应力状态，因此要求零件表面和心部具有不同的性能。为此，发展了表面热处理技术，包括表面淬火工艺和化学热处理工艺。为得到高强度与高塑性的良好配合，简化零件的生产流程，有时还把两种或几种热处理加工工艺混合在一起，构成复合加工工艺，例如形变热处理等。

1. 表面淬火

表面淬火是将工件表面快速加热到淬火温度,然后迅速冷却,仅使表面层获得淬火组织的热处理方法。淬火的目的在于获得高硬度的表面层和有利的残余应力分布,以提高工件的耐磨性和疲劳强度。像齿轮、凸轮及各种轴类零件在扭转、弯曲等交变载荷作用下工作并承受摩擦和冲击,其表面要比心部承受更高的应力。因此,要求零件表面具有高的强度、硬度和耐磨性,要求心部具有一定的强度、足够的塑性和韧性,采用表面淬火工艺可达到这种要求。

钢的表面淬火加热方法有多种,例如电感应加热、火焰加热、电接触加热、电解质加热以及激光加热等。我国目前应用较多的是电感应加热法和火焰加热法。

(1)感应加热表面淬火法

感应加热就是在一个感应器中通过一定频率的交流电(有高频、中频、工频三种),在感应器周围产生一个频率相同的交变磁场。将工件置于磁场之中,在工件内部就会产生频率相同、方向相反的封闭的感应电流,这种电流叫涡流。涡流主要集中在工件表面(集肤效应),而且频率越高,电流集中的表面层越薄。由于电能变成热能,使工件表面的很薄一层被迅速加热到淬火温度,如立即喷水冷却,即可达到表面淬火的目的。

高频感应加热表面淬火法应用最广,常用电流频率为 80~1 000 kHz,可获得的表面硬化层深度为 0.5~2 mm。主要用于中、小模数齿轮的淬火。

中频感应加热表面淬火常用电流频率为 2 500~8 000 Hz,可获得 3~6 mm 深的硬化层,主要用于要求淬硬层较深的零件,如发动机曲轴、凸轮轴、大模数齿轮、较大尺寸的轴和钢轨的表面淬火。

工频感应加热表面淬火以工频(50 Hz)电流进行感应加热,不需变频设备,可获得 10~15 mm 以上的硬化层,适用于大直径零件的穿透加热及要求淬硬层深的大型工件的表面淬火。

(2)火焰加热表面淬火

应用氧-乙炔(或其他可燃气)火焰对工件表面进行加热,随之喷水冷却的工艺称之为火焰加热表面淬火。

火焰加热表面淬火法适于处理异型、大型或特大型工件,淬透层深度一般为 3~6 mm,所需设备比较简单,但易过热,淬火效果不好。

2. 化学热处理

将金属工件放入一定温度的活性介质中保温,使一种或几种元素渗入它的表层,以改变其化学成分、组织和性能的热处理工艺称为化学热处理。与表面淬火不同,化学热处理后的工件表面不仅有组织的变化,而且也有化学成分的变化，即钢的化学热处理是改变钢的表层化学成分及性能的一种热处理工艺。

通过化学热处理，钢件表面可以获得更高的硬度、耐磨性和疲劳强度，而心部具有良好的塑性和韧性的同时，还具有较高的强度。通过适当的化学热处理还可使钢件表层具有减摩、耐腐蚀等特殊性能。

根据渗入元素的不同，化学热处理可分为渗碳、渗氮、碳氮共渗等。

以气体渗碳为例，其工艺简介如下：

将低碳钢件放入密封很好的渗碳炉中，通入气体渗碳剂（如煤油、苯或甲醇等），加热到 900~950 ℃，保温一段时间，使工件表层增碳后再进行淬火加低温回火。

气体渗碳分为三个阶段：

（1）渗碳剂在 900~950 ℃ 的高温下分解出活性炭原子。

（2）活性炭原子被工件表面吸收，溶入表层的奥氏体中。

（3）在高温下溶解在奥氏体中的碳原子由表面不断向深处扩散。由渗碳工件表面向内至规定碳浓度处的垂直距离称为渗碳层厚度。在一定的渗碳温度下，加热时间越长，渗碳层越厚。根据零件要求的不同，渗碳层的厚度一般在 0.5~2 mm 之间。

3. 形变热处理

形变热处理是将塑性变形和热处理工艺有机结合，以提高材料力学性能的复合工艺。根据形变温度的不同，可分为高温形变热处理和低温形变热处理。

高温形变热处理是将钢加热至 Ac_3 以上，在稳定的奥氏体温度范围内进行变形，然后立即淬火，使之发生马氏体转变并回火至需要的性能。高温形变热处理适用于一般碳钢、低合金钢结构零件以及机械加工量不大的锻件或轧材。

低温形变热处理是将钢加热至奥氏体状态，迅速冷却至 A_1 点以下、M_s 点以上的过冷奥氏体亚稳温度范围进行塑性变形，然后立即淬火并回火至所需要的性能。该工艺的特点是在钢的塑性和韧性不降低或降低不多的情况下，可以显著提高钢的强度和疲劳极限，提高钢抗磨损和抗回火的能力。低温形变热处理可用于结构钢、弹簧钢、轴承钢及工具钢。

第二节 金属间化合物材料的热处理

钢的热处理的最大特点是适当控制冷却速度可以最大限度地改善材料的力学性能，其中冷却速度越快，强度、硬度提高幅度越大，耐磨性越好，同时也给材料的加工性能带来困难。但是并不是所有材料都与钢材一样，有些材料的热处理性能刚好相反，原始状态材料的强度、硬度较高，可加工性极差，但急冷处理后不仅强度、硬度下降,而且材料的加工性能也得到改善。Fe_3Al 金属间化合物就是其中的一种。

Fe_3Al 金属间化合物是一种新金属材料,其独特的耐高温、耐腐蚀、耐磨损性能具有诱人的应用前景,因此其加工性能的好坏直接影响该材料的推广应用。由于 Fe_3Al 合金具有特殊结构,使材料塑性滑移较普通金属更困难,从而导致在室温下难于加工。由 Fe-Al 合金相图知(图3-6),对于 $w_{Al}=25\%\sim 30\%$ 的 Fe-Al 合金,高温时为无序 α 相,随着温度降低,在 750~950 ℃ 范围可转变为 B2 相,在 550 ℃ 温度左右可再次转变为 DO_3 相(图3-7)。由于 Fe_3Al 合金在不同温度结构不同,有序程度各异,材料的性能与可加工性将会发生大的变化。研究证明,B2 的滑移能较 DO_3 的滑移能小得多,因此有目的地对 Fe_3Al 金属间化合物进行有序度截留处理(或淬火处理),力图改变其长程有序结构,保留更多的 B2 结构 Fe_3Al,这对调整材料的力学性能,克服其难加工性是十分有益的。

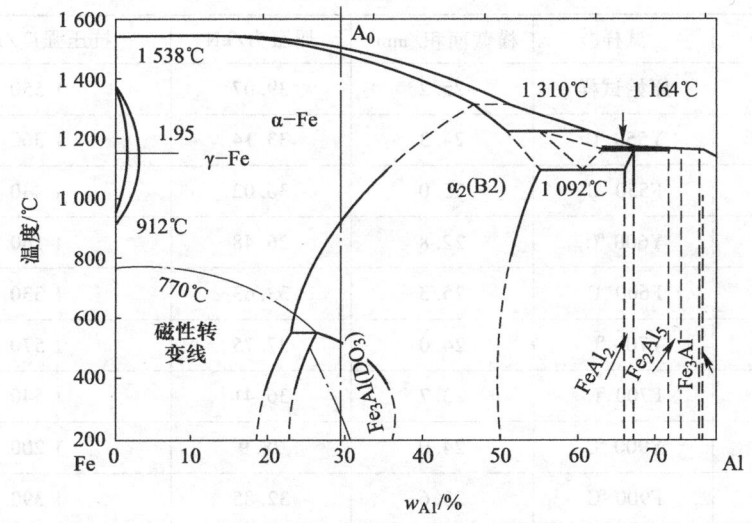

图 3-6 Fe-Al 合金相图

表 3-2、表 3-3 与图 3-8 为 Fe_3Al 合金淬火处理前后试验所得数据。

表 3-2 材料试验硬度值(HRC)

试样编号	F550	Y550	F600	Y600	F700	Y700	F900	Y900	原试样
硬度值(HRC)	23.52	23.18	23.76	23.38	25.54	23.1	32.18	30.76	32.2

注:试样编号中,F 为沸水介质,Y 为盐水介质,数字为淬火开始温度。

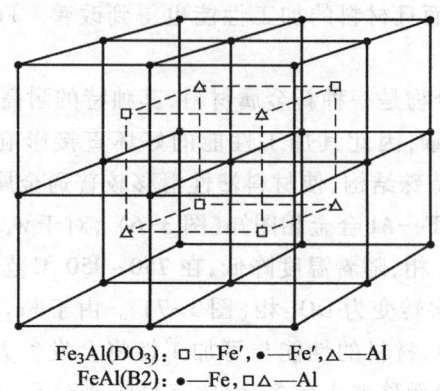

Fe₃Al(DO₃): □ —Fe′, ● —Fe′, △ —Al
FeAl(B2): ● —Fe, □△ —Al

图 3-7　B2 和 DO₃ 有序结构晶胞

表 3-3　压缩试验数据表

试样号	试样	横截面积/mm²	屈服力/kN	抗压强度/MPa
1	原始试样	25.2	39.07	1 550
2	Y550 ℃	24.3	33.14	1 360
3	F550 ℃	25.0	36.02	1 440
4	Y600 ℃	22.8	26.48	1 160
5	F600 ℃	25.3	33.63	1 330
6	Y700 ℃	24.0	37.75	1 570
7	F700 ℃	23.7	36.41	1 540
8	Y900 ℃	24.0	28.9	1 200
9	F900 ℃	23.6	32.85	1 390

由上述结果可知：

(1) 试样在 900 ℃ 以下淬火热处理后，硬度下降明显，说明淬火处理对 Fe_3Al 结构有明显控制作用，与钢材淬火热处理效果刚好相反。

(2) 与硬度表现出的特点相似，淬火后材料抗压强度明显下降。其中，在 600 ℃ 时经海水介质淬火处理的试样，有序度截留效果最好。Fe_3Al 的抗压强度由有序截留前的 1 550 MPa 降为 1 160 MPa。

显然通过淬火处理是提高 Fe_3Al 的室温可加工性能的一条重要途径。

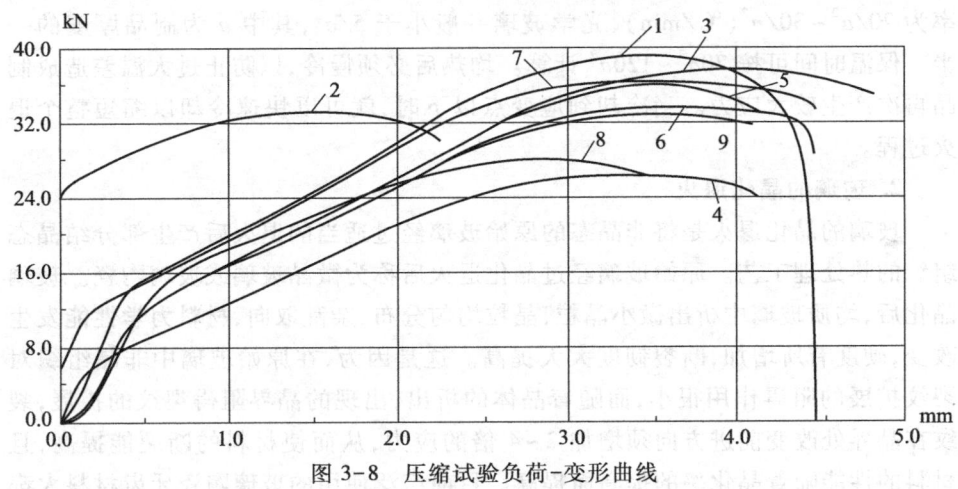

图 3-8 压缩试验负荷-变形曲线

第三节 非金属材料的热处理

非金属材料由于其资源优势和良好的性能,近些年来使用量急剧增加,在各行各业中发挥着越来越重要的作用。采用热处理方法控制和改善非金属材料的微观组织结构和使用性能一直是材料工作者追求的目标。本节仅就玻璃热处理和工程陶瓷的热处理做一简介。

一、玻璃的热处理

1. 玻璃的退火

在生产过程中,玻璃制品经受激烈的、不均匀的温度变化会产生热应力。热应力的存在使玻璃制品的强度和热稳定性降低。退火可以降低或消除玻璃制品中的热应力。

玻璃的退火工艺一般包括加热、均热、慢冷和快冷四个阶段,如图 3-9 所示。有的玻璃制品成形后直接进入退火炉进行退火,称为一次退火,可以省略加热阶段;有的制品成形冷却后再经加热退火,称为二次退火。二次退火加热温度一般低于玻璃转变温度 T_g 附近的某一温度保温均热。由于加热过程中玻璃表面产生压应力,所以升温速率可高达 300 ℃/min。根据制品厚度的不同,生产中常采用的加热速

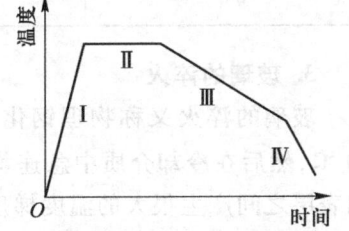

图 3-9 玻璃退火工艺曲线示意图
Ⅰ—加热阶段;Ⅱ—均热阶段;
Ⅲ—慢冷阶段;Ⅳ—快冷阶段

率为 $20/a^2 \sim 30/a^2$(℃/min),光学玻璃一般小于 $5/a^2$,其中 a 为制品厚度的一半。保温时间可按 $70a^2 \sim 120a^2$ 计算。均热后必须慢冷,以防止过大温差造成制品再次产生较大应力。当冷却到应变点以下时,就可以快速冷却以缩短整个退火过程。

2. 玻璃的晶化退火

玻璃的晶化退火是将非晶态的原始玻璃经过适当的退火后产生部分结晶态组织的热处理工艺。原始玻璃经过晶化退火后称为微晶玻璃或玻璃陶瓷。玻璃晶化后,均质玻璃中析出微小晶粒,晶粒均匀分布,杂乱取向,材料力学性能发生改变,硬度有所增加,断裂韧度大大提高。这是因为,在原始玻璃中非晶组织对裂纹扩展的阻碍作用很小,而随着晶体的析出,出现的晶界阻碍裂纹的扩展,裂纹在晶界处改变前进方向须增加 2~4 倍的应力,从而使材料的断裂能提高,且材料的性能随着晶化率的提高而提高。目前广泛使用的玻璃陶瓷牙齿材料大都是原始非晶玻璃体经过晶化热处理获得的。图 3-10 和表 3-4 分别是主晶相为四硅酸氟云母晶体的玻璃陶瓷晶化率与晶化温度的关系和晶化温度对材料力学性能的影响。

表 3-4 不同晶化温度下玻璃陶瓷的显微硬度和断裂韧度

晶化温度/℃	显微硬度/GPa	断裂韧度/(MPa·m$^{1/2}$)
玻璃	5.33±0.14	0.50±0.01
830	5.71±0.18	0.64±0.03
850	5.76±0.16	0.65±0.02
870	5.78±0.14	0.68±0.02
890	5.86±0.12	0.70±0.02
910	6.10±0.13	0.73±0.02
930	6.16±0.19	0.74±0.02
950	6.31±0.14	0.77±0.01

3. 玻璃的淬火

玻璃的淬火又称物理钢化,是指将玻璃制品加热至转变温度 t_g 以上 50~60 ℃,然后在冷却介质中急速均匀冷却的过程。经过淬火后,玻璃制品的内层和表层之间产生很大的温度梯度,冷至室温后造成玻璃表面均匀分布的压应力层,使其力学性能得到很大提高。同普通玻璃相比,淬火玻璃的弯曲强度提高 4~5 倍,可高达近 200 MPa;抗冲击强度提高好几倍;淬火玻璃可经受温度突变的范围达 250~320 ℃,而普通玻璃只有 70~100 ℃。另外,淬火玻璃表面裂纹减

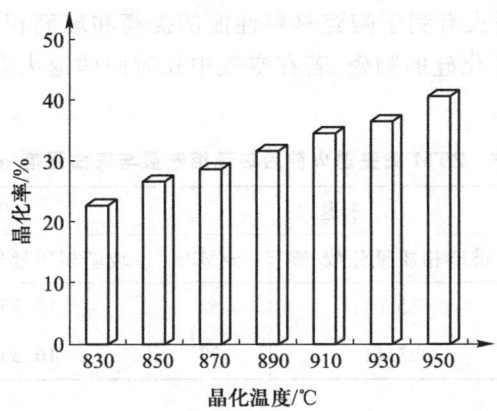

图 3-10 玻璃陶瓷晶化率与晶化温度的关系

少,破碎时只产生没有尖锐角的小碎片。但淬火玻璃内部有相互平衡的应力分布,一般不能再行切割。

玻璃器皿和平板玻璃一般均用风冷淬火。厚度小于 2.5~3 mm 的薄壁制品必须加大急冷程度来提高内外层温差,常采用低温液体作为淬火介质,如硅树脂、低熔点金属熔盐等。

二、陶瓷的热处理

在固态非金属材料中,陶瓷体是一个多晶、多相系统,而以晶体为主要相组成。因此,通过热处理改善陶瓷材料的组织,挖掘其性能潜力,也成为陶瓷研究的一个重要方向。由于陶瓷是脆性材料,固体陶瓷中也存在气孔、微裂纹等缺陷,抗热振能力不如金属,故一般均采用缓慢冷却的退火方式进行热处理。就目前的研究情况看,对陶瓷进行热处理主要用于去除应力、消除加工缺陷、改变晶界相以改善性能等,也可对部分陶瓷进行化学热处理以改善性能。本节仅以工程陶瓷的热处理为例,介绍一些近期研究的成果。

1. 陶瓷材料的退火

复相陶瓷材料在烧结过程中,由于不同相之间的热膨胀系数不一样,冷却时常常会产生相间应力,容易导致瓷体内部的微裂纹。另外,晶粒之间的玻璃相削弱了晶间结合,降低了陶瓷的抗断裂能力。大量实验表明,许多体系的陶瓷材料经过退火可以通过晶粒的变化减小相间应力,弥合微裂纹,同时长时间的退火可以使部分晶界玻璃相发生晶化,改善了材料的组织结构,提高了陶瓷的室温和高温力学性能。图 3-11 是氧化锆增韧莫来石(ZTM)复相陶瓷在氮气中退火工艺与力学性能的关系;表 3-5 为 ZTM 陶瓷退火前后晶间玻璃相和弯曲强度对比。

可以明显地看出,退火有利于陶瓷材料性能的提高和玻璃相的减少。但对于非氧化物陶瓷,如含碳化硅的陶瓷,若在空气中长时间的退火会导致氧化反应,材料性能可能会下降。

表 3-5　ZTM 陶瓷退火前后玻璃相数量与弯曲强度 σ 对比

原料组成	未退火		1 050 ℃ 退火	
	玻璃相质量分数/%	σ/MPa	玻璃相质量分数/%	σ/MPa
$ZrSiO_4/Al_2O_3+MgO$	15.01	52	10.35	93
$ZrSiO_4/Al_2O_3+TiO_2$	23.61	77	16.33	115

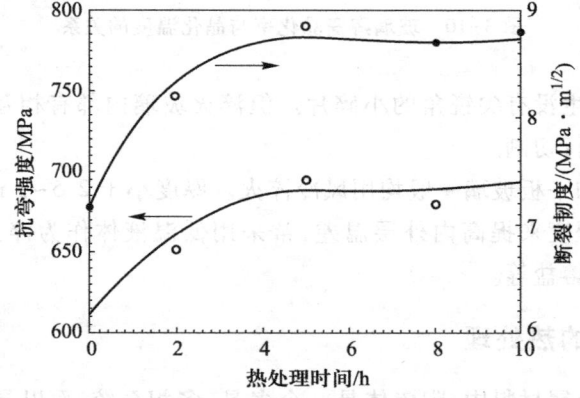

图 3-11　氮气中 ZTM 力学性能与退火时间的关系(退火温度 1 000 ℃)

退火还可以降低机械加工对陶瓷材料的不利影响。陶瓷材料目前已经广泛应用于各种高技术领域,如陶瓷发动机零件、火箭外部保护罩等。这些机械零部件为满足高尺寸精度、低表面粗糙度值的要求,需对烧成后的陶瓷件进行一系列机械加工,最常见的有磨削等。由于陶瓷属硬脆材料,所以机加工过程中往往造成对材料的损伤即机加工缺陷。这种表面缺陷对材料使用时的载荷非常敏感,极易成为材料的裂纹源。为了避免或减少机加工对陶瓷材料性能的不利影响,可在接近烧结温度的条件下对机加工后的陶瓷件进行退火,通过晶粒生长、扩散传质、玻璃相流动、氧化等方式使裂纹愈合或钝化,从而改善其性能。

2. 陶瓷材料的化学热处理

同金属材料一样,陶瓷材料也可以通过表面渗入其他元素的方法来改变其组织结构和获得所需要的性能。研究表明,对氧化锆及其复相陶瓷材料表层进行渗碳或渗氮,能使室温下的亚稳相四方氧化锆的含量增加,从而影响其增韧效果。

氧化锆陶瓷具有明显的相变增韧效应，其增韧的重要条件是使氧化锆的高温相（四方相，t 相）保留到室温而不转变为室温稳定的单斜相（m 相），在应力的诱发下才发生 t-m 相变，导致体积膨胀，产生类似于铁碳合金中马氏体相变的效应。将 Mg^{+2}、Y^{+3} 等离子固溶到氧化锆晶格中可以起到稳定四方相的作用，而采用化学热处理则给出了一条稳定 t 相氧化锆的新途径。将氧化锆增韧氧化铝陶瓷 ZTA（zirconia toughened alumina）于 1 300 ℃埋入 SiC 粉中保温 15 h，ZrO_2 中的四方相由原来的 8% 升高到 92%，且随温度升高和保温时间延长，对氧化锆的稳定化作用越明显。同理，将 ZTA 陶瓷和氧化锆增韧莫来石陶瓷 ZTM（zirconia toughened mullite）分别埋入石墨+$BaCO_3$ 粉和木炭+$BaCO_3$ 粉中，经 1 200 ℃保温 6 h 后，两种陶瓷中四方相的含量均有明显上升，特别是石墨作为固体渗碳剂的效果更好。这说明高活性的碳可以在高温下扩散的氧化锆中，阻止四方相在冷却过程中向单斜相转变。向陶瓷渗氮也得到了相似的结果：随着氮气分压和热处理温度的提高，ZTM 陶瓷中四方相的含量呈增加趋势。

第四节　表面工程技术

与表面热处理相比，表面工程技术所涉及的内容更宽，用途更广泛。表面工程是经表面预处理后，通过表面涂覆、表面改性或多种表面工程技术复合处理，改变固体金属表面或非金属表面的形态、化学成分和组织结构，以获得所需要表面性能的系统工程。其中表面改性、薄膜技术和涂层技术统称表面技术。表面技术、表面分析、表面性能、表面层结合机理、表面失效机理、涂（膜）层材料、（膜）层工艺、施镀设备、测试技术、检验方法和标准、评价、质量与工艺过程控制等形成工程化规模生产的成套技术组合称为表面工程技术。

表面工程技术的作用是多种多样的，其最主要的作用为提高金属构件的耐蚀性、耐磨性及获得电、磁、光等功能性表面层。具体包括抗磨性、绝缘性、导电性、抗高温氧化、热疲劳、反光性、光选择吸收性、磁性、半导体性、电磁屏蔽性、密封性、装饰性、耐疲劳性、保油性、可焊接性、耐大气、海洋大气、天然水及某些酸碱盐的腐蚀作用等。表面工程技术的应用使基体材料表面具有原来没有的性能，这就大幅度地拓宽了材料的应用领域，充分发挥了材料的潜力。如：① 可用一般的材料代替稀有的、昂贵的材料制造机器零件，其质量甚至超过原机件；② 可以把两种或两种以上的材料复合，解决单一材料解决不了的问题；③ 延长在苛刻条件下服役机件的寿命；④ 大幅度提高现有机件的寿命；⑤ 赋予材料特殊的物理、化学性能，有助于某些尖端技术的开发；⑥ 可成功地修复磨损、腐蚀的零件。

一、表面工程技术分类

表面工程技术可以按照工艺特点和学科特点划分。通常按学科特点分为三大类：表面涂镀技术、表面扩渗技术和表面处理技术三个领域。

表面涂镀技术是将液态涂料涂敷在材料表面，或者是将镀料原子沉积在材料表面，从而获得晶体结构、化学成分和性能有别于基体材料的涂层或镀层，此类技术有有机涂装、热浸镀、热喷涂、电镀、化学镀和气相沉积等。

表面扩渗技术是将原子渗入(或离子注入)基体材料的表面，改变基体表面的化学成分，从而达到改变其性能的目的，它主要包括化学热处理、阳极氧化、表面合金化和离子注入等。

表面处理技术是通过加热或机械处理，在不改变材料表层化学成分的情况下，使其结构发生变化，从而改变其性能，常用的表面处理技术包括表面淬火(见热处理部分)、激光重熔和喷丸等。

可见，表面工程技术远远超出了最初的化学热处理、电镀等范畴。

按工艺特点表面工程可大致分为：热喷涂、堆焊、电镀、化学镀、热浸镀、化学转化膜、涂装、表面彩色、气相沉积、三束(激光束、等离子束、电子束)改性以及表面热处理、形变强化和衬里等。

二、表面工程技术简介

1. 热喷涂

热喷涂技术是采用气体、液体燃料或电弧、等离子弧、激光等作热源，使金属、合金、金属陶瓷、氧化物、碳化物、塑料以及它们的复合材料等喷涂材料加热到熔融或半熔融状态，通过高速气流使其雾化，然后喷射、沉积到经过预处理的工件表面，从而形成附着牢固的表面层的加工方法。如果将喷涂层再加热重熔，则产生冶金结合。这种方法称为热喷涂方法。目前，热喷涂技术已广泛应用于宇航、国防、机械、冶金、石油、化工、机车车辆和电力等部门。图 3-12 为热喷涂原理示意图。

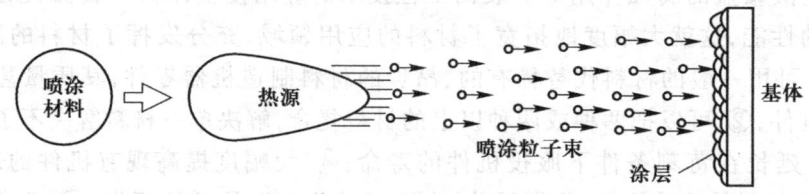

图 3-12 热喷涂原理图

采用热喷涂技术不仅能使零件表面获得各种不同的性能,如耐磨、耐热、耐腐蚀、抗氧化和润滑等性能,而且在许多材料(金属、合金、陶瓷、水泥、塑料、石膏、木材等)表面上都能进行喷涂。喷涂工艺灵活,喷涂层厚度达 0.5～5 mm,而且对基体材料的组织和性能的影响很小。热喷涂具有以下特点:

① 取材范围广,几乎所有的工程材料都可以作为喷涂材料。

② 几乎所有固体材料都可以作为基体进行喷涂。

③ 工艺灵活,施工范围小到 10 mm 的内孔,大到铁塔、桥梁。从整体表面到指定区域内涂敷,从真空或控制气氛中喷涂活性材料到野外现场作业都可进行。

④ 喷涂层厚度可调范围大,从几十微米到几毫米,而且表面光滑,加工量少。

⑤ 工件受热程度可以控制,热喷涂时工件受热程度可控制在 30～200 ℃ 之间,保证不改变。

⑥ 比电镀生产率高。热喷涂的生产率可达到每小时喷涂数千克喷涂材料,有些工艺方法甚至可高达 100 kg/h 以上。

⑦ 可赋予普通材料以特殊的表面性能,可使材料满足耐磨、耐蚀、抗高温氧化、隔热等性能要求,节约贵重材料,提高产品质量,满足多种工程和尖端技术的需求。

(1) 热喷涂工艺原理

实现热喷涂需要以下工艺过程,首先是喷涂材料被加热达到熔化或半熔化状态;然后是熔滴雾化后被气流或热源射流推动向前喷射飞行;最后以一定的动能冲击基体表面,产生强烈碰撞展平成扁平状涂层并瞬间凝固。喷涂层是由无数变形粒子互相交错呈波浪式堆叠在一起的层状组织结构,如图 3-13 所示。颗粒与颗粒之间不可避免地存在一部分孔隙或空洞,孔隙率一般在 2%～15% 之间。涂层中伴有氧化物和夹杂。采用等离子弧等高温热源、超音速喷涂以及低压或保护气氛喷涂,可减少以上缺陷,改善涂层结构和性能。

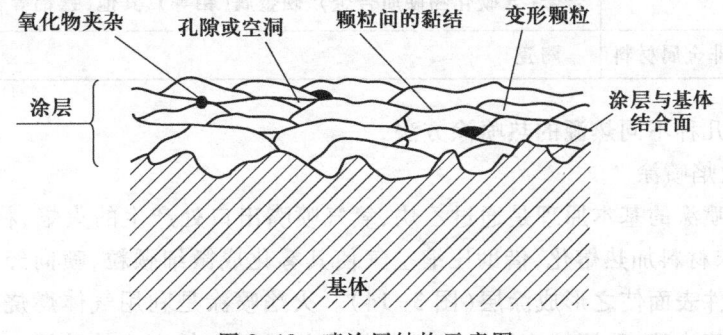

图 3-13 喷涂层结构示意图

由于涂层是层状结构,是一层一层堆积而成,所以涂层的性能具有方向性,垂直和平行涂层方向上的性能是不一致的。涂层经适当处理后,结构会发生变化。如涂层经重熔处理,可消除涂层中氧化物夹杂和孔隙,层状结构变为均质结构,与基体表面的结合状态也发生变化。

热喷涂分为喷涂和喷熔两种,其区别主要在涂层加热和结合方式不同。前者是基体不熔化,涂层与基体形成机械结合;后者则是涂层经再加热重熔,涂层与基体互溶并扩散形成冶金结合。热喷涂所用热源种类很多,具体包括气体火焰喷涂、电弧喷涂、等离子喷涂、火焰超音速喷涂、爆炸喷涂、激光喷涂和重熔、电子束喷涂等,它们与堆焊的根本区别在于母材基体不熔化或极少熔化。

(2) 热喷涂材料

热喷涂材料的形态有线材(丝材)、棒材和粉末材料,此外还有在长柔性管中装有粉末的带材。线材和棒材主要用于气体火焰喷涂、电弧喷涂等;粉末材料主要用于等离子喷涂、爆炸喷涂和气体火焰喷涂。热喷涂材料的材质可分为金属及其合金、陶瓷、金属化合物、某些有机塑料、玻璃、复合材料等(表3-6)。

表 3-6 热喷涂材料按用途分类

目 的		喷 涂 材 料
耐 蚀	金属材料	锌、铝、锌铝合金、不锈钢、镍及其合金(镍铬合金等)、自熔性合金、铜及其合金,其他(钛、锆、锡、铅及其合金、镉等)
	非金属材料	陶瓷、塑料
耐 热	金属材料	耐热钢(含不锈钢系列)、耐热合金(含镍铬合金)、自熔性合金、MCrAlx 系合金、其他
	非金属材料	陶瓷、金属陶瓷
耐磨损	金属材料	碳钢、低合金钢、不锈钢(主要是马氏体系列)、镍铬合金、自熔性合金(含碳化物硬质合金)、硬金属(钼等)、其他(镍铝等合金)
	非金属材料	陶瓷

(3) 几种不同热源的热喷涂方法

1) 火焰喷涂

火焰喷涂的基本原理是通过乙炔、氧气喷嘴出口处产生的火焰,将线材(棒材)或粉末材料加热熔化,借助压缩空气使其雾化成微细颗粒,喷向经预先处理的粗糙工件表面使之形成涂层(图3-14)。火焰喷涂是利用气体燃烧放出的热量实现热喷涂的,采用较广泛的为氧乙炔火焰线材和粉末火焰喷涂。理论上在

2 760 ℃以下温度区内不升华、能熔化的任何物质均可采用火焰喷涂获得涂层,但实际上熔点超过 2 500 ℃的材料很难用火焰进行喷涂。

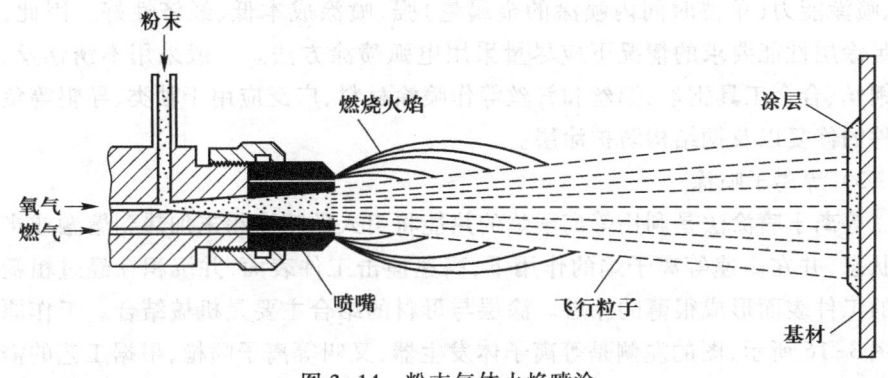

图 3-14　粉末气体火焰喷涂

火焰喷涂工艺流程为:工件表面准备→预热→喷涂打底层→喷涂工作层→喷后处理。

2) 电弧喷涂

电弧喷涂的基本原理是将两根被喷涂的金属丝作自耗性电极,连续送进的两根金属丝分别与直流电源的正负极相连接,在金属丝端部短接的瞬间,由于高电流密度,使两根金属丝间产生电弧,将两根金属丝端部同时熔化,在电源作用下维持电弧稳定燃烧;在电弧发射点的背后由喷嘴喷射出的高速压缩空气使熔化的金属脱离金属丝并雾化成微粒,在高速气流作用下喷射到基材表面而形成涂层。如图 3-15 所示,电弧喷涂时,两根丝状金属喷涂材料用送丝装置通过送丝轮均匀、连续地分别送进电弧喷涂枪中的导电嘴内,导电嘴分别接电源的正、负极,并保证两根丝之间在未接触之前的可靠绝缘。当两金属丝材端部由于送进而互相接触时,在端部之间短路并产生电弧,使丝材端部瞬间熔化并用压缩空气把熔化金属雾化成微熔滴,以很高的速度喷射到工件表面,形成电弧喷涂涂层。

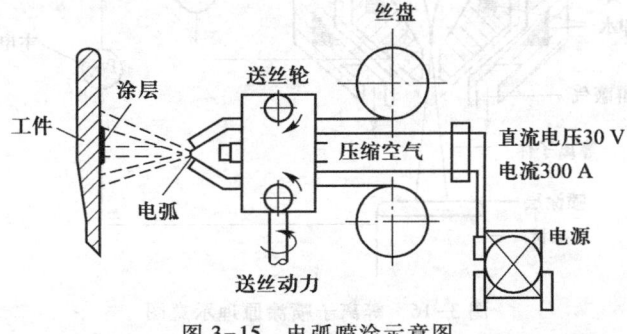

图 3-15　电弧喷涂示意图

该方法的优点是能够得到比普通火焰喷涂涂层更强结合力的涂层,对母材的热影响小,能够在塑料、木材、纸等基材上喷涂。其特点是容易实现喷涂自动化、喷涂能力(单位时间内喷涂的金属量)强、喷涂成本低、经济性好。因此,在满足涂层性能要求的情况下应尽量采用电弧喷涂方法。一般采用不锈钢丝、高碳钢丝、合金工具钢丝、铝丝和锌丝等作喷涂材料,广泛应用于轴类、导辊等负荷零件的修复以及钢结构防护涂层。

3) 等离子喷涂

等离子喷涂法是利用等离子焰的热能将引入的喷涂粉末加热到熔融或半熔融状态,并在高速等离子焰的作用下,高速撞击工件表面,并沉积在经过粗糙处理的工件表面形成很薄的涂层。涂层与母材的结合主要是机械结合。工作原理如图 3-16 所示,图的左侧是等离子体发生器,又叫等离子喷枪,根据工艺的需要经进气管通入氮气或氩气。有时为了提高等离子焰流的热焓值,在氮气或氩气中加入 5%~10% 的氢气。这些气体进入弧柱区后,将发生电离,成为等离子体。由于钨极与前枪体有一段距离,故在电源的空载电压加到喷枪上以后,并不能立即产生电弧,还需在前枪体与后枪体之间并联一个高频电源。高频电源接通使钨极端部与前枪体之间产生火花放电,于是电弧便被引燃。电弧引燃后,切断高频电路。引燃后的电弧在孔道中受到压缩效应,温度升高,喷射速度加大,此时向前枪体的送粉管中输送粉状材料,粉末在等离子焰流中被加热到熔融状态,并高速喷打在基体表面上。当撞击基体表面时熔融状态的球形粉末发生塑性变形,黏附在基体表面,各粉粒之间也依靠塑性变形而互相钩接起来,随着喷涂时间的增长,基体表面就获得了一定厚度的喷涂层。

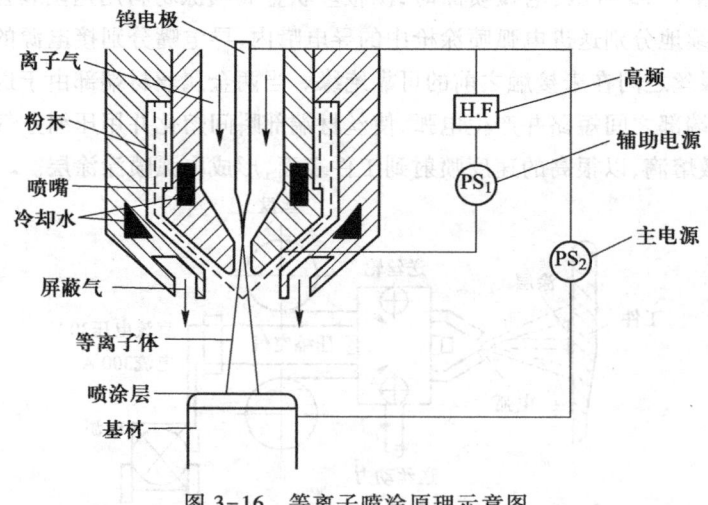

图 3-16 等离子喷涂原理示意图

等离子喷涂的工艺特点是：等离子焰温度高达 10 000 ℃ 以上，可喷涂几乎所有固态工程材料；等离子焰流速达 1 000 m/s 以上，喷出的粉粒速度可达 180～600 m/s，得到的涂层致密性和结合强度均比火焰喷涂及电弧喷涂高；等离子喷涂工件不带电，受热少，表面温度不超过 250 ℃，母材组织性能无变化，涂层厚度可严格控制在几微米到 1 mm 左右。等离子焰流的能量密度和流速（300～400 m/s）远高于燃烧气体火焰，因此采用该方法喷涂的涂层的气孔率低、密度高以及与母材的结合强度好。此外，因母材的热影响区小，且能保持母材的组织，故等离子喷涂法也可用于塑料表面的喷涂。等离子喷涂法相对其他喷涂法更适宜于喷涂陶瓷材料，使多种多样的喷涂材料形成涂层成为可能，并可促进新的喷涂材料的开发。

2. 电镀与化学镀

（1）电镀

电镀也称槽镀，是一种用电化学方法在镀件表面上沉积所需形态的金属覆层工艺。电镀的目的是改善材料的外观，提高材料的各种物理化学性能，赋予材料表面特殊的耐蚀性、耐磨性、装饰性、焊接性及电、磁、光等特性。为达到上述目的，镀层仅需几微米到几十微米厚。电镀工艺设备较简单，操作条件易于控制，镀层材料广泛，成本较低，因而在工业中广泛应用，是材料表面处理的重要方法。

电镀的基本原理如图 3-17 所示，在分别接入直流电源正、负极的两洁净铜片间，充入酸性硫酸铜溶液作为介质，就构成了一个简单的电镀铜装置。电镀时，在外电场驱使下，阳极（接正极铜片）表面铜原子失去电子，氧化成溶入溶液的铜离子；而运动到阴极（接负极铜片）表面的铜离子则获得电子，还原成铜原子，沉积在阴极表面形成铜镀层。

电镀工艺过程主要包括：

工件→机械处理→化学处理→（电）化学精处理→预镀→电镀→镀后处理。工艺的主体和重点是电镀过程，在工艺方法上对不同金属基体有不同的工艺特点。

电镀的工艺条件（镀液组成、电流密度、温度和电镀时间等）易于控制，利于对微观过程施加影响和进行必要的调控，直接获得功能镀层。镀层种类多，适用范围宽，大小零件、异型工件都可实施工程电镀。多为常温常压水溶液施镀，且设备条件要求低、投资少，但对环境保护要求高，工艺过程较复杂，生产周期长，需要熟练掌握专门技术。

在电解质溶液中加入一种或数种不溶性固体颗粒，在金属离子被还原的同时，将不溶性的固体颗粒均匀地夹杂到金属镀层中的过程为复合电镀。复合镀层是一类以基质金属（被沉积金属）为均匀连续相，以不溶性固体颗粒为分散相

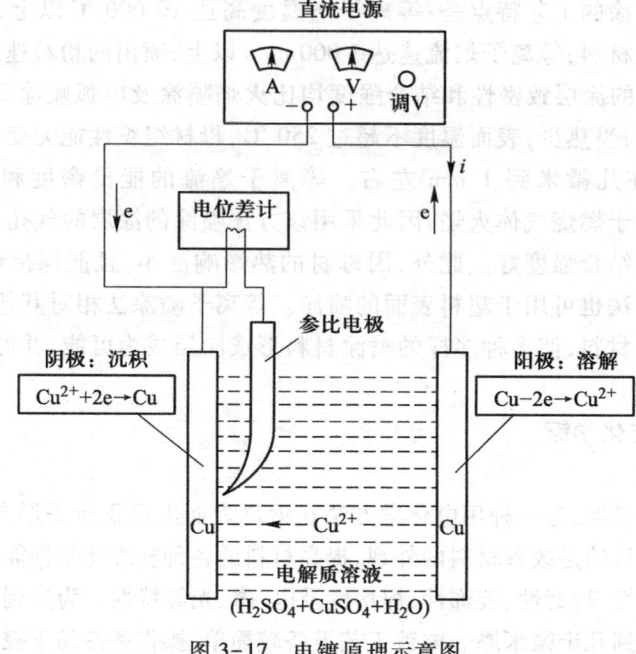

图 3-17 电镀原理示意图

的金属基复合材料。除具有一般电镀的优点外,还可获得普通电镀得不到的镀层及性能。

(2) 化学镀

化学镀是指在没有外电流通过的情况下,利用化学方法使溶液中的金属离子还原为金属并沉积在基体表面,形成镀层的一种表面加工方法。被镀件浸入镀液中,化学还原剂在溶液中提供电子使金属离子还原沉积在镀件表面。

$$M^{n+} + ne \longrightarrow M$$

式中:M^{n+}——金属正离子;
      n——该金属的化合价数;
      e——电子;
      M——金属原子。

化学镀是一个催化的还原过程,还原作用仅仅发生在催化表面上,如果被镀金属本身是反应的催化剂,则化学镀的过程就具有自动催化作用。反应生成物本身对反应的催化作用,使反应不断继续下去。用还原剂在自催化活性表面实现金属沉积的方法是唯一能用来代替电镀法的湿法沉积过程。化学镀又称自催化镀、无电解镀。

化学镀与电镀工艺相比,具有其自身特点:

1) 镀层厚度非常均匀,化学镀液的分散力接近100%,无明显的边缘效应,几乎是基材(工件)形状的复制,因此特别适合形状复杂工件、腔体件、深孔件、盲孔件、管件内壁等表面施镀。而电镀法因受电力线分布不均匀的限制是很难做到的。由于化学镀层厚度均匀,又易于控制,表面光洁平整,镀层外观良好,一般均不需要镀后加工,适宜对加工件超差进行修复及选择性施镀。

2) 通过敏化、活化等前处理,化学镀可以在非金属(非导体)如塑料、玻璃、陶瓷及半导体材料表面上进行,而电镀法只能在导体表面上施镀,所以化学镀工艺是非金属表面金属化的常用方法,也是非导体材料电镀前做导电底层的方法。

3) 工艺设备简单,不需要电源、输电系统及辅助电极,操作时只需把工件正确悬挂在镀液中即可。

4) 化学镀是靠基材的自催化活性才能起镀,其结合力一般均优于电镀。镀层有光亮或半光亮的外观、晶粒细、致密、孔隙率低,某些化学镀层还具有特殊的物理化学性能。

不过,电镀工艺也有其不能为化学镀所代替的优点,首先是可以沉积的金属及合金品种远多于化学镀,其次是价格比化学镀低得多,工艺成熟,镀液简单,易于控制。

由于电镀方法做不到的事情化学镀工艺可以完成,而使其用途日益广泛,目前在工业上已经成熟而普遍应用的化学镀主要是镍和铜,尤其是前者。

3. 电刷镀

电刷镀技术是采用专用的直流电源,其正极接镀笔,作为刷镀时的阳极;其负极接工件,作为刷镀时的阴极。镀笔通常采用高纯细石墨块作阳极材料,石墨块外面包裹上棉花和耐磨的涤棉套。刷镀时使浸满镀液的镀笔以一定的相对运动速度在工件表面上移动,并保持适当的压力。这样,在镀笔与工件接触的那些部位,镀液中的金属离子在电场力的作用下扩散到工件表面,在表面获得电子后还原成金属原子,这些金属原子沉积结晶就形成了镀层。随着刷镀的时间增长镀层增厚(图3-18)。

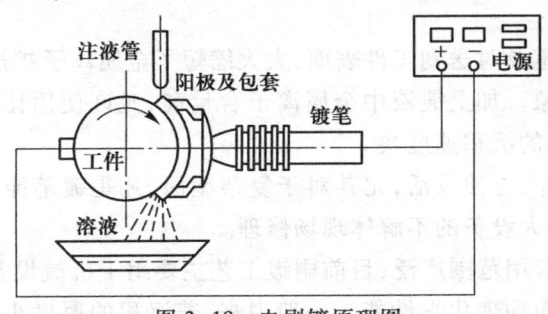

图3-18 电刷镀原理图

电刷镀技术的基本原理可以用下式表示：

$$M^{n+} + ne \longrightarrow M$$

电刷镀技术的基本原理与槽镀相似，但却有着区别于槽镀的许多特点，正是这些特点给电刷镀技术带来了一系列优点。电刷镀技术的主要特点，可以从下面三个方面叙述。

（1）设备特点

电刷镀设备多为便携式或可移动式，体积小、重量轻，便于拿到现场使用或进行野外抢修。既不需要镀槽，也不需要挂具，不仅设备简单，而且占用场地也小，设备对场地设施的要求大大降低。一套设备可以完成多种镀层的刷镀。

镀笔（阳极）材料主要采用高纯细石墨，是不溶性阳极。石墨的形状可根据需要制成各种样式，以适应被镀工件的表面形状。刷镀某些镀液时，也可以采用金属材料作阳极。设备的用电量、用水量比槽镀少得多，可以节约能源、资源。

（2）镀液特点

电刷镀溶液大多数是金属有机络合物水溶液，络合物在水中有相当大的溶解度，并且有很好的稳定性，能在较宽的电流密度和温度范围内使用，使用过程中不必调整金属离子浓度。因而镀液中金属离子的含量通常比槽镀高几倍到几十倍。不燃、不爆、无毒性，大多数镀液接近中性，腐蚀性小，因而能保证手工操作的安全，也便于运输和储存。除金、银等个别镀液外，均不采用有毒的络合剂和添加剂。现无氰金镀液已经研制出来。

（3）工艺特点

电刷镀区别于电镀（槽镀）的最大工艺特点是镀笔与工件必须保持一定的相对运动速度。

由于镀笔与工件有相对运动，散热条件好，所以在使用大电流密度刷镀时，不易使工件过热。其镀层的形成是一个断续结晶过程，镀液中的金属离子只是在镀笔与工件接触的那些部位放电、还原结晶。镀笔的移动限制了晶粒的长大和排列，因而镀层中存在大量的超细晶粒和高密度的位错，这是镀层强化的重要原因。

镀液能随镀笔及时送到工件表面，大大缩短了金属离子扩散过程，不易产生金属离子贫乏现象。加上镀液中金属离子含量高，允许使用比槽镀大得多的电流密度，因而镀层的沉积速度快。

使用手工操作，方便灵活，尤其对于复杂型面，凡是镀笔能触及的地方均可镀上，非常适用于大设备的不解体现场修理。

电刷镀技术应用范围广泛，目前刷镀工艺主要用于机械设备的维修，也用来改善零部件的表面物理化学性能。一般说来，若沉积的厚度小于 0.2 mm，采用

刷镀比其他维修方法合算,诸如:
① 恢复磨损零件的尺寸精度与几何形状精度;
② 填补零件表面的划伤沟槽、压坑;
③ 补救加工超差产品;
④ 强化零件表面;
⑤ 提高零件表面的导电性;
⑥ 提高零件的耐高温性能;
⑦ 改善零件表面的钎焊性;
⑧ 减小零件表面的摩擦系数;
⑨ 提高零件表面的防腐性;
⑩ 装饰零件表面。

4. 热浸镀

热浸镀简称热镀,是一种早就普遍地用于金属制品的表面处理方法,但目前仍是世界各国公认的一种经济实惠的保护工艺。该工艺是将工件浸在熔融的液态金属中,在工件表面发生一系列物理和化学反应,取出冷却后表面形成所需的金属镀层。这种涂敷主要用来提高工件的防护能力,延长使用寿命。

(1) 热浸镀工艺

基本过程为前处理、热浸镀和后处理。按前处理的不同,可分为熔剂法和保护气体还原法两大类。目前熔剂法主要用于钢管、钢丝和零件的热浸镀,而保护气体还原法通常用于钢板的热浸镀。

1) 熔剂法 工艺流程为:预镀件—碱洗—水洗—酸洗—水洗—熔剂处理—热浸镀—镀后处理—成品。

热碱清洗是工件表面脱脂的常用方法。在镀锌前,通常用硫酸或盐酸的水溶液除去工件上的轧皮和锈层。为避免过蚀,常在硫酸和盐酸溶液中加入抑制剂。

熔剂处理是为了除去工件上未完全酸洗掉的铁盐和酸洗后又被氧化的氧化皮,清除熔融金属表面的氧化物和降低熔融金属的表面张力,同时使工件与空气隔离而避免重新氧化。

热浸镀锌的工作温度一般是 445~465 ℃。当温度到达 480 ℃ 或更高时,铁在锌中溶解很快,对工件和镀锅都不利。涂层厚度主要取决于浸镀时间、提取工件的速度和钢铁基体材料。浸镀时间一般为 1~5 min,提取工件的速度约为 1.5 m/min。

镀后处理的主要目的是为了去除工件上多余的锌,抑制金属间化合物合金层的生长。

2) 保护气体还原法 现代热镀生产线普遍采用该方法。典型的生产工艺通常称为森吉米尔法,其特点是将钢材连续退火与热浸镀连在同一生产线上。钢材先通过用煤气或天然气直接加热的微氧化炉,钢材表面的残余油污、乳化液等被火焰烧掉,同时被氧化形成氧化膜,然后进入密闭的通有由氢气和氮气混合而成的还原炉,在辐射管或电阻加热下,使工件表面氧化膜还原为适合于热浸镀的活性海绵铁,同时完成再结晶过程。钢材经还原炉的处理后,在保护气氛中被冷却到一定温度,再进入热浸镀锅。

(2) 热浸镀层的种类

热浸镀用钢、铸铁、铜作为基体材料,其中以钢最为常用。镀层金属的熔点必须低于基体金属,而且通常要低得多。常用的镀层金属是低熔点金属及其合金,如锡、锌、铝、铅、Al-Sn、Al-Si、Pb-Sn等。

5. 涂装

用有机涂料通过一定方法涂覆于工件表面,形成涂膜的全部工艺过程,称为涂装。涂装用的有机涂料是涂于工件表面而能形成具有保护、装饰或特殊性能(如绝缘防腐、标志等)固体涂膜的一类液体或固体材料之总称。早期大多以植物油为主要原料,故有"油漆"之称,后来合成树脂逐步取代了植物油,因而统称为"涂料"。现在除了对于呈黏稠液态的具体涂料品种仍可按习惯称为"漆"外,对于其他一些涂料,如水性涂料、粉末涂料等新型涂料就不能这样称呼了。

(1) 涂料的性能评价

涂料的性能评价包括:涂料的作业性,涂膜的形成性、附着性、防蚀性、耐久性、可修补性、经济性、环境保护性等。其中的"耐久性"所包括的内容也很多,诸如耐水性、耐热性、耐湿性、耐酸性、耐碱性、耐油性、电绝缘性、非褪色性、防霉性等。因此可根据工程需要选择性能合适的涂料和涂装技术。

(2) 涂料的主要组成及分类

涂料主要由成膜物质、颜料、溶剂和助剂四部分组成。

成膜物质一般是天然油脂、天然树脂和合成树脂。它们是在涂料组成中能形成涂膜的主要物质,是决定涂料性能的主要因素。它们在储存期间相当稳定,而涂覆于工件表面后在规定条件下固化成膜。

颜料能使涂膜呈现颜色,形成遮盖力,还可增强涂膜的耐老化性和耐磨性,增强涂膜的防蚀、防污等能力。颜料呈粉末状,不溶于水或油,而能均匀地分散于介质中。大部分颜料是某些金属氧化物、硫化物和盐类等无机物,有的颜料是有机染料。颜料按其作用可分为着色颜料、体质颜料、发光颜料、荧光颜料和示温颜料等。

溶剂使涂料保持溶解状态,调整涂料的黏度,以符合施工要求,同时可使涂膜具有均衡的挥发速度,以达到涂膜的平整和光泽,还可消除涂膜的针孔、刷痕等缺陷。溶剂要根据成膜物质的特性、黏度和干燥时间来选择,一般常用混合溶剂或稀释剂。按其组成和来源,常用的有植物性溶剂、石油溶剂、煤焦溶剂以及酯类、酮类、醇类等。

助剂在涂料中用量虽小,但对涂料的储存性、施工性以及对所形成涂膜的物理性质有明显的作用。常用的助剂有催干剂、固化剂、增韧剂。除上述三种助剂外,还有表面活性剂(改善颜料在涂料中的分散性)、防结皮剂(防止油漆结皮)、防沉淀剂(防止颜料沉淀)、防老化剂(提高涂膜理化性能和延长使用寿命)以及紫外线吸收剂、润湿助剂、防霉剂、增滑剂、消泡剂等。

随着金属制品工业的发展,对于涂料、涂膜提出了种种新的要求,例如:要求涂料产品施工简单、无刺激气味、无毒、不易燃烧、干燥快、能带锈涂装、能耐强腐蚀和耐磨,适合于各种条件下的施工。因此,各种新品种的涂料不断得到开发利用。尽管目前涂料用的合成树脂开发得相当充分,但各种树脂的复合应用,巧妙地改性,以及新的涂装工艺及设备的研究仍在广泛深入地进行。

(3) 涂装工艺方法

使涂料在被涂的表面形成涂膜的全部工艺过程称为涂装工艺。具体的涂装工艺要根据工件的材质、形状、使用要求、涂装用工具、涂装时的环境、生产成本等加以合理选用。涂装工艺的一般工序是:涂前表面预处理—涂布—干燥固化。

1) 涂前表面预处理　为了获得优质涂层,涂前表面预处理是十分重要的。对于不同的工件材料和使用要求,存在各种具体规范:① 清除工件表面的各种污垢;② 对清洗过的金属工件进行各种化学处理,以提高涂层的附着力和耐蚀性;③ 若前道切削加工未能消除工件表面的加工缺陷和得到合适的表面粗糙度,则在涂前要用机械方法进行处理。

2) 涂布　目前涂布的方法很多,包括:手工涂布法;浸涂、淋涂;空气喷涂法;静电涂布法等十几种。

3) 干燥固化

涂料主要靠溶剂蒸发以及熔融、缩合、聚合等物理或化学作用而成膜。

涂料和涂膜都必须进行严格的质量检验。

6. 高能束技术

采用激光束、离子束、电子束对材料表面进行改性或合金化的技术,是近十几年来迅速发展起来的材料表面新技术,是材料科学的最新领域之一。

用这些束流对材料表面进行改性的技术主要包括两个方面:一是可获得极高的加热和冷却速度,从而可制成微晶、非晶及其他一些奇特的、热平衡相图上不存在的亚稳态合金,从而赋予材料表面以特殊的性能;二是利用离子注入技术可把异类原子直接引入表面层中进行表面合金化,引入的原子种类和数量不受任何常规合金化热力学条件的限制。

由于加热速度极快,这些束流用于材料表面加热时,整个基体的温度在加热过程中基本不受影响,这些束流加热材料表层的深度仅为几微米,加热熔化这些微米级的表层所需能量一般为几 J/cm^2。电子束、离子束的脉冲宽度可短至 10^{-9} s,激光的脉冲宽度可短至 10^{-12} s。它们的能量沉积功率密度可以相当大,在被照物体上,由表面向里能够产生 $10^6 \sim 10^8$ K/cm 的温度梯度,使表面薄层迅速熔化。正因为达到了这样高的温度梯度,冷的基体又会使熔化部分以 $10^9 \sim 10^{11}$ K/s 的速度冷却,致使固液界面以每秒几米的速度向表面推进,使凝固迅速完成。

复习思考题

1. 什么是热处理?有何用途?
2. 不同材料的热处理效果相同吗?比较钢材与非金属材料热处理的异同点。
3. 简述常用热处理工艺的原理与特点。
4. 材料淬火处理一定能提高硬度和强度吗?为什么?
5. 玻璃为什么要热处理?
6. 表面工程技术的目的和作用是什么?
7. 什么是热喷涂工艺?其技术特点是什么?
8. 热喷涂涂层组织的基本特点是什么?
9. 电刷镀的原理及特点是什么?
10. 与电镀相比,化学镀有何特点?
11. 热浸镀常用的镀层金属有哪些?为什么?
12. 什么叫涂料?什么叫涂装?涂料的主要组成是什么?

第四章 材料的液态成形工艺

本章学习指南

本章重点：铸造工艺基础部分。应掌握合金成分、工艺条件对液态合金充型能力、合金收缩性、吸气性等铸造性能的影响，以便能够分析不同合金获得优质铸件的难易程度，并分析应采取的工艺措施。

本章难点：注意有些防止铸件缺陷的工艺措施是相互矛盾的，如高温浇注有利于金属液充型，但易产生粘砂缺陷；铸件顺序凝固有利于补缩，但易产生热应力等。因此，应综合考虑铸件合金、结构等因素，先解决主要矛盾，再采取措施解决其他问题。

本章与其他章节的联系：材料的液态成形是最基本的成形方法，在金属材料、无机非金属材料和有机高分子材料中被广泛应用，与材料的固态塑性变形、连接（粘接）成形及粉末冶金成形一起成为制造工业获得坯件的主要手段。

材料可以在液态、固态以及粉体状态下通过各种工艺手段成形，材料的成形是制造零件的前提。液态成形是指将液态（或熔融态、浆状）材料注入一定形状和尺寸的铸型（mold）（或模具）型腔（mold cavity）中，凝固后获得固态毛坯或零件的方法，如金属的铸造工艺、陶瓷的注浆成形、塑料的注射成形等。本章主要介绍金属的铸造成形，其他材料的液态成形将在第七章和第八章中分别加以介绍。

第一节 金属铸造工艺简介

金属铸造（foundry,casting）是指将固态金属熔炼成液态，浇入与零件形状相适应的铸型型腔中，冷凝后获得铸件的工艺过程。作为一种历史悠久的材料成形方法，铸造在现代机械制造工业中仍占有重要的地位。这是因为这种方法适应性强，能适用于各种金属材料，制成各种尺寸和形状的铸件，并使其形状和尺寸尽量与零件接近，从而节省金属，减少加工余量，降低成本。特别是对于具有复杂形状内腔的大型箱体件，铸造工艺有着其他成形方法无法比拟的优势。但液态金属在冷却凝固过程中形成的晶粒较粗大，也容易产生气孔（blow hole）、缩孔(shrinkage cavity)和裂纹(crack)等缺陷(defect),所以铸件的力学性能不如相同材料的锻件(forging)好。而且铸造生产过程存在生产工序多,铸件质量不稳定,废品率高,劳动强度较高等问题。随着生产技术的不断发展,铸件性能和质量正在进一步提高,劳动条件正逐步改善。

根据造型材料不同,可将铸造方法分为砂型铸造(sand casting process)和特种铸造(special casting process)两类。砂型铸造是以型砂作为主要造型材料的铸造方法;而特种铸造是指砂型铸造以外的所有铸造方法的总称。常用的特种铸造方法有熔模铸造(investment casting)、金属型铸造(permanent mould casting)、压力铸造(die casting)、低压铸造(low-pressure die casting)和离心铸造(centrifugal casting)等。

图4-1为砂型铸造工艺过程示意图。首先根据零件的形状和尺寸设计并制造出模样(pattern)和芯盒,配制好型砂(moulding sand)和芯砂。然后用型砂和模样在砂箱(flask)中制造砂型,用芯砂在芯盒中制造型芯(core),并把砂芯装入砂型中,合箱即得完整的铸型。将熔炼好的金属液浇入铸型型腔,冷却凝固后落砂清理即得所需的铸件。在这一过程,特别需要注意的是,造型时,实体模样(木模)是为了获得铸型中的空腔部分而设计,型芯的功能则相反。浇注后,铸型中的空腔将逆转为铸件实体部分。把握空与实的关系,是学习砂型铸造工艺的重要技巧。

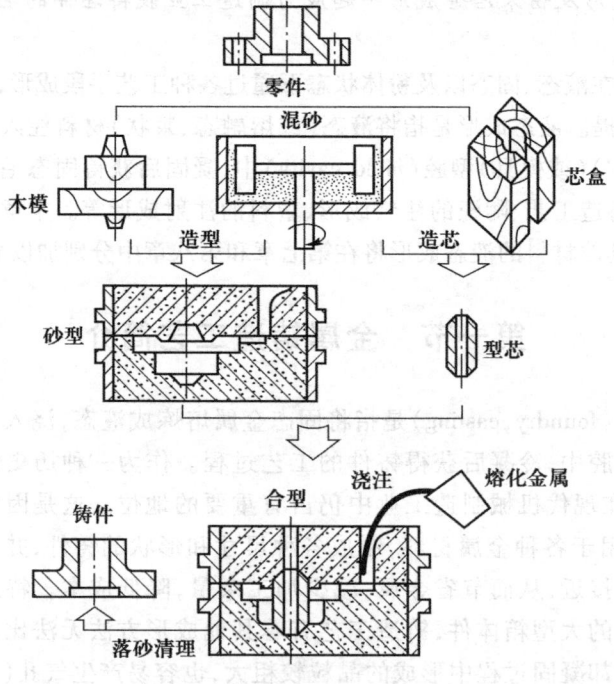

图4-1 砂型铸造基本工艺过程

随着科学技术的发展以及现代化建设的需要,现代铸造技术发展的趋势是在加强铸造基础理论研究的同时,发展和革新铸造新工艺及新设备,在提高铸件性能、精度和表面质量的前提下发展专业化生产,实现铸造生产过程的自动化和计算机辅助设计和制造,减少公害,节约能源,降低成本,使铸造技术进一步成为可与其他成形工艺相竞争的少余量、无余量成形工艺。概括起来讲,铸造生产应该在优质、精化的前提下,实现高产、低耗、无害、价廉。

第二节 铸造工艺基础知识

合金在铸造生产过程中表现出来的工艺性能称为合金的铸造性能,如流动性、收缩性、吸气性、偏析性(即铸件各部位的成分不均匀性)等。合金的铸造性能好,是指熔化时合金不易氧化,熔液不易吸气,浇注时合金液易充满型腔,凝固时铸件收缩小,且化学成分均匀,冷却时铸件变形和开裂倾向小等。合金的铸造性能好则容易保证铸件的质量,铸造性能差的合金容易使铸件产生缺陷,须采取相应的工艺措施才能保证铸件的质量,但却增加了工艺难度,提高了生产成本。

一、液态金属的充型能力

液态金属的充型能力(mold filling capacity)是指液态金属充满铸型型腔,获得形状完整、轮廓清晰铸件的能力。液态金属的充型能力强,则能浇注出壁薄而形状复杂的铸件;反之则易产生冷隔、浇不足等缺陷。充型能力主要受金属液本身的流动性、性质、浇注条件及铸型特性等因素的影响。

1. 金属液的流动性

液态金属的流动性是指金属液的流动能力。流动性越好的金属液,充型能力越强。流动性的好坏,通常用在特定情况下金属液浇注的螺旋形试样的长度来衡量,如图4-2所示,试样长度大,说明金属液的流动性好。

液态金属的流动性是金属的固有性质,主要取决于金属的结晶特性和物理性质。不同成分的合金具有不同的结晶特点,纯金属和二元共晶成分的合金是在恒温下结晶,液态合金首先结晶的部分是紧贴铸型型腔的一层(铸件的表层),然后从铸件表层逐层向中心凝固。由于这类金属凝固时不存在固-液两相区,所以已结晶的固体和液体之间的界面比较光滑,对未结晶的液态金属的流动阻力小,有利于金属液充填型腔,故流动性好。共晶成分的合金往往熔点低,在相同的浇注温度下保持液态的时间长,其流动性最好。而其他成分合金的结晶是在一定的温度范围(结晶温度范围,即液相线温度与固相线温度的差值)内进行,存在固-液两相共存区,在此区域内,已结晶的固相多以树枝晶的形式在液体中伸展,阻碍了液体的流动,故其流动性差。合金的结晶温度范围越大,枝晶越发达,其流动性越差。图4-3为铁-碳合金的流动性与成分的关系。

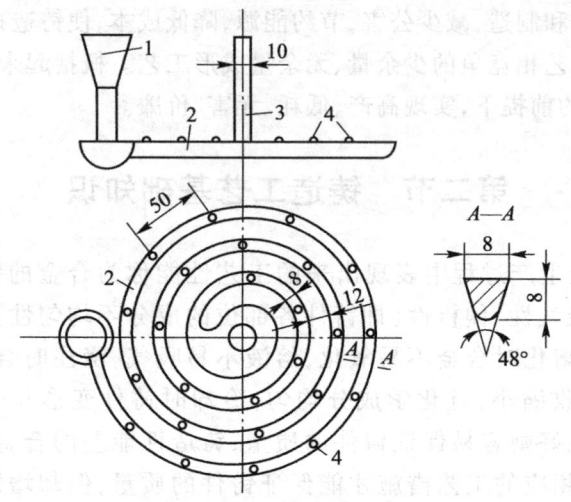

图4-2 金属流动性试样
1—浇注系统;2—试样;3—冒口;4—试样凸点

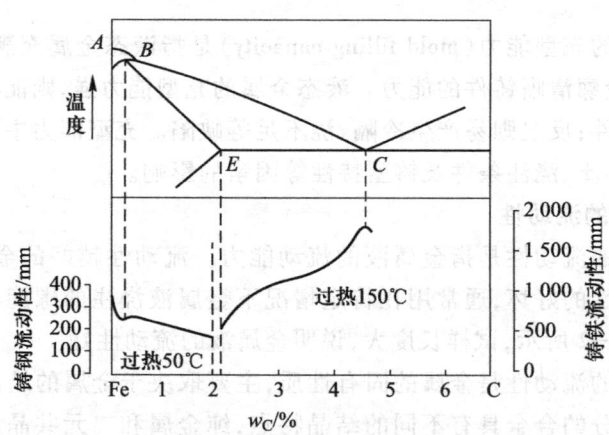

图4-3 Fe-C合金流动性与碳质量分数关系

2. 浇注条件

提高浇注温度(pouring temperature),可使液态金属黏度下降,流速加快,还能使铸型温度升高,金属散热速度变慢,并能增加金属保持液态的时间,从而大大提高金属液的充型能力。但浇注温度过高,容易产生粘砂(sand adherence)、缩孔（shrinkage cavity）、气孔、粗晶（grain coarsening）等缺陷。因此在保证金属液具有足够充型能力的前提下，浇注温度应尽量降低。

增加金属液的充型压力，如压铸、提高直浇道（sprue）高度等，会使其流速加快，有利于充型能力的提高。

3. 铸型特性

铸型结构和铸型材料均影响金属液的充型。铸型中凡能增加金属液流动阻力，降低流动速度和加快冷却速度的因素，如：型腔复杂，直浇道过低，浇口（gating system, running system）截面积小或不合理，型砂水分过多，铸型排气不畅和铸型材料导热性过高等，均能降低金属液的充型能力。为改善铸型的充填条件，在设计铸件时必须保证其壁厚（wall thickness）不小于规定的"最小壁厚"（表4-1）。对于薄壁铸件，要在铸造工艺上采取措施，如加外浇口、适当增加浇注系统的截面积、采用特种铸造方法等。

表 4-1 一般砂型铸造条件下铸件的最小壁厚/mm

铸件尺寸 长/mm×宽/mm	铸钢	灰铸铁	球墨铸铁	可锻铸铁	铝合金	铜合金
<200×200	8	4~6	6	5	3	3~5
200×200~ 500×500	10~12	6~10	12	8	4	6~8
>500×500	15~20	15~20	—	—	6	—

二、合金的凝固特性

合金从液态到固态的状态转变称为凝固（solidification）或一次结晶（crystallization）。许多常见的铸造缺陷，如缩孔、缩松（porosity）、热裂（hot tear）、气孔、夹杂（inclusion）、偏析等，都是在凝固过程中产生的，认识铸件的凝固特点对获得优质铸件有着重要意义。

在铸件凝固过程中，其断面上一般存在固相区、凝固区和液相区三个区域，其中凝固区是液相与固相共存的区域，凝固区的大小对铸件质量影响较大，按照凝固区的宽窄，分为以下三种凝固方式。

1. 逐层凝固

纯金属、二元共晶成分合金在恒温下结晶时，凝固过程中铸件截面上的凝固区域宽度为零，截面上固液两相界面分明，随着温度的下降，固相区由表层不断向里扩展，逐渐到达铸件中心，这种凝固方式称为"逐层凝固"，如图 4-4a。如果合金的结晶温度范围很小,或铸件截面的温度梯度很大,铸件截面上的凝固区域就很窄,也属于逐层凝固方式。

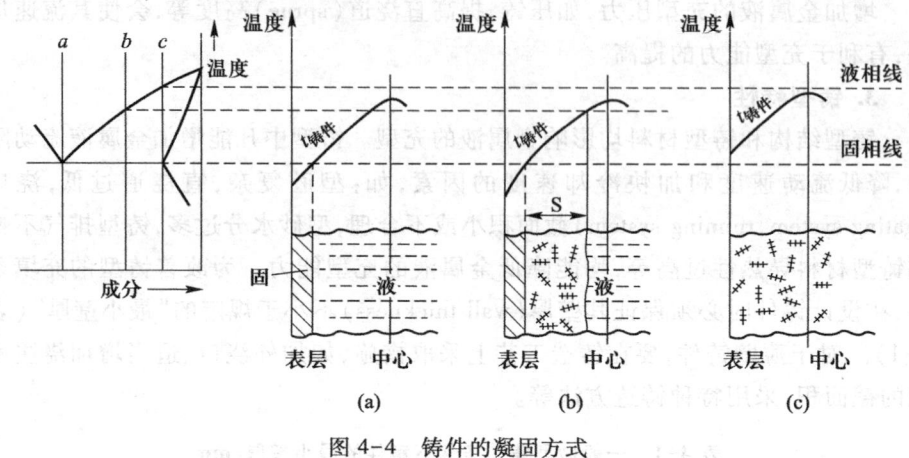

图4-4 铸件的凝固方式

2. 体积凝固

当合金的结晶温度范围很宽,或因铸件截面温度梯度很小,铸件凝固的某段时间内,其液固共存的凝固区域很宽,甚至贯穿整个铸件截面,这种凝固方式称为"体积凝固"(或称糊状凝固),如图4-4c所示。

3. 中间凝固

金属的结晶范围较窄,或结晶温度范围虽宽,但铸件截面温度梯度大,铸件截面上的凝固区域宽度介于逐层凝固与体积凝固之间,称为"中间凝固"方式,如图4-4b所示。

合金的凝固方式影响铸件质量。通常逐层凝固的合金充型能力强,补缩性能好,产生冷隔(cold shuts)、浇不足(short run)、缩孔、缩松、热裂等缺陷的倾向小。因此,铸造生产中应优先使用铸造性能较好的结晶温度范围小的合金。当采用结晶温度范围宽的合金(如高碳钢、球墨铸铁等)时,应采取适当的工艺措施,增大铸件截面的温度梯度,减小其凝固区域,减少铸造缺陷的产生。

影响铸件凝固方式的主要因素是合金的结晶温度范围(取决于合金成分)和铸件的温度梯度。合金的结晶温度范围越小,凝固区域越窄,越倾向于逐层凝固;对于一定成分的合金,结晶温度范围已定,凝固方式取决于铸件截面的温度梯度,温度梯度越大,对应的凝固区域越窄,越趋向于逐层凝固,如图4-5所示。温度梯度又受合金性质、铸型的蓄热能力、浇注温度等因素影响。合金的凝固温度越低、热导率越高、结晶潜热越大,铸件内部温度均匀倾向越大,而铸型的冷却能力下降,铸件温度梯度越小;铸型的蓄热系数大,则激冷能力强,铸件温度梯度大;浇注温度越高,铸型吸热越多,冷却能力降低,铸件温度梯度减小。

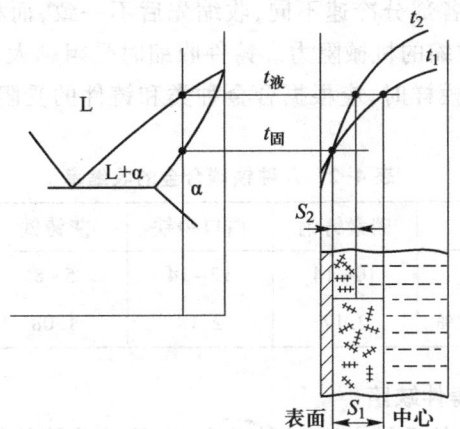

图 4-5　温度梯度对凝固区域的影响

三、合金的收缩性

1. 收缩及其影响因素

铸件在冷却过程中,其体积和尺寸缩小的现象称为收缩,它是铸造合金固有的物理性质。金属从液态冷却到室温,要经历三个相互联系的收缩阶段:

液态收缩——从浇注温度冷却至凝固开始温度之间的收缩。

凝固收缩——从凝固开始温度冷却到凝固结束温度之间的收缩。

固态收缩——从凝固完毕时的温度冷却到室温之间的收缩。

金属的液态收缩和凝固收缩,表现为合金体积的缩小,使型腔内金属液面下降,通常用体收缩率来表示,它们是铸件产生缩孔和缩松缺陷的根本原因;固态收缩虽然也引起体积的变化,但在铸件各个方向上都表现出线尺寸的减小,对铸件的形状和尺寸精度影响最大,故常用线收缩率来表示,它是铸件产生内应力以至引起变形和产生裂纹的主要原因。

影响铸件收缩的主要因素有化学成分、浇注温度、铸件结构与铸型条件等。不同成分合金的收缩率不同,表 4-2 列出几种铁碳合金的收缩率。碳素铸钢和白口铸铁的收缩率比较大,灰铸铁和球墨铸铁的较小。这是因为灰铸铁和球墨铸铁在结晶时析出石墨所产生的膨胀抵消了部分收缩。灰铸铁中碳、硅含量越高,石墨析出量就越大,收缩率越小。

浇注温度主要影响液态收缩。浇注温度升高,液态收缩增加,则总收缩量相应增大。

铸件的收缩并非自由收缩,而是受阻收缩。其阻力来源于两个方面:一是由于铸件壁厚不均匀,各部分冷速不同,收缩先后不一致,而相互制约,产生阻力;二是铸型和型芯对收缩的机械阻力。铸件收缩时受阻越大,实际收缩率就越小。因此,在设计和制造模样时,应根据合金种类和铸件的受阻情况,采用合适的收缩率。

表 4-2 几种铁碳合金的收缩率

合金种类	碳素铸钢	白口铸铁	灰铸铁	球墨铸铁
体收缩率/%	10~14	12~14	5~8	—
线收缩率(自由状态)/%	2.17	2.18	1.08	0.81

2. 收缩导致的铸件缺陷

合金的收缩对铸件质量产生不利影响,容易导致铸件的缩孔、缩松、变形和裂纹等缺陷。

(1) 缩孔和缩松　铸件在凝固过程中,由于金属液态收缩和凝固收缩造成的体积减小得不到液态金属的补充,在铸件最后凝固的部位形成孔洞。其中容积较大而集中的称缩孔,细小而分散的称缩松。当逐层凝固的铸件在结晶过程中凝固壳内部的金属液收缩得不到补充时,则铸件最后凝固的部位就会产生缩孔,缩孔常集中在铸件的上部或厚大部位等最后凝固的区域,如图4-6所示。具有一定凝固温度范围的合金,存在着较宽的固液两相区,已结晶的初晶常为树枝状。到凝固末期,铸件壁的中心线附近尚未凝固的液体会被生长的枝晶分割成互不连通的小熔池,熔池内部的金属液凝固收缩时得不到补充,便形成分散的孔洞即缩松,如图4-7所示。缩松常分布在铸件壁的轴线区域及厚大部位。

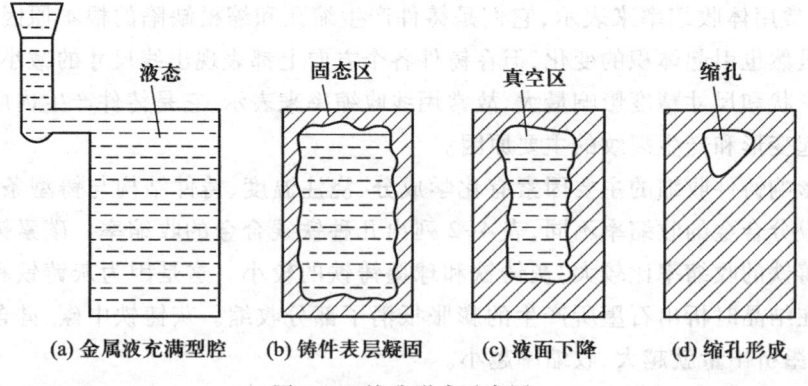

图 4-6　缩孔形成示意图

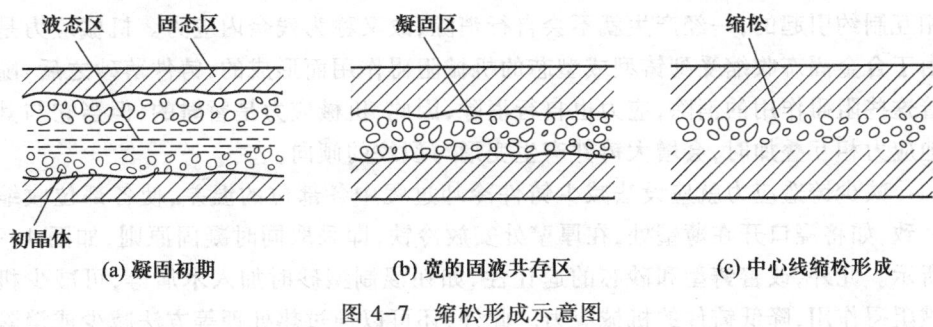

图 4-7 缩松形成示意图

缩孔和缩松会减小铸件的有效截面积,并在该处产生应力集中,降低铸件力学性能,缩松还严重影响铸件的气密性。防止铸件产生缩孔、缩松的基本方法是采用顺序凝固原则,即针对合金的凝固特点制定合理的铸造工艺,使铸件在凝固过程中建立良好的补缩条件,尽可能使缩松转化为缩孔,并使缩孔出现在最后凝固的部位,在此部位设置冒口补缩。使铸件的凝固按薄壁—厚壁—冒口的顺序先后进行,让缩孔移入冒口中,从而获得致密的铸件,如图 4-8 所示。

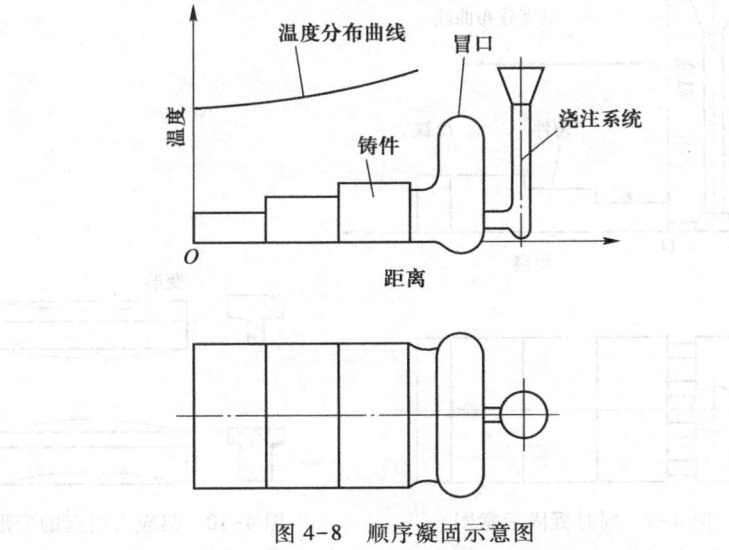

图 4-8 顺序凝固示意图

(2) 铸造应力、变形和裂纹 铸件在冷凝过程中,由于各部分金属冷却速度不同,使得各部位的收缩不一致,又由于铸型和型芯的阻碍作用,使铸件的固态收缩受到制约而产生内应力,在应力作用下铸件容易产生变形,甚至开裂。

铸造应力按其形成原因的不同,分为热应力、机械应力等。热应力是因铸件壁厚不均匀,各部位冷却速度不同,以致在同一时期内铸件各部分收缩不一致而相互制约引起的,一经产生就不会自行消除,故又称为残余内应力。机械应力是由于合金固态收缩受到铸型或型芯的机械阻碍作用而形成的,铸件落砂之后,随着这些阻碍作用的消除,应力也自行消除,因此,机械应力是暂时的,但当它与其他应力相互叠加时,会增大铸件产生变形与裂纹的倾向。

减少铸造应力就应设法减少铸件冷却过程中各部位的温差,使各部位收缩一致,如将浇口开在薄壁处,在厚壁处安放冷铁,即采取同时凝固原则,如图4-9所示。此外,改善铸型和砂芯的退让性,如在混制型砂时加入木屑等,可减少机械阻碍作用,降低铸件的机械应力。此外,还可以通过热处理等方法减少或消除铸造应力。

铸造应力是导致铸件产生变形和开裂的根源。图4-10为"T"形铸件在热应力作用下的变形情况,虚线表示变形的方向。防止铸件变形的方法除减少铸造内应力这一根本措施外,还可以采取一些工艺措施,如增大加工余量,采用反变形法等,消除或减少铸件变形对质量的影响。

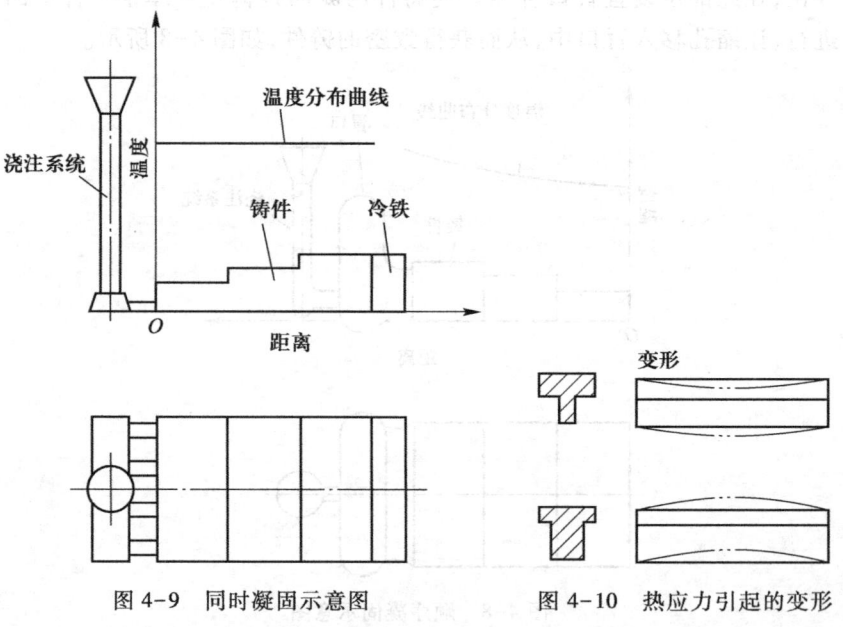

图4-9 同时凝固示意图　　图4-10 热应力引起的变形

当铸造应力超过材料的强度极限时,铸件会产生裂纹,裂纹有热裂纹和冷裂纹两种。热裂纹是在铸件凝固末期的高温下形成的,其形状特征是裂纹短、缝隙宽、形状曲折、缝内呈氧化色。铸件的结构不合理,合金的结晶温度范围宽、收缩率高、型砂或芯砂的退让性差、合金的高温强度低等,易使铸件产生热裂纹。冷裂纹是较低温度下形成的裂纹,常出现在铸件受拉伸的部位,其形状细长,呈连续直线状,裂纹断口表面具有金属光泽或轻微氧化色。壁厚差别大、形状复杂的铸件,尤其是大而薄的铸件易于发生冷裂。凡是减少铸造内应力或降低合金脆性的因素,都有利于防止裂纹的产生。

四、合金的吸气性及气孔

液态金属在熔炼和浇注时能够吸收周围气体的能力称为吸气性。吸收的气体以氢气为主,也有氮气和氧气,这些气体便成为铸件产生气孔缺陷的根源。气孔是铸件中最常见的缺陷。

根据气体来源,气孔可分为以下三类:

1. 析出性气孔

溶入金属液的气体在铸件冷凝过程中,随温度下降,合金液对气体的溶解度下降,气体析出并留在铸件内形成的气孔称为析出性气孔。析出性气孔多为裸眼可见的小圆孔(在铝合金中称为针孔);分布面大,在冒口等热节处较密集;常常一炉次铸件中几乎都有,尤其在铝合金铸件中常见,其次是铸钢件。

防止此类气孔的主要措施有:尽量减少进入合金液的气体,如烘干炉料、浇注用具,清理炉料上的油污,真空熔炼和浇注等;对合金液进行除气处理,如有色合金熔液的精炼除气等;阻止熔液中气体析出,如提高冷却速度使熔液中的气体来不及析出。

2. 侵入性气孔

造型材料中的气体侵入金属液内所形成的气孔称为侵入性气孔。这类气孔一般体积较大,呈圆形或椭圆形,分布在靠近砂型或砂芯的铸件表面。

防止此类气孔的主要措施有:减少砂型和砂芯的排气量,如严格控制型砂和芯砂中的水含量,适当减少有机黏结剂的用量等;提高铸型的排气能力,如适当减低紧实度,合理设置排气孔等。

3. 反应性气孔

反应性气孔主要是指金属液与铸型之间发生化学反应所产生的气孔。这类气孔多发生在浇注温度较高的黑色金属铸件中,通常分布在铸件表面皮下 1~3 mm,铸件经过机械加工或清理后才暴露出来,故被称为皮下气孔。

防止反应性气孔的主要措施有:减少砂型水分,烘干炉料、用具;在型腔表面喷刷涂料,形成还原性气氛,防止铁水氧化等。

五、常用铸造合金的铸造性能特点

常用的铸造合金有铸铁、铸钢、铸造有色合金等,其中以铸铁应用最广。

1. 铸铁

常用的铸铁材料有灰铸铁、可锻铸铁、球墨铸铁等。

（1）灰铸铁

灰铸铁中的碳当量（C.E=C%+Si%/3）接近共晶成分，熔点较低，属于中间凝固方式，铁水流动性好，可以浇注形状复杂的大、中、小型铸件。由于石墨化膨胀使其收缩率小，故灰铸铁不容易产生缩孔、缩松缺陷，也不易产生裂纹。因而灰铸铁具有良好的铸造性能。

孕育铸铁是铁水经硅铁等孕育剂处理后获得的高强度灰铸铁。与普通灰铸铁相比，它的流动性较差，收缩率较高。故应适当提高浇注温度，在铸件热节处设置补缩冒口。

（2）球墨铸铁

球墨铸铁的铸造性能比灰铸铁差但好于铸钢。其流动性与灰铸铁基本相同。但因球化处理时铁水温度有所降低，易产生浇不足、冷隔缺陷。为此，必须适当提高铁水的出炉温度，以保证必需的浇注温度。

球墨铸铁的结晶特点是在凝固收缩前有较大的膨胀（即石墨化膨胀），当铸型刚度小时，铸件的外形尺寸会胀大，从而增大缩孔和缩松倾向，特别易产生分散缩松。应采用提高铸型刚度，增设冒口等工艺措施，来防止缩孔、缩松缺陷的产生。

另外，由于球化处理时加入 Mg，铁水中的 MgS 与砂型中的水分作用生成 H_2S 气体，使球墨铸铁容易产生皮下气孔。因此，必须严格控制型砂的水分，并适当提高型砂的透气性，还应在保证球化的前提下，尽量少用 Mg。

（3）可锻铸铁

可锻铸铁是先浇注出白口铸坯，再通过长时间的石墨化退火获得团絮状石墨的铸铁。其碳、硅含量较低，熔点比灰铸铁高，凝固温度范围也较大，故铁水的流动性差。铸造时，必须适当提高铁水的浇注温度，以防止产生冷隔、浇不足等缺陷。

可锻铸铁的铸态组织为白口组织，没有石墨化膨胀阶段，体积收缩和线收缩都比较大，故形成缩孔和裂纹的倾向较大。在设计铸件时除应考虑合理的结构形状外，在铸造工艺上应采取顺序凝固原则，设置冒口和冷铁，适当提高砂型的退让性和耐火性等措施，以防止铸件产生缩孔、缩松、裂纹及粘砂等缺陷。

2. 铸钢

铸钢的铸造性能差。铸钢的流动性比铸铁差，熔点高，易产生浇不足、冷隔和粘砂等缺陷。生产中常采用干砂型，增大浇注系统截面积，保证足够的浇注温度等措施，提高其充型能力。铸钢用型（芯）砂应具有较高的耐火性、透气性和强度,如选用颗粒大而均匀、耐火性好的石英砂制作砂型,烘干铸型,铸型表面涂以石英粉配制的涂料等。

铸钢的收缩性大,产生缩孔、缩松、裂纹等缺陷的倾向大,所以铸钢件往往要设置数量较多、尺寸较大的冒口,采用顺序凝固原则,以防止缩孔和缩松的产生,并通过改善铸件结构,增加铸型(型芯)的退让性和溃散性,增设防裂筋,降低钢水硫、磷含量等措施,防止裂纹的产生。

3. 铸造有色金属

常用的有铸造铝合金、铸造铜合金等。它们大都具有流动性好,收缩性大,容易吸气和氧化等特点,特别容易产生气孔、夹渣缺陷。有色合金的熔炼,要求金属炉料与燃料不直接接触,以免有害杂质混入以及合金元素急剧烧损,所以大都在坩埚炉内熔炼。所用的炉料和工具都要充分预热,去除水分、油污、锈迹等杂质,尽量缩短熔炼时间。不宜在高温下长时间停留,以免氧化和过多地吸收气体。浇注前常需对金属液进行特殊处理,减少熔液中的气体和熔渣。

六、新型材料——金属间化合物及其铸造性能特点

金属间化合物是指金属元素间、金属元素与类金属元素间形成的化合物,简称 IMC(intermetallics compounds)。目前 Ni-Al、Ti-Al 和 Fe-Al 三个系列成为研究的热点。它们均具有抗高温氧化、耐磨、耐蚀、反常的温度-强度特性等一系列优异的性能,也均具有室温脆性和加工性能差的缺点。特别是 Fe-Al 金属间化合物以其低廉的原料成本而被认为是极具开发价值的新一代高温结构材料。本节以 Fe-Al 金属间化合物(Fe_3Al)为例,介绍这种新型材料的铸造工艺特性。

Fe_3Al 合金的熔点超过 1 500 ℃,各种不同成分的 Fe_3Al 合金均在真空中频感应炉内熔炼并在真空中浇铸成各种型号的铸锭。真空感应炉熔炼可分为装料、熔化、精炼与合金化等几个阶段。

装料:所有炉料入炉前均在 100~150 ℃ 的烘箱内经 4~5 h 的烘烤,减少入炉水汽。真空熔炼时应注意易挥发元素的加入方法,活泼元素及微量元素如 Al、Ce、Zr、B 等应装在炉内加料器中待精炼时加入,同时充 Ar 保护。其他合金材料如 Mo、Nb、Zr 等均在装料时直接装入炉中。

熔化:熔化期的主要任务是使炉料熔化、去气、去除低熔点有害杂质和非金属夹杂物,并使合金液有适当的温度和足够的真空度为精炼做准备。一般采取逐级升高功率较慢熔化的工艺措施,以保证炉料中气体尽量排出。这一阶段一般持续 60 min,温度在 1 530 ℃ 左右。

精炼:精炼期的主要任务是完成脱气和去除杂质以进一步净化合金,调整合金成分并使之均匀化(即完成合金化过程)。精炼常在高温高真空下进行,对于

Fe_3Al 合金在 1 550~1 600 ℃下保持 10~15 min 为宜。

合金化：合金化是指精炼末期加入合金元素（均为活泼金属和微量元素），加入时炉内要有高的真空度，一般加入顺序是 Al、Ce、B。Al 加入时温度可低一些，加 Al 后将放出大量的热使合金液温度迅速升高，加料速度应当均匀、缓慢，以防产生喷溅。Ce 和 B 也要低温加入。因为这些元素密度都较小，每加完一种应当大功率搅拌一定时间，以加速其溶解和使之分布均匀，防止铸锭成分偏析。

浇注工艺：浇注前应大功率搅拌，使合金液温度和成分进一步均匀化，并将氧化膜及渣面推向炉后壁，以免混入合金锭中。真空浇注可以使合金液的流动性提高，因而浇注温度可适当降低，一般过热度为 60~80 ℃即可。浇注时应以中等功率继续供电，将氧化膜推向后壁不致混入锭中，同时也有利于化学成分均匀化。浇注后保持真空 5~10 min 取锭。

影响 Fe_3Al 合金液流动性的因素应从以下几个方面考虑：

（1）随着 Al 含量的增加，合金结晶温度范围增宽，铸件断面上存在着既有发达的树枝晶又有未凝固的液体相混杂的两相区，越靠近合金液流前端枝晶数量越多，使合金液的黏度增加、流速下降。当液流前端的枝晶数量达到某一临界值时合金液就停止流动，故增加 Al 量，使二元 Fe_3Al 合金液流动性降低。

（2）Cr 合金元素降低 Fe_3Al 合金液流动性的规律类似于它降低铸铁液的流动性，其原因是 Cr 提高了液相线温度，这相当于增大了合金液的结晶温度范围，故使三元合金液的流动性下降，但影响程度小于 Al、Mo、Nb、Zr 等合金元素。

浇注温度对合金液的充型能力有决定性的影响，但是随着浇注温度的提高，铸件一次结晶组织粗大，容易产生缩孔、缩松、裂纹等缺陷。针对 Fe-28Al 配比的 Fe_3Al 合金浇注温度应控制在 1 550~1 580 ℃，即过热温度在 40~70 ℃。

第三节 砂型铸造

砂型铸造就是将液态金属浇入砂型的铸造方法。型(芯)砂通常是由石英砂、黏土(或其他黏结材料)和水按一定比例混制而成的。型(芯)砂要具有"一强三性"，即一定的强度、透气性(permeability)、耐火性(refractoriness)和退让性(collapsibility)。砂型可用手工制造，也可用机器造型。

砂型铸造是目前最常用、最基本的铸造方法，其基本过程如图 4-1 所示。砂型铸造的造型材料来源广，价格低廉。所用设备简单，操作方便灵活，不受铸造合金种类、铸件形状和尺寸的限制，并适合于各种生产规模。目前我国砂型铸件约占全部铸件产量的 80%以上。

一、造型方法的选择

造型方法的选择具有较大灵活性,一个铸件往往可用多种方法造型,应根据铸件结构特点、形状和尺寸、生产批量及车间具体条件等,进行分析比较,以确定最佳方案。

1. 手工造型

手工造型的方法很多,按模样特征分为整模造型、分模造型、活块造型、刮板造型、假箱造型和挖砂造型等;按砂箱特征分为两箱造型、三箱造型、地坑造型、脱箱造型等。

2. 机器造型

机器造型是用机器来完成填砂、紧实和起模等造型操作过程。与手工造型相比,可以提高生产率和铸型质量,减轻劳动强度。但设备及工装模具投资较大,生产准备周期较长,主要用于成批大量生产。

机器造型按紧实方式的不同分振压造型、抛砂造型和射砂造型等。

(1) 振压造型 图 4-11 所示为振压造型过程。首先将砂箱放在造型机的模板(图 4-11a、b)上,打开定量砂斗门,型砂从上方填入砂箱内(图 4-11c)。控

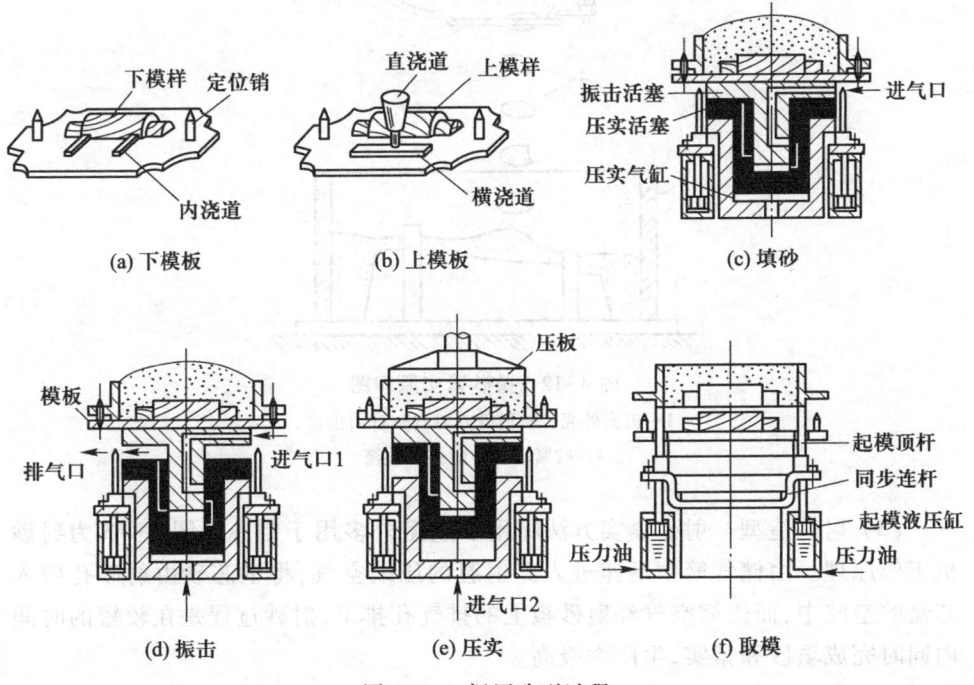

图 4-11 振压造型过程

制压缩空气经进气口1进入振击活塞底部,顶起振击活塞等并将进气路关闭。活塞在压缩空气的推力下上升,当活塞底部升至排气口以上时压缩空气被排出。振击活塞等自由下落与压实活塞顶面进行一次撞击。此时进气路开通,上述过程再次重复使型砂逐渐紧实,如图4-11d所示。控制压缩空气由进气口2通入压实汽缸底部,顶起压实活塞、振击活塞和砂箱等,使砂型受到压板的压实,如图4-11e所示。然后排气,压实汽缸等下降,压缩空气推动压力油进入起模压力缸内,四根起模顶杆同步上升顶起砂型,同时振动器振动,模样脱出,如图4-11f所示。

(2) 抛砂造型　图4-12为抛砂机的工作原理。抛砂头转子上装有叶片,型砂由皮带输送机连续地送入,高速旋转的叶片接住型砂并分成一个个砂团,当砂团随叶片转到出口处时,由于离心力的作用,以高速抛入砂箱,同时完成填砂与紧实。

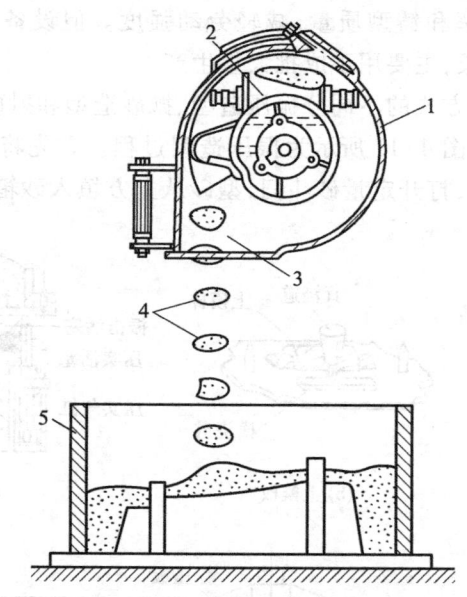

图4-12　抛砂紧实原理图
1—机头外壳;2—型砂入口;3—砂团出口;
4—被紧实的砂团;5—砂箱

(3) 射砂造型　射砂紧实方法除用于造型外多用于制芯。图4-13为射砂机工作原理。由储气筒中迅速进入到射膛的压缩空气,将型芯砂由射砂孔射入芯盒的空腔中,而压缩空气经射砂板上的排气孔排出,射砂过程是在较短的时间内同时完成填砂和紧实,生产率极高。

第三节 砂型铸造

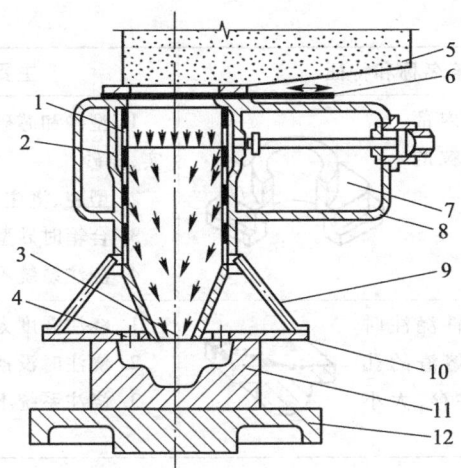

图 4-13 射砂机工作原理图

1—射砂筒；2—射膛；3—射砂孔；4—排气孔；5—砂斗；6—砂闸板；
7—进气阀；8—储气筒；9—射砂头；10—射砂板；11—芯盒；12—工作台

二、砂型铸造常见缺陷

铸造生产工序繁多，铸件缺陷的种类很多，产生的原因也很复杂。表 4-3 列出了铸件常见的几种缺陷及其产生的主要原因。

表 4-3 铸件常见缺陷及其原因

类别	缺陷名称和特征	主要原因分析
孔洞	气孔　铸件内部出现的孔洞，常为梨形、球形，孔的内壁较光滑	1. 砂型和型芯紧实度过高 2. 型砂太湿，起模、修型时刷水过多 3. 砂芯未烘干或通气道堵塞 4. 浇注系统不正确，气体排不出去
	缩孔　铸件厚截面处出现的形状极不规则的孔洞，孔的内壁粗糙 缩松　铸件截面上细小而分散的缩孔	1. 浇注系统或冒口设置不正确，无法补缩或补缩不足 2. 浇注温度过高，金属液收缩过大 3. 铸件设计不合理，壁厚不均匀无法补缩 4. 与金属液化学成分有关，铸铁中 C、Si 含量少，合金元素多时易出现缩松

续表

类别	缺陷名称和特征	主要原因分析
孔洞	砂眼　铸件内部或表面带有砂粒的孔洞	1. 型砂和芯砂强度不够或局部没春实,掉砂 2. 型腔、浇注系统内散砂未吹净 3. 合箱时砂型局部挤坏,掉砂 4. 浇注系统不合理,冲坏砂型(芯)
孔洞	渣气孔　铸件浇注时的上表面充满熔渣的孔洞,常与气孔并存,大小不一,成群集结	1. 浇注温度太低,熔渣不易上浮 2. 浇注时没挡住熔渣 3. 浇注系统不正确,挡渣作用差
表面缺陷	机械粘砂　铸件表面粘附着一层砂粒和金属的机械混合物,使表面粗糙	1. 砂型春得太松,型腔表面不致密 2. 浇注温度过高,金属液渗透力大 3. 砂粒过粗,砂粒间空隙过大
表面缺陷	夹砂　铸件表面产生的疤片状金属突出物。表面粗糙,边缘锐利,在金属片和铸件之间夹有一层型砂	1. 型砂热湿强度较低,型腔表面受热膨胀后易鼓起或开裂 2. 砂型局部紧实度过大,水分过多,水分烘干后,易出现脱皮 3. 内浇道过于集中,使局部砂型烘烤厉害 4. 浇注温度过高,浇注速度过慢
裂纹	热裂　铸件开裂,裂纹断面严重氧化,呈暗蓝色,外形曲折而不规则 冷裂　裂纹断面不氧化,并发亮,有时轻微氧化,呈连续直线状	1. 砂型(芯)退让性差,阻碍铸件收缩而引起过大的内应力 2. 浇注系统开设不当,阻碍铸件收缩 3. 铸件设计不合理,薄厚差别大

第四节　特种铸造

砂型铸造的工艺灵活性是其他铸造方法无法比拟的,但也存在一些难以克服的缺点,如一型一件,生产率低,铸件表面粗糙,加工余量较大,废品率较高,工艺过程复杂,劳动条件差等。为了克服上述缺点,在生产实践中发展出一些区别于砂型铸造的其他铸造方法,统称为特种铸造。特种铸造方法很多,不同的方法往往在某种特定条件下适应不同铸件生产的特殊要求,以获得更好的质量或更高的经济效益。以下介绍几种常用的特种铸造方法。

一、金属型铸造

金属型铸造是将液态金属浇入金属铸型,以获得铸件的铸造方法。由于金属型可重复使用,所以又称永久型铸造。

根据铸件的结构特点,金属型可采用多种型式。图4-14为活塞的金属型铸造示意图。该金属型由左半型1和右半型2组成,采用垂直分型,活塞的内腔由组合式型芯构成。铸件冷却凝固后,先取出中间型芯4,再取出左、右两侧型芯3,然后沿水平方向拔出左右销孔芯5,最后分开左右两个半型,即可取出铸件。

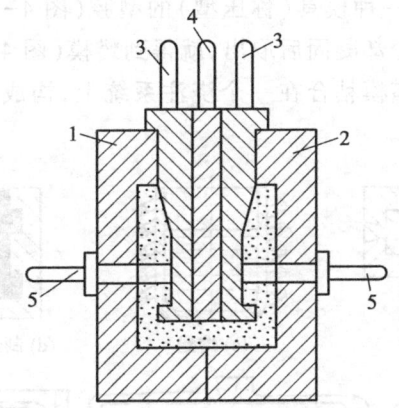

图4-14 金属型铸造示意图
1—左半型;2—右半型;3、4—组合型芯;5—销孔型芯

金属型"一型多铸",工序简单,生产率高,劳动条件好。金属型内腔表面光洁,刚度大,因此铸件精度高,表面质量好。金属型导热快,铸件冷却速度快,凝固后铸件晶粒细小,从而提高了铸件的机械性能。

金属型导热快,无退让性和透气性,铸件容易产生浇不足、冷隔、裂纹、气孔等缺陷。此外,在高温金属液的冲刷下,型腔易损坏。为此,需要采取如下工艺措施:浇注前预热铸型,使金属型在一定的温度范围内工作;型腔内涂以耐火涂料,以减慢铸型的冷却速度,并延长铸型寿命;在分型面上做出通气槽、出气口等,以利于气体的排出;掌握好开型时间以利于取件和防止铸铁件产生白口组织。

金属型的成本高,制造周期长,铸造工艺规程要求严格,铸铁件还容易产生白口组织。因此,金属型铸造主要适用于大批量生产形状简单的有色合金铸件,如铝活塞、气缸、缸盖、油泵壳体,以及铜合金轴瓦、轴套等。

二、熔模铸造

熔模铸造是用易熔材料制成模样,造型之后将模样熔化,排出型外,从而获得无分型面的型腔。由于模样广泛采用蜡质材料制成,又称"失蜡铸造"。这种铸造方法能够获得具有较高精度和表面质量的铸件,故有"精密铸造"之称。

1. 基本工艺过程

熔模铸造的工艺过程如图 4-15 所示,主要包括蜡模(wax pattern)制造、结壳、脱蜡(dewax)、焙烧和浇注等过程。

(1) 蜡模制造　通常根据零件图制造出与零件形状尺寸相符合的母模(图 4-15a),再由母模形成一种模具(称压型)的型腔(图 4-15b),把熔化成糊状的蜡质材料压入压型,等冷却凝固后取出,就得到蜡模(图 4-15c,d,e)。在铸造小型零件时,常把若干个蜡模粘合在一个浇注系统上,构成蜡模组(图 4-15f),以便一次浇注出多个铸件。

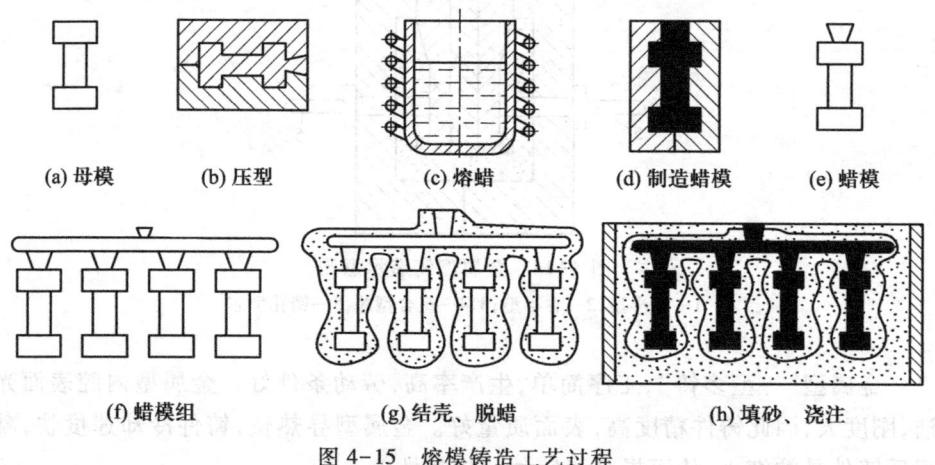

图 4-15　熔模铸造工艺过程

(2) 结壳　把蜡模组放入黏结剂和石英粉配制的涂料中浸渍,使涂料均匀地覆盖在蜡模表层,然后在上面均匀地撒一层石英砂,再放入硬化剂中硬化。如此反复 4~6 次,最后在蜡模组外表形成由多层耐火材料组成的坚硬的型壳(图 4-15g)。

(3) 脱蜡　通常将附有型壳的蜡模组浸入 85~95 ℃ 的热水中,使蜡料熔化并从型壳中脱除,以形成型腔。

(4) 焙烧和浇注　型壳在浇注前，必须在 800~950 ℃下进行焙烧，以彻底去除残蜡和水分。为了防止型壳在浇注时变形或破裂，可将型壳排列于砂箱中，周围用砂填紧(图 4-15h)。焙烧后通常趁热(600~700 ℃)进行浇注，以提高充型能力。

2. 熔模铸造的特点和应用

熔模铸件精度高,表面质量好,无分型面,可铸出形状复杂的薄壁铸件,大大减少机械加工工时,显著提高金属材料的利用率。熔模铸造的型壳耐火性强,适用于各种合金材料,尤其适用于那些高熔点合金及难切削加工合金的铸造。并且生产批量不受限制,单件、小批、大量生产均可。但熔模铸造工序繁杂,生产周期长,铸件的尺寸和重量受到铸型(沙壳体)承载能力的限制(一般不超过 25 kg)。主要用于成批生产形状复杂、精度要求高或难以进行切削加工的小型零件,如汽轮机叶片和叶轮、大模数滚刀等。

三、压力铸造

压力铸造是在压铸机上将熔融的金属在高压下快速压入金属型,并在压力下凝固,以获得铸件的方法。

压铸机分为立式和卧式两种,图 4-16 为立式压铸机工作过程示意图。合型后,用定量勺将金属液注入压室中(图 4-16a),压射活塞向下推进,将金属液压入铸型(图 4-16b),金属凝固后,压射活塞退回,下活塞上移顶出余料,动型移开,取出铸件(图 4-16c)。

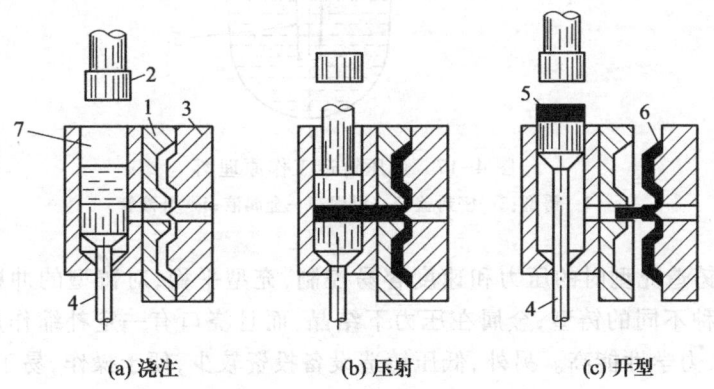

(a) 浇注　　　　　(b) 压射　　　　　(c) 开型

图 4-16　压铸机工作过程示意图
1—定型；2—压射活塞；3—动型；4—下活塞；5—余料；
6—压铸件；7—压室

压力铸造是在高速、高压下成形,可铸出形状复杂、轮廓清晰的薄壁铸件,铸件的尺寸精度高,表面质量好,一般不需机械加工可直接使用,而且组织细密,力学性能好;在压铸机上生产,生产率高,劳动条件好。

但是,压铸设备投资大,压型制造成本高,周期长,压型工作条件恶劣,易损坏。因此,压力铸造主要用于大批生产低熔点合金的中小型铸件,在汽车、拖拉机、航空、仪表、电器、纺织、医疗器械、日用五金及国防等部门获得广泛的应用。

四、低压铸造

低压铸造是介于金属型铸造和压力铸造之间的一种铸造方法。是在较低的压力下,将金属液注入型腔,并在压力下凝固,以获得铸件。如图4-17所示,在一个密闭的保温坩埚中,通入压缩空气,使坩埚内的金属液在气体压力下,从升液管内平稳上升充满铸型,并使金属在压力下结晶。当铸件凝固后,撤除压力,使升液管和浇口中尚未凝固的金属液在重力作用下流回坩埚。最后开启铸型,取出铸件。

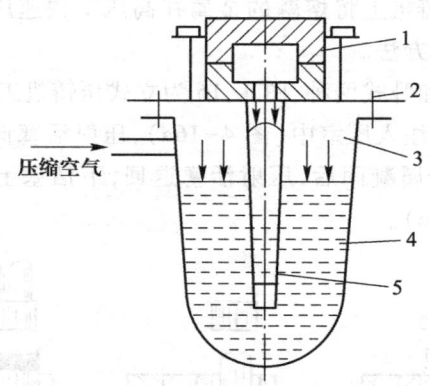

图4-17 低压铸造工作原理图
1—铸型;2—密封盖;3—坩埚;4—金属液;5—升液管

低压铸造充型时的压力和速度容易控制,充型平稳,对铸型的冲刷力小,故可适用各种不同的铸型;金属在压力下结晶,而且浇口有一定补缩作用,故铸件组织致密,力学性能高。另外,低压铸造设备投资较少,便于操作,易于实现机械化和自动化。因此,低压铸造广泛用于大批量生产铝合金和镁合金铸件,如发动机的缸体和缸盖、内燃机活塞、带轮、粗纱锭翼等,也可用于球墨铸铁、铝合金等较大铸件的生产。

五、离心铸造

离心铸造是将熔融金属浇入高速旋转的铸型中,使其在离心力作用下填充铸型和结晶,从而获得铸件的方法。离心铸造必须在离心铸造机上进行,按铸型旋转轴线的空间位置不同,离心铸造分为立式和卧式两种,如图4-18所示。

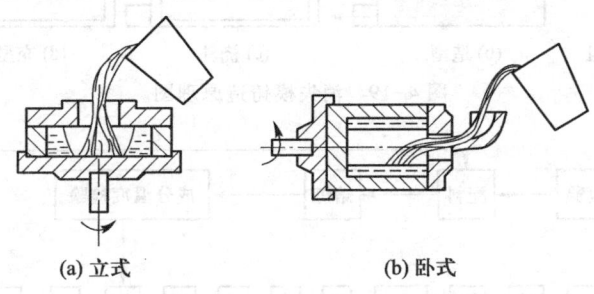

(a) 立式　　　　　　(b) 卧式

图4-18　离心铸造示意图

离心铸造不用型芯,不需要浇注系统和冒口,工艺简单,生产率和金属的利用率高,成本低。在离心力作用下,金属液中的气体和夹杂物因密度小而集中在铸件内表面,金属液自外表面向内表面顺序凝固,因此铸件组织致密,无缩孔、气孔、夹渣等缺陷,力学性能高,而且提高了金属液的充型能力。但是,利用自由表面所形成的内孔,尺寸误差大,内表面质量差,且不适于比重偏析大的合金。目前主要用于生产空心回转体铸件,如铸铁管、气缸套、活塞环及滑动轴承等,也可用于生产双金属铸件。

六、消失模铸造

消失模铸造技术是将发泡塑料制成的模型黏结组合成模型组刷涂耐火涂层并烘干后,埋在干石英砂中振动造型,在一定条件下浇注液体金属,使模型气化并占据模型位置,凝固冷却后形成所需铸件的方法(图4-19)。消失模铸造有多种不同的叫法,国内主要的叫法有干砂实型铸造、负压实型铸造,国外的叫法主要有 Lost Foam Process(U.S.A)、Policast Process(Italy)等。与传统的铸造技术相比,消失模铸造技术具有无与伦比的优势,因此被国内外铸造界誉为"21世纪的铸造技术"和"铸造工业的绿色革命"。

大量生产的消失模铸造流程的主要工部有:熔化工部、制模工部、模型组合及涂层烘干工部、造型浇注工部、落砂清理工部,如图4-20所示。

消失模铸造根据其铸型材料可分为自硬砂消失模铸造和无黏结剂干砂消失模铸造;根据浇注条件分为普通消失模铸造和负压消失模铸造。

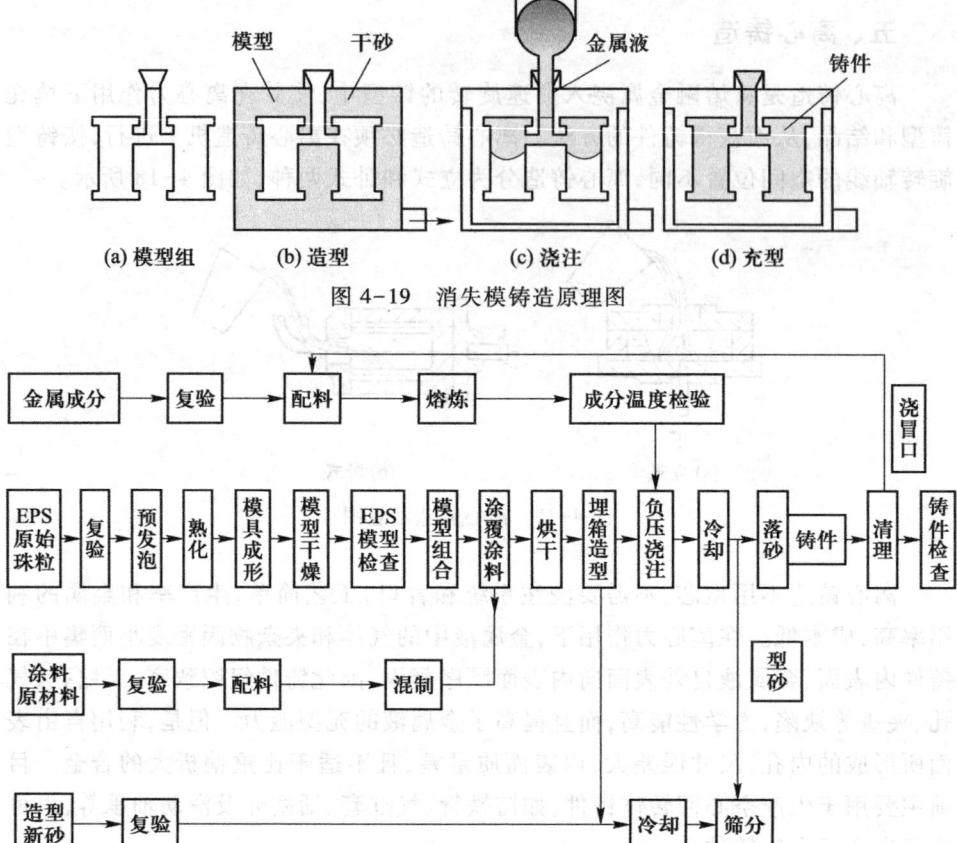

图 4-19 消失模铸造原理图

图 4-20 大量生产的消失模铸造工艺流程图

与传统的砂型铸造相比,大量生产的消失模铸造有如下工艺特征(表 4-4):

(1) 一个与铸件形状完全一致、尺寸大小只差金属收缩量的泡沫塑料模型保留在铸型内,形成"实型"铸型,而不是传统砂型的"空腔"铸型(即"空型")。

(2) 其砂型为无黏结剂、无水分、无任何附加物的干石英砂。

(3) 浇注时,泡沫塑料模型在高温液体金属作用下不断分解气化,产生金属—模型的置换过程,而不像传统"空型"铸造是一个液体金属的填充过程,制作一个铸件就要"消失"掉一个泡沫塑料模型。

(4) 泡沫塑料模型可以分块成形再进行黏结组合。模型形状(即铸件形状)基本不受任何限制。

消失模铸造也存在两方面的问题:

① 在切割发泡塑料时,会产生有害气体;
② 在浇注金属时,发泡模型受热挥发也会产生有害气体。
这就需要在消失模铸造的系统设计中采取有效措施,防止污染环境。
如果是规模化生产,所产生的有害气体对环境的污染不可小视。

表 4-4 大量生产条件下传统黏土砂型铸造与消失模铸造工艺特点的比较

	项 目	传统砂型铸造	消失模铸造
模型工艺	1. 开边	必须分型开边,便于造型	无需开边
	2. 起模斜度	必须有一定的起模斜度	基本没有或有很小的起模斜度
	3. 组成	有外型芯合组成	单一模型
	4. 应用次数	一个模型多次使用	一型一次
	5. 材质	金属或木材	泡沫塑料
造型工艺	1. 型砂	有黏结剂、水、附加物经过混制的型芯砂	无黏结剂、任何附加物和水的干砂
	2. 填砂方式	机械力填砂	自重微振填砂
	3. 紧实方式	机械力紧实	物理(自重、微振、真空)作用紧实
	4. 砂箱特点	根据每个零件特点制备专用砂箱	简单的通用砂箱
	5. 铸型型腔	由型芯装配组成空腔	实型
	6. 涂料层	大部分无需涂层	必须有涂层
浇注工艺	1. 充型特点	只是填充空腔	金属与模型发生物理化学作用
	2. 影响充型速度的主要因素	浇注系统与浇注温度	主要受型内气体压力状态、浇注系统、浇注温度的影响
落砂清理	1. 落砂	需强力振动打击	翻箱或吊出铸件,铸件与砂自动分离
	2. 清理	需打磨飞边毛刺及内浇口	只需打磨内浇口,无飞边毛刺

七、铸造方法的选择

各种铸造方法均有其优缺点,选用哪种铸造方法,必须依据生产的具体特点来定,既要保证产品质量,又要考虑产品的成本和现场设备、原材料供应情况等,要进行全面分析比较,以选定最适当的铸造方法。表 4-5 列出了几种常用的铸造方法,供选择时参考。

表 4-5 几种常用铸造方法的比较

铸造方法	砂型铸造	熔模铸造	金属型铸造	压力铸造	低压铸造	离心铸造
适用金属	任意	不限制,以铸钢为主	不限制,以有色合金为主	铝、锌等低熔点合金	以有色合金为主	以铸铁、铜合金为主
适用铸件大小	任意	一般<25 kg	以中小铸件为主,也可用于数吨大件	一般为10 kg下小件,也可用于中等铸件	中、小铸件为主	不限制
生产批量	不限制	成批、大量也可单件生产	大批大量	大批大量	成批、大量	成批、大量
铸件尺寸精度	IT14~IT15	IT11~IT14	IT12~IT14	IT11~IT13	IT12~IT14	IT12~IT14(孔径精度低)
表面粗糙度值 $Ra/\mu m$	粗糙	12.5~1.6	12.5~6.3	3.2~0.8	12.5~3.2	12.5~6.3(内孔粗糙)
铸件内部质量	结晶粗	结晶粗	结晶细	结晶细,内部多有气孔	结晶细	缺陷很少
铸件加工余量	大	小或不加工	小	不加工	小	内孔加工量大
生产率(一般机械化程度)	低、中	低、中	中、高	最高	中	中、高
应用举例	机床床身、轧钢机机架、变速器箱体、带轮等一般铸件	刀具、叶片、自行车零件、机床零件、刀杆、风动工具等	铝活塞、水暖器材、水轮机叶片、一般有色合金铸件	汽车化油器、喇叭、电器、仪表、照相机零件	发动机缸体、缸盖、壳体、箱体、船用螺旋桨、纺织机零件	各种铁管、套筒、环、辊、叶轮、滑动轴承等

第五节　铸件结构工艺性

铸件结构工艺性通常是指铸件的本身结构应符合铸造生产的要求，既便于整个工艺过程的进行，又利于保证产品质量。铸件结构是否合理，对简化铸造生产过程，减少铸件缺陷，节省金属材料，提高生产率和降低成本等具有重要意义，并与铸造合金、生产批量、铸造方法和生产条件有关。

一、铸件结构应利于避免或减少铸件缺陷

铸件的许多缺陷，如缩孔、缩松、裂纹、变形、浇不到、冷隔等，有时是由于铸件结构不合理而引起的。因此，设计铸件结构时应首先从保证产品质量的角度出发，尽量做到以下几点。

1. 壁厚合理

铸件壁厚大有利于金属液充型，但随着壁厚的增加，金属液冷速降低，铸件晶粒变粗大，力学性能下降。所以从细化结晶组织和节省金属材料考虑，应尽量减小铸件壁厚。但铸件壁厚太小又易导致冷隔、浇不足或生成白口组织等缺陷，故各种不同的合金视铸件大小、铸造方法不同，其最小壁厚应受到限制（参见表4-1）。

通常情况下，设计铸件壁厚时应首先保证金属液的充型能力，在此前提下尽量减小铸件壁厚。若铸件壁的承载能力或刚度不能满足要求时，可采用加强筋等结构。图4-21为台钻底板设计中采用加强筋的例子，采用加强筋后，可避免铸件厚大截面，防止某些铸造缺陷的产生。

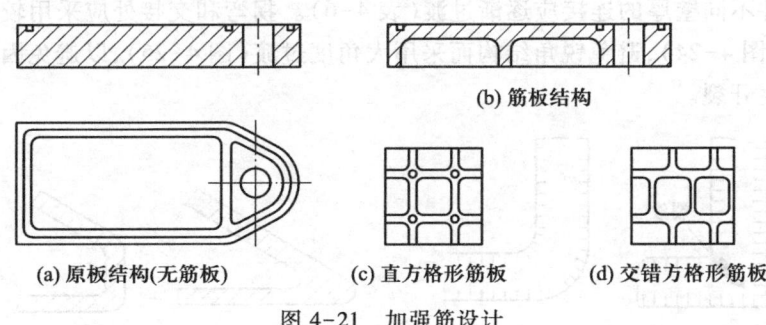

图 4-21　加强筋设计

2. 铸件壁厚力求均匀

铸件壁厚均匀，可防止形成热节而产生缩孔、缩松、晶粒粗大等缺陷，并能减少铸造热应力及因此而产生的变形和裂纹等缺陷。如图4-22所示铸件的结构

设计，图4-22a在厚壁处易产生缩孔，在过渡处易产生裂纹；改为图4-22b可防止上述缺陷的产生。铸件上的筋条分布应尽量减少交叉，以防形成较大的热节，如图4-23所示。将图4-23a交叉接头改为图4-23b交错接头结构，或采用图4-23c的环形接头，以减少金属的积聚，避免缩孔、缩松缺陷的产生。

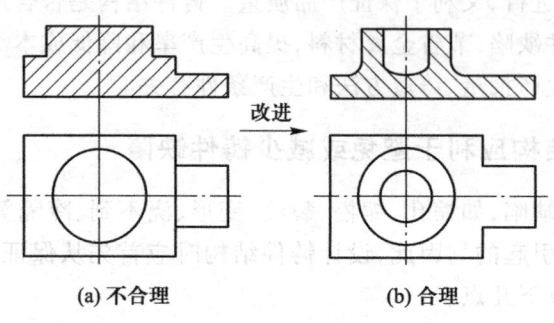

图4-22 铸件壁厚设计实例

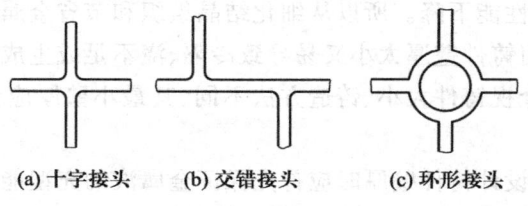

图4-23 筋条的分布

3. 铸件壁的连接

铸件不同壁厚的连接应逐渐过渡（表4-6）。拐弯和交接处应采用较大的圆弧连接（图4-24），避免锐角结构而采用大角度过渡（图4-25），以避免因应力集中而产生开裂。

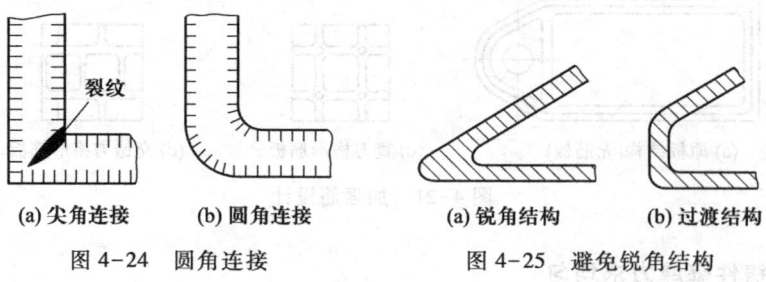

图4-24 圆角连接　　　　图4-25 避免锐角结构

表 4-6 铸件壁的过渡形式和尺寸

壁厚比	壁的过渡形式	尺寸关系
$\dfrac{S_1}{S_2} \leq 2$		$R = (0.15 \sim 0.25)(S_1 + S_2)$
		$R_1 = (0.15 \sim 0.25)(S_1 + S_2)$ $R_2 = S_1/4$
$\dfrac{S_1}{S_2} > 2$		$h = S_1 - S_2$ $L \geq 4h$
		$L \geq 3(S_1 - S_2)$

4. 避免较大水平面

铸件上水平方向的较大平面，在浇注时，金属液面上升较慢，长时间烘烤铸型表面，使铸件容易产生夹砂、浇不足等缺陷，也不利于夹渣、气体的排除，因此应尽量用倾斜结构代替过大水平面，如图 4-26 所示。

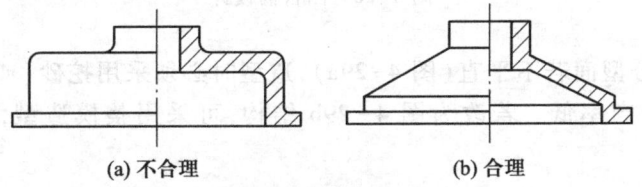

(a) 不合理　　　　　　(b) 合理

图 4-26　避免较大水平面

二、铸件结构应利于简化铸造工艺

为简化造型、造芯及减少工装制造工作量，便于下芯和清理，对铸件结构有如下要求。

1. 铸件外型应尽量简单

在满足铸件使用要求的前提下，应尽量简化外形，减少分型面，以便于造型，获得优质铸件。图 4-27a 所示铸件水平方向分型时有两个分型面，要采用三箱造型或者增设外部环形砂芯然后用两箱造型，使造型工艺复杂。若改为图 4-27b 的设计,取消了底部凸缘,使铸件只有一个分型面,即可用两箱造型进行生产,大大简化了造型工艺。

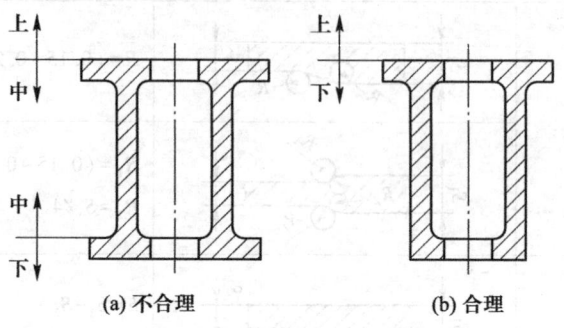

图 4-27 铸件外形的设计

铸件上的凸台、加强筋等要方便造型,尽量避免使用活块。图 4-28a 所示的凸台通常需采用活块(或外壁型芯)才能起模,要求操作者技术高,消耗工时多,在机器造型的流水线上无法采用。如改为图 4-28b 的结构则可避免活块。

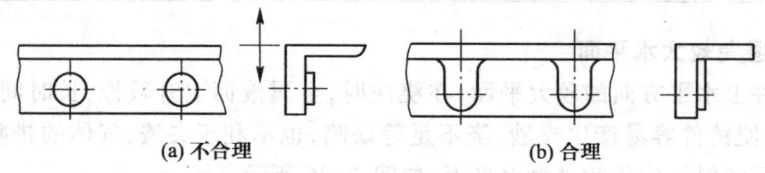

图 4-28 凸台的设计

铸型的分型面若不平直(图 4-29a),造型时必须采用挖砂(或假箱)造型,操作复杂,生产率低。若改为图 4-29b 结构,可采用整模造型,简化了造型过程。

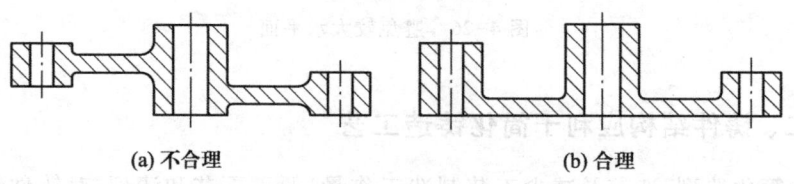

图 4-29 使分型面平直的铸件结构

2. 铸件内腔结构应符合铸造工艺要求

铸件的内腔结构采用型芯来形成,这将延长生产周期,增加成本,因此设计铸件结构时,应尽量不用或少用型芯。图 4-30 为悬臂支架的两种设计方案,图

4-30a 采用方形空心截面,需用型芯,而图 4-30b 改为工字形截面,可省掉型芯。

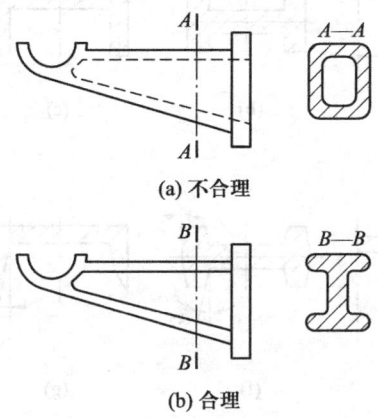

图 4-30　悬臂支架结构

在必须采用型芯的情况下,应尽量做到便于下芯、安装、固定以及排气和清理。如图 4-31 所示的轴承架铸件,图 4-31a 的结构需要两个型芯,其中大的型芯呈悬臂状态,装配时必须用型芯撑 A 辅助支撑。如改为图 4-31b 结构,成为一个整体型芯,其稳定性大大提高,并便于安装,易于排气和清理。

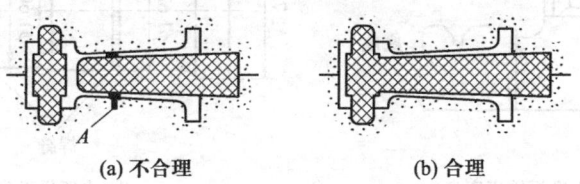

图 4-31　轴承架结构

3. 铸件的结构斜度

铸件上垂直于分型面的不加工面应具有一定的结构斜度,以利于起模,同时便于用砂垛代替型芯(称为自带型芯),以减少型芯数量。如图 4-32 中 a、b、c、d 各件不带结构斜度,不便起模,应相应改为 e、f、g、h 带一定斜度的结构。对不允许有结构斜度的铸件,应在模样上留出起模斜度。

4. 组合铸件的应用

对于大型或形状复杂的铸件,可采用组合结构,即先设计成若干个小铸件进行生产,切削加工后,用螺栓连接或焊接成整体。这样可简化铸造工艺,便于保证铸件质量。图 4-33 为大型坐标镗床床身(图 4-33a)和水压机工作缸(图 4-33b)的组合结构示意图。

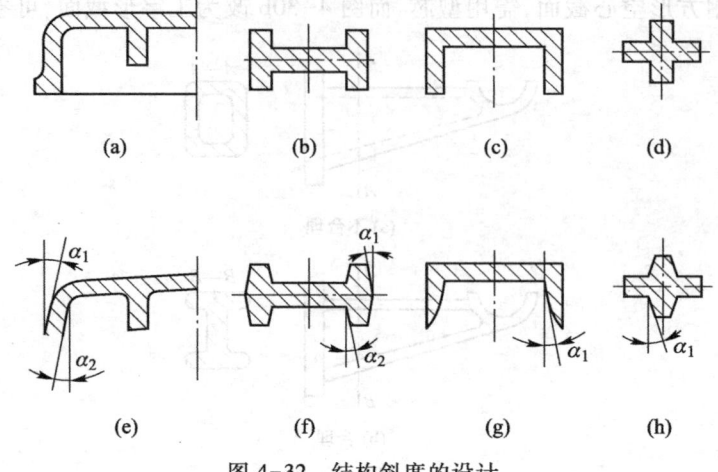

图 4-32　结构斜度的设计

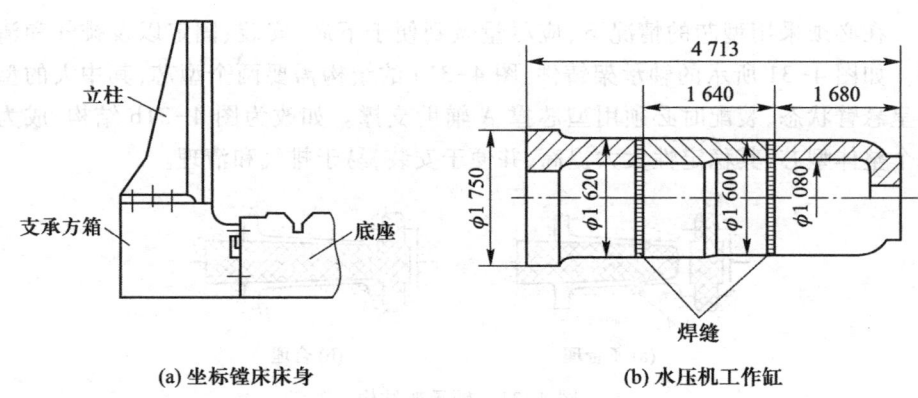

(a) 坐标镗床床身　　　　　(b) 水压机工作缸

图 4-33　组合结构铸件

三、铸件结构要便于后续加工

大多数铸件都要经过切削加工才能满足使用要求，因此铸件结构设计应考虑减少加工量和便于加工。图 4-34 所示为电机端盖铸件。原设计（图4-34a）在加工 D 时不便于装夹。改为图 4-34b 带工艺搭子的结构，能在一次装夹中完成轴孔 d 和定位环 D 的加工，并能较好地保证其同轴度要求。

铸件结构工艺性内容丰富，以上原则都离不开具体的生产条件。在设计铸件结构时，应善于从生产实际出发，具体分析，灵活运用这些原则。

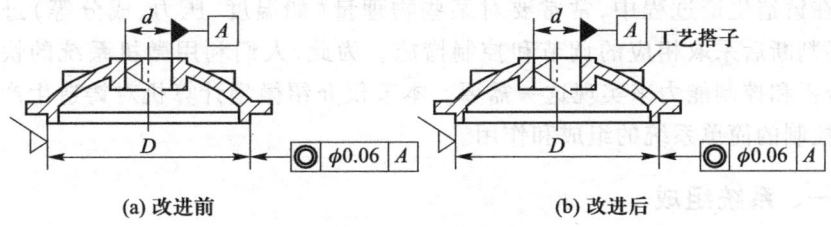

图 4-34 端盖设计

第六节 计算机在铸造生产中的应用简介

微型计算机的广泛应用,促进了铸造过程各个方面(如工厂/车间管理、参数测试、过程控制、过程模拟等)的计算机应用开发。随着计算模拟、几何模拟和数据库的建立及其相互联系的扩展,数值模拟已迅速发展为铸造工艺CAD(计算机辅助设计)、CAE(计算机辅助工程),并将实现铸造生产的CAM(计算机辅助制造)。图4-35为传统的铸造过程(图a)与实现了CAD、CAM的铸造过程(图b)比较。

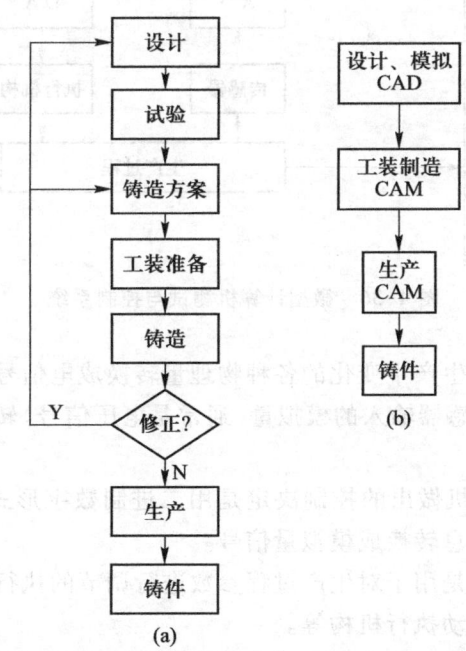

图 4-35 传统的铸造过程与实现 CAD、CAM 的铸造过程

在铸造生产过程中,常常要对某些物理量(如温度、压力、成分等)进行检测,经判断后采取相应的调节和控制措施。为此,人们利用微机系统的快速取样、分析和控制能力来实现这一需要。本节仅介绍微型计算机对铸造生产过程进行控制的简单系统的组成和作用。

一、系统组成

微机测试与控制系统的组成如图 4-36 所示。除微机本身外,还包括以下几个部分:

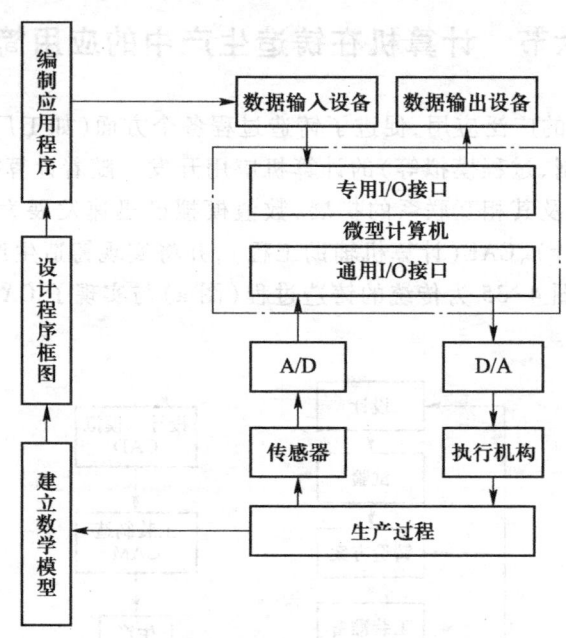

图 4-36　微型计算机测试与控制系统

（1）传感器　将生产中变化的各种物理量转换成电信号(模拟量)。

（2）A/D　将传感器输入的模拟量(通常是电压信号)转换成计算机能接受的数字信息。

（3）D/A　计算机做出的控制决定是用二进制数字形式输出的,通过 D/A 就可将输出的数字信息转换成模拟量信号。

（4）执行机构　是用于对生产过程参数进行调节的执行装置。常用的有步进电动机、电磁阀、电动执行机构等。

（5）数据输入设备　用于输入程序和有关数据,如键盘等。

（6）数据输出设备　用于提供控制过程各参数的动态信息,如打印机、CRT

显示器等。

二、测试系统的工作过程

在铸造测试技术中,应用微型计算机测试系统可以对温度、压力、流量和湿度等物理量进行检测或多参数巡回检测、数据处理,并给出必要的打印或显示输出等。其优点是速度快、效率高、精度高。

微型计算机测试系统的简单框图如图4-36所示。其工作过程是,当被测参数经过传感器转变为电信号输入A/D时,在事先存在计算机内的应用程序控制下,启动A/D转换,等A/D转变完后,将转换得到的数字量读入计算机进行数据处理,最后将测量结果通过打印或显示器输出。

三、控制系统

微机控制系统是实现节约能源、控制过程最优化和综合自动化的有力工具,应用它可以实现对冲天炉熔炼过程各种参数的检测和控制,以及铸造生产中砂处理、造型线、热处理、特种铸造等方面的过程优化。

1. 控制方式

(1)离线控制 也称开环控制,是指计算机测量数据的计算结果仅作为操作人员控制生产过程的参考,而不直接介入生产过程。介入时,一般要经人工干预。

(2)在线控制 也称闭环控制,是指计算机用测量数据的计算结果直接改变常规调节器的给定值或直接操纵执行机构,去控制生产过程,计算机直接参与控制。

2. 直接数字控制系统(DDC)

DDC系统是当前计算机控制的主要形式之一。生产过程各参数经计算机测量运算后,以数字形式输出,直接控制执行机构的动作,以控制生产过程。如图4-37所示。

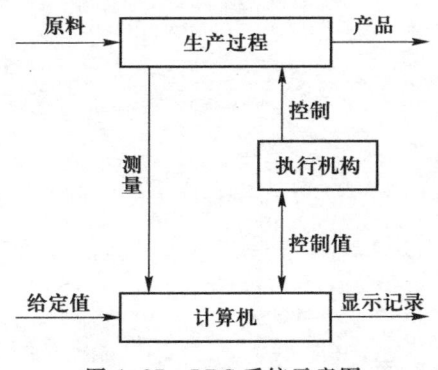

图4-37 DDC系统示意图

生产过程的各种被调参数（如温度、压力等）通过传感器变成模拟量直流电压信号，又通过 A/D 转换成二进制信息，经过接口输入计算机。计算机按事先存入内部的应用程序对被测数据进行处理，从而得到执行机构的控制量，被控制量经 D/A 转换成电压或电流信号去控制执行机构的动作，实现对生产过程的控制。实践证明，这种方法控制精度高，重现性好，工艺稳定，安全可靠和使用灵活。

复习思考题

1. 什么是液态金属的充型能力？充型能力主要受哪些因素影响？充型能力差易产生哪些铸造缺陷？
2. 浇注温度过高或过低，易产生哪些铸造缺陷？
3. 什么是顺序凝固原则？需采取什么措施来实现？哪些合金常需采用顺序凝固原则？
4. 怎样理解同时凝固与顺序凝固原则，两者出现矛盾时如何处理？
5. 铸件的壁厚为什么不能太薄，也不宜太厚，而且应尽可能厚薄均匀？
6. 砂型铸造常见缺陷有哪些？如何防止？
7. 为什么铸铁的铸造性能比铸钢好？
8. 什么是特种铸造？常见的特种铸造方法有哪几种？
9. 在大批量生产的条件下，下列铸件宜选用哪种铸造方法生产？机床床身，铝活塞，铸铁污水管，汽轮机叶片。
10. 为便于生产和保证铸件质量，通常对铸件结构有哪些要求？

第五章 材料的塑性成形工艺

本章学习指南

塑性成形的突出特点表现在力、固态材料的塑性变形和改性。力是材料成形的外因,内因是材料的塑性。塑性变形不仅能改变形状,还可细化组织、弥合缺陷、改善性能。

材料的塑性不是固定不变的,温度、材料的组织结构、变形条件等都会改变塑性。掌握塑性成形原理,了解塑性变形的本质和规律性,是本章的重点之一。

塑性成形的方法主要涉及自由锻、模锻和冷冲压三部分,应分析其特点、差别和适用范围。

本章重点:塑性变形机理、加工硬化、回复和再结晶、锻造比、锻造流线、最小阻力定律、体积不变条件和金属的塑性成形性概念及应用;自由锻造的基本工序及工艺计算;模型锻造的类型、特点及锻造工艺规程的制定;冲裁、拉深和弯曲工序的特点及应用;模具的基本形式和特点;自由锻件、模锻件、冲压件的结构工艺性要求及分析;编写制定工艺文件。

本章难点:锻造比、锻造流线的应用,影响材料塑性成形性的因素,自由锻和模锻的工艺方法,冲裁和拉深的工艺计算。最难的是各工艺规程的制定。

本章与其他章节的联系:在液态成形、塑性成形及粉末冶金成形等工艺中均涉及模具,但塑性成形基本是靠模具完成的。学习本章内容,要注意总结塑性成形、液态成形、粉末成形与焊接成形之间的差别。有关高分子材料的塑性成形与金属的塑性成形有很多共同之处,可以参见第八章。

塑性成形(plastic forming)是金属材料成形方法之一。它是对金属材料施加外力作用,利用金属的塑性使其产生塑性变形,从而获得具有一定的形状、尺寸、组织和性能的工件的加工方法,也称为塑性加工或压力加工。常见的塑性成形方法有锻造、冲压、挤压、轧制、拉拔等(图5-1)。

用于塑性成形的金属材料包括黑色金属和有色金属,大多数金属及其合金均具有一定的塑性,可在热态或冷态下进行各种塑性成形。

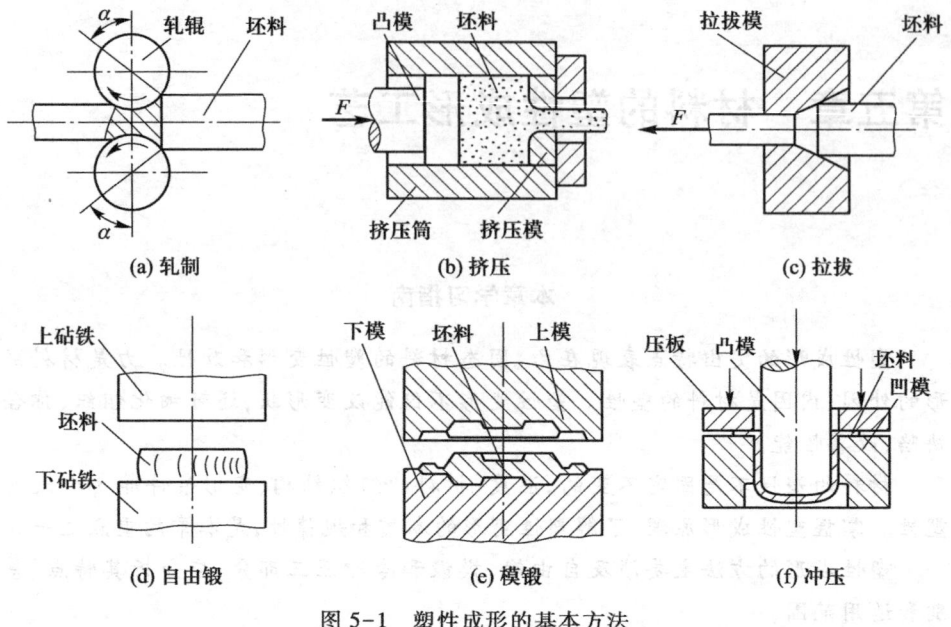

图 5-1 塑性成形的基本方法

塑性成形在固态下完成,成形后不仅可以改变形状,还可以改变性能。

与金属切削加工、铸造、焊接等加工工艺相比,塑性成形使金属组织致密、晶粒细小、力学性能提高,具有零件性能好、尺寸精度高、寿命长、材料利用率高、切削工作量少、生产效率高等一系列特点,可广泛应用于机械制造、汽车、拖拉机、仪表、容器、造船、冶金、建筑、家用器具、包装、航空航天等工业领域。在材料、模具、设备和能源等各个方面也有很大的发展应用空间。承受较大的负荷或复杂负荷的机械零件,如机床主轴、内燃机曲轴、连杆及工具、模具等一般都需要采用塑性成形。

金属塑性成形中作用在金属坯料上的外力主要有两种:冲击力和静压力。锤类设备产生冲击力使金属变形;压力机和轧机对金属坯料施加静压力使金属变形。

第一节 塑性成形理论基础

金属材料受到外力作用时,先产生弹性变形,随着外力的增大,进入塑性变形。当外力卸除后,塑性变形不能恢复。金属在外力作用下产生塑性变形的能力称为塑性,塑性成形正是利用金属的塑性对坯料进行加工的。

一、塑性变形机理

由材料学基础可知,固态金属通常是由多晶体构成。与单晶体不同,多晶体金属的塑性变形由晶内变形和晶间变形所组成。

晶内塑性变形是指晶粒内部的变形,主要方式为滑移和孪生。滑移变形容易进行,是主要的变形方式;孪生变形比较困难,是次要的变形方式。但是,在冲击载荷或低温下,体心立方和密排六方的金属塑性变形的主要方式是孪生(孪生变形可参见有关参考资料)。

晶间变形是指晶粒间的相对位移,包括晶粒间的相对滑动和转动,如图5-2所示。多晶体受力变形时,在切应力的作用下,晶粒沿晶界产生相对移动;在力偶的作用下,晶粒产生相互转动。相对于晶内变形,晶间变形的变形量较小,只有在微小晶粒的超塑性变形条件下,晶间变形才能发挥主要作用,并且晶间变形是在扩散蠕变调节下进行。由于晶界处晶格畸变和存在杂质,变形抗力较大,故低温时的塑性变形主要是晶内

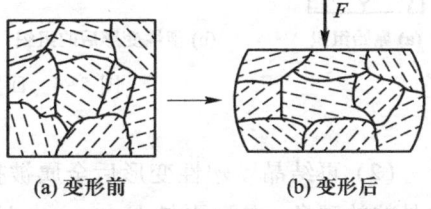

(a) 变形前　　(b) 变形后

图 5-2　多晶体的塑性变形

变形;高温时晶界强度降低,晶间变形才较易进行。又因晶内变形必须在沿滑移面的切应力达到一定值时才能进行,故各晶粒的变形总是分批、逐步进行的。

二、加工硬化、回复和再结晶

1. 加工硬化

金属在冷变形(低于再结晶温度)加工时,随着变形量的增加,金属材料的强度、硬度提高,但塑性、韧度下降,这种现象称为加工硬化(work-hardening)。塑性变形过程中,金属的组织和性能将会产生一系列的变化,主要是晶粒沿变形方向被拉长,滑移面附近晶格产生畸变,并出现许多微小碎晶,如图5-3所示。晶格畸变和碎晶使变形阻力加大,从而使金属的强度和硬度提高,塑性和韧性下降。加工硬化是强化金属的重要方法之一,尤其适合于那些不能用热处理方法强化的金属材料,例如纯金属、奥氏体不锈钢、变形铝合金等。

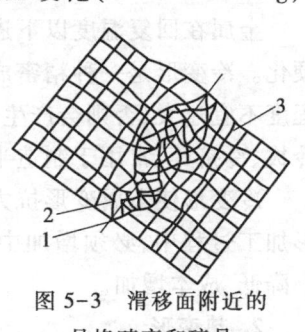

图 5-3　滑移面附近的
晶格畸变和碎晶

1—滑移面;2—碎晶;
3—畸变的晶格

2. 回复和再结晶

加工硬化使金属处于不稳定状态,通过加热可

以使原子的活动能力增强,产生回复和再结晶,使硬化现象得以减轻或消除。

(1) 回复 将冷成形后的金属加热至一定温度后,使原子回复到平衡位置,晶内残余应力大大减小的现象,称为回复(revert),如图 5-4c 所示。回复温度约为 $(0.25 \sim 0.3) T_{熔}$。回复使晶格畸变减轻或消除,但晶粒的大小和形状并无改变,在生产中用于使制件保持较高的强度且降低脆性的场合。如冷拔钢丝经冷卷成形后的低温退火,可使弹簧定形且仍保持良好的弹性。

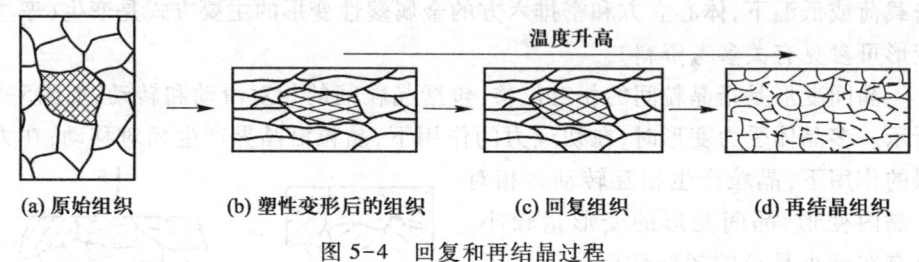

(a) 原始组织　　(b) 塑性变形后的组织　　(c) 回复组织　　(d) 再结晶组织

图 5-4　回复和再结晶过程

(2) 再结晶 塑性变形后金属被拉长了的晶粒出现重新生核、结晶,变为等轴晶粒的现象,称为再结晶(recrystal),如图 5-4d 所示。再结晶温度一般为 $0.4T_{熔}$ 以上。再结晶使金属的加工硬化现象得以完全消除,并重新获得良好的塑性,在塑性成形中广泛应用。如线材的多次拉拔和板料的多次拉深时,常需在工序间穿插再结晶退火,以使工件顺利成形。

三、冷变形、热变形、温变形

由于金属在不同的温度下变形后的组织和性能不同,通常以再结晶温度为界,将金属的塑性变形分为冷变形和热变形。

1. 冷变形

金属在回复温度以下进行的塑性变形称为冷变形。变形过程中会出现加工硬化。冷变形是一种精密成形方法,有利于提高金属的强度和表面质量,但变形程度不宜过大,否则会产生裂纹。冷变形在生产中的应用如冷轧、冷锻、冷冲压、冷拔、冷挤等,常用于制造半成品或成品。

冷变形使金属变形抗力升高、塑性下降,难以进一步变形,因此,在某些冷变形加工过程中,必须增加中间退火工艺,以保证冷变形过程的继续进行,但生产率降低、成本增加。

2. 热变形

在再结晶温度以上进行的塑性变形称为热变形。金属在热变形过程中既有加工硬化又有再结晶,但加工硬化会被回复和再结晶完全消除,获得综合力学性能良好的再结晶组织。因此,热变形的变形抗力小,塑性高,变形程度大,在生产中广泛应用,如热轧、热锻、热冲压、热拔等,常用于毛坯或半成品的制造。但表面容易形成氧化皮,若加热温度过高或保温时间过长,晶粒还会聚合长大,使力学性能降低,称为二次再结晶,在生产中应予避免。

3. 温变形

金属在高于回复温度和低于再结晶温度范围内进行的塑性变形称为温变形。温变形过程中有加工硬化及回复现象,但无再结晶,硬化只得到部分消除。温成形较之冷成形可降低变形力且利于提高金属塑性,较之热成形可降低能耗且减少加热缺陷,适用于强度较高、塑性较差的金属,在生产中的应用如温锻、温挤压、温拉拔等,用于尺寸较大、材料强度较高的零件或半成品制造。

四、锻造比与锻造流线

1. 锻造比

在塑性成形时,常用锻造比(Y)来表示变形程度。锻造比的计算公式与变形方式有关,通常用变形前后的截面比、长度比或高度比来表示:

拔长时的锻造比: $Y_{拔} = S_o / S$ (5-1)

镦粗时的锻造比: $Y_{镦} = H_o / H$

式中:S_o、S——毛坯变形前后的截面积;

H_o、H——毛坯变形前后的高度。

在锻造过程中,锻造比对锻件的机械性能有直接影响。随着锻造比的增加,金属的力学性能显著提高,这是由于组织致密程度和晶粒细化程度提高所致。结构钢钢锭的锻造比一般为2~4,各类钢坯和轧材的锻造比一般为1.1~1.3。

2. 锻造流线

锻造时,金属的脆性杂质被打碎,顺着金属主要伸长方向呈碎粒状或链状分布;塑性杂质随着金属变形沿主要伸长方向呈带状分布,这样热锻后的金属组织就具有一定的方向性,通常称为锻造流线。当达到一定的锻造比后,由于锻造流线明显形成,金属沿流线纵向上的力学性能尤其是塑性和韧性将显著高于流线横向,如图5-5所示。因此,热成形时应力求使工件上的锻造流线分布合理。图5-6a所示的锻造曲轴的流线分布较合理,工作时的最大正应力方向与流线方向一致,切应力方向与流线方向垂直,且流线沿零件轮廓分布而不被切断。图5-6b所示的切削成形的曲轴,其流线分布不合理,易沿轴肩产生裂纹。

五、塑性成形基本定律

塑性成形过程中有一些基本变形规律,如最小阻力定律、体积不变条件等。

利用这些基本变形规律,可控制材料的变形,提高产品质量和生产效率。

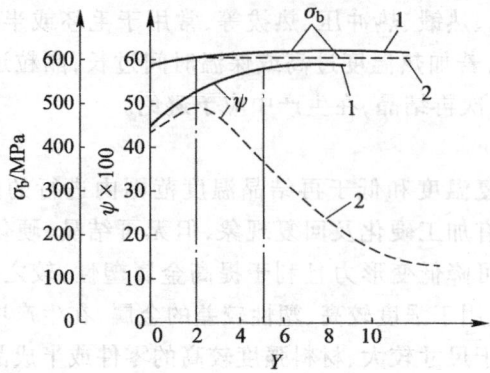

图 5-5　热成形时力学性能与变形程度的关系
1—纵向性能；2—横向性能

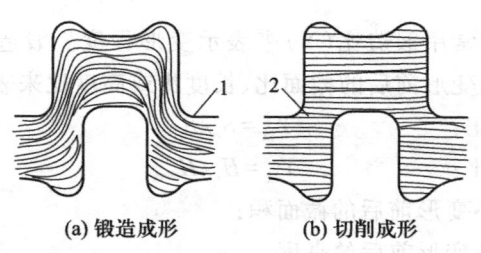

(a) 锻造成形　　(b) 切削成形

图 5-6　曲轴流线分布图
1—轴肩；2—裂纹

1. 最小阻力定律

塑性成形时影响金属流动的因素十分复杂,可以应用最小阻力定律定性地分析金属质点的流动方向。即金属受外力作用发生塑性变形时,如果某质点有向各个方向移动的可能性时,则质点将沿着阻力最小的方向移动,故宏观上变形阻力最小的方向上变形量最大,这称为最小阻力定律。根据这一规律可以通过调整某个方向的流动阻力,来改变金属在某些方向的流动量,使得成形更为合理。

运用最小阻力定律可以解释用平头锤进行镦粗时,各种截面形状随着变形程度的增加逐渐接近于圆形。图 5-7a、b、c 分别为圆形、方形、矩形截面上各质点在镦粗时的流动方向,图 5-7d 是矩形截面镦粗后的截面形状。如果镦粗时各方向上摩擦力相等,则各方向上的变形量的大小就和各边长度成正比。由于金属流动的距离越短,摩擦阻力也就越小,所以端面上任何一点的金属必然沿着垂直边缘的方向流动。随着变形程度的增加,断面的周边将趋于椭圆,而椭圆将进一步变为圆。如能不断镦粗下去,坯料最终可能成为圆形截面,如图5-7d所示(图中箭头长度可视为变形量的多少)。此后,各质点将沿着半径方向流动。因为相同面积的任何形状,圆形的周长最短,因而最小阻力定律在镦粗中也称为最小周边法则。

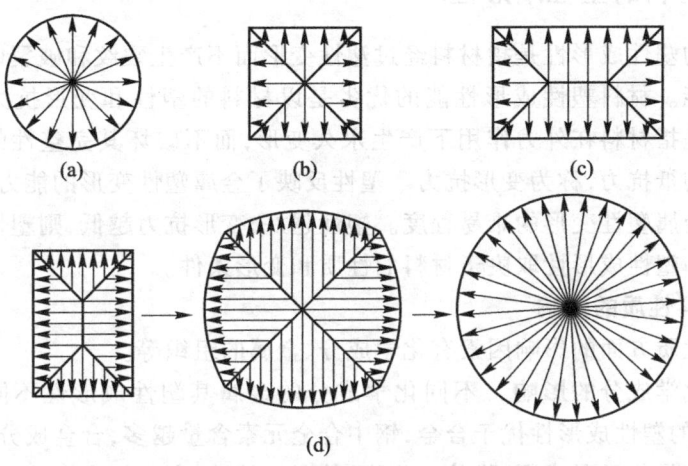

图5-7 最小阻力定律示意图

2. 体积不变条件

由于塑性变形时金属密度的变化很小,物体主要发生形状的改变,虽然体积也有微量的变化,但与塑性变形相比是很小的,可以忽略不计,所以可认为变形前后的体积相等,即:$\varepsilon x + \varepsilon y + \varepsilon z = 0$($\varepsilon x$、$\varepsilon y$、$\varepsilon z$ 分别代表沿 x、y、z 方向的微小应变),这就是塑性变形时的体积不变条件。

由上式可知:$\varepsilon x = -(\varepsilon y + \varepsilon z)$,即某一主方向的微小应变等于另外两个方向的微小应变之和,且变形方向相反。如自由锻拔长时,随着坯料长度的增加,必然会有高度的减小和宽度的增大。为提高拔长效率,应尽量减小宽度的增量,采用V形砧拔长即为一例。

体积不变条件常作为对塑性变形过程进行力学分析的一个前提条件,也可用于工艺设计中计算原毛坯的体积。有些问题可根据几何关系直接利用体积不变条件来求解,可以很方便地确定所需金属坯料的体积和坯料变形过程中各工序的工序尺寸,故在各类塑性成形工艺中获得了广泛的应用。例如,若将变形过程中坯料平均厚度的变化忽略不计,根据体积不变条件则可视为面积不变;若将坯料的平均厚度和平均宽度的变化均忽略不计,则体积不变可视同为长度不变。冲压工艺中,常采用上述方法确定所需坯料的面积或长度。

根据最小阻力定律和体积不变条件可以分析金属坯料的变形趋势,大体确定出金属的流动模型,并采取相应的工艺措施,以保证对生产过程和产品质量的控制。

六、材料的塑性成形性

材料的塑性成形性是指材料经过塑性变形而不产生裂纹和破裂以获得所需形状的性能。材料塑性成形性能的优劣是以材料的塑性和变形抗力综合评定的。塑性是指材料在外力作用下产生永久变形,而不破坏其完整性的能力。金属对变形的抵抗力,称为变形抗力。塑性反映了金属塑性变形的能力,而变形抗力反映了金属塑性变形的难易程度。塑性越好,变形抗力越低,则塑性成形性越好。材料的塑性成形性取决于材料的性质和变形条件。

1. 材料性质的影响

材料性质方面的影响因素有化学成分、金属的组织等。

(1) 化学成分的影响　不同化学成分的金属其塑性成形性不同。一般地说,纯金属的塑性成形性优于合金,钢中合金元素含量越多,合金成分越复杂,越易引起固溶强化或形成硬、脆的碳化物,其塑性越差,变形抗力也越大,塑性成形性越差。例如纯铁、低碳钢和高合金钢,它们的塑性成形性是依次下降的。

(2) 金属组织的影响　同样的化学成分,其内部的组织结构不同,塑性成形性有很大差别。固溶体组织的塑性成形性优于金属化合物,细晶组织的塑性成形性优于粗晶组织,热成形组织的塑性成形性优于冷成形组织和铸态组织。

2. 变形条件的影响

变形条件的影响因素有变形温度、变形速度和应力状态等。

(1) 变形温度的影响　在一定的温度范围内,随着变形温度的提高,金属的塑性成形性提高。这是由于原子的动能增加,从而塑性提高,变形抗力减小,有利于滑移变形和再结晶。但过高的变形温度会使金属的加热缺陷和烧损增多,金属机械性能降低,甚至使工件报废。

(2) 变形速度的影响　变形速度即单位时间内的变形程度。它对金属的塑性成形性的影响是矛盾的,如图5-8所示。一方面由于变形速度的增大,回复和再结晶不能及时克服加工硬化现象,金属表现出塑性下降、变形抗力增大,塑性成形性变坏。另一方面,在变形过程中,消耗于塑性变形的能量有一部分转化为热能,使金属温度升高(称为热效应现象)。变形速度越大,热效应现象越明显,使金属的塑性提高、变形抗力下降(图中自点 A 以后),塑性成形性变好。但热效应现象只有在高速锤上锻造、爆炸成形时等才能实现,在一般设备上都不可能超过点 A 的变形速度,故塑性较差的材料(如高速钢等)或大型锻件,还是应采用较小的变形速度为宜。

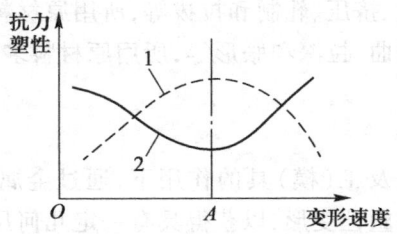

图 5-8　变形速度对塑性与变形抗力的影响
1—变形抗力曲线；2—塑性变化曲线

（3）应力状态的影响　金属在用不同方法进行变形时，所产生的应力大小和性质（压应力或拉应力）是不同的。例如，挤压变形时（图 5-9a）为三向受压状态，而拉拔时（图 5-9b）则为两向受压一向受拉的状态。理论和实践证明，压应力有利于防止裂纹的产生和扩展，故在三向应力状态图中，压应力的数量愈多、数值越大，则其塑性愈好；拉应力的数量愈多、数值越大，则其塑性愈差。因此，在选择具体加工方法时，应考虑应力状态对金属塑性成形性的影响。对于塑性较低的金属，应尽量在三向压应力下变形，以免产生裂纹。

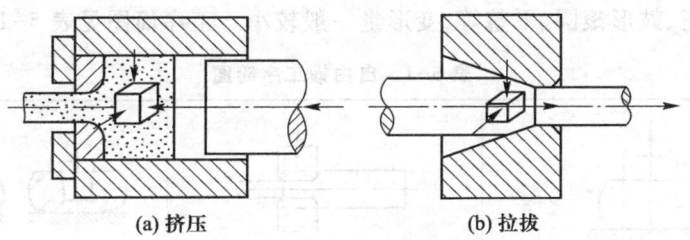

(a) 挤压　　　　　　(b) 拉拔

图 5-9　应力状态示意图

综上所述，影响金属塑性变形的因素是很复杂的。在塑性成形加工中，要综合考虑所有因素，根据具体情况采取相应的措施，力求创造最有利的变形条件，充分发挥金属的塑性，降低变形抗力，降低设备吨位，减少能耗，使变形进行得充分，达到优质低耗的要求。

第二节　金属塑性成形方法

常用的金属塑性成形方法有锻造、冲压、挤压、轧制、拉拔等。此外，一些新型的塑性成形技术也正在得到开发和应用。

按照坯料变形时的受力和变形特点,塑性成形还可分为体积成形和板材成形。体积成形包括锻造、挤压、轧制和拉拔等,所用原材料为棒料或块料;板材成形即冲压,包括冲裁、弯曲、拉深和胀形等,所用原材料多为板材。

一、自由锻

锻造是在加压设备及工(模)具的作用下,通过金属体积的转移和分配,使坯料产生局部或全部的塑性变形,以获得具有一定几何尺寸、形状和质量的锻件的加工方法。按所用的设备和工(模)具的不同,锻造可分为自由锻(free forging)和模锻两大类。

自由锻是在自由锻设备上利用简单的通用性工具(如砧子、型砧、胎模等)使坯料变形而获得所需的几何形状及内部质量的锻件的加工方法。自由锻时,金属坯料只有部分表面受到工具限制,其余表面不受限制。自由锻主要用于单件、小批量生产,是大型锻件的唯一生产方法。

自由锻的工序包括基本工序、辅助工序和修整工序。改变毛坯的形状和尺寸以获得锻件的工序称为基本工序。包括镦粗、拔长、冲孔、扩孔、芯轴拔长、弯曲、扭转、切割等。辅助工序是为了配合基本工序使坯料预先变形的工序,如压钳口、倒棱、压痕等。修整工序安排在基本工序之后用来修整锻件尺寸和形状,如弯曲校正、鼓形滚圆、平整等,变形量一般较小。工序简图见表 5-1。

表 5-1 自由锻工序简图

镦粗	拔长	冲孔
芯轴扩孔	芯轴拔长	弯曲
切割	错移	扭转

续表

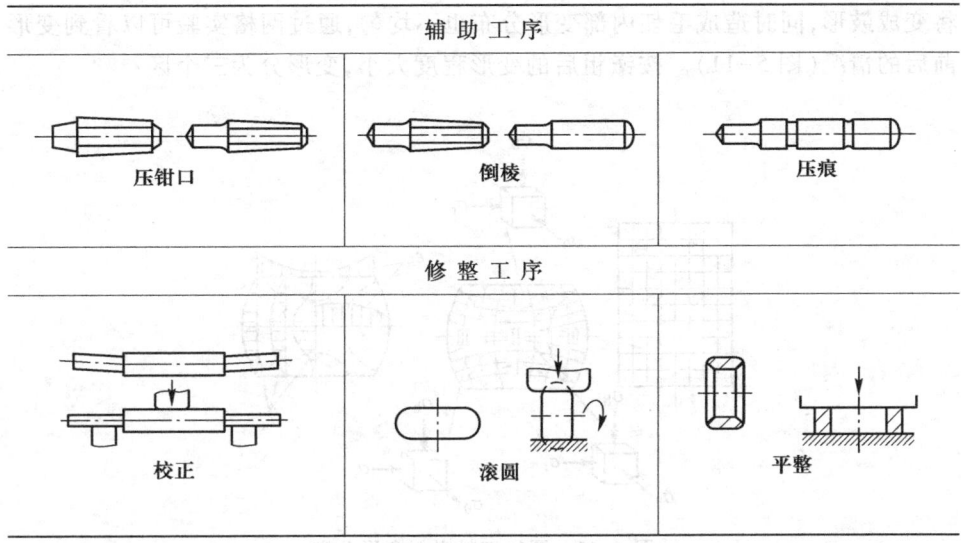

常用的自由锻设备有空气锤、蒸汽-空气自由锻锤、液压机等。自由锻设备通用性好、工具简单;可锻大型件,锻件组织细密、力学性能好。但其操作技术要求高、生产效率低;自由锻件形状较简单、加工余量大、精度低。一般小型锻件以成形为主,大型锻件(尤其是重要件)和特殊钢则以改善内部质量为主。

1. 自由锻基本工序

(1) 镦粗

使坯料高度减小而横截面积增大的锻造工序称为镦粗。镦粗的主要方法有平砧镦粗、垫环镦粗和局部镦粗,如图 5-10 所示。

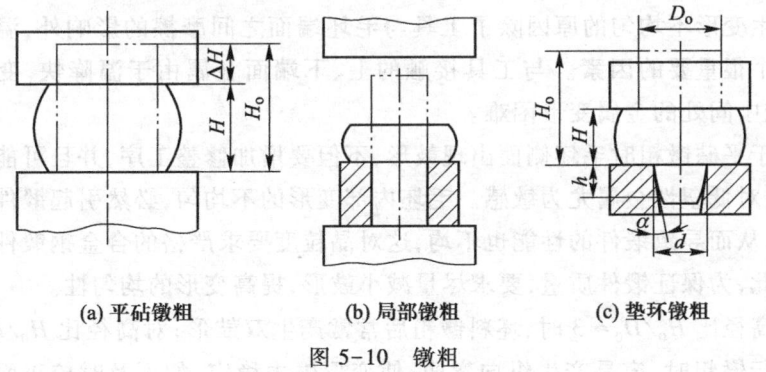

图 5-10 镦粗

用平砧镦粗圆柱毛坯时,坯料在下砧和锤头之间变形,随着高度减小,金属自由地不断向四周流动,由于毛坯和工具之间存在摩擦,镦粗后的坯料的侧表面将变成鼓形,同时造成毛坯内部变形分布也不均匀,通过网格实验可以看到变形前后的情况(图5-11)。按镦粗后的变形程度大小,变形分为三个区:

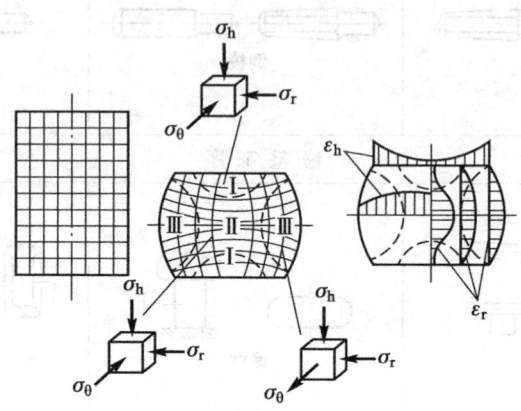

图 5-11　圆柱坯料镦粗变形分布
Ⅰ—难变形区;Ⅱ—大变形区;Ⅲ—小变形区

Ⅰ区:三向压应力状态。由于受摩擦影响最大,该区变形十分困难,变形程度最小,称为"难变形区"。

Ⅱ区:三向压应力状态。由于受摩擦的影响较小,应力状态也有利于变形,因此该区变形程度最大,称为"大变形区"。

Ⅲ区:两压—拉应力状态。变形程度介于Ⅰ区与Ⅱ区之间,称为"小变形区"。因鼓形部分存在切向拉应力,容易引起表面产生纵向裂纹。

产生变形不均匀的原因除了工具与毛坯端面之间摩擦的影响外,温度不均也是一个很重要的因素。与工具接触的上、下端面金属由于温降快,变形抗力大,故较中间处的金属变形困难。

由于平砧镦粗时毛坯侧面出现鼓形,不但要增加修整工序,并且可能引起表面纵裂,对低塑性金属尤为敏感。毛坯内部变形的不均匀,必然引起锻件晶粒大小不均,从而导致锻件的性能也不均,这对晶粒度要求严格的合金钢锻件影响极大。因此,为保证锻件质量,要求尽量减小鼓形,提高变形的均匀性。

当高径比 $H_0/D_0 \approx 3$ 时,坯料镦粗后常常产生双鼓形;对高径比 $H_0/D_0 > 3$ 的毛坯进行镦粗时,容易产生纵向弯曲,使变形失去稳定,如不及时校正而继续镦粗则会产生折叠。因此,在镦粗时对毛坯的高径比(或高宽比)应有所限制。通常圆形截面毛坯的高径比 H_0/D_0 不宜超过3,方形或矩形截面毛坯的高宽比

H_0/A_0 不大于 3.5~4。

镦粗可以提高锻件的力学性能,是自由锻最基本的工序。镦粗常用于锻造饼类锻件,在其他锻造工序中也包含镦粗因素(如冲孔前增大坯料横截面积和平整端面,在拔长时提高下一道拔长工序的锻造比等)。

(2) 拔长

使坯料横截面减小而长度增加的锻造工序称为拔长,如图 5-12 所示。

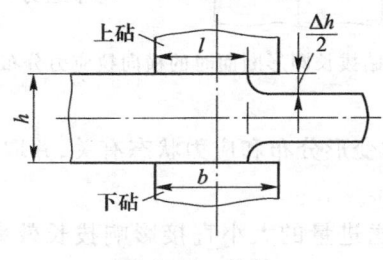

图 5-12 拔长

拔长除了用于轴杆锻件成形,还常用来改善锻件内部质量。由于拔长是通过逐次送进和反复转动毛坯进行压缩变形,所以它是锻造生产中耗费工时最多的一种锻造工序。拔长的主要工艺参数是送进量(l)和压下量(Δh),主要问题是生产率和质量。

1) 拔长变形的特点 毛坯拔长时,每送进压下一次,只有部分金属变形。根据最小阻力定律可知,当进料比(l/b)较小时,金属向轴向流动的变形程度较大,横向变形程度较小。随着 l/b 的不断增大,轴向变形程度逐渐减小,横向变形程度逐渐增大。因此,为提高拔长生产率,应当采用较小的进料比。但送进量也不宜过小,否则会增加压下次数,在一定程度上将降低拔长效率。如采用型砧拔长,由于金属横向流动受到限制,迫使金属主要沿着轴向流动,所以与平砧相比拔长效率较高。

2) 拔长方法 按坯料断面形状不同分为矩形断面拔长、圆形断面拔长和芯轴拔长三种。

矩形断面拔长如图 5-12 所示。若送进量不合理或操作不当,会造成拔长变形不均匀。在平砧上拔长低塑性材料时,坯料易产生内部横向裂纹和对角线裂纹。

圆形断面拔长如图 5-13 所示。在平砧上拔长圆形断面时,当压下量较小,则接触面较窄较长,金属横向流动较大,轴向流动较小,拔长效率低,且将导致心部产生横向拉应力,常易在锻件内部产生纵向裂纹。

3) 影响拔长质量的工艺因素 拔长时的锻透程度、内外部裂纹及锻件成形

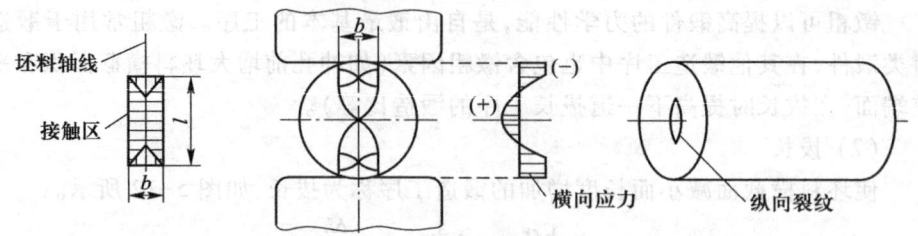

图 5-13 平砧拔长圆形断面时的横向拉应力分布及纵向裂纹

质量,均直接与拔长时的变形分布和应力状态有关,并取决于送进量、压下量、砧子形状、拔长操作等因素。

① 送进量的影响:送进量的大小直接影响拔长效率和锻件质量。当送进量较小时,变形集中在上下表面层,上部和下部变形大,中部变形小,变形区出现双鼓形。这时锻件中心部分出现轴向拉应力,容易引起内部横向裂纹。当送进量过大时,变形区出现单鼓形。这时心部变形很大,可以锻透,但在鼓形侧面和角部受拉应力,易引起表面横向裂纹和角裂。如果毛坯在同一位置反复转动受重击,由于金属沿对角线的激烈相对流动,常易使塑性低的锻件产生十字裂纹。综合考虑送进量对拔长效率和锻件质量两方面的影响,相对送进量 $l_0/h_0=(0.5\sim0.8)$ 较为合适,绝对送进量常取 $l=(0.4\sim0.8)B$,式中 B 为砧宽。

② 压下量的影响:拔长时增大压下量,不但可提高生产率,还可强化心部变形,有利锻合内部缺陷。因此,拔长时应尽量采取大压下量变形。

对塑性较差的高合金钢锻件,压下量的大小应取决于钢的塑性。而一般塑性较好的结构钢锻件,压下量虽不受塑性的限制,但为了避免锻件产生折叠,单边压下量 $\Delta h/2$ 应小于送进量 l。此外还要考虑毛坯翻转 90° 后拔长不产生弯曲,毛坯每次压下后的宽高比应小于 2.5~3.0。

③ 砧子形状的影响:拔长常用的砧子形状有三种:上下 V 形砧、上平下 V 形砧和上下平砧,如图(图 5-14)所示。当用不同形状的砧子拔长时,毛坯内部变形区分布不相同。

上下 V 形砧拔长时,毛坯中心的变形程度最大,又处于强烈的三向压应力状态,因此能够很好锻合心部缺陷,拔长效率高,毛坯轴线不会偏移。

上平下 V 形砧拔长时,最大的变形区不在毛坯中心,而在距中心至半径处,因此锻透性比较差。此外,由于毛坯上下变形深入程度不等,不断翻转后会使轴线变成螺旋线,其结果将造成中心缺陷区的扩大。

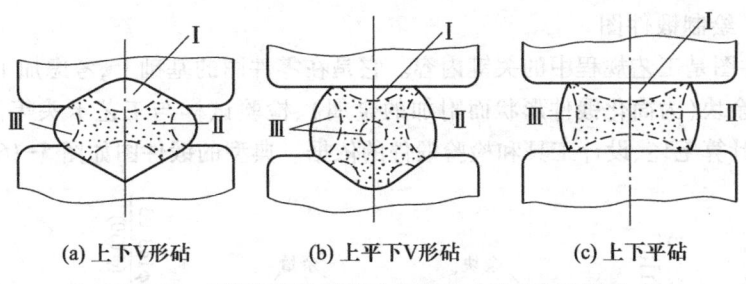

(a) 上下V形砧　　(b) 上平下V形砧　　(c) 上下平砧

图 5-14　拔长砧子形状及其对变形区分布的影响

上下平砧拔长矩形断面毛坯时，只要相对送进量选取得合适，能够使毛坯的中心锻透。如采用大压下量，把毛坯压成扁方，则锻透效果更好。

（3）冲孔

将坯料冲出透孔或不透孔的锻造工序称为冲孔。锻造各种带孔锻件和空心锻件时都需要冲孔，常用的冲孔方法有：实心冲子冲孔、空心冲子冲孔和垫环冲孔三种。

实心冲子冲孔过程如图 5-15 所示，冲子从毛坯的一面冲入，当孔冲到深为毛坯高度的 70%~80% 时，将毛坯翻转 180°再用冲子从另一面把孔冲穿。因此又称为双面冲孔。其主要质量问题是："走样"、裂纹和孔冲偏等。

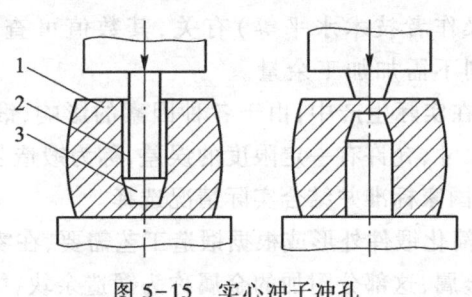

图 5-15　实心冲子冲孔

1—毛坯；2—冲子；3—冲子端头

冲孔时所产生的毛坯高度减小、外径上小下大、上端面凹进、下端面凸出等现象通称为"走样"。由于冲头下面的金属向外流动，使外层金属受到切向拉应力，导致外侧表面产生裂纹。D_0/d_1 愈小，"走样"愈显著，最外层金属的切向伸长变形愈大，愈易产生裂纹。为避免外侧表面产生裂纹，通常取 $D_0/d_1 \geq (2.5~3)$。

2. 自由锻工艺规程的制定

自由锻工艺规程包括绘制锻件图，确定成形工艺，计算坯料重量及尺寸，选择锻造设备和工具，确定锻造温度范围和加热、冷却、热处理规范，规定技术要求,填写工艺卡等。

(1) 绘制锻件图

锻件图是工艺规程中的关键内容。它是在零件图的基础上,考虑加工余量、锻造公差、余块(为简化锻件形状而附加的金属)、检验试样与工艺卡头等而绘制成的,它是计算毛坯、设计工具和检验锻件的依据。典型的锻件图如图 5-16 所示。

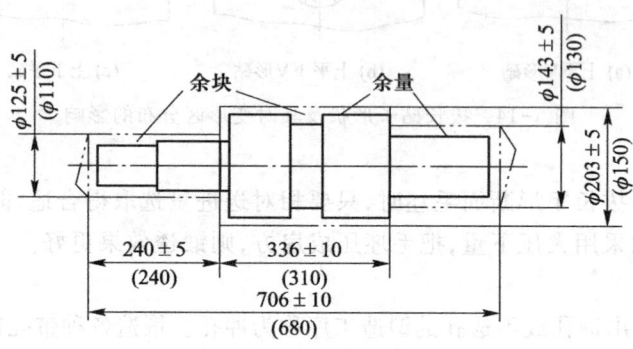

图 5-16 典型的锻件图

1) 加工余量 自由锻件表面留有供机械加工用的金属层,称为加工余量。加工余量的大小与锻件的形状、尺寸、精度和表面粗糙度、生产条件(如工具、设备精度和操作者技术水平等)有关,其数值可查阅锻工手册。对不加工的黑皮部分,则不需加加工余量。

2) 锻造公差 在实际生产中,由于各种因素的影响,锻件的实际尺寸不可能达到锻件的公称尺寸,允许有一定限度的误差,称为锻造公差。锻件公差的具体数据,可查阅有关国家标准并结合实际情况选择。

3) 余块 为了简化锻件外形或根据锻造工艺需要,在零件的某些地方添加一部分大于余量的金属,这部分附加的金属称为锻造余块,简称余块。如零件上较小的孔,窄的凹档和难以锻造的复杂形状,可增加余块使锻件形状简化。余块的添加,方便了锻造成形,但增加了机械加工工时和金属损耗。因此,是否添加余块应根据锻造难易程度、机械加工工时、金属材料消耗、生产批量和工具制造等综合考虑确定。

另外,对于某些重要锻件,为了检验锻件内部组织和力学性能,还需在锻件适当部位留出试样余块,其锻造比应与所检验部分相同。此外,有的零件还要求锻件上留有吊挂工件的热处理夹头和机加工夹头。

当余量、公差和余块等确定之后,便可绘制锻件图。锻件图用双点画线画出,零件形状用粗实线画出。锻件的尺寸和公差标注在尺寸线上面,零件的尺寸加括号标注在尺寸线下面。

(2) 确定锻造成形工艺方案

确定锻造成形工艺方案就是根据锻件的形状特征、尺寸、技术要求以及自由锻成形工序的特点,确定锻造工序的顺序、设计工序尺寸以及完成这些工序所需要的工具。

(3) 计算毛坯质量和尺寸

1) 计算毛坯质量 毛坯质量为锻件质量与锻造时各种金属损耗的质量之和。计算公式如下:

$$m_{坯} = m_{锻} + m_{损} = m_{锻} + m_{烧} + m_{芯} + m_{切} \tag{5-2}$$

式中的 $m_{坯}$、$m_{烧}$、$m_{芯}$、$m_{切}$ 分别是坯料、锻件、加热时坯料表面氧化而烧损、冲孔时芯料和修切部分的质量。

$m_{锻}$ 等于锻件的体积与金属密度的乘积,锻件体积根据锻件的公称尺寸计算;坯料加热时的烧损 $m_{烧}$ 与加热设备类型、加热规范、毛坯性质和加热次数等有关,一般以毛坯质量的百分比(烧损率)表示,第一次加热时取 2%~3%,以后各次加热取 1.5%~2%;冲孔芯料质量 $m_{芯}$ 按冲下部分的基本尺寸计算;当锻造大型锻件采用钢锭作坯料时,锻件切头的质量 $m_{切}$ 应包括切掉的钢锭头部和尾部的质量。

2) 确定毛坯尺寸 毛坯尺寸的确定与锻造工序和锻造比有关。采用镦粗方法锻造时,为避免镦粗时产生弯曲现象,毛坯高径比(H_0/D_0)不得超过 2.5,同时为了在下料时便于操作,毛坯高径比(H_0/D_0)还应大于 1.25,即:

$$1.25 D_0 \leqslant H_0 \leqslant 2.5 D_0 \tag{5-3}$$

由于毛坯质量已知,便可算出毛坯体积 $V_{坯}$:

$$V_{坯} = m_{坯} / \rho \tag{5-4}$$

式中:ρ——钢的密度,kg/m³。

算出坯料直径后,根据国家标准选用标准直径(或边长),若没有所需的尺寸时,则取相邻的较大的标准尺寸,然后再计算出坯料的下料长度。

(4) 确定锻造温度范围

为使金属有良好的塑性成形性和理想的金相组织,坯料必须在一定的温度范围内锻造。确定锻造温度范围的基本方法是:以合金平衡相图为基础,参考塑性图、抗力图和再结晶图,由塑性、质量和抗力综合分析,从而确定出始锻温度和终锻温度。

一般情况下,碳钢的锻造温度范围由铁-碳平衡相图直接确定。碳钢的始锻温度比铁-碳平衡相图的固相线低 150~250 ℃,终锻温度约在铁-碳平衡相图 A_1 线以上 25~75 ℃。图 5-17 为碳钢的锻造温度范围。常用金属的始锻温度与终锻温度见表 5-2。

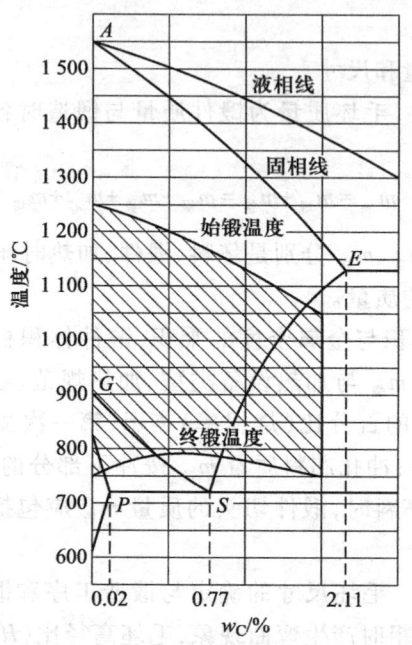

图 5-17 碳钢的锻造温度范围

表 5-2 常用金属的锻造温度

合金种类	始锻温度/℃	终锻温度/℃	锻造温度范围/℃
w_C<0.3%的碳钢	1 200~1 250	750~800	450
w_C 0.3%~0.5%的碳钢	1 150~1 200	750~800	400
w_C 0.5%~0.9%的碳钢	1 100~1 150	800	300~350
w_C>0.9%的碳钢	1 050~1 100	800	250~300
合金结构钢	1 150~1 200	800~850	350
低合金工具钢	1 100~1 150	850	250~300
高速钢	1 100~1 150	900	200~250
硬铝	470	380	90
铝铁青铜	850	700	150

(5) 制订自由锻工艺规程卡

锻造工艺规程卡上需填写工艺规程制定的所有内容。它包括下料方法、工序安排、火次、加热设备、加热及冷却规范、锻造设备、锻件锻后处理等。

二、模型锻造

利用模具使毛坯变形获得锻件的锻造方法称为模型锻造(die forging)。

模锻的优点是生产效率高；锻件的形状和尺寸精确，且锻造流线比较完整，有利于提高零件的力学性能和使用寿命；机械加工余量少，节省加工工时，材料利用率高；操作简单，劳动强度低。但模锻需专用设备和模具，投资较大，锻件质量较小，锻模成本高。因此，模锻适用于中小型锻件的成批、大量生产，目前已广泛应用于汽车、航空航天、国防工业和机械制造业。模锻成形的典型零件如图 5-18 所示。

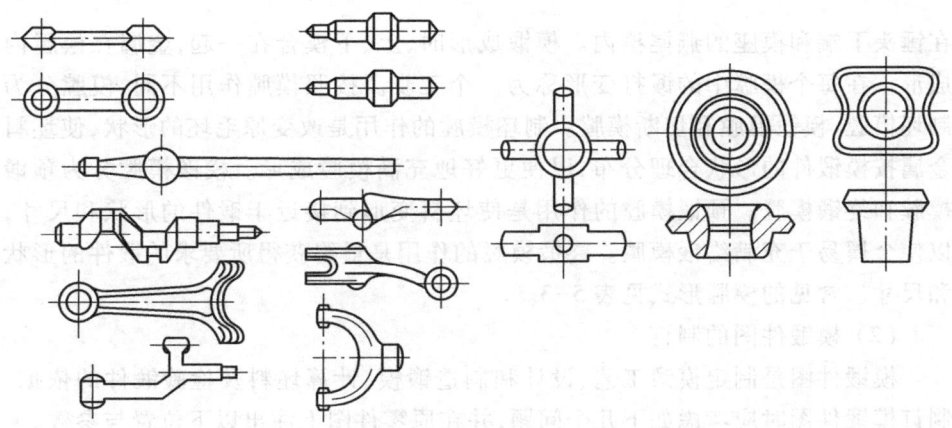

图 5-18　典型模锻件

常用的模锻设备有蒸汽-空气模锻锤、锻造压力机、螺旋压力机和平锻机等。按使用的设备不同，模锻可分为锤上模锻、压力机上模锻；按金属流动方式不同，模锻又可分为开式模锻和闭式模锻；按锻件精度的不同，模锻还可分为普通模锻和精密模锻。

1. 锤上模锻

在锻锤上进行的模锻称为锤上模锻，如图 5-19 所示。常用的模锻设备是蒸汽-空气模锻锤，其运动精确、砧座较重、结构刚度较高，锤头部分质量为1~16 t。

(1) 锻模结构

锤上模锻所用的锻模由上、下模组成，上模和下模分别通过楔铁和键块固定

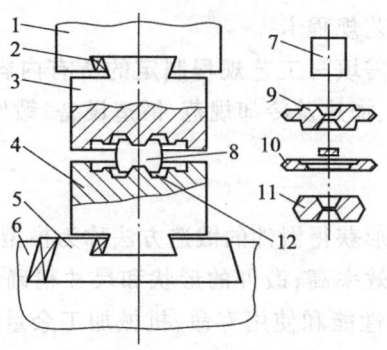

图 5-19 模锻成形示意图
1—锤头;2—楔铁;3—上模;4—下模;5—模座;6—砧铁;
7—坯料;8—锻造中的坯料;9—带飞边和连皮的锻件;
10—飞边和连皮;11—锻件;12—模膛

在锤头下端和模座的燕尾槽内。模锻成形时,上、下模合在一起,金属在模膛内成形。在每个模膛中的锻打变形称为一个工步。按照模膛作用不同,模膛分为制坯模膛、模锻模膛和切断模膛。制坯模膛的作用是改变原毛坯的形状,使坯料金属按模锻件的形状合理分布,以便更好地充满模膛成形。模锻模膛分为预锻模膛和终锻模膛。预锻模膛的作用是使坯料变形到接近于锻件的形状和尺寸,以使金属易于充满终锻模膛。终锻模膛的作用是最终获得所要求的锻件的形状和尺寸。常见的模膛形式见表 5-3。

(2) 模锻件图的制订

模锻件图是制定模锻工艺、设计和制造锻模、计算坯料及检验锻件的依据。制订模锻件图时应考虑如下几个问题,并在原零件图上注出以下位置与参数。

1) 分模面位置的选择 确定分模面的原则是将分模面选在模锻件最大尺寸的截面上,使模膛深度最小、宽度最大,但侧面上不能有内凹的形状,以便锻件成形后顺利出模;分模面应尽量选在平面上;饼类锻件尽量选用圆形的分模面;金属流线符合锻件工作时的受力特点。另外还要考虑模膛充满、锻模制造、及时发现错模现象、节约金属材料等问题。

2) 加工余量、公差和余块的确定 因为模锻件的尺寸较精确,其余量、公差和余块都比自由锻造小得多,其大小取决于零件的轮廓尺寸、质量大小、精度和表面粗糙度等。确定的方法有两种:一是按照零件的形状尺寸和锻件精度等级确定,一般单边余量为 1~5 mm,公差为 ±(0.3~3) mm;二是参照有关资料按锻锤吨位确定。零件中的各种窄槽、齿轮齿间、横向孔以及其他影响出模的凹槽均应加余块,直径小于 30 mm 的孔一般不锻出。

表 5-3 锤上模锻常见的模膛形式与作用

类别	名称	简图	简要说明
制坯模膛	镦粗	1—坯料；2—镦粗后的坯料；3—镦粗模膛	呈平台状，位于锻模边角处。用于盘类锻件的坯料镦粗，兼有去除氧化皮的作用
制坯模膛	拔长	1—拔长模膛；2—坯料；3—拔长后的坯料	由凸台和凹腔构成，位于锻模边角处。用于长轴类锻件的局部拔长，兼有去除氧化皮的作用。操作时坯料边翻转边送进
制坯模膛	滚压	1—滚挤模膛；2—坯料；3—滚挤后的坯料	用于减小坯料某部分的截面，增大另一部分的截面，使金属按锻件形状分布。操作时坯料只翻转不送进
制坯模膛	弯曲	1—弯曲模膛；2—坯料；3—弯曲后的坯料	用于改变坯料轴线形状，以符合锻件形状
模锻模膛	预锻	1—预锻模膛；2—终锻模膛；3—飞边槽	容积略大于终锻模膛，周边无飞边槽，用于使坯料接近锻件形状和尺寸。形状简单的锻件或批量较小时可不设预锻模膛
模锻模膛	终锻		形状符合锻件图，尺寸加热膨胀量，周边有飞边槽，以促使金属充满模膛并容纳多余金属。用于锻件最终成形

3) 模锻斜度的选择 为便于锻件从模膛中取出,模锻件上垂直于分模面的侧壁要有一定的斜度,称为模锻斜度,如图 5-20 所示。常用模锻斜度:外模锻斜度(α_1)为 5°~7°,内模锻斜度(α_2)取为 7°~15°。

4) 圆角半径的确定 为了便于金属在模膛中流动,保证锻造流线的连续性,防止锻模开裂,提高锻模寿命,锻件上所有尖锐棱角都必须作成圆弧,圆弧的半径称为圆角半径(图 5-21)。圆角半径应选用标准值,一般凸圆角半径 r 等于单面加工余量加零件圆角半径或倒角值,凹圆角半径 $R=(2\sim3)\,r$。

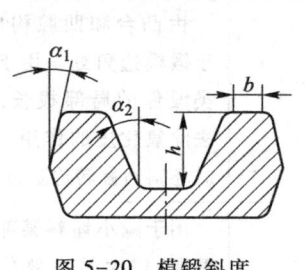

图 5-20 模锻斜度

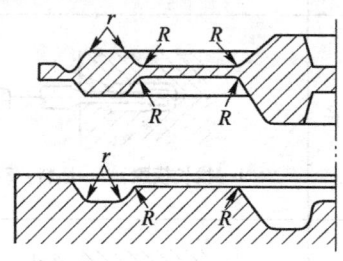

图 5-21 圆角半径

5) 冲孔连皮 具有通孔的锻件在模锻时不能锻出通孔,故孔内必须留有一定厚度的金属,称为冲孔连皮(图 5-22)。模锻时采用冲孔连皮的目的是为了使锻件更接近于零件形状,减少金属消耗,缩短机加工工时;同时,可以减轻锻模的刚性接触,起缓冲作用,避免锻模的破坏。冲孔连皮可在切边时冲掉或机加工时切除。冲孔连皮的厚度与孔径有关,当孔径 $d=30\sim80$ mm 时,冲孔连皮厚度 $s=4\sim8$ mm;当孔径 $d<25$ mm 或冲孔深度 $h>3d$ 时,只在冲孔处压凹坑。

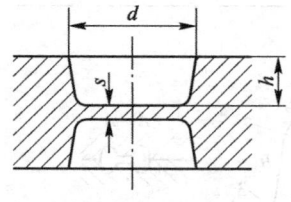

图 5-22 冲孔连皮

6) 锻件图的技术条件

凡是有关锻件质量而又不能在锻件图上表示的,都应写入锻件图的技术条件中。锻件的技术条件是根据零件图的要求和模锻车间的具体情况制定的,一般包含以下内容:未注明的模锻斜度和圆角半径、锻件沿中心线的错移量、允许表面缺陷值、锻件允许翘曲范围、允许残留飞边和毛刺的大小、锻件壁厚差的规定、热处理硬度值、锻件的清理方法、印记项目和位置以及其他特殊要求等。

上述各参数确定后,即可绘制锻件图。

2. 压力机上模锻

进行模锻生产的压力机有热模锻压力机、螺旋压力机和平锻机等。

(1) 热模锻压力机上模锻

热模锻压力机采用整体床身或有预应力的框架式机身,通过曲柄连杆机构使滑块往复运动进行模锻,如图 5-23 所示。热模锻压力机滑块运动精确,模具有导向装置(锻模的上模固定在滑块上),分为预成形、预锻、终锻等工步(图 5-24),每个工步金属变形均为一次行程完成,变形较均匀且生产效率高;有顶出机构,锻件的模锻斜度可较小,且可直立镦锻"头杆形"锻件;锻造力是压力而非冲击力,有利于提高金属塑性。它具有刚性好、锻件精度高、能安排多模膛模锻和一模多件、滑块行程一定、速度低、操作简单并容易实现自动化生产等特点。但由于热模锻压力机的滑块行程和速度固定,故不适于拔长和滚压工步,且设备和模具复杂、造价高,仅适用于大批、大量生产。

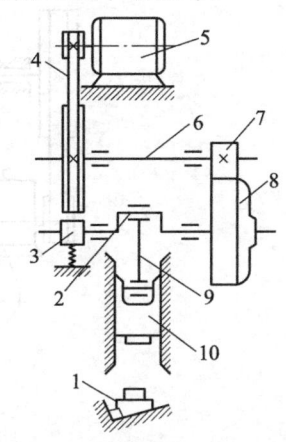

图 5-23 热模锻压力机原理图
1—下模;2—曲轴;3—带闸制动器;4—V 带;5—电动机;6—轴;7—传动齿轮;8—摩擦离合器;9—连杆;10—滑块

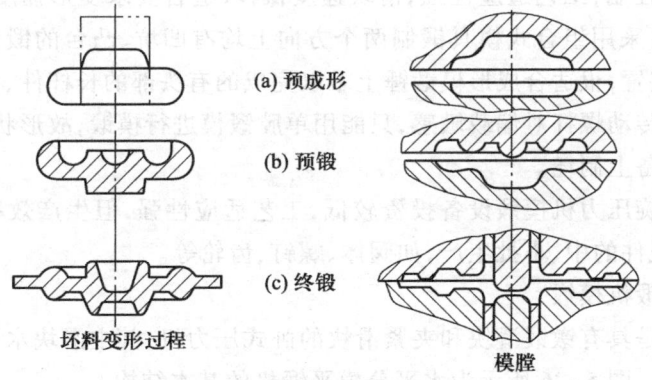

图 5-24 热模锻压力机上齿轮模锻工步

(2) 螺旋压力机上模锻

螺旋压力机是利用飞轮旋转积蓄的能量,靠主螺杆的旋转带动滑块上、下运动使坯料模锻成形的。螺旋压力机根据驱动方式不同分为摩擦压力机、电动螺旋压力机和液压螺旋压力机三大类。如图5-25所示为摩擦螺旋压力机的工作原理图。

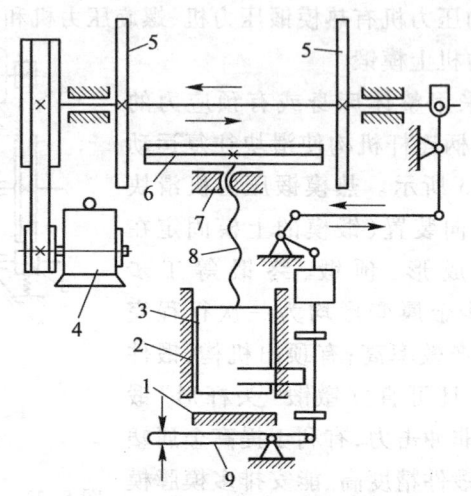

图 5-25 摩擦螺旋压力机的工作原理
1—工作台;2—导轨;3—滑块;4—电动机;5—摩擦轮;
6—飞轮;7—固定螺母;8—螺杆;9—操纵杆

螺旋压力机具有锻锤和压力机的双重特性,其滑块行程不固定,可多次锻打且打击力可控制,工艺适应性强;滑块速度低,较适合要求变形速度低的有色合金的模锻;可采用组合式模具锻制两个方向上均有凹坑、凸台的锻件;机架刚性好,有顶出装置,很适合成形模锻锤上难以完成的有头部的长杆件、筒形件、精密模锻件。但传动螺杆对偏载敏感,只能用单膛锻模进行模锻,故形状复杂的锻件需在其他设备上制坯。

摩擦螺旋压力机模锻设备投资较低,工艺适应性强,但生产效率较低,适合于中、小型锻件的中、小批生产,如阀体、螺钉、齿轮等。

(3) 平锻机模锻

平锻机是具有镦锻滑块和夹紧滑块的卧式压力机,其主滑块水平运动,故称之为平锻机。图5-26所示为水平分模平锻机的基本结构。

平锻机有两个互相垂直的分模面,主分模面在冲头与凹模之间,另一个分模面在活动凹模与固定凹模之间。曲柄连杆机构带动镦锻滑块作直线往复运动,

第二节 金属塑性成形方法

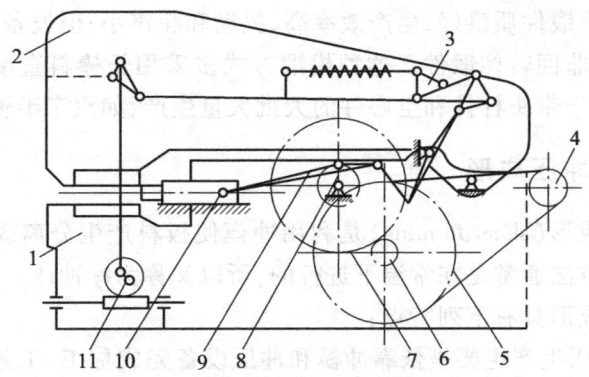

图 5-26 水平分模平锻机的基本结构

1—下机身;2—上机身(夹紧滑块);3—夹紧机构;4—电动机;
5—大带轮;6—小齿轮;7—大齿轮;8—曲轴;9—连杆;
10—镦锻滑块;11—偏心调节机构

通过杠杆系统带动上机身(夹紧滑块)上下摆动,当活动凹模与固定凹模夹紧坯料后,冲头前行镦锻,金属充满模膛。随后,冲头退回,凹模分开,即可取出坯料放入下一个模膛。重复以上过程,直至完成全部锻造工作。其模锻过程如图 5-27 所示。

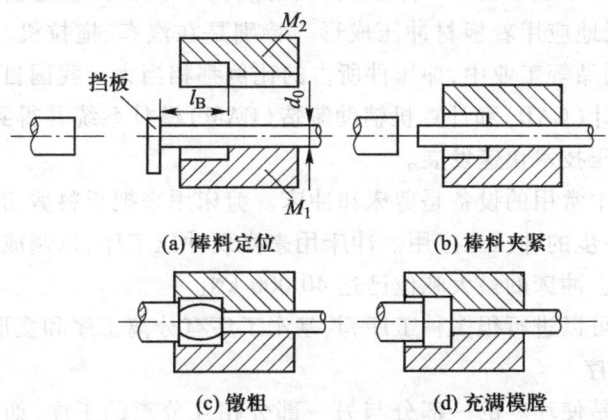

图 5-27 平锻机模锻过程简图

平锻机模锻专用性较强,主要锻造工序有局部镦粗(聚集)、终锻、冲孔、切边、剪断、穿孔等,可完成切边、剪料、弯曲、热精压等组合工序,能锻出两个不同方向上有凹槽或凹孔的锻件,能锻出长杆类和长杆空心锻件等热模锻压力机上无法锻出的锻件,且可采用无模锻斜度。

平锻机模锻锻件质量好、生产效率高、振动和噪声小；但设备较复杂、投资较大，并难于锻制非回转体锻件。这种模锻方式多采用长棒料直接模锻且为无飞边成形，主要用于带头杆件和空心件的大批大量生产，如汽车半轴、齿轮等。

三、板材冲压成形

板材冲压成形(sheet forming)是利用冲模使板料产生分离或变形的加工方法。这种加工方法通常是在常温下进行的，所以又称为冷冲压。

板材冲压成形具有下列特点：

① 板材冲压生产主要是依靠冲模和冲压设备完成加工，工艺过程便于实现机械化和自动化，生产率很高，操作简便，故零件成本低。

② 可以冲压出形状复杂的零件，一般不需再进行切削加工，且废料较少，因而节省原材料和能源消耗。

③ 板材冲压常用的原材料有低碳钢以及塑性高的合金钢和有色金属，多是表面质量好的板料、条料或带料，产品质量轻、材料消耗少、强度高、刚性好。

④ 冲压件的尺寸公差主要由冲模来保证，因此产品具有足够高的精度和较低的表面粗糙度，尺寸稳定，互换性好。

但冲模制造复杂、成本高，只有在大批量生产条件下，其优越性才显得突出。

正是板材冲压成形具有上述独到的特点，几乎在各种制造金属成品的工业部门中，都广泛地应用着板材冲压成形。特别是在汽车、拖拉机、航空、电器、仪表、国防及日用品等工业中，冲压件所占的比例都相当大。我国目前已开发出了计算机辅助设计(CAD)和计算机辅助制造(CAM)模具系统并得到广泛的应用，促进了板材冲压技术快速发展。

冲压生产中常用的设备是剪床和冲床。剪床用来把板料剪切成一定宽度的条料，以供下一步的冲压工序用。冲床用来实现冲压工序，以制成所需形状和尺寸的成品零件。冲床的最大吨位已达 40 000 kN。

冲压生产可以进行很多种工序，其基本工序有分离工序和变形工序两大类。

1. 分离工序

分离工序是使坯料的一部分与另一部分相互分离的工序，如落料、冲孔、切断和修整等。

(1) 落料和冲孔(统称冲裁)

冲裁是使坯料按封闭轮廓分离的工序。落料时被分离的部分为成品，而周边是废料；冲孔是为了获得带孔的冲裁件，被分离的部分为废料，而周边是成品。例如冲制平面垫圈，制取外形的冲裁工序称为落料，而制取内孔的工序称为冲孔。

落料和冲孔这两个工序中坯料变形过程和模具结构都是一样的,冲裁的应用十分广泛,它既可直接冲制成品零件,又可为其他成形工序制备坯料。

1) 冲裁变形过程

冲裁时板材的变形和分离过程对冲裁件质量有很大影响。当凸凹模间隙正常时,其过程可分为如下三个阶段(图 5-28)。

① 弹性变形阶段 由于内应力较小,板料仅产生弹性压缩与弯曲变形,并略挤入凹模洞口,但材料的内应力未超过材料的弹性极限(图 5-28a)。

② 塑性变形阶段 当板料中的内应力值达到屈服极限时,板料产生塑性弯曲和挤压变形,产生光亮的剪切带。当变形达到一定程度时,位于凸凹模刃口处的金属硬化加剧,在拉应力的作用下出现微裂纹(图 5-28b)。

③ 断裂分离阶段 已形成的上下裂纹沿最大切应力方向逐渐扩展。上下裂纹重合后,板料便被剪断分离(图 5-28c)。

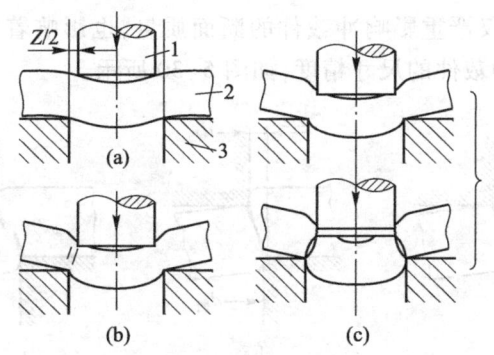

图 5-28 冲裁变形过程
1—凸模;2—坯料;3—凹模

2) 断面质量

如图 5-29 所示,冲裁件的断面具有明显的区域性特征,由圆角带、光亮带、断裂带和毛刺四个部分组成。

圆角带:它是在冲裁过程中刃口附近的材料被牵连拉入变形(弯曲和拉伸)的结果。

光亮带:它是在塑性变形过程中凸模(或凹模)挤压切入材料,使其受到切应力 τ 和挤压应力 σ 的作用而形成的。

断裂带:它是由于刃口处的微裂纹在拉应力 σ 作用下不断扩展断裂而形成的。

毛刺:它是在刃口附近的侧面上材料出现微裂纹时形成的。当凸模继续下行时,便使已形成的毛刺拉长并残留在冲裁件上。

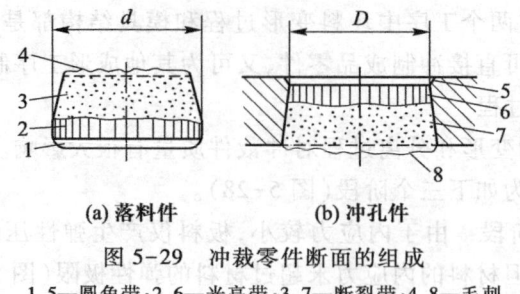

图 5-29 冲裁零件断面的组成
1、5—圆角带；2、6—光亮带；3、7—断裂带；4、8—毛刺

冲裁件的断面质量主要与凸凹模间隙、刃口锋利程度有关，同时也受模具结构、材料性能及板料厚度等因素影响。要提高冲裁件的质量，就要增大光亮带的宽度，缩小圆角带和毛刺高度，并减少冲裁件翘曲。

3）凸凹模间隙

凸凹模间隙不仅严重影响冲裁件的断面质量，也影响着模具寿命、卸料力、推件力、冲裁力和冲裁件的尺寸精度，如图 5-30 所示。

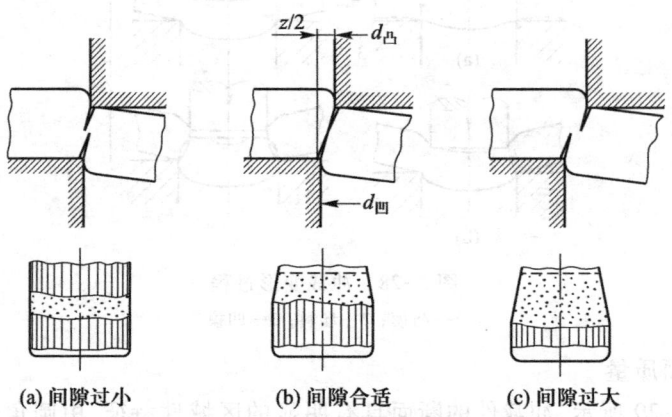

图 5-30 模具间隙对冲裁件断面的影响

当间隙过大时，上、下裂纹向内错开，冲裁件被撕开，边缘粗糙，致使断面光亮带减小。间隙过小，上、下裂纹向外错开，也不能很好重合。随着冲裁的进行，两裂纹之间的材料将被第二次剪切，在断面上形成第二光亮带。因间隙太小，凸凹模受到金属的挤压。

冲模在工作过程中必然有磨损，落料件尺寸会随凹模刃口的磨损而增大，而冲孔件尺寸则随凸模的磨损而减小。为了保证零件的尺寸要求，并提高模具的使用寿命，落料时凹模刃口的尺寸应靠近落料件公差范围内的最小尺寸；冲孔时凸模刃口尺寸应取靠近孔的公差范围内的最大尺寸。

4) 冲裁件的排样

排样是指落料件在条料、带料或板料上合理布置的方法。排样合理可使废料最少，材料利用率高。图 5-31 为同一个冲裁件采用四种不同排样方式时材料消耗的对比情况。

落料件的排样有两种类型：无搭边排样和有搭边排样。无搭边排样是利用落料件形状的一边作为另一个落料件的边缘（图 5-31d）。这种排样的材料利用率很高，但毛刺不在同一个平面上，而且尺寸不容易准确，因此只用于对冲裁件质量要求不高的场合。有搭边排样是在各个落料件之间均留有一定尺寸的搭边。其优点是毛刺小，而且在同一个平面上，冲裁件尺寸准确，质量较高，但材料消耗多。

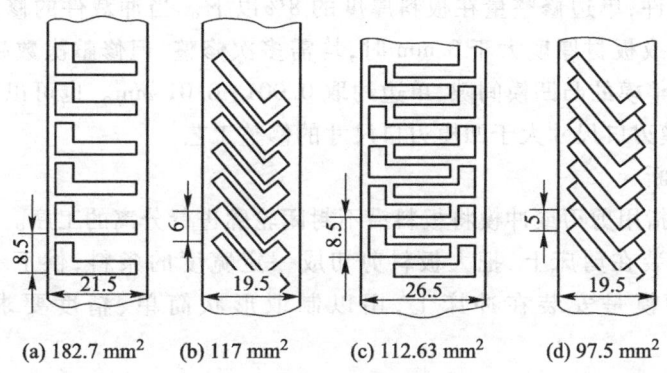

图 5-31　不同排样方式材料消耗对比

5) 冲裁力的计算

冲裁力是选用冲压设备吨位和检验模具强度的一个重要依据，有利于发挥设备的潜力，防止设备超载而损坏。

平刃冲模的冲裁力 $F(\mathrm{N})$ 按下式计算：

$$F = kLs\tau \tag{5-5}$$

式中：L——冲裁周边长度，mm；

　　　s——坯料厚度，mm；

　　　k——系数，常取 1.3；

　　　τ——材料抗剪切强度，MPa，可查手册或取 $\tau = 0.8\sigma$。

(2) 修整

修整是利用修整模沿冲裁件外缘或内孔刮削一薄层金属，从而提高冲裁件的尺寸精度（IT7～IT6）和降低表面粗糙度值（Ra1.6～0.8 μm）。修整冲裁件的外形称外缘修整，修整冲裁件的内孔称内孔修整（图 5-32）。

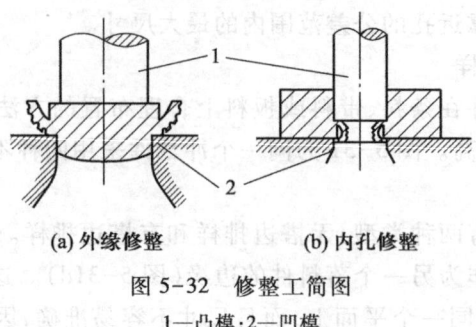

(a) 外缘修整　　(b) 内孔修整

图 5-32　修整工简图

1—凸模；2—凹模

修整的机理与冲裁完全不同，而与切削加工相似。修整时应合理确定修整余量及修整次数。对大间隙冲裁件，单边修整量一般为板料厚度的 10%；对小间隙冲裁件，单边修整量在板料厚度的 8% 以下。当冲裁件的修整总量大于一次修整量或板材厚度大于 3 mm 时，均需多次修整，但修整次数越少越好。

外缘修整模的凸凹模间隙，单边约取 $0.001 \sim 0.01$ mm。也可以采用负间隙修整，即凸模刃口尺寸大于凹模刃口尺寸的修整工艺。

(3) 切断

切断是指用剪刃或冲模将板料沿不封闭轮廓进行分离的工序。

剪刃安装在剪床上，把大板料剪切成一定宽度的条料，供下一步冲压工序用。而冲模是安装在冲床上，用以制取形状简单、精度要求不高的平板件。

2. 变形工序

变形工序是使坯料的一部分相对于另一部分产生位移而不破裂的工序，如拉深、弯曲、胀形和翻边等。

(1) 拉深(deep drawing)

拉深是利用拉深模具使冲裁后得到的平板坯料变形成开口筒形、阶梯形、盒形、球形、锥形及其他复杂形状的薄壁零件的工序。

1) 拉深过程

如图 5-33 所示，把直径为 D 的平板坯料放在凹模上，在凸模作用下，坯料被拉入凸模和凹模的间隙中，形成空心拉深件。与冲裁模不同，拉深模具的凸模和凹模都有一定的圆角而不是锋利的刃口，其间隙一般稍大于板料厚度。拉深件的底部一般不变形，只起传递拉力的作用，厚度基本不变。坯料外径 D 与内径 d 之间的环形部分金属进入凸模和凹模之间的间隙，形成拉深件的直壁，主要受轴向拉应力作用，厚度有所减小，而直壁与底部之间的过渡圆角部被拉薄得最为严重。拉深件的法兰部分，切向受压应力作用，厚度有所增大。拉深时，金属材料产生很大的塑性流动,坯料直径越大,拉深后筒形直径越小,则变形程度越大,其变形程度有一定限度。

2) 拉深中的废品及防止

从拉深过程中可以看出,拉深件最危险部位是直壁与底部的过渡圆角处,当拉应力值超过材料的强度极限时,将被拉穿形成废品,如图5-34所示。防止拉深件出现拉穿的措施是:

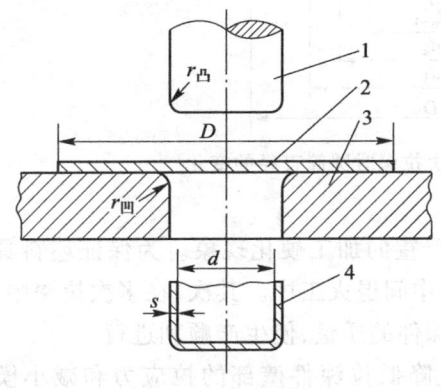 

图 5-33 筒形件拉深　　　　　　　　图 5-34 拉穿废品
1—凸模;2—毛坯;3—凹模;4—工件

① 凸、凹模圆角半径　这两个圆角半径过小时,则容易将板料拉穿。对于钢的拉深件,取 $r_{凹}=10s$,而 $r_{凸}=(0.6\sim1)r_{凹}$。

② 凸凹模间隙　拉深模的间隙远比冲裁模的大,一般取单边间隙 $z=(1.1\sim1.2)s$。间隙过小,模具与拉深件间的摩擦力增大,容易拉穿工件和擦伤工件表面,降低模具寿命。间隙过大,又容易使拉深件起皱,影响拉深件的尺寸精度。

③ 拉深系数　拉深件直径 d 与坯料直径 D 的比值称为拉深系数,用 k 表示。它是衡量拉深变形程度的指标。k 越小,表明拉深件直径越小,变形程度越大,坯料被拉入凹模越困难,越易产生拉穿废品。一般情况下,拉深系数 k 不小于 $0.5\sim0.8$。坯料塑性差取上限,坯料塑性好取下限。

如果拉深系数过小,不能一次拉深成形时,则可采用多次拉深工艺(图5-35)。

$$\left.\begin{array}{l}第一次拉深系数\quad k_1=d_1/D\\第二次拉深系数\quad k_2=d_2/d_1\\第n次拉深系数\quad k_n=d_n/d_{n-1}\\总的拉深系数\quad k_{总}=k_1k_2k_n\end{array}\right\} \quad (5\text{-}6)$$

式中:D——毛坯直径,mm;

d_1、d_2、d_{n-1}、d_n——各次拉深后的平均直径,mm。

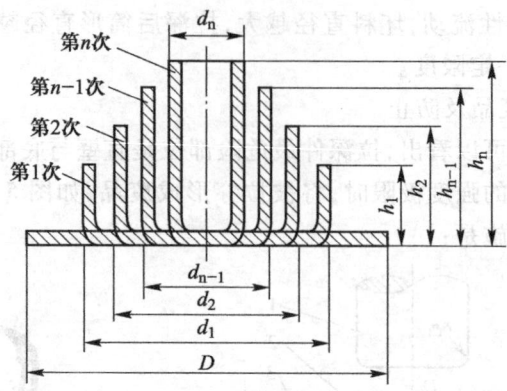

图 5-35　多次拉深时圆筒直径的变化

在多次拉深过程中,必然产生严重的加工硬化现象。为保证坯料具有足够的塑性,经过一两次拉深后,应安排中间退火工序。其次,在多次拉深中,拉深系数应一次比一次略大些,以确保拉深件的质量,使生产顺利进行。

④ 注意润滑　为了减少摩擦、降低拉深件壁部的拉应力和减小模具的磨损,拉深时通常要加润滑剂或对坯料进行表面处理。

拉深过程中另一种常见缺陷是起皱(图 5-36)。当拉深变形程度较大,压应力增大,板料又比较薄时,则可使法兰部分材料增厚失稳而拱起,产生起皱现象。拉深件严重起皱后,法兰部分的金属更难通过凸凹模间隙,致使坯料被拉断而报废。轻微起皱,法兰部分勉强通过间隙,但也会在侧壁留下起皱痕迹,影响产品质量。因此,拉深过程中不允许

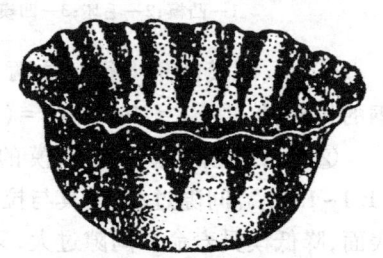

图 5-36　起皱拉深件

出现起皱现象。起皱现象与毛坯的相对厚度和拉深系数有关。相对厚度越小或拉深系数越小,越容易起皱。为防止起皱,可采用设置压边圈来解决(图 5-37)。也可以通过增加毛坯的相对厚度或拉深系数来解决。

3) 毛坯尺寸及拉深力的确定

毛坯尺寸计算按拉深前后的面积不变原则进行。具体计算中把拉深件划分成若干个容易计算的几何体,分别求出各部分的面积,相加后即得所需毛坯的总面积,再求出毛坯直径。选择设备时,应结合拉深件所需的拉深力来确定。设备吨位应比拉深力大。对于圆筒件,最大拉深力 F_{max}(N)可按下式计算:

$$F_{max} = 3(\sigma_b + \sigma_s)(D - d - r_{凹})s \qquad (5-7)$$

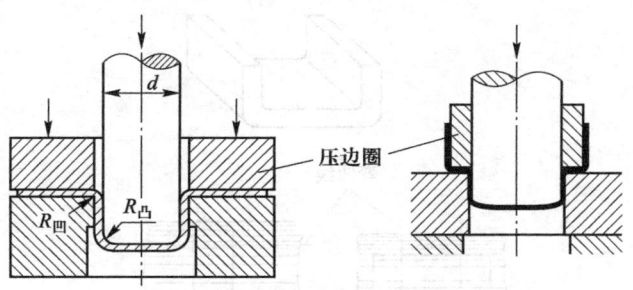

图 5-37 有压边圈的拉深

式中：σ_b——材料的抗拉强度，MPa；
　　　σ_s——材料的屈服强度，MPa；
　　　D——毛坯直径，mm；
　　　d——拉深凹模直径，mm；
　　　$r_{凹}$——拉深凹模圆角半径，mm；
　　　s——材料厚度，mm。

(2) 弯曲

弯曲(bending)是将坯料弯成具有一定角度和曲率的变形工序(图 5-38)。弯曲时板料弯曲部分的内侧受压缩，而外侧受拉伸。当外侧的拉应力超过板料的抗拉强度时，即会造成金属破裂。板料越厚，内弯曲半径 r 越小，则压缩及拉伸应力越大，越容易弯裂。为防止弯裂，最小弯曲半径应为 $r_{min} = (0.25 \sim 1)s$（s 为金属板料的厚度）。若材料塑性好，则弯曲半径可小些。

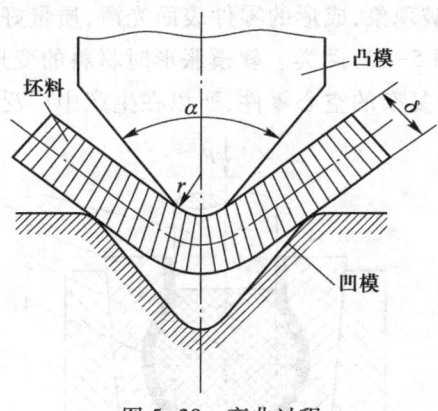

图 5-38 弯曲过程

弯曲时还应尽可能使弯曲线与板料纤维垂直(图 5-39)。若弯曲线与纤维方向一致，则容易产生破裂。此时应增大弯曲半径。

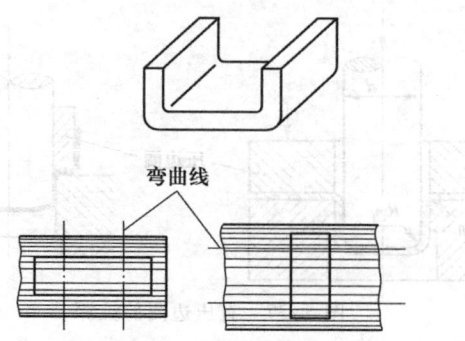

图 5-39 弯曲时的纤维方向

在弯曲结束后,由于弹性变形的恢复,坯料略微弹回一点,使被弯曲的角度增大,此现象称为弯曲回弹现象。一般回弹角为 0°~10°。因此,在设计弯曲模时,必须使模具的角度比成品件角度小一个回弹角,以便在弯曲后保证成品件的弯曲角度准确。

(3) 胀形

胀形(bulging)主要用于平板毛坯的局部成形(或称起伏成形),如压制凹坑、加强筋、起伏形的花纹及标记等。另外,管类毛坯的胀形(如波纹管)、平板毛坯的拉形等,均属胀形工艺。

胀形的极限变形程度,主要取决于材料的塑性。材料的塑性越好,可能达到的极限变形程度就越大。由于胀形时毛坯处于两向拉应力状态,因此变形区的毛坯不会产生失稳起皱现象,成形的零件表面光滑,质量好。胀形所使用的模具可分为钢模和软模(图 5-40)两类。软模胀形时材料的变形比较均匀,容易保证零件的精度,便于成形复杂的空心零件,所以在生产中广泛采用。

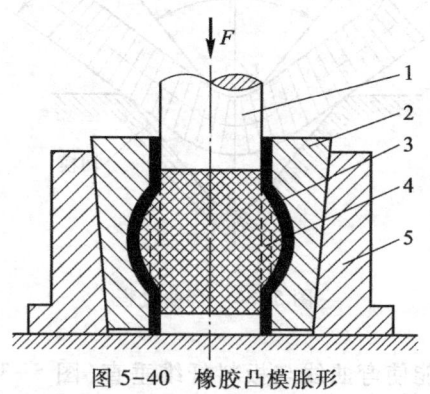

图 5-40 橡胶凸模胀形
1—凸模;2—凹模;3—毛坯;4—橡胶;5—外套

第二节　金属塑性成形方法

(4) 翻边

翻边(flanging)是在带孔的平坯料上用扩孔的方法使板料沿一定的曲率翻成直立边缘的冲压成形方法(图 5-41)。根据零件边缘的性质和应力状态的不同及直边壁厚的变化情况,可分为内孔翻边和外缘翻边、不变薄翻边和变薄翻边。在进行翻边工序时,凸模圆角半径 $r_{凸}=(4\sim9)\delta$。如果翻边孔的直径超过允许值,会使孔的边缘造成破裂。其允许值用翻边系数 K_0 来衡量:

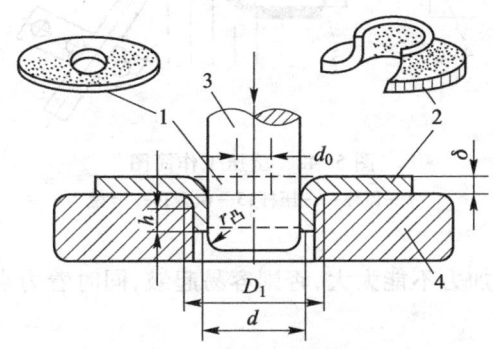

图 5-41　翻边简图
1—坯料;2—成品;3—凸模;4—凹模

$$K_0 = d_0/d \tag{5-8}$$

式中: d_0——翻边前的孔径尺寸;
　　d——翻边后的内孔尺寸。

对于镀锡铁皮, $K_0 \geqslant 0.65\sim0.7$;对于酸洗钢, $K_0 \geqslant 0.68\sim0.72$。

(5) 旋压

有些空心回转体件还可用旋压方法来制造。旋压(spinning)是在专用旋压机上进行(图 5-42)。工作时先将冲裁后的坯料用顶柱 1 压在模型 3 的端部。模型通常固定在旋转卡盘 4 上。推动压杆 2 使坯料在压力作用下变形,最后获得与模型形状一样的成品。这种工艺方法不需要复杂的冲模,变形力较小,但生产率较低。目前,除一般中小批量生产采用此种工艺外,某些厚板件和大型容器(锅炉、化工用的巨型罐等)的封头也采用旋压成形。

由于旋压件加工硬化严重,多次旋压时必须经过中间退火。旋压时的基本要点是:

1) 合理的转速　当坯料直径较大,厚度较薄时取小值,反之则取较大值。

2) 合理的过渡形状　先从毛坯的内缘开始,由内向外起辗,逐渐使毛坯转为浅锥形,然后再由浅锥形向圆筒形过渡。

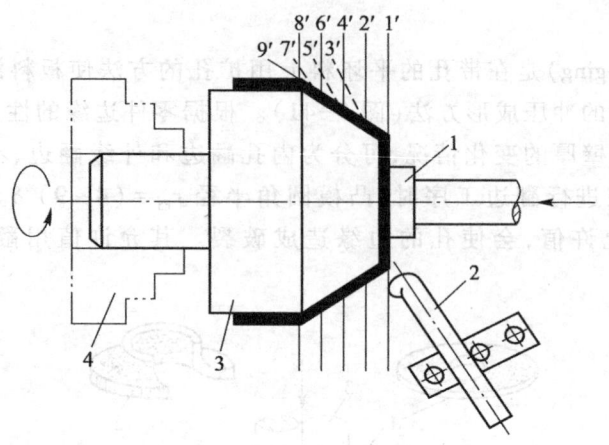

图 5-42 旋压工作简图
1—顶柱;2—压杆;3—模型;4—卡盘

3) 合理加力　加力不能太大,否则容易起皱,同时着力点必须不断转移,使坯料均匀延伸。

3. 冲模的分类和构造

冲模(die)是冲压生产中必不可少的模具。冲模结构合理与否对冲压件质量、冲压生产的效率及模具寿命都有很大的影响。冲模基本上可分为简单冲模、连续冲模和复合冲模三种。

(1) 简单冲模

它是在冲床的一次冲程中只完成一个工序的冲模,称为简单冲模。如图 5-43 所示的冲模,凹模 2 用压板 7 固定在下模板 4 上,下模板用螺栓固定在冲床的工作台上。凸模 1 用压板 6 固定在上模板 3 上,上模板则通过模柄 5 与冲床的滑块连接,使凸模可随滑块作上下运动。为使凸模能对准凹模,并使凸凹模间隙保持均匀,通常设置有导柱 12 和导套 11。条料在凹模上沿两个导板 9 之间送进,碰到定位销 10 为止。凸模冲下的零件(或废料)进入凹模孔落下,而条料则夹住凸模并随凸模一起回程向上运动。条料碰到卸料板 8 时(固定在凹模上)被推下。条料连续送进,重复上述动作,冲下第二个零件。

(2) 连续冲模

在冲床的一次冲程中,在模具的不同部位同时完成数道工序的模具(图 5-44)称为连续冲模。工作时,上模向下运动,定位销 2 进入预先冲出的定位孔中使坯料定位,凸模 1 进行落料,凸模 4 进行冲孔。当上模回程时,卸料板 6 卸下废料,再将坯料 7 向前送进,进行第二次冲裁。每次送进的距离由挡料销控制。

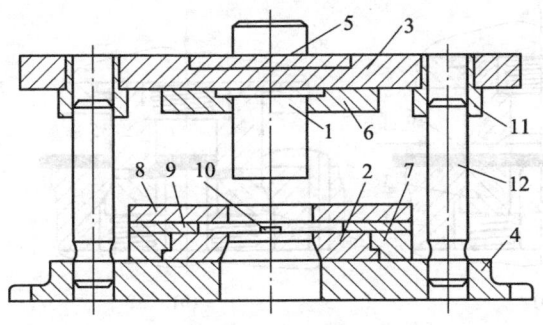

图 5-43 简单冲模

1—凸模;2—凹模;3—上模板;4—下模板;5—模柄;
6—压板;7—压板;8—卸料板;9—导板;10—定位销;
11—导套;12—导柱

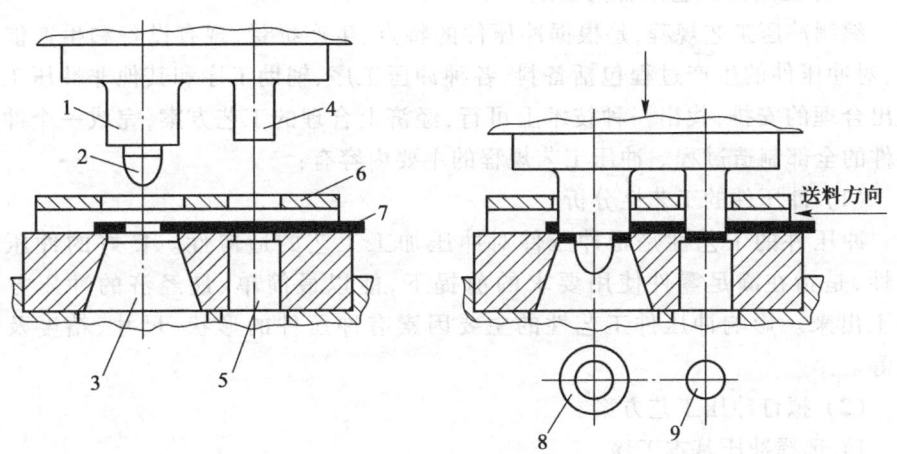

图 5-44 连续冲模

1—落料凸模;2—定位销;3—落料凹模;4—冲孔凸模;5—冲孔凹模;6—卸料板;
7—坯料;8—成品;9—废料

(3) 复合冲模

在冲床的一次冲程中,在模具同一部位同时完成数道工序的模具(图 5-45)称为复合模。复合模的最大特点是模具中有一个凸凹模 1。其外圆是落料凸模刃口,内孔则成为拉深凹模。当滑块带着凸凹模向下运动时,条料首先在凸凹模和落料凹模 4 中落料。落料件被下模当中的拉深凸模 2 顶住。滑块继续向下运动时,凸凹模随之向下运动进行拉深。顶出器 5 和卸料器 3 在滑块的回程中把拉深件顶出,完成落料、拉深两道工序。复合模适用于生产批量大、精度要求较高的冲压件。

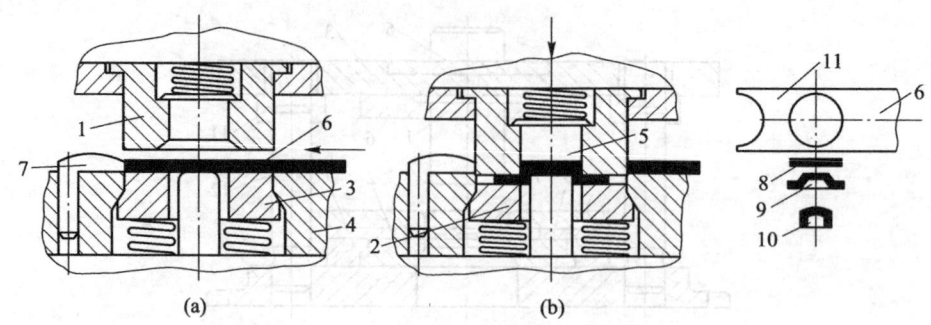

图 5-45 落料拉深复合模
1—凸凹模；2—拉深凸模；3—压板（卸料器）；4—落料凹模；5—顶出器；6—条料；7—挡料销；
8—坯料；9—拉深件；10—零件；11—切余坯料

4. 冲压成形工艺规程的制定

编制冲压工艺规程，是根据冲压件的特点、生产批量、现有设备和生产能力等，对冲压件的生产过程包括备料、各种冲压工序、辅助工序和其他非冲压工序做出合理的安排，找出一种技术上可行，经济上合理的工艺方案，完成一个冲压零件的全部制造过程。冲压工艺规程的主要内容有：

（1）冲压件的工艺性分析

冲压件的工艺性是指冲压件对冲压加工工艺的适应性。良好的冲压工艺性，是指在满足零件使用要求的前提下，能以最简单、最经济的冲压方式加工出来。影响冲压件工艺性的主要因素有冲压件的形状、尺寸、精度及材料等。

（2）拟订冲压工艺方案

1）选择冲压基本工序

冲压基本工序的选择，应根据冲压件的形状、尺寸、公差及生产批量确定。

① 剪裁和冲裁　在少量生产中，对于尺寸和公差大而形状规则的外形板件毛坯，可采用剪床剪裁。对于各种形状的平板毛坯和零件，在批量生产中通常采用冲裁模冲裁。对于平面度要求较高的零件，应增加校平工序。

② 弯曲　在少量生产中常采用手工工具打弯。对于窄长的大型件，可用折弯机压弯。对于批量较大的各种弯曲件，通常采用弯曲模压弯。当弯曲半径太小时，应加整形工序使之达到要求。

③ 拉深　对于各类空心件，多采用拉深模进行一次或多次拉深成形，最后用修边工序达到高度要求。当径向公差要求较小时，常采用变薄量较小的变薄拉深代替末次拉深。当圆角半径太小时，应增加整形工序以达到要求。当工艺允许时，对于批量不大的回转体空心件，用旋压加工代替拉深更为经济；对于大

型空心件的少量生产,可用焊接代替拉深。

2)确定冲压工序的顺序与数目

确定冲压工序的顺序,主要根据是零件的形状,其一般原则如下:

① 对于有孔或切口的平板零件,当采用单工序模冲裁时,一般应先落料,后冲孔(或切口);当采用连续模冲裁时,则应先冲孔(或切口),后落料。

② 对于多角弯曲件,当采用简单弯曲模分次弯曲成形时,应先弯外角,后弯内角。对于孔位于变形区或靠近变形区或孔与基准面有较高的要求时,必须先弯曲,后冲孔。否则,都应先冲孔,后弯曲,这样可使模具结构简化。

③ 对于回转体复杂拉深件,一般是由大到小的顺序进行拉深,或先拉深大尺寸的外形,后拉深小尺寸的内形。对于非回转体复杂拉深件,则应先拉深小尺寸的内形,后拉深大尺寸的外形。

④ 对于有孔或缺口的拉深件,一般应先拉深,后冲孔(或缺口)。对于带底孔的拉深件,当孔径要求不高时,可先冲孔,后拉深;当底孔要求较高时,一般应先拉深后冲孔,也可先冲孔,后拉深,再冲切底孔边缘达到要求。

⑤ 校平、整形、切边工序,应分别安排在冲裁、弯曲、拉深之后进行。

工序数目主要是根据零件的形状与公差要求、工序合并情况、材料极限变形参数(如拉深系数、翻边系数、伸长率、断面缩减率等)来确定的。其中,工序合并的必要性主要取决于生产批量,工序合并的可能性主要取决于零件尺寸的大小、冲压设备的能力和模具制造的可能性与使用的可靠性。

在确定冲压工序顺序与数目的同时,还要确定各中间工序的形状和半成品尺寸。

(3) 确定模具类型与结构形式

根据确定的冲压工艺方案选用冲模类型,并进一步确定各零件、部件的具体结构形式。设计时应根据各类冲模、各种结构形式特点及应用场合,结合冲压件的具体要求和生产实际条件,确定最佳的冲模结构。

(4) 选择冲压设备

根据冲压工序的性质选定设备类型,根据所需冲压力和模具尺寸的大小来选定冲压设备的技术规格。

(5) 编写冲压工艺文件

冲压工艺文件,一般以工艺过程卡形式表示,其内容、格式及填写规则,可参照有关标准。

5. 冲压件工艺过程编制实例

表5-4是某厂所使用的冲压工艺卡片,其编制过程如上所述。

表 5-4　冲压工艺卡片

标记	产品名称			冷冲压工艺规程卡	零件名称	托架	年产量	第　页
	产品图号				零件图号		2 万件	共　页
材料牌号及技术条件	08 钢		毛坯形状及尺寸				选用板料 1 800× 900×1.5	纵裁成 1 800× 108×1.5
工序号	工序名称	工序草图			工装名称及图号	设备	检验要求	备注
1	冲孔落料	（草图：φ10，108，1.5，2，31.5，104，30，δ=1.5，φ10$^{+0.036}_{0}$）			冲孔落料连续模	250 /kN	按草图检验	
2	首次弯曲	（草图：R1.5，45°，25，90°，10.5）			弯曲模	160 /kN	按草图检验	
3	二次弯曲	（草图：25，R1.5，30，46）			弯曲模	160 /kN	按草图检验	
4	冲孔 4-φ5	（草图：4-φ5$^{+0.03}_{0}$，15$^{+0.012}_{0}$，36）			冲孔模	160 /kN	按草图检验	
原底图总号		日期	更改标记			编制	校对	核对
			文件号			姓名		
底图总号		签字	签字			签字		
			日期			日期		

第三节　锻压件结构工艺性

在设计锻压零件时,不仅应满足使用性能要求,而且也应具有良好的工艺性能。因此,必须根据所选定的塑性成形方法及所使用的设备和工(模)具的特点,使零件结构合理,符合工艺性要求,以达到生产方便、节约材料、保证质量,提高生产率的目的。

一、自由锻件的结构工艺性

为了适应品种繁多的单件小批生产,自由锻只限于使用简单的通用性工具,或在锻造设备的上、下砧间直接使坯料成形,锻件形状主要靠人工操作技术锻出,难以锻出形状复杂的锻件,因此要求自由锻件结构设计的原则是:在满足使用性能的条件下锻件形状应尽量简单,以减少工艺余块和简化锻造工艺,易于锻造。为此,在设计零件结构时应注意下列问题:

(1) 应避免锥面或楔形,尽量采用圆柱面或平行平面,以利于锻造,如图 5-46 所示。

(2) 各表面交接处应避免弧线或曲线,尽量采用直线或圆,以利于锻造,如图 5-47 所示。

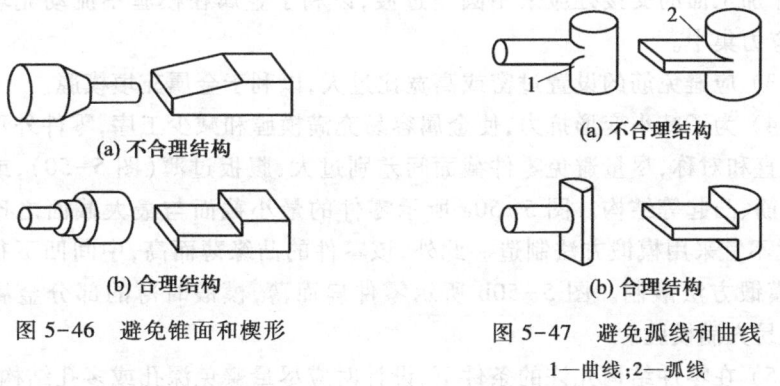

图 5-46　避免锥面和楔形　　图 5-47　避免弧线和曲线
　　　　　　　　　　　　　　　　1—曲线;2—弧线

(3) 应避免筋板或凸台,以利于减少余块和简化锻造工艺,如图 5-48 所示。

(4) 大件和形状复杂的锻件,可采用锻-焊、锻-螺纹连接等组合结构,以利于锻造和机械加工,如图 5-49 所示。

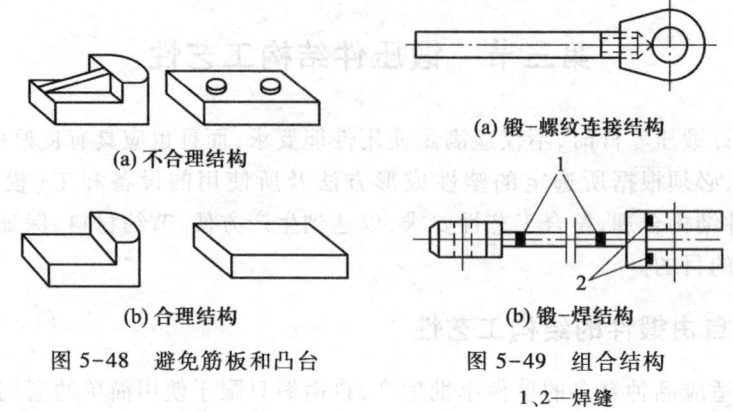

图 5-48 避免筋板和凸台　　图 5-49 组合结构
　　　　　　　　　　　　　　1、2—焊缝

二、模锻件的结构工艺性

模锻主要靠锻模模膛使坯料成形,锻件形状比较复杂。但为减少制模成本和简化模锻工艺,设计模锻零件时,应根据模锻特点和工艺要求,使零件结构符合下列原则,以便于模锻生产和降低成本。

(1) 模锻零件必须具有一个合理的分模面,以保证模锻件易于从锻模中取出,又利于金属充填、减少余块和敷料,锻模容易制造。

(2) 与分模面垂直的非加工面应设计出模锻斜度,以利于从模膛中取出锻件。非加工面的交接处应采用圆角过渡,以利于金属在模膛中流动充填和防止产生应力集中。

(3) 应避免筋的设置过密或高宽比过大,以利于金属充填模膛。

(4) 为了减小变形抗力,使金属容易充满模膛和减少工序,零件外形力求简单、平直和对称,尽量避免零件截面间差别过大,腹板过薄(图 5-50),或具有薄壁、高筋、凸起等结构。图 5-50a 所示零件的最小截面与最大截面之比如小于 0.5 就不宜采用模锻方法制造。此外,该零件的凸缘薄而高,中间凹下很深也难于用模锻方法锻制。图 5-50b 所示零件扁而薄,模锻时薄的部分金属容易冷却,不易充满模膛。

(5) 在零件结构允许的条件下,设计时应尽量避免深孔或多孔结构,以利于制模和减少余块,如图 5-51 所示的四个 $\phi 20$ mm 的孔就不能锻出,只能用机械加工成形。

(6) 形状复杂件宜采用锻-焊、锻-螺纹连接等组合结构,以简化模具和减少余块,简化模锻工艺,如图 5-52 所示。

(7) 由于模锻件尺寸精度高,表面粗糙度值小,因此零件上只有与其他机件配合的表面才需进行机械加工，其他表面均应设计为非加工表面。

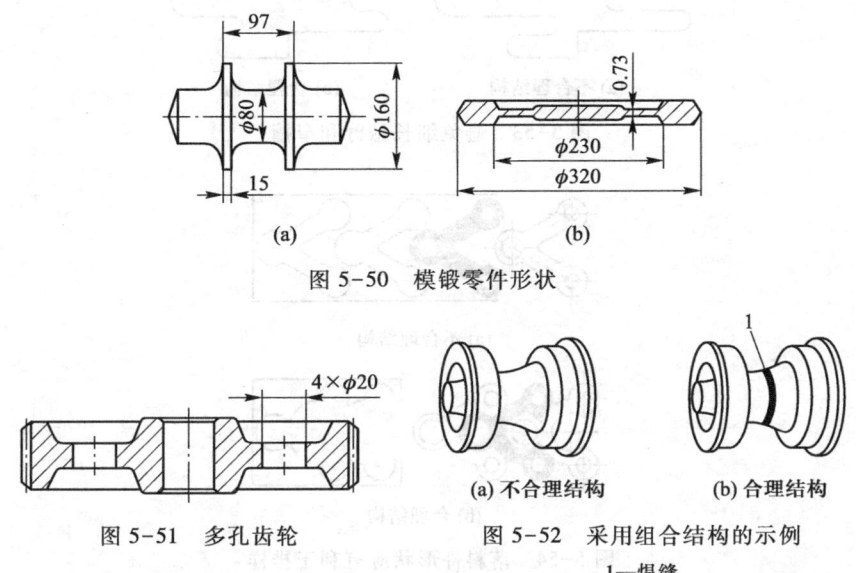

图 5-50　模锻零件形状

图 5-51　多孔齿轮

图 5-52　采用组合结构的示例
1—焊缝

三、冲压件的结构工艺性

冲压件的工艺性是指冲压件对冲压加工工艺的适应性。良好的冲压工艺性，是指在满足零件使用要求的前提下，能以最简单、最经济的冲压方式加工出来。冲压件一般无需切削加工；操作简便，生产率高，故材料费在制件成本中所占的比例较大。因此，零件的材料、质量和结构要求应利于减少制模费用和材料消耗，利于金属在模具中成形和提高模具的使用寿命，降低成本和保证产品质量。

影响冲压件工艺性的主要因素有：冲压件的形状、尺寸、精度及材料等。

1. 对冲裁件的要求

（1）落料件的外形和冲孔件的孔形均应力求简单、对称，尽可能采用圆形和矩形，避免细长悬臂和窄槽结构（见图 5-53），否则制造模具困难，降低模具寿命；落料件形状还应使排样时废料较少，有利于材料的合理利用，如图 5-54 中的 b 较 a 更为合理，材料利用率可达 79%。

（2）冲裁件的直线与直线、曲线与直线的交接处，均应以圆弧连接，尽量避免尖角，以防止模具相应部位易于磨损或尖角处产生应力集中而冲裂。最小圆角半径数值见表 5-5。

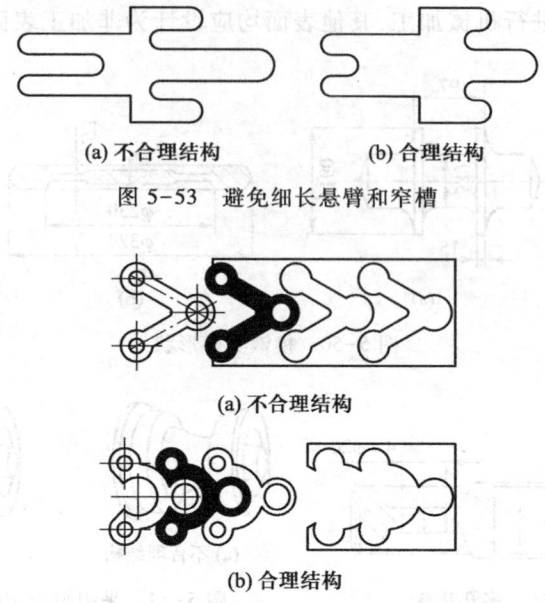

(a) 不合理结构　　　　(b) 合理结构

图 5-53　避免细长悬臂和窄槽

(a) 不合理结构

(b) 合理结构

图 5-54　落料件形状应有利于排样

表 5-5　落料件、冲孔件的最小圆角半径

工序	圆弧角	最小圆角半径/mm		
		黄铜、紫铜、铝	低碳钢	合金钢
落料	$\alpha \geqslant 90°$	0.18δ	0.25δ	0.35δ
	$\alpha < 90°$	0.35δ	0.50δ	0.70δ
冲孔	$\alpha \geqslant 90°$	0.20δ	0.30δ	0.45δ
	$\alpha < 90°$	0.40δ	0.60δ	0.90δ

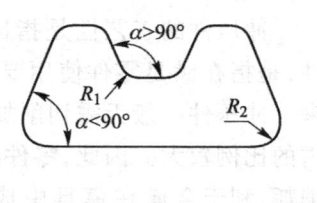

（3）冲裁件的孔及其有关尺寸必须考虑材料的厚度，孔径、孔间距和孔边距不得过小，以防止凸模刚性不足或孔边冲裂。为避免工件变形，外缘凸出或凹进的尺寸、孔边与直壁之间的距离等也都不能过小。冲裁件各部位的最小尺寸要求及冲孔件尺寸与厚度的关系如图 5-55 所示。

2. 对弯曲件的要求

（1）弯曲件的形状　弯曲件的形状应力求简单、对称，尽量采用 V 形、Z 形等简单、对称的形状，以利于制模和减少弯曲次数。

（2）弯曲半径　弯曲半径不能小于材料允许的最小弯曲半径，并应考虑材料纤维方向，以防弯曲过程中弯裂；但也不宜过大，以免因回弹量过大而使制件

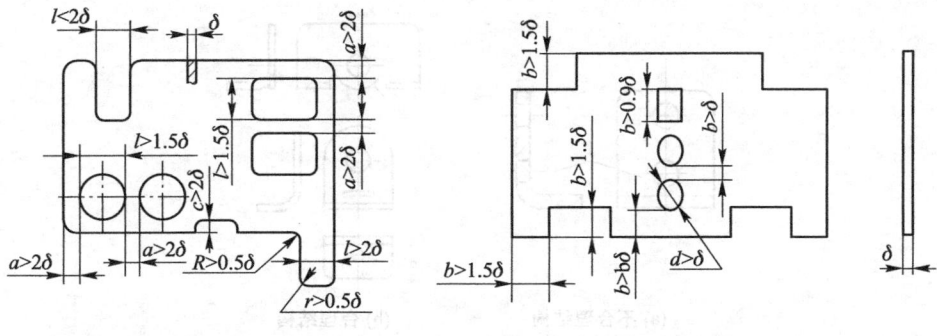

(a) 冲裁件各部位的最小尺寸　　　　　(b) 冲孔件尺寸与厚度的关系

图 5-55　冲裁件的尺寸

精度降低。

（3）弯曲边高度 h　弯曲件的弯曲边过短不易弯曲成形，一般应使弯曲边高度 $h>2\delta$；若不允许增加弯曲边高度 h 时，则必须预压工艺槽或先留出适当的余量待弯曲后再切去，如图 5-56 所示。

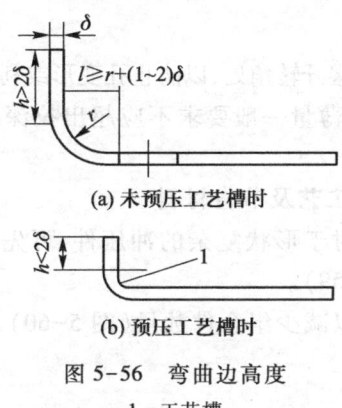

(a) 未预压工艺槽时

(b) 预压工艺槽时

图 5-56　弯曲边高度

1—工艺槽

（4）防止孔变形　弯曲带孔件时，孔的位置应避开变形区，或在孔附近预冲工艺孔。如图 5-57 所示。

3. 对拉深件的要求

（1）拉深件外形应力求简单、对称，尽量采用回转体，尤其是圆筒形，并尽量减小拉深件深度，以便使拉深次数最少，有利于制模和成形。

（2）拉深件的圆角半径不宜过小，否则必将增加拉深次数和整形工序，模具数量也增多，易产生废品，增加成本，如图 5-58 所示。

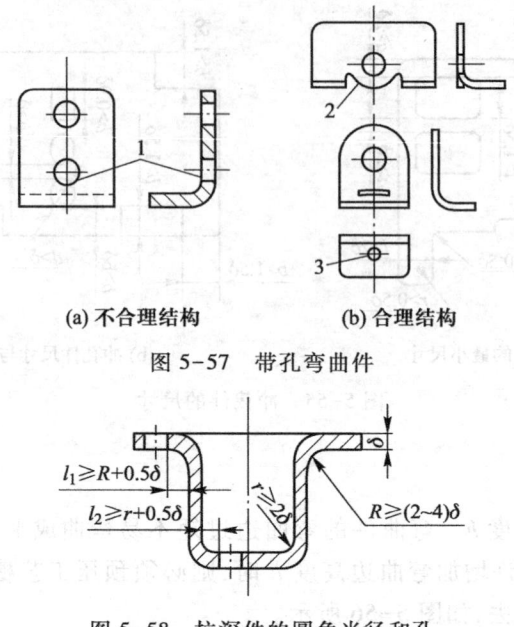

(a) 不合理结构　　　　(b) 合理结构

图 5-57　带孔弯曲件

图 5-58　拉深件的圆角半径和孔

(3) 拉深件上的孔应避开转角处,以防止孔变形或利于冲孔,如图 5-58 所示。

(4) 拉深件的壁厚变薄量一般要求不应超出拉深工艺变化的规律(最大变薄量为 10%~18%)。

4. 改进结构,以简化工艺及节省材料

(1) 采用冲焊结构,对于形状复杂的冲压件,可先分别冲制若干个简单件,然后再焊成整体件(图 5-59)。

(2) 采用冲口工艺,以减少组合件数量(图 5-60),可以节省材料,简化工艺过程。

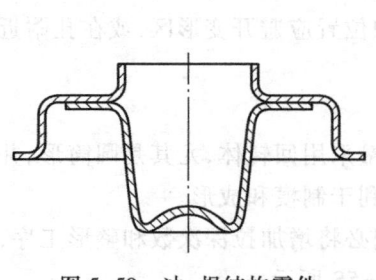

图 5-59　冲-焊结构零件

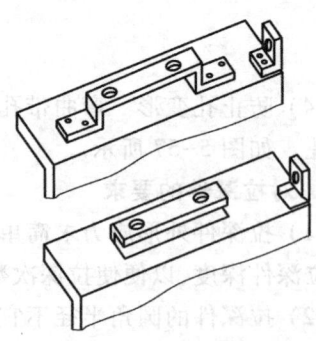

图 5-60　冲口工艺的应用

（3）在使用性能不变的情况下，应尽量简化拉深件结构，以达到减少工序、节省材料、降低成本的目的。如消声器后盖零件结构经改进后（图5-61b），冲压加工由八道工序降为两道工序，材料消耗减少50%。

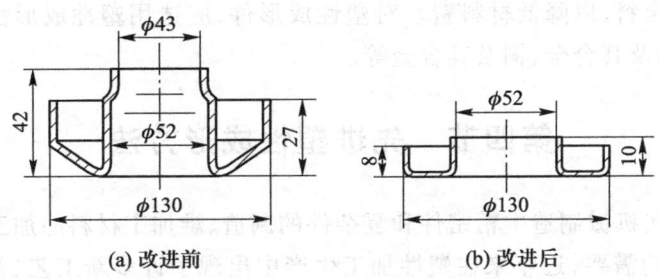

图5-61　消声器后盖零件结构

5. 冲压件的厚度

在强度和刚度允许的条件下，应尽可能采用较薄的材料，以减少金属的消耗。对局部刚度不够的部位，可采用加强筋，以实现薄材料代替厚材料（图5-62）。

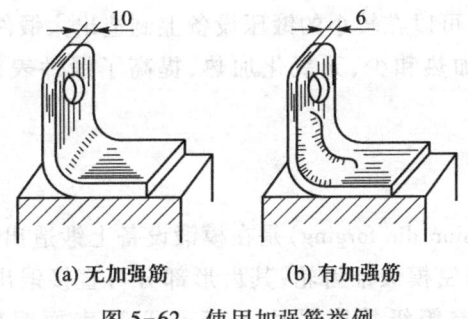

图5-62　使用加强筋举例

6. 冲压件的精度和表面质量

对冲压件的精度要求，不应超过冲压工艺所能达到的一般精度，并应在满足需要的情况下尽量降低要求。否则将增加工艺过程的工序，降低生产率，提高成本。

冲压工艺的一般尺寸公差等级精度：落料件不超过IT10；冲孔件不超过IT9；弯曲件不超过IT10~IT9。拉深件高度尺寸公差等级精度为IT10~IT8，经整形工序后尺寸公差等级精度达IT7~IT6。拉深件直径尺寸公差等级精度为IT10~IT9。

对冲压件表面质量的要求，尽可能不要高于原材料所具有的表面质量。否则要增加切削加工等工序,使产品成本大为提高。

7. 冲压件材料

应尽量选用价格较低的材料,如以钢代替有色金属,以薄板代替厚板,并充分利用边脚余料,以降低材料费。对塑性成形件,应选用塑性成形性好的材料,如低碳钢、铝及其合金、铜及其合金等。

第四节 先进塑性成形方法

面对现代机械制造中精密件和复杂件的制造、难加工材料的加工和多品种、小批量生产的需要,近年来在塑性加工生产中出现了许多新工艺、新技术,如精密模锻、摆动碾压、液态模锻、径向锻造、粉末锻造、超塑性成形以及高能高速成形等,新工艺的开发与应用,扩大了塑性成形的适用范围,其特点是:

① 使锻压件的形状接近零件的形状,以达到少、无屑加工的目的,从而节省原材料和切削加工工作量,得到合理分布的纤维组织,提高零件的力学性能和使用性能。

② 具有更高的生产率。

③ 减小变形率,可以在较小的锻压设备上制造出大锻件。

④ 广泛采用电加热和少、无氧化加热,提高了锻件表面质量,改善了劳动条件。

一、精密模锻

精密模锻(precision die forging)是在模锻设备上锻造出形状复杂、高精度锻件的模锻工艺。如精密模锻锥齿轮,其齿形部分可直接锻出而不必再经切削加工。模锻件尺寸公差等级精度可达 IT15~IT12,表面粗糙度值 Ra 为 3.2~1.6 μm。图 5-63 是 TS12 差速齿轮锻件图。

1. 工艺过程

精密模锻的工艺过程是:先将原始坯料经普通模锻制成中间坯料;再对中间坯料进行严格的清理,除去氧化皮或缺陷;最后采用无氧化或少氧化加热后精锻。精锻的加热温度较低,对碳钢在 450~900 ℃ 之间,且需在中间坯料上涂润滑剂以减少摩擦,从而提高锻模寿命和降低设备的功率消耗。

2. 精密模锻工艺特点

(1) 精确计算原始坯料的尺寸,严格按坯料质量下料,否则会增大锻件尺寸公差,降低精度。

(2) 需要精细清理坯料表面,除净坯料表面的氧化皮、脱碳层及其他缺陷等。

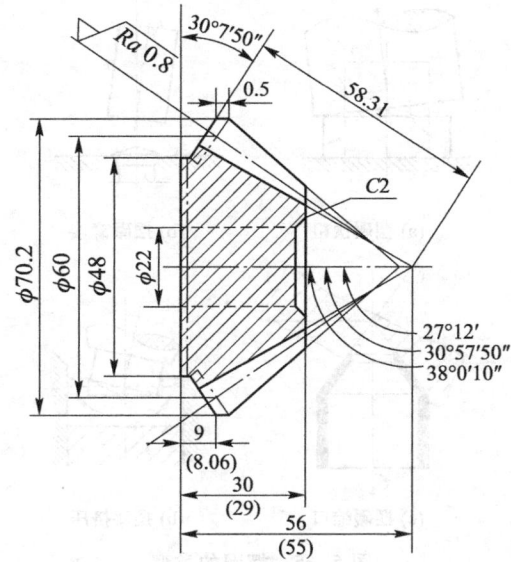

图 5-63 TS12 差速齿轮锻件图

(3) 为提高锻件的尺寸精度和降低表面粗糙度,应采用无氧化或少氧化加热法,尽量减少坯料表面形成的氧化皮。

(4) 精密模锻的锻件精度在很大程度上取决于锻模的加工精度。因此,精锻模腔的精度必须比锻件精度高两级。精锻模应有导柱导套结构,以保证合模准确。精锻模上应开有排气小孔,以排除模腔中的气体,减小金属流动阻力,使金属更好地充满模腔。

(5) 模锻时要很好地进行润滑和冷却锻模。

(6) 精密模锻一般都在刚度大、运动精度高的模锻设备上进行,如曲柄压力机、摩擦压力机或高速锤等。

二、摆动碾压

摆动碾压(swin rolling,可简称摆碾)即上模的轴线与被碾压工件(放在下模)的轴线倾斜一个角度,模具一面绕轴心旋转,一面对坯料进行压缩(每一瞬时仅压缩坯料横截面的一部分)的加工方法,如图 5-64 所示。摆动碾压可用于坯料的镦粗、铆接、缩口、挤压等,如图 5-65 所示。

摆动碾压时工件为连续的局部变形,变形力小,

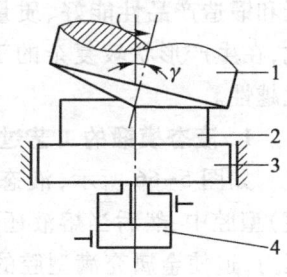

图 5-64 摆碾的工作原理
1—上模;2—毛坯;
3—滑块;4—液压缸

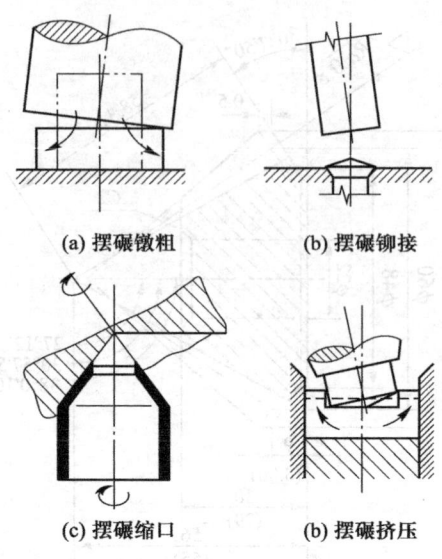

图 5-65 摆碾的类型

所需设备吨位小；制品精度高、表面光洁，且易于成形薄盘形件；易于实现机械化，无冲击，低噪声，劳动条件好。但其设备较复杂，且结构刚度要求高；高度与直径比大的制件加工效率低，多数制件还需预制坯。摆动碾压主要用于大批大量生产盘类件和带薄盘的长轴件，如汽车半轴、止推轴承圈、齿轮、铣刀体等。

三、液态模锻

液态模锻（liguid die forging）实际上是铸造和锻造工艺的组合，是把液态金属直接浇入金属模内，然后在一定时间内以一定的压力作用于液态（或半液态）金属上，使之成形，并在此压力下结晶和塑性流动。它兼有铸造工艺简单、成本低和锻造产品性能好、质量可靠等多重优点，是制造工件的一种先进工艺。因此，在生产形状较复杂的工件，而且性能上又有一定要求时，液态模锻更能发挥优越性。

1. 液态模锻的工艺过程

如图 5-66 所示，液态模锻的工艺过程是把一定量的金属液浇入下模（凹模）型腔中，然后当熔液还处在熔融或半熔融状态（处于液固两相区）时便施加压力，迫使金属充满型腔的各个部位形成工件。在整个凝固过程中，对工件保持压力，以便压实工件内部在金属凝固时产生的缺陷，并产生塑性变形。工件凝固及塑性变形后，借助顶杆或其他方法把它推出，然后为下一次操作做好准备。

液态模锻的凝固时间为普通铸造的 1/3~1/4。因此，工件表面光滑，能较好

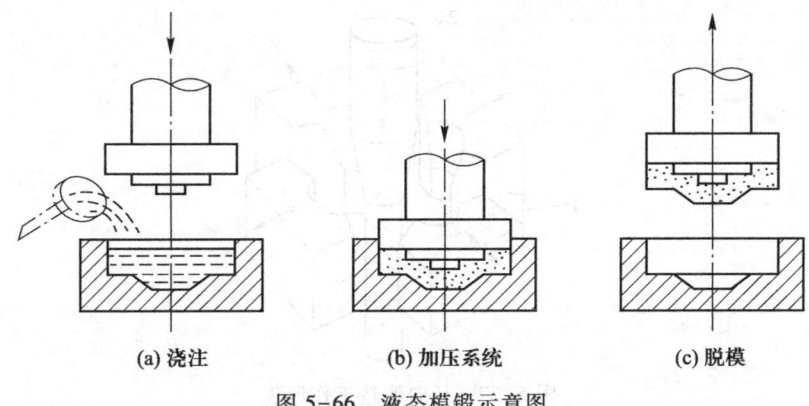

图 5-66 液态模锻示意图

地反映型腔表面粗糙度;同时凝固以后的组织致密,可以获得细晶粒组织,减少或消除工件内部缩松、气孔、缩孔等缺陷,减少化学成分偏析,从而改善内部组织,达到改善力学性能的目的。对于铸铁,液态模锻工艺还有促进石墨球化和细化、改善分布、改善基体组织等作用。

液态模锻工艺流程:原材料配制→熔炼→浇注→加压成形→脱模→灰坑冷却→热处理→检验→入库。

液态模锻基本上是在液压机上进行。液压机的压力和速度可以控制,操作容易,施压平稳,不易产生飞溅现象。

2. 液态模锻工艺的主要特点

(1) 在成形过程中,液态金属在压力下完成结晶凝固。

(2) 已凝固的金属在压力作用下,产生塑性变形,使制件外侧壁紧贴模腔壁,液态金属自始至终获得等静压。但是由于已凝固层产生塑性变形要消耗一部分能量,因此液态金属承受的等静压不是定值,它是随着凝固层的增厚而下降的。

(3) 液态模锻对材料的选择范围很宽,铝、铜等有色金属以及黑色金属的液态模锻已大量用于实际生产中。液态模锻也适用于非金属材料,如塑料等。随着非金属材料在国民经济中的大量应用,该技术在此领域中必将起重要作用。

四、径向锻造

径向锻造(radial forging)又称旋转锻造,是对轴向旋转送进的棒料或管料施加径向脉冲打击力,锻成沿轴向具有不同横截面制件的工艺方法,其工作原理如图 5-67 所示。径向锻造的工件运动方式有三种,如图 5-68 所示。

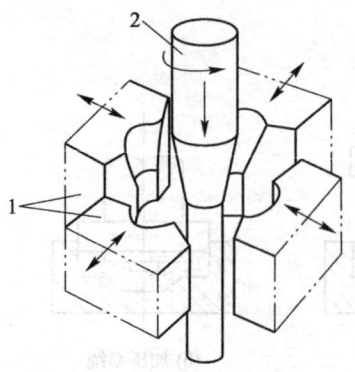

图 5-67 径向锻造工作原理
1—锻模；2—工件

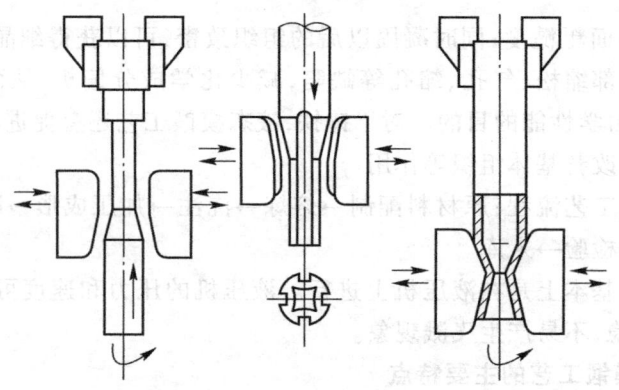

(a) 工件既旋转又移动 (b) 工件只移动 (c) 工件只转动

图 5-68 径向锻造工件的运动方式

工件既旋转又移动主要用于锻圆形截面的长轴与阶梯轴；工件只移动主要用于锻非圆形截面件，工件只转动主要用于空心件缩口。

径向锻造使金属处于压应力状态，且为高速成形，可锻造低塑性的高合金钢；工具简单、成本低，可用于各种批量生产；可锻多种截面形状，锻件直径可达 400~600 mm；制件精度高，表面光洁。径向锻造广泛应用于带台阶的实心和空心轴、多种截面形状的棒材以及气瓶、炮弹壳的收口等。

五、粉末锻造

1. 粉末锻造的原理

粉末锻造（powder forging）是粉末冶金成形方法和锻造相结合的一种金属加工方法。普通的粉末冶金件，其尺寸精度高，但塑性与冲击韧性差。而锻件的力学性能好，但精度低。将二者结合产生了粉末锻造方法。它是将粉末预压成形后,在充满保护气体的炉子中烧结制坯,将坯料加热至锻造温度后模锻而成。其工序如图5-69所示。

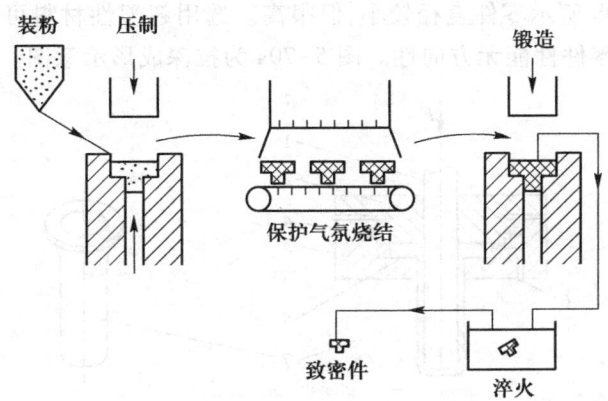

图 5-69　粉末锻造示意图

2. 粉末锻造的优点

与模锻相比,粉末锻造具有以下优点:

(1) 材料利用率高,可达90%以上。而模锻的材料利用率只有50%左右。

(2) 力学性能高。材质均匀无各向异性,强度、塑性和冲击韧度都较高。

(3) 锻件精度高,表面光洁,可实现少、无切削加工。

(4) 生产率高。每小时产量可达500~1 000件。

(5) 锻造压力小。如130汽车差速器行星齿轮,钢坯锻造需用2 500~3 000 kN压力机,粉末锻造只需800 kN压力机。

(6) 可以加工热塑性差的材料。如难于变形的高温铸造合金可用粉末锻造方法锻出形状复杂的零件。

采用粉末锻造工艺制造出的零件有差速器齿轮、柴油机连杆、链轮、衬套等。

六、超塑性成形

超塑性(superplastic)是指金属或合金在特定条件下,即低的变形速率($\dot{\varepsilon}=10^{-2}$~$10^{-4}$/s)、一定的变形温度(约为熔点一半)和均匀的细晶粒度(晶粒平均直径为0.2~5 μm),其相对伸长率 δ 超过100%以上的特性。如钢超过500%、纯钛超过300%、锌铝合金超过1 000%。

处于超塑性状态下的金属,其变形应力只有常态下的金属变形应力的几分之一至几十分之一,在拉深变形过程中不产生缩颈现象,因此极易成形,可采用板料冲压、挤压、模锻等多种工艺方法制出复杂零件。

1. 超塑性成形工艺的应用

(1) 板料冲压

如图 5-70b 所示零件直径较小,但很高。选用超塑性材料可以一次拉深成形,质量很好,零件性能无方向性。图 5-70a 为拉深成形示意图。

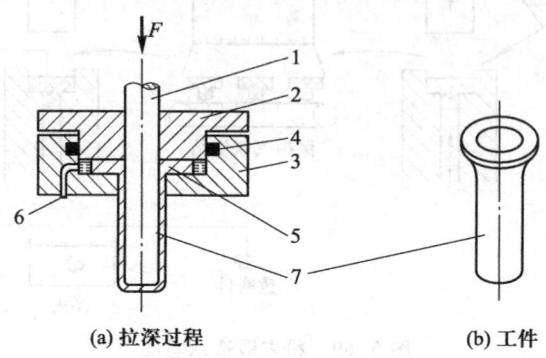

(a) 拉深过程　　　　　(b) 工件

图 5-70　超塑性板料拉深

1—冲头;2—压板;3—凹模;4—电热元件;5—板料;
6—高压油孔;7—工件

(2) 板料气压成形

如图 5-71 所示,超塑性金属板料放于模具中,把板料与模具一起加热到规定温度,向模具内吹入压缩空气或抽出模具内的空气形成负压,板料将贴紧在凹模或凸模上,获得所需形状的工件。该法可加工的板料厚度为 0.4~4 mm。

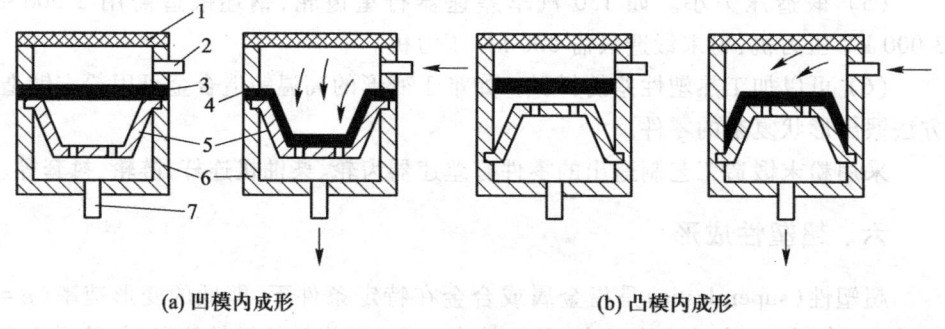

(a) 凹模内成形　　　　　　　　　(b) 凸模内成形

图 5-71　板材气压成形

1—电热元件;2—进气孔;3—板材;4—零件;5—凹(凸)模;6—模框;7—抽气孔

(3) 挤压和模锻

高温合金及钛合金在常态下塑性很差,变形抗力大,不均匀变形引起各向异性的敏感性强,通常的方法较难于成形,材料损耗极大,致使产品成本很高。如果在超塑性状态下进行模锻,就完全克服了上述缺点,节约材料,降低成本。

2. 超塑性模锻工艺特点

(1) 扩大了可锻金属材料的种类。如过去只能采用铸造成形的镍基合金,也可以进行超塑性模锻成形。

(2) 金属填充模膛的性能好,可锻出尺寸精度高、机械加工余量很小、甚至不用加工的零件。

(3) 能获得均匀细小的晶粒组织,零件力学性能好。

(4) 金属的变形抗力小,可充分发挥中、小设备的作用。

目前常用的超塑性成形材料主要是锌铝合金、铝基合金、钛合金及高温合金。随着超塑性材料的日益发展,超塑性成形工艺的应用也将随之扩大,适用范围已扩大到陶瓷材料。总之,利用金属及合金的超塑性,为制造少、无屑零件开辟了一条新的途径。

七、高能成形

利用高能量的冲击波,通过介质使金属板料产生塑性变形的加工方法。按使用的能源不同,高能成形(high-energy-forming)可分为爆炸成形、电液成形、电磁成形等类型,如图5-72所示。

1. 爆炸成形

爆炸成形(explosive forming)是利用炸药爆炸产生的高能冲击波,通过不同介质使坯料产生塑性变形的方法,如图5-72a所示。该方法设备简单、易于操作,工件尺寸一般不受设备能力限制,形状可较复杂,但生产率低,适用于试制或小批量生产大型制件。

2. 电液成形

电液成形(electrohydraulic forming)是利用在液体介质中高压放电时产生的高能冲击波,使坯料产生塑性变形的方法,如图5-72b所示。该方法生产率较高,易于实现机械化,但设备复杂,制件尺寸受设备功率限制,适于形状为一般复杂程度的小型制件的较大批量生产。

3. 电磁成形

电磁成形(electromagnetic forming)是利用电流通过线圈产生的磁场的磁力作用于坯料,使坯料产生塑性变形的方法,如图5-72c所示。其特点及应用与电液成形相似。

高能成形用传递介质(空气或水)代替刚性凸模或凹模,易于成形形状复杂的制件和难加工材料,且制件精度很高。但爆炸成形生产效率低,电液成形和电磁成形设备较复杂,工件尺寸受设备功率限制。高能成形适用于各类冲压工序,

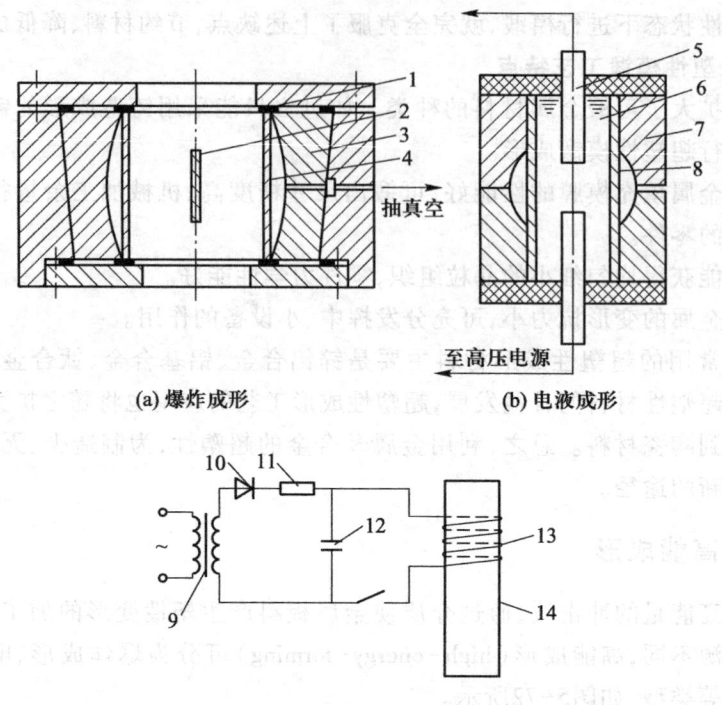

图 5-72 高能成形方法

1—密封圈；2—炸药；3、7—凹模；4、8、14—坯料；5—电极；6—水；9—变压器；
10—整流元件；11—限流电阻；12—电容器；13—线圈

用于生产形状复杂的板料制件。

复习思考题

1. 什么是最小阻力定律？举例说明体积不变条件和最小阻力定律在生产中的应用。

2. 何为冷变形？何为热变形？铅（熔点为 327 ℃）在室温时的变形和钨（熔点为 3 380 ℃）在 1 100 ℃时的变形各属于何类变形？试通过计算说明之。

3. 金属在不同温度下的塑性成形的组织和性能有何不同？为什么？

4. 锻造流线是怎样形成的？它的存在有何利弊？螺栓分别用棒料切削成形和镦锻成形，其力学性能有何区别？理由何在？

5. 影响材料塑性成形的因素有哪些？如何提高金属的塑性？最常用的措施是什么？

6. "趁热打铁"的含义何在？

7. 原始坯料长 150 mm,若拔长到 450 mm 时,锻造比是多少?
8. 为什么重要的巨型锻件必须采用自由锻的方法制造?
9. 重要的轴类锻件为什么在锻造过程中安排有镦粗工序?
10. 确定图 5-73 中所示零件采用自由锻制坯时的余块、机械加工余量和锻造公差,并绘出自由锻件图。

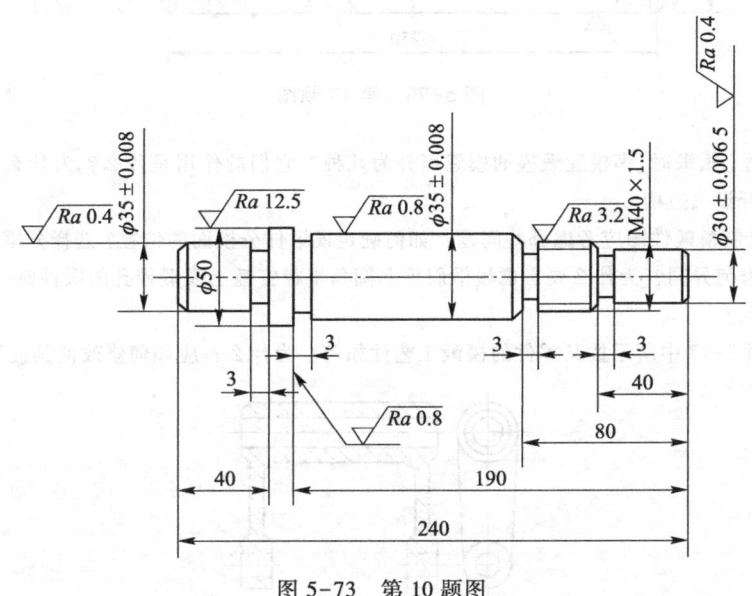

图 5-73 第 10 题图

11. 图 5-74 中所示零件若采用自由锻制坯,其结构是否合理?试改进其结构并选择变形工序。
12. 在图 5-75 所示的两种砧铁上进行拔长时,效果有何不同?

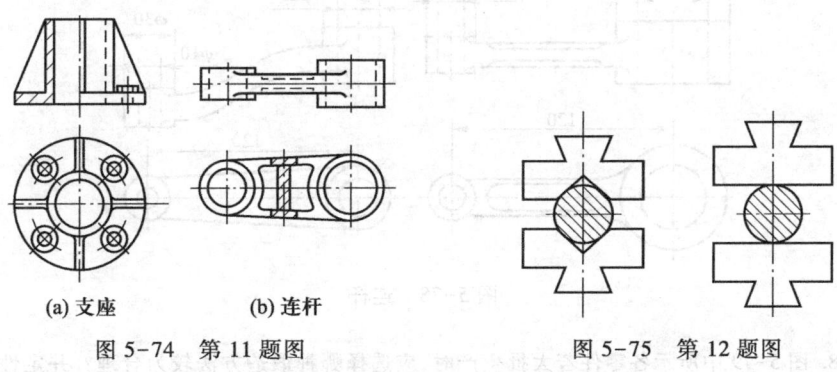

图 5-74 第 11 题图　　　　　图 5-75 第 12 题图

13. 改正图5-76所示模锻锻件结构的不合理处。

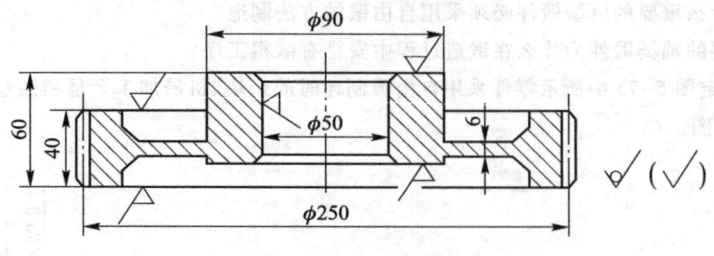

图5-76　第13题图

14. 锤上模锻时,多模膛锻模的模膛可分为几种？它们的作用是什么？为什么在终锻模膛周围要开设飞边槽？

15. 绘制模锻件图应考虑哪些问题？如何确定模锻件分模面的位置？选择分模面与铸件的分型面有何异同？为什么要考虑模锻斜度和圆角半径？锤上模锻带孔的锻件时,为什么不能锻出通孔？

16. 图5-77中所示拨叉零件的模锻工艺性如何？为什么？应如何修改使其便于模锻？

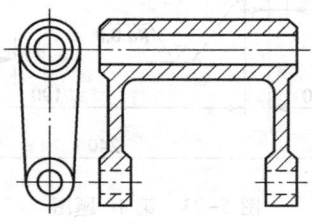

图5-77　拨叉

17. 图5-78中所示两连杆零件采用锤上模锻,试选择合适的分模面。

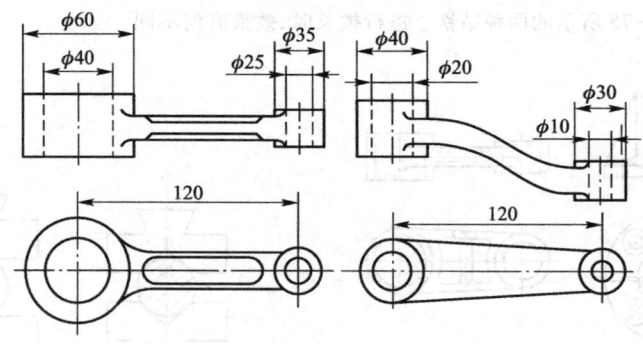

图5-78　连杆

18. 图5-79中所示各零件若大批生产时,应选择哪种锻造方法较为合理？并定性绘出锻件图。

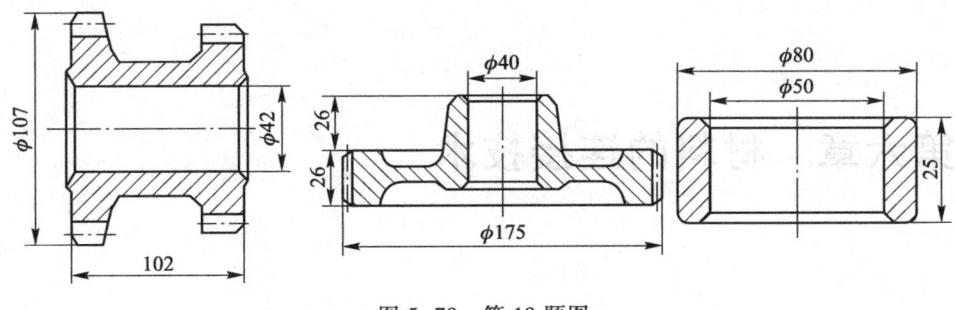

图 5-79　第 18 题图

19. 下列制品该选用哪种锻造方法制作？
    活扳手(大批量)　家用炉钩(单件)　自行车大梁(大批量)　铣床主轴(成批)
    大六角螺钉(成批)　起重机吊钩(小批)　万吨轮主传动轴(单件)

20. 板料冲压生产有何特点？应用范围如何？

21. 试分析冲裁件断面的形成过程。凸凹模间隙对冲裁件断面质量和尺寸精度有何影响？如何提高剪断面质量？

22. 圆筒形工件拉深时易出现什么缺陷？试从板料受力的角度，分析其产生的原因，并指出解决问题的措施。

23. 试比较圆筒形工件拉深、翻边、缩口、旋压时变形特点的不同。

24. 材料的回弹现象对冲压生产有何影响？如何利用弯曲回弹现象设计弯曲模，使工件得到准确的弯曲角度？

25. 如图 5-80 所示两个形状相似的零件，材料为 08 钢，板厚为 0.8mm。试分别制定其冲压工艺方案，并绘制工序简图。

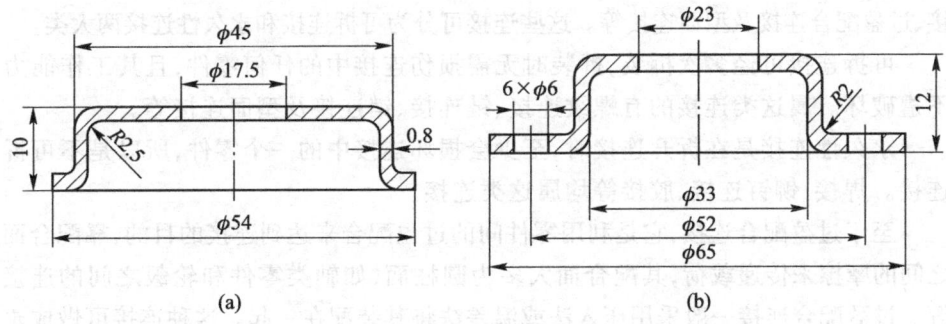

图 5-80　罩壳

26. 精密模锻需要哪些工艺措施才能保证产品的精度？

27. 液态模锻有何特点？

28. 何谓超塑性？超塑性成形有何特点？

第六章　材料的连接技术

本章学习指南

材料连接技术实践性很强,在学习中,要结合前期的实习,理论联系实际,从工艺特点上理解这种技术的内涵,明确其在制造业中的作用。

本章重点:焊接接头的组织和性能、焊接应力与变形、各种焊接方法的特点及其应用及焊接结构的工艺性。学习的难点是焊接应力与变形及焊接结构工艺性。要求学习者能够根据材料的种类、焊接结构的特点、生产批量和经济性等合理地选择焊接方法。

本章与其他章节的联系:学习中要注意将焊接与铸造、锻压等其他成形方法对照比较,明确各种工艺的适用范围;注意与工程训练内容结合,参考相应的教科书,加深理解。

金属、陶瓷和塑料等材质的构件以一定的方式组合成一个整体,需要用到连接技术(joining technology)。常用的连接有焊接、胶接、铆钉连接、螺纹连接、键连接、销连接、过盈配合连接及型面连接等。这些连接可分为可拆连接和永久性连接两大类。

可拆连接可经多次拆装,拆装时无需损伤连接中的任何零件,且其工作能力不遭破坏。属这类连接的有螺纹连接、键连接、销连接及型面连接等。

永久性连接是在拆开连接时,至少会损坏连接中的一个零件,所以是不可拆连接。焊接、铆钉连接、胶接等均属这类连接。

至于过盈配合连接,它是利用零件间的过盈配合来达到连接的目的,靠配合面之间的摩擦来传递载荷,其配合面大多为圆柱面,如轴类零件和轮毂之间的连接等。过盈配合连接一般采用压入法或温差法将其装配在一起。这种连接可做成永久性连接,也可作成可拆连接,它视配合表面之间的过盈量大小及装配方法而定。

在选择连接类型时,多以使用要求及经济要求为依据。一般地说,采用永久性连接多是由于制造及经济上的原因;采用可拆连接多是结构、安装、运输、维修上的原因。永久性连接的制造成本通常较可拆连接低廉。另外在具体选择连接类型时,还需考虑到连接的加工条件和被连接零件的材料、形状及尺寸等因素。

本章主要讨论在工业中非常重要的焊接技术,特别是广泛应用的熔焊技术,此外也简要介绍铆接和胶接等永久性连接技术的原理和工艺。螺纹等可拆连接不在本章讨论之列。

第一节 焊 接 理 论

焊接(welding)是最主要的连接技术之一,其定义可以概括为:同种或异种材质的工件,通过加热或加压或二者并用,用或者不用填充材料,使工件达到原子水平的结合而形成永久性连接的工艺。焊接过程中一般需要对焊接区域进行加热,使其达到或超过材料的熔点(熔焊),或接近熔点的温度(固相焊接),随后在冷却过程中形成焊接接头(welding joint)。

典型焊条电弧焊(shielded metalarc welding)的焊接过程如图 6-1 所示。焊条与被焊工件之间燃烧产生的电弧热使工件(基本金属)和焊条同时熔化成为熔池。药皮燃烧产生的 CO_2 气流围绕电弧周围,连同熔池中浮起的熔渣可阻挡空气中的氧、氮等侵入,从而保护熔池金属。电弧焊的冶金过程如同在小型电弧炼钢炉中进行炼钢,焊接熔池中进行着熔化、氧化还原、造渣、精炼和渗合金等一系列物理、化学过程。电弧焊过程中,电弧沿着工件逐渐向前移动,并对工件局部进行加热,使工件和焊条金属不断熔化成为新的熔池,原先的熔池则不断地冷却凝固,形成连续焊缝。

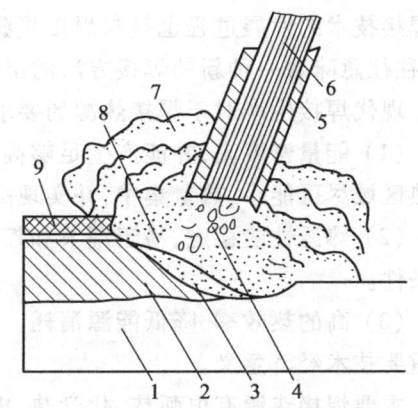

1—工件;2—焊缝;3—熔池;4—金属熔滴;5—药皮;
6—焊芯;7—气体;8—熔融熔渣;9—固态渣壳

图 6-1 低碳钢电弧焊焊接过程

一、焊接热过程及焊接热源

1. 焊接热过程的特点

熔化焊(fusion welding)时对焊接区域进行的加热和冷却过程称为焊接热过程。它贯穿于材料焊接过程的始终,对于后续涉及的焊接冶金、焊缝凝固结晶、母材热影响区的组织和性能、焊接应力变形以及焊接缺陷(如气孔、裂纹等)的产生都有着重要的影响。

焊接热过程包括焊件的加热、焊件中的热传递及冷却三个阶段。焊接热过程具有如下特点:

（1）加热的局部性。熔焊过程中,高度集中的热源仅作用在焊件上的焊接接头部位,焊件上受到热源直接作用的范围很小。由于焊接加热的局部性,焊件上的温度分布很不均匀,特别是在焊缝附近,温差很大,由此而带来了热应力和变形等问题。

（2）焊接热源是移动的。焊接时热源沿着一定方向移动而形成焊缝,焊缝处金属被连续加热熔化同时又不断冷却凝固。因此,焊接熔池的冶金过程和结晶过程均不同于炼钢和铸造时的金属熔炼和结晶过程。同时,移动热源在焊件上所形成的是一种准稳定温度场,对它作理论计算也比较困难。

（3）具有极高的加热速度和冷却速度。

2. 焊接热源

焊接热源(welding heat source)是进行焊接所必须具备的条件。事实上,现代焊接技术的发展过程也是与焊接热源的发展密切相关的。一种新的热源的应用,往往意味着一种新的焊接方法的出现。

现代焊接生产对于焊接热源的要求主要是:

（1）能量密度高,并能产生足够高的温度 高能量密度和高温可以使焊接加热区域尽可能小,热量集中,并实现高速焊接,提高生产率。

（2）热源性能稳定,易于调节和控制 热源性能稳定是保证焊接质量的基本条件。

（3）高的热效率,降低能源消耗 尽可能提高焊接热效率,节约能源消耗有着重要技术经济意义。

主要焊接热源有电弧热、化学热、电阻热、等离子焰、电子束和激光束等,见表6-1。

表6-1 各种热源的主要特性

热源	最小加热面积 /cm^2	最大功率密度 /(W/cm^2)	正常焊接工艺参数下的温度
乙炔火焰	10^{-2}	2×10^3	3 200 ℃
金属极电弧	10^{-3}	10^4	6 000 K
钨极氩弧(TIG)	10^{-3}	1.5×10^4	8 000 K
熔化极氩弧(MIG)	10^{-4}	$10^4 \sim 10^5$	—
CO_2 气体保护焊	10^{-4}	$10^4 \sim 10^5$	—
埋弧焊	10^{-3}	2×10^4	6 400 K
电渣焊	10^{-2}	10^4	2 000 ℃
等离子焰	10^{-5}	1.5×10^5	18 000 ~ 24 000 K
电子束	10^{-7}	$10^7 \sim 10^9$	—
激光束	10^{-8}	$10^7 \sim 10^9$	—

二、焊接化学冶金

熔焊时,伴随着母材被加热熔化,在液态金属的周围充满了大量的气体,有时表面上还覆盖着熔渣。这些气体及熔渣在焊接的高温条件下与液态金属不断地进行着一系列复杂的物理化学反应,这种焊接区内各种物质之间在高温下相互作用的过程,称为焊接化学冶金过程。该过程对焊缝金属的成分、性能、焊接质量以及焊接工艺性能都有很大的影响。

1. 焊接化学冶金反应区

焊接化学冶金反应从焊接材料(焊条或焊丝)被加热、熔化开始,经熔滴过渡,最后到达熔池,该过程是分区域(或阶段)连续进行的。不同焊接方法有不同的反应区。以焊条电弧焊为例,可划分为三个冶金反应区:药皮反应区、熔滴反应区和熔池反应区(图6-2)。

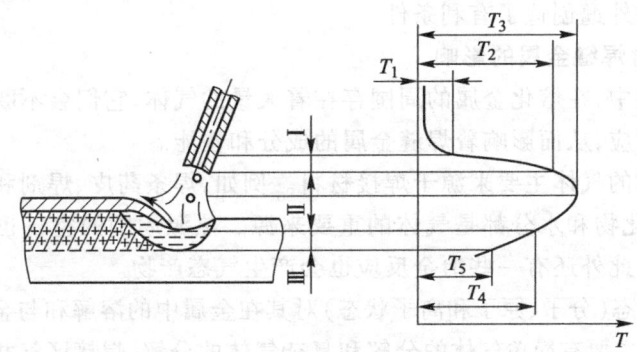

图 6-2 焊条电弧焊的冶金反应区
Ⅰ—药皮反应区;Ⅱ—熔滴反应区;Ⅲ—熔池反应区;T_1—药皮开始反应温度;
T_2—焊条端熔滴温度;T_3—弧柱间熔滴温度;T_4—熔池表面温度;T_5—熔池凝固温度

(1) 药皮反应区

焊条药皮被加热时,固态下其组成物之间也会发生物理化学反应。其反应温度范围从 100 ℃至药皮的熔点,主要是水分的蒸发、某些物质的分解和铁合金的氧化等。

当加热温度超过 100 ℃时,药皮中的水分开始蒸发。再升高到一定温度时,其中的有机物、碳酸盐和高价氧化物等逐步发生分解,析出 H_2、CO_2 和 O_2 等气体。这些气体,一方面机械地将周围空气排开,对熔化金属进行保护,另一方面也对被焊金属和药皮中的铁合金产生很强的氧化作用。

(2) 熔滴反应区

熔滴反应区包括熔滴形成、长大到过渡至熔池中的整个阶段。在熔滴反应区中,反应时间虽短,但因温度高,液态金属与气体及熔渣的接触面积大,并有强烈地混合作用,所以冶金反应最激烈,对焊缝成分的影响也最大。在此区进行的主要物理化学反应有:气体的分解和溶解,金属的蒸发,金属及其合金成分的氧化、还原以及焊缝金属的合金化等。

(3) 熔池反应区

熔滴金属和熔渣以很高的速度落入熔池,并与熔化后的母材金属相混合或接触,同时各相间的物理化学反应继续进行,直至金属凝固,形成焊缝。这个阶段即属熔池反应区,它对焊缝金属成分和性能具有决定性作用。与熔滴反应区相比,熔池的平均温度较低,约为 1 600～1 900 ℃,比表面积较小,约为 $3\sim130\ cm^2/kg$,反应时间较长。熔池反应区的显著特点之一是温度分布极不均匀。由于在熔池的前部和后部存在着温度差,因此化学冶金反应可以同时向相反的方向进行。此外,熔池中的强烈运动,有助于加快反应速度,并为气体和非金属夹杂物的外逸创造了有利条件。

2. 气相对焊缝金属的影响

焊接过程中,在熔化金属的周围存在着大量的气体,它们会不断地与金属产生各种冶金反应,从而影响着焊缝金属的成分和性能。

焊接区内的气体主要来源于焊接材料。例如,焊条药皮、焊剂和焊芯中的造气剂、高价氧化物和水分都是气体的重要来源。热源周围的空气也是一种难以避免的气源。此外还有一些冶金反应也会产生气态产物。

气体的状态(分子、原子和离子状态)对其在金属中的溶解和与金属的作用有很大的影响。主要有简单气体的分解和复杂气体的分解,焊接区气相中常见的简单气体有 N_2、H_2、O_2 等双原子气体,CO_2 和 H_2O 是焊接冶金中常见的复杂气体。

焊接时,焊接区内气相的成分和数量与焊接方法、焊接规范、焊条药皮或焊剂的种类有关。用低氢型焊条焊接时,气相中 H_2 和 H_2O 的含量很少,故有"低氢型"之称。埋弧焊和中性火焰气焊时,气相中 CO_2 和 H_2O 的含量很少,因而气相的氧化性也很小,而焊条电弧焊时气相的氧化性则较强。

氮、氢、氧在金属中的溶解及扩散都会对焊接质量产生一定的影响,当然也有相应的控制措施。在此不一一介绍。

3. 熔渣及其对金属的作用

熔渣在焊接过程中的作用有保护熔池、改善工艺性能和冶金处理三个方面。根据焊接熔渣的成分和性能可将其分为三大类,即:盐型熔渣、盐-氧化物型熔渣和氧化物型熔渣。熔渣的性质与其碱度、黏度、表面张力、熔点和导电性都有密切的关系。

焊接时的氧化还原问题,是焊接化学冶金涉及的重要内容之一。主要包括焊接条件下金属及合金元素的氧化与烧损、金属氧化物的还原等。

氧对焊接质量有严重的危害性。对已进入焊缝的氧，则必须通过脱氧将其去除。脱氧是一种冶金处理措施，它是通过在焊丝、焊剂或焊条药皮中加入某种对氧亲和力较大的元素，使其在焊接过程中夺取气相或氧化物中的氧，从而减少被焊金属的氧化及焊缝的含氧量。钢的焊接常用 Mn、Si、Ti、Al 等元素的铁合金或金属粉（如锰铁、硅铁、钛铁和铝粉等）作脱氧剂。

焊缝中硫和磷的质量分数超过 0.04% 时，极易产生裂纹。S、P 主要来自基本金属（焊件），也可能来自焊接材料，一般选择 S、P 含量低的原材料，并通过药皮（或焊剂）进行脱硫脱磷，以保证焊缝质量。

三、焊接接头的金属组织和性能

熔焊是在局部进行且短时高温的冶炼、凝固过程。这种冶炼和凝固过程是连续进行的。与此同时，周围未熔化的基本金属受到短时的热处理。因此，焊接过程会引起焊接接头组织和性能的变化，直接影响焊接接头的质量。熔焊的焊接接头由焊缝区、熔合区和热影响区组成。

1. 焊缝的组织和性能

焊缝（weld）是由熔池金属结晶形成的焊件结合部分。焊缝金属的结晶是从熔池底壁开始的，由于结晶时各个方向冷却速度不同，因而形成的晶粒是柱状晶，柱状晶粒的生长方向与最大冷却方向相反，垂直于熔池底壁。由于熔池金属受电弧吹力和保护气体的吹动，熔池壁的柱状晶生长受到干扰，使柱状晶呈倾斜状，晶粒有所细化。熔池结晶过程中，由于冷却速度很快，已凝固的焊缝金属中的化学成分来不及扩散，易造成合金元素分布的不均匀。如 S、P 等有害元素易集中到焊缝中心区，将影响焊缝的力学性能。所以焊条芯必须采用优质钢材，其中 S、P 的含量应很低。此外由于焊接材料的渗合金作用，焊缝金属中 Mn、Si 等合金元素的含量可能比基本金属高，所以焊缝金属的力学性能可高于基本金属。

2. 熔合区

熔合区（bond area）是焊接接头中焊缝与母材交接的过渡区，这个区域的加热温度在液相线和固相线之间，又称为半熔化区。该区域很窄，处于完全熔化的焊缝区和完全不熔化的热影响区之间，具有明显的化学不均匀性，组织不均匀性（其组织特征为少量铸态组织和粗大的过热组织），因而塑性差，强度低，脆性大，易产生焊接裂纹和脆性断裂，是焊接接头最薄弱的环节之一。

3. 热影响区的组织和性能

在电弧热的作用下，焊缝两侧处于固态的母材发生组织和性能变化的区域，称为焊接热影响区(heat-affected zone)。由于焊缝附近各点受热情况不同,其组织变化也不同,不同类型的母材金属,热影响区各部位也会产生不同的组织变化。图6-3左为低碳钢焊接时焊接接头的组织变化示意图。按组织变化特征,其热影响区可分为过热区、正火区和部分相变区。过热区紧靠熔合区,低碳钢过热区的最高加热温度在1 100 ℃至固相线之间,母材金属加热到这个温度,结晶组织全部转变成为奥氏体,奥氏体急剧长大,冷却后得到过热粗晶组织,因而,过热区的塑性和冲击韧度很低。焊接刚度大的结构和含碳量较高的易淬火钢材时,易在此区产生裂纹。正火区紧靠过热区,是焊接热影响区内相当于受到正火热处理的区域。一般情况下,焊接热影响区内的正火区的力学性能高于未经热处理的母材金属。部分相变区紧靠正火区,是母材金属处于$Ac_1 \sim Ac_3$之间的区域,加热和冷却时,该区结晶组织中只有珠光体和部分铁素体发生重结晶转变,而另一部分铁素体仍为原来的组织形态。因此,已相变组织和未相变组织在冷却后晶粒大小不均匀对力学性能有不利影响。

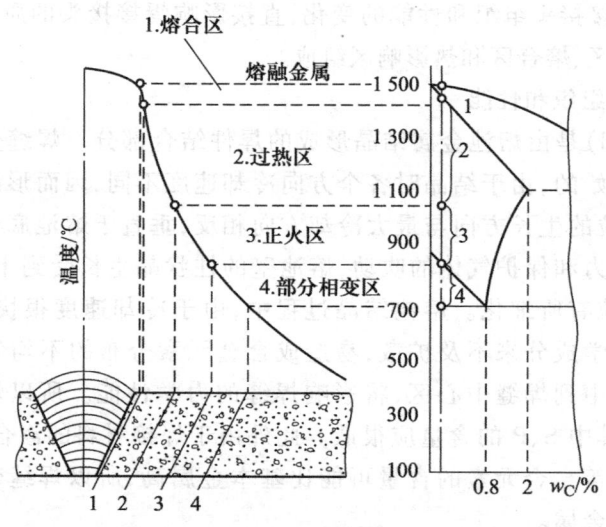

图6-3 焊接接头的组织变化

4. 改善焊接接头组织性能的方法

焊接热影响区在焊接过程中是不可避免的。低碳钢焊接时因其塑性很好,热影响区较窄,危害性较小,焊后不进行处理就能保证使用。但对于重要的碳钢构件、低合金钢构件,则必须注意热影响区带来的不利影响。为消除其影响,一般采用焊后正火处理,以改善焊接接头的力学性能。焊后不能进行热处理的金属材料或构件,正确选择焊接方法可减少焊接接头内不利区域的影响,以达到提高焊接接头性能的目的。

四、焊接应力与变形

焊接应力(welding stress)与焊接变形(welding deformation)是直接影响焊接结构性能、安全可靠性和制造工艺性的重要因素。它会导致在焊接接头中产生冷、热裂纹等缺陷,在一定的条件下还会对结构的断裂特性、疲劳强度、形状和尺寸精度有不利的影响。在构件制造过程中,焊接变形往往引起正常工艺流程中断。因此掌握焊接应力与变形的规律,了解其作用与影响,采取措施控制或消除,对于焊接结构的完整性设计和制造工艺方法的选择以及运行中的安全评定都有重要意义。

1. 焊接应力和变形产生的原因

在焊接过程中,对焊件进行局部的不均匀加热和冷却是产生焊接应力和变形的根本原因。

焊接时,由于局部加热使焊件上产生不均匀的温度场,导致材料产生不均匀膨胀。处于高温区域的材料加热时膨胀量大,但受到周围温度较低、膨胀量较小的材料的限制,而不能自由膨胀。于是焊件中出现内应力,高温区域材料受压,低温区域受拉。由于高温区的材料强度较低,故将产生局部压缩塑性变形,且冷却后其室温尺寸应小于加热前的尺寸。但在冷却过程中,该区域受到周围材料的约束而不能自由收缩,致使焊件中出现一个与加热时方向相反的应力场,即原高温区域的材料受拉,周围材料受压,且由于此时材料已难以产生塑性应变而使应力残留在构件中,由于焊接应力的存在,必然会使焊件出现变形。

焊后残留在焊件内的应力和变形称为焊接残余应力和焊接残余变形。

2. 焊接变形的基本形式

焊接变形的形式因焊件结构形状不同、其刚性和焊接过程不同而异。最常见的如图 6-4 所示,或者是这几种形式的组合。构件焊接后,由于尺寸缩短,引起纵向收缩(图 6-4a)和横向收缩(图 6-4b);图 6-4c 为面内弯曲回转变形;V 形坡口对接焊时,由于焊缝截面形状上下不对称,焊后收缩不均而引起角变形(图 6-4d);T 形和单边焊缝焊接后,由于焊缝布置不对称,纵向收缩引起弯曲变形(图 6-4e);由于焊缝在构件截面上布置的不对称或焊接过程不合理,使工件产生扭曲变形(图 6-4f);焊接薄板结构时,由于薄板在焊接应力作用下丧失稳定性而引起波浪形变形(图 6-4g)。

3. 防止和减少焊接变形的措施

(1) 合理设计焊接构件　在保证结构有足够承载能力情况下,尽量减少焊缝数量、焊缝长度及焊缝截面积;要使结构中所有焊缝尽量处于对称位置。厚大

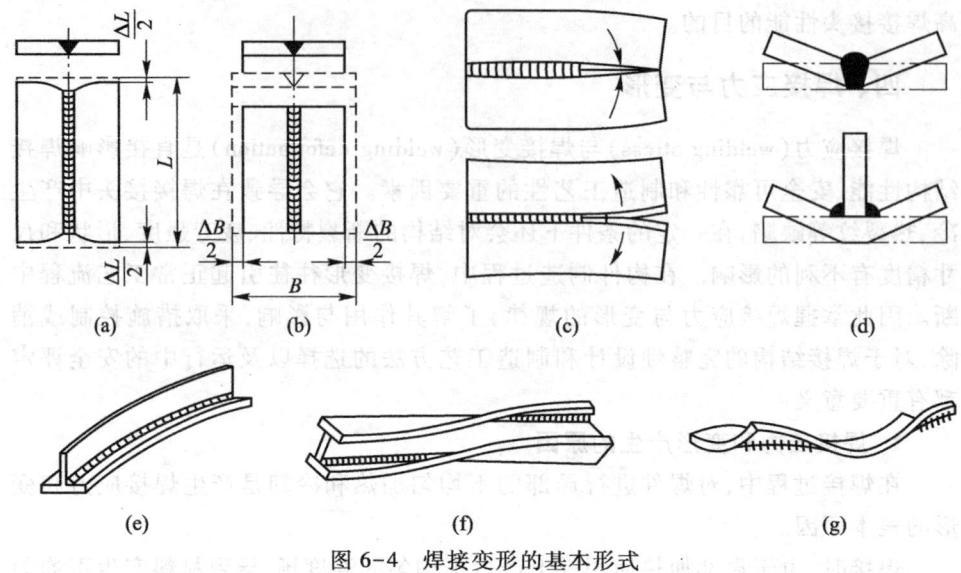

图 6-4 焊接变形的基本形式

件焊接时,应开两面坡口进行焊接,避免焊缝交叉或密集。尽量采用大尺寸板料及合适的型钢或冲压件代替板材拼焊,以减少焊缝数量,减少变形。

(2) 选择合理的焊接顺序　在焊接过程中,选择合理的焊接顺序能大大减少变形。选择焊接顺序的主要原则是尽量使焊缝自由收缩而不受较大的拘束。主要选择方法有:先焊收缩量较大的焊缝;先焊工作时受力较大的焊缝,使其预承受压应力;拼焊时,先焊错开的短焊缝,后焊直通的长焊缝;对于对称焊缝的焊接,应设法使两侧焊缝的收缩能互相抵消或减弱。

图 6-5 所示的拼板件,宜先焊错开的短焊缝,再焊直通的长焊缝,使短焊缝有较大的横向收缩余地,从而减小残余应力。

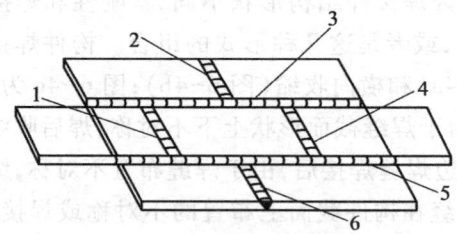

图 6-5　拼板焊缝的焊接顺序
1、2、4、6—短焊缝;3、5—直通的长焊缝

(3) 采取必要的技术措施　可在焊前采取预防变形措施,以及在焊后选择适用的矫正措施来减小或消除已发生的残余变形。

反变形法是生产中常用的焊前预防方法。事先估计或试验好结构变形的大小和方向,然后在装配时给予一个相反方向的变形与焊接变形相抵消(见图6-6),使焊件焊后达到设计的要求。

焊后采用火焰对焊接构件局部加热,可矫正焊接中的变形。这种方法中,加热部位金属的膨胀受到周围冷金属的约束,产生压缩塑性变形,在冷却过程中,加热部位的收缩将使焊件产生挠曲,从而矫正焊件变形。图6-7上给出了在刚性较好的构件上(如焊接工字梁、带纵缝的管件)局部加热的部位。

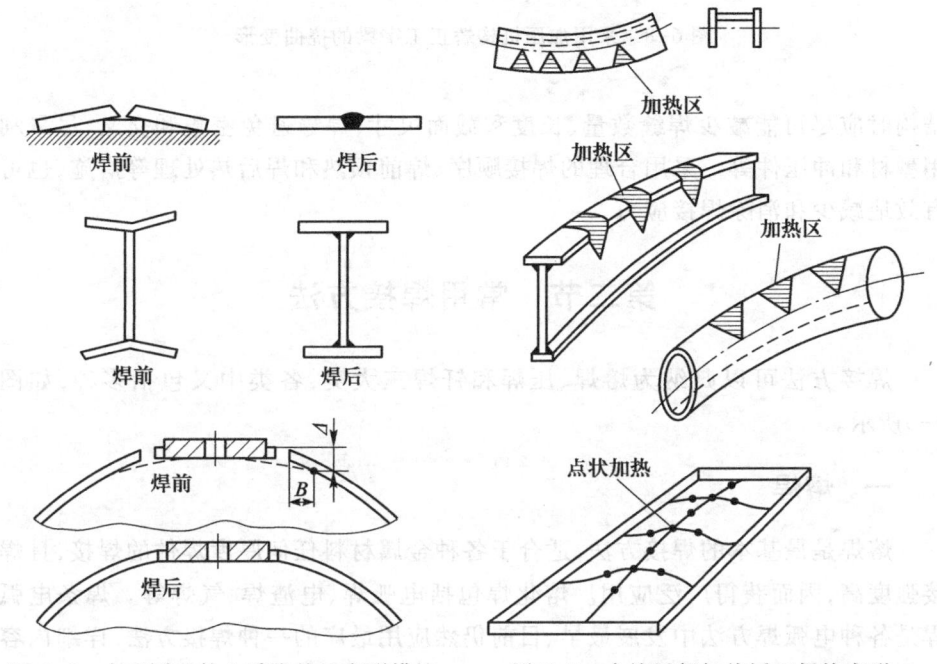

图6-6 在不同工件上采取的反变形措施　　图6-7 火焰局部加热矫正焊接变形

对某些刚度较大的焊接构件,除采用火焰矫正外,也可采用机械矫正法。机械矫正法是利用外力使结构产生与焊接变形方向相反的塑性变形,使两者相抵消,达到消除焊接变形的目的(图6-8)。此法的缺点是引起冷作硬化,降低了材料的塑性。图示为用加压机构来矫正工字梁挠曲变形的例子。

4. 减少与消除焊接应力的措施

焊接时,工件不可避免地要产生内应力。当焊缝及焊件金属的塑性较好时,如低碳钢结构件,焊接应力的危害是不大的。但当焊接中碳钢、合金钢、高合金钢或铸铁时,内应力将使焊缝及热影响区产生裂纹。因此,必须采取技术措施以减少内应力。实际上有些减少变形的方法同时也可以减少内应力,如设计焊接

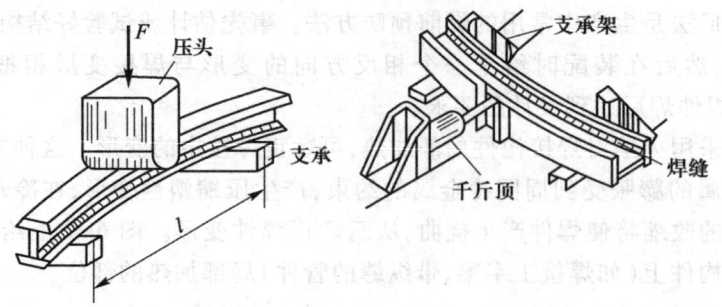

图 6-8　采用加压机构矫正工字梁的挠曲变形

结构时应尽可能减少焊缝数量、长度和截面尺寸,焊缝避免密集和交叉,尽量利用型材和冲压件等。采用合理的焊接顺序、焊前预热和焊后热处理等措施,也可有效地减少和消除焊接应力。

第二节　常用焊接方法

焊接方法可以归纳为熔焊、压焊和钎焊三大类,各类中又包括多种,如图6-9所示。

一、熔焊

熔焊是最基本的焊接方法,适合于各种金属材料任何厚度焊件的焊接,且焊接强度高,因而获得广泛应用。熔化焊包括电弧焊、电渣焊、气焊等。焊条电弧焊是各种电弧焊方法中发展最早、目前仍然应用最广的一种焊接方法,详细内容可参阅金工实习教材。

1. 埋弧自动焊

埋弧自动焊(submerged arc automatic welding)是电弧在颗粒状焊剂层下燃烧的自动电弧焊接方法。

埋弧自动焊的焊接过程如图6-10所示。焊接时,送丝机构送进焊丝使之与焊件接触,焊剂通过软管均匀撒落在焊缝上,掩盖住焊丝和焊件接触处。通电以后,向上抽回焊丝可引燃电弧。电弧在焊剂层下燃烧,使焊丝、母材和部分焊剂熔化,形成一个较大的熔池,并进行冶金反应。电弧周围的颗粒状焊剂被熔化成熔渣,少量焊剂和金属蒸发形成蒸气,在蒸气压力作用下,气体将电弧周围的熔渣排开,形成一个封闭的熔渣泡,如图6-11所示,它有一定的黏度,能承受一定的压力。因此,被熔渣泡包围的熔池金属与空气隔离,同时也防止了金属的飞溅和电弧热量的损失。随着焊接的进行,电弧向前移动,焊丝不断送进,熔化后的金属逐渐冷却凝固形成焊缝。熔化的焊剂覆盖在焊缝金属上形成壳层。最后,断电熄弧,完成整个焊接过程。未熔化的焊剂经回收处理后,可重新使用。

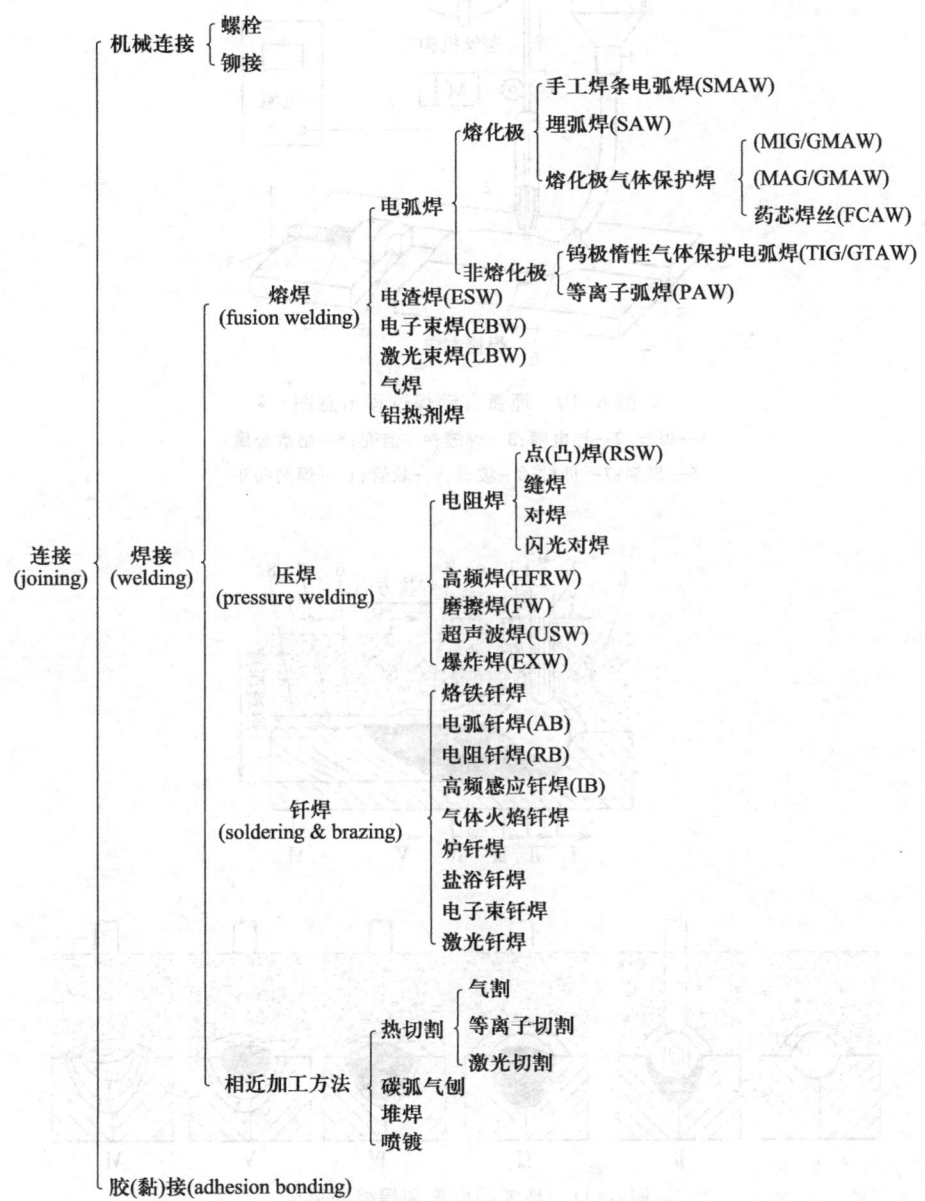

图 6-9 连接方法基本分类

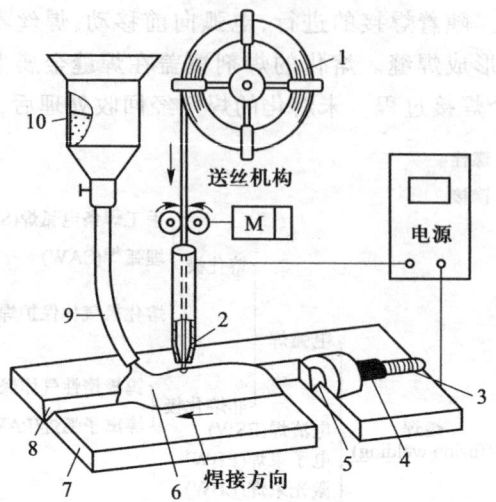

图 6-10 埋弧自动焊过程示意图

1—焊丝;2—导电嘴;3—焊缝;4—渣壳;5—熔敷金属;
6—焊剂;7—母材;8—坡口;9—软管;10—焊剂漏斗

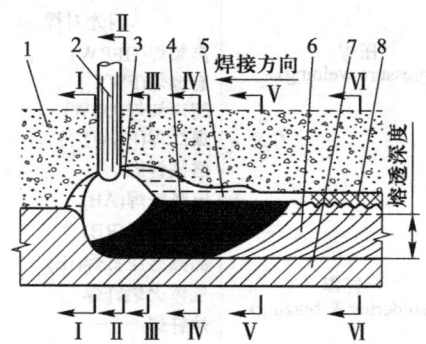

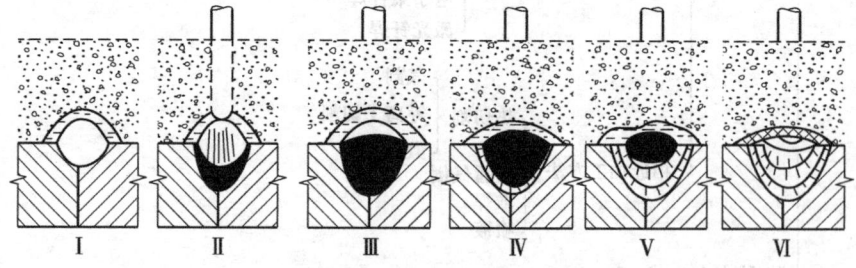

图 6-11 埋弧焊电弧和焊缝的形成

1—焊剂;2—焊丝;3—电弧;4—熔池;5—熔渣;6—焊缝;7—焊件;8—渣壳

焊接不同材料应选配不同成分的焊丝和焊剂,以保证焊缝有足够的合金元素含量,从而保证焊缝质量。例如焊接比较重要的低碳钢及低合金钢时,采用高锰高硅焊剂(HJ431)配合含锰量一般的焊丝(H08A),也可用无锰高硅焊剂(HJ130)配合含锰量高的焊丝(H10Mn2)。

埋弧自动焊与焊条电弧焊相比具有生产率高、焊接质量高而且稳定、节省金属材料、劳动条件好等优点,但是埋弧自动焊的灵活性差。埋弧自动焊可焊接碳钢、低合金钢、不锈钢和某些有色金属等,适用于较厚的板料(6~60 mm)的长、直焊缝和直径大于250 mm 环形焊缝的焊接。生产批量越大,使用埋弧自动焊的经济效益越佳。

2. 气体保护电弧焊

气体保护电弧焊(gas shielded arc welding)是利用外加气体作为电弧介质并保护电弧和焊接区的电弧焊。用作保护介质的气体有氩气、氦气、二氧化碳以及这些气体的混合气。CO_2 虽具有一定氧化性,但其价廉易得,且对不易氧化的低碳钢仍然具有很好的保护作用,所以应用也较普遍。按照电极类型,可分为熔化极气体保护电弧焊和钨极气体保护电弧焊。

(1)熔化极气体保护电弧焊

熔化极气体保护电弧焊(gas metal arc welding,GMAW)以连续送进的焊丝作为电极,并利用电弧热将焊件熔化,并在焊炬喷嘴喷出的气体保护下形成焊缝,如图6-12。它可分为自动和半自动两种。前者与埋弧自动焊相似,后者送丝是自动的,但焊枪是由手工操作,因此可焊接曲折和狭窄部位的焊缝。

以氩气或氦气为保护气时称为熔化极惰性气体保护焊(MIG 焊接),以惰性气体与 O_2、CO_2 等氧化性气体的混合气为保护气,或以 CO_2 气体或 O_2+CO_2 的混合气为保护气体时,统称为熔化极活性气体保护焊(MAG 焊接)。熔化极气体保护焊的主要优点是可以方便地进行各种位置的焊接,适用于大部分主要金属的焊接。

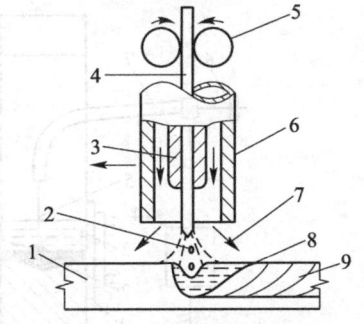

图6-12 熔化极气体保护电弧焊示意图
1—母材;2—电弧;3—导电嘴;4—焊丝;
5—送丝轮;6—喷嘴;7—保护气体;
8—熔池;9—焊缝金属

(2)钨极气体保护电弧焊

钨极气体保护电弧焊(gas tungsten arc welding,GTAW)是一种不熔化极气体保护电弧焊,是利用高熔点的钨极和工件之间的电弧使金属熔化而形成焊缝的。钨的熔点高达 3 410 ℃,焊接过程中钨极不易熔化,只起导电与产生电弧作用。

故有时还需另加焊丝作填充材料。GTAW焊几乎可以用于所有金属的连接,尤其适用于焊接铝、镁等能形成难熔氧化物的金属以及像钛和锆等活泼金属。

钨极惰性气体保护焊(TIG)是用氩气或氦气等惰性气体进行保护的GTAW焊接方法,如图6-13所示。

3. 电渣焊

电渣焊(electro-slag welding)是利用电流通过液态熔渣时所产生的电阻热作为热源的一种熔焊方法。根据焊接时使用电极的形状不同,可分为丝极电渣焊、板极电渣焊和熔嘴电渣焊等。

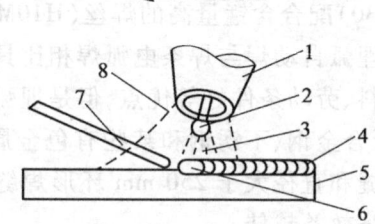

图6-13 钨极惰性气体保护电弧焊示意图
1—喷嘴;2—钨极;3—电弧;4—焊缝;5—工件;
6—熔池;7—填充焊丝;8—惰性气体

电渣焊总是在垂直立焊位置进行焊接,丝极电渣焊的焊接过程如图6-14所示。焊接前,先将焊件垂直放置,在接触面之间预留20~40 mm的间隙形成焊接接头。在接头底部加装引入板和引弧板,顶部加装引出板,以便引燃电弧和引出渣池,保证焊接质量。在接头两侧装有水冷铜滑块以利熔池冷却凝固。焊接时,先将颗粒焊剂放入焊接接头的间隙,然后送入焊丝,焊丝同引弧板接触后引燃电弧。电弧将不断加入的焊剂熔化成渣池。当渣池液面升高到一定高度后,电弧熄灭,电流通过熔渣进入电渣焊过程。

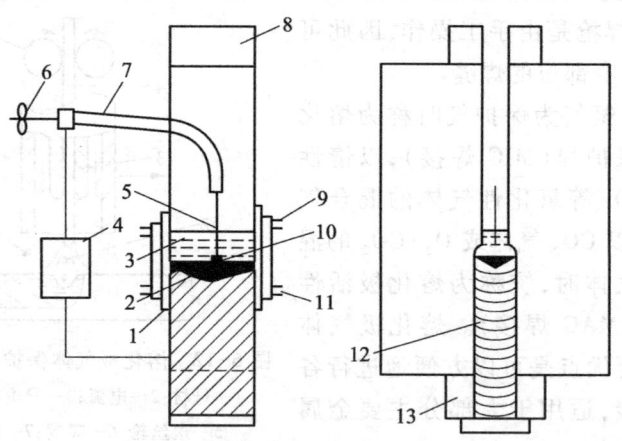

图6-14 电渣焊示意图
1—水冷成形滑块;2—金属熔池;3—渣池;4—焊接电源;5—焊丝;
6—送丝轮;7—导电杆;8—引出板;9—出水管;10—金属熔滴;
11—进水管;12—焊缝;13—起焊槽

电渣焊具有生产效率高、成本低、焊接质量好、焊接应力小和热影响区大等特点。

电渣焊主要用于焊接厚度大于 30 mm 的厚大件。由于焊接应力小,它不仅适合于低碳钢、普通低合金钢的焊接,也适合于塑性较低的中碳钢和合金结构钢的焊接。目前电渣焊是制造大型铸-焊、锻-焊复合结构件的重要技术方法。例如制造大吨位压力机、大型机座、水轮机转子和轴等。

二、压焊

在固态下进行焊接时,可以利用压力将母材接头焊接,加热只起辅助作用,有时不加热,有时加热到接头的高塑性状态,甚至使接头的表面薄层熔化,这类焊接方法即为压力焊(pressure welding)。

1. 电阻焊

电阻焊(resistance welding)又称接触焊,它是利用电流通过焊接接头的接触面时产生的电阻热将焊件局部加热到熔化或塑性状态,在压力下,形成焊接接头的压焊方法。电阻焊按接头形式的不同,可分为点焊、缝焊、凸焊和对焊等类型,如图 6-15 所示。

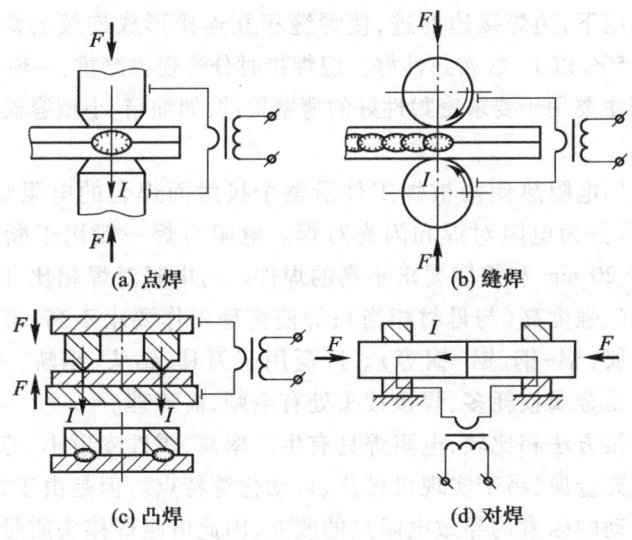

图 6-15 电阻焊方法示意图

(1) 点焊

焊件装配成搭接接头,并压紧在两电极之间,形成焊点(图 6-15a)。焊接时先加压使焊件紧密结合,通电后在焊件贴合处产生的电阻热使该处金属熔化,同时焊接区受压产生塑性变形,以阻止熔融金属流失,并使导电顺利。断电后继续保持或加大压力,使熔融金属在压力下凝固,形成组织致密的焊点。

点焊主要适用于厚度为 4 mm 以下的薄板冲压结构及钢筋焊接。目前广泛用于汽车、飞机、车厢、电子设备等薄壁构件。

(2) 凸焊

凸焊是由点焊演化而来,通常是在两板件之一上冲出凸点,然后进行焊接(图 6-15c)。由于电流集中,克服了点焊时熔核偏移的缺点,因此凸焊时工件的厚度比可以超过 6∶1。凸焊主要用于焊接低碳钢和低合金钢的冲压件。凸焊的种类很多,除板件凸焊外,还有螺钉、螺帽类零件的凸焊,线材交叉凸焊,管子凸焊等。板料凸焊最适宜的厚度为 0.5~4 mm。厚度小于 0.25 mm 的板件更宜于采用点焊。

随着我国汽车工业的发展,高生产率的凸焊在汽车零部件生产中获得大量应用。例如汽车发电机风叶与爪极的连接、汽车座椅调角器凸轮与轴的连接等,都采用了凸焊结构。

(3) 缝焊

缝焊与点焊原理相似,只是其电极为一对转动的铜滚轮(图 6-15b)。焊件在转动滚轮作用下,边焊接边前进,使焊缝相互连接形成连续的焊缝。缝焊时,焊点相互重叠 50% 以上,故密封性好。但焊接时分流现象严重,一般焊件厚度小于 3 mm。故缝焊主要用于要求密封性好的薄壁构件,如油箱、小型容器与管道。

(4) 对焊

对焊是利用电阻热使两被焊工件沿整个接触面焊合的电阻焊接工艺方法(图 6-15d),可分为电阻对焊和闪光对焊。电阻对焊一般用于断面简单、直径(或边长)小于 20 mm 和强度要求不高的焊件。与电阻对焊相比,闪光对焊接头夹渣少、质量好、强度高(与母材相当);焊前清理工作要求不高;可焊同种金属,也可焊异种金属(铝-钢、铝-铜等)。广泛用于刀具、钻头、钢轨、大型管道等的对接。其缺点是金属损耗多,焊接接头处有毛刺,需清理。

与其他焊接方法相比较,电阻焊具有生产率高,焊件变形小,劳动条件好,焊接时不需要填充金属,易于实现机械化、自动化等特点。但是由于影响电阻大小和引起电流波动的因素均导致电阻热的改变,因此电阻焊接头质量不稳定,从而限制了在某些受力构件上的应用。

2. 摩擦焊

摩擦焊(friction welding)是利用工件接触面摩擦产生的热量为热源,将工件端面加热到塑性状态,然后在压力下使金属连接在一起的焊接方法。摩擦焊具有焊接接头质量好且稳定,焊接生产率高,可焊材料种类广泛,焊机设备简单、功率小、电能消耗低等特点。

摩擦焊焊接过程如图 6-16,先把两工件同心地安装在焊机夹紧装置中,回转夹具作高速旋转、非回转夹具做轴向移动,使两工件端面相互接触,并施加一定轴向压力,依靠接触面强烈摩擦产生的热量把该表面金属迅速加热到塑性状态。当达到要求的变形量后,利用刹车装置使焊件停止旋转,同时对接头施加较大的轴向压力进行顶锻,使两焊件产生塑性变形而焊接起来。

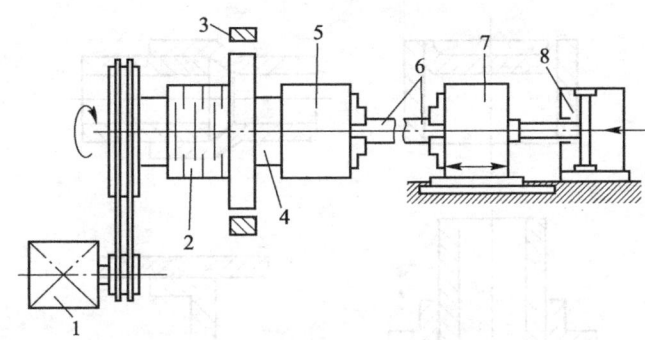

图 6-16　普通型连续驱动摩擦焊示意图
1—电动机;2—离合器;3—制动器;4—主轴;5—回转夹具;
6—工件;7—移动夹具;8—轴向加压油缸

三、钎焊

在接头之间加入熔点远较母材低的合金,局部加热使这些合金熔化,借助于液态合金与固态接头的物理化学作用而达到焊接的方法,即为钎焊(soldering & brazing)。钎焊用的合金称为钎料。

钎焊过程是将表面清洗好的焊件以搭接形式装配在一起,把钎料放置在装配间隙内或间隙附近,然后加热,使钎料熔化(焊件未熔化)并借助毛细作用被吸入和充满固态焊件的间隙之内。被焊金属和钎料在间隙内进行相互扩散,凝固后形成钎焊接头。

根据钎料熔点的不同,钎焊可分为硬钎焊和软钎焊两大类。

(1) 硬钎焊

硬钎焊(brazing)的钎料熔点高于 450 ℃,用于此类的钎料有铜基、银基、镍基等合金,钎剂常用硼砂、硼酸、氯化物等。焊接时加热方法有火焰加热、盐浴加热、电阻加热、高频感应加热等。硬钎焊接头强度高(可达 500 MPa),适用于受力较大或工作温度较高的焊件。

(2) 软钎焊

软钎焊(soldering)的钎料的熔点在 450 ℃ 以下,常用的软钎料是锡-铅合金,故又称锡焊,钎剂为松香或氯化锌溶液。焊接时常用烙铁或火焰加热。软钎焊接头强度低(低于 70 MPa),适用于受力不大或工作温度较低的焊件。

为提高接头强度,钎焊构件的接头形式都采用板料搭接和套件镶接,图 6-17 所示为几种常见的接头形式。

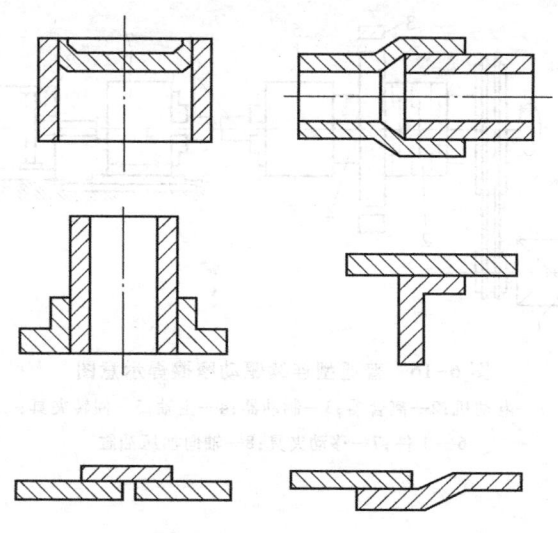

图 6-17 钎焊的接头形式

与一般焊接方法相比,钎焊只需填充金属熔化,因此焊件加热温度较低,焊件的应力和变形较小,对材料的组织和性能影响较小,易于保证焊件尺寸。钎焊还可以连接不同的金属,或金属与非金属的焊件,设备简单。钎焊的主要缺点是接头强度较低,接头工作温度不高,钎焊前对焊件的清洗和装配工作要求较严。此外,钎料价格高,因此钎焊的成本较高。钎焊适宜于小而薄,但角度要求高的零件,广泛应用于机械、仪表、航空航天等领域。

四、焊接新工艺的发展

随着焊接结构较多地采用钽、钛、钼、铌等活泼金属以及焊接往往成为机械加工后的最后一道连接工序而要求工件热变形很小,在微电子等领域采用精密焊接越来越多。在相当多的高新技术领域,普通电弧焊已不能满足要求。

真空电子束焊接、等离子焊接、激光焊接等高能量密度焊接新工艺获得了较大发展。

真空电子束焊接是在真空中利用电子在高压加速电场作用下,聚焦后获得的动能轰击工件而形成熔池,它使工件免受大气污染,并具有很高的能量密度,达到 10^6 J/cm^2,焊缝深宽比可达 20:1 以上。因焊接热输入小而变形小、焊速高。焊接规范的调节范围很广,能焊极薄工件,也能焊很厚的工件(可达 300 mm),可焊普通钢材也可焊难熔及活泼金属。因此已成为目前工业中应用广泛的新工艺方法。

激光束焊接是以聚集的激光束作为能源的特种熔焊方法。焊接用激光器有 YAG 固体激光器和 CO_2 气体激光器,此外还有 CO 激光器、半导体激光器和准分子激光器等。激光器利用原子受激辐射的原理,使物质受激而产生波长均一、方向一致和强度非常高的光束。经聚焦后,激光束的能量更为集中,功率密度可达 $10^5 \sim 10^7$ W/cm^2。如将焦点调节到焊件结合处,光能迅速转换成热能,使金属瞬间熔化,冷却凝固后成为焊缝。

等离子体能量密度不及电子束及激光束高,但较电弧仍高一、二个数量级,其中心温度高达 20 000 ℃ 以上,因而在许多情况下它是非常有用的焊接新技术。由于这个特点等离子体特别适宜于切割工作,特别是氧乙炔焰所不能解决的不锈钢、Al、Cu 等材料的切割问题。实际上在钢材的切割上,等离子已有逐步取代氧乙炔焰的趋势。为节约成本,近年来空气等离子体切割技术得到了很大的发展。

扩散焊是在 20 世纪 60 年代以来为适应航空航天和电子工业发展的需要而出现的一种先进的焊接工艺方法。这种焊接是在高真空、高温下借助一个不太大的压力使相互接触的材料表面之间,发生局部塑性变形来达到接触面之间的紧贴和界面上的相互扩散,并产生原子级的结合,形成牢固的接头。这种方法的突出优点是:可以焊接一切金属和非金属材料以及任何异种材料如陶瓷/金属、石墨/金属、纤维强化的金属基复合材料和陶瓷复合材料等;由于加热均匀无焊接热影响区和焊接变形,又由于在真空中进行焊接,无氧化,故可实现精密焊接。因此这是一种非常重要的焊接新工艺,但国内应用尚少。

五、各种焊接方法的比较

各种焊接方法均有其工艺特点及适用范围,正确选择焊接方法可以达到保证焊件质量,同时降低生产成本,提高经济效益的目的。

表 6-2 对常用焊接方法的特点和应用进行了对比,可供选择焊接方法时参考。

表 6-2 各种焊接方法的特点和应用

焊接方法	焊接特点	应用
焊条电弧焊	与气焊相比,焊接质量好,焊接变形小,生产率高;与埋弧自动焊相比,设备简单,适应性强,可焊各种空间位置和短、曲焊缝	单件小批生产,板厚一般大于3 mm,1~2 mm 也可焊,但质量不易保证
埋弧自动焊	与焊条电弧焊相比,生产率高,成本低,质量稳定,成形美观,劳动条件好,对焊工操作技术要求低,适应性差,一般只用于平焊	成批生产、中厚板、长直焊缝和较大直径环缝的平焊
钨极气体保护电弧焊	焊接质量优,小电流时电弧也很稳定,工艺适应性强,焊接速度较慢	铝、钛及其合金,不锈钢等合金钢的焊接,打底焊,管道焊接,薄板焊接
熔化极气体保护电弧焊	正逐步取代焊条电弧焊,尤其是 CO_2 气体保护焊成本较低。可以方便地进行各种位置的焊接,焊接速度较快,熔敷率较高,设备成本和维修费用高	适用于大部分金属的焊接,包括碳钢、合金钢。惰性气体保护下适用于铝、钛、镁等活泼金属
电渣焊	与电弧焊相比,厚大截面可一次焊成,生产率高,接头金属组织粗大,焊后要正火处理	板厚>40 mm 的直缝,也可焊环缝和变截面焊缝
电阻焊	与熔焊相比,生产率高,接头质量好,焊件尺寸精度高,焊机设备简单,功率小,耗电少	成批大量生产,可焊多种金属,对焊用于焊接杆状零件;点焊用于焊接薄板容器和管道焊接
摩擦焊	与电阻焊相比,生产率高,接头质量好,焊件尺寸精度高,焊机设备简单,功率小,电耗小。	成批大量生产,可焊多种金属,用于圆形工件,棒料及管子的对接
钎焊	与熔焊、压焊相比,焊接变形小,尺寸精确,生产率高,易实现机械化、自动化,可焊多种金属和多种材料,可焊某些复杂的特殊结构,如蜂窝结构,接头强度低、工作温度低	电子元件、线路、仪器仪表及精密机械部件,异种金属和材料,复杂的、难以焊接的特殊结构

第三节 各种材料的焊接

一、金属材料的焊接

1. 金属材料的焊接性

（1）焊接性的概念

一定焊接技术条件下，获得优质焊接接头的难易程度，即金属材料对焊接加工的适应性称为金属材料的焊接性（weldability）。衡量焊接性的主要指标有两个：一个是工艺焊接性，即在一定的焊接技术条件下接头产生缺陷的倾向，尤其是裂纹的倾向或敏感性；二是使用焊接性，即焊接接头在使用中的可靠性。

金属材料的焊接性与母材的化学成分、厚度、焊接方法及其他技术条件密切相关。同一种金属材料采用不同的焊接方法、焊接材料、技术参数及焊接结构形式，其焊接性都有较大差别。如铝及铝合金采用焊条电弧焊时，难以获得优质焊接接头，但如采用氩弧焊则接头质量好，此时焊接性好。

金属材料的焊接性是生产中设计、施工准备及正确拟定焊接过程技术参数的重要依据，因此，当采用金属材料尤其是新的金属材料制造焊接结构时，了解和评价金属材料的焊接性是非常重要的。

（2）焊接性的评价

影响金属材料焊接性的因素很多，焊接性的评价一般是通过估算或试验方法确定。通常用碳当量法和冷裂纹敏感系数法。

1）碳当量法 实际焊接结构所用的金属材料大多数是钢材，而影响钢材焊接性的主要因素是化学成分。因此碳当量是评价钢材焊接性最简便的方法。

碳当量是把钢中的合金元素（包括碳）的含量，按其作用换算成碳的相对含量。国际焊接学会推荐的碳当量（w_{CE}）公式为：

$$w_{CE} = \left[w_C + \frac{w_{Mn}}{6} + \frac{w_{Cr} + w_{Mo} + w_V}{5} + \frac{w_{Ni} + w_{Cu}}{15} \right] \times 100\%$$

式中：w_C、w_{Mn}等——碳、锰等相应成分的质量分数（%）。

一般碳当量越大，钢材的焊接性越差。硫、磷对钢材的焊接性影响也极大，但在各种合金钢材中，硫、磷一般都受到严格控制。因此，在计算碳当量时可以忽略。当$w_{CE}<0.4\%$时，钢材的塑性良好，淬硬倾向不明显，焊接性良好。在一般的焊接技术条件下，焊接接头不会产生裂纹，但对厚大件或在低温下焊接，应考虑预热；当w_{CE}在$0.4\% \sim 0.6\%$时，钢材的塑性下降，淬硬倾向逐渐增加，焊接性较差。焊前工件需适当预热，焊后注意缓冷，才能防止裂纹；当$w_{CE}>0.6\%$时，钢材的塑性变差,淬硬倾向和冷裂倾向大,焊接性更差。工件必须预热到较高的温度,要采取减少焊接应力和防止开裂的技术措施,焊后还要进行适当的热处理。

2) 冷裂纹敏感系数法 由于碳当量法仅考虑了钢材的化学成分,忽略了焊件板厚、焊缝含氢量等其他影响焊接性的因素,因此无法直接判断冷裂纹产生的可能性大小。由此提出了冷裂纹敏感系数的概念,其计算式为

$$P_W = \left[w_C + \frac{w_{Si}}{30} + \frac{w_{Cr}+w_{Mn}+w_{Cu}}{20} + \frac{w_{Ni}}{60} + \frac{w_{Mo}}{15} + \frac{w_V}{10} + 5w_B + \frac{[H]}{60} + \frac{h}{600} \right] \times 100\%$$

式中:P_W——冷裂纹敏感系数;

h——板厚,mm;

[H]——100 g 焊缝金属扩散氢的含量,mL。

冷裂纹敏感系数越大,则产生冷裂纹的可能性越大,焊接性越差。

2. 常用金属材料的焊接

(1) 低碳钢的焊接

低碳钢的 w_{CE} 小于 0.4%,塑性好,一般没有淬硬倾向,对焊接热过程不敏感,焊接性良好。通常情况下,焊接不需要采取特殊技术措施,使用各种焊接方法都易获得优质焊接接头。但是,低温下焊接刚度较大的低碳钢结构时,应考虑采取焊前预热,以防止裂纹的产生。厚度大于 50 mm 的低碳钢结构或压力容器等重要构件,焊后要进行去应力退火处理。电渣焊的焊件,焊后要进行正火处理。

(2) 中、高碳钢的焊接

中碳钢的 w_{CE} 一般为 0.4% ~ 0.6%,随着 w_{CE} 的增加,焊接性能逐渐变差。高碳钢的 w_{CE} 一般大于 0.6%,焊接性能更差,这类钢的焊接一般只用于修补工作。焊接中、高碳钢存在的主要问题是:焊缝易形成气孔;焊缝及焊接热影响区易产生淬硬组织和裂纹。为了保证中、高碳钢焊件焊后不产生裂纹,并具有良好的力学性能,通常采取以下技术措施:

1) 焊前预热、焊后缓冷。其主要目的是减小焊接前后的温差,降低冷却速度,减少焊接应力,从而防止焊接裂纹的产生。预热温度取决于焊件的含碳量、焊件的厚度、焊条类型和焊接规范。焊条电弧焊时,一般预热温度在 150~250 ℃ 之间,碳当量高时,可适当提高预热温度,加热范围在焊缝两侧 150~200 mm 为宜。

2) 尽量选用抗裂性好的碱性低氢焊条,也可选用比母材强度等级低一些的焊条,以提高焊缝的塑性。当不能预热时,也可采用塑性好、抗裂性好的不锈钢焊条。

3) 选择合适的焊接方法和规范,降低焊件冷却速度。

(3) 普通低合金钢的焊接

普通低合金钢在焊接生产中应用较为广泛,按屈服强度分为六个强度等级。

屈服强度 294~392 MPa 的普通低合金钢,其 w_{CE} 大多小于 0.4%,焊接性能接近低碳钢。焊缝及热影响区的淬硬倾向比低碳钢稍大。常温下焊接,不用复杂的技术措施,便可获得优质的焊接接头。当施焊环境温度较低或焊件厚度、刚度较大时,则应采取预热措施,预热温度应根据工件厚度和环境温度进行考虑。焊接 16 Mn 钢的预热条件如表 6-3 所示。

表 6-3 焊接 16Mn 钢的预热条件

工件厚度/mm	不同气温的预热温度	
<16	不低于-10 ℃不预热	-10 ℃以下预热 100~150 ℃
16~24	不低于-5 ℃不预热	-5 ℃以下预热 100~150 ℃
25~40	不低于 0 ℃不预热	0 ℃以下预热 100~150 ℃
>40	预热 100~150 ℃	

强度等级较高的低合金钢,其 w_{CE} = 0.4%~0.6%,有一定的淬硬倾向,焊接性较差。应采取的技术措施是:尽可能选用低氢型焊条或使用碱度高的焊剂配合适当的焊丝;按规范对焊条进行烘干,仔细清理焊件坡口附近的油、锈、污物,防止氢进入焊接区;焊前预热,一般预热温度超过 150 ℃;焊后应及时进行热处理以消除内应力。

(4) 奥氏体不锈钢的焊接

奥氏体不锈钢是实际应用最广泛的不锈钢,其焊接性能良好,几乎所有的熔焊方法都可采用。焊接时,一般不需要采取特殊措施,主要应防止晶界腐蚀和热裂纹。

为避免晶界腐蚀,不锈钢焊接时,应该采取的技术措施是:选择超低碳焊条,减少焊缝金属的含碳量,减少和避免形成铬的碳化物,从而降低晶界腐蚀倾向;采取合理的焊接过程和规范,焊接时用小电流、快速焊、强制冷却等措施防止晶界腐蚀的产生;可采用两种方式进行焊后热处理:一种是固溶化处理,将焊件加热到 1 050~1 150 ℃,使碳重新溶入奥氏体中,然后淬火,快速冷却将形成稳定奥氏体组织。第二种是进行稳定化处理,将焊件加热到 850~950 ℃保温 2~4 h,使奥氏体晶粒内部的铬逐步扩散到晶界。

奥氏体不锈钢由于本身导热系数小,线膨胀系数大,焊接条件下会形成较大拉应力,同时晶界处可能形成低熔点共晶,导致焊接时容易出现热裂纹。因此,为了防止焊接接头热裂纹,一般应采用小电流、快速焊,不横向摆动,以减少母材向熔池的过渡。

(5) 铸铁的焊补

铸铁含碳量高,组织不均匀,焊接性能差,所以应避免考虑铸铁材质的焊接件。但铸铁件生产中出现的铸造缺陷及铸件在使用过程中发生的局部损坏和断裂,如能焊补,其经济效益也是显著的。铸铁焊补的主要困难是:焊接接头易产生白口组织,硬度很高,焊后很难进行机械加工;焊接接头易产生裂纹,铸铁焊补时,其危害性比形成白口组织大;铸铁含碳量高,焊接过程中熔池中碳和氧发生反应,生成大量 CO 气体,若来不及从熔池中逸出而存留在焊缝中,焊缝中易出现气孔。

铸铁的流动性好,立焊时熔池金属容易流失,所以一般只应进行平焊。

根据铸铁的焊接特点,铸铁的焊补,一般采用气焊、焊条电弧焊,对焊接接头强度要求不高时,也可采用钎焊。铸铁的焊补过程根据焊前是否预热,可分为热焊和冷焊两类。

1) 热焊法 焊前将工件整体或局部加热到 600~700 ℃,焊补后缓慢冷却。热焊法能防止工件产生白口组织和裂纹,焊补质量较好,焊后可进行机械加工。热焊采用气焊和手工电弧焊进行焊补较为适宜。气焊火焰还可以用于预热工件和焊后缓慢冷却。气焊时,填充金属应使用专制的铸铁棒,并配以 CJ201 气焊焊剂,以保证焊接质量。焊条电弧焊时,应采用低碳钢芯铸铁焊条,药皮成分主要是石墨、硅铁、碳酸钙等,以补充焊补处碳和硅的烧损,并造渣清除杂质。

热焊法成本较高、生产率低、焊工劳动条件差。

热焊适用于焊补形状复杂、焊后需进行加工的铸件,如床头箱、气缸体等。

2) 冷焊法 焊补前工件不预热或只进行 400 ℃ 以下的低温预热。焊补时常用焊条电弧焊进行铸铁冷焊,依靠焊条来调整焊缝的化学成分,防止白口组织和裂纹,焊接时应尽量用小电流、短电弧、窄焊缝、分段焊等工艺,焊后立即用锤轻击焊缝,以松弛焊接应力,待冷却后再继续焊接。

冷焊时,根据铸铁性能、焊后对机械加工的要求及铸件的重要性等来选定焊条,常用的有:钢芯或铸铁芯铸铁焊条,适用于一般非加工面的焊补;镍基铸铁焊条,适用于重要铸件的加工面的焊补;铜基铸铁焊条,适用于焊后需要加工的灰铸铁件的焊补。

冷焊法生产率高、成本低、劳动条件好,尤其是不受焊缝位置的限制,故应用广泛。

(6) 铝及铝合金的焊接

工业纯铝和非热处理强化的变形铝合金的焊接性较好,而可热处理强化变形铝合金和铸造铝合金的焊接性较差。

铝及铝合金焊接的困难主要是铝容易氧化成 Al_2O_3。由于 Al_2O_3 氧化膜的熔点高(2 050 ℃)而且密度大,在焊接过程中,会阻碍金属之间的熔合而形成夹渣。

此外,铝及铝合金液态时能吸收大量的氢气,但在固态几乎不溶解氢,熔入液态铝中的氢大量析出,使焊缝易产生气孔;铝的热导率为钢的4倍,焊接时,热量散失快,需要能量大或密集的热源,同时铝的线膨胀系数为钢的2倍,凝固时收缩率达6.5%,易产生焊接应力与变形,并可能产生裂纹;铝及铝合金从固态转变为液态时,无塑性过程及颜色的变化,因此焊接操作时,很容易造成温度过高、焊缝塌陷、烧穿等缺陷。

铝和铝合金的焊接常用氩弧焊、气焊、电阻焊和钎焊等方法。其中氩弧焊应用最广,气焊仅用于焊接厚度不大的一般构件。

氩弧焊电弧集中,操作容易,氩气保护效果好,且有阴极破碎作用,能自动除去氧化膜,所以焊接质量高,成形美观,焊件变形小。氩弧焊常用于焊接质量要求较高的构件。

电阻焊时,应采用大电流,短时间通电,焊前必须彻底清除焊件焊接部位和焊丝表面的氧化膜与油污。

气焊时,一般采用中性火焰。焊接时,必须使用溶剂以溶解或消除覆盖在熔池表面的氧化膜,并在熔池表面形成一层较薄的熔渣,保护熔池金属不被氧化,排除熔池中的气体、氧化物和其他杂质。

铝及铝合金的焊接无论采用哪种焊接方法,焊前都必须进行氧化膜和油污的清理。清理质量的好坏将直接影响焊缝质量。

(7) 铜及铜合金的焊接

铜及铜合金焊接性较差,焊接接头的各种性能一般均低于母材。

铜及铜合金焊接的主要困难是:铜及铜合金的导热性很好,焊接时热量很快从加热区传导出去,导致焊件温度难以升高,金属难以熔化,以致填充金属与母材不能很好地熔合;铜及铜合金的线膨胀系数及收缩率都较大,并且由于导热性好,而使焊接热影响区变宽,导致焊件易产生变形;另外,铜及铜合金在高温液态下极易氧化,生成的氧化铜与铜形成易熔共晶体沿晶界分布,使焊缝的塑性和韧度显著下降,易引起热裂纹;铜在液态时能溶解大量氢,而凝固时,溶解度急剧下降,焊接熔池中的氢气来不及析出,在焊缝中形成气孔。同时,以溶解状态残留在固态金属中的氢与氧化亚铜发生反应,析出水蒸气,而水蒸气不溶于铜,但以很高的压力状态分布在显微空隙中导致裂缝产生所谓氢脆现象。

导热性强、易氧化、易吸氢是焊接铜及铜合金时应解决的主要问题。目前焊接铜及铜合金较理想的方法是氩弧焊。对质量要求不高时,也常采用气焊,焊条电弧焊和钎焊等。

采用各种方法焊接铜及铜合金时,焊前都要仔细清除焊丝、焊件坡口及附近表面的油污、氧化物等杂质。气焊、钎焊或电弧焊时,焊前应对焊剂、钎剂或焊条药皮作烘干处理。焊后应彻底清洗残留在焊件上的溶剂和熔渣,以免引起焊接

二、塑料的焊接

将分离的塑料用局部加热或加压等手段,利用热熔状态的塑料大分子在焊接压力作用下相互扩散,产生范德华作用力,从而紧密地连接在一起,形成永久性接头的过程称为塑料的焊接。

塑料焊接可以使用焊条作为填充焊料,也可以直接加热焊件而不使用填充焊料。为了保证焊接质量,焊接表面必须清洁,不被污染。因此,常在焊接前对焊接表面做脱脂去污处理。绝大多数情况下,焊接表面还必须做平整与平行加工处理,例如管道端对焊接时,必须先削平两个管材的被焊端面,并保证这两个端面相互接触时基本平行。

焊接表面或者坡口的预加工可以使用通用的切削机床,也可使用刀片仔细加工。

目前,在工业技术中得到应用的塑料焊接方法有多种。

1. 热气焊

利用热气体(在大多数情况下即热风)对塑料表面加热,并通过手动或机械方式对焊接区施加焊接压力,从而进行焊接的方法称为热气焊。可以利用热气焊方法进行焊接的塑料品种有聚氯乙烯、聚乙烯、聚丙烯、聚甲醛、聚酰胺以及聚苯乙烯、ABS、聚碳酸酯等。

热气焊过程中作为焊接热源载体的气体必须去油、去水分,然后在 $(1~5) \times 10^4$ Pa 的压力下通入焊枪,并被加热。出于安全考虑,热气焊不得使用可燃气体作为热源气体。气源通常为压缩空气。热气流温度可以达到 200~300℃。

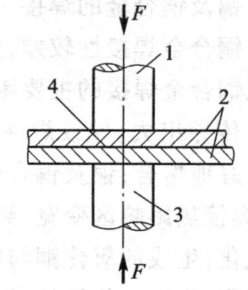

常见的热气焊填充焊料有圆形、矩形截面以及绳状或条状的焊条。热塑性硬塑料的焊接多使用直径为 2 mm、3 mm 或 4 mm 的圆截面焊条或型材截面的焊条。

2. 超声波焊接

塑料超声波焊接的原理是使塑料的焊接面在超声波能量的作用下做高频机械振动而发热熔融,同时施加焊接压力,从而把塑料焊接在一起,如图 6-18 所示。

超声波焊接原则上适于焊接大多数热

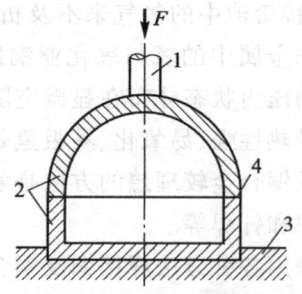

图 6-18 塑料超声波焊接示意图
1、3—超声波焊头;2—被焊接件;4—被焊接区

塑性塑料,主要用于焊接模塑件、薄膜、板材和线材等,通常不需要填充焊料。塑料超声波焊接的焊接面预加工有一些特殊的要求,在焊接面上,常设计有带尖边的超声波能量定向唇,又称导能筋,如图 6-19 所示。

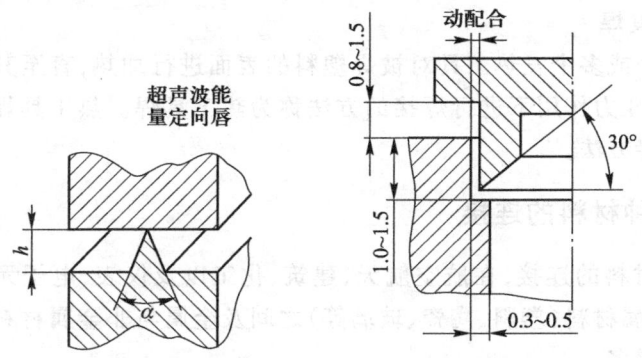

图 6-19 塑料超声波焊面上的超声波能量定向唇

3. 摩擦焊

塑料摩擦焊的原理与金属摩擦焊相同。被焊接的塑料在焊接面上经摩擦发热而熔融,同时,手控或机械操纵焊接压力,把它们焊接在一起。摩擦焊的焊接表面可以是轴对称的圆柱体端面,或是圆锥体的锥表面。在一般情况下,摩擦焊不需要填充焊料,但有时也使用与被焊塑料相同的中间摩擦件作为填充焊料,进行焊接。

4. 挤塑焊

挤塑焊是近年来发展迅速的一种塑料焊接方法,主要用于焊接厚壁工件和大面积贴面焊接。

尽管挤塑焊方法较多,但所有挤塑焊方法都具有以下特点:

(1) 总是以塑化装置(挤出机)挤出的棒状熔料作为焊接填料;
(2) 焊接填料混合均匀,并且已充分塑化;
(3) 焊接表面必须预加热至焊接温度;
(4) 焊接时必须施加压力。

挤塑焊方法主要用于焊接聚乙烯和聚丙烯塑料,要求挤塑焊的填充焊料应与母材一致,禁止用成分不明的塑料,禁用再造的各类塑料。

5. 光致热能焊接

以一束聚焦但频带不相干的光源对被焊材料的表面加热,以光致热能熔融表面层塑料,同时手动或机械操纵作用焊接压力,从而实现焊接的方法称为光致热能焊接。

目前,成熟的光致热能焊接方法是红外灯加热挤塑焊。此方法是由一台挤出机塑化填料,并将其挤入已由加热灯预热的坡口或隙缝,进而把塑料焊接在一起。

6. 热工具焊

利用一个或多个发热工具对被焊塑料的表面进行加热,直至其表面层充分熔化,然后在压力作用下进行焊接的方法称为热工具焊。热工具焊是应用最广泛的塑料焊接方法。

三、异种材料的连接

除同种材料的连接,在航空航天、建筑、化工以及仪表、电子元器件制造业中,各类非金属材料(塑料、陶瓷、玻璃等)之间及金属与非金属材料之间的连接要求也日渐增多。

钎焊不仅用于同种或异种金属焊接,还广泛用于金属与玻璃、陶瓷等非金属材料的连接。用环氧树脂、聚丙烯等高分子化合物作黏接剂涂在连接部位,然后在固化剂或光、热作用下固化而实现的连接,在现代航空、电子工业中已成为十分重要的黏接手段。几种被粘材料适用的胶黏剂如表 6-4 所示。

表 6-4 适用于几种材料的胶黏剂

被粘材料 \ 焊接剂种类	环氧胶	酚醛胶	聚氨酯胶	丙烯酸酯厌氧胶	双马来酰亚胺胶	聚酰亚胺胶	氰基丙烯酸酯胶	不饱和聚酯胶	有机硅胶
结构钢	√	√	√	√	√	√		√	
铬镍钢									√
铝和铝合金	√	√		√			√		
铜和铜合金	√	√		√					
钛和钛合金		√		√				√	
玻璃钢	√	√			√				

同种材料之间的连接总是比异种材料之间的连接容易一些。相对而言,陶瓷与陶瓷连接时的困难要比陶瓷与金属连接时少一些。因此,凡适用于陶瓷与金属连接的工艺方法、材料和措施往往也适用于陶瓷与陶瓷的连接。目前,作为结构陶瓷与金属之间的连接,实际应用比较多的仍是活性钎料真空钎焊和真空

扩散焊两种连接方法,尤其活性钎料真空钎焊的应用比较成熟。活性钎料通常是在 Cu、Ni、Ag、Au 等金属或合金中加入 Ti、Zr、Hf 等化学活泼性很强的过渡金属。这类钎料对陶瓷润湿性良好,在液态时很容易与陶瓷发生反应而形成连接。目前国内外连接陶瓷时使用最多的是 Ag-Cu-Ti 系的活性钎料。

第四节 焊接结构及工艺性

设计焊接结构(welded structure)时,除了考虑焊件的使用性能外,还应依据各种焊接方法的工艺过程特点,考虑焊接结构的材料、使用的焊接方法、选用接头形式及结构工艺性等方面的内容,达到焊接工艺简单、焊接质量优良的目的。

一、焊接结构材料的选择

选材是焊接结构设计中的重要一环,焊接结构材料选择的原则如下:

(1) 在满足使用性能要求的前提下,首先要选择焊接性能较好、价格低廉的材料,如低碳钢和碳当量小于 0.4% 的低合金结构钢。

(2) 要注重材料的冶金质量。重要的焊接结构应选用脱氧完全、组织致密、质量较高的镇静钢。沸腾钢氧含量高,组织成分不均匀,焊接时易产生裂纹,厚板焊接时还可能出现层状撕裂,因此不宜用作承受动载荷或严寒下工作的重要焊接结构件以及盛装易燃、有毒介质的压力容器。

(3) 异种材料焊接,必须注意它们的焊接性及其差异。一般要求接头强度不低于被焊钢材中的强度较低者,并应在设计中对焊接工艺提出要求,按焊接性较差的钢种采取措施,如预热或焊后热处理等。

(4) 焊接结构应尽量选用轧制的型材,以减少焊缝的数量和简化焊接工艺,增加结构件的强度和刚性。对于形状复杂的结构可采用铸钢件、锻钢件或冲压件焊接而成,组成铸-焊工艺、锻-焊工艺及冲-焊工艺。

(5) 焊接构件最好采用相等厚度的金属材料,以便获得优质的焊接接头。当两块厚度相差较大的金属材料进行焊接时,接头处会造成应力集中,而且接头两边受热不均,易产生焊不透等缺陷。不同厚度金属材料对接时,允许的厚度差如表 6-5 所示,如果两板厚度差超过规定值,应在较厚板料上加工出单面或双面斜边的过渡形式,如图 6-20 所示。

表 6-5 不同厚度金属材料对接时允许的厚度差

较薄板的厚度/mm	2~5	6~8	9~11	≥12
允许厚度差/mm	1	2	3	4

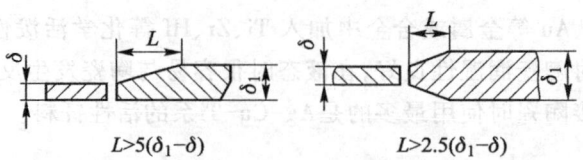

图 6-20 不同厚度的金属材料对接接头的过渡形式

钢板厚度不同的角接与 T 形接头受力焊缝,可考虑采取图 6-21 所示的过渡形式。

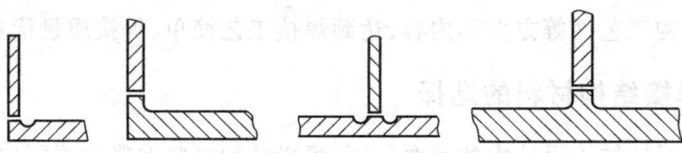

图 6-21 不同厚度的角接与 T 形接头的过渡形式

二、焊缝的布置

为简化焊接工艺和保证接头质量,应合理布置焊接结构中的焊缝位置。为此,要考虑以下因素:

1. 焊缝位置应方便焊接操作和检验

焊缝布置应考虑焊接操作时有足够的空间,以便于施焊和检验。如焊条电弧焊时需考虑留有一定焊接空间,以保证运丝自如;气体保护焊时应考虑气体的保护作用;埋弧焊时应考虑施焊时接头处存放焊剂、保持熔融合金和熔渣;点焊与缝焊时,电极应能到达待焊部位。图 6-22 为上述几种焊接方法布置焊缝位置时合理与不合理的方案。

2. 焊缝应尽量分散布置,避免密集和汇交

密集交叉的焊缝容易导致接头组织和性能恶化,产生应力集中和焊接变形。因此,焊缝应尽量分散,两条焊缝的间距一般要大于三倍焊件厚度且不小于100 mm。图 6-23 中的图 a 焊缝布置不合理,应改为图 b 中的焊缝位置。

3. 焊缝布置应尽量对称

对称的焊缝布置,可使焊接变形互相约束、抵消而减轻变形程度。例如,图 6-24 所示的焊件。如果采用图中 a、b 所示的焊缝布置方案,使焊缝处于截面重心的一侧,那么当焊缝冷却收缩时,就会造成较大的弯曲应力而形成大的弯曲变

第四节 焊接结构及工艺性

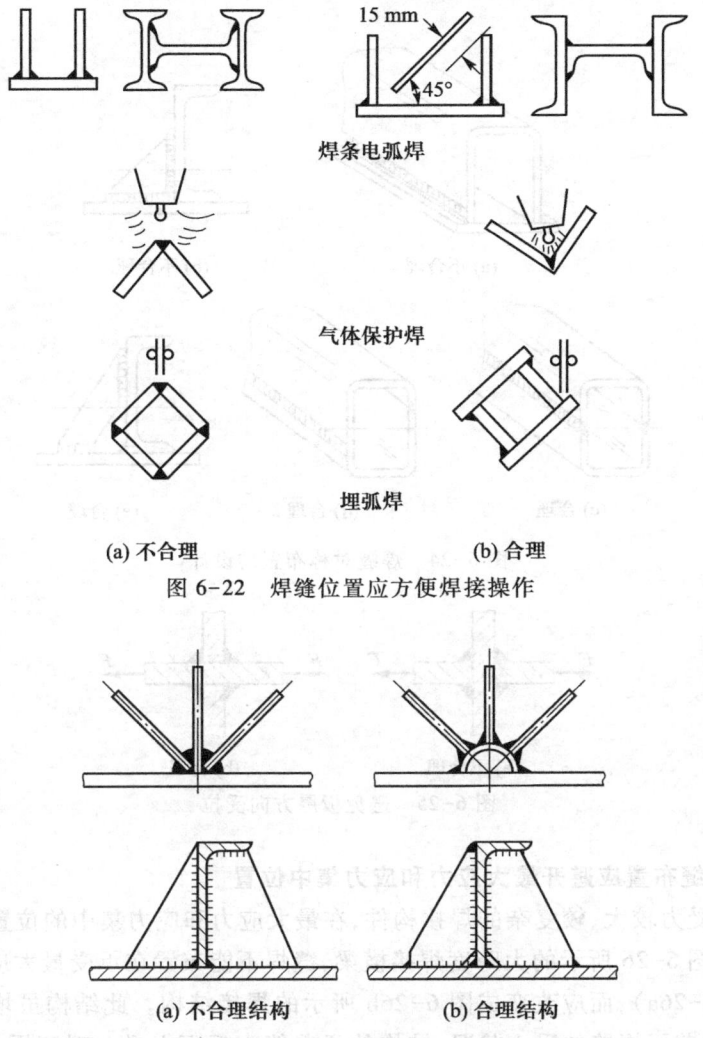

(a) 不合理　　　　　　　　　(b) 合理

图 6-22　焊缝位置应方便焊接操作

(a) 不合理结构　　　　　　　(b) 合理结构

图 6-23　焊缝分散布置的设计

形。如果采用图中 c、d 和 e 所示的焊缝布置方案,使焊缝对称布置于重心,由于焊缝冷却收缩时造成的弯曲应力可以在最大限度上相互抵消,因此焊接变形不明显。

4. 应避免母材厚度方向工作时受拉

因母材厚度方向强度较低,受拉时易产生裂纹,应合理安排焊缝,如图6-25所示。

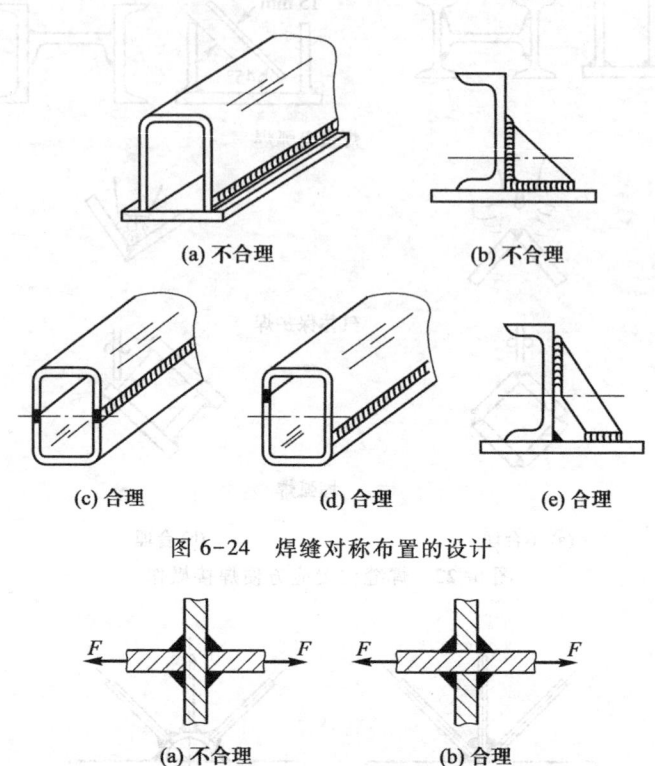

(a) 不合理 (b) 不合理

(c) 合理 (d) 合理 (e) 合理

图 6-24　焊缝对称布置的设计

(a) 不合理　　(b) 合理

图 6-25　避免板厚方向受拉

5. 焊缝布置应避开最大应力和应力集中位置

对于受力较大、较复杂的焊接构件，在最大应力和应力集中的位置不应布置焊缝。如图 6-26 所示的大跨度焊接横梁，缝焊不能布置在承受最大应力的跨度中间（图 6-26a），而应改变成图 6-26b 所示的焊接结构。此结构虽增加了一条焊缝，但改善了焊缝的受力状况，结构的承载能力反而上升。对于图 6-27 所示的压力容器，焊接时焊缝应避开应力集中的转角处（图 6-27a），其位置应当距封头有一直段（一般不小于 25 mm）（图 6-27b），从而改善了焊缝受力状况。同理，在构件截面有急剧变化的位置或尖锐棱角部位，由于易产生应力集中，不应布置焊缝。如图 6-28a 所示的焊缝布置应改为图 6-28b 所示的形式。

6. 焊缝布置应避开机械加工表面

如果焊接结构的某些部位要求较高精度，而且必须在加工以后才能进行焊接，此时焊缝布置应避开机械加工的表面，使已加工表面的加工精度不受影响（图 6-29）。

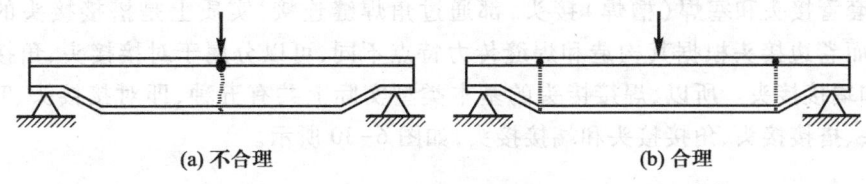

(a) 不合理　　　　　　　　　　(b) 合理

图 6-26　横梁的焊缝布置

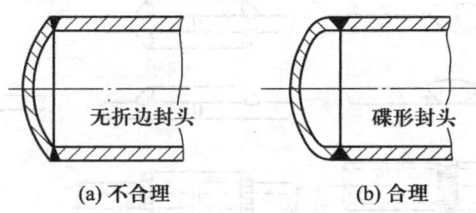

(a) 不合理　　　　　　　　　　(b) 合理

图 6-27　压力容器凸形封头的焊缝布置

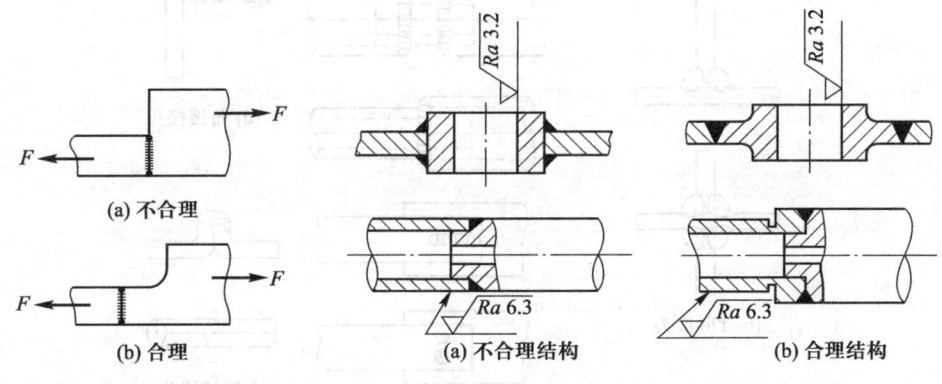

图 6-28　构件截面急剧变化　　图 6-29　焊缝避开机械加工表面的设计
位置的焊缝布置

三、焊接接头及其设计

焊接形成的接头是焊接结构的最基本要素。焊接接头的设计是在充分考虑结构特点、材料特性、接头工作条件和经济性等的前提下，在首先选定焊接方法之后，正确合理地布置焊缝，确定接头形式和坡口形式。

1. 接头形式

根据接头的构造形式不同，焊接接头可以分为对接接头、T 形接头、十字接头、搭接接头、盖板接头、套管接头、塞焊（槽焊）接头、角接接头、卷边接头和端接接头十种类型。从另外角度讲，十字接头可视为两个 T 形接头的组合；盖板接头、套管接头和塞焊(槽焊)接头,都通过角焊缝连接,实质上是搭接接头的变种;而卷边接头根据其构造和焊缝传力特点不同,可以分属于对接接头、角接接头和端接接头。所以,焊接接头的基本类型实际上共有五种,即对接接头、T形接头、搭接接头、角接接头和端接接头,如图6-30所示。

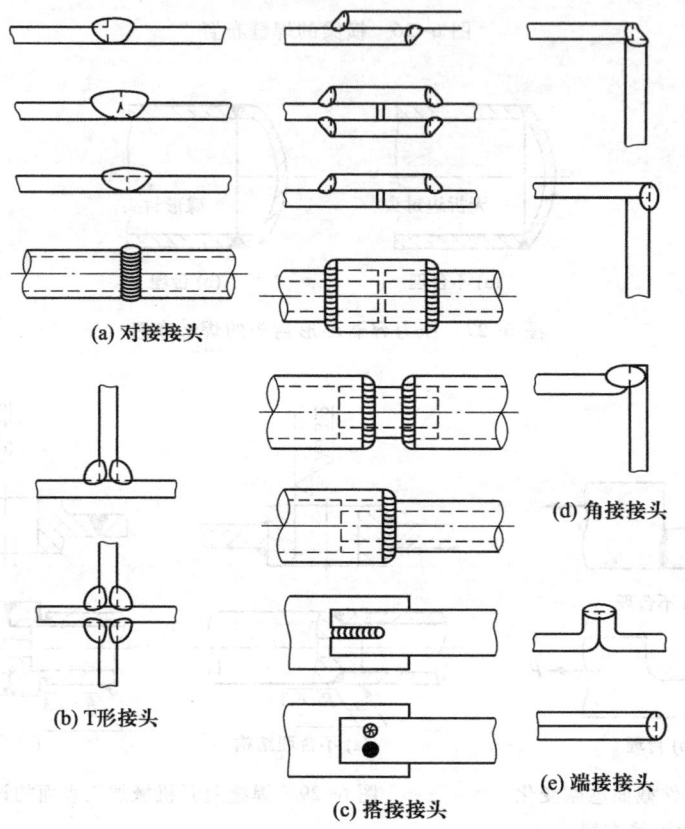

图6-30 焊接接头的基本类型

2. 坡口形式

根据设计或工艺需要,将被焊工件上的待焊部位加工并装配成一定几何形状的沟槽,称为坡口(groove)。在焊接结构设计时,除考虑接头形式外,还应注意坡口形状和尺寸。焊接接头可采用各种坡口形式。除如图6-31所示的I形坡口、V形坡口、U形坡口、J形坡口等基本类型外,还有由两种或两种以上的基本型坡口组合而成的组合型坡口,如Y形坡口、X形坡口和K形坡口等。

选择坡口形式时,如果是承载接头,则要求焊缝具有与母材相等的强度,须采用能完全焊透钢板的方法,即全熔透焊缝。若是联系接头,焊缝要承受的力较小,这时就不一定要求焊透或全长焊接。此外,还要考虑接头的准备和焊接成本,即坡口加工、焊缝填充金属量、焊接工时及辅助工时等。

总之,在设计中应尽量使接头类型简单、结构连续,并将焊缝尽可能安排在应力较小的以及结构几何形状尺寸不变的部位。

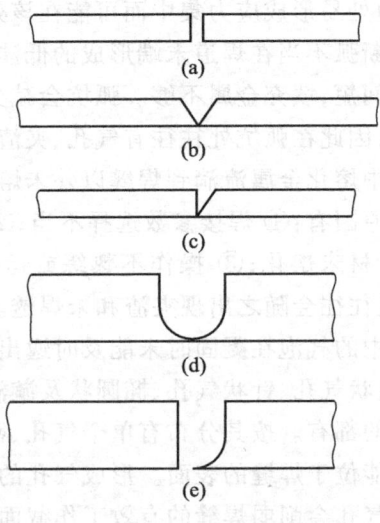

图 6-31 坡口的基本类型

第五节 焊接质量检测

一、常见焊接缺陷及其分析

在焊接结构制造过程中,由于结构设计不当、原材料不符合要求、接头准备不仔细、焊接工艺不合理或焊工操作等原因,会使焊接接头产生各种焊接缺陷(weld defects)。常见的焊接缺陷有焊缝外形尺寸不符合要求、咬边、弧坑、焊瘤、气孔、夹渣、未焊透、未熔合和裂缝等,其中以条状夹渣、未焊透和裂缝的危害性最大。

焊缝外形尺寸不符合要求主要是指外观质量粗糙,鱼鳞波高低、宽窄发生突变,焊缝与母材非圆滑过渡等焊缝尺寸不符合施工图样或技术要求的缺陷。产生这类缺陷的主要原因有:① 焊接坡口角度不当或装配间隙不均匀;② 焊接电流过大或过小；③操作不当(运条速度或手法不当,焊条角度选择不合适；埋弧焊时焊接工艺参数选择不当)。这类缺陷不仅使焊缝成形不美观,还会影响焊缝与母材的结合强度。

咬边是沿焊趾的母材部位产生的沟槽或凹陷。产生这种缺陷的主要原因有：①平焊时焊接电流过大,运条速度不合适；②角焊时焊条角度或电弧长度不适当,埋弧焊时焊接速度过高。咬边削弱了焊件的有效面积,降低了焊接接头的机械性能,而且由于咬边处易形成应力集中而可能在该处产生裂纹。

弧坑是由于收弧和断弧不当在焊道末端形成的低洼部分。产生的主要原因是焊丝或者焊条停留时间短,填充金属不够。弧坑会减少焊缝的截面积,弧坑处易产生偏析或杂质集聚,因此在弧坑处往往有气孔、夹渣、裂纹等。

焊瘤是在焊接过程中熔化金属流淌到焊缝以外未熔化的母材上所形成的局部未熔合。产生的主要原因有：①焊接参数选择不当；②坡口清理不干净,电弧热损失在氧化皮上,使母材未熔化；③操作不熟练或运条不当等。焊瘤不仅影响焊缝的成形美观,而且往往会随之出现夹渣和未焊透。

气孔是焊接时熔池中的气泡在凝固时未能及时逸出而残留下来的空穴。按其形状有球状气孔、条虫状气孔、针状气孔、椭圆状及漩涡状气孔,气孔的大小从显微尺寸到直径几毫米的都有。按其分布有单个气孔、密集气孔和连续气孔,可能位于焊缝的内部也可能位于焊缝的表面。形成气孔的气体主要是氢气和一氧化碳气体。焊缝中存在气孔会削弱焊缝的有效工作截面,降低其机械性能；气孔严重时,和其他缺陷叠加会造成贯穿性缺陷,破坏焊缝的致密性,连续气孔则是结构破坏的原因之一。产生气孔的原因主要有：①电弧保护不好,弧太长；②焊条或焊剂受潮,气体保护介质不纯；③坡口清理不干净等。

夹渣是指焊后残留在焊缝中的熔渣,有点状夹渣和条状夹渣。条状夹渣是指长宽比大于3的夹渣。夹渣易产生在坡口边缘和每层焊道之间非圆滑过渡的部位,焊道形状突变,存在深沟的部位也易产生夹渣。夹渣的危害较气孔严重,因为其几何形状不规则,尖角、棱角对基体有割裂作用,易产生应力集中,是裂纹的起源地之一。条状夹渣的危害比点状夹渣的危害更严重,因为它在焊缝中就相当于一长条缝隙,因此重要焊接结构的焊缝不允许存在条状夹渣。产生夹渣的原因主要有：①熔池温度低(电流小),液态金属黏度大,焊接速度大,凝固时熔渣来不及浮出；②运条不当,熔渣和铁水分不清；③坡口形状不规则,坡口太窄,不利于熔渣上浮；④多层焊时熔渣清理不干净。

未熔合是焊道与母材之间或焊道与焊道之间未能完全熔化结合的部分。未熔合因为间隙很小,可视为片状缺陷,类似于裂纹,是危险性较大的缺陷。产生未熔合的主要原因有：①电流小、速度快、热量不足；②坡口或焊道有氧化皮、熔渣等，一部分热量损失在熔化杂物上，剩余热量不足以熔化坡口或焊道金属；③ 焊条或焊丝的摆动角度偏离正常位置，熔化金属流动而覆盖到电弧作用较弱的未熔化部分。

焊接裂纹是指在焊接应力及其他致脆因素的共同作用下，使焊接接头局部区域的金属原子结合力遭到破坏而形成的裂缝，具有尖锐的缺口和大的长宽比的特征。裂纹会出现在焊缝或热影响区，可能在表面也可能在内部。焊接裂纹有宏观的和显微的两种。显微裂纹不易发现，所以危害性较大。裂缝是最严重的一种缺陷，不但减小接头的有效工作面积、降低接头强度，还由于裂缝端都有一个尖锐裂口，将引起较大的应力集中，因而能引起裂缝的继续扩展，可导致整个构件的突然断裂，特别是承受动载荷时，这种缺陷是非常危险的。所以，接头中不允许有裂缝存在，如有裂缝必须铲除。产生裂缝的主要原因有：① 焊接过程中产生了较大的内应力，同时焊缝中含有低熔点杂质（如 FeS、Fe_3P 等），使焊缝产生热裂缝；② 焊后冷到低温时，焊缝及近缝区存在脆性组织（如淬火组织、磷的共晶等），焊缝金属中有较多的氢，在拉应力的作用下产生了冷裂缝。

防止焊接缺陷的主要途径是制定正确的焊接技术指导文件，针对焊接缺陷产生的原因在操作中采取必要的工艺措施。

在焊接结构件中要获得无缺陷的焊接接头，在技术上是相当困难的，也是不经济的。为了满足焊接结构件的使用要求，应该把缺陷限制在一定的程度之内，使其对焊接结构件的运行不致产生危害。由于不同的焊接结构件使用场合不同，对其质量要求也不一样，因而对缺陷的容限范围也不相同。

评定焊接接头质量优劣的依据，是缺陷的种类、大小、数量、形态、分布及危害程度。若接头中存在着焊接缺陷，一般可通过焊补来修复，或者采取铲除焊道后重新进行焊接，严重时直接将产品报废。

二、焊接缺陷常用检验方法

焊接接头缺陷的检验仅是保证焊接产品质量的一个方面，完整的焊接质量的检验应贯穿于整个焊接产品生产的全过程，包括焊前检验、焊接生产中的检验和焊后成品的检验。

焊前检验是防止缺陷产生的必要条件，主要是指焊接原材料检验、设计图纸与技术文件的论证检查、构件装配和坡口加工质量的检验、焊接设备是否完善以及焊接工人的培训考核等。其目的是预先防止和减少焊接时产生缺陷的可能性。

焊接过程中的检验包括焊接设备的运行情况、焊接工艺参数正确与否，以及多层焊过程中对夹渣、未焊透等缺陷的自检等。其目的是防止焊接过程中缺陷的形成和及时发现缺陷。

成品检验是焊接质量检验的最后步骤。当全部焊接工作完毕后,将焊缝清理干净,即可着手进行成品检验。对焊接缺陷的检验,基本上是在这个阶段中进行。

1. 外观检验

外观检验(visual examination)方法手续简便、应用广泛,常用于成品检验,有时亦使用在焊接过程中。如厚壁焊件多层焊时,每焊完一层焊道时便进行检查,防止前道焊层的缺陷被带到下一层焊道中。外观检验一般通过肉眼,借助标准样板、量规和放大镜等工具来进行检验,主要是发现焊缝表面的缺陷和尺寸上的偏差。检查之前,须将焊缝附近 10~20 mm 基本金属上所有飞溅及其他污物清除干净。要注意焊渣覆盖和飞溅的分布情况,粗略地预测缺陷。若焊缝表面出现缺陷,焊缝内部便有存在缺陷的可能。如焊缝表面出现咬边或满溢,则内部可能存在未焊透或未熔合;焊缝表面多孔,则焊缝内部亦可能会有气孔或非金属夹杂物存在。

2. 致密性检验

致密性检验(leak test)方法是用于检验不受压或受压很低的容器、管道的焊缝是否存在穿透性的缺陷。常用方法有气密性试验、氨气试验和煤油试验等。

(1) 气密性实验 在密闭容器中,通入远低于容器工作压力的压缩空气,在焊缝外侧涂上肥皂水,焊接接头有穿透性缺陷时就有汽泡出现,即可发现缺陷。

(2) 氨气试验 对被试容器通入氨气,在焊缝外侧贴上一条比焊缝略宽的浸有硝酸汞溶液的试纸。若焊接接头有穿透性缺陷,则在试纸的相应部位上呈现黑色斑纹。根据这些图像就可以确定焊缝的缺陷部位。试验所得的硝酸汞纸带可作判断焊缝质量的证据。浸过同样溶液的普通医用绷带亦可代替纸带,绷带的优点是洗净后可再用。这种方法比较准确、便宜和快捷,同时可在低温下检查焊缝的致密性。

(3) 煤油试验 煤油试验是致密性检查最常用的方法,常用于检查敞开的容器,贮存石油、汽油的固定存储容器和同类型的其他产品。由于煤油黏度和表面张力很小,渗透性很强,具有透过极小的贯穿性缺陷的能力。这种方法最适合对接接头,而对于搭接接头除试验有一定困难外,因搭接处的煤油不易清理干净,修补时容易着火,缺陷焊缝的修补工作也有一定的危险。

除以上方法以外,致密性检验还有载水、水冲、沉水、吹气、氦气等方法。

3. 水压试验

水压试验用于压力容器、锅炉、管道和贮罐等的焊接接头的致密性和强度检验,同时也能起到降低结构焊接应力的作用,一般是超载实验。

水压试验应在焊缝内部检验及有关检验项目完全合格后进行。试验时,容器(或管道)堵塞好一切出入孔,然后充满水,实验用的水温,低碳钢不低于5 ℃,

其他合金钢不低于 15 ℃。用水泵把容器内水压提高,试验压力的大小视产品工作性质而定,一般为工作压力的 1.25~1.5 倍。升压过程中,应按规定逐级上升,当压力达到试验压力后保压一定时间,检查压力表指示的压力是否下降。再降到工作压力,全面检查试件焊缝和金属外壁是否有渗漏现象。水压试验后试件应没有可见的残余变形。水压试验是压力容器、锅炉、管道的重要检验手段,应严格按有关技术标准执行。水压试验合格的产品一般即认为产品制造合格。

4. 气压试验

气压试验是比水压试验更为灵敏和迅速的实验,但其危险性比水压试验大。试验时,先将气压加至产品技术条件的规定值,然后关闭进气阀,停止加压,用肥皂水检查焊缝是否漏气,或检查工作压力表数值是否下降,如有缺陷,应找出缺陷所在部位,卸压后进行返修补焊,待再行检验合格后方能出厂。

5. 无损探伤检验

焊缝表面的细微缺陷以及存在于焊缝内部的缺陷,均可通过无损探伤检验来发现。常用的无损探伤方法有如下几种。

（1）着色检验　将工件表面加工打磨至表面粗糙度 $Ra12.5\ \mu m$ 以下,用清洗剂除去杂质污垢。先喷涂渗透剂(呈红色),渗透剂具有很强的渗透能力,可渗入到工件表面的细微缺陷中。隔十分钟后,将工件表面的渗透剂擦掉,再一次清洗后,喷涂白色的显示剂,借助毛细管作用,缺陷处的红色渗透剂即显示出来,呈现出缺陷的位置和形状。

（2）磁粉检验　用来检查焊接接头表面的微小裂纹和表面层(深 1~6 mm)裂纹、气孔、夹渣等缺陷。其原理是利用外加磁场在焊件上产生的磁力线,遇有缺陷时会弯曲跑出焊件表面,形成漏磁场,吸附洒在焊件表面的磁粉,显示缺陷的形貌、部位和尺寸。

（3）射线探伤　射线探伤有 X 射线、γ 射线和高能射线探伤三种。目前 X 射线探伤和 γ 射线探伤用得较多。我国常用 X 射线法,其原理是 X 射线透过裂纹、未焊透、气孔、夹渣等缺陷时其能量衰减较小,在底片上感光较强,从而显示出缺陷形状、尺寸和位置。射线探伤是检查内部缺陷的一种准确可靠的方法,是在锅炉、压力容器焊接质量检验中经常使用的主要的无损探伤方法。

（4）超声波探伤　超声波探伤的原理是向焊接接头需探伤的区域发出定向的超声波,遇有缺陷时超声波就返回接收器(超声波尚未到达焊件底面),在荧光屏上显示出脉冲波形,从而判断缺陷的位置和大小,但不能判断是哪种缺陷。超声波探伤在锅炉压力容器的焊接质量检验中,也是一种常用的主要的无损探伤的方法。

射线探伤和超声波探伤都有国家标准,标准中规定了探伤的要求和焊接质量的等级标准等。产品根据使用要求和重要性确定合格标准。

上述检验方法属于非破坏性检验,还有一类破坏性检验方法,如焊接接头的力学性能试验、化学成分分析、金相组织检验等,在此不做详细介绍。

第六节 材料的其他连接方法

一、铆接

将铆钉穿过被连接件(通常为板材或型材)的预制孔经铆合而成的连接方式称为铆钉连接,简称铆接(rivet joint),如图 6-32 所示。

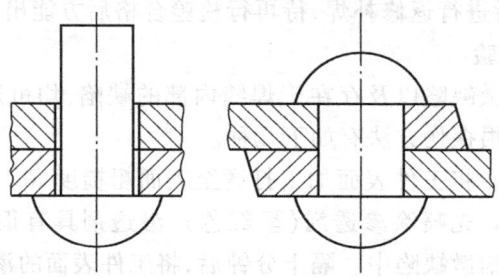

图 6-32 铆钉连接

铆接分冷铆和热铆。钉杆直径 $d \geqslant 12$ mm 的钢制铆钉,通常是将铆钉加热(常加热到 1 000~1 100 ℃)后进行铆接。一般情况下,钉杆直径 $d < 10$ mm 的钢制铆钉和塑性较好的有色金属、轻金属及其合金(如铜、铝等合金)制成的铆钉在常温下进行冷铆。

铆钉有空心的和实心的两大类。实心的多用于受力大的金属零件的连接;空心的用于受力较小的薄板或非金属零件的连接。

按工作要求,铆缝可分为三种:要求有足够可靠连接强度的强固铆缝,如金属桁架、飞机蒙皮和框架等结构中的铆缝;要求有足够强度和足够紧密性的强密铆缝,如蒸汽锅炉、压缩空气贮存器等高压容器的铆缝;要求有足够的紧密性的紧密铆缝,如油箱、水箱的铆缝。

铆接具有工艺设备简单,工艺过程比较容易控制,质量稳定,铆接结构抗振、耐冲击,连接牢固可靠,对被连接件材料的力学性能没有不良的影响等特点。目前在承受严重冲击或剧烈振动载荷的金属结构的连接中,如起重机的构架、铁路桥梁、建筑物、船舶及重型机械等方面仍有应用;在受力较小的薄板或非金属零件或异性材料的连接及轻工产品上也得到应用;在航空航天工业中,由于飞行器结构本身的特点以及轻金属材料焊接困难,故其仍然是一种重要的连接方法。

但与焊接或胶接相比,上述的铆接工艺费工时较多;由于被连接件上需制出钉孔,应力集中比较严重,使强度受到较大削弱;铆接时工人劳动强度大、噪声大,影响工人健康;铆缝紧密性也较差,故一般铆接的应用日益减少。

为了克服上述缺点,一种铆钉连接的特殊结构,拓宽了铆接的应用范围。如抽芯铆钉连接,目前应用较多。图6-33为开口型扁圆头抽芯铆钉的铆接过程,铆接时用拉铆枪拉紧芯杆,使其底端圆柱挤入钉套,钉套和钉孔形成轻度过盈结合。铆好后芯杆将自动被拉断。

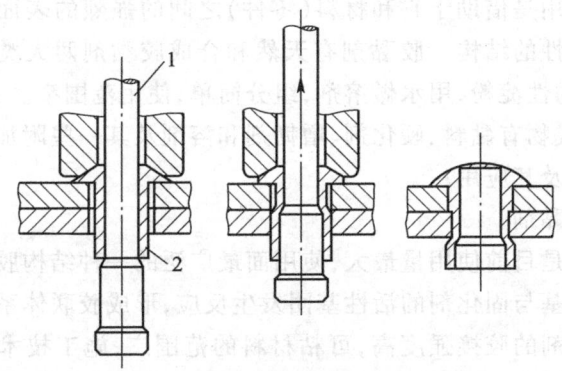

图6-33 抽芯铆钉
1—芯杆;2—钉套

抽芯铆钉可在单面进行铆接作业,装配方便。在家电、家具制作、建筑装潢等多方面得到广泛应用。抽芯铆钉还有其他多种形式,国内已有铆钉厂专门从事生产;国外正在不断推出新型铆钉结构。它们可用于有较强振动部位的封闭结构的连接及强度要求高、有良好密封的重要连接等。

二、胶接

1. 概述

胶接(adhesion bonding)是利用胶黏剂直接把被连接件连接在一起。胶接用于木材由来已久。由于新型胶黏剂的发展,胶接已用于金属(包括金属与非金属材料组成的复合结构)的连接。胶接是利用胶黏剂凝固后产生的粘附力来传递载荷的。

与铆接、焊接相比,胶接的主要优点是:被连接的材料范围广;连接后的机件质量轻,材料的利用率高;成本低;在全部胶接面上应力集中小,故耐疲劳性能好;有良好的密封性、绝缘性和防腐性。其缺点是:抗剥离、抗弯曲及抗冲击振动性能差；耐老化及耐介质（如酸、碱等）性能差；胶黏剂对温度变化敏感，影响胶接强度；胶接件的缺陷有时不易发现。

目前，胶接在各行各业中的应用日益广泛。机械工业中以胶代焊、以胶代铆、防漏防泄，已取得明显效果。现代的飞机、飞船和人造卫星的迅速发展，光纤通信的实现等都与胶接的发展密切相关，故胶接的发展有着广阔的前景。不断推出新型胶黏剂，与其他连接技术配合使用等是解决当前胶接强度不足的有效途径。

2. 常用胶黏剂

胶黏剂的作用是借助于它和材料（零件）之间的强烈的表面黏附力，使零件能够连接成永久性的结构。胶黏剂有天然和合成胶黏剂两大类，天然胶黏剂如动物性骨胶、植物性淀粉，用水做溶剂，组分简单，使用范围窄。合成胶黏剂应用广泛，其主要组成物有黏料、硬化剂、增韧剂和溶剂及其一些附加物。

常用胶黏剂及其应用：

（1）环氧胶黏剂

环氧胶黏剂是目前使用量最大，使用面最广泛的一种结构胶黏剂，它是通过环氧树脂的环氧基与固化剂的活性基团发生反应，形成胶联体系，从而达到胶接目的。环氧胶黏剂的胶接强度高，可粘材料的范围广，施工技术性能良好，配制使用方便，固化后体积收缩率较小，尺寸稳定，使用温度范围广，且对人体无毒性。各种牌号的环氧胶黏剂既可从市场上买到，也可自行配制或根据需要对胶黏剂进行改性，因此环氧胶黏剂称得上是"万能胶"。其主要缺点是接头的脆性较大，耐热性不够高。环氧胶黏剂可用于金属与金属、金属与非金属、非金属与非金属等材料的胶接，已广泛用于航空工业、汽车制造、电子装配、农机维修、机械制造、土木建筑等。

（2）聚氨酯胶黏剂

聚氨酯胶黏剂是以异氰酸化学反应为基础，用多异氰酸酯及含羟、胺等活性基团的化合物作为主要原料来制造的。在聚氨酯胶黏剂中含有许多强极性基团，对极性基材具有高的黏附性能。这类胶黏剂具有良好的胶接力，不仅加热能固化而且也可室温固化。起始黏力高，胶层柔韧，抗剥离、抗弯和抗冲击等性能优良，耐冷水、耐油、耐酸，耐磨性也较好。但耐热性不够高，故常用作非结构型胶黏剂，广泛应用于非金属材料的胶接。

（3）橡胶胶黏剂

橡胶胶黏剂的主体材料是天然橡胶和合成橡胶。橡胶胶黏剂的接头强韧而有回弹性，抗冲击，抗振动，特别适宜交通运输机械的胶接。如丁腈橡胶胶黏剂具有良好的耐油性及耐老化性能，与树脂共混对金属具有很高的胶接强度，可作为结构胶黏剂。

（4）丙烯酸酯胶黏剂

丙烯酸酯胶黏剂是以丙烯酸酯及其衍生物为主要单体,通过自由基聚合反应或者离子型聚合反应来制备。丙烯酸酯因衍生物的种类很多,还有许多与丙烯酸酯共聚的不饱和化合物。因此,丙烯酸酯胶黏剂的功能是多种多样的,既可制成压敏胶,也能制造结构胶黏剂。如丙烯酸酯胶黏剂中的厌氧胶,在氧气存在下可在室温储存,一旦隔绝氧气,就迅速聚合而固化,把被粘的两个表面胶接起来。作为金属结构胶黏剂,厌氧胶主要用于轴对称构件的套接、加固及密封,如管道螺纹、法兰面、轴与轴套等,它的胶层密封性好,耐高压和耐腐蚀。

（5）杂环高分子胶黏剂

杂环高分子胶黏剂又称高温胶黏剂,属航空航天用高温结构胶黏剂。杂环高分子胶黏剂具有既耐高温,又耐低温的胶接性能,是抗老化性能最好的胶黏剂,但这种胶黏剂固化条件苛刻,成本很高。

3. 胶接工艺

胶接工艺过程主要包括:设计和加工胶接接头、被黏材料表面处理、胶黏剂的准备、涂胶、晾置以及装配、固化、检验、修整等。

（1）胶接接头的基本类型及应用

所有胶接接头可以概括为如图 6-34 所示的四种基本类型:角接、T 形接、对接与表面接。它们可以组合成各种具有不同特点的接头形式。

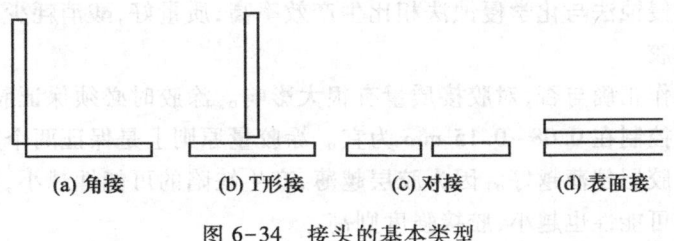

图 6-34　接头的基本类型

各种接头形式的主要应用如下:

1）平板的接头形式　平板胶接接头形式可有多种类型。单面搭接可用于许多结构连接的情况中,它的优点是制造方便,但其性能比斜面搭接差。斜面搭接可以减小弯曲应力,有较高的强度,但加工复杂。嵌接、盖板搭接也具有较好的强度。

2）平板与型材的接头形式　平板与型材的接头形式主要有 T 形、L 形和 Π 型。

3) 管材、棒材的接头形式　这类材料的接头形式主要是套接。

(2) 胶接件的表面处理

胶接是发生胶接的物质两相界面间分子相互作用的结果,因而要创造条件使胶接表面上的分子接近,接近到分子(或原子、离子、原子团)间相互作用力能明显表现出来。为此,必须除掉被粘体表面的各种覆盖物,使表面达到无灰尘、无油污、无锈蚀,并适当粗化以利于胶粘剂的润湿和粘附力的形成,从而有效地提高胶接强度和耐久性。处理方法有物理方法和化学方法等多种。

1) 溶剂清洗法　主要是除油,其次是表面的其他污物。清洗分手工清洗和机械清洗,清洗剂有碱液、有机溶剂和各种水基清洗剂。目前广泛采用脱脂棉沾湿有机溶剂擦拭清洁被粘材料表面。常用的溶剂有汽油、酒精、丙酮、苯、甲苯等。

2) 机械处理法　对被粘表面进行机械处理,既可除掉金属表面锈蚀层、油污,也是为了使表面粗糙以利胶接。常用的机械处理方法有刮、铲、车、磨、铣、喷砂、喷丸等。

3) 化学处理法　化学处理法是用配好的酸、碱液或某些无机盐溶液将被粘材料表面的一切油污杂质清除掉。例如,酸洗是为除去锈层而使用,特别是机械方法不能采用时,常采用酸洗除锈。常用的酸洗液包含硫酸、盐酸和磷酸等成分。为防止再次锈蚀,酸洗液中需加有缓蚀剂。

4) 电化学酸洗除锈处理　电化学酸洗除锈处理是将被处理工件浸在酸或金属盐处理液中作电极,通以直流电而使工件上的覆盖物通过侵蚀而去掉的方法。电化学侵蚀法与化学侵蚀法相比生产效率高,质量好,酸消耗少。

(3) 涂胶

涂胶操作正确与否,对胶接质量有很大影响。涂胶时必须保证胶层均匀,一般胶层厚度控制在 0.08~0.15 mm 为宜。涂胶量原则上是保证两个贴合面不缺胶的情况下胶层越薄越好。因为胶层越薄,产生缺陷的可能性越小,在固化时产生内应力的可能性也越小,胶接强度则高。

(4) 固化

胶黏剂在固化过程中要控制三个要素:压力、温度、时间。首先,固化加压要均匀,应有利于排出胶层中残留的挥发性溶剂。胶黏剂固化时,要严格控制固化温度,它对固化程度有决定性影响。如加热固化应阶梯升温,温度不能过高,持续时间不能太长,否则会导致胶接强度下降。固化时间的长短与固化温度和压力密切相关,温度升高时,固化时间可以缩短,降低温度则应适当延长固化时间。

复习思考题

1. 焊接生产对于焊接热源有什么要求？主要焊接热源有哪几种？
2. 低碳钢焊接接头有几个区域？各区域的组织和性能如何？如何改善热影响区的组织和性能？
3. 为什么熔焊时应使焊接区域隔离空气并对熔池进行冶金处理？为此，可采取哪些措施？
4. 熔焊、压焊和钎焊的实质有何不同？
5. 试述电阻焊的特点及应用，并指出它可分为哪几种？
6. 试比较埋弧焊、CO_2 气体保护焊、氩弧焊、电阻焊和钎焊的特点及应用范围。
7. 钎焊可分为哪几种？其适用范围是哪些？
8. 拼焊图 6-35 所示钢板时，应如何确定焊接顺序，并说明理由。

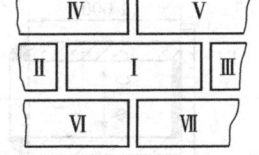

图 6-35　焊接顺序的确定

9. 胶接工艺的一般过程是什么？胶层固化时应注意哪些问题？
10. 胶接前的表面处理有哪些？为什么要进行表面处理？
11. 常见的铆缝形式有哪些类型？各应用于何种场合？
12. 为下列产品选择合理的焊接方法。
（1）低压容器，采用厚度为 3 mm 的 Q235 钢板焊成，小批生产。
（2）工字梁，采用厚度为 30 mm 的 Q345 钢板焊成，中批生产。
（3）车刀，由硬质合金刀片与 45 钢刀杆焊接而成，小批生产。
（4）自行车车圈，大批量生产。
（5）钢管，采用壁厚 5 mm、直径 45 mm 的不锈钢管对接，小批生产。
（6）容器，采用壁厚 4 mm 的阴极铜板焊成，单件生产。
13. 材料的焊接性取决于哪些因素？如何评价材料的焊接性？
14. 比较表 6-6 所列各种钢材的焊接性。

表 6-6　待评价钢材的化学成分和板厚

钢号	主要化学成分(质量分数)/%						板厚/mm
	C	Mn	Si	V	Ti	Cr	
Q295A	0.16	1.50	0.55	0.15	0.10		40
Q345B	0.20	1.60	0.55	0.15	0.20		20
Q390A	0.20	1.60	0.55	0.20	0.20	0.3	10

15. 选择焊接结构材料时应遵循哪些原则？为什么？

16. 简述焊接应力和变形产生的原因。

17. 图 6-36 所示的焊接结构的焊缝位置是否合理？如不合理，应如何修改？

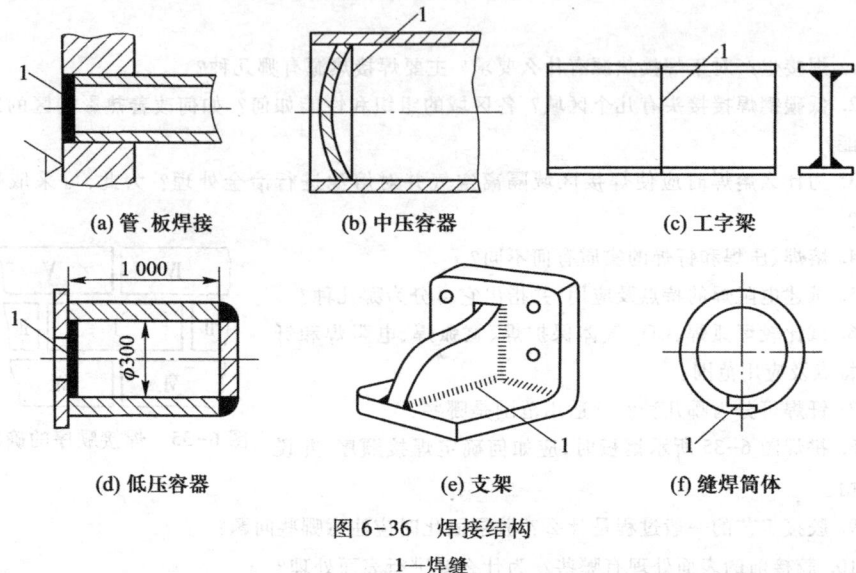

图 6-36　焊接结构
1—焊缝

18. 承受中等压力的容器如图 6-37 所示，采用 Q345 钢板（1 200 mm×5 000 mm×22 mm）焊接，拟生产 10 台，试回答：

1) 容器的焊缝布置是否合理？为什么？如不合理，应如何修改？
2) 试选择焊接方法、接头形式和坡口形式并说明理由。

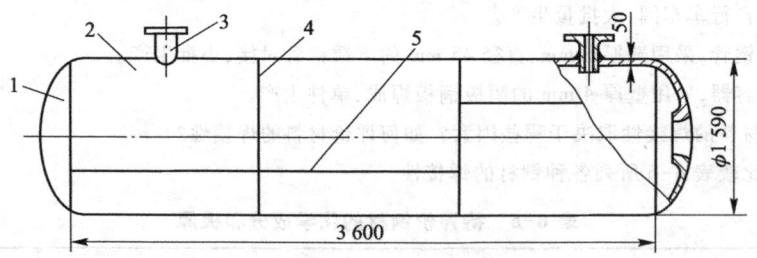

图 6-37　焊接结构
1—封头；2—筒身；3—管接头；4—环焊缝；5—纵焊缝

19. 焊接质量检验的目的是什么？

20. 常用的非破坏性检验方法有哪些？其应用特点如何？

第七章 粉末冶金与陶瓷材料的成形工艺

本章学习指南

本章的主要内容:粉体的三种成形原理,粉末冶金的成形工艺,普通陶瓷的成形工艺,高技术陶瓷的成形工艺。读者应通过对粉体成形基本理论的学习和对粉体制备技术的了解,着重掌握粉末冶金成形工艺和陶瓷材料的成形工艺。成形理论是基础,工艺方法是关键,只有在充分理解成形理论的基础上,才能更好地掌握各种成形方法。

与第四、五、六、八章的区别:本章所述成形工艺所使用的原料为细小的粉体,其颗粒大小一般在 100 μm 以下;成形得到的坯体还需要经过进一步的烧结才能得到成品。当然,它也是一种制备块体材料的有效方法,与其他制备方法互为补充。其中的一些方法与第九章某些部分相似,可相互参照。建议对各种材料的成形方法加以比较。

与材料液态铸造成形和固态塑性成形方法不同,粉末冶金与陶瓷的成形方法是利用粉末特有的性能,通过坯体成形、烧结等系列工艺形成的。其重要特点是材料的制备与成形可以一体化。

粉末冶金(powder metallurgy)与陶瓷(ceramic)的主要制备工艺过程包括粉末制备、成形和烧结。其生产工艺过程可简单地表示为

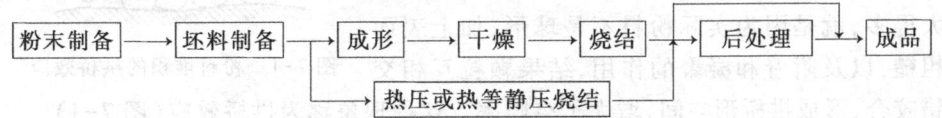

本章将讨论粉末冶金与陶瓷的成形原理、粉体制备技术、粉末冶金的成形工艺和陶瓷材料的成形工艺,最后介绍快速成形工艺。

第一节 粉体成形原理

粉末冶金与陶瓷所用的原料为粉体,将粉体原料制成块状坯体一般采用三

种不同的方法:① 直接将不含液体(水或有机溶剂)或含少量液体的粉体加压成形,称为压制成形(press forming)法;② 将粉体加入适量的液体,做成可塑泥团,通过塑性变形形成坯体,称为可塑成形(plastic forming)法;③ 粉体中加入足够多的液体(含液量超过可塑泥团的含液量),做成流体型的泥浆,并通过注浆形成坯体时,称为注浆成形(slip casting process)法。

为了讲述上述成形方法的原理,有必要先了解粉料的一些基本物理性能。

一、粉料的基本物理性能

1. 粒度和粒度分布

粒度(particle size)是指粉料的颗粒大小,通常以颗粒半径 r 或直径 d 表示。实际上并非所有的粉料颗粒都是球状。非球形颗粒的大小可用等效半径来表示。也就是把不规则的颗粒换算成为和它同体积的球体,以相当的球体半径作为其粒度的量度。例如棒状粒子长度为 a,宽度为 b,高度为 c,则其体积为 $V=abc$。若与它相同体积的球半径为 r,则该颗粒等效半径为:$r=\sqrt[3]{3V/(4\pi)}$。

粒度分布(particle size distribution)是指多分散体系中各种不同大小颗粒所占的百分比。

2. 颗粒的形态与拱桥效应

人们一般用针状、多面体状、柱状、球状等来描述颗粒的形态。其实,对颗粒形状的上述描述并没有什么明确的界限。例如,柱状和针状,意味前者粗一些,但以什么样的长短比值来区分并不明确。球体、多面体等形状是一种三维描述;柱、针、纤维等形状是一种关于长短的一维描述;而板、片状则是关于平面的二维描述。显微镜所观察到的只是二维投影像,很难清楚地看到颗粒的三维形状。

粉料自由堆积的空隙率往往比理论计算值大得多,就是因为实际粉料不是球形,加上表面粗糙,以及附着和凝聚的作用,结果颗粒互相交错咬合,形成拱桥形空间,增大了空隙率。这种现象称为拱桥效应(图7-1)。

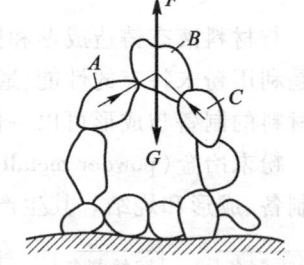

图7-1 粉料堆积的拱桥效应

3. 粉体的表面特性

粉体之所以在性能上与块体物质有很大的差异,一个十分重要的原因就是二者的表面状态存在着很多不同。

(1) 粉体颗粒的表面能和表面状态

如果把水晶破碎,破断面就成为新的表面。这时,新的晶体表面上的原子所处的状态就与内部原子不一样。内部原子在周围原子的均等作用下处于能量平衡的状态;而表面原子只是一侧受到内部原子的引力,另一侧则处于一种具有"过剩能量"的状态。该"过剩能量"就称为表面能(surface energy)。粉体颗粒表面的"过剩能量"称为粉体颗粒的表面能。

当物质被粉碎成细小颗粒时,就会出现大量的新表面,并且这种新表面的量值随粒度变小而迅速增加。这时,处于表面的原子数量发生显著变化。表 7-1 是当粒径发生变化时,一般物质颗粒其原子数与表面原子数之间的比例变化。

表 7-1 一般物质颗粒细化后,其原子数与表面原子数之间的比例

粒 径/nm	原 子 数	$\dfrac{\text{表面原子数}}{\text{原子数}}/\%$
20	2.5×10^5	10
10	3×10^4	20
5	4×10^3	40
2	250	80
1	30	99

从表中可见,当粒径变小时,表面原子的比例增加便不可忽视。在这种情况下,几乎可以说,颗粒的表面状态决定了该物体的各种性质。其中起主导作用的就是表面能的骤变。当粒径小于 1 μm 以下时,表面能已经不能被忽略,它成为粉体粒子的附着与凝聚的重要原因。

(2) 粉体颗粒的吸附与凝聚

附着于固体表面的颗粒,只要有一个很小的力就可使它们分开,这表明二者之间存在着使之结合得并不牢固的引力。此外,颗粒之间也相互附着而形成团聚体。一个颗粒依附于其他物体表面上的现象称为附着。而凝聚则是指颗粒间在各种引力作用下的团聚。存在于异种固体表面间的引力称为附着力,附着力可视为仅作用于接触面垂直方向上的力;存在于同种固体表面间的力称为凝聚力,凝聚力也包括摩擦力,摩擦力是作用于沿接触面水平方向欲产生分离、移动的阻力。

4. 粉料的堆积(填充)特性

由于粉料的形状不规则,表面粗糙,使堆积起来的粉料颗粒间存在大量空隙。粉料颗粒的堆积密度与堆积形式有关。若采用不同大小的球体堆积,则可能小球填塞在等径球体的空隙中。因此采用一定粒度分布的粉料可减少其空隙,提高自由堆积的密度。单一颗粒(即纯粗颗粒或细颗粒)堆积时的空隙率约为 40%。若用二级粒度(如平均粒径比为 10:1)配合则其堆积密度增大,而采用三级粒度的颗粒配合则可得到更大的堆积密度。

5. 粉料的流动性

粉料虽然由固体小颗粒组成,但由于其分散度较高,具有一定的流动性。当

堆积到一定高度后，粉料会向四周流动，始终保持为圆锥（图7-2），其自然安息角（偏角）α保持不变。因此可用α角反映粉料的流动性。一般粉料的α角为20°~40°，如粉料呈球形，表面光滑，易于向四周流动，α角值就小。

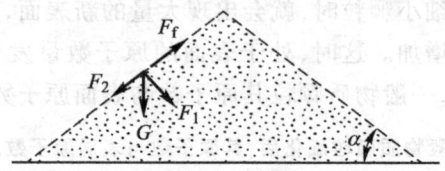

图7-2 粉料自然堆积的外形

下面就各种成形方法所涉及的原理分别加以介绍。

二、压制成形原理

压制成形是基于较大的压力，将粉状坯料在模型中压成块状坯体的。成形时，当压力加在粉料上时，粉料受到压力的挤压，开始移动，互相靠拢，坯体收缩，并将空气驱出。压力继续增大，颗粒继续靠拢，同时产生变形，坯体继续收缩。当颗粒完全靠拢后压力再增大，坯体收缩就很小，这时，颗粒在高压下可产生变形和破裂。由于颗粒的接触面逐渐增大，因此其摩擦力也逐渐增大。当压力与颗粒间的摩擦力平衡时，颗粒接触达到平衡状态，坯体得到压实。

1. 压制成形过程中坯体的变化

（1）密度的变化

压制成形过程中，随着压力增加，松散的粉料迅速形成坯体。加压开始后颗粒滑移，重新排列，将空气排出，坯体的密度急剧增加；压力继续增加时，颗粒接触点发生局部变形和断裂，坯体密度比前一阶段增加缓慢；当压力超过某一数值（粉料的极限变形应力）后，再次引起颗粒滑移和重排，坯体密度又迅速加大。压制金属等塑性粉料时，上述过程就难以明显区分。

（2）强度的变化

随着成形压力的增加，坯体强度分阶段以不同的速度增大。压力较低时，由于粉料颗粒位移而使空隙填充，但颗粒间接触面积仍较小，所以强度并不大。成形压力增大后，不仅颗粒位移和填充空隙继续进行，而且颗粒发生弹性-塑性变形或者断裂，颗粒间接触面积大增，强度直线提高。压力继续增大，坯体密度和空隙率变化不明显，强度变化也较平坦。

（3）坯体中压力的分布

坯体压制成形时压力分布不均匀，即不同的部位受到的压力不等，因而导致坯体各部分的密度出现差别。这种现象产生的原因是颗粒移动和重新排列时，颗粒之间产生内摩擦力,颗粒与模壁之间产生外摩擦力。这两种摩擦力阻碍着压力的传递。坯体离加压面的距离愈大的部位,则受到的压力愈小(图7-3)。摩擦力对坯体断面上的压力及密度分布的影响随 H/D 的比值而不同, H/D 比值愈大,则不均匀分布现象愈严重,因此高而细的产品不适于采用压制法成形。

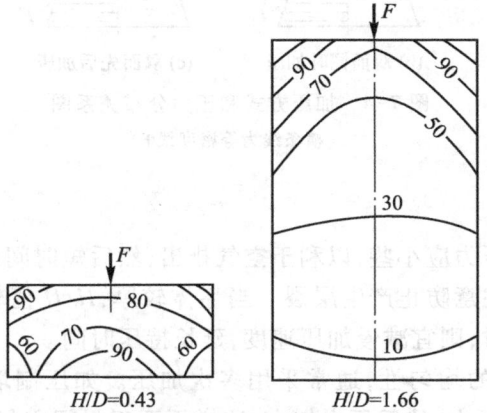

图7-3 单面加压时坯体内部压力分布情况
H—坯体高度; D—坯体直径

2. 影响坯体密度的因素

(1) 成形压力

压制过程中,施加于粉料上的压力主要消耗在以下两方面:

1) 克服粉料的阻力 F_1 称为净压力。它包括颗粒相对位移时所需克服的内摩擦力及使粉料颗粒变形所需的力。

2) 克服粉料颗粒对模壁摩擦所消耗的力 F_2 称为消耗压力。压制过程中的总压力 $F=F_1+F_2$,即成形压力。它一方面与粉料的组成和性质有关,另一方面与模壁和粉料的摩擦力及摩擦面积有关,即与坯体大小和形状有关。如果坯体横截面不变,而高度增加,形状复杂,则压力损耗增大。若高度不变,而横截面尺寸增加,则压力损耗减小。对于某种坯料来说,为了获得致密度一定的坯体所需要施加的单位面积上的压力是一个定值,而压制不同尺寸坯体所需的总压力等于单位压力乘以受压面积。

(2) 加压方式

单面加压时,坯体中压力分布是不均匀的(图7-4a)。不但有低压区,还有死角。为了使坯体的致密度均匀一致,宜采用双面加压。双面同时加压时,可消除底部的低压区和死角,但坯体中部的密度较低(图7-4b)。若两面先后加压,二次加压之间有间歇,利于空气排出,使整个坯体压力与密度都较均匀(图7-4c)。如果在粉料四周都施加压力(也就是等静压成形),则坯体密度最均匀(图 7-4d)。

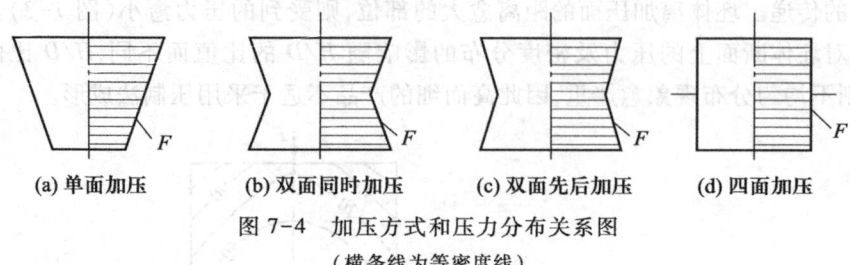

(a) 单面加压　　(b) 双面同时加压　　(c) 双面先后加压　　(d) 四面加压

图 7-4　加压方式和压力分布关系图

(横条线为等密度线)

(3) 加压速度

开始加压时,压力应小些,以利于空气排出,然后短时间内释放此压力,使受压气体逸出,但要注意防止产生层裂。当坯体较厚,H/D 值较大,或者粉料颗粒较细,流动性较低时,则宜减慢加压速度,延长持压时间。

为了提高压力的均匀性,通常采用多次加压。如压制墙地砖时,通常加压 3、4 次。开始稍加压力,然后压力加大,这样不至于封闭空气排出的通路。最后一次提起上模时要轻些、缓些,防止残留的空气急速膨胀产生裂纹。这就是工人师傅总结的"一轻、二重、慢提起"的操作方法。

(4) 添加剂的选用

在压制成形的粉末中,往往加入一定种类和数量的润滑剂,促进颗粒湿润或变形,以减少颗粒之间及粉料与模壁之间的摩擦、增加颗粒之间的粘接作用,从而提高坯体的密度和强度,减少密度分布不均的现象。通常采用含极性官能团的有机物作润滑剂。对添加物的要求是:和坯料颗粒不发生化学反应,不会影响产品性能;分散性好,便于和坯料混合均匀;有机物质应在较低温度下能烧尽,且灰分少;氧化分解的温度范围宽些,以防引起坯体开裂。

3. 对压制用粉料的工艺性能要求

由于压制成形时粉料颗粒必须能充满模型的各个角落,因此要求粉料具有良好的流动性。为了得到较高的素坯密度,粉料中包含的气体越少越好,粉料的堆积密度越高越好。

三、可塑泥团的成形原理

可塑法成形是用各种不同的外力对具有可塑性(plasticity)的坯料(泥团)进行加工,迫使坯料在外力作用下发生变形并保持其形状而制成生坯的成形方法。这种方法主要用来成形陶瓷坯体,而在粉末冶金中用得很少。

1. 可塑泥团的流变特性

可塑泥团是由固相、液相、少量气孔组成的弹性-塑性系统。当它受到应力作用而发生变形时,既有弹性性质,又出现假塑性变形阶段。由图 7-5 可见,当应力很小时,含水量一定的泥团受到应力 σ 的作用而产生应变 ε,二者呈线性关系(泥团的弹性模量不变),而且是可逆的。这种弹性变形主要是由于泥团中含有少量空气和有机增塑剂,它们具有弹性,同时由于黏土颗粒表面形成水化膜所致。若应力增大超过弹性的极限值 σ_y,则出现不可逆的假塑性(pseudoplastic)变形。

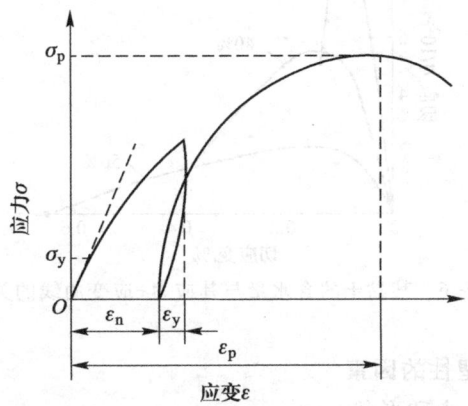

图 7-5 黏土泥团的应力-应变曲线

由弹性变形过渡到假塑性变形的极限应力 σ_y 称为流动极限(或称流限、屈服值),此值随泥团中水分增加而降低。达到流限后,应力增大会引起更大的变形速度。这时弹性模量减小。若取消泥团受到的应力,则会部分地回复到原来的状态(用 ε_y 表示),剩下不可逆变形部分 ε_n 称为假塑性变形。这是由于泥团中的颗粒产生相对位移所致。重新加载,变形将从 ε_n 开始。若应力超过泥团的强度极限 σ_p 则导致开裂破坏。

成形时,希望泥团能长期维持塑性状态。这涉及加压方式与变形的关系。当应力是一次和很快地加压到泥团上时,比较容易出现弹性变形,而不可逆的假塑性变形值较少。所以要使泥团形成坯体要求的形状,成形的压力应陆续、多次加压到泥团上。泥团受力作用变形后,若维持其变形量不变,则应力会逐渐消失,则泥团呈塑性变形(plastic deformation),长期保持变形后的形状。

在可塑坯料的流变性质中,有两个参数对成形过程有实际的意义:一个是泥团开始假塑性变形时需加的应力,即其屈服值 σ_y;另一个是出现裂纹前的最大变形量 ε_p。成形性能好的泥团应该有一个足够高的屈服值,以防偶然的外力引起变形;而且应有足够大的变形量,使得成形过程中变形虽大但不致出现裂纹。但这两个参数并不是孤立的。图 7-6 表明,改变泥团的含水量可改变一个流变特性,但同时会降低另一个特性。一般可以近似地用屈服值 σ_y 和最大变形量 ε_p 的乘积(可塑性指数)来评价泥团的成形性能。这也是直接评价可塑性的方法。对于一定的泥团来说,在合适的水分下,这个乘积达到最大值也就具有最好的成形能力。

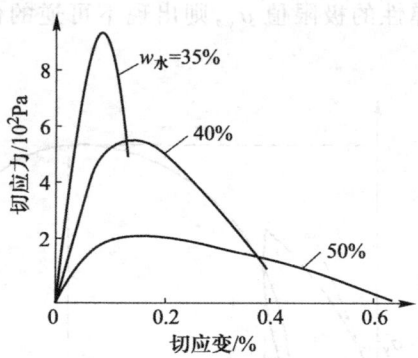

图 7-6 某黏土的含水量与其应力-应变曲线的关系

2. 影响泥团可塑性的因素

（1）固相颗粒大小和形状

一般地说,泥团中固相颗粒愈粗,呈现最大塑性时所需的水分愈少,最大可塑性愈低;颗粒愈细则比表面愈大,每个颗粒表面形成水膜所需的水分愈多,由细颗粒堆积而成的毛细管半径越小,产生的毛细管力越大,可塑性也高。不同形状颗粒的比表面是不同的,因而对可塑性的影响也有差异。根据计算,板片状、短柱状颗粒的比表面较球状和立方体颗粒的比表面大得多。前两种颗粒容易形成面与面的接触,构成的毛细管半径小,而毛细管力较大,而且它们的对称性低,移动时阻力大,促使泥团的可塑性增大。

（2）液相的数量和性质

水分是泥团出现可塑性的必要条件。泥团中水分适当时才能呈现最大的可塑性,从图 7-7 可知,泥团的屈服值随含水量的增加而减小,而泥团的最大变形量却随含水量的增加而加大。用屈服值与最大变形量二者的乘积表示可塑性,对应于某一含水量泥团的可塑性可达到最大值。实际上可塑成形时的最佳水分应该是可塑性最大时的含水量（又称可塑水分）。

除此以外,泥团的可塑性还与加入的塑化剂的种类和数量有密切的关系。对普通陶瓷材料来说,还与采用的黏土种类等有关。

3. 对可塑坯料的工艺性能的要求

对可塑坯料的工艺性能的要求是:可塑性好,含水量适当,干燥强度高,收缩

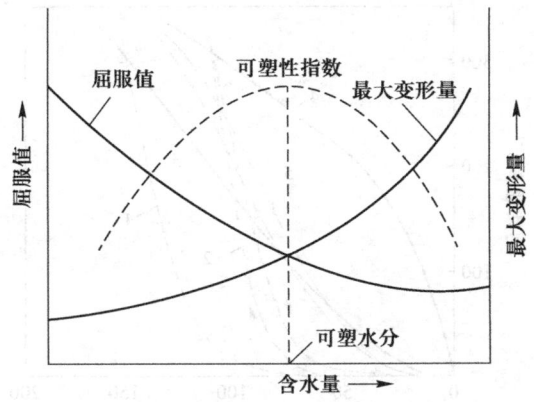

图 7-7 可塑泥团含水量与可塑性的关系

率小,颗粒细度适当,空气含量低。

四、泥浆/粉浆的成形原理

注浆成形是陶瓷坯体成形中的一个基本成形工艺,已有很久的历史。在粉末冶金中有时也用来成形一些形状比较复杂的机件。其成形过程比较简单,即将制备好的坯料泥浆(在粉末冶金中多称为粉浆,下面我们统称为泥浆)注入多孔性模型内,由于多孔性模型的吸水性,在贴近模壁的一层泥浆被模子吸水而形成一均匀的泥层,此泥层随时间的延长而逐渐加厚。当达到所需的厚度时,可将多余的泥浆倾出。最后该泥层继续脱水收缩而与模型脱离,从模型中取出后即为毛坯。

1. 泥浆的流变特性

(1) 泥浆的流动曲线

粉末冶金和陶瓷生产所用泥浆的流变性能的表示方法和其他流体一样,通常将剪应力 τ 与剪切速率 γ 作图,画出其流动曲线。

图 7-8 为一些陶瓷原料泥浆的流动曲线。可塑黏土调成的泥浆(相对密度 1.34),在低的剪应力作用下这种泥浆不会流动,在高剪应力作用下,泥浆容易搅动。并且其流动曲线上没有触变滞后环。其中,我们把泥浆在搅动或摇动的影响下能获得流动性、而在静置后重新稠化的现象称为触变(thixotropy)。在 τ-γ 曲线上,当具有相同的剪切应力时,搅动与不搅动时的剪切速率却不相同,而出现环状曲线,称之为触变滞后环。骨灰浆有一定的触变性,且有较大的可塑性。而石英粉末的悬浮体是没有触变性的。氧化铝浆是由直径<5 μm 的氧化铝用稀酸解凝后用于浇注成形的泥浆,它的流动曲线呈明显的胀性流动。曲线 5 是当曲线 1 的可塑黏土泥浆加入碱液解凝后,其屈服应力减小,而且出现滞后环。

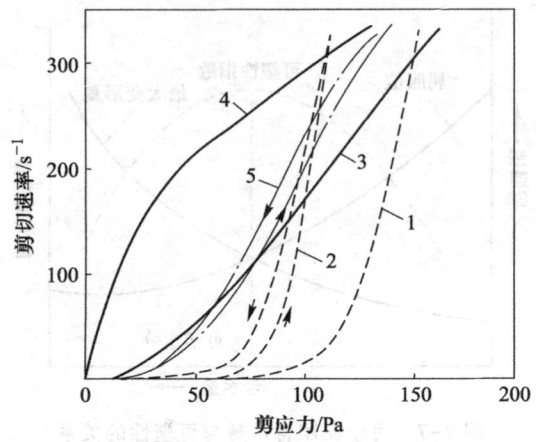

图 7-8 陶瓷原料泥浆的流动曲线
1—可塑黏土泥浆；2—骨灰浆；3—石英浆；
4—氧化铝浆；5—加入碱液的可塑性黏土

（2）影响泥浆流变性能的因素

泥浆的流变性能直接关系到泥浆的流动性和触变性等诸多特性，影响泥浆的浇注性能及浇注过程，对注浆成形的坯体质量起着至关重要的作用，因此有必要了解影响泥浆流变性能的因素。

1）泥浆的浓度

低浓度泥浆中固相颗粒少，泥浆黏度由液体本身黏度所决定。在高浓度泥浆中因颗粒多，泥浆黏度主要决定于固相颗粒移动时的碰撞阻力。固相颗粒增多必然会降低泥浆的流动性。若增多泥浆中的水分，流动性固然改善，但成形后的坯体收缩增加，强度降低，吸浆速度减慢，这些对生产是不利的。图 7-9 为不同浓度的可塑黏土泥浆的流动曲线。泥浆的浓度增加时，曲线的形状基本上不变，只是曲线的位置沿横轴方向向右移动，也就是获得同一剪切速率所需施加的应力增大，流动性变差。

2）固相的颗粒大小

一定浓度的泥浆中，固相颗粒越细、颗粒间平均距离越小，吸引力增大，位移时所需克服的阻力增大，流动性变差。而固相颗粒太粗，泥浆又不稳定。

3）电解质的作用

向泥浆中加入电解质是改善其流动性和稳定性的有效方法。电解质的种类和数量对泥浆的流变性能都有影响。一般说来，含电解质的泥浆都会出现触变滞后环。随着泥浆解凝（即加入电解质使泥浆的流动性变好）程度的不同，泥浆的屈服值和滞后环的面积都会变化。

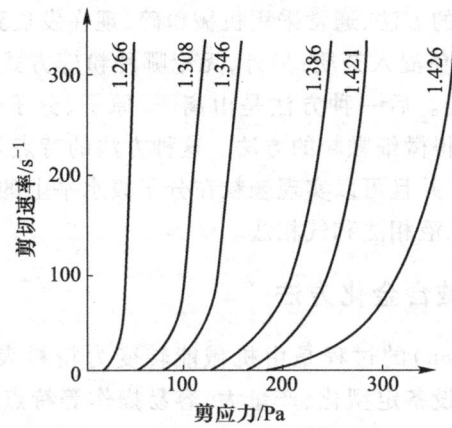

图 7-9 未解凝的可塑黏土泥浆浓度与流动曲线的关系
（曲线上的数字为泥浆相对密度）

4）泥浆的 pH

金属粉末和一些氧化物原料多为两性物质（如氧化铝、氧化铬、氧化铁等），它们在酸性和碱性介质中都能胶溶，但离解的过程不同，形成胶团的结构也不同。pH 影响其解离程度，又会引起胶粒 ζ 电位发生变化，导致改变胶粒表面的吸力与斥力的平衡，最终使这类氧化物胶溶或絮凝。

另外，在制备陶瓷材料时若使用黏土，还要考虑可溶性盐类、天然有机物质、黏土干燥温度、陈腐过程等的影响。

2. 注浆成形对泥浆的工艺性能的要求

注浆成形是基于能流动的泥浆和能吸水的模型来进行成形的。为了使成形顺利进行并获得高质量的坯体，通过调整泥浆的流变性能，使制备出的泥浆能够满足下列基本要求：流动性好，稳定性好，有适当的触变性，含水量少，滤过性好，坯体强度高，脱模容易，不含气泡。

在生产中常用泥浆相对密度、黏度、稠化度、水分等指标来控制泥浆性能。另外，还可测定泥浆的吸浆速度、脱模情况、坯体的含水量和坚固程度等来标志泥浆的成形性能。

第二节 粉体制备技术

所谓粉体，就是大量固体粒子的集合系。它与大块固体之间最直观、也最简单的区别在于：当用手轻轻触及它时，会表现出固体所不具备的流动性和变形。

粉体的制备方法一般来说有两种：一是粉碎法，二是合成法。前一种方法是由粗颗粒来获得细粉的方法，通常采用机械粉碎，现在发展到采用气流粉碎。粉碎法在粉碎过程中难免混入杂质；另外，无论哪种粉碎方式，都不易制得粒径在 1 μm 以下的微细颗粒。后一种方法是由离子、原子、分子通过反应、成核和生长、收集、后处理来获得微细颗粒的方法。这种方法的特点是纯度高、粒度可控、均匀性好，颗粒微细。并且可以实现颗粒在分子级水平上的复合、均化。通常化学合成法包括固相法、液相法和气相法。

一、粉碎与机械合金化方法

粉碎(porphyrization)的过程是由机械能转变为粉料表面能的能量转化过程。机械粉碎法因其设备定型化、产量大、容易操作等特点，被广泛地应用于粉末生产中。

原料的粉碎，有时因块度较大，需先经粗碎，使粒径减小至 4~5 cm，再中碎至 3~5 mm，然后才能进入细碎设备。粗碎时可用颚式破碎机、圆锥破碎机、锤式破碎机等；中碎时可用双辊破碎机、轮碾机等；细碎时可用球磨机、雷蒙机、振动磨等；超细粉碎时，可用气流磨、搅拌磨等。

在粉碎某些金属粉末的混合物时，也常常采用高速高能球磨的方法，使金属粉末在粉碎过程中除了被磨细以外，还产生一定程度的反应导致合金化，称为机械合金化(mechanical alloying)。其原理是：金属粉末在粉碎过程中，通过磨球的反复冲击和摩擦作用，粉末颗粒首先发生变形与焊合，形成不同粉末相互交叠的层片状组织，称为冷焊。由于变形，上述复合粉末发生了加工硬化。在继续研磨粉碎的过程中，复合粉末发生断裂。这种冷焊与断裂交替进行，致使复合颗粒尺寸越来越小。在破碎的同时，不同的元素之间还发生相互扩散，粉碎过程中引入的大量缺陷会促进上述扩散过程，这种扩散是在低温下进行的，因而往往形成一系列介稳相及组织。采用的设备主要是行星式球磨机。例如 Fe、Al 粉体在转速为 80~120 r/min 行星式球磨机中球磨，可以在 10 h 左右实现机械合金化，合成溶剂为 α-Fe，溶质为 Al 的固溶体合金。

在相同的工艺条件下，添加少量的助磨剂往往可使粉碎效率成倍地提高(图 7-10)。助磨剂是指可以提高粉碎效率的物质。球磨、振动、气流粉碎及其他机械粉碎工艺都可采用助磨剂。

助磨剂是具有表面活性的物质。它由亲水的极性基团(如羧基—COOH，羟基—OH 等)和憎水的非极性基因(如烃链)组成。由于这种结构使它们定向地吸附在颗粒界面上。通过湿润和吸附作用，使颗粒的表面能降低。而助磨剂进入粒子的微裂缝中，积蓄破坏应力，产生劈裂作用，从而提高研磨效率。

广泛采用的是液体助磨剂，如醇类(甲醇、丙三醇)、胺类(三乙醇胺，二异丙

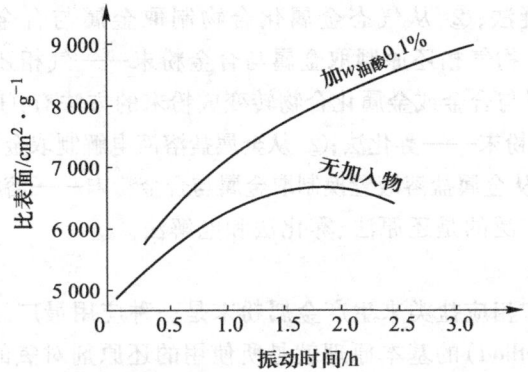

图 7-10 表面活性物质对钛酸钙瓷料比表面的影响

醇胺)、油酸及有机酸的无机盐类(可溶性木质素磺酸钙、环烷酸钙)。一些气体(如丙酮气体、惰性气体)及固体物质(六偏磷酸钠、硬脂酸钠或钙、硬脂酸、滑石粉)也可用做助磨剂。

选择助磨剂时,助磨剂与物料的润湿性愈好,则助磨作用愈大。

二、合成法

1. 原料合成的目的和作用

原料的合成最初是用来制备某些在自然界中尚未发现的原料(如 SiC 等),或在自然界中开采价值不大的原料(如钙钛矿等)。随着材料科学的不断发展,对原料的纯度、细度和化学成分的均匀性的要求越来越高,原料合成的目的也不再局限于上述两个方面。近年来飞速发展起来的各种化学方法,能够合成超细、高纯、化学计量的多组分粉料,使得材料的各种性能得到大幅度改善,极大地推动了材料科学的发展。

2. 合成方法

原料合成的方法非常多,根据反应物的形态,可分为固相法、液相法和气相法三大类。当然,在制备金属粉末和化合物粉末时,通常要采用一些具体的不同的方法。为了叙述方便,下面分别从金属粉末制备方法和化合物粉末制备方法两方面进行阐述。

(1) 金属粉末的合成方法

呈固态使金属与合金或者金属化合物转变成粉末的方法有:① 从固态金属与合金制取金属与合金粉末——电化学腐蚀法;② 从固态金属氧化物及盐类制取金属与合金粉末——还原法。

呈气态使金属或金属化合物转变成粉末的方法有:① 从金属蒸气制取金属

粉末——蒸气冷凝法;② 从气态金属化合物制取金属与合金粉末——热分解法;③ 从金属化合物气相还原制取金属与合金粉末——气相还原法。

呈液态使金属与合金或金属化合物转变成粉末的方法有:① 从液态金属与合金制取金属与合金粉末——雾化法;② 从金属盐溶液电解制取金属与合金粉末——水溶液电解法;③ 从金属盐溶液置换制取金属与合金粉末——溶液氢还原法。

其中应用最广泛的是还原法、雾化法和电解法。

1) 还原法

还原氧化物和相应盐类来生产金属粉末是一种应用最广泛的制粉方法。还原法(reduction method)的基本原理就是所使用的还原剂对氧的亲和力比相应金属对氧的亲和力大,因而能够夺取金属氧化物中的氧而使金属被还原出来。例如,用氢或分解氨还原可以生产钨、钼、铁、铜、镍、钴等金属粉末,以及铁-钼、钨-铼等合金粉末。用氢还原WO_3生产钨粉的两阶段还原法涉及的反应如下:

$$WO_3+H_2 \rightarrow WO_2+H_2O$$
$$WO_2+2H_2 \rightarrow W+2H_2O$$

2) 雾化法

雾化法(atomization method)生产金属和合金粉末就是利用高压气体(空气、惰性气体)或高压液体(通常是水),通过喷嘴作用于金属液流使其迅速地碎化成粉末。雾化法有气体雾化、水雾化和旋转电极雾化等方式。

气体雾化可以生产如锡、铅、铝、铜、铁等多种金属粉末,以及黄铜、青铜、不锈钢、合金钢等合金粉末。制取不锈钢、合金钢粉时,使用氮气;而制取高速钢粉时,使用氩气。

水雾化也可以生产铜、铁等粉末及黄铜、青铜、合金钢等合金粉末,特别是合金钢粉多用水雾化法来制取。水雾化的工艺与气体雾化相似,所不同的是采用高压水代替了压缩空气。由于应用水并设计了与水相适应的喷嘴,雾化时能够产出氧含量很低的粉末。水的压力一般在60个大气压以上。

旋转电极雾化是把要雾化的金属和合金作为旋转自耗电极,通过一个固定的钨电极发生电弧使金属或合金熔化。当自耗电极快速旋转时,离心力使熔化了的金属或合金碎成细粒状飞出。电极装于粉末收集室内,收集室先抽成真空,然后在制粉之前,充入氩或氦等惰性气体,在熔滴尚未碰到粉末收集室的器壁以前就凝固于惰性气氛之中。凝固后的粉末落于器底。该法不仅可以雾化低熔点的金属和合金,而且可以雾化难熔金属。现已用于雾化无氧铜、难熔金属、铝合金、钛合金、不锈钢以及超合金等。

3) 电解法

电解法(electrolysis method)既可以在水溶液中进行,也可以在熔盐状态下进行。水溶液电解可以生产铜、镍、铁、银、铬等金属粉末。在一定条件下,电解法也可制得合金粉末。电解粉末纯度较高,形状一般为树枝状,压制性较好。但电能消耗大,生产效率低,所以电解粉末的成本是较高的。

以生产铜粉为例,电解的实质就是:在阳极,金属失去电子变成离子而进入溶液:$Cu \rightarrow Cu^{2+} + 2e^-$。在阴极,金属离子由于放电而析出金属:$Cu^{2+} + 2e^- \rightarrow Cu$。只要控制好电流密度、金属离子浓度、氢离子浓度或者酸度、电解液温度等工艺参数,就可以获得合格的金属粉末。

熔盐电解的电解质不是水溶液而是盐类熔体。像钽、铌、钛、锆、钇、铀等稀有金属,不可能从水溶液中电解析出,电解法生产这些稀有金属粉末时,必须用熔盐作电解质进行电解。

(2) 化合物粉末的合成方法

1) 固相法制备粉末

固相法(solid reaction process)就是以固态物质为初始原料来制备粉末的方法。反应的生成物一般都需要粉碎。

① 化合反应法

化合反应一般具有以下反应结构式:$A_{(s)} + B_{(s)} \rightarrow C_{(s)} + D_{(g)}$。

钛酸钡粉末的合成就是典型的固相化合反应。等摩尔比的钡盐 $BaCO_3$ 和 TiO_2 混合物在一定条件下发生如下反应:$BaCO_3 + TiO_2 \rightarrow BaTiO_3 + CO_2$。

硬质合金碳化钨的合成反应为:$W + C \rightarrow WC$。

② 热分解反应法

主要用来制备特种陶瓷所需的氧化物粉末。例如,用硫酸铝铵 $[Al_2(NH_4)_2(SO_4)_4 \cdot 24H_2O]$ 在空气中进行热分解,就可以获得性能良好的 Al_2O_3 粉末。其分解过程如下:

$$Al_2(NH_4)_2(SO_4)_4 \cdot 24H_2O \xrightarrow{\sim 200 \, ℃} Al_2(SO_4)_3 \cdot (NH_4)_2SO_4 \cdot H_2O + 23H_2O \uparrow$$

$$Al_2(SO_4)_3 \cdot (NH_4)_2SO_4 \cdot H_2O \xrightarrow{500 \sim 600 \, ℃} Al_2(SO_4)_3 + 2NH_3 \uparrow + SO_3 \uparrow + 2H_2O \uparrow$$

$$Al_2(SO_4)_3 \xrightarrow{800 \sim 900 \, ℃} \gamma\text{-}Al_2O_3 + 3SO_3 \uparrow$$

$$\gamma\text{-}Al_2O_3 \xrightarrow{1\,300 \, ℃} \alpha\text{-}Al_2O_3$$

很多金属的硫酸盐、硝酸盐等,都可以通过热分解法而获得特种陶瓷用氧化物粉末。

③ 氧化物还原法

在制备特种陶瓷 SiC、Si_3N_4 的原料粉时,多采用氧化物还原+化合的方法。或者还原碳化,或者还原氮化。例如 SiC 粉末的制备,是将 SiO_2 与碳粉混合,在 $1\,460 \sim 1\,600 \, ℃$ 的加热条件下,逐步还原碳化。其大致过程如下:

$$SiO_2+C\rightarrow SiO+CO$$
$$SiO+2C\rightarrow SiC+CO$$
$$SiO+C\rightarrow Si+CO$$
$$Si+C\rightarrow SiC$$

2) 液相法制备粉末

液相法分为溶液法和熔液法两大类。

① 溶液法

其特点是:原料中各组分以高度分散的原子、分子级状态混合,故产物成分均匀,结构一致,细度高,合成温度低,粉料活性高。此外,在液相反应中,原料纯度和配比容易控制,可以得到化学计量的高纯度粉料。

由溶液法制备氧化物粉末的基本过程为:

$$金属盐溶液 \xrightarrow[溶剂蒸发]{添加沉淀剂} 盐或氢氧化物 \xrightarrow{热分解} 氧化物粉末$$

所制得的氧化物粉末的特性取决于沉淀和热分解两个过程。热分解过程中,分解温度固然是个重要因素,然而气氛的影响也很明显。

溶液法制备粉料的重要工序是固液分离,即把粉料从溶液中分离出来。根据不同的原理,可以分为生成沉淀法和溶剂蒸发法两种。

<1> 生成沉淀法

a. 直接沉淀法

通常的沉淀法是将溶液中的沉淀进行热分解,才能得到所需的氧化物微粉,然而只进行沉淀操作也能直接得到所需的氧化物。

$BaTiO_3$ 微粉可以采用直接沉淀法合成。例如,将 $Ba(OC_3H_7)_2$ 和 $Ti(OC_5H_{11})_4$ 溶解在异丙醇或苯中,加水分解(水解),就能得到颗粒直径为 50~150 nm(凝聚体的大小<1 μm)的结晶性好的化学计量的 $BaTiO_3$ 微粉。

b. 均匀沉淀法

这种方法的特点是不外加沉淀剂,而是使沉淀剂在溶液内缓慢地生成,消除了加沉淀剂时的局部不均匀性。例如,将尿素水溶液加热到 70 ℃左右,就发生如下水解反应:$(NH_2)_2CO+3H_2O\rightarrow 2NH_4OH+CO_2$。

在内部生成沉淀剂 NH_4OH,因此沉淀的纯度很高。除尿素水解后能与 Fe、Al、Sn、Ga、Th、Zr 等生成氢氧化物或碱式盐沉淀外,利用这种方法还能制备磷酸盐、草酸盐、硫酸盐、碳酸盐的均匀沉淀。

c. 共沉淀法

是在混合的金属盐溶液中添加沉淀剂,即得到各种成分混合均匀的沉淀,然后进行热分解。例如,在 $BaCl_2$ 和 $TiCl_4$ 的混合水溶液中,采用滴入草酸的方法沉淀出以原子尺度混合的 BaTiO(C_2O_4)$_2$·4H_2O（Ba 与 Ti 之比为 1）。BaTiO(C_2O_4)$_2$·4H_2O 经热分解后，就得到具有化学计量组成且烧结性良好的 BaTiO$_3$ 粉料。

另外，醇盐水解法、溶胶—凝胶法和凝胶—沉淀法能得到质量更好的粉料，但产量很低，主要在实验室采用。

<2> 溶剂蒸发法

沉淀法存在下列几个问题：生成的沉淀呈絮凝状，很难进行水洗和过滤；沉淀剂（NaOH，KOH）作为杂质混入粉料中；如采用可以分解、消除的 NH_4OH、(NH_4)CO$_3$ 作沉淀剂，Ca^{2+}、Ni^{2+} 就会形成可溶性络合离子；沉淀过程中各成分可能分离；在水洗时一部分沉淀物再溶解。为解决这些问题，研究了不用沉淀剂的溶剂蒸发法。

在溶剂蒸发法中，为了在溶剂的蒸发过程中保持溶液的均匀性，必须将溶液分散成小滴，使组分偏析的体积最小，而且应迅速进行蒸发，使液滴内组分偏析最小。因此一般采用喷雾法。喷雾法中，如果氧化物没有蒸发掉，那么颗粒内各组分的比例与原溶液相同。由于不需要进行沉淀操作，因而就能合成复杂的多成分氧化物粉料。此外，用喷雾法制得的氧化物颗粒一般为球状，流动性好，便于在后面工序中进行加工处理。

a. 冰冻干燥法

将金属盐水溶液喷到低温有机液体上，使液滴进行瞬时冷冻，然后在低温降压条件下升华、脱水，再通过分解制得粉料，这就是冰冻干燥法。冰冻干燥法中，由于干燥过程中冰冻液体并不收缩，因而生成粉料的表面积比较大，表面活性也高。

b. 喷雾干燥法

喷雾干燥法是将溶液分散成小液滴喷入热风中，使之迅速干燥的方法。与固相反应法相比，用这种方法制得的 β-Al_2O_3 和铁氧体粉料，经成形、烧结后所得的烧结体的晶粒较细。

c. 喷雾热分解法

喷雾热分解法是一种将金属盐溶液喷入高温气氛中，立即引起溶剂的蒸发和金属盐的热分解，从而直接合成氧化物粉料的方法。也可称为喷雾焙烧法、火焰雾化法、溶液蒸发分解法。

上述冰冻干燥法和喷雾干燥法，不能用于随后的热分解过程中产生熔融的金属盐，而喷雾热分解法却不受这个限制。

② 熔液法

这是将一种或多种原料混合加热至熔融态来进行合成的方法。如采用熔液喷雾法可将熔体喷成液滴，固化后形成微细粉末。对于高熔点的物质一般采用等离子体喷射法或激光法。

<1> 等离子体喷射法

典型的等离子体喷管如图 7-11 所示。直流等离子体喷管内的阴极和阳极间放电而形成的电弧,借助于气体的作用从喷嘴中吹出。根据热和磁收缩效应可以获得等离子体喷射流,即超音速高能量电磁流体。根据实际测量结果,在 25 kW 功率输入时,喷嘴出口处温度可达 12 500 K,流速达 850 m/s。在这样的等离子喷流中引入粉状或细棒状原料,则原料变成熔融状态,并合成为所需物质,在高速气流的带动下,获得很大的运动能量,从喷嘴吹出后经冷却即成为微细粉体。进入 20 世纪 70 年代,利用高频磁场的高频等离子体喷射开始引人注目。

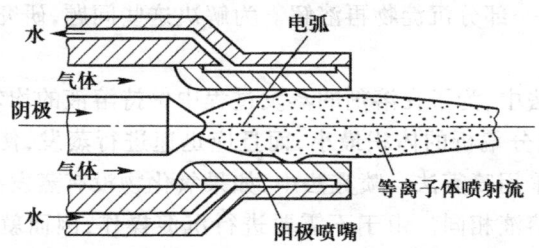

图 7-11 直流等离子体喷管的典型电极结构

<2> 激光法

激光法是美国麻省理工学院陶瓷研究实验室于 1980 年以后才开始大力研究的。图 7-12 为激光法制超微粉工艺原理图。细棒状或粉状原料反应物在激光中被急速加热熔融甚至汽化并进行合成反应,反应产物在高速惰性气体的带动下,获得很大的运动能量,形成的细小液滴冷却后即成为微细粉体。

采用激光加热工艺,其特点是:能形成非常有限的狭小加热空间。因此,所有的气体分子无论从时间上还是从温度上均可以获得同等的几率,并且各种参数能控制,能消除反应壁的影响。

由于等离子体或激光能产生非常高的温度,因此也用于气相法制备粉末。

3) 气相法制备粉末

由气相生成微粉的方法有如下两种:一种是系统中不发生化学反应的蒸发-凝聚法(PVD);另一种是气相化学反应法(CVD)。

① 蒸发—凝聚法

是将原料加热至高温(用电弧或等离子体等加热),使之汽化,接着在电弧焰或等离子体与冷却环境造成的较大温度梯度条件下急冷,凝聚成微粒状物料的方法。采用这种方法能制得颗粒直径在 50~1 000 Å 范围的微粉,这种方法适用于制备单一氧化物、复合氧化物、碳化物或金属的微粉。使金属在惰性气体中

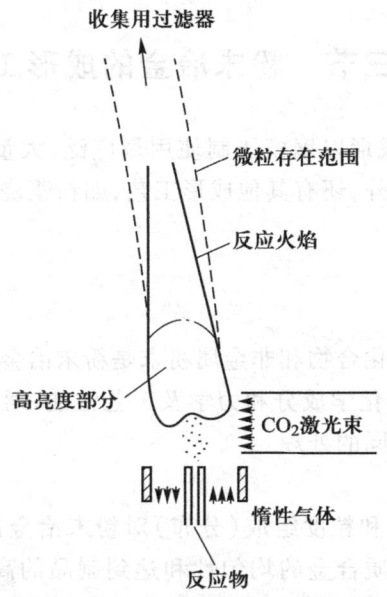

图 7-12　激光法制超微粉工艺原理图

蒸发—凝聚,通过调节气压,就能控制生成金属颗粒的大小。液态的蒸气压力低,如果颗粒是按照蒸气—液体—固体那样经过液相中间体后生成的,那么颗粒将成为球状或接近球状。

② 气相化学反应法

是挥发性金属化合物的蒸气通过化学反应合成所需物质的方法。气相化学反应可分为两类:一类为单一化合物的热分解($A_{(g)} \rightarrow B_{(s)} + C_{(g)}$);另一类为两种以上化学物质之间的反应($A_{(g)} + B_{(g)} \rightarrow C_{(s)} + D_{(g)}$)。前者,如 $CH_3SiCl_3 \rightarrow SiC + 3HCl$ 那样,必须具备含有全部所需元素的适当的化合物,这是前提条件;后者可以有很多种组合,因而具有通融性。气相化学反应法与固相热分解及液相沉淀法相比,具有如下特点:a. 金属化合物原料具有挥发性,容易精制(提纯),而且生成粉料不需要进行粉碎,生成物的纯度高;b. 生成颗粒的分散性良好;c. 只要控制反应条件,就很容易得到颗粒直径分布范围较窄的微细粉末;d. 容易控制气氛。这种方法除适用于制备氧化物外,还适用于制备液相法难于直接合成的金属、氮化物、碳化物、硼化物等。制备容易、蒸气压高、反应性较强的金属氯化物常用作气相化学反应的原料。炭黑、ZnO、TiO_2、SiO_2、Sb_2O_3、Al_2O_3 等微粉的制备已达到工业生产水平。高熔点的氮化物和碳化物粉料的合成不久也将达到工业化水平。

第三节 粉末冶金的成形工艺

在常温下,粉末的成形以钢模压制使用最广泛,大量粉末冶金的中、小零件都用这种方法生产。此外,还有其他成形工艺,如粉浆浇注、楔形压制等。

一、压制成形

1. 物料准备

金属粉末以及某些化合物和非金属粉末是粉末冶金的原料。为了使压制所使用的粉末具有一定的化学成分和力学及工艺性能,通常,粉末在压制前,要根据生产的要求分别作不同的处理。

(1) 粉末的分级

粉末的粒度(大小)和粒度组成(分布)对粉末冶金制品的性能有突出的影响。生产中为了提高硬质合金的均匀性和达到制品的高质量,早已对钨粉粒度加以控制,并用微细粉末来进行生产。在生产青铜多孔轴承时,粉末配比不同,即粒度组成不同,制品性能也不同。当用 90.5% 粒度分别为 250 目或 60~100 目的铜粉与 9.5% 的锡粉分别混合、压制、烧结进行试验时发现:250 目铜粉所生产的制品,其收缩率为 5%,含油量为 15%;60~100 目铜粉的制品膨胀率为 1%,而含油量却为 21%。因此,原始粉末粒度的组成也是制造粉末冶金制品和材料应该注意的问题。

所以,在生产上经常要求将粉末分级或将粉末分级后按粒度组合成一定粒度组成的粉末,然后使用。粉末分级除用筛分级之外,325 目以下的粉末通常用气体或液体分级器将粉末分级。

(2) 配料混合

许多粉末单独使用的机会很少,一般都要配成混合料以后,才能进行压制。如在生产某种铁石墨含油衬套时,每 100 kg 料中含 1.5% 石墨,另加 0.3% 硫、1% 硬脂酸锌、0.5% 锭子油,其余为铁粉。这种料必须混合 60 min 以后,才能使各成分分布均匀。

混合料的混合是在球磨机和各种混料器中进行的。混料器有 V 形混料器、叶片式混料器、圆锥形混料器、酒桶式混料器等。圆锥形混料器如图 7-13 所示。

(3) 混合料湿磨

有些制品所用的混合料,不但要求混合均匀,而且还要将混合料磨细,否则,无法获得制品所要求的性能。如在生产硬质合金时,混合料要在湿磨机或振动球磨机中进行研磨,并加入一定量的酒精或其他有机溶剂作介质。

第三节 粉末冶金的成形工艺

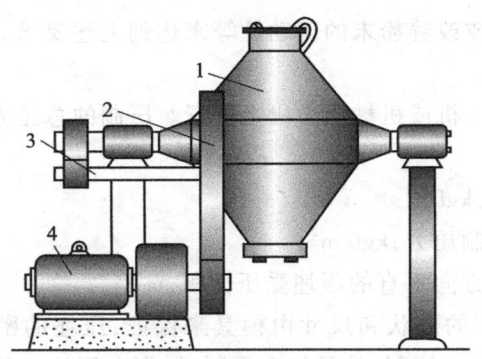

图 7-13 圆锥形混料器
1—混料器；2—齿轮；3—传动轴；4—电动机

压制前的物料准备还包括许多工序,如粉末的退火、补充还原、球化、制粒等。

2. 压制工艺

压制过程的工序有:称料、装模、压制、脱模。

(1) 称料

粉末冶金每一件烧结制品都有一定的质量要求,这个质量加上由于压制和烧结工序所造成的少量粉末的损失质量,就是压制每一件压坯所需要称量的粉末。这个称料量称为单件压坯的称料量(允许有一定的误差),可按以下公式计算:

$$Q = V\rho K$$

式中:Q——单件压坯的称料量,kg;

V——制品的体积(由制品图算出),m^3;

ρ——制品要求密度,kg/m^3;

K——质量损失系数。

损失系数 K 是称料质量与烧结制品质量之间的比值。这个系数既考虑了压制过程中称料、装模以及压坯毛边所带来的料损失,也考虑了烧结过程中氧化物还原、杂质烧失所造成的化学料损失。按经验,在硬质合金生产中,K 取 1.01~1.02;在铁基制品生产中,K 取 1.05。

称料方法有两种:① 质量法,即用工业天平称料,可手动也可自动。② 容量法,即用一定体积的容器或用已调整好容积的模腔来称量粉末,多在自动压制时使用。

(2) 装模

将所称量的粉末装入模具中时,要求粉末在模腔内分布均匀、平整,以保证压坯各部分压缩比一致。所以,对于形状比较复杂和壁薄的制品,往往要用敲击和振动模套的方法或改善粉末的流动性等来达到上述要求。

(3) 压制

压制通常在液压机或机械压力机上进行。压制的总压力按下式计算：

$$F = pS$$

式中：F——总压力，kgf；

p——单位压制压力，kgf/m²；

S——与压力方向垂直的压坯受压面积，m²。

在压制时，压坯的形状和尺寸由模具来保证，压坯的密度用两种方法来控制：① 按单位压制压力控制，就是每次压制时，用在压坯上每一平方米面积上的压力（单位压制压力）保持不变，因此压坯的总压力不变。② 用高度限制器控制，就是控制模冲运动的行程。如在压模上加一定高度的限制器或在自动压力机上用调整的方法来保证模冲的行程不变。

以上两种方法中，第一种能够做到使压坯的密度控制较准确，第二种能够做到使压坯的高度控制较准确。后一种方法比较方便，使用广泛。

(4) 脱模

压力取消以后，压坯要从压模内脱出，从整体压模中脱出的方法有两种，即将压坯向上顶出或向下推出。从可拆压模中脱出压坯时，首先要松掉侧压，然后将压模拆开，取出压坯。

压坯是粉末冶金生产的半成品。在送烧结处理之前，通常压坯都要进行检查，挑出废品，然后将废品送上工序回收。如果不及时查出压制废品，烧结以后，废的烧结制品将因回收困难而带来经济上的损失。压制废品有压坯的尺寸过大或过小、掉边掉角、密度过大或过小、分层和开裂等。在生产中，要针对出现废品的原因，分别采取措施加以克服。

二、粉浆浇注成形

将粉末预先制成悬浮状或糨糊状物质，然后注入石膏模中的成形方法，称为粉浆浇注。与此法相似的还有所谓冷冻成形、离心铸造、涂抹成形等。它们都需将粉末预先调制成悬浮状或糨糊状。

现将粉浆浇注的主要工序分析如下。

1. 粉浆的制备

好的粉浆流动性好，浇注的坯块密度高。为此，悬浮液中要加入两类物质：① 与粉末亲和的分散剂，如各种有机物质，各种胶溶剂，磷酸盐等；② HCl 或 NaOH，以调整粉浆的 pH。因为粉浆的黏度是随 pH 变化的，每一种粉浆均有一个最适宜浇注的 pH。pH 一定，黏度一定。在这个 pH 下，粉浆黏度既适合于浇注,浇注的坯块密度也较高。

2. 模具材料

浇注用的模具是用石膏做成的。石膏经 200 ℃ 煅烧后,失去一个分子的结晶水,但吸收水分后,又可复原成原来的成分,所以石膏原材料可以循环使用。在浇注时,为了防止粉浆粘模,可以在模壁上涂一层肥皂,或撒上滑石粉、磨细的云母粉、石墨粉等。

3. 浇注方法

可以用手工浇注,即所谓倾倒浇注法。也可以用压缩空气浇注,即用压缩气体将粉浆压入模具内。

影响浇注的因素很多,如粉末与液体的比例、悬浮剂的种类、粉末本身特性、粉浆搅拌程度、粉浆的稳定性等。诸因素在生产中都要加以控制。

粉浆浇注是陶瓷工业的一种古老方法。1924 年引入粉末冶金,20 世纪 50 年代做了大量耐火氧化物的研究,20 世纪 60 年代开始金属和各种化合物的粉浆浇注。目前已将这种方法与其他粉末冶金工艺方法结合使用。其应用范围有:

(1) 制造难熔金属,不锈钢、镍、钴、各种硬质化合物的坩埚,多孔材料,以及各种耐火氧化物坩埚等。

(2) 粉浆浇注可以作为一个中间工序与其他粉末冶金冷加工及热加工结合,生产各种制品和型材。如不锈钢带的生产,可以预先将粉浆浇注成带,然后烧结,烧结后进行冷轧,这样可以生产完全致密的材料。其他如钴基和镍基合金、二氧化铀、铍以及许多粉末混合物,都能预先进行粉浆浇注,再补充热加工,使制品达到高密度。

这种方法适于复杂形状零件的制造,但影响因素较多,不易控制。

三、楔形压制

楔形压制又称循环压制。其方法是用一只楔形的上模冲,将粉末分段压制而成制品。这种方法可以用一组楔形压制循环示意图(图 7-14)表示。

楔形压制时,除上冲头外,仍然需要一只带底的阴模。压制可以在普通压力机上进行。压制过程是压制、冲头提升、阴模向前推进,然后再压制,如此继续循环下去。图 7-14 中(1)为正常位置,(2)、(3)、(4)、(5)为一循环压制过程。采用楔形压制可以使用小的压力机生产出大型制品,例如可以生产比轧制厚得多的大型型材以及大直径的厚壁圆环制品等。

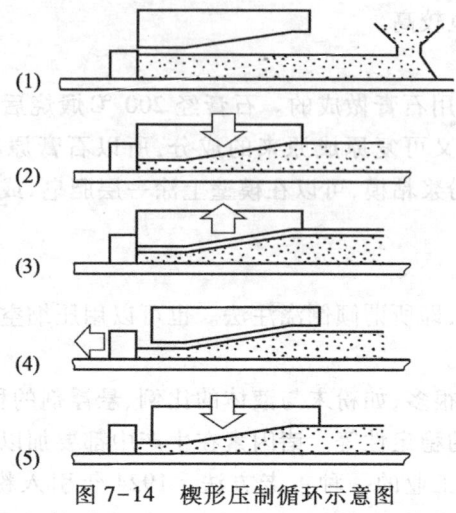

图 7-14 楔形压制循环示意图

第四节 陶瓷材料的成形工艺

一、普通日用陶瓷的成形工艺

1. 注浆成形

传统的注浆成形是指在石膏模的毛细管力作用下，含一定水分的黏土泥浆脱水硬化、成坯的过程。随着成形方法的发展，注浆成形的概念也发生了根本的变化。特别是在高技术陶瓷的成形过程中，一些非黏土类型的瘠性料需要靠塑化剂及温度的作用才能调制成具有一定流动性和悬浮性的浆料。成形模具也不再局限于使用石膏模。为此，将所有基于坯料具有一定液态流动性的成形方法统归为注浆成形法。

传统的注浆法成形周期长，劳动强度大，不适合连续化、自动化生产。近年来各种强化注浆、自动化管道注浆、成组浇注等工艺发展很快，缩短了生产周期，提高了坯体质量，使陶瓷注浆成形进入了一个新的阶段。

（1）基本注浆方法

基本注浆法可分为空心注浆（slush casting）（单面注浆）和实心注浆（solid casting）（双面注浆）两种。空心注浆采用的石膏模没有型芯，泥浆注满模型后放置一段时间，待模型内壁粘附一定厚度的坯体后，将多余的泥浆倒出，然后带模干燥。待注件干燥收缩脱离模型后就可取出（图 7-15）。坯体的脱模水分一般为 15%~20%。空心注浆的坯体外形取决于模型的工作面。坯体厚度取决于吸浆时间,同时与模型的温度、湿度及泥浆的性质有关。这种方法适合于成形小件、薄壁产品。

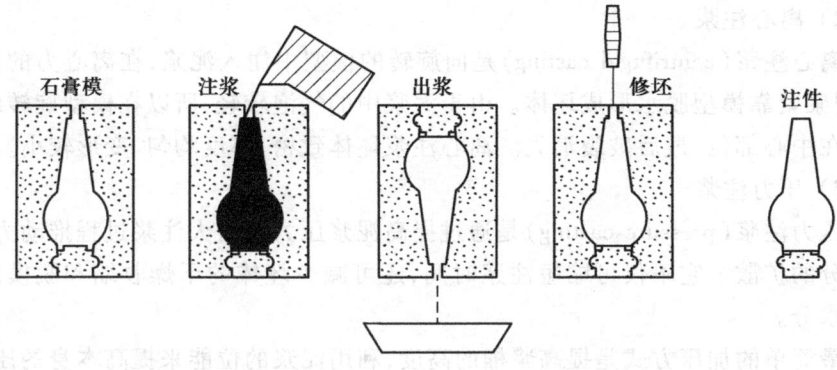

图 7-15 空心注浆法示意图

实心注浆是将泥浆注入外模与模芯之间,石膏模从内外两个方向同时吸水,注浆过程中泥浆量不断减少,需不断补充泥浆,直至泥浆全部硬化成坯(图 7-16)。实心注浆的坯体外形取决于外模的工作面,内形取决于模芯的工作面。坯体的厚度则由外模与模芯之间的空腔来决定。实心注浆适合于坯体的内外表面形状、花纹不同,大型、壁厚的产品。实际生产中,往往根据产品结构的要求将空心注浆和实心注浆结合起来,即某些部位用空心注浆成形,其余部分用实心注浆成形,例如浇注洗面盆就是如此。

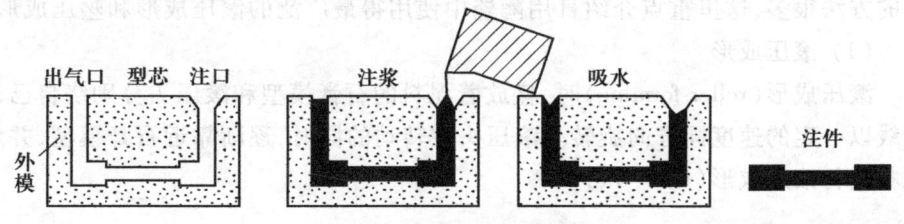

图 7-16 实心注浆法示意图

(2) 强化注浆方法

强化注浆方法是在注浆过程中人为地施加外力,加速注浆过程的进行,使得吸浆速度和坯体强度得到明显改善的方法。

根据所加外力的形式,强化注浆可以分为真空注浆、离心注浆和压力注浆等。

1) 真空注浆

真空注浆(suction casting)是在模型外边抽取真空,或将紧固的模型放在处于负压的真空室中。其目的是造成模型内外的压力差,提高注浆成形的推动力。真空注浆可使吸浆速度显著提高,同时减少坯体的气孔和针眼。

2) 离心注浆

离心注浆(centrifugal casting)是向旋转的模型中注入泥浆,在离心力的作用下,泥浆紧靠模型脱水形成坯体。由于泥浆中的气泡较轻,所以在模型旋转时多集中在中心部位,最后破裂消失。离心注浆坯体致密、厚度均匀、变形较小。

3) 压力注浆

压力注浆(pressure casting)是通过提高泥浆压力来增大注浆过程推动力,加速水分的扩散。它不仅可缩短注浆时间,还可减少坯体的干燥收缩和脱模后坯体的水分。

最简单的加压方式是提高浆桶的高度,利用泥浆的位能来提高本身的压力。这种压力比较小,一般在 0.05 MPa 以下。也可引入压缩空气来提高泥浆的压力。一般说来,压力愈大,成形速度愈快,生坯强度也愈高。

根据泥浆压力的大小,压力注浆可分为微压注浆、中压注浆和高压注浆几种。微压注浆的注浆压力一般在 0.03 MPa 以下;中压注浆在 0.15~0.4 MPa 之间;大于 2 MPa 的可以称为高压注浆。高压注浆的压力可以高达 3.9 MPa,甚至更高,但要采用高强度的模型。如国外采用的多孔树脂模型、无机填料模型等。

2. 可塑成形

可塑成形是对具有一定可塑变形能力的泥料进行加工成形的方法。可塑成形的方法很多,这里重点介绍日用陶瓷中使用得最广泛的滚压成形和塑压成形。

(1) 滚压成形

滚压成形(roller forming)时,盛放着泥料的石膏模型和滚压头分别绕自己的轴线以一定的速度同方向旋转。滚压头在转动的同时,逐渐靠近石膏模型,并对泥料进行滚压成形(图7-17)。

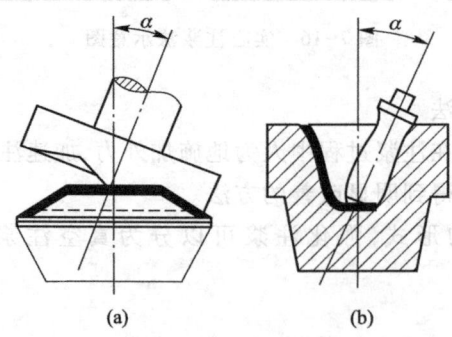

图 7-17 滚压成形

α—滚压头倾斜角

滚压成形时，泥料在滚压头作用下均匀展开，受力由小到大比较均匀。滚头和泥料的接触面积大，泥料受压时间长，坯体致密均匀，强度较大。另外，滚压成形是靠滚压头对坯体的滚碾作用而使坯体表面光滑的，不需要在坯体表面加水，可减少坯体的变形。由于滚压成形的坯体质量好，生产效率高，滚压机和其他设备配合可以组成生产流水线，减轻劳动强度，所以在日用陶瓷生产中已逐渐取代了旋坯成形。

滚压成形可以分为阳模滚压和阴模滚压。阳模滚压又称外滚压，由滚压头决定坯体的外表形状和大小(图7-17a)。适于成形扁平状、宽口器皿和坯体内表面有花纹的产品。阴模滚压又称内滚压，滚压头形成坯体的内表面(图7-17b)，适于成形口径较小而深的制品。阳模成形的坯体干燥时，坯体由模型支撑，收缩均匀，不易变形，成形后不必翻模，直接送去干燥。阴模成形时，为防止坯体变形，常将带坯的模型倒转放置，然后脱模干燥。

(2) 塑压成形

塑压成形(plastic pressing)是将可塑泥料放在模型内在常温下压制成坯的方法。模型内部盘绕一根多孔性纤维管，可以通压缩空气以及抽真空。安装时应将上下模之间留有0.25 mm左右的空隙，以便排除余泥。

塑压成形的成形步骤如下(图7-18)：

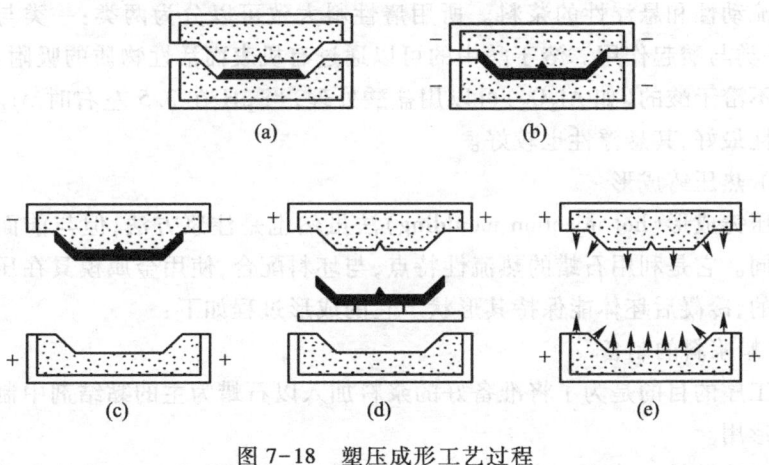

图7-18 塑压成形工艺过程
+—送压缩空气；-—抽真空

1) 将切至一定厚度的塑性泥团置于底模上(图7-18a)。
2) 上下模抽真空，挤压成形(图7-18b)。
3) 向底模内通压缩空气，促使坯体与底模迅速脱离。同时从上模中抽真空将坯体吸附在上模上(图7-18c)。

4）向上模内通压缩空气,使坯体脱模承放在托板上（图7-18d）。

5）上下模通压缩空气,使模型内水分渗出,用布擦去（图7-18e）。

塑压成形的成形压力与坯泥的含水量有关。泥料水分高时,压力应降低。

塑压成形的优点是适合于成形各种异形盘碟类制品,如鱼盘、方盘、多角形盘碟及内外表面有花纹的制品。另外,由于成形时施以一定的压力,坯体的致密度较旋坯法、滚压法都高。缺点是石膏模的使用寿命短,容易破损。目前国外已采用多孔树脂模、多孔金属模等高强度模型。

3. 压制成形

陶瓷的压制成形与粉末冶金基本一样,但所用的粉料往往含有一定量的水分。粉料含水量在3%~7%时为干压成形；粉料含水量在8%~15%时为半干压成形。

二、高技术陶瓷的成形工艺

1. 注浆成形法

（1）注浆成形

与日用陶瓷的注浆成形方法基本上一样,只是在高技术陶瓷的注浆成形过程中,一些非黏土类型的瘠性料需要靠塑化剂、pH或温度的作用才能调制成具有一定流动性和悬浮性的浆料。所用瘠性料大致可以分为两类：一类与酸不起作用,一类与酸起作用。溶于酸中的可以通过有机表面活性物质的吸附,使其悬浮。对不溶于酸的(如Al_2O_3)可以用盐酸处理,当pH在3.5左右时Al_2O_3浆料的流动性最好,其悬浮性也较好。

（2）热压铸成形

热压铸成形(hot injection moulding)法虽然也是注浆方法,但与前面的注浆工艺不同。它是利用石蜡的热流性特点,与坯料配合,使用金属模具在压力下进行成形的,冷凝后坯体能保持其形状。它的成形过程如下：

1）蜡浆料的制备

此工序的目的是为了将准备好的浆料加入以石蜡为主的黏结剂中制成蜡板以备成形用。

按配比称取一定量石蜡,加热熔化成蜡液,同时将称好的粉料在烘箱内烘干,使含水量≤0.2%。这是因为粉料内含水量>1%时,水分会阻碍粉料与石蜡完全浸润,黏度增大,难以成形。另外,在加热时水分会形成小气泡分散在浆料中,在烧结后的制品里形成封闭气孔,使制品的性能变坏。

制备蜡浆时在粉料中加入少量的表面活性剂(一般为0.4%~0.8%,如蜂蜡),可以减少石蜡的含量,改善成形性能等。

2) 热压铸

图 7-19 为热压铸机结构示意图。其工作原理是将配制成的浆料蜡板放置在热压铸机浆桶内，加热至一定温度熔化，在压缩空气的驱动下，将桶内的浆料通过吸铸口（供料管）压入模腔，根据产品的形状和大小保持一定时间后，去掉压力，浆料在模腔中冷却成形，然后脱模，取出坯体，有的还可进行加工处理，或车削、或打孔等。

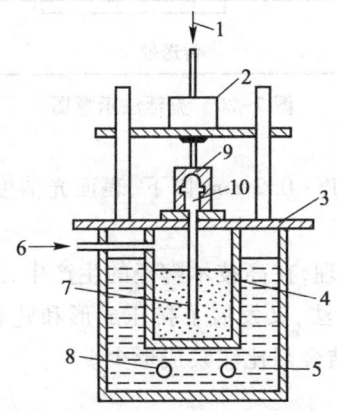

图 7-19 热压铸机结构示意图

1—压缩空气；2—压紧装置；3—工作台；4—浆桶；5—油浴恒温槽；
6—压缩空气；7—供料管；8—加热元件；9—铸模；10—铸件

3) 高温排蜡

热压铸形成的坯体在烧成之前，先要经排蜡处理。否则由于石蜡在高温熔化流失、挥发、燃烧，坯体将失去黏结而解体，不能保持其形状。

排蜡是将坯体埋入疏松、惰性的保护粉料之中，这种保护粉料又称为吸附剂，它在高温下稳定，又不易与坯体黏结，一般采用煅烧的工业 Al_2O_3 粉料。在升温过程中，石蜡虽然会熔化、扩散，但有吸附剂支撑着坯体。当温度继续升高，石蜡挥发、燃烧完全，而这时坯体中的粉料之间也有一定的烧结出现。此时，坯体与吸附剂之间既不发生反应，又不发生黏结，而且坯体具有一定的强度。通常排蜡温度为 900~1 000 ℃，视坯体性质而定。若温度太低，粉料之间无一定的烧结出现，不具有一定的机械强度，坯体松散，无法进行后续的工序；若温度偏高，直至完全烧结，则会出现严重的黏结，难以清理坯体的表面。

排蜡后的坯体要清理表面的吸附剂，然后再进行烧结。

(3) 流延成形

流延成形（doctor-blade casting process）又称为带式浇注法、刮刀法，如图 7-20 所示。工艺过程大致是：将准备好的粉料内加黏结剂、增塑剂、分散剂、溶剂，然后进行混合，使其均匀。再把浆料放入流延机的料斗中，浆料从料斗下部流至流延机的薄膜载体(传送带)上。用刮刀控制厚度,再经红外线加热等方法烘干,得到膜坯,连同载体一起卷轴待用,最后按所需要的形状切割或开孔。

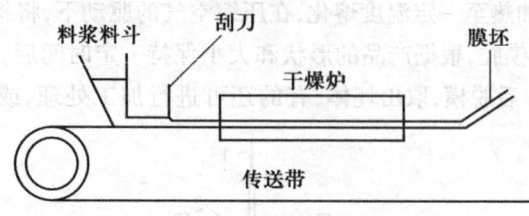

图7-20 流延法示意图

流延法适合于制成厚度<0.2 mm以下、表面光洁度好的超薄型制品。

2. 可塑成形法

根据可塑法成形的原理,在高技术陶瓷的生产中,除了日用陶瓷生产中采用的滚压成形和塑压成形方法,又发展了挤压成形和轧膜成形等,适合于生产管、棒和薄片状制品,所用的结合剂比注浆成形少。

(1)挤压成形

挤压成形(extruding)一般是将真空炼制的泥料,放入挤压机内,这种挤压机一头可以对泥料施加压力,另一头装有挤嘴即成形模具,通过更换挤嘴,能挤出各种形状的坯体。挤压机适合挤制棒状、管状(外形可以是圆形或多角形,但上下尺寸大小一致)的坯体,坯体晾干后,可以再切割成所需长度的制品。一般常用于挤制$\phi 1 \sim \phi 30$ mm的管、棒等,细管壁厚可小至0.2 mm左右。随着粉料质量和泥料可塑性的提高,也用来挤制长100~200 mm、厚0.2~0.3 mm的片状坯膜,半干后再冲制成不同形状的片状制品,或用来挤制100~200 孔/cm^2的蜂窝状或筛格式穿孔瓷制品。如图7-21所示。

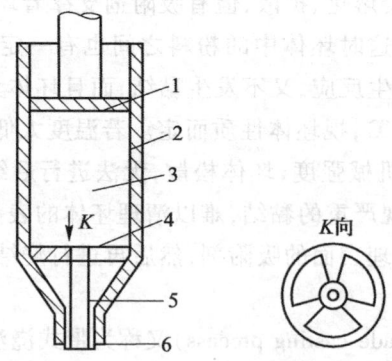

图7-21 立式挤制机结构示意图
1—活塞;2—挤压筒;3—瓷料;4—型环;5—型芯;6—挤嘴

挤压成形法对泥料的要求较高:① 粉料较细,外形圆润。② 溶剂、增塑剂、黏结剂等用量要适当,同时必须使泥料高度均匀,否则挤压的坯体质量不好。

挤压法的优点是:污染小,操作易于自动化,可连续生产,效率高。适合管状、棒状产品的生产。缺点是:挤嘴结构复杂,加工精度要求高。由于溶剂和结合剂较多,因此坯体在干燥和烧成时收缩较大,性能受到影响。

(2) 轧膜成形

轧膜成形(roll forming)是新发展起来的一种可塑成形方法,适宜生产 1 mm 以下的薄片状制品。

轧膜成形是将准备好的坯料,拌以一定量的有机黏结剂(一般采用聚乙烯醇),置于两辊轴之间

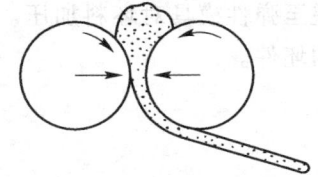

图 7-22 轧膜成形的原理

进行辊轧,通过调节轧辊间距,经过多次辊轧,最后达到所要求的厚度,如图 7-22 所示。轧好的坯片,需经冲切工序制成所需要的坯件。辊轧过程中,不能为了急于得到薄片坯体,过早地把轧辊间距调小,因为这样会使坯料和结合剂混合不均,坯件质量不好。

轧膜成形时,坯料只是在厚度和前进方向受到碾压,在宽度方向受力较小,因此,坯料和结合剂不可避免地会出现定向排列。干燥和烧结时,横向收缩大,易出现变形和开裂,坯体性能上也会出现各向异性。这是轧膜成形无法解决的问题。

3. 模压成形

在高技术陶瓷生产中,常常采用压制成形和等静压成形。其特点是黏结剂含量较低,只有百分之几(一般为 7%~8%),不经干燥可以直接焙烧,坯体收缩小,可以自动化生产。

(1) 压制成形

在高技术陶瓷生产中,压制成形的粉料不含水,而是加少量结合剂,经造粒后将粉料置于钢模中,在压力机上加压形成一定形状的坯体。其他情况与日用陶瓷和粉末冶金的压制成形差不多。

(2) 等静压成形

等静压成形(isostatic pressing)又称静水压成形,它是利用液体介质不可压缩性和均匀传递压力性的一种成形方法,即处于高压容器中的试样所受到的压力如同处于同一深度的静水中所受到的压力情况,所以称为静水压或等静压,根据这一原理而得到的成形工艺称为等静压成形,或称静水压成形。

等静压成形方法有如下特点:① 可以生产一般方法不能成形的形状复杂、大件及细而长的制品,而且成形质量高。② 可以不增加操作难度而比较方便地

提高成形压力,而且压力作用效果比其他压制法好。③ 由于坯体各向受压力均匀,其密度高而且均匀,烧成收缩小,因而不易变形。④ 模具制作方便、寿命长、成本较低。⑤ 可以少用或不用黏接剂。

等静压成形如图 7-23 所示。操作过程为:先将配好的坯料装入用塑料或橡胶做成的弹性模具内,置于高压容器内,密封后,打入高压液体介质,压力传递至弹性模具对坯料加压。然后释放压力取出模具,并从模具中取出成形好的坯件。

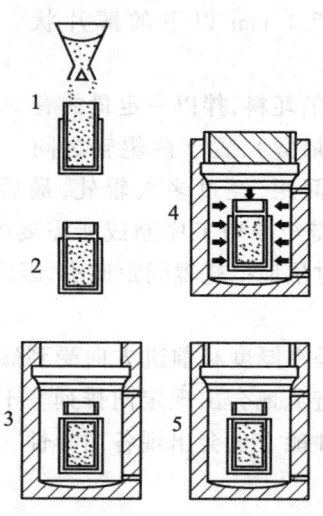

图 7-23　湿法等静压成形示意图
1—粉料加入柔性袋;2—柔性袋加盖密封;
3—将袋装入内装传压介质的加压容器中;4—加压;5—压紧后去压

液体介质可以是水、油或甘油。但应选用可压缩性小的介质为宜,如刹车油或无水甘油。

弹性模具材料应选用弹性好、抗油性好的橡胶或类似的塑料。

等静压成形方法有冷等静压和热等静压两种类型。冷等静压又分为湿式等静压和干式等静压。

1) 湿式等静压

结构如图 7-24 所示。其特点是模具处于高压液体中,各方受压,所以称为湿式等静压。它主要适用于成形品种多、形状较复杂、产量小和大型的制品。

2) 干式等静压

干式等静压(图 7-25)相对于湿式等静压,其模具并不都是处于液体之中,而是半固定式的,坯料的添加和坯件的取出,都是在干燥状态下操作,因此称为干式等静压。干式等静压更适合于生产形状简单的长形、壁薄、管状制品,如果稍作改进,可连续自动化生产。

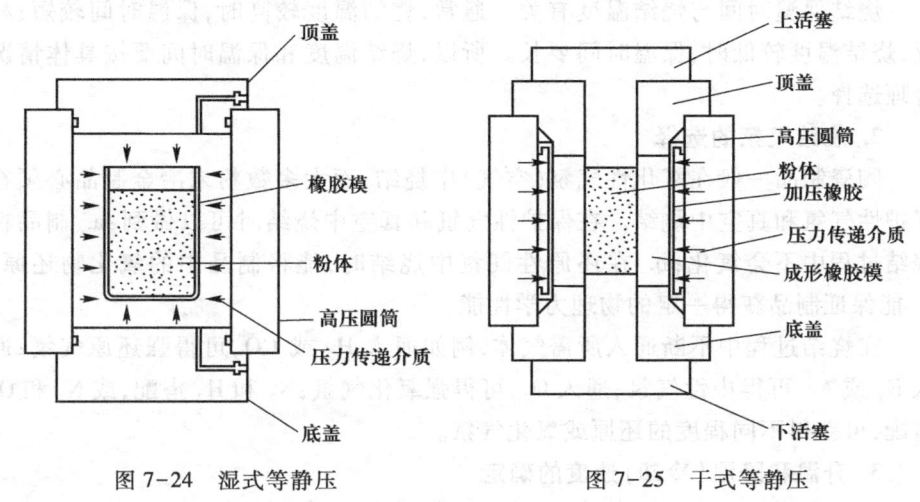

图 7-24 湿式等静压　　　　　图 7-25 干式等静压

第五节 烧　结

用上述成形方法得到的各种金属坯件或陶瓷坯件,还只能是半成品。一般还需要经过干燥处理后,在窑炉或烧结(sintering)炉中以适当的高温烧结,才能得到质地坚硬的、符合需要的成品。

一、烧结工艺

烧结的基本过程是将成形后的坯体放入烧结炉中,按一定时间加热到烧结温度,并在烧结温度下保温若干时间,然后,将制品冷却后出炉。有关烧结的工艺参数,例如烧结温度、烧结保温时间等通常都是根据实验确定的。

1. 烧结温度与保温时间的确定

烧结温度的确定与制品的化学成分有关。泰曼发现烧结温度(T_S)和熔融温度(T_M)的关系有一定规律:

金属粉末:$T_S \approx (0.3 \sim 0.4)T_M$,盐类:$T_S \approx 0.57T_M$,硅酸盐:$T_S \approx (0.8 \sim 0.9)T_M$。

如果是几种粉末的混合物,则烧结温度一般要低于主要成分的熔点,而高于其中一种或多种少量成分的熔点(个别例外),或者稍高于制品中出现的低共熔点的温度。

在实际生产中,不论单一或多种粉末的烧结,都是在一定温度范围内进行的。在此温度范围内时使用上限温度还是下限温度,要根据制品的化学成分、粉末性能、尺寸大小以及性能要求等具体条件而定。

烧结保温时间与烧结温度有关。通常,烧结温度较高时,保温时间较短;相反,烧结温度较低时,保温时间要长。所以,烧结温度和保温时间要按具体情况合理选择。

2. 烧结气氛的选择

陶瓷制品一般在氧化性气氛(空气)中烧结,而大多数粉末冶金制品必须在保护性气氛和真空中烧结。在保护性气氛和真空中烧结时可以做到:a. 制品在烧结过程中不会氧化;b. 在还原性气氛中烧结时,能将制品中的氧化物还原;c. 能保证制品获得一定的物理力学性能。

在烧结过程中不断通入所需气体,例如通入 H_2 或 CO,可得强还原气氛;通入 N_2 或 Ar,可得中性气氛;通入 O_2,可得强氧化气氛;N_2 和 H_2 搭配,或 N_2 和 O_2 搭配,可获得不同程度的还原或氧化气氛。

3. 升温和降温(冷却)速度的确定

升温和降温时间由制品尺寸和性能要求而定。通常为了提高生产率,希望升温速度和降温速度快一些。但在实际生产中,如果升温速度太快,使坯体中的成形剂、水分以及某些杂质剧烈挥发,可能导致坯体产生裂纹,并使反应不完全。降温速度对制品性能的影响很大,为了获得所要求的金相组织,对其降温速度都有一定的要求。以粉末冶金铁基制品为例,降温速度不同,可以使制品得到完全不同的金相组织和性能。如果所烧结的铁基制品在冷却前是均匀的奥氏体时,当冷却速度不同时可以出现三种情况:① 当冷却速度很慢时,奥氏体分解,碳以石墨的形式自奥氏体中析出,最后制品的组织是铁素体加石墨,其硬度和强度都很低。② 当冷却速度很快时,奥氏体来不及分解,形成了马氏体组织。这种组织硬度高,强度低,而且还可能造成制品的变形和开裂。③ 当冷却速度为中等时,奥氏体分解,碳以渗碳体(Fe_3C)形式析出,最后组织是铁素体加珠光体(还有少量孔洞与游离石墨),这种组织有一定的强度和硬度。因此,在生产中某些产品都以中等速度冷却下来。

二、烧结方法

粉末冶金坯体的烧结可分为单元系、多元系,或分为固相烧结、液相烧结等多种类型。陶瓷的烧结更为复杂,因为陶瓷材料的成分更为复杂。表 7-2 列出各种先进或特殊的烧结方法以及它们的优缺点和适用范围。

表 7-2　用于粉末冶金和陶瓷制品的各种烧结方法

烧结方法名称	优点	缺点	适用范围
常压烧结法	价廉,规模生产和复杂形状制品	性能一般,较难完全致密	各种材料(传统陶瓷、高技术陶瓷、粉末冶金制品)
真空烧结法	不易氧化	价贵	粉末冶金制品、碳化物
一般热压法	操作简单	制品形状简单、价贵	各种材料
连续热压法	规模生产	制品形状简单	非氧化物,高附加值
热等静压法	性能优良,均匀,高强	价贵	高附加值产品
气压烧结法	制品性能好,密度高	组成难控制	适于高温易分解材料(特别适于氮化物)
反应烧结法	制品形状不变,少加工,成本低	反应有残留物,性能一般	反应烧结氧化铝、氮化硅、碳化硅等
液相烧结法	降低烧结温度,价廉	性能一般	各种材料
气相沉积法	致密透明,性能好	价格贵,形状简单	要求特殊性能薄的制品
微波烧结法	快速烧结	晶粒生长不易控制	各种材料
电火花等离子烧结(SPS)	快速,降低烧结温度	价贵,形状简单,工艺探索阶段	各种材料
自蔓延烧结(SHS)	快速,节能	较难控制	少数材料

第六节　陶瓷与粉末快速成形工艺

快速成形与通常的机械切削成形方法有较大的差异。如果说机械切削方法是通过减少坯体多余材料,将坯体化大为小获得所需零件形状的,或者形象地说是通过减法完成的,那么快速成形法是将坯体先离散,后堆积,通过积小成大加和而成的。

快速成形技术产生于 20 世纪 80 年代,是新材料、计算机技术、数控技术和激光技术相互交叉渗透的产物。

一、快速成形原理

快速成形技术(rapid prototyping technique,RPT)的本质是采用积分法制造三维实体,在成形过程中,先用三维造型软件在计算机中生成机件的三维实体模型,然后用分层软件对其进行分层处理,即将三维模型分成一系列的层,将每一层信息传递到成形机,通过材料的逐层添加得到三维实体模型。例如假若通过快速成形方法制造一个啤酒瓶,首先用三维造型软件在计算机中生成啤酒瓶的三维实体模型,然后用分层软件将其沿垂直轴线方向进行分层处理,即将立体的啤酒瓶分成一系列直径不同的薄层圆环,将每一层(薄圆环)的信息传递到成形机,通过材料的逐层添加即可得到三维实体玻璃瓶模型。快速成形的原理框图如图7-26所示。

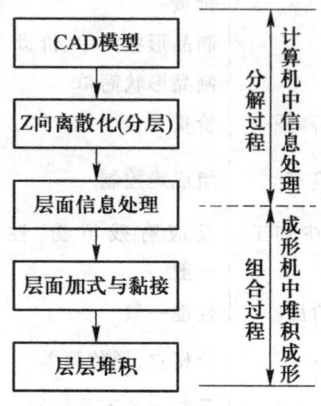

图7-26 快速成形的原理框图

当所用成形材料不同时,成形机的原理有所差异,而成形精度与分层的精细程度有关。对快速成形原理的不同理解,造成该成形方法的多种称谓,然而,其本质原理是相同的。例如(1)离散堆积制造(discretization accumulation manufacturing, DAM),(2)分层实体制造(layered object manufacturing,LOM),(3)材料添加制造(material increase manufacturing,MIM),(4)直接CAD制造(direct CAD manufacturing,DCM),(5)实体自由成形制造(solid freeform fabrication,SFF),(6)即时制造(instant manufacturing,IM)或快速成形(rapid prototyping,RP)等。

快速成形不仅可以成形高分子材料(见第八章第五节),也可以成形金属材料和陶瓷材料,所成形材料的形状不仅可以是薄板,也可以是粉体或线材,所以其适用范围是很宽的(见第十章)。本节主要介绍粉体材料的快速成形方法。

二、快速原型技术的发展现状

快速原型技术概念的提出可追溯到1979年,日本东京大学生产技术研究所的中川威雄教授发明了叠层模型造型法,并利用该技术制造了金属冲裁模、成形模和注塑模。1980年,日本的小玉秀男又提出了光造型法,即利用连续层的选区固化产生三维实体的新思想。该设想提出后,由丸谷洋二于1984年继续研究,并于1987年进行产品试制。

1988年,美国3D Systems公司率先推出快速原型实用装置——立体光固化成形系统(stereo lightgraphy apparatus,SLA),并以年销售增长率为 30%～40%的增幅在世界市场出售。近年来,随着扫描振镜性能的提高,以及材料科学和计算机技术的发展,快速原型技术已日趋成熟,并于 1994 年正式进入推广普及阶段。

RP 技术在世界上正式出现并获得了迅猛的发展,表现出极强的生命力。我国 RP 技术的研究始于 1991 年,清华大学、华中科技大学等有关高校和公司都在 RP 技术的研究与应用方面取得了显著成果。这些成果包括 RP 理论、CAD 数据处理软件、RP 工艺原理、方法及控制技术、成形设备、成形材料以及成形精度等方面,已研制出与国外工艺方法相似的设备,并逐步实现了商品化,其性能达到了国际水平。如清华大学开发的"M—RPMS—II"型多功能快速成形制造系统、熔丝沉积制造系统 MEM—250 和分层实体制造系统 SSM—500 等;西安交通大学开发的基于立体印刷法(SLA)的 LPS 和 CPS 系统;华中科技大学研制出以纸为成形材料的基于分层实体制造法(LOM)的 HRP 系统;南京航空航天大学开发了基于选择性激光烧结法(SLS)的 RAP 系统;北京隆源公司推出了基于选择性激光烧结法(SLS)的 AFS 系统等。在基于快速成形技术的快速制造模具方面,上海交通大学开发了具有我国自主知识产权的铸造模样计算机辅助快速制造系统,为汽车行业制造了多种模具。至 20 世纪 90 年代中末期,RP 技术蓬勃发展,国内一些大型企业如海尔、春兰、海信等,都先后采用快速成形系统来开发新产品,收到了很好的效果,推动了快速成形技术在我国的广泛应用。

目前快速成形技术包括一切由 CAD 直接驱动的成形过程,主要技术特征是成形的快捷性。快速成形技术的成形方法多达十余种,目前应用较多的有立体光固化(SLA)、选择性激光烧结(SLS)、分层实体制造(LOM)、熔积成形(FDM)等。这些工艺方法都是在材料累加成形的原理基础上,结合材料的物理化学特性和先进的工艺方法而形成的,它与其他学科的发展密切相关。

三、快速成形技术的加工特点

快速成形技术的成形机理和工艺控制与传统成形方式有很大差别,RPT 不是使用一般意义上的模具或刀具,而是利用光、热、电等物理手段(常用的是激光)实现材料的转移与堆积;原型是通过堆积不断增大,其力学性能不但取决于成形材料本身,还与材料中所施加的能量大小及方式有密切的关系;在成形工艺方面,需对多个坐标进行精确地动态控制,而在传统成形中,一般无须对加工能量进行精确地预测与控制。快速成形技术突破了"毛坯—切削加工—成品"的传统的零件加工模式,开创了不用刀具制作精密零件的先河,是一种前所未有的薄层叠加的加工方法。利用 RPT 可制造出零件,主要是单件或极少批量的零件(直接成形法);可直接制造出用于制作样件或零件的模具。

与传统的切削加工方法相比,快速原型加工具有以下优点:

(1) 可迅速制造出自由曲面和更为复杂形态的零件,如零件中的凹槽、凸肩和空心部分等,大大降低了新产品的开发成本和开发周期。

(2) 不需要机床切削加工所必需的刀具和夹具,无刀具磨损和切削力影响。

(3) 无振动、噪声和切削废料。

(4) 可实现夜间完全自动化生产。

(5) 加工效率高,能快速制作出产品实体模型及模具。

四、粉体的分层实体制造技术

分层实体制造(LOM)是 1986 年由美国 Helisys 的 Michael Feygin 研究成功的,该工艺最早主要用于成形薄片材料,如纸、塑料薄膜等。成形前,片材表面事先涂敷一层热熔胶,加工时用激光器在计算机控制下切割片材,然后通过热压辊热压,使当前层与下面已成形工件黏结,从而堆积成形,若采用金属或陶瓷粉末成形时,需要将粉体通过流延工艺制成像纸或塑料一样的流延薄片,再通过 LOM 工艺即可制成所需形状的构件,但是这些构件还必须通过烧结才能成为所需零件。LOM 的工艺原理图如图 7-27 所示。

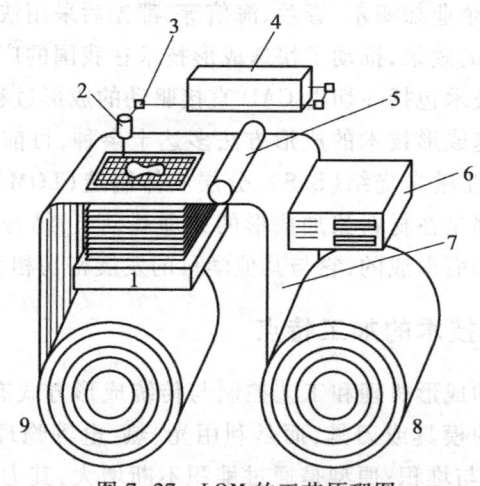

图 7-27 LOM 的工艺原理图
1—工作平台;2—定位装置;3—镜头;4—激光器;5—加热辊;
6—计算机;7—材料箔带;8—展开辊;9—重绕辊

利用该方法,美国 Lone Peak 公司,Western Reserve 和 Dayton 大学已快速成形出 Al_2O_3、AlN、Si_3N_4、SiC、ZrO_2 等陶瓷坯体,而且这些坯体经过烧结后性能良好。

五、选择性激光烧结工艺

选择性激光烧结工艺(SLS)是美国人 C. R. Dechard 于 1989 年发明的,它可以将金属粉末或陶瓷粉末在激光照射下直接烧结,在计算机控制下层层堆积成形,其优点是成形与烧结一体化。尤其适合粉体材料的快速成形。

SLS 工艺原理如图 7-28 所示,工作时要将粉末铺撒在已成形的零件上面,并刮平;激光器在新层上扫描零件截面,照射下的粉体将被烧结成一体,从而得到零件的一层截面,该截面会与下层粘结在一起。重复该过程将会得到所需零件。显然粉末铺撒厚度对成形过程有重要影响。

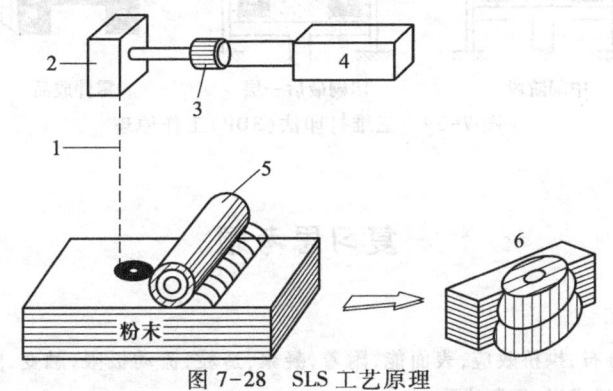

图 7-28 SLS 工艺原理
1—激光束;2—扫描镜;3—光学透镜;4—激光器;5—平整滚筒;6—SLS 零件

六、三维打印法

三维打印法(3DP),也叫喷墨打印法(ink jet methods),由美国麻省理工学院率先研制成功,其工作原理如图 7-29 所示,工作开始时,首先将粉末铺在工作台上,通过喷嘴将黏结剂喷到选定的区域,将粉末黏结在一起,形成一层,然后使工作台下降,添粉后重复上述过程直至做出整个零件。所用黏结剂有硅胶,高分子黏结剂等。三维打印的优点是可以方便地控制部件的成分与显微结构。

由于 3DP 法制备的陶瓷生坯是由松散的粉末黏结在一起的,密度太低很难烧结,可用热等静压工艺达到陶瓷件的致密化。经过黏结剂去除和致密化过程后,所获得的陶瓷件的性能可与传统加工成形的材料相比。例如利用该方法可以制备出致密的氧化铝陶瓷件。事实上目前已可以将含有纳米陶瓷粉的悬浮液直接由喷嘴喷出以沉积成陶瓷件,将该方法称为喷墨打印法则更确切。

快速成形方法发展迅速,可广泛用于新产品开发、模具的快速制造、生物医学与组织工程等领域。感兴趣的同学可以参见有关文献资料。

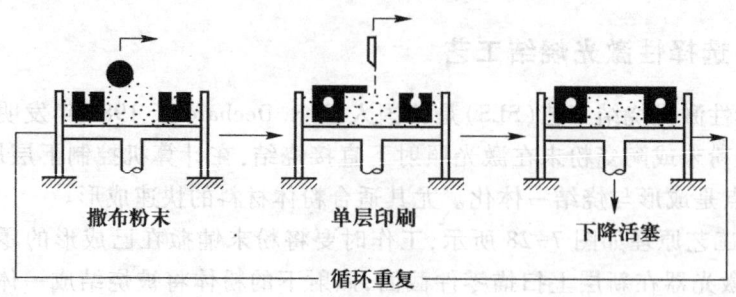
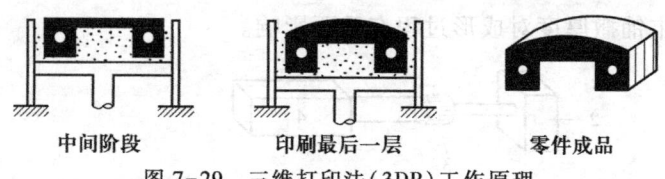

图 7-29 三维打印法(3DP)工作原理

复习思考题

1. 名词解释：

粒度,粒度分布,拱桥效应,表面能,附着,凝聚,造粒,流动极限,触变,陈腐,粉体,助磨剂,注浆成形,可塑成形,压制成形。

2. 粉料有哪些基本物理性能？对它的工艺性能有什么要求？

3. 粉料在压制成坯体的过程中有哪些变化？影响坯体密度的因素有哪些？

4. 怎样来评价泥团的可塑性？影响泥团可塑性的因素有哪些？

5. 影响泥浆的流变性能的因素有哪些？对泥浆的工艺性能有什么要求？

6. 粉体的制备方法有几种？

7. 合成原料的方法有哪三大类？每类方法又细分为哪些方法？

8. 粉末冶金的成形方法有哪些？

9. 日用陶瓷的成形方法有哪些？

10. 高技术陶瓷的成形方法有哪些？

11. 等静压成形有什么特点？

12. 压制成形、可塑成形和注浆成形三者之间有何区别与联系？各适用于成形什么制品？

13. 陶瓷成形为坯体后,并不能直接使用,还需要经过哪些工序才能成为成品？与常见金属制品的生产有何不同？

14. 无机非金属材料与金属材料、有机高分子材料在成形方法上有何异同？

15. 坯体成形时,压力分布不均对坯体密度与后续烧结有何影响？提出解决方法。

第八章 高分子材料的成形工艺

本章学习指南

与金属材料和无机非金属材料相比,高分子材料成形工艺简单,材料损耗少,能耗低,生产效率高,主要内容包括塑料、橡胶、薄膜、快速成形等工艺方法。很显然高分子材料成形工艺是在借鉴了液态成形、塑性成形和粉体成形的工艺基础上,结合高分子材料的特点发展起来的,相互之间有很多的共同之处。

本章重点:塑料成形工艺及橡胶成形工艺的原理及方法。应掌握塑料的类型及应用;塑料的成形方法;塑料模具的结构和类型;塑料件的结构工艺性;以便能够分析塑料件的成形质量及进行简单的设计。掌握橡胶的组成、常用橡胶的类型及应用;橡胶加工的工艺过程;橡胶的成形方法。

本章难点:高分子材料的结构及性质,塑料模具的结构及塑料件的结构工艺性,橡胶的成形方法。应注意高分子材料不同于金属材料,其成形多在流动(熔融)状态下进行,因此在分析和设计时的要求与采取的措施与金属成形有较大的差别。

本章的重点:高分子材料的成形原理与塑料零件的结构工艺性。同时要求了解不同成形方法的工艺原理和相互之间的工艺特点。

高分子材料的成形工艺,涉及内容十分广泛,除本章内容外,还涉及切削加工、焊接、胶接等方法。学习本章时,尤其是涉及模具的结构及分析制件的结构工艺性时应特别注意与其他章节相联系,包括塑性成形、连接(黏接)成形、粉末冶金成形、复合材料成形等。

高分子材料(polymer materials)又称高聚物材料,是以相对分子质量(分子量)大于 10 000 的高分子化合物为主要成分,与各种添加剂配合,经加工而成的有机合成材料。高分子材料分为天然和人工合成两大类,工程上多指由人工合成的各种高分子有机材料,通常根据力学性能和使用状态将其分为:塑料(plastic)、橡胶(rubber)、合成纤维(synthetic fibre)、黏合剂(adhesive)和涂料等。高分子材料不仅有一定的强度,而且还具有重量轻、耐腐蚀、电绝缘、易加工等优良性能。

与金属材料和无机非金属材料相比，高分子材料成形工艺简单、材料损耗少、能耗低、生产效率高，且可方便地通过切削加工、焊接、胶结等方法进行二次加工。因此在工业生产中，高分子材料随着其强度和耐热性的提高，正越来越多地取代金属材料。

第一节　高分子材料成形原理

一、高分子材料的结构

高分子材料相对分子质量大，且结构复杂多变，但组成高分子化合物的大分子一般具有链状结构，它是由一种或几种简单的低分子有机化合物重复连接而成的。就像一根链条是由众多链环连接而成一样，故称为大分子链。高分子的链状结构主要有线型、支链型和体型等三种类型，如图 8-1 所示。

1. 线型分子链

各链节以共价键连接成细长线型长链分子，像一根长线，但通常不是直线，而是卷曲状或线团状，如图 8-1a 所示。由于此类分子链既可卷曲又可舒展，故使聚合物可以溶解、受热软化或熔融，易于流动成形，冷却则固化，且可反复进行。具有线型高分子结构的聚合物称为热塑性聚合物，大多数塑料以及未硫化的橡胶均为热塑性聚合物。

2. 支链型分子链

在主链上以共价键连接着相当数量的长短不一的支链，其形状有树枝形、梳形、线团支链形，如图 8-1b 所示。支链的存在影响其结晶度及性能。因分子间距比线型高分子大，故使聚合物更容易溶解、受热软化或熔融，冷却则固化，且可反复进行。具有支链型高分子结构的聚合物也属于热塑性聚合物。

3. 体型（网型或交联型）分子链

它是在线型或支链型分子链之间，沿横向通过链节以共价键连接起来，产生交联而呈三维网状结构，如图 8-1c 所示。由于网状分子链的形成，使聚合物分子间不易相互流动。具有体型高分子结构的聚合物通常整块就是一个大分

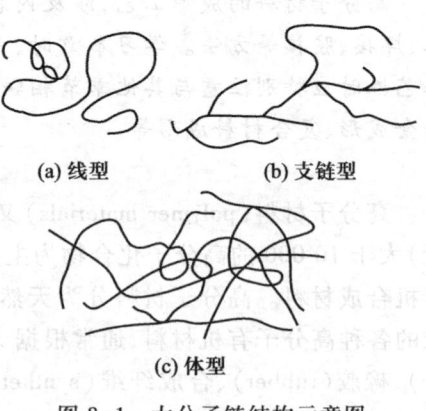

图 8-1　大分子链结构示意图

子,不能溶解、受热软化或熔融,故又称为热固性聚合物,包括热固性塑料和硫化橡胶等。

二、高分子链内旋转构象及其柔顺性

聚合物高分子链和其他物质分子一样也在不停地热运动,这种运动是单键内旋转引起的。由于大多数高分子的主链都存在着许多单键,单键是由 σ 电子组成,其电子云轴性对称分布,因此高分子在运动时 C—C 单键可以绕轴旋转,称为内旋转。图 8-2 为碳链高分子链的内旋转示意图。图中 $C_1—C_2—C_3—C_4$ 为碳链中的一段。在保持键角(109°28′)和键长(0.154 nm)不变的情况下,当 b_1 键内旋转时,b_2 键将沿以 C_2 为顶点的圆锥面旋转。同样,b_2 键内旋转时,b_3 键在以 C_3 为顶点的圆锥面上旋转。一个高分子链中有许多单键,每个单键都能旋转,因此可以想象,高分子在空间中的形态可以有无穷个。

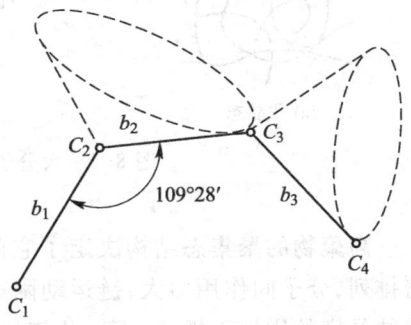

图 8-2 分子链的内旋转示意图

由于单键内旋转而产生的分子在空间的不同形态称为构象。由于热运动,高分子的构象在时刻改变着,使高分子链很容易呈卷曲状或线团状,这样形成的线团称为无规线团。在拉力作用下,可将其伸展拉直,外力去除后,又缩回到原来的卷曲状或线团状,表现出范围很广的伸缩能力。

高分子链能够改变其构象的特性称为柔顺性,这是高聚物许多性能不同于其他固体材料的根本原因。高分子链内旋转愈容易,其柔顺性愈好,它可使高聚物具有一定的柔软性及弹性;反之,高分子链内旋转愈困难,其柔顺性愈差,则表现出很好的刚性。各种聚合物的物理力学性能及其成形性能,也会因高分子链柔顺程度不同而呈现差异。

三、高聚物的聚集态和物理状态

1. 高聚物的聚集态

高聚物中大分子的排列和堆砌方式称为高聚物的聚集态(assemble state)。高聚物大分子链的聚集态主要有三种结构,如图 8-3 所示。

(1) 无定型结构 众多长短不一的大分子链像杂乱的线团一样集聚在一起,呈无规则排列,属非晶态结构(图 8-3a)。

(2) 折叠链结晶结构 大分子链折叠后呈有序规则排列(图 8-3b)。

(3) 伸直链结晶结构 大分子链伸直后呈有序规则排列(图 8-3c)。

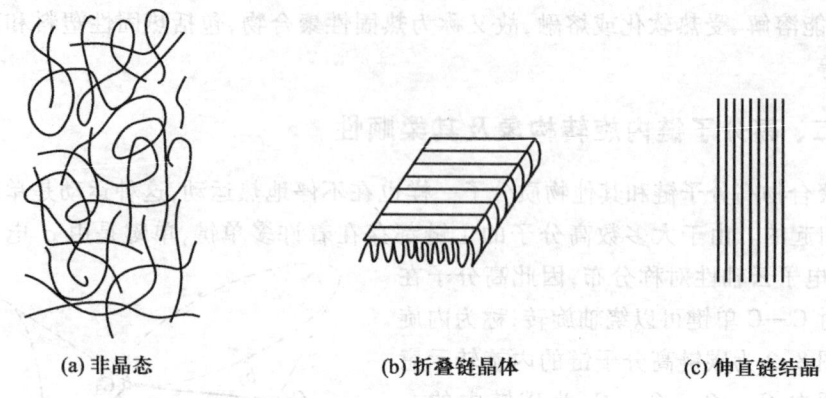

(a) 非晶态　　　　　(b) 折叠链晶体　　　　　(c) 伸直链结晶

图 8-3　大分子链的聚集态结构示意图

高聚物的聚集态结构决定了它的性能。由于晶态结构中,分子链规则而紧密排列,分子间作用力大,链运动困难,所以高聚物的强度、刚度、密度、熔点都随着结晶度的增加而提高,而一些依赖链活动的性能指标,如弹性、韧度、伸长率等则随着结晶度增加而降低。表 8-1 为聚乙烯的结晶度与力学性能之间的关系。

表 8-1　聚乙烯的结晶度与力学性能之间的关系

结晶度	密度/(g·cm^{-3})	σ_b/MPa	δ/%
40%~53%	0.91~0.93	700~1 600	90~800
60%~80%	0.94~0.97	2 000~3 900	15~100

2. 高聚物的物理状态

高聚物在不同温度下呈现出不同的物理状态,因而具有不同的性能,这对高聚物的成形加工和使用具有重要意义。线型非晶态高聚物在不同温度下,呈现出三种物理状态:玻璃态(glass state)、高弹态(high elasticity state)和黏流态(viscous flow state),其变形-温度曲线如图 8-4 所示。图中 T_x 为脆化温度、T_g 为玻璃化温度、T_f 为黏流温度、T_d 为分解温度。

(1) 玻璃态($T<T_g$)　在较低的温度下,聚合物分子链处于冻结状态,受力时只能产生很小的弹性变形,具有较好的力学强度,质硬如玻璃,称为玻璃态。塑料即为常温下处于玻璃态的聚合物,其 T_g 越高越好,这样在较高温度下仍保持玻璃态。

(2) 高弹态($T_g<T<T_f$)　此时,非晶态聚合物分子链的部分链段开始解冻,高聚物在外力作用下就会产生较大的弹性变形,这种状态称为高弹态。高弹态是高聚物独有的状态,橡胶即为常温下处于高弹态的聚合物,其 T_g 越低越好,这样可以在较低温度时仍不失去弹性。

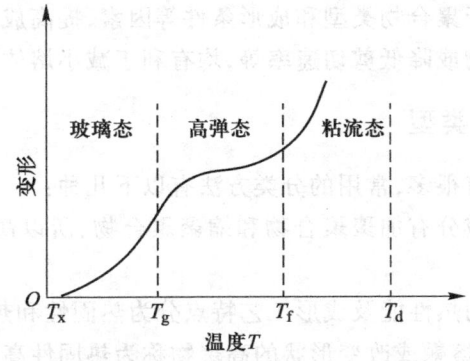

图 8-4 线型非晶态高聚物的变形-温度曲线示意图

(3) 黏流态（$T>T_f$） 当温度在 T_f 以上时，聚合物分子链完全解冻，在外力作用下极易发生分子链间的相对滑动，稍加外力即会产生明显的塑性变形，出现高分子的黏性流动，这种状态称为黏流态。流动树脂即为常温下处于黏流态的聚合物，可用作胶黏剂。

黏流态是高聚物加工成形的状态，将高聚物原料加热到黏流态后，通过喷丝、吹塑、注塑、挤压、模铸等方法，制成各种形状的零件、型材、纤维和薄膜等。

四、聚合物的成形性能

聚合物的成形性能有流动性、收缩性和熔体弹性等。

（1）聚合物的流动性 即聚合物熔体受力变形和流动的性能。良好的流动性使聚合物易于充满模具型腔，但流动性过大时易产生溢料、飞边等缺陷。聚合物的流动性取决于熔体黏度，而熔体黏度则取决于聚合物的结构和成形条件。采用相对分子质量较小的聚合物，提高成形温度和剪切速率（即剪切形变速率）以及降低成形压力等，均有利于减小分子间的作用力，从而降低熔体黏度，提高流动性。

（2）聚合物的收缩性 即聚合物在凝固和冷却过程中，体积和尺寸缩小的现象。聚合物的收缩不仅影响制品精度，还会使制品出现缩孔、凹陷和翘曲变形等缺陷。由成形收缩引起的线尺寸变化率称为成形收缩率，一般为 1%~5%。

影响收缩性的因素有聚合物类型和成形条件等，采用收缩性较小的聚合物，提高成形压力，降低成形温度等有利于减小聚合物成形过程中的收缩。

（3）熔体弹性 在聚合物熔体黏性流动过程中伴随有可逆的弹性变形，称为熔体弹性。挤出成形时制件的挤出胀大现象，注射和模压成形脱模时制件的弹性恢复现象都反映了聚合物的这种特性。成形时的弹性恢复使制品的精度和表面质量降低，在模具设计时必须考虑到。

熔体弹性取决于聚合物类型和成形条件等因素，提高成形温度，采用相对分子质量较小的聚合物或降低剪切速率等，均有利于减小熔体弹性。

五、高聚物的类型

高聚物的类型有很多，常用的分类方法有以下几种：

（1）按合成反应分有加聚聚合物和缩聚聚合物，所以高分子化合物常称为聚合物或高聚物。

（2）按高聚物的热性能及成形工艺特点分为热固性和热塑性两大类。加热加压成形后，不能再熔融或改变形状的高聚物称为热固性高聚物。相反，加热软化或熔融后，冷却固化的过程可反复进行的高聚物称为热塑性高聚物。这种分类便于认识高聚物的特性。

（3）按用途分有塑料、橡胶、合成纤维、胶黏剂、涂料等。

塑料：是以合成树脂为基本原料，加入各种添加剂后在一定温度、压力下塑制成形的材料。其品种多，应用广泛。

橡胶：是一种具有显著高弹性的高聚物，经适当交联处理后，具有高的弹性模量和抗拉强度，是重要的高聚物材料。

合成纤维：天然纤维的长径比在1 000～3 000范围内，合成纤维的长径比在100以上，且可以任意调节，其品种繁多，性能各异，是生产和生活中不可缺少的高聚物材料。

胶黏剂：具有优良黏合力的材料称为胶黏材料，它是在富有黏性的物质中加入各种添加剂后组成，能将各种零件、构件牢固胶结在一起。

涂料：可用于涂覆在物体表面，能形成完整均匀的坚韧涂膜，是物体表面防护和装饰的材料。

工程上常用的高分子材料主要有塑料和橡胶。

第二节 塑料成形工艺

在机械制造行业中，塑料是应用最广泛的高聚物材料。塑料在适当的温度和压力下能塑制成各种形状规格的制品，成形效率高，能耗和制件成本低。目前已广泛应用于机械、电子、汽车、航空航天、家电、生活用品等领域，代替了大量的金属零件，给人类生活带来了更多的色彩。

一、塑料的组成

塑料是由树脂和添加剂组成，添加剂主要包括一些用来改善使用性能和工艺性能的填充剂(filler)、增塑剂(plasticizer)、稳定剂(stabilizer)、润滑剂(lubricant)、染料(dyestuff)、固化剂(curing agent)等。

(1) 树脂 塑料中的树脂主要是合成树脂,是塑料的主要成分,起胶黏剂作用,其特性不仅决定塑料的类型(热固性或热塑性),还决定塑料的性能。因此,绝大多数塑料是以所用树脂命名。例如,聚氯乙烯塑料就是以聚氯乙烯树脂为主要成分的,树脂含量为30%~70%。

(2) 填充剂 又称填料,其作用是调整塑料的物理化学性能,提高材料强度,扩大使用范围以及减少合成树脂的用量,降低塑料成本。例如,加入铝粉可提高塑料对光的反射能力及导热性能;加入二硫化钼可提高塑料的自润滑性;加入石棉可改善塑料的耐热性;加入木屑可提高机械强度等。另外,大多数填料还可减少塑料的成形收缩率,有的填充剂还可以使塑料具有树脂所没有的性能,如导电性、导磁性、导热性等。由于填料比合成树脂便宜,加入填料可以降低塑料的成本。作为填充剂必须与树脂有良好的浸润关系和吸附性,本身性能要稳定。常用品种有碳酸钙、陶土、滑石粉和炭黑等。

(3) 增塑剂 增塑剂是增加树脂塑性和柔韧性的添加剂,也可以降低塑料的软化温度,使其便于加工成形。增塑剂是塑料工业中的重要助剂,应溶于树脂而不与树脂发生化学反应,本身不易挥发,在光、热作用下稳定性高,最好是无毒、无色、无味的。常用的增塑剂有邻苯二甲酸二丁酯、石油酯、环氧大豆油等。

加入增塑剂在改善塑料的成形加工性能的同时,有时也会降低树脂的某些性能,如硬度、拉伸强度等,因此添加增塑剂要适量。

根据塑料种类和性能的不同要求,还可以加入固化剂、稳定剂、着色剂、发泡剂、阻燃剂、防老化剂、防静电剂、防霉剂、导电剂和导磁剂等不同添加剂。

注意,并非每种塑料都要加入全部助剂,而是依塑料品种和使用要求加入所需的某些助剂。

二、塑料的性能

塑料的性能包括物理性能、化学性能、力学性能和成形工艺性能,分别体现塑料的使用价值和成形特性。

1. 物理性能

(1) 密度小 塑料的密度均较小,一般为 0.9~2.0 g/cm³,相当于钢密度的1/7~1/4,可以大大降低零部件的重量。

(2) 热学性能 塑料的热导率较小,一般为金属的1/600~1/500,所以具有良好的绝热性。但塑料的热膨胀系数比较大,是钢的3~10倍,所以塑料零件的尺寸精度不够稳定。

（3）耐热性 由于塑料遇热易老化、分解,故其耐热性较差,大多数塑料只能在 100 ℃ 左右长期使用。

（4）绝缘性 由于塑料分子的化学键为共价键,不能电离,没有自由电子,因此是良好的电绝缘体。当塑料的组分变化时,电绝缘性也随之变化。如塑料由于填充剂、增塑剂的加入都使电绝缘性降低。

2. 化学性能

塑料的化学性能主要是指塑料的耐蚀性。由于塑料大分子链是共价键结合,不存在自由电子或离子,不发生电化学过程,其化学稳定性很高,能耐酸、碱、油、水及大气等物质的侵蚀。其中聚四氟乙烯还能耐强氧化剂"王水"的侵蚀。因此工程塑料特别适合于制作化工机械零件及在腐蚀介质中工作的零件。

3. 力学性能

（1）强度、刚度和韧度 塑料的强度、刚度和韧度都很低,如 45 钢正火后的 σ_b 为 700~800 MPa,而塑料的 σ_b 为 30~150 MPa,刚度仅为金属的 1/10,所以塑料只能制作承载不大的零件。

塑料没有加工硬化现象,且温度对性能影响很大,温度稍有微小差别,同一塑料的强度与塑性就有很大不同。图 8-5 为聚甲基丙烯酸甲酯（有机玻璃）在不同温度下的应力-应变曲线。由图可见,温度只有几十摄氏度的差别,就从弹性模量较高的脆性断裂转变为弹性模量很低的塑性断裂。

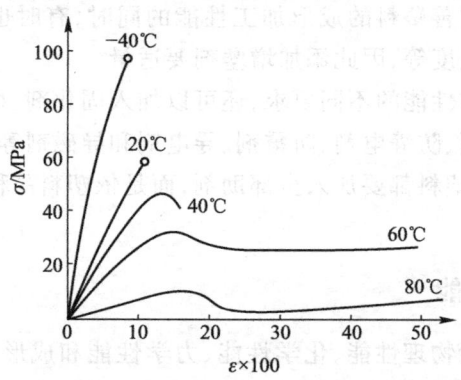

图 8-5 有机玻璃的应力-应变曲线
（拉伸速度 5 mm/min）

（2）蠕变与应力松弛 塑料在外力作用下表现出的是一种黏弹性的力学特征,即形变与外力不同步。黏弹性可在应力保持恒定条件下,导致应变随时间的延续而增加,这种现象称为蠕变。如架空的聚氯乙烯电线管在常温下会缓慢变弯,就是材料的蠕变。不同的塑料在相同温度下抗蠕变的性能差别很大,机械零件应选用蠕变较小的塑料。

黏弹性也可在应变保持恒定的条件下导致应力的不断降低,这种现象称应力松弛。例如连接管道的法兰盘中间的硬橡胶密封垫片,经一定时间后,由于应力松弛导致泄漏而失效。

(3) 减摩性 塑料的硬度虽低于金属,但摩擦系数小,如聚四氟乙烯对聚四氟乙烯的摩擦系数只有 0.04,尼龙、聚甲醛、聚碳酸酯等也都有较小的摩擦系数,因此有很好的减摩性能。塑料还由于自润滑性能好,对工作条件的适应性和磨粒的嵌藏性好,因此在无润滑和少润滑的摩擦条件下,其减摩性能是金属材料所无法相比的。工程上已应用这类高聚物来制造轴承、轴套、衬套及机床导轨贴面等,取得了较好的效果。

4. 塑料的成形工艺性能

塑料的工艺性能表现在许多方面,有些性能直接影响成形方法和工艺参数的选择,有的则只与操作有关。

(1) 收缩性 塑件自模具中取出冷却到室温后,发生尺寸收缩的特性称收缩性。由于这种收缩不仅是树脂本身的热胀冷缩造成的,而且还与各种成形因素有关,因此成形后塑件的收缩称为成形收缩,其大小可用收缩率来表示,即:

$$S_j = \frac{L_m - L_s}{L_s} \times 100\% \tag{8-1}$$

式中:S_j——计算收缩率;

L_s——塑件在室温时的单向尺寸;

L_m——模具在室温时的单向尺寸。

因实际收缩率 S_s 与计算收缩率 S_j 数值相差很小,所以模具设计时,常以计算收缩率为设计参数来计算型腔及型芯等的尺寸。

影响收缩率大小的因素很多,主要包括塑料品种、塑件结构、模具结构、成形工艺等。因此收缩率不是一个固定值,而是在一定范围内变化的,收缩率的波动将引起塑件尺寸波动。因此模具设计时应根据以上因素综合考虑选择塑料的收缩率,对精度高的塑件应选取收缩率波动范围小的塑料,并留有试模后修整的余量或适当改变工艺条件或按实际情况修正模具。

(2) 流动性 塑料在一定的温度和压力下填充模具型腔的能力称为流动性。热固性塑料的流动性可用拉西格试验值来表征,数值大则流动性好。热塑性塑料的流动性常用熔体指数测定法和螺旋线长度试验法测定,熔体指数愈大,或流动螺旋线长度愈长,则流动性就愈好。

流动性对塑件形状、模具设计和成形工艺都有很大影响。流动性小,将使填充不足,不易成形,成形压力大;流动性大易使溢料过多,填充型腔不密实,塑件组织疏松、易粘模、脱模及清理困难、硬化过早。因此选用的塑料流动性必须与塑件要求、成形工艺及成形条件相适应，模具设计时应根据流动性来考虑浇注系统、分型面及进料方向等。

影响流动性的因素主要有温度、压力、模具结构、添加剂和成形工艺条件等。填料粒度细且呈球状、湿度大、增塑剂和润滑剂含量高、预热及成形条件适当、模具型腔表面粗糙度值小、模具结构适当等都将使流动性得到提高。

（3）热敏性　热敏性是指某些热稳定性差的塑料，在料温高和受热时间长的情况下就会产生降解、分解、变色的特性，具有这种特性的塑料称为热敏性塑料。为了防止热敏性塑料在成形加工过程中出现分解现象，应在塑料中加入热稳定剂，并选择合适的成形设备，正确控制成形温度和加工周期，同时应及时消除分解产物，设备和模具应采取防腐蚀措施等。

（4）吸水性　塑料吸收水分的性质称为吸水性。若成形时塑料中的水分和挥发物过多，将使流动性增大，易产生溢料，成形周期长，收缩率大，塑件易产生气泡、组织疏松、翘曲变形、波皱等缺陷。此外，有的气体对模具有腐蚀作用，对人体有刺激作用，因此必须采取相应措施，消除或抑制有害气体，包括采取成形前对物料进行预热干燥处理、在模具中开设排气槽、模具表面镀铬等措施。

（5）硬化特性　硬化特性是热固性塑料特有的性能，专指热固性塑料的交联反应。硬化程度与硬化速度不仅与塑料品种有关，而且与塑件形状、模具温度和成形工艺条件有关，因此必须严格控制工艺条件和改善模具结构，以避免塑件出现"过熟"或"欠熟"。

三、塑料的分类

目前，塑料的品种很多，分类方法也多种多样，但常用的塑料分类方法有以下两种：

1. 按塑料中树脂的分子结构及热性能分类

如前所述，根据塑料中树脂的分子结构及热性能不同，将塑料分为热塑性塑料（thermoplastics）和热固性塑料（thermosetting plastics）两类。

（1）热塑性塑料　也称热熔性塑料，常用的有聚氯乙烯、聚苯乙烯、ABS、有机玻璃、尼龙等塑料。

（2）热固性塑料　常用的热固性塑料有酚醛塑料、氨基塑料、环氧树脂塑料、呋喃树脂、有机硅塑料、聚邻苯二甲酸二烯丙酯、硅酮塑料等。

2. 按塑料的性能及用途分类

根据塑料的性能及用途，常把塑料分为通用塑料（general plastics）、工程塑料(engineering plastics)、增强塑料(reinforced plastics)和特殊塑料等。

(1) 通用塑料　通用塑料是一种非结构材料,是指那些产量大、用途广、价格低、性能一般的常用塑料。主要包括聚乙烯、聚氯乙烯、聚苯乙烯、聚丙烯、酚醛塑料和氨基塑料六大品种,其产量占塑料总产量的一半以上,用作日常生活用品、包装材料以及一些小型零件,构成了塑料工业的主体。

(2) 工程塑料　指在工程技术中用作结构材料的塑料,这类塑料一般具有较高的机械强度,还具有很好的耐磨性、耐腐蚀性、自润滑性及尺寸稳定性等。和通用塑料相比,它们产量较小,价格较高。但由于它们既具有一定的金属特性又具有塑料的优良性能,因而可代替金属制作某些机械构件,在机械制造、轻工、电子、日用品、导弹、原子能等领域得到广泛应用。

从广义上来说,几乎所有的热塑性塑料甚至热固性塑料都可作为工程塑料。但实际上目前常用的工程塑料仅包括聚酰胺、聚甲醛、聚碳酸酯、ABS、聚砜、聚苯醚、聚四氟乙烯、环氧树脂等几种。

(3) 增强塑料　在塑料中加入玻璃纤维等填料作为增强材料,以进一步改善塑料的力学性能和电性能,这种新型的复合材料通常称为增强塑料。它具有优良的力学性能,强度和刚度高。增强塑料分为热塑性增强塑料和热固性增强塑料。热固性增强塑料又称为玻璃钢。

(4) 特殊塑料　随着高分子材料的发展,通过对塑料加以改性和增强,得到具有某些特殊性能的特种塑料,这类塑料有高的耐热性、高的电绝缘性及高耐腐蚀性,如氟塑料、聚酰亚胺塑料、有机硅树脂、环氧树脂等,还包括为某些专门用途而改性制得的导磁塑料、导热塑料、导电塑料、医用塑料等。

四、塑料成形工艺

塑料成形的工艺过程包括塑料成形和塑料加工。塑料成形是指将原料(树脂与各种添加剂的混合料或压缩粉),在一定温度和压力下塑制成一定形状的制品的过程。塑料加工则是指将成形后的塑料制品再经后续加工(如机械加工等)制成成品零件的工艺过程。

塑料件的生产和金属零件一样,根据使用要求,进行结构设计,选择树脂品种和添加剂成分,通过成形加工和后续加工,制成一定尺寸和形状的制品或零件。

1. 塑料成形方法

塑料的种类很多,其成形的方法也很多,常用的塑料成形方法有注射成形、压塑成形、压延成形、挤出成形等。

(1) 注射成形(inject forming)　又称注塑成形,其原理是将颗粒状态或粉状塑料从注射机的料斗送进加热的料筒中，经过加热熔融塑化成为黏流态熔体，在注射机柱塞或螺杆的高压推动下，以很大的流速通过喷嘴注入模具型腔，经一定时间的保压冷却定型后可保持模具型腔所赋予的形状，然后开模分型获得成形塑件。这样就完成了一次注射工作循环，如图 8-6 所示。注射成形是在专门的注射机上进行，图 8-7 所示为螺杆式注射机结构示意图。

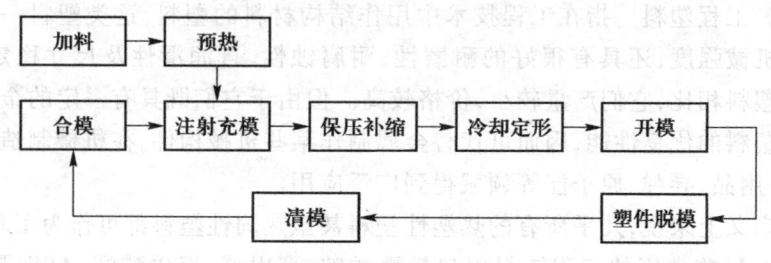

图 8-6　注射成形工作循环

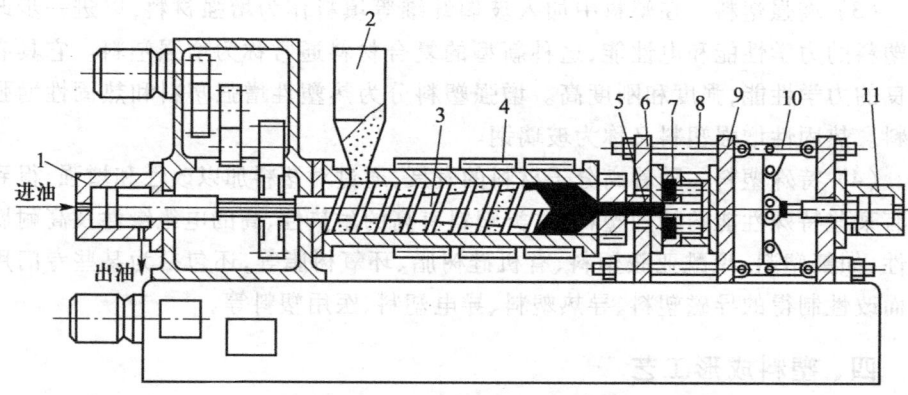

图 8-7　螺杆式注射机结构示意图

1—注射液压缸；2—料斗；3—螺杆；4—加热器；5—喷嘴；6—定模固定板；7—模具；
8—立柱；9—动模固定板；10—合模机构；11—合模液压缸

注射成形是热塑性塑料的主要成形方法之一，适用于几乎所有品种的热塑性塑料和部分热固性塑料。此法生产率很高，可以实现高度机械化、自动化生产，制品尺寸精确，可以生产形状复杂、壁薄和带金属嵌件的塑料制品，适用于大批量生产。目前注塑制品产量约占塑料制品总产量的 20%~30%。

（2）压塑成形　又称模压成形，基本原理是将粉状、粒状或片状塑料放在金属模具中加热软化熔融，在压力下充满模具成形，塑料中的高分子产生交联反应而固化转变成为具有一定形状和尺寸的塑料制件。其成形过程如图 8-8 所示。

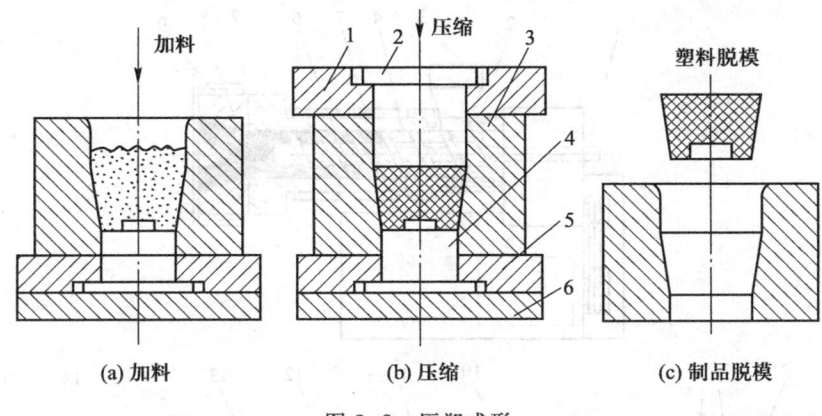

图 8-8 压塑成形
1—上模座；2—上凸模；3—凹模；4—下凸模；5—下模板；6—下模座

压塑成形主要用于热固性塑料,也可用于热塑性塑料,如聚四氟乙烯。与注射成形相比,压塑成形可采用普通液压机,模具结构简单,可成形流动性很差的物料及大面积的薄壁制品。此外,压塑成形件内部取向组织少,塑件成形收缩率小以及制品性能均匀。但其成形周期长,生产效率低,劳动强度大,塑件精度难以控制,模具寿命短,不易实现自动化生产。压塑成形特别适用于形状复杂的或带有复杂嵌件的制品,如电器零件、仪表壳、电闸板、电器开关、插座或生活用具等。

(3) 挤出成形 又称挤塑成形,它是使加热或未经加热的塑料借助螺杆的旋转推进力通过模孔连续地挤出,经冷却凝固而成为具有恒定截面的连续成形制品的方法。挤出成形用于热塑性塑料型材的生产,如管材、板材、薄膜、各种异型断面型材、电线电缆包覆物和中空制品等,还常用于物料的塑炼和着色等。图 8-9 为管材挤出成形原理示意图。

挤出成形生产过程连续,生产效率高,工艺适应性强,设备结构简单,操作方便,用途广,成本低,塑件内部组织均衡致密,尺寸比较稳定准确,但制品断面形状较简单且精度较低,一般需经二次加工才制成零件。目前挤出制品约占热塑制品生产的 40%~50%。

(4) 压延成形 使加热塑化的物料通过一系列相向旋转的辊筒之间,受挤压和延展作用成为平面状连续材料的成形方法。压延成形生产效率高,产品质量好,且可直接制出各种花纹和图案。但其设备庞杂、维修复杂,且制品宽度受限制。压延成形可用于各类热塑性塑料,主要产品有薄膜、片材和人造革等。

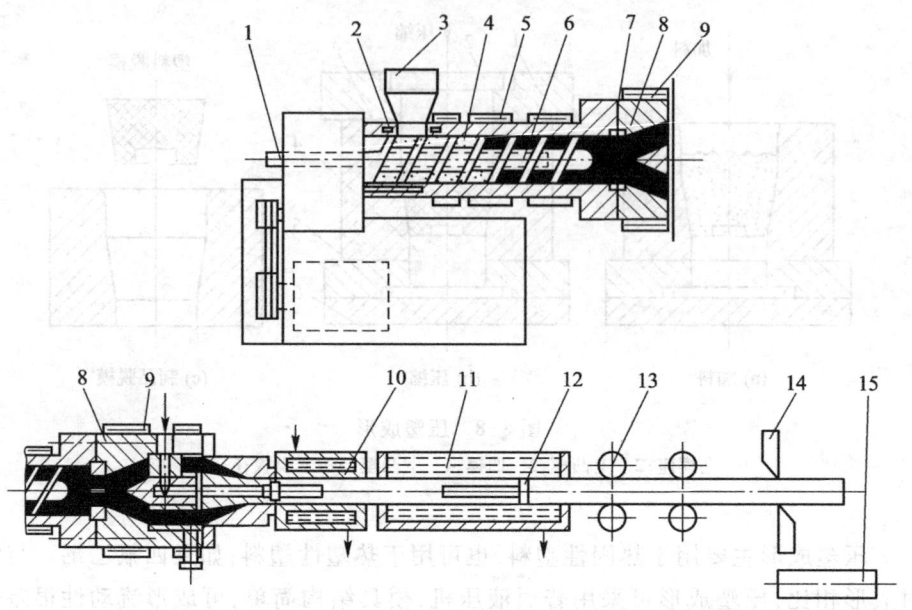

图 8-9 管材挤出成形原理示意图
1—螺杆冷却水入口；2—料斗冷却区；3—料斗；4—料筒；5—料筒加热器；6—螺杆；
7—多孔板；8—机头（挤出模）；9—机头加热器；10—定径套；11—冷却装置；
12—压缩空气堵头；13—牵引装置；14—切断装置；15—管材

此外，还有吹塑、层压、真空成形、模压烧结等成形方法，以适应不同品种塑料和制品的需要。

2. 塑料加工

塑料加工是塑料成形后的再加工，亦称二次加工，是将成形后的塑件通过适当的工艺方法制成制品。通过二次加工，可进一步提高制品的精度、表面质量和使用性能；单件小批生产时，还有利于节省制模费用。

塑料加工的主要工艺方法有机械加工、连接加工和表面处理。

（1）机械加工　即采用钻、磨、铣、车削等机械加工方法的二次加工操作。由于塑料的刚度只有金属的 1/10～1/60，故夹紧力和切削力不宜过大，刀具刃口应保持锋锐，以防工件变形影响加工精度。

（2）连接加工　即采用热熔黏接（焊接）、黏接、机械连接等方法，使塑料型材或零件固定在一起的二次加工操作（见第六章），可以将小而简单的构件组合成大而复杂的构件。塑料焊接是使两塑料件表层受热熔融，再在压力下熔接为一体的，生产效率高，但只适用于同类热塑性塑料的连接加工。黏接既可用于连接加工，也可用于修补残缺件，且在塑料与其他材料的连接上正逐步取代机械连接方法。

(3) 表面处理　即对塑料制品表层进行修整和装饰,以改变塑料零件的表面性质,提高其抗老化、耐腐蚀能力的二次加工方法,也可起着色装饰作用。如用锉削、刮削、磨削等方法去除制品废边和浇口残根;用涂有抛光膏的布轮抛光制品表面;在制品表面喷涂树脂溶液形成透明涂层;用印刷、漆花等方式使制品表面形成彩色花纹和图案;用电镀等方法在制品表面涂覆金属层等。

五、典型模具结构

塑料模具是塑料成形的重要工装之一,是影响塑料制品性能的重要因素。塑料模具的类型很多,按塑料成形的工艺方法,将塑料模具分为注射模、压塑模、挤出模和压注模等。

1. 注射模

塑料注射成形所用的模具称为注射模。注射模主要用于成形热塑性塑件,近年来也逐渐用于成形热固性塑件。

注射模结构形式多种多样,分类方法很多,习惯上是按模具总体结构上的某一特征进行分类,将注射模分为单分型面注射模、双分型面注射模、带活动镶块的注射模、侧向分型抽芯注射模等。

注射模一般由成形零件和结构零件组成。成形零件是指直接参与成形并决定塑料制品形状、尺寸和精度的零件,如型芯、型腔零件、螺纹型芯、螺纹型环等。结构零件是指辅助成形零件完成模具动作的其他零件,如浇注系统零件、导向零件、分型与抽芯零件、推出零件、加热与冷却零件、装配定位零件及模具安装用的支撑零件等。模具类型及复杂程度不同,其结构零件也不相同。

图 8-10 为一典型的单分型面注射模。它由动模和定模组成(图 8-10a、b)。动模安装在注射机移动模板上,定模安装在注射机固定模板上。注射时动模与定模闭合构成型腔和浇注系统,塑料熔体从注射机喷嘴经模具浇注系统进入型腔形成塑件;开模时动模与定模分开,塑件一般留在动模上,由模具推出机构将塑件推出模外。

根据模具上各零部件的作用不同,一般注射模由以下几个部分组成:

(1) 成形零件　成形零件是指定、动模部分中组成型腔的零件。通常由凸模(或型芯)、凹模、镶件等组成,它决定塑件的形状和尺寸。在图 8-10 中,由动模板 1 和凸模 7 成形塑件的内部形状,由定模板 2(凹模)成形塑件的外部形状。

(2) 浇注系统　浇注系统是熔融塑料从注射机喷嘴进入模具型腔所流经的通道,它由主流道、分流道、浇口和冷料穴组成。

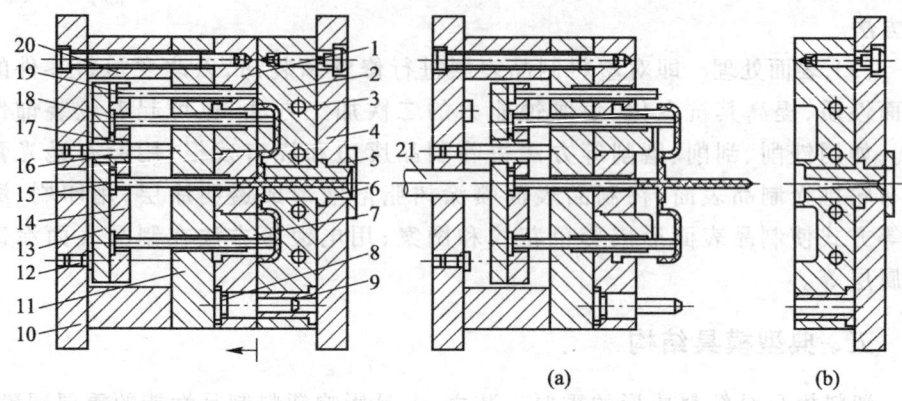

图 8-10 注射模结构示意图
1—动模板；2—定模板(凹模)；3—冷却水道；4—定模座板；5—定位环；6—浇口套；7—凸模；
8—导柱；9—导套；10—动模座板；11—支承板；12—限位销；13—推板；14—推杆固定板；
15—拉料杆；16—推板导柱；17—推板导套；18—推杆；19—复位杆；20—垫块；21—注射机顶杆

(3) 导向机构　分为动模与定模之间的导向机构和推出机构的导向机构。前者是保证动模和定模的准确对合,以保证塑件形状和尺寸的精确度,如图 8-10 中的导柱 8、导套 9;后者是避免推出过程中推出板歪斜而设置的,如图 8-10 中的推板导柱 16、推板导套 17。

(4) 推出机构　用于开模时将塑件从模具中脱出的装置。其结构形式很多,常见的有推杆脱模机构、推板脱模机构和推管脱模机构等。图 8-10 中由推板 13、推杆固定板 14、拉料杆 15、推杆 18 和复位杆 19 组成推杆脱模机构。

(5) 侧向分型与抽芯机构　当塑件的侧向有凹凸形状的孔或凸台时,就需要有侧向的凸模或型芯来成形。在取出塑件之前,必须先将侧向凸模或侧向型芯从塑件上脱出或抽出,塑件才能顺利脱模。使侧向凸模或侧向型芯移动的机构称为侧向抽芯机构。

(6) 加热和冷却系统　为了满足注射工艺对模具的温度要求,必须对模具温度进行控制,所以注射模具常常设有冷却系统并在模具内部或四周安装加热元件。设冷却系统一般要在模具上开设冷却水道(图 8-10 冷却水道 3)。

(7) 排气系统　在注射成形过程中,为了将型腔内的空气排出,常常需要开设排气系统,通常是在分型面上有目的地开设若干条沟槽,或利用模具的推杆或型芯与模板之间的配合间隙进行排气。小型塑件的排气量不大,因此可直接利用分型面排气。

(8) 其他零部件　如用来固定、支承成形零件或起定位和限位作用的零部件等。

注射模对塑料的适应性强,可以生产质量大到数千克,小到数克的各类大小不一并且形状复杂的注塑件,而且塑件的内在和外观质量均较好,生产效率特别高,易于实现全自动化生产,是工程塑料加工的主要成形方法。因此,注射模广泛地用于塑料件的生产中。但注射模结构一般较复杂,制造周期长,成本较高。

2. 压塑模

压塑模适用于热固性塑料和流动性较差的热塑性塑料制件的成形。热固性塑料的原料一般由合成树脂、固化剂、填料、固化促进剂、润滑剂、色料按一定配比混合制成,可做成粉状、粒状、片状、碎屑状和纤维状等各种形态。

压塑模有多种结构形式,可按模具在压力机上的固定方式、模具型腔数目、模具加料室的形式及模具分型面的特征进行分类。在结构上压塑模与注射模相似,可分为固定于压力机上压板的上模和下压板的下模两大部分。成形时将按塑件质量称量好的塑料原料直接加入高温的压塑模型腔和加料室中,上下模闭合使塑料原料受热受压,成为熔融态充满整个型腔,此时树脂与固化剂发生交联反应,在型腔中固化、定型成为塑件。然后上下模打开,利用顶出装置顶出塑件。典型的压塑模结构如图8-11所示,其组成如下:

(1)型腔 型腔是直接成形塑件的部位,加料时与加料室一道起装料的作用,在图8-11中由上凸模3、下凸模8、型芯7和凹模4的下半部等构成模具型腔。

(2)加料室 由于塑料原料与塑件相比具有较大的体积,塑件成形前单靠型腔往往无法容纳全部原料,因此在型腔之上设有一段加料室,如图8-11中凹模4的上半部。

(3)导向机构 导向机构用来保证上下模合模的对中性。图8-11中由导柱6和导套9组成。在下模座板14上设有二根推板导柱,以保证推出机构上下运动平稳。

(4)侧向分型抽芯机构 图8-11中的塑件有一侧孔,在推出塑件之前用手动丝杠(侧型芯18)抽出侧型芯,塑件方能抽出。

(5)脱模机构 固定式压塑模在模具上必须有脱模机构(推出机构),图8-11中由推板15、推杆固定板17、推杆11等零件组成。

(6)加热系统 热固性塑料压缩成形需在较高的温度下进行,因此模具必须加热,一般使用电加热。在图8-11中加热板5、10的圆孔中插入电加热棒分别对上凸模、下凸模和凹模进行加热。在热塑性塑料压塑成形时,在型腔周围开设温度控制通道,在塑化和定形阶段,分别通入蒸汽进行加热或通入冷水进行冷却。

压塑模具有以下特点:使用的设备和模具比较简单;适用于流动性差的塑

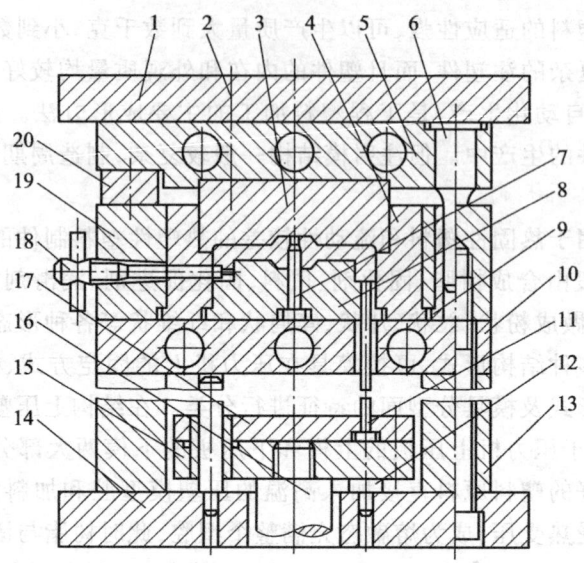

图 8-11 压塑模结构示意图

1—上模座板；2—螺钉；3—上凸模；4—加料腔(凹模)；5、10—加热板；6—导柱；
7—型芯；8—下凸模；9—导套；11—推杆；12—支承钉；13—垫块；14—下模座板；
15—推板；16—拉杆；17—推杆固定板；18—侧型芯；19—型腔固定板；20—承压块

料；比较容易成形大型制品；塑件的收缩率较小、变形小、各向性能比较均匀。但压塑模成形时要靠模具的凸、凹模对塑料原料施加压力，迫使塑料在型腔内流动。因此，模具强度要比注射模具高，而且生产周期长，生产效率低；不易实现自动化，劳动强度比较大，劳动条件差；制品常有较厚的溢边，且每模溢边厚度不同，因此会影响制品高度尺寸的准确性；难于成形形状复杂、深孔、厚壁、带有细小嵌件的制品；由于模具易磨损和变形，所以使用寿命较短，一般仅可用 10 万~20 万次，因此对模具的材料要求高。

压制成形的主要控制因素为成形压力、模压温度和加料量。

3. 挤出模

挤出成形在热塑性塑料加工领域中是一种变化多、用途广、占比例大的加工方法。

挤出模包括两部分：机头和定形模。挤出机头使来自挤出机的熔融塑料由螺旋运动变为直线运动，并进一步塑化，产生必要的成形压力，保证塑件密实，从而获得截面形状相似的连续型材。按挤出成形的塑件类型，挤出机头可分为管机头、棒机头；按塑件出口方向可分为直向机头和横向机头；按机头内料流压力大小可分为低压机头(料流压力小于 4 MPa)、中压机头(料流压力为 4~

10 MPa)和高压机头(料流压力>10 MPa)。定形模的作用是采用冷却、加压或抽真空的方法,将从口模中挤出的塑料的既定形状稳定下来,并对其进行精整,从而得到截面尺寸更为精确、表面更为光亮的塑料制件。

图 8-12 所示为管材挤出成形机头示意图。挤出模可分为以下几个部分:

(1) 口模和芯棒 口模和芯棒决定了塑件的截面形状。口模 3 用来成形塑件的外表面,芯棒 4 用来成形塑件的内表面。

(2) 过滤板 过滤板 9 的作用是将塑料熔体由螺旋运动转变为直线运动,过滤杂质,并形成一定的压力。

(3) 分流器和分流器支架 分流器 6 使塑料熔体分流变成薄环状以平稳地进入成形区,同时进一步加热和塑化;分流器支架 7 主要用来支承分流器及芯棒,同时也能对分流后的塑料熔体加强剪切混合作用,但产生的熔接痕影响塑件强度。小型机头一般将分流器与其支架设计成一个整体。

(4) 机头体 机头体 8 相当于模架,用来组装并支承机头的各零件。机头体需与挤出机筒连接,连接处应密封以防塑料熔体泄漏。

(5) 加热器 为了保证塑料熔体在机头中正常流动及挤出成形的质量,机头上一般设有可以加热的电加热圈,如图 8-12 中的 10、11。

(6) 调节螺钉 调节螺钉 5 用来调节控制成形区内口模与芯棒间的环隙及同轴度,以保证挤出塑件壁厚均匀。

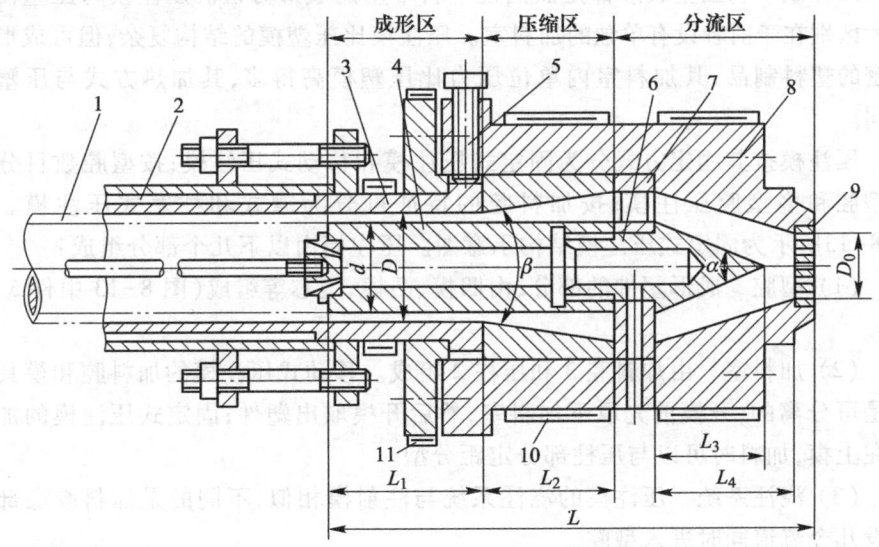

图 8-12 管材挤出成形机头结构示意图
1—管材;2—定径套;3—口模;4—芯棒;5—调节螺钉;6—分流器;7—分流器支架
8—机头体;9—过滤板;10、11—电加热圈(加热器)

(7) 定形模 离开成形区后的塑料熔体虽已具有给定的截面形状,但因其温度仍较高不能抵抗自重变形,为此需要用定形模(定径套2)对其进行冷却定形,以使塑件获得良好的表面质量、准确的尺寸和几何形状。

在挤出成形中,挤出机头是挤出塑件成形的最为重要的部件,也是挤出成形得以顺利进行的保障,其设计质量的好坏直接决定了产品质量以及成形的顺利进行。设计挤出机头时一般应遵循的原则为:

(1) 内腔呈流线型分布,不能急剧地扩大或缩小,更不能有料流死角和停滞区。流道应光滑,以免过热分解。

(2) 应设计有足够的压缩比,从而使制品密实,消除因分流器支架造成的结合缝。

(3) 机头应选择硬而耐磨的模具钢,为增强防腐能力,最好采用镀铬处理。

(4) 机头结构应尽量紧凑,与料筒连接要严密、不漏料且装卸方便。同时,还要考虑成形工艺条件的影响,成形部分断面形状的设计应规则、对称,便于均匀加热。

(5) 设计时,要对口模进行适当的形状和尺寸补偿,合理确定流道尺寸,控制口模成形长度,获得正确的截面形状及尺寸。

4. 压注模

压注成形和压塑成形都是热固性塑料常用的成形方法。压注模与压塑模的最大区别在于前者设有单独的加料室。压注模比压塑模的结构复杂,但可成形较精密的塑料制品,其加料室内单位压力比压塑模高得多,其加热方式与压塑模相同。

压注模按其固定方式分为固定式压注模和移动式压注模;按型腔数目分为单型腔和多型腔压注模;按加料腔的特征可分为罐式和柱塞式压注模。如图 8-13 所示为固定式压注模结构示意图。压注模由以下几个部分组成:

(1) 型腔 成形塑件的部分,由凹模、凸模、型芯等组成(图 8-13 中件 5、6、16)。

(2) 加料室 由加料腔 3 和压柱 2 组成。移动式压注模的加料腔和模具本体是可分离的,开模前先取下加料室,然后开模取出塑件;固定式压注模的加料腔在上模,加料时可以与压柱部分定距分型。

(3) 浇注系统 压注模的浇注系统与注射模相似,不同的是加料腔底部可开设几个流道同时进入型腔。

(4) 导向机构 在柱塞和加料腔之间,型腔分型面之间,都应设导向机构。一般由导柱和导柱孔(或导套)组成。

(5) 侧向分型抽芯机构 压注模的侧向分型抽芯机构与压塑模和注射模基

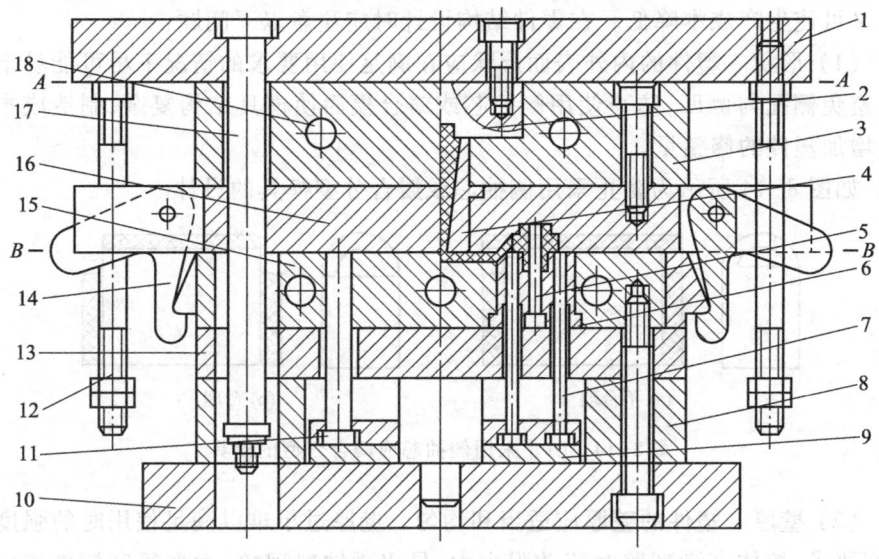

图 8-13 压注模结构

1—上模座板；2—压柱；3—加料腔；4—浇口套；5—型芯；6—型腔；7—推杆；
8—垫块；9—推板；10—下模座板；11—复位杆；12—拉杆；13—垫板；14—拉钩；
15—型腔固定板；16—上凹模板；17—定距杆；18—加热器安装孔

本相同。

(6) 脱模机构 由顶杆 7、顶板 9、回程杆 11 等组成，由拉钩 14、定距拉杆 17、可调拉杆 12 等组成的两次分型机构是为了加料腔分型面和塑件分型面先后打开而设计的，也包括在脱模机构之内。

(7) 加热系统 固定式压注模由压柱、上模、下模三部分组成，应分别对这三部分加热。移动式压注模加热是利用装于压机上的上、下加热板，在压注前对柱塞、加料腔和压注模进行加热。

压注成形具有效率高、成形质量好、适用范围广、塑件高度方向尺寸精度较高等优点，但压注成形塑料消耗多、收缩率大且收缩方向性也较明显，模具结构复杂、成形压力高、操作比较麻烦，往往当压塑成形无法达到时，才采用压注成形。

六、塑料件的结构工艺性

塑料件的设计不仅要满足使用要求，而且要符合塑料的成形工艺特点，利于熔体流动充填型腔，并尽可能使模具结构简单，制品的形状、结构应力求简单，精度和表面质量要求也不应过高。这样既可使成形工艺稳定，保证塑料制品的质

量,又可使生产成本降低。在零件结构设计时应注意以下问题:

(1) 形状　塑件的内外表面形状应在满足使用要求的情况下尽可能易于成形,避免侧孔与侧凹,防止使用侧抽芯或瓣合模而使模具结构复杂,制造成本提高,增加塑件的修整量。

如图 8-14 所示为防止采用侧抽芯或瓣合分型模具的设计。

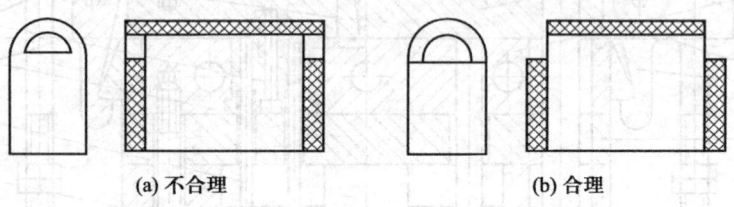

(a) 不合理　　　　　　　　　(b) 合理

图 8-14　防止采用侧抽芯或瓣合分型的模具

(2) 壁厚　塑件的壁厚应适当和均匀。壁厚过小难以满足使用时的强度及刚度要求,熔体充满型腔时流动阻力大,易出现缺料现象,大型复杂塑件难以充满型腔;壁太厚塑件内部会产生气泡,外部易产生凹陷等缺陷;壁厚不均将造成收缩不一致,导致塑件变形或翘曲,如图 8-15 所示。

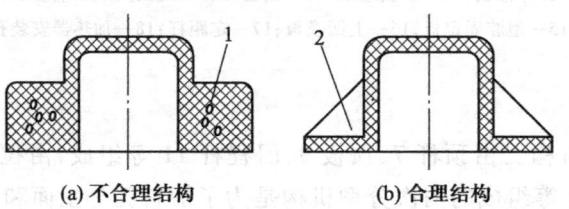

(a) 不合理结构　　　　　　(b) 合理结构

图 8-15　壁厚应适当和均匀
1—缩孔;2—筋板

表 8-2　常用工程塑料制品的最小壁厚及常用壁厚参考值　　　(mm)

塑料材料	最小壁厚	小型塑件壁厚	中型制件壁厚	大型塑件壁厚
尼龙	0.45	0.76	1.50	2.40~3.20
聚丙烯	0.85	1.45	1.75	2.40~3.20
聚碳酸酯	0.95	1.80	2.30	3~4.50
聚苯醚	1.20	1.75	2.50	3.50~6.40
聚甲醛	0.80	1.40	1.60	3.20~5.40
聚砜	0.95	1.80	2.30	3~4.50

塑件壁厚通常取 1～6 mm，制品尺寸大时取较大值，大型塑件的壁厚可达 8 mm。同一塑件的壁厚应尽可能一致，不同壁厚的比例不应超过 1∶3。表 8-2 为常用工程塑料壁厚参考值。

（3）脱模斜度　为了便于脱模和抽芯，防止塑件表面在脱模时划伤，塑件与脱模方向平行的内、外表面应具有合理的脱模斜度，如图 8-16 所示。

图 8-16　塑件的脱模斜度

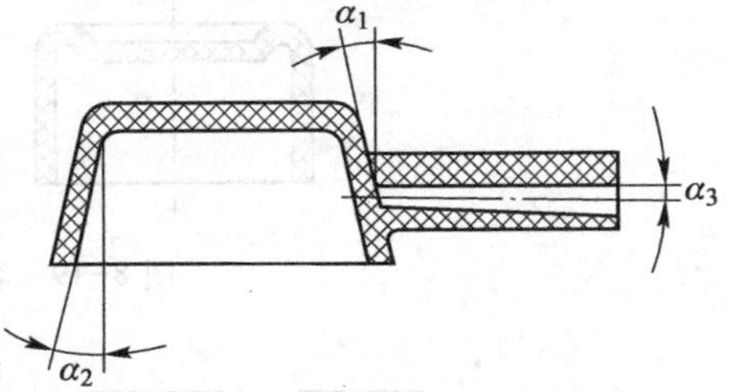

（4）加强筋　加强筋的主要作用是加强塑件的强度和刚度，避免塑件变形翘曲，如图 8-17 所示。合理布置加强筋还可以改善充模状况，减少塑件内应力，避免气孔、缩孔和凹陷等缺陷。

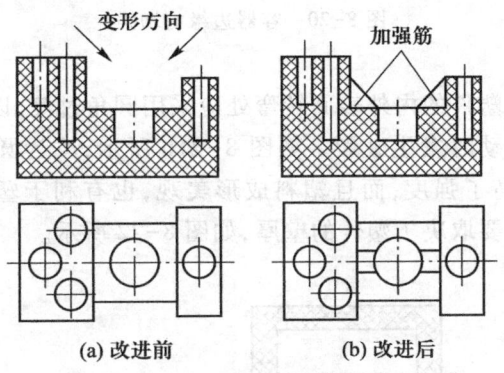

(a) 改进前　　(b) 改进后

图 8-17　采用加强筋避免塑件翘曲变形

此外，加强筋的方向尽可能与料流方向一致，布局应合理，以减小变形和开裂（图 8-18）。

(a)　　(b)

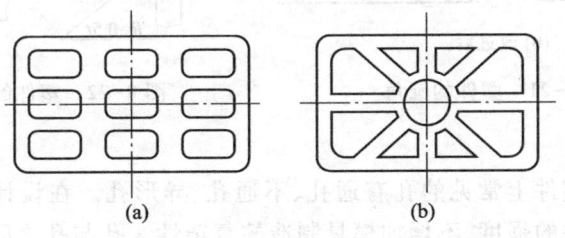

图 8-18　加强筋与料流方向

（5）薄壁件的底部与边缘　薄壳状的宽底容器的底部刚性较差，应设计成球面或拱形面，以增大刚度和减少翘曲变形，如图 8-19 所示。对于薄壁容器的边缘,可按图 8-20 所示设计来增大刚度和减少变形。

图 8-19　容器底部的增强

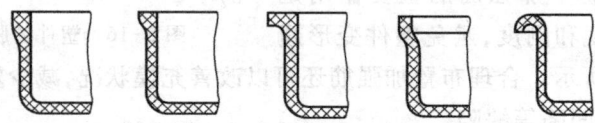

图 8-20　容器边缘的增强

（6）圆角　在塑件的内外表面转弯处应采用圆角过渡,以减少应力集中,避免在受力或冲击振动时发生破裂。如图 8-21b 所示,改为圆角过渡后,不仅避免了应力集中,提高了强度,而且塑料成形美观,也有利于塑料充模时的流动。圆角半径的大小主要取决于塑件的壁厚,如图 8-22 所示。

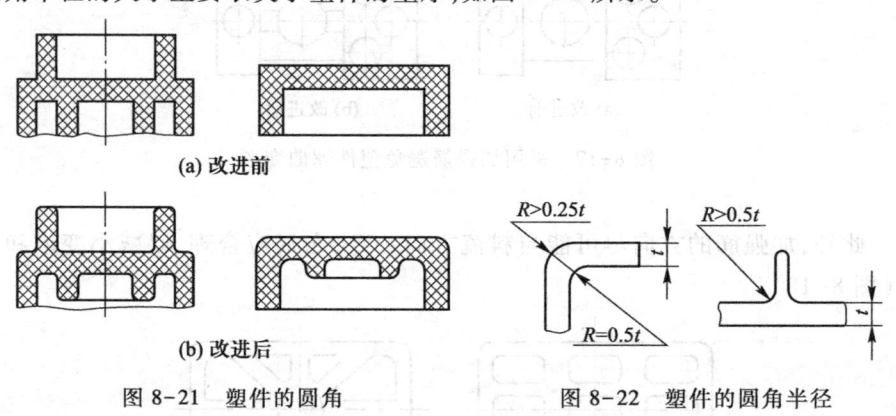

图 8-21　塑件的圆角　　　　　图 8-22　塑件的圆角半径

（7）孔　塑件上常见的孔有通孔、不通孔、异形孔。在设计孔的位置时,应尽量不削弱塑件的强度,不增加模具制造的复杂性。孔与孔之间、孔与壁之间应留有足够的距离。当两孔直径不一样时,按小的孔径取值。表 8-3 为热固性塑件两孔之间及孔与边缘之间的关系,热塑性塑料两孔之间及孔与边缘之间的关系可按表 8-3 中所列数值的 75% 确定。

表 8-3 热固性塑件孔间距、孔边距与孔径的关系

孔径 d/mm	~1.5	>1.5~3	>3~6	>6~10	>10~18	>18~30
孔间距 孔边距 b/mm	1~1.5	>1.5~2	>2~3	>3~4	>4~5	>5~7

(8) 螺纹 塑件上的螺纹可以直接用模具成形,也可以用机械加工成形。螺纹直径不宜过小,螺纹的配合长度一般不大于 8~10 牙。为了增加塑件螺纹的强度,防止螺孔最外圈螺纹崩裂或变形,同时也方便螺纹的拧入,螺纹的始端和末端均不应突然开始和结束,在螺孔始端应留有 0.2~0.8 mm 的凹台,如图 8-23 所示。

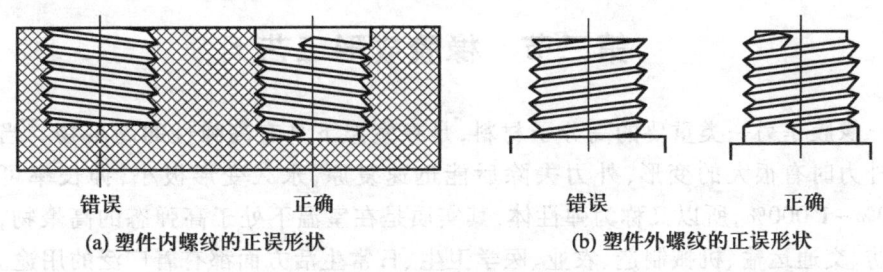

(a) 塑件内螺纹的正误形状 (b) 塑件外螺纹的正误形状

图 8-23 塑件螺纹的形状

七、常用零件的塑料选材

根据各种塑料的使用和工艺性能特点,结合具体的塑料零件的结构设计,注意工艺和试用试验结果,综合评价,最后确定选材方案,这样容易保证塑料零件的使用性能和工艺性能。

(1) 一般结构件 一般结构件如手柄、支架、仪器仪表的底座、罩壳、盖板等,使用时负荷小,通常只要求一定的机械强度和耐热性。因此,一般可选用价格低廉、成形性好的塑料,如聚氯乙烯、聚乙烯、聚丙烯、ABS、有机玻璃、聚苯乙烯和聚碳酸酯等。

(2) 普通传动零件 如齿轮、凸轮、蜗轮等,要求有较高的强度、韧度、耐磨性、耐疲劳性及尺寸稳定性。可选用的塑料有:尼龙、MC 尼龙、聚甲醛、聚碳酸酯、夹布酚醛、增强增塑聚酯、增强聚丙烯、聚氯醚等。

(3) 摩擦零件 主要包括轴承、轴套、导轨和活塞环等,要求强度一般,但要

具有摩擦系数小、良好的自润滑性及一定的耐油性和热变形温度,可选用的塑料有:低压聚乙烯、尼龙1010、MC尼龙,聚氯醚、聚甲醛、聚四氟乙烯。

(4)耐蚀零件 主要应用在化工设备以及其他机械工程结构中。全塑结构的耐蚀零件,还要求较高的强度和抗热变形的性能。要依据所接触的不同介质来选择。常用耐蚀塑料有:聚丙烯、硬聚氯乙烯、填充聚四氟乙烯、聚全氟乙丙烯、聚三氟氯乙烯等。

(5)电器零件 用塑料作电器零件,主要是利用其优异的绝缘性能(填充导电性填料的塑料除外)。用于工频低压下的普通电器元件的塑料有:酚醛塑料、氨基塑料、环氧塑料等;用于高压电器的绝缘材料的常用塑料有:交联聚乙烯、聚碳酸酯、氟塑料和环氧塑料等;用于高频设备中的绝缘材料有:聚四氟乙烯、聚全氟乙丙烯及某些纯碳氢的热固性塑料,也可选用聚酰亚胺、有机硅树脂、聚砜、聚丙烯等。

第三节 橡胶成形工艺

橡胶是另一类重要的高分子材料,是在室温下具有高弹性的高聚物。当施加外力时有很大的变形,外力去除后能迅速复原,永久变形极小,伸长率可达100%~1 000%,所以又称为弹性体,其实质是在室温下处于高弹态的高聚物,在国防、交通运输、机械制造、农业、医学卫生、日常生活方面都有着广泛的用途。

橡胶工业制品包括除轮胎、胶管、胶带、胶鞋外的许多制品,如油封、胶辊、空气弹簧、离合器、胶布、胶板等,是各种重要设备和现代化精密仪器必不可缺的配件,其用途渗透到各行各业,地位与日俱增。

一、橡胶的组成

橡胶制品主要组分是由生胶(raw rubber)、再生胶(regenerated rubber)、各种配合剂和增强材料等组成。

(1)生胶 即为没有加工过的原料橡胶,包括天然橡胶和丁苯、顺丁、氯丁等合成橡胶。生胶是制造橡胶制品的主要组分,使用不同的生胶,可以制成不同性能的橡胶制品。

(2)再生胶 即经热、机械、化学塑化处理过的硫化胶,通常指用废旧橡胶制品和硫化胶边角料经再生处理制成的能重新加工的橡胶,主要用作橡胶稀释剂、增量剂等配合剂。

(3)配合剂 即加到橡胶或胶乳中以形成混合物的物质。配合剂的加入,可以提高橡胶制品的使用性能和改善加工工艺性能。常用的配合剂有硫化剂、增塑剂、塑解剂、填料、防老化剂、着色剂、硫化促进剂等。

1) 硫化剂 又称交联剂,是在橡胶中引起交联的配合剂。它使橡胶分子之间产生交联,形成三维网状结构,变为具有高弹性的硫化胶。未硫化的橡胶有一定程度的塑性,掺混配合剂后经过成形和硫化,即可获得具有所需性能(包括各种特殊性能)的橡胶制品。常用的硫化剂有硫磺、含硫化合物和金属氧化物等。

2) 增塑剂 即用于提高特别是在低温下提高橡胶或其制品柔软性的配合剂。增塑剂能增加橡胶的塑性,使橡胶易于加工。常用增塑剂品种有石蜡、重油、松香和煤焦油等。

3) 塑解剂 即受机械作用、加热或两者并存的影响,加入少量可因其化学作用而加速橡胶软化的配合剂。常用品种有苯硫酚、过氯化苯甲酰和硬脂酸铁等。

4) 填料 即为了技术或经济目的,可以相对大比例加入橡胶或胶乳中的粒状固体配合剂。常用的品种有炭黑、白炭黑和陶土等。

5) 硫化促进剂 使硫化剂活化从而加速硫化速度的物质称为硫化促进剂。其作用是缩短硫化时间,降低硫化温度,减少硫化剂的用量,提高橡胶制品的物理力学性能。硫化促进剂可分为无机促进剂和有机促进剂两大类。应用最广的是噻唑类促进剂,如促进剂 M(2-硫醇基苯并噻唑)、促进剂 DM(二硫化苯并噻唑)。

几乎所有的硫化促进剂都必须在活性剂的配合下才能充分发挥硫化效能,加速硫化进程。最常用的活化剂是氧化锌和硬脂酸。

6) 防老化剂 作用为阻缓生胶氧化,延长橡胶制品的使用期,实质是抗氧剂。常用的有酚类防老化剂,如防老化剂 BHT(2.6-二叔丁基-4-甲酚);胺类防老化剂,如防老化剂 D(苯基-β-萘胺);及其他类型,如石蜡、地蜡等物理防老化剂。物理防老化剂的作用是形成薄膜,隔绝氧的作用。

此外,还有能赋予制品特殊性能的其他配合剂,如发泡剂、电性调节剂等。

(4) 增强材料 其主要作用是增加橡胶制品的强度并限制其变形。增强材料主要有各种纤维织品、帘布及钢丝等,如轮胎中的帘布。

二、橡胶的成形性能

(1) 流动性 橡胶在一定的温度、压力作用下,能够充满型腔各个部分的性能称为橡胶的流动性。橡胶的流动性对橡胶成形过程有着重要的影响,有时直接决定着成形的成败。橡胶成形时的压力、温度、模具和浇注系统的尺寸及参数等都与橡胶的流动性有关。影响橡胶流动性的因素还有高聚物大分子链的温度、结构、剪切速率及剪切应力、配合剂等。

胶料的流动性一般用黏度和可塑性表示。

（2）流变性 胶料的黏度随剪切速率升高而降低的特性称为流变性（rheology）。流变性对橡胶的加工过程有重要的意义，当流动性差甚至流动停止时，则胶料的黏度变得很大，使半成品有良好的挺直性而不易变形。在压出、注射成形时由于剪切速率很高，则胶料的黏度低、流动性好。流变性与橡胶的分子量及成形时的压力、温度、成形速率等加工条件有关。

（3）硫化性能 为改善橡胶的性能必须进行硫化。在硫化过程中橡胶的各种性能都随时间的增加而发生变化，胶料硫化性能的优劣主要体现在硫化速度的快慢、交联率的高低、焦烧安全性和存放稳定性的好坏等方面。

（4）热物理性能 热物理性能的优劣直接影响橡胶制品的性质。热物理性能的影响因素是热导率、热扩散率和体积热容。

三、橡胶加工的工艺过程

凡是天然橡胶和合成的橡胶统称为生胶，大多数生胶需经塑炼后加入各种配合剂混炼，然后才能加工成形，再经硫化处理制成各种橡胶制品。因此，橡胶制品生产的基本过程包括：生胶的塑炼、胶料的混炼、橡胶成形和制品的硫化，如图 8-24 所示。

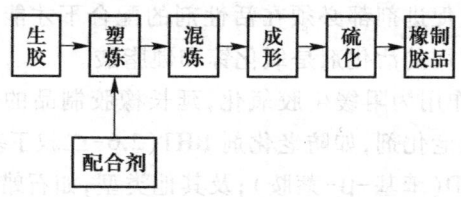

图 8-24 橡胶加工过程

（1）塑炼 天然橡胶和多数合成橡胶塑性太低，与橡胶配合剂不易混合均匀，也难以加工成形，所以生胶需要塑炼。即生胶在氧（或塑解剂）和加热情况下，在机械力（剪切）作用或化学作用下，适当降低高聚物的分子量，增加可塑性。通过塑炼，使生胶由弹性材料变为可塑性材料，以利于成形加工。结团粉料须先烘干、过筛，生胶块须烘软、切块并压成片状。

常用的塑炼设备主要有开放式炼胶机和密闭式炼胶机。图 8-25 所示的开炼机有两个反向旋转的辊筒，通常在不同速度下相对回转，胶料在反复通过已加热的辊筒间隙时，在强烈的挤压与剪切作用下渐趋软化和塑化。

第三节 橡胶成形工艺

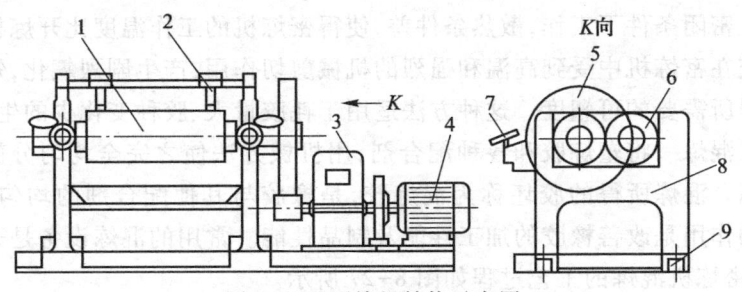

图 8-25 开炼机结构示意图
1—辊筒;2—挡胶板;3—减速器;4—电动机;5—大齿轮;
6—速比齿轮;7—调距手轮;8—机架;9—底座

密炼机的构造如图 8-26 所示,主要部件是一对转子和一个塑炼室。与开炼机比较,密炼机塑炼具有工作密封性好,塑炼周期短,生产效率高,环境污染小,工作条件和胶料质量大为改善,安全性好等优点,已逐渐取代开炼机塑炼。但密

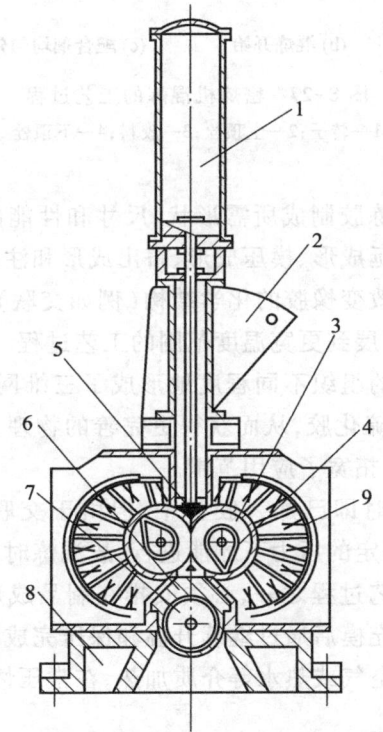

图 8-26 密炼机的基本构造
1—上顶栓气缸;2—加料斗;3—密炼室;4—转子;5—上顶栓;
6—下顶栓;7—下顶栓气缸;8—底座;9—冷却水喷淋头

炼机是在密闭条件下工作,散热条件差,使得密炼机的工作温度比开炼机高出许多。生胶在密炼机中受到高温和强烈的机械剪切作用,产生剧烈氧化,短时间内即可获得所需要的可塑度。这种方法适用于耗胶量大、胶种变化少的生产部门。

(2) 混炼　将塑炼胶和各种配合剂,用机械方法使之完全均匀分散的过程称为混炼。混炼所得的胶坯称为混炼胶,是橡胶与其他配合剂的均匀混合物。配合剂的作用是改善橡胶的加工性能及制品性能。常用的混炼设备是开炼机和密炼机,密炼机混炼的工艺过程如图 8-27 所示。

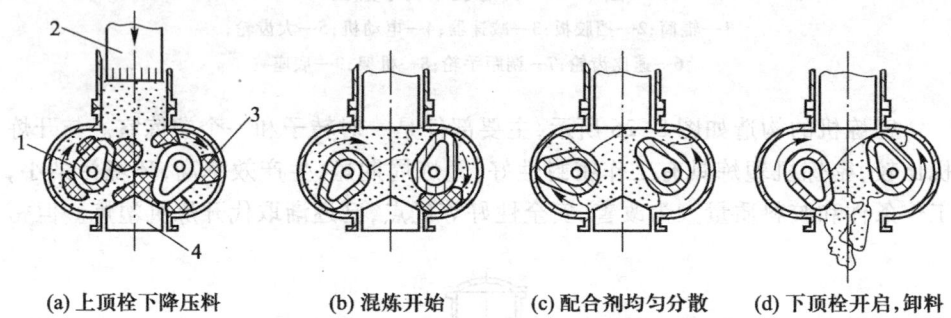

(a) 上顶栓下降压料　(b) 混炼开始　(c) 配合剂均匀分散　(d) 下顶栓开启,卸料

图 8-27　密炼机混炼的工艺过程
1—转子;2—上顶栓;3—胶料;4—下顶栓

(3) 成形　是将混炼胶制成所需形状、尺寸和性能的橡胶制品的过程。常用的橡胶成形方法有压延成形、模压成形、挤出成形和注射成形等。

(4) 硫化　即通过改变橡胶的化学结构(例如交联)而赋予橡胶弹性,或改善、提高并将橡胶弹性扩展到更宽温度范围的工艺过程。

硫化使橡胶各部位的组织不同程度地形成了三维网状结构,使塑性的混炼胶变为高弹性或硬质的硫化胶,从而获得更完善的物理、化学和力学性能,使橡胶材料提高了使用价值,拓宽了应用范围。

硫化剂一般在混炼时即已加入胶料中,但由于交联反应需在较高的温度(一般 140~180 ℃)和一定的压力下才能进行,故混炼时尚未产生硫化。硫化是橡胶制品加工的主要工艺过程之一,必须安排在制品成形后进行。注射成形和模压成形通常是在胶料充模后通过继续升温和保压完成硫化的。硫化还可利用饱和蒸汽、过热蒸汽、热空气或热水等介质加热,在常压情况下进行。

四、橡胶成形方法

橡胶成形方法在橡胶制品的生产过程中占有举足轻重的地位。从生产过程来看橡胶制品可分为模塑制品和非模塑制品两大类,由于橡胶材料添加剂较多,又涉及橡胶材料的加工工艺,在这一节中简要介绍常用橡胶材料的成形方法。

1. 压延成形

指经过混炼的胶料通过专用压延设备上的两对转辊筒,利用两辊筒之间的挤压力,使胶料产生塑性延展变形,制成具有一定断面尺寸规格、厚度和几何形状的片状或薄膜状聚合物或使纺织材料、金属材料表面实现挂胶的工艺过程。压延成形是一个连续的生产过程,具有生产效率高、制品厚度尺寸精确、表面光滑、内部紧实等特点。但其工艺条件控制严格、操作技术要求较高,主要用于制造胶片和胶布等。

压延主要包括压片、贴合、压型、贴胶、擦胶等工艺。常用的压延设备有三辊压延机和四辊压延机。图 8-28 所示为胶布压延工艺过程。当纺织物和胶片通过一对相向旋转的辊筒间隙时,在辊筒的挤压力作用下贴合在一起而制成胶布。

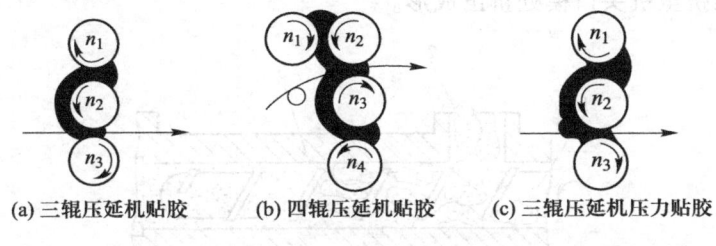

(a) 三辊压延机贴胶　　(b) 四辊压延机贴胶　　(c) 三辊压延机压力贴胶

图 8-28　压延工艺过程

2. 模压成形

模压成形是橡胶制品生产中应用最早且最多的生产方法,是将预先压延好的橡胶半成品按一定规格下料后置于压制模具中,合模后在液压机上按规定的工艺条件压制,在加热加压的条件下,使胶料呈现塑性流动充满型腔,经一定的持续加热时间后完成硫化,再经脱模和修边后得到制品的成形方法。

橡胶压制模结构与一般塑料压塑模相同,但需设置测温孔,以便控制硫化温度;模腔周围也应设置流胶槽,以排出多余胶料。

橡胶的模压成形过程包括加料、闭模、硫化、脱模及模具清理等操作步骤,其中最重要的是硫化过程。用模压法生产橡胶制品的工艺流程如图 8-29 所示。

3. 挤出成形

使胶料在挤出机中塑化和熔融,并在一定的温度和压力下连续均匀地通过机头模孔挤出成为具有一定的断面形状和尺寸的连续材料。挤出成形操作简便,生产效率高,工艺适应性强,设备结构简单;但制品断面形状较简单且精度较低。挤出成形常用于成形轮胎外胎胎面、内胎胎筒和胶管等,也可用于生胶的塑炼和造粒。

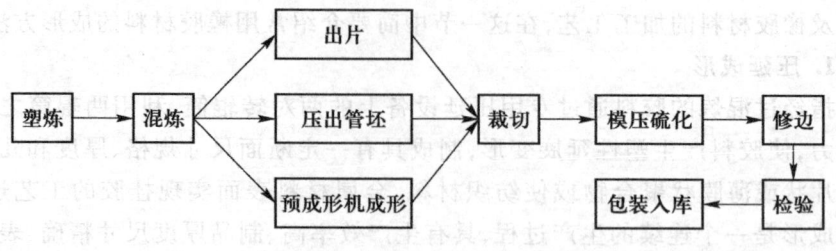

图 8-29 橡胶模压成形工艺流程

挤出成形的主要设备是橡胶挤出机,其基本结构同塑料挤出机。图 8-30 所示为胶料在挤出机机筒内的运动情况。胶料自加料口进入机筒后,在机筒和旋转的螺杆间受到推挤、剪切和搅拌等作用,逐渐升温塑化和熔融成为连续的黏流体,并被推挤至机头口模处挤出成形。

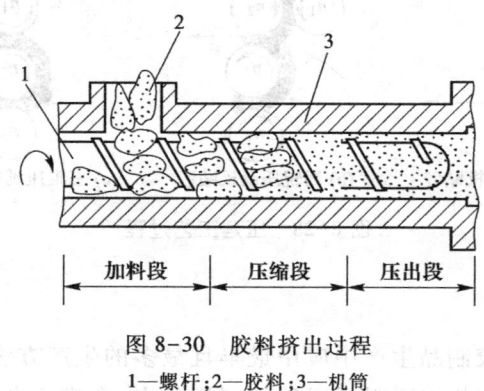

图 8-30 胶料挤出过程
1—螺杆;2—胶料;3—机筒

4. 注射成形

是一种将胶料直接从机筒注入闭合模具硫化的生产工艺,即先将胶料加热塑化成熔融态,再高压注射到模具的模腔中热压硫化成形。注射成形能一次成形外形复杂、带有嵌件的橡胶制品,尺寸精确,质量稳定,生产效率高,主要用于生产密封圈、减振垫和鞋类等。

橡胶注射工艺主要包括喂料塑化、注射保压、硫化、出模几个过程。在生产过程中,要严格控制料筒温度、注射温度、模具温度(硫化温度)、注射压力、螺杆转速和背压等工艺参数,还应合理掌握硫化时间,以得到高质量的硫化橡胶制品。完成硫化以后,开启模具,取出制品要经过修边工序修整注射时产生的飞边和毛边。

注射成形的主要设备是橡胶注射机,其基本结构同塑料注射机。图 8-31 所示为国产卧式六模胶鞋注射机的基本结构。

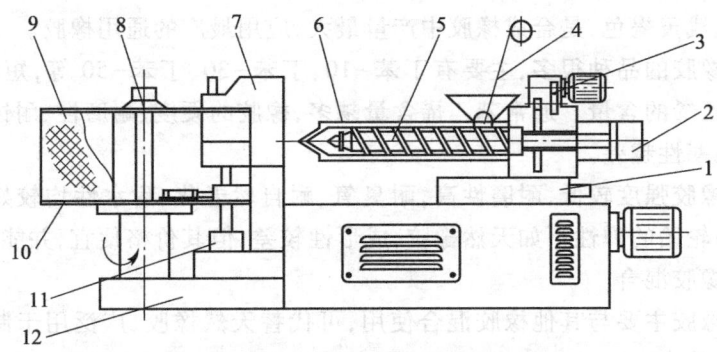

图 8-31 国产卧式六模胶鞋注射机的基本结构
1—注射座;2—注胶油缸;3—螺杆驱动装置;4—带状胶料;5—螺杆;6—机筒;
7—合模机构;8—转轴;9—模具;10—转盘;11—液压锁模缸;12—机座

五、常用橡胶材料

按原料来源,橡胶分为天然橡胶和合成橡胶两大类;按应用范围又分为通用橡胶和特种橡胶两大类。常用橡胶的种类、性能和用途如下。

1. 天然橡胶

天然橡胶(caoutchouc)是从三叶橡胶树等植物中采集的胶乳经过凝固、干燥、加压制成片状生胶,再经硫化处理成为可以使用的橡胶制品。

天然橡胶的物理力学性能较好,在常温下具有优异的弹性,在较大的温度范围内具有良好的耐磨性、耐寒性及加工工艺性能,抗拉强度可达 25~35 MPa,有较好的耐碱性能,是电绝缘体,价格低廉。缺点是耐油和耐溶剂性能差,耐老化性能较差,不耐高温,使用温度在-70~110 ℃之间。

天然橡胶广泛用于制造轮胎尤其是子午线轮胎和载重轮胎,制造输送带、胶管、胶鞋、减振零件、密封件及一般工业和生活用橡胶制品等。

2. 合成橡胶

合成橡胶(synthetic rubber)是以石油、煤为原料制备单体,通过加聚反应或缩聚反应合成的具有高弹性的高分子化合物。按性能和用途的不同,可分为通用橡胶和特种橡胶两大类。通用橡胶是指用于制造轮胎、工业用品、日常生活用品等量大面广的橡胶,其基本性能和用途与天然橡胶相似,主要有丁苯橡胶、顺丁橡胶、异戊橡胶、乙丙橡胶、氯丁橡胶和丁基橡胶等;特种橡胶是指在特殊条件(如高温、低温、酸、碱、油、辐射等)下使用的橡胶制品,如耐高温、低温的硅橡胶,耐油的聚硫橡胶和丁腈橡胶,特别耐腐蚀的氟橡胶等。

(1)丁苯橡胶 它是由丁二烯和苯乙烯共聚而成的一种综合性能较好的通

用橡胶,呈浅黄褐色,是合成橡胶中产量最大、应用最广的通用橡胶。

丁苯橡胶的品种很多,主要有丁苯-10、丁苯-30、丁苯-50等,短线后的数字表示苯乙烯的含量。通常苯乙烯含量越多,橡胶的硬度、耐磨性、耐蚀性越高,但弹性、耐寒性越差。

丁苯橡胶强度较低,耐磨性高,耐臭氧、耐自然老化、耐水性均较好,透气性小,制成的轮胎的弹性不如天然橡胶,成形性较差,但其价格便宜,并能以任何比例与天然橡胶混合。

丁苯橡胶主要与其他橡胶混合使用,可代替天然橡胶,广泛用于制造轮胎、胶带、胶鞋等。

(2) 顺丁橡胶 是由丁二烯单体聚合而成。顺丁橡胶的弹性、耐磨性、耐热性、耐寒性均优于天然橡胶,在交变压力作用下内耗低,是制造轮胎的优良材料。缺点是抗撕裂强度较低,加工性能差,不能单独用来制造轮胎,只能与天然橡胶和丁苯橡胶混合使用。主要用于制造轮胎,也可制作胶带、减振器、耐热胶管、电绝缘制品、V带等。

(3) 乙丙橡胶 由乙烯和丙烯为主要单体共聚而制得的高弹性共聚物。乙丙橡胶的原料丰富、价廉、易得。由于其分子链中不含双键,故结构稳定,比其他通用橡胶有更多的优点。

乙丙橡胶具有优异的耐老化性、耐臭氧性、耐水性、化学稳定性及耐高低温特性。弹性与天然橡胶相似,绝缘性能突出,相对密度最小,仅为 0.85~0.86。主要缺点是硫化速度慢,黏结性差,加工性能不好。乙丙橡胶大多用来制造耐热运输带,蒸汽胶管,耐化学腐蚀的密封件以及电线、电缆包皮,汽车零件(如垫片、玻璃密封条、散热器胶管及轮胎侧胎)等。

(4) 氯丁橡胶 是由氯丁二烯聚合而成,为浅黄色或暗褐色弹性体。氯丁橡胶不仅具有可与天然橡胶相比拟的高弹性、高绝缘性、较高强度和高耐碱性,并且具有天然橡胶和一般通用橡胶所没有的优良性能,即耐油、耐溶剂、耐氧化、耐老化、耐酸、耐热、耐燃烧、耐挠曲等性能,故有"万能橡胶"之称,缺点是耐寒性差,密度大,生胶稳定性差。

氯丁橡胶应用广泛,常用于制造汽车和拖拉机配件、运输带、电线、电缆、密封胶条、耐油及耐腐蚀胶管、高速V带及垫圈等。

(5) 丁腈橡胶 是由丁二烯、丙烯腈共聚制成,为浅黄色略带香味的弹性体,是特种橡胶中产量最大的品种。丁腈橡胶有许多种,其中主要是丁腈-18、丁腈-26、丁腈-40等,数字代表丙烯腈含量。含量不同,性能也有所变化。其含量越高,则耐油性、耐溶剂和化学稳定性增加,强度、硬度和耐磨性提高,但耐寒性和弹性降低。

丁腈橡胶具有良好的耐油和耐非极性溶剂的性能，耐热性比天然橡胶、丁苯橡胶好。此外，还具有良好的耐磨性、耐老化性、气密性。但耐臭氧老化、电绝缘及耐寒性能较差，通常使用温度为-35~175 ℃，硬度高，不易加工。

丁腈橡胶主要用于制作耐油制品，如油箱、贮油槽、输油管、油封、燃料液压泵、耐油输送带等，不能作绝缘材料。

(6) 氟橡胶　氟橡胶是以碳原子为主链的含氟单体聚合物，品种较多。氟橡胶有很高的化学稳定性，突出优点是高的耐腐蚀性，它在酸、碱、强氧化剂中的耐蚀能力居各类橡胶之首，其耐热性也很好（最高使用温度为 300 ℃），而且强度和硬度较高，抗老化性能强。其缺点是耐寒性差，加工性能不好，价格高。

氟橡胶作为特种橡胶主要用于国防和高科技中，如高真空设备、火箭、导弹、航天飞行器的高级密封圈、垫片、胶管、减振元件、燃烧箱衬里，也可用于制造耐腐蚀衣服和手套以及涂料、黏合剂等。

(7) 硅橡胶　是由二甲基硅氧烷与其他有机硅单体共聚而成。由于硅橡胶的分子主链是由硅原子和氧原子以单键连接而成，因而具有高柔性和高稳定性。硅橡胶的最大特点是不仅耐高温，而且耐低温，在-100~350 ℃的范围内能保持良好弹性。还有优异的抗老化性能，对臭氧、氧、光和气候的老化抗力大。其绝缘性也很好。缺点是强度低，耐磨性差，耐酸碱性也差，而且价格较贵。它主要用于航天航空工业作密封件、薄膜、胶管、绝缘材料等，由于硅橡胶无味无毒，可用于制作食品工业用耐高温制品以及医疗器械、人工器官等。

第四节　薄膜成形技术简介

聚合物薄膜是由天然、人造或合成的聚合物制成。应用最多的是以合成聚合物为基础的塑料薄膜。塑料薄膜品种很多，主要按照原料、应用领域、制造方法和预定的结构分类：

按聚合物原料分为：聚酰胺膜、聚二氯乙烯膜、聚氯乙烯类膜、聚烯烃膜等；按制造（成形）方法分为：挤出膜、压延膜、聚合物溶液或分散体的流涎膜；按结构分为：单层膜或多层膜、复合膜；按用途分为：防水膜、离子交换膜、电影胶片、包装膜、电绝缘膜、普通用途膜。

大部分薄膜是由聚合物熔体用挤出法或压延法制成。

一、薄膜的成形工艺

薄膜（film）品种的多样性决定了其生产方法的不同。薄膜大多数是由塑料熔体制成的，其特点是聚合物加热时变成黏流态或高弹态，但不发生热降解。薄膜生产工艺方法的选择由聚合物的化学性质和成品薄膜的用途决定,主要包括挤出法、压延法和流涎成形。

1. 挤出法

用这种方法制造薄膜的原料有聚乙烯、聚丙烯、聚氯乙烯等。

挤出法又分为平缝(平膜)模头挤出和环形(管膜)模头挤出。

(1) 平膜生产 利用平缝机头挤出法不仅可以直接制造商品膜,而且还可以制造供以后取向用的坯料膜。将浸入水槽而快速冷却得到的平膜,或将熔体通过金属辊表面得到的平膜有一系列良好的性质,例如透明度好、光泽好、刚性好、强度高等,可广泛用作包装材料。原料经平缝机头挤出时,薄膜的生产速度比管膜制取速度高1、2倍。但制造宽幅(大于1 500 mm)平膜却存在很大的技术困难,并且成本高。

(2) 管膜生产 在生产宽度为50~24 000 mm、厚度为0.005~0.5 mm 的各类热塑性塑料薄膜时,采用挤出聚合物膜管再吹胀的方法,其优点是既简单,又经济。

若生产多层复合薄膜,可采用二三台挤出机和多层吹塑机头联合完成。有些制品在挤出成形后还需热处理,例如由狭缝扁平口模直接挤出的片材,再经拉伸得到的薄膜,应在材料的 $T_g \sim T_f(T_m)$ 温度间进行热处理(热定型),以提高薄膜的尺寸稳定性,减少使用过程中的热收缩率。

2. 压延法

压延成形是生产薄膜的主要方法之一。它是将已经塑化的接近粘流温度的热塑性塑料通过一系列相向旋转着的水平辊筒间隙,使物料承受挤压和延展作用,最终成为具有一定厚度、宽度与表面光洁的薄片状制品。用作压延成形的塑料大多是热塑性非晶态塑料,其中以聚氯乙烯用得最多,它适于生产厚度在0.05~0.5 mm 范围内的软质聚氯乙烯薄膜。软质聚氯乙烯薄膜生产工艺类似于橡胶的压延。

压延软质塑料薄膜时,若将布(或纸)随同塑料一起通过压延机的最后一道辊筒,则薄膜会紧附在布(或纸)上,这种方法可生产人造革、塑料贴合纸等,此法称为压延涂层法。

压延成形具有较大的生产能力(可连续生产,也易于自动化)、较好的产品质量(所得薄膜质量优于吹塑薄膜和T形挤出薄膜)。但所需加工设备庞大,精度要求高,辅助设备多,同时制品的宽度受压延机辊筒最大工作长度的限制。

3. 流涎成形

它属于铸塑成形的一种。首先将热塑性塑料与溶剂等配成具有一定黏度的胶液,然后以一定速度流布在连续回转的基材(一般为无接缝的不锈钢带)上,通过加热排除溶剂后成膜,该成形方法也称流涎成膜。从钢带上剥离下来的膜则称流涎薄膜。薄膜的宽度取决于钢带的宽度,其长度可以是连续的,而其厚度则取决于胶液的浓度和钢带的运动速度等。

流涎薄膜的特点是厚度小(可达 5~10 μm)且厚薄均匀,不易带入机械杂质,透明度高,内应力小,较挤出吹塑薄膜可更多地用于光学性能要求高的场合。其缺点是生产效率低,需耗用大量溶剂,且设备昂贵,成本较高等。

二、拉幅薄膜的成形

挤出(包括吹塑、平模口挤出)和压延法生产的薄膜受到的拉伸作用很小,薄膜的性质也较一般。拉幅薄膜(tented film)则是将挤出得到的厚度约为1~3 mm的厚片或管坯,重新加热到 T_g~T_m(或 T_f)温度范围进行大幅度拉伸而形成的薄膜。

拉幅薄膜生产时,可以将挤出厚片(或管坯)与拉幅过程直接联系起来进行连续生产,但不管哪种方式,聚合物在拉伸前都必须从较低温度重新加热到 T_g~T_m(或 T_f)之间,所以拉幅薄膜工艺是一种二次成形技术。

在 T_g~T_m(或 T_f)温度区间,聚合物长链受到外力作用拉伸时,沿力的作用方向伸长和取向。分子链取向后,聚合物的物理力学性能发生了变化,产生了各向异性现象,拉幅薄膜就是大分子具有取向结构的一种材料。与未拉伸薄膜比较,拉幅薄膜有以下特点:强度为未拉伸薄膜的 3~5 倍,透明度和表面光泽好,对气体和水蒸气的渗透性降低,制品使用价值提高;薄膜厚度减小,宽度增大,平均面积增大,成本降低;耐热、耐寒性得到改善,使用范围扩大。

第五节　高分子材料快速成形方法

高分子材料的快速成形技术在原理上与粉末和陶瓷的快速成形技术是相同的(见第七章第六节),是指快速原型/零件制造(rapid phototype/part manufacturing,RPM)技术,是用离散分层的原理制作产品原型的总称。通俗地说,快速成形技术就是利用三维 CAD 的数据,通过快速成形机,将一层层的材料堆积成实体原型。由于成形材料的不同,高分子材料的快速成形技术也有自己的特点。

高分子材料快速成形技术系统的工作原理为:产品三维 CAD 模型→分层离散→按离散后的平面几何信息逐层加工堆积原材料→生成实体模型。图 8-32 为快速成形技术系统的工作流程示意图。

该技术集计算机技术、激光加工技术、新型材料技术于一体,依靠 CAD 软件,在计算机中建立三维实体模型,并将其切分成一系列平面几何信息,以此控制激光束(或工作头)的扫描方向和速度,采用黏结、熔结、聚合或化学反应等手段逐层、有选择地加工原材料,从而快速堆积制作出产品实体模型。

第八章 高分子材料的成形工艺

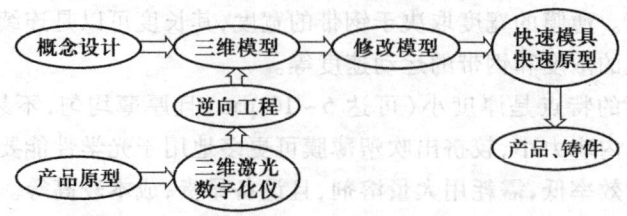

图 8-32　快速成形技术系统工作流程

一、常用高分子快速成形技术

1. 立体光固化成形系统

立体光固化成形(stereo lithography apparatus, SLA)，又称立体印刷、光造型，是研究最早、发展最快的快速成形技术。自从 1988 年 3D SYSTEM INC 公司最早推出 SLA 商品化快速成形机以来，SLA 已成为最为成熟而广泛应用的 RP 典型技术之一。

SLA 快速成形技术是根据某些材料在特定波长的激光照射下具有可固化性的特点，采用紫外(UV)激光为光源，计算机按分层信息精密控制扫描振镜组，精确定位、扫描，在光敏树脂液面聚合、固化形成一个固化层面，顺序逐层扫描固化，直至完成整个零件的成形。

SLA 的工艺原理如图 8-33 所示：成形时，升降装置的工作台在液面下。由激光器发出的紫外光，经激光器扫描镜光学系统汇集成一支细光束，该光束在计算机控制下，有选择地扫描容器内的光敏树脂液体，利用光敏树脂遇紫外光凝固的机理，逐点固化光敏树脂，未被照射的地方仍然是液态树脂。每固化一层后，工作台下降一精确距离，上面又布满一层树脂，并按新一层表面几何信息使激光扫描器对液面进行扫描，使新一层树脂固化并紧紧粘在前一层已固化的树脂上，如此反复，直至制作生成一零件实体模型。

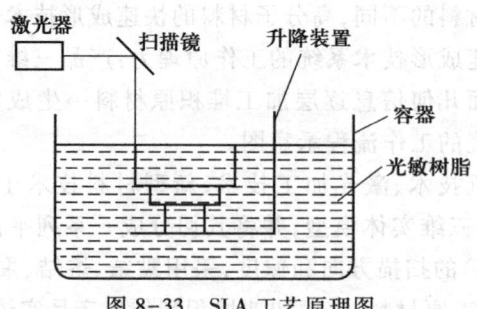

图 8-33　SLA 工艺原理图

SLA法的缺点是需要支撑,树脂收缩导致精度下降,光固化树脂有一定的毒性而不符合绿色制造发展趋势。

2. 分层实体制造

分层实体制造(laminated object manufacturing, LOM)的原理可参见第七章第六节图7-27。该方法是根据零件分层几何信息切割材料(各种板材和纸等),将获得的层片黏接成三维实体。首先铺上一层材料(如纸),然后用激光在计算机的控制下切出本层轮廓,非零件部分全部切碎以便于去除。一层切完后再铺上一层纸,用热压辊碾压以固化黏接剂,使新铺上的一层牢固地黏接在已成形体上,再切割该层的轮廓,如此反复直到完全成形。最后去除切碎部分以得到完整的零件。

LOM的关键技术是控制激光的光强和切割速度,使它们达到最佳配合,以保证良好的切口质量和切割深度。以纸为原料的纸片层压式快速成形模具制造工艺,具有成本低、造型速度快的特点,适宜办公环境使用。LOM模具有与木模同等水平的强度,可进行钻削等机械加工,也可进行修饰加工。

3. 选择性激光烧结

选择性激光烧结(selective laser sintering, SLS)不仅可以成形金属粉末与陶瓷材料,而且更广泛用于高分子粉末材料。其工艺原理可以参见第七章第六节图7-28。首先在工作台上铺上一层高分子粉末,用激光束在计算机控制下有选择地进行烧结(零件的空心部分仍为粉末材料),被烧结部分便固化在一起构成零件的实心部分。一层一层地进行烧结,新一层与其上一层被牢牢地烧结在一起。全部烧结完成后,去除多余的粉末便得到零件。

SLS的制作精度可达到±0.1mm左右,常用的材料为尼龙、塑料等。该方法的优点是:由于粉末具有自支撑作用,不需另外的支撑;生产材料广泛,不仅能生产塑料材料零件,还可直接生产陶瓷和金属零件(见第七章)。

4. 熔融沉积成形制造

熔融沉积成形制造(Fused Deposition Modolling, FDM)是不使用激光器的加工方法,其技术关键是喷头。喷头在计算机控制下作x-y联动扫描和z向运动,料丝在喷头中被加热并略高于其熔点。喷头在扫描运动中喷出熔融的材料,快速冷却形成一个加工层并与上一层牢牢结合在一起,如此层层扫描叠加便形成一个空间实体。图8-34所示为FDM的工艺原理图。

FDM技术的优点是速度快,工艺关键是保证半流动成形材料刚好在凝固温度点,一般控制在比凝固温度高1℃左右。由于FDM成形过程的温度在60~300℃,没有粉尘,也无有毒气体、激光或液态聚合物的泄漏,因而适宜在办公环境下使用。

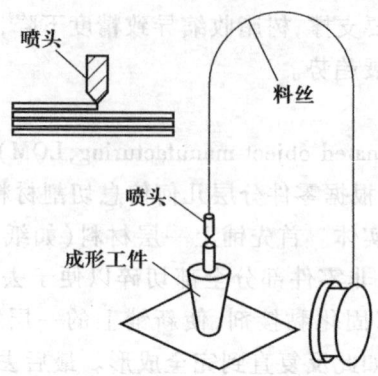

图 8-34 熔融沉积成形工艺原理图

熔丝线材方面,其材料主要是 ABS、人造橡胶、铸蜡和聚酯热塑性塑料。1998 年,澳大利亚的 Swinburn 工业大学研究了一种金属-塑料复合材料丝。1999 年,Stratasys 公司开发出水溶性支撑材料,有效地解决了复杂、小型孔洞中的支撑材料难去除或无法去除的难题。

FDM 制成的原型适合工业上各种各样的应用,如概念成形、原型开发、精铸蜡模和喷涂制模等,新的 FDM 技术不断出现,如与 CNC 相结合、与模具成形相结合的快速成形工艺。

几种典型快速成形工艺的比较见表 8-4。

表 8-4 几种典型快速成形工艺的比较

成形工艺	原型精度	表面质量	复杂程度	零件大小	材料价格	材料利用率	常用材料	制造成本	生产效率	设备费用
SLA	较高	优	中等	中小件	较贵	接近 100%	热固性光敏树脂等	较高	高	较贵
LOM	较高	较差	简单或中等	中大件	较便宜	较差	纸、金属箔、塑料、薄膜等	低	高	较便宜
SLS	较低	中等	复杂	中小件	较贵	接近 100%	石蜡、塑料、金属、陶瓷粉末等	较低	中等	较贵
FDM	较低	较差	中等	中小件	较贵	接近 100%	石蜡、塑料、低熔点金属等	较低	较低	较便宜

二、快速成形技术的应用

RP 技术出现的十余年来,已在广泛的领域中得到应用并显示出它的优越性。此项技术不仅已应用在机械、汽车、航空航天、电力等制造业,而且已在医疗、艺术和建筑等行业中发挥了它的作用,并取得了显著的效果。

1. 快速模具制造

目前,采用快速成形制造技术的快速模具制造(rapid tooling, RT)主要用于制造铸造模具和塑料模具。制模方法可分为间接制模和直接制模两种方式。

(1) 间接制模

间接制模是用 RP 技术制造零件原型,然后将原型作为样件用于传统的模具制造,是一种与传统的制模工艺相结合的制模方法。与数控加工相比,RP 技术可以更快、更好地设计并制造出各种复杂的原型。例如将 RP 原型作为样件用于传统的模具制造,一般可使模具制造成本和周期减少一半。间接制模工艺已基本成熟,应用较多。根据生产批量大小的不同可采用不同的方法。当生产量在 20~50 件时,可采用硅橡胶模。当生产量为 100~1 000 件时,多采用环氧树脂模,为延长模具寿命,通常在环氧树脂中添加各种添加剂。当生产批量在 5 000 件以上时,可通过 RP 原型制作电极,采用电火花加工法制造金属模具。

(2) 直接制模

直接制模是利用 RP 技术将模具直接制造成形,它不需制作原型样件,是一种与传统的制模工艺完全不同的方法。采用此种方法直接制造金属模具,是一种更有发展前途的快速模具制造法。如美国 DTM 公司成功地开发了制造金属注塑模的技术。该技术是用选择性激光烧结(SLS)工艺烧结涂有树脂的钢粒,形成模具半成品,再经过渗铜和其他后处理工艺得到钢铜合金的注塑模。其尺寸精度为 ±0.12 mm/100 mm,表面粗糙度 Ra < 1 μm,寿命可达 5 万件。

2. 加速新产品开发

新产品开发的设计阶段,虽然借助设计图样和计算机模拟,但并不能展现原型,往往难以做出正确和迅速地判断,这对形状复杂且外形要求美观的产品尤其重要。采用 RP 技术可在不需要其他加工手段支撑的情况下,在几小时内将设计图样或 CAD 模型制成 RP 三维实体原型。设计者可以根据此原型对外形、装配关系等方面的设计方案进行评定、模拟试验分析、生产可行性评估,并能迅速得到用户对设计方案的反馈信息,这样,可以把可能出现的问题解决在设计阶段,使新产品开发的费用和时间显著减少。

在新产品开发中,存在多种方案,对各方案产品的性能和效果尚需经过实物试验才能可靠地确定时,可用 RP 技术制成各种方案的原型制件,再进行模拟试验分析和生产可行性评估,从而筛选出好的设计方案。

3. 在医学中用于器官模型制作

世界上许多国家都十分重视 RP 技术在医学领域中的应用,并取得了好的效果。该方法是将以数字成像技术为基础的 CT(断层成像)、MRI(核磁共振)等诊断方法与 RP 系统相结合,即把所获得的人体扫描的分层截面图像,经计算机三维重建后的数据提供给 RP 系统,得到人体局部或内脏器官(原型)。这样就可以显示该部位病变情况和实体结构,可用于临床辅助诊断和复杂手术方案的确定,或供教学使用。此外亦可利用 RP 原型制作假肢。

4. 与反求工程相结合形成快速设计制造闭环系统

在 RP 技术中的反求,就是要在现有实物的基础上求出三维 CAD 模型。对于大多数产品都可以在通用的 CAD 软件上设计出它们的三维模型,但是由于对某些因素,如对功能、工艺、外观等的考虑,一些第一次见到的实物零件的形状十分复杂,很难在 CAD 软件上设计出它们的实体模型,因此就要借助于反求工程技术。目前在反求工程中常用的测量方法有三坐标测量仪法、激光三角形法、核磁共振(MRI)法、断层成像(CT)法、光栅法和自动断层扫描仪法等。通过反求工程还可以对 RP 原型进行快速、准确地测量,找出产品设计中的不足,重新设计,经过多次反复的迭代,可使产品更加完善。

在 RP 技术中引入反求工程,形成了一个包括设计、制造、检测的快速设计制造闭环反馈系统。这样就加快了反求工程的发展,扩大了快速成形制造技术的应用范围。

此外 RP 技术还可在微细加工、工艺品制作、文物复制及建筑模型制作等方面得到应用。

快速成形技术是一种处在发展完善阶段的高新技术,其技术本身和应用领域尚需进行大量的开发研究。21 世纪将是以知识经济和信息社会为特征的时代,制造业面临信息社会中瞬息万变的市场对产品小批量多品种要求的严峻挑战。在制造业日趋国际化的状况下,缩短产品开发周期和减少开发新产品投资风险,成为企业赖以生存的关键。因此,快速成形/快速制模/快速制造技术将会得到进一步发展。随着市场竞争的日趋激烈,该技术将会被越来越多的企业所采用,对企业的发展,发挥越来越重要的作用,并将给企业带来巨大的经济效益。同时,快速成形技术作为一门多学科交叉的先进制造技术,其本身的发展,也将推动相关技术、产业的发展。

复习思考题

1. 简述高分子链的结构特点,它们对高聚物性能有何影响?
2. 各类聚合物在受热时力学状态的变化情况有何不同?
3. 简述高分子材料的聚集状态及特点。
4. 聚合物有哪些成形性能?如何提高聚合物的成形性能?
5. 工程塑料与金属材料相比,在性能与应用上有哪些差别?
6. 塑料成形常用哪些原料?它们各起什么作用?试述常用工程塑料的种类、性能及应用。
7. 为什么挤出模具的内腔流道设计应呈流线型?
8. 比较挤出成形、注塑成形和压塑成形的工艺过程有何不同点?各应用于何类塑料?
9. 现有一种密度为 $0.072\ \text{g/cm}^3$ 的泡沫塑料,浸水后它的质量增加了十倍,试问这种泡沫塑料能否用作漂浮材料?
10. 注射成形中一般应经历哪几个工艺步骤?各个工艺步骤分别起什么作用?塑料注射模具一般包括哪几个部分?
11. 试指出图 8-35 中哪些部位反映了塑料注塑件结构工艺性特点?

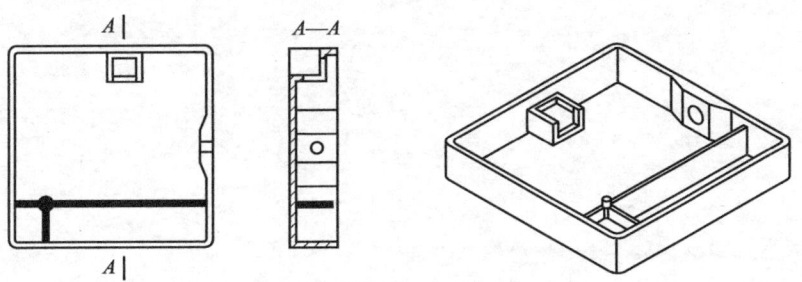

图 8-35　第 11 题图

12. 改进图 8-36 中所示塑料零件的结构,并说明理由。

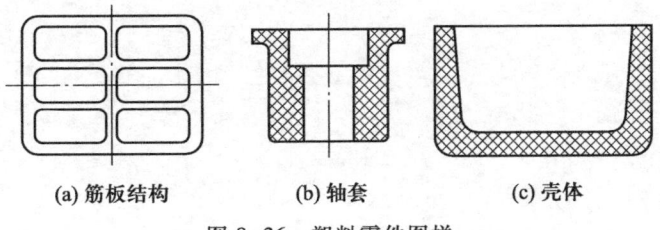

(a) 筋板结构　　(b) 轴套　　(c) 壳体

图 8-36　塑料零件图样

13. 根据流涎成形工艺的介绍，画出流涎成形工艺示意图。
14. 塑料与橡胶的本质区别是什么？
15. 常用橡胶添加剂有哪些？它们起什么作用？
16. 橡胶材料的最大特点是什么？试述常用合成橡胶的种类、性能特点及应用。
17. 橡胶和塑料在使用时各是什么状态？这两种材料的玻璃化温度是高好还是低好？
18. 橡胶成形常用哪些原料？各起什么作用？
19. 为什么橡胶在成形前要进行塑炼？混炼有什么作用？橡胶塑炼与混炼有何区别？
20. 硫化过程的实质是什么？为什么先要塑炼而后又要硫化？
21. 常用的橡胶成形方法的工艺特点和应用范围有何不同？

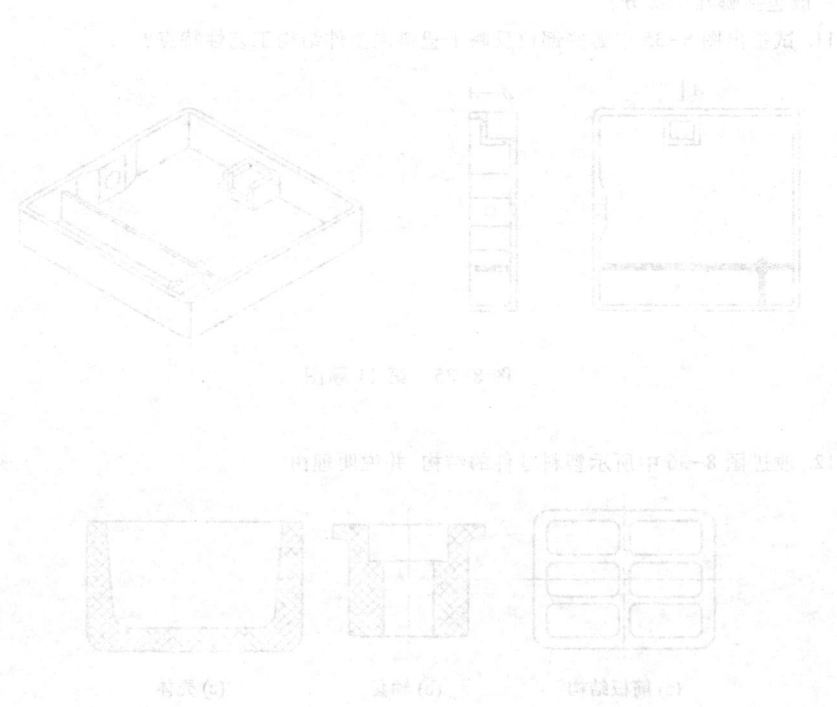

第九章 复合材料的成形工艺

本章学习指南

本章重点：金属基复合材料、树脂基复合材料和陶瓷基复合材料的成形工艺。应掌握金属基复合材料、树脂基复合材料和陶瓷基复合材料成形工艺常用方法的概念、特点及其应用，了解它们的一般工艺过程以及在实际生产中存在的问题。

本章难点：金属基复合材料、树脂基复合材料和陶瓷基复合材料的成形方法较多，其概念、应用的场合及优缺点等容易混淆，因此学习中应明确概念，抓住重点。

本章与其他章节的联系：复合材料与金属材料、无机非金属材料和有机高分子材料等密不可分，它的成形工艺是在传统材料的成形工艺（例如液态成形、半固态成形、固态塑性变形、连接/黏接成形及粉末冶金成形等）的基础上发展起来的。

复合材料(composite materials)是指将两种以上的不同材料,用物理或化学的方法复合而成的一种新材料,复合材料的性能大大优于单一材料的性能。复合材料的重要特点之一是材料的制备与成形在很多情况下是一体化完成的,所以复合材料成形工艺的好坏将直接影响到复合材料制品的生产成本与质量。目前复合材料的成形工艺还存在着生产周期长、生产效率低、有些成形工艺还需要较多劳动力的缺点,因此提高复合材料成形工艺的机械化、自动化程度,开发高效率的成形工艺是今后的发展方向。复合材料的成形方法较多,本章重点介绍金属基复合材料、树脂基复合材料和陶瓷基复合材料的成形方法。

第一节 复合材料简介

一、复合材料基本概念

根据复合材料的定义,木材、钢筋混凝土梁(concrete beam reinforced with rebar)、玻璃钢(fiberglass reinforced plastics)都属于复合材料。若从人工合成的角度来看，复合材料也可表述为由两种或两种以上物理和化学性质不同的物质，经人工合成的一种多相固体材料，例如胶合板、钢筋混凝土、玻璃钢、双金属片等。

复合材料的最大优点，就是它的性能比其组成材料要好得多。一方面它可以改善组成材料的弱点，充分发挥其性能优势，例如玻璃和树脂的韧度和强度都不高，但用它们制成的复合材料——玻璃钢的比强度、比刚度和韧度却很高；另一方面可以根据结构和受力要求制成预定的性能分布，对材料进行优化设计。例如用缠绕法制成的复合材料压力容器，若是玻璃纤维与主应力方向一致，则可将这个方向的强度提高到树脂的几十倍以上，从而最大限度地发挥材料性能的潜力。除了能够制备出结构复合材料外，还可以制备出功能复合材料，例如由黄铜片和铁片制成的双金属片复合材料，具有温度控制开关的作用。再如，由两层隔热塑料中间加一层铜片构成的复合材料，能在不同的方向上具有导热、隔热和绝缘的功能。图 9-1 为复合材料结构示意图。

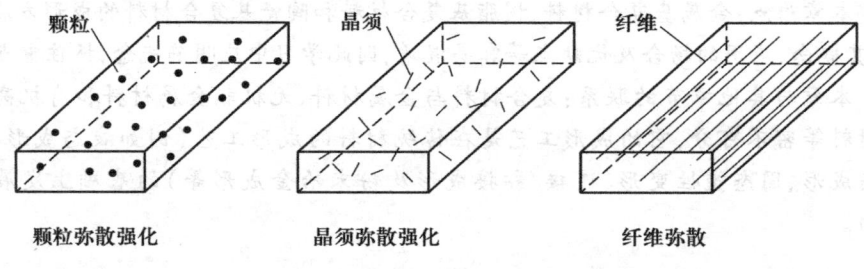

图 9-1 复合材料结构示意图

1. 复合材料的分类

复合材料的种类千差万别，分类方法很多，常用的分类方法如下。

(1) 按材料的作用分类 可分为结构复合材料和功能复合材料。前者是用于工程结构上承受载荷的复合材料，如玻璃钢、碳纤维增强复合材料等；后者是具有特殊物理性能的复合材料，如换能特性、阻尼特性、摩擦特性、隐身特性等。

(2) 按基体材料分类 可分为树脂基复合材料(resin matrix composites, RMC)、金属基复合材料(metallic matrix composites, MMC)、陶瓷基复合材料(ceramic matrix composites, CMC)、水泥基复合材料和碳/碳复合材料等。在该分类方法中，增强材料与基体用/号分开，分子部分表示增强材料，分母部分表示基体。

(3) 按增强材料的性质和形态分类 可分为层叠复合材料、细粒复合材料、连续纤维复合材料、短切纤维复合材料、碎片增强复合材料和骨架复合材料等。

2. 复合材料的特点

由于复合材料是由多种材料复合而成,组成部分能够发挥其各自的性能优点,并且能够进行优化设计,因而具有许多优良的性能和特点。

(1) 比强度和比刚度高　在多数情况下,复合材料的基体和增强材料密度都小,或其中之一密度较小,因而复合材料的比强度和比刚度都很高。

(2) 抗疲劳性好　实验证明复合材料较金属材料或陶瓷有较高的疲劳强度。其中缺陷少的纤维制成的复合材料的抗疲劳性好;基体的塑性好,能消除或减小应力集中,使疲劳源难以形成微裂纹。这是由于塑性好的材料能使裂纹尖端钝化,减缓裂纹的扩展。此外在有些复合材料中密布着大量纤维,裂纹的扩展非常困难,因而复合材料的疲劳强度很高。如碳纤维/树脂复合材料的疲劳强度为抗拉强度的 70%~80%,而一般金属材料的疲劳强度仅为其抗拉强度的 30%~50%。

(3) 高温性能好　增强纤维一般具有较高的熔点、高温强度及弹性模量。例如,一般玻璃纤维增强的树脂基复合材料的工作温度可到 200~300 ℃。铝合金在 400~500 ℃ 时,几乎完全丧失强度,但用连续硼纤维增强的铝基复合材料,在这个温度下仍有较高的强度,用钨纤维增强的镍基复合材料的使用温度可达 1 000 ℃。

(4) 减振性能好　构件的自振频率与结构有关,同时与材料的弹性模量、密度之比的平方根成正比。由于复合材料的弹性模量很大,因而它的自振频率很高,在一般的加载频率条件下,不容易产生共振。在复合材料中,有大量的基体与纤维的界面,这些界面对振动有吸收和反射作用,同时基体阻尼较大,因此复合材料的振动衰减较快。

(5) 断裂安全性高　在纤维复合材料的每平方厘米截面上有很多的细纤维,当它受力时,材料将处于静不定状态。过载时,部分纤维断裂,然后载荷重新分布于更多的未断裂纤维上,因而不会在瞬间造成构件的断裂,工作的安全性高。

(6) 可设计性好　复合材料具有良好的可设计性,能够根据材料的不同用途灵活方便地进行设计,从而满足实际生产对产品的要求。例如,设计、制造化工管道和塔器等在腐蚀性工况下工作的复合材料产品时,就可以选用耐腐蚀性能好的基体树脂和增强材料,从而大大提高其使用寿命和性能。

二、复合材料使用的原材料

复合材料使用的原材料(matrix material)包括增强材料(reinforced material)和由它们制成的中间材料(如预浸料),此外还有夹层结构所需的蜂窝芯材、泡沫芯材、胶黏剂及其他辅助材料。

1. 增强材料

增强材料包括颗粒材料与纤维材料等,常用的纤维增强材料主要包括碳纤维、芳纶、硼纤维、碳化硅纤维和玻璃纤维等。

(1) 碳纤维

碳纤维(carbon fiber)是由有机物经固化反应转化为碳化合物的,原料不同,碳化条件不同,形成的产物的结构也不同。此外,表面处理方法不同,则其性能也各异。为保证使用,碳纤维增强材料应具备下列基本性能:

1) 足够的抗拉强度、弹性模量及断裂伸长率,并且不受时间的影响,一般增强纤维的抗拉强度不低于 2 650 MPa,弹性模量大于 220 GPa,断裂时的伸长率大于 1.5%。

2) 抗拉强度和弹性模量的分散性尽可能地小。

3) 增强纤维的表面状态好,长度适宜,毛丝断头少,无捻或少捻。

碳纤维的性能不仅与制备碳纤维的原料、工艺及碳纤维的结构有关,还与碳纤维的直径有关。碳纤维丝束的粗细一般以每束中纤维的根数表示,每束中纤维的根数一般在 260~320 000 根之间。丝束越粗,价格越低。现常用纤维丝束一般在 100~12 000 根之间。纤维丝束只表示每个丝束的粗细,力学性能不受丝束大小的影响,直接影响强度的是纤维的直径,直径越细,强度越大。

(2) 硼纤维

硼纤维(boron filament)的制备较碳纤维复杂,它是在钨丝上经化学气相沉积生成的。硼纤维增强材料的性能特点是强度大,弹性模量高。除用钨丝做核心载体外,现在还大量使用了碳芯硼纤维。

(3) 芳纶纤维

芳纶(aramid ring)是一种聚芳酰胺纤维,它由美国杜邦公司开发并生产。现在使用的主要品种有 KEVLAR-29、KEVLAR-129、KEVLAR-49 和 KEVLAR-149。前两种多应用于轮胎、帘子线和防弹材料,后两种多用于航空航天工业。其中,KEVLAR-149 吸湿性较好,但受光的照射、受热及燃油的作用,强度会大幅度下降。

(4) 玻璃纤维

玻璃纤维(glass fiber)属于无定型结构纤维,其主要组分是以—SiO_2—为骨架的聚合物。玻璃纤维具有较高的断裂和抗拉强度,但拉伸弹性模量较低。玻璃纤维来源广,价格低,断裂应变值高。在工程上常用玻璃纤维与碳纤维混用,制成混杂纤维复合材料,从而弥补碳纤维的脆性并降低其成本。

(5) 碳化硅纤维

碳化硅纤维(silicon carbide fiber)具有良好的力学性能和热稳定性。目前常用的碳化硅纤维有两种类型:一种是在钨丝或碳丝上用气相沉积法制造复合结构纤维,另一种是用烷基硅烷经聚合纺丝制成有机纤维后,再经高温处理,最终形成β型微晶碳化硅连续纤维。碳化硅纤维的强度约为3 445 MPa,弹性模量约为448 GPa。

(6) 晶须(whisker)

晶须是指直径在 $0.1\sim2~\mu m$、长径比在10以上的单晶短纤维。由于它直径小,缺陷少,原子排列高度有序,因此晶须的强度接近理论值。而且晶须易于润湿,有利于与金属、陶瓷、树脂、玻璃等材料复合,是一种重要的增强材料。晶须通常采用气相生长方法制造,常用的晶须有铁晶须、镍晶须等金属晶须和 Al_2O_3、SiC等陶瓷晶须,目前研究和应用较多的是陶瓷晶须。

2. 基体材料

目前使用的复合材料基体仍以各种金属、树脂和陶瓷为主。以树脂基体为例,其中绝大多数是热固性树脂,如环氧树脂、双马来酰亚胺等。其次,热塑性树脂也有较多的应用,如聚醚醚酮、聚苯硫醚等。

(1) 热固性树脂

1) 环氧树脂 环氧树脂(epoxy resin)在复合材料中应用较多,并且环氧树脂的品种多种多样,如双酚A环氧树脂、酚醛环氧树脂、多官能团环氧树脂等。由于环氧树脂在固化过程中不产生水分和其他低分子物,收缩性小,且具有较好的固化工艺性能,因而应用广泛。但环氧树脂的脆性较大,韧性差,并且使用温度不高。

2) 聚酰亚胺树脂 聚酰亚胺树脂(polyimide resin)的主链上含有杂环结构,因而具有良好的耐热性和抗氧化性。用聚酰亚胺树脂作基体制成的复合材料,耐热性能好,能在较高的温度下工作;它的成形温度和成形压力高,成形比较困难。聚酰亚胺树脂主要有PMR-15和LARC-160,前者的高温性能较好。

3) 双马来酰亚胺树脂 双马来酰亚胺树脂(bismaleimide resin)是由顺丁烯酸酐与二元胺合成的聚合物。结构中的不饱和键能在较低的温度下与活泼的氢化合物或其他双键化合物反应,形成稳定的耐热聚合物,并可采用多种途径减少其脆性。

(2) 热塑性树脂

热塑性树脂基体与热固性树脂基体相比,具有如下特点:施工快、周期短、可重复使用、储存周期长、易修补、耐蚀性好、断裂韧度和抗冲击性高等。

在热塑性树脂中,应用最多的是聚醚醚酮(PEEK)。半结晶型PEEK有三种规格:PEEK-150P、PEEK-380P和PEEK-450P。碳纤维/PEEK复合材料具有良好的力学性能。

3. 夹层结构材料

在一些复合材料中,常用到夹层结构(sandwich structure)。采用这种结构的主要目的是为了提高结构件的弯曲刚度和充分利用材料的强度。夹层结构一般由两层薄的高强度板和中间夹着一层厚而轻的芯结构构成。现在常用的夹层结构面板可以是碳纤维板、玻璃纤维板等复合材料板。芯材有多种结构,常用的有微孔芯材和大孔芯材两种。

三、复合材料的增强机制和复合原则

1. 增强原理

复合材料的复合不是由基体和增强材料简单的组合而成,而是两种材料发生相互的物理、化学、力学等作用的复杂组合过程。对于不同形态的增强材料,其承载方式不同。

细颗粒增强复合材料,承受载荷的主要载体是基体,此时,增强材料的作用主要是阻碍基体中位错的运动或阻碍分子链的运动。复合材料的增强效果与增强材料的直径、分布、数量有关。一般细颗粒相的直径为 $0.01\sim0.1\ \mu m$ 时,增强效果最好。直径太小时,容易被位错绕过,对位错的阻碍作用小,增强效果差。当细粒直径大于 $0.1\ \mu m$ 时,容易造成基体的应力集中,产生裂纹,使复合材料强度下降。这种性质与金属中第二相强化原理相同。

对于纤维增强的复合材料,承受载荷在很大程度上是增强纤维。这是因为,第一,虽然增强材料是具有强结合键的材料或硬质材料,它的内部含有裂纹,易断裂,表现出较大的脆性,但是若把它们加工成细的纤维,则出现裂纹的几率降低,裂纹长度减小,脆性改善,复合材料的强度明显提高。第二,纤维在基体中的表面得到较好的保护,且纤维彼此分离,不易损伤,在承受载荷时,不易产生裂纹,承载能力较大。第三,在承受大的载荷时,部分纤维首先承载,若过载则它们可能发生断裂,但韧性好的基体能有效地阻止裂纹的扩展。第四,纤维过载断裂时,在一般情况下,断口不在同一个平面上。因而复合材料的断裂必须使许多纤维从基体中抽出,即断裂须克服黏结力这个阻力,因而复合材料的断裂强度很高。第五,在三向应力状态下,即使是脆性组成,复合材料也能表现出明显的塑性,即受力时,不表现为脆性断裂。由于以上几点原因,纤维增强复合材料强化效果明显,复合材料的强度很高。

2. 复合原则

复合材料的复合原则就是通过优化设计,使复合后的材料能够获得最佳的强度、刚度等性能。下面以纤维增强复合材料为例,说明复合材料的复合原则。

(1) 复合材料中基体起黏结作用,因而基体必须具备如下特点:

1) 对纤维具有好的润湿性,从而使基体与增强材料间具有较强的结合力,使分离的纤维粘为一个整体,保证纤维的合理分布。

2）基体应具有较好的塑性和韧性,能够延缓裂纹的扩展。

3）基体能够很好地保护纤维表面,不产生表面损伤及裂纹。

高聚物和金属便具有以上几个特点,由于它们内部的分子键和金属键没有方向性和饱和性,故润湿性好,结合力强,柔韧性好,裂纹不易扩展。

（2）增强材料是承载的主要部分,因而纤维必须具有很高的强度和刚度。在同样的应变量条件下,弹性模量 E 越高,则复合材料中纤维承受的应力越大,即在工作状态下能够充分发挥增强材料的增强作用;另一方面,刚度高能够保证结构的稳定性;纤维还应具有较小的密度、高的热稳定性等性能特点。符合以上性能要求的增强材料有玻璃纤维、碳纤维、硼纤维、陶瓷的线型晶体及金属细丝等。

（3）增强材料与基体有好的结合强度。增强材料与基体黏结强度高,可直接提高复合材料的强度,同时可以把基体承受的载荷传递给纤维,充分发挥纤维材料的增强作用。结合强度过低时,基体与纤维容易分离,界面难以传递载荷,纤维增强效果下降,复合材料整体性能大大降低。结合强度过高也不好,这是因为断裂时,没有纤维被拔出的过程,容易产生脆性断裂,整个复合材料的强度降低。

基体与增强材料界面的结合强度主要取决于它们的性质和表面状态。在工程上为了提高结合强度,一般应对纤维进行表面处理,增加表面粗糙度值或形成表面活性基团。如用表面氧化处理法,在 60% 的硝酸中浸泡 24 h 后,纤维的表面积可由 1 m^2/g 增加至 36 m^2/g,同时还能增加表面活性基团——羧基。另一种方法是在纤维表面涂抹偶联剂。这种物质能够同时与纤维和基体形成化学键,从而使纤维和基体较强地结合在一起,现常用的是硅烷偶联剂。

（4）在复合材料中纤维必须具有适当的含量、直径、长度和分布。从复合材料的设计角度来讲,单位体积内纤维的含有量越高,则强化效果越好。

在复合材料中,纤维越细、缺陷越少,则强度越高。纤维长度对复合材料的性能也有很大的影响。连续纤维增强效果好,短切纤维增强效果稍差。并且短切纤维在一定尺寸内强化效果很差,只有纤维长度超过一定临界值时,才能对复合材料起明显的强化作用。这个理论对工程具有实际的指导意义,一方面它为纤维增强提供理论依据,另一方面,它也为强度高但加工工艺难度大的晶须的应用提供了指导。

一般纤维的排列应与作用力同方向,以充分发挥其纵向强度高的特点。在受力复杂的情况下,纤维可采用交叉排列,从而使各个方向都有较大的增强效果。

（5）纤维和基体应有相近的热膨胀系数。在温度变化时,使纤维和基体的变形一致。韧性稍差的基体,纤维的热膨胀系数可稍大些,便于冷却后使基体处于压应力状态。塑性较好的基体,纤维的热膨胀系数可小些,使纤维处于压应力状态,以提高其韧度。

四、复合材料的失效

复合材料的失效(failure of composite)一般是指其疲劳破坏过程。在疲劳加载初期——疲劳寿命的15%以内,复合材料内部基体出现开裂,其后基体裂纹与界面脱粘偶合;加载到疲劳寿命的20%,出现特征饱和损伤状态;继续加载,在疲劳寿命的50%出现分层;之后分层增加,部分纤维被拉断或拔出,最后导致整个复合材料构件的破坏。

从破坏的产生和发展机制看,导致复合材料失效的原因有以下几个方面。

1. 制造加工损伤

此种损伤产生初始缺陷,它包括:纤维铺设不均、扭结、死扣等,树脂不均,纤维切断、错排,固化不足,有孔隙、气泡,材质污染等。

2. 使用引起的损伤

此种损伤导致缺陷发展,它包括:树脂裂纹或老化、分层、纤维断裂、振动较大导致的纤维断裂、温度变化较大、机加工产生内应力、碰撞等。

复合材料的损伤中,碰撞和疲劳损伤导致的损伤扩展最严重。尤其是碰撞对复合材料的强度影响很大,至少能使强度下降30%~40%。目前,国际上已把碰撞后的压缩强度和能量释放率作为宇航压力容器的检验指标之一。

复合材料的疲劳与金属材料相比,差别很大。金属的损伤模式为裂纹,裂纹以相当明确的方式发展并与所加应力有关。在复合材料中,很少有单一的损伤模式,即使产生了宏观裂纹,裂纹的发展也不会像金属材料那样以预想的方式发展,而总是变向进行。因此,复合材料疲劳失效过程比金属材料更加复杂和困难。

第二节 金属基复合材料成形工艺

制备金属基复合材料,关键在于获得基体金属与增强材料之间良好的浸润与合适的界面结合。而金属基复合材料中基体和增强材料的性能各异,使其复合加工较为困难,这也是金属基复合材料价格较贵的主要原因。综合目前的各种成形方法,复合工艺主要分为三个大类:

(1) 固态法 固态法是指基体处于固态下制造金属基复合材料的方法。在整个制造过程中,温度控制在基体合金的液相线和固相线之间。使整个反应控制在较低温度,尽量避免金属基体和增强材料之间的界面反应。固态法包括粉末冶金法、热压法、热等静压法、轧制法、挤压法和拉拔法、爆炸焊接法等。目前该方法已经用于 SiC/Al、SiC/TiC/Al、B/Al、C/Al、SiC_p/Al、TiB_2/Ti、Al_2O_3/Al 等复合材料制品的生产。

(2) 液态法 液态法是指基体处于熔融状态下制造金属基复合材料的方法。为了减少高温下基体和增强材料之间的界面反应,提高基体对增强材料的浸润性,通常采用加压渗透、增强材料表面处理、基体中添加合金元素等方法。液态法包括液态金属浸渍法、共喷沉淀法、热喷涂法等。目前该方法已经用于 C/Al、C/Mg、C/Cu、SiC/Al、SiC_p/Al、SiC_w+SiC_p/Al、Al_2O_3/Al 等复合材料制品的生产。

(3) 其他制造方法 主要包括原位自生成法、物理气相沉积法、化学气相沉积法、化学镀和电镀法、复合镀法等。目前该方法已经用于 Al 基、Ti 基复合材料的生产。

一、固态法

固态法制备金属基复合材料的方法主要包括扩散黏结法(热压法、热等静压法)、形变法(热轧法、热挤压法、热拉法)和粉末冶金法等。

1. 扩散黏结法

如图 9-2 所示,扩散黏结(diffusion bonding)是一种在较长时间、较高温度和压力下,通过固态焊接工艺,使同类或不同类金属在高温下互扩散而黏结在一起的工艺方法。扩散黏结过程分为三个阶段:第一阶段是黏结表面之间的最初接触,由于加热和加压使表面发生变形、移动、表面膜(通常是氧化膜)破坏;第二阶段是随着时间的进行发生界面扩散、渗透,使接触面形成黏结状态;第三阶段是扩散结合界面最终消失,黏结过程完成。

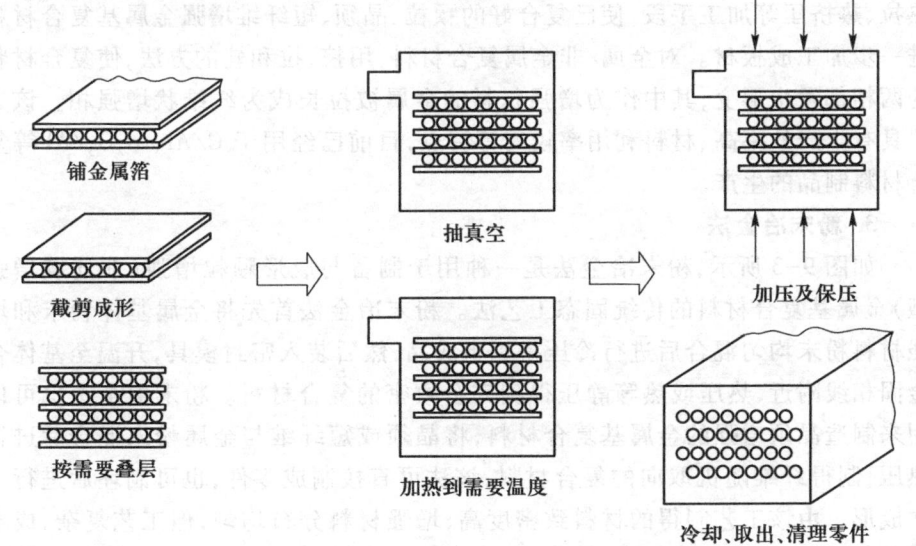

图 9-2 扩散黏结过程简图

影响扩散黏结过程的主要因素是温度、压力和加工时间。扩散黏结工艺通常先将纤维与金属基体(主要是金属箔)制成复合材料预制片,然后将预制片按设计要求切割成形,叠层排布(纤维方向)后放入模具内,加热、加压并使其成形,冷却脱模后即制得所需产品。为保证热压产品的质量,加热加压过程可在真空或惰性气氛中进行,也可在大气中进行。常用的压制方法有以下3种。

(1) 热压法 将预制带或复合丝按要求铺在金属箔上,交替叠层,再放入金属模具中或封入真空不锈钢套内,加热、加压一定时间后取出冷却,去除封套。

(2) 热等静压法 将预制坯装入金属或非金属包套中,抽真空并封焊包套。再将包套装入高压容器内,注入高压惰性气体(氩或氮)并加热。气体受热膨胀后均匀地对受压件施以高压,扩散黏结成复合材料。此法可制造形状较为复杂的零件,但设备昂贵。

(3) 热轧法 经预处理的纤维、复合丝同铝箔交替排成坯料,用不锈钢薄板包裹或夹在两层不锈钢薄板之间加热和多次反复轧制,制成板材或带材。

扩散黏结工艺的主要优点是可以焊接品种广泛的金属,易控制纤维取向和体积分数。缺点主要是焊接需若干小时,较高的焊接温度和压力需要较高的生产成本,只能制造有限尺寸的零件。目前,该方法已经用于 SiC/Al、SiC/TiC/Al、B/Al 等复合材料制品的生产。

2. 形变法

形变法(plastic forming)就是利用金属具有塑性成形的工艺特点,通过热轧、热拉、热挤压等加工手段,使已复合好的颗粒、晶须、短纤维增强金属基复合材料进一步加工成板材。对金属/非金属复合材料,用挤、拉和轧的方法,使复合材料的两相都发生形变,其中作为增强材料的金属被拉长成为纤维状增强相。该方法具有生产效率高、材料利用率较高等特点,目前已经用于 C/Al、Al_2O_3/Al 等复合材料制品的生产。

3. 粉末冶金法

如图9-3所示,粉末冶金法是一种用于制备与成形颗粒增强(非连续增强型)金属基复合材料的传统固态工艺法。粉末冶金法首先将金属基体粉末和增强材料粉末均匀混合后进行冷压得到半成品,然后装入密封模具,升温至基体合金固相线附近,热压或热等静压得到完全致密的复合材料。粉末冶金法也可以用来制造晶须增强的金属基复合材料,将晶须或短纤维与金属粉末混合后进行热压,制得纤维随机取向的复合材料,该法可直接制成零件,也可制坯后进行二次成形。由该工艺制得的材料致密度高,增强材料分布均匀,但工艺复杂,成本较高。目前,该方法已经用于 SiCp/Al、SiC/Al、TiB_2/Ti、Al_2O_3/Al 等复合材料制品的生产,其中采用该法制得的铝基复合材料,具有很高的比强度、比模量和耐磨性,已用于飞机、航天器等零部件的生产。

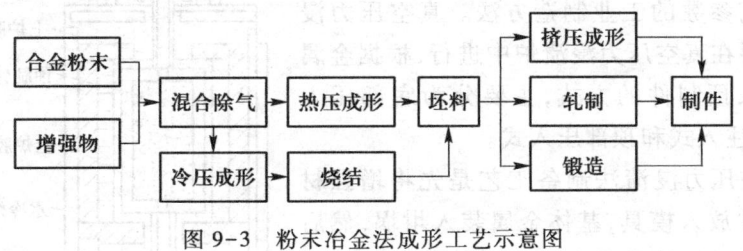

图 9-3 粉末冶金法成形工艺示意图

二、液态法

根据熔融金属浸渍纤维、晶须、颗粒的不同工艺方法,液态法制备金属基复合材料的工艺可分为挤压铸造法、真空压力浸渍法、液态金属搅拌铸造法和井喷沉淀法等。

1. 液态金属浸润法

液态金属浸润法的实质是使基体金属呈熔融状态时与增强材料浸润结合,然后凝固成形。常用工艺有以下4种:常压铸造法、挤压铸造法、液态金属搅拌铸造法和真空压力浸渍法。

(1) 挤压铸造法

挤压铸造(squeeze casting)是通过压机将液态金属压入增强材料预制件中制造复合材料的方法。工艺过程是先将增强材料放入配有黏结剂和纤维表面改性溶质的溶液中,充分搅拌,而后压滤、干燥、烧结成具有一定强度的预制坯件;随后将预热后的预制坯放入固定在液压机上经预热的模具中,浇铸入熔融金属,用压头加压,使液态金属浸渗入预制件,并在压力下凝固成形为复合材料制品。该成形方法成本低,生产率高。但是,加压压力根据预制件的形状、尺寸一般在 70~100 MPa。在这么高的压力下,如何保护预制件的形状、尺寸不发生变化,熔融金属不溅出等都对工艺、模具提出较高要求。因此该法虽然可以生产材质优良、加工余量小的制品,但无法制造一些高性能、高精密度复合材料制品。目前挤压铸造法主要用于批量制造低成本陶瓷短纤维、颗粒、晶须增强铝、镁基复合材料的零部件,例如 C/Al、C/Mg、SiC/Al、SiCp/Al 等复合材料制品的生产。

(2) 真空压力浸渍法

如图 9-4 所示,真空压力浸渍法(vacuum pressure infiltration)是在真空和高压惰性气体的共同作用下,使熔融金属浸渗入预制件中制造金属基复合材料的方法。它综合了真空吸铸和压力铸造的优点,经过不断改进,现在已经发展成为能够控制熔体温度、预制件温度、冷却速率、压力等工艺参数的工业制造方法。真空压力浸渍法主要在真空压力浸渍炉中进行，根据金属熔体进入预制件的方式，主要分为底部压入式、顶部注入式和顶部压入式。

真空压力浸渍法制备工艺是先将增强材料预制件放入模具，基体金属装入坩埚，然后将装有预制件的模具和装入基体金属的坩埚分别放入浸渍炉的预热炉和熔化炉内，密封和紧固炉体，将预制件模具和炉腔抽真空，当炉腔内达到预定真空度后开始通电加热预制件和熔化金属基体。控制加热过程使预制件和熔融基体达到预定温度，保温一定时间，提升坩埚，使模具升液管插入金属熔体，通入高压惰性气体，在真空和惰性气体高压的共同作用下，液态金属浸入预制件中形成复合材料。降下坩埚，接通冷却系统，待完全凝固后，即可从模具中取出复合材料零件或坯料。真空压力浸渍在真空中进行，在压力下凝固，组织致密，材料性能好；而且可直接制成复合材料零件，特别是形状复杂的零件，基本上无需进行后续加工；该法适用性强，工艺简单，参数易于控制，生产效率较高。但是，真空压力浸渍法的设备比较复杂，工艺周期长，成本较高，制备大尺寸的零件投资更大。目前主要用于 C/Al、C/Mg、C/Cu、SiCp/Al、SiCw+SiCp/Al 等复合材料板材、线材、棒材的生产。

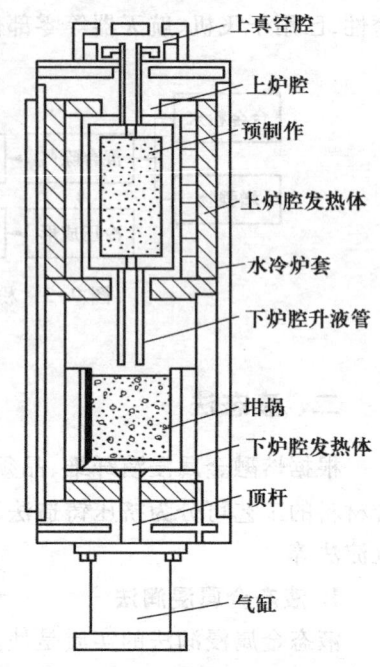

图 9-4 真空压力浸渍炉结构示意图

(3) 液态金属搅拌铸造法

液态金属搅拌铸造法(stir-casting method of liquid metal)是将增强相颗粒直接加入金属熔体中，通过搅拌使颗粒均匀分散，然后浇铸成形制成复合材料制品的方法。它是一种适合于工业规模生产颗粒增强金属基复合材料的主要方法。目前运用液态金属搅拌铸造法生产高性能颗粒增强金属基复合材料还需要解决两个主要困难：一是颗粒如何与金属熔体均匀混合，并防止团聚；二是强烈搅拌容易吸入大量空气造成金属熔体的氧化。

与其他制造颗粒增强金属基复合材料的方法相比，液态金属搅拌铸造法工艺简单，生产效率高，制造成本低，适用于多种基体和多种颗粒，具有竞争力。目前这种铸造方法在不断地进行改进，如在搅拌方式上就开发了旋涡法、Duralcon 法、复合铸造法、底部真空反旋涡搅拌法等。

2. 共喷沉积法

共喷沉积法(spray co-deposition)是运用特殊的喷嘴,将液态金属基体通过惰性气体气流的作用后雾化成细小的液态金属流,将增强相颗粒加入雾化的金属流中,与金属液滴混合在一起并沉积在衬底上,凝固形成金属基复合材料的方法。这一方法包括金属熔化、雾化和沉积三个工艺过程,其中液态金属的雾化和直接沉积技术的核心是雾化熔滴的沉积和凝固结晶,这是在极短时间内发生和完成的一种动态过程。图9-5所示是采用该方法生产陶瓷颗粒增强金属基复合材料的示意图。熔融金属从炉子底部的浇铸孔流出,经雾化器被高速惰性气体流雾化,同时由气体携带陶瓷颗粒加入雾化流中使其混合、沉降,在金属液滴尚未完全凝固前喷射在基

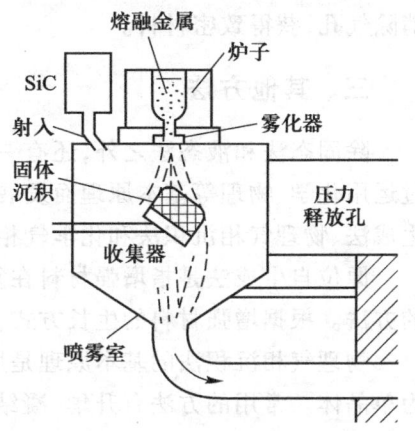

图9-5 共喷沉积法示意图

板或特定模具上,并凝固成固态共淀积体(复合材料)。由该工艺制出的复合材料致密度高,陶瓷颗粒分布均匀,生产率高。该法可直接生产不同规格的空心管、板、锻坯和挤压锭等。

共喷沉积法主要用于制造颗粒增强金属基复合材料,它的工艺过程中有基体金属熔化,液态金属雾化,颗粒加大及与金属雾化流的混合,沉积和凝固等工艺过程。其中液态金属雾化是关键工艺,雾化液滴的大小和尺寸分布、液滴的冷却速率影响复合材料的最后性能。一般金属液滴的尺寸在$10\sim30~\mu m$,到达沉积表面时保持半固态和液态,在沉积表面形成厚度适当的液态金属薄层,能够充分填充颗粒间的孔隙,获得均匀致密的复合材料。此外,一些工艺参数,如熔融金属温度、惰性气体压力、流量和速度、颗粒加大速率、沉积底板温度等都会影响复合材料的质量,需要根据不同的金属基体和增强相进行调整组合,从而获得最佳工艺。共喷沉积法的工艺特点如下:

(1) 适用面广 可用于铝、铜、镍、钴、铁、金属间化合物基体,可加入SiC、Al_2O_3、TiC、Cr_2O_3、石墨等多种颗粒,产品可以是圆棒、圆锭、板带、管材等。

(2) 生产工艺简单、效率高 与粉末冶金法相比不必先制成金属粉末,然后再依次经过与颗粒混合、压制成形、烧结等工序,而是快速一次复合成坯料,雾化速率可达$25\sim200~kg/min$,沉淀凝固迅速。

(3) 冷却速率快 金属液滴的冷却速率可高达$10^3\sim10^6~K/s$,所得复合材料基体金属的组织与快速凝固相近,晶粒细,无宏观偏析,组织均匀。

(4)增强相颗粒分布均匀 在严格控制工艺参数的条件下增强相颗粒在基体中的分布均匀。

(5)复合材料中的气孔率较大 气孔率在2%~5%之间,经挤压处理后可消除气孔,获得致密材料。

三、其他方法

除固态法和液态法之外,还有一些制造金属基复合材料的方法。它们是通过运用化学、物理等基本原理而发展的一些金属基复合材料制造方法,如原位自生成法、物理气相沉积法和化学气相沉积法等。

原位自生成法是指增强材料在复合材料制造过程中能从基体中生成和生长的方法。根据增强材料的生长方式,可分为定向凝固法和反应自生成法。

物理气相沉积法的基本原理是用物理凝聚的方法将多晶原料经过气相转化为单晶体。常用的方法有升华-凝结法、分子束法和阴极溅射法等。

化学气相沉积过程伴有化学反应。常用的方法有化学传输法、气体分解法、气体合成法和 MOCVD 法(metall organic chemical vapor deposition method)等。

第三节 树脂基复合材料成形工艺

树脂基复合材料(resin matrix composites,RMC)构件的成形完全不同于传统金属构件的制造。它的制造是材料形成与构件成形同时完成的。显示出树脂基复合材料技术中材料、设计和制造三者间的密切联系。树脂基复合材料的构件性能与制造工艺紧密相关,即构件的质量在很大程度上依赖于制造技术。因为树脂基复合材料构件在制造工艺过程中,伴随着物理的、化学的或物理化学的变化,要结合这个特点制定与控制工艺过程,使工艺质量得到保证。因此要获得良好的树脂基复合材料制品,必须根据原材料的工艺特点,制品尺寸和形状,使用要求等条件,正确选择成形方法和工艺参数。树脂基复合材料成形方法有手糊成形、喷射成形、袋压成形、纤维缠绕成形、拉挤成形、层压成形以及注射成形等。下面介绍几种常用方法。

一、手糊成形工艺

所谓手糊成形工艺(hand laying-up),是指用手工或在机械辅助下将增强材料和热固性树脂铺覆在模具上,树脂固化形成复合材料的一种成形方法。手糊成形工艺制造复合材料制品一般要经过如下工序:①原材料的准备;②模具准备;③涂刷脱模剂;④喷涂胶衣;⑤糊制成形;⑥固化;⑦脱模;⑧修边;⑨装配;⑩制品验收,如图9-6所示。

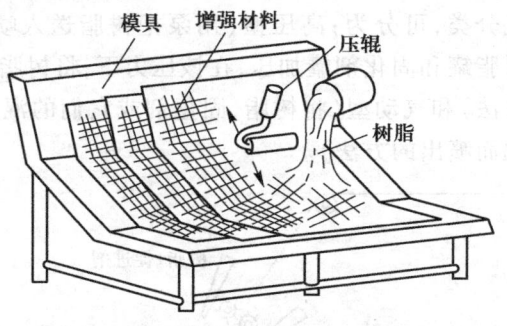

图9-6 手糊成形工艺示意图

与其他成形工艺相比,手糊成形工艺具有操作简便,操作者容易培训,设备投资少,生产费用低,能生产大型的和复杂结构的制品,制品的可设计性好,且容易改变设计,模具材料来源广,可以制成夹层结构等优点。但手糊成形工艺是劳动密集型的成形方法,生产效率低,劳动条件差,工人劳动强度大,制品质量与操作者的技术水平有关,制品质量不易控制,且生产周期长,制品力学性能较其他方法低,性能稳定性差。目前在国内约有50%以上的玻璃钢制品是用这种方法成形的,特别是对于小批量、品种多及大型制品,更宜采用此法,但采用这种成形方法要制得优质制品也是相当困难的。

因此,在手糊成形工艺的基础上,为了提高生产效率,发展了喷射成形工艺,喷射成形工艺的生产效率比手糊成形工艺提高了2~4倍。为了提高手糊成形制品的力学性能,发展了袋压成形工艺,该工艺通过在未固化的手糊成形制品上施加一定的压力,增加复合材料制品的密实度,从而提高了制品的力学性能。

二、喷射成形工艺

喷射成形工艺(spray moulding)是利用喷枪将短纤维及树脂同时喷射到模具上,压实固化成制件的工艺方法。喷射成形工艺的材料准备、模具准备等与手糊成形工艺基本相同,主要的不同点是将手工裱糊和叠层工序变成了喷枪的机械连续作业。具体做法是将加了引发剂的树脂和加了促进剂的树脂分别由喷枪上的两个喷嘴喷出,同时切割器将连续玻璃纤维切割成短纤维,由喷枪的第三个喷嘴均匀地喷到模具表面上,沉积到一定厚度后,用小辊排气压实,再继续喷射,直到完成坯件的制作,然后固化成制品,如图9-7所示。该工艺要求树脂黏度低,易于雾化,主要用于不需加压室温固化的不饱和聚酯树脂。大多数喷射设备,其喷射速率一般是2~10 kg/min。与手糊成形一样,最后一层可以使用表面毡,再涂上外涂层。固化、修整、后固化及脱模等工序与手糊成形法相同。喷射成形机按喷射方式分类,可分为:高压型(用泵把树脂送入喷枪,借泵压进行喷射或用空压机将树脂罐和固化剂罐加压,在该压力下,将树脂和固化剂压入喷枪进行喷射的工艺方法)和气动型(将树脂、固化剂或它们的混合物借压缩空气喷出的力与空气雾化而喷出的方法)。

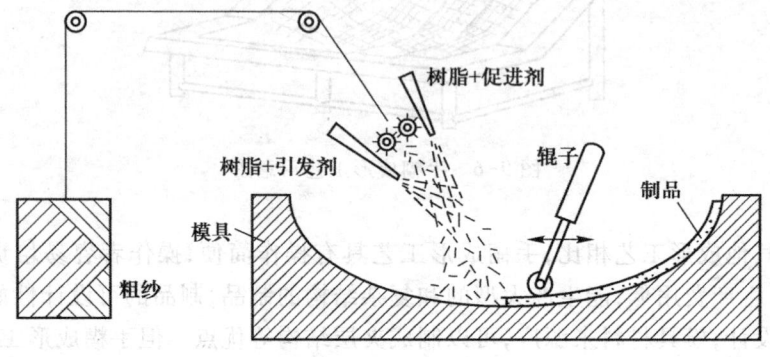

图 9-7 喷射成形工艺示意图

喷射成形也称半机械化手糊法。在国外,喷射成形的发展方向是代替手糊成形。喷射成形的优点是利用粗纱代替玻璃布,可降低材料费用,半机械化操作,劳动强度低,生产效率比手糊法高 2~4 倍,尤其对大型制品,这种优点更为突出。此外喷射成形无接缝,减少飞边、裁屑和剩余胶液的损耗,因此节省原材料,制品整体性好,其形状和尺寸不受限制。喷射成形的缺点是树脂含量高,制品强度低,承载能力差,现场粉尘大,场地污染大,工作环境差。目前该方法主要用于制造船体、浴盆、汽车车身、容器及板材等大型部件。

三、袋压成形工艺

袋压成形工艺(bag moulding)是在手糊成形的制品上,装上橡胶袋或聚乙烯、聚乙烯醇袋,将气体压力施加到未固化的玻璃钢制品表面而使制品成形的工艺方法。袋压成形工艺也适合于用预浸料制造复合材料,袋压成形工艺可分为加压袋法和真空袋法。加压袋法是在经手糊或喷射成形后未固化的玻璃钢表面放上一个橡胶袋,固定好上盖板,然后通入压缩空气或蒸汽,使玻璃钢表面承受一定压力,同时受热固化而得制品。真空袋法是将经手糊或喷射成形后未固化的玻璃钢,连同模具,用一个大的橡胶袋或聚乙烯醇薄膜包上,抽真空,使玻璃钢表面受大气压力,固化后即得制品。袋压成形工艺在装袋以前的各工序与手糊成形法或喷射成形法相同,固化后制品的脱模、修整等工作,均与手糊工艺相同。

袋压法的优点是制品两面较平滑,能适应聚酯、环氧及酚醛树脂,制品质量高,成形周期短。缺点是成本较高,不适用于大尺寸制品的制造。适合袋压法生产的制品有:快速原型零件、产量不大的制品。袋压法不能生产较复杂制品和需要两面光滑的中小型制品。

四、层压成形工艺

层压成形工艺(lamination process),是把一定层数的浸胶布(纸)叠在一起,送入多层液压机,在一定的温度和压力下压制成板材的工艺。层压成形工艺属于干法压力成形范畴,是复合材料的一种主要成形工艺。复合材料层压板成形工艺的基本过程,是将一定层数的经过叠合的胶布置于两块不锈钢模板之间,在多层液压机中,经加热加压固化成形,再经冷却、脱模、修整即得层压板制品。该工艺生产的制品包括各种绝缘材料板、人造木板、塑料贴面板、覆铜箔层压板等。层压成形工艺的特点是制品表面光洁、质量较好且稳定,层压成形设备和模具结构简单、制造费用低、占地面积小、成形压力小,生产效率较高,原料损耗少。缺点是只能生产板材,且产品的尺寸大小受设备的限制,制品精度低,劳动强度大。

五、模压成形工艺

模压成形工艺(pressure molding)是指将模压料置于金属对模中,在一定的温度下,加压固化为复合材料制品的一种成形工艺,是一种对热固性树脂和热塑性树脂都适用的纤维增强复合材料的成形方法。与其他成形工艺比,该工艺具有生产效率高、制品尺寸精确、质量高、表面光洁、价格低廉、自动化程度高、成形速度快、无需有损于制品性能的辅助加工(如车、铣、刨、磨、钻等)、制品外观及尺寸的重复性好、适合大批量生产、制品质量基本不受工人技能影响等优点。这种工艺的主要缺点是压模的设计与制造较复杂,初次投资较高,制品尺寸受设备限制,一般只适于制造中、小型玻璃钢制品。由于以不饱和聚酯树脂为黏结剂的片状模塑料和料团模塑料的出现,以及冷模压和树脂压力注射模压这些低温、低压模压成形工艺的出现,使得有可能采用模压工艺来制造大型的玻璃钢制品。

模压成形工艺根据使用模压材料形式和状态的不同,大致可分为以下几种类型。

1. 短纤维料模压法

该法是将经过预混或预浸后的短纤维状物料在模具中成形为复合材料制品,主要用于制备高强度异型复合材料制品或具有耐腐蚀、耐热等特殊性能的制品,树脂基体一般采用酚醛树脂、环氧树脂等,玻璃纤维长度为 30~50 mm,纤维含量为 50%~60%（质量分数）。

2. 毡料模压法

该法是将浸毡机组制备的连续玻璃纤维预浸毡剪裁成所需形状，在金属对模中压制成制品。

3. 碎布料模压法

该法是将浸渍过树脂的玻璃布或其他织物的下脚料剪成碎块，在模具中压制成形，这种方法适用于形状简单、性能要求一般的复合材料制品。

4. 层压模压法

该法是介于层压与模压之间的一种工艺，是将预浸渍的玻璃布或其他织物裁剪成所需形状，在金属对模中层叠铺设压制成异型制品，它适用于大型薄壁制品或形状简单而有特殊要求的制品。

5. 缠绕模压法

该法是结合缠绕成形与模压成形的一种工艺，是将预浸渍的玻璃纤维或布带缠绕在模型上，再在金属对模中加热加压成形制品，它适用于有特殊要求的管材或回转体截面制品。

6. 织物模压法

该法是将预先织成所需形状的二维或三维织物浸渍树脂后，在金属对模中压制成形。其中三维织物模压法由于在 Z 方向引进了增强纤维，而且纤维的配置也能根据受力情况合理安排，因而明显地改善了层间性能。它与一般模压制品相比，有更好的重复性和可靠性，是发展具有特殊性能要求模压制品的一种有效途径。

7. 定向铺设模压法

该法是按制品的受力状态进行定向铺设，然后将定向铺设的坯料放在金属对模内成形。这种方法适用于单向、双向大应力制品的制造。

8. 预成形坯模压法

先将玻璃纤维用吸附法制成与制品形状相似的预成形坯，再把它放入金属模具内，预成形坯上倒入配制好的树脂，在一定的温度压力下压制成形。这种方法适用于形状复杂制品的制造，具有材料成本低、容易实现自动化的优点。

9. 片状模塑料模压法

片状模塑料是用不饱和聚酯树脂作为黏结剂充分浸渍短切纤维或毡片，经增稠而得。片状模塑料模压法的特点是较低的模压温度和压力，尤其适合大面积制品的成形。缺点是设备造价高，设备操作及过程控制较复杂，对产品设计的要求较高。

六、缠绕成形工艺

将连续纤维或带浸渍树脂胶液，按照一定的规律缠绕到芯模上，然后在加热或常温下固化，制成一定形状制品的工艺称为缠绕成形工艺(winding process)。缠绕成形是制造具有回转体形状的复合材料制品的基本成形方法。缠绕成形工艺过程包括树脂胶液的配制、纤维热处理烘干、浸胶、胶纱烘干、在一定张力下进行缠绕、固化、检验、加工成制品。具体地说，它是将浸渍树脂的纤维，按照要求的方向有规律、均匀地布满芯模表面，然后送入固化炉固化，脱去芯模即可得到所需制品。该方法的基本设备是缠绕机、固化炉和芯模。但对于非回转体制品，缠绕规律及缠绕设备比较复杂，目前正处于研究阶段。

缠绕成形工艺按缠绕时树脂基体所处的化学物理状态不同可分为干法、湿法和半干法三种。

1. 干法

干法缠绕采用预浸渍带，即在缠绕前预先将玻璃纤维制成预浸渍带，然后卷在卷盘上待用。使用时将浸渍带加热软化后绕制在芯模上。干法缠绕可以大大提高缠绕速度，可达 $100\sim 200$ m/min。缠绕张力均匀，设备清洁，工作环境也较清洁，劳动条件得到改善，易实现自动化缠绕，可严格控制纱带的含胶量和尺寸，制品质量较稳定，生产效率高。但缠绕设备复杂、投资较大，制品的层间剪切强度较低。

2. 湿法

缠绕成形时玻璃纤维经集束后进入树脂胶槽浸胶，在张力控制下直接缠绕在芯模上，然后固化成形。此法所用设备较简单，对原材料要求不高，纱带质量不易控制、检验，张力不易控制，劳动条件差，劳动强度大，不易实现自动化，缠绕设备如浸胶辊、张力控制辊等要经常维护、不断洗刷，一旦在辊上发生纤维缠结，将影响生产正常进行。

3. 半干法

这种方法与湿法相比，是在纤维浸胶到缠绕至芯模的中间增加了一套烘干设备，半干法制品的含胶量与湿法一样不易精确控制，但制品中的气泡、空隙等缺陷大大降低。与干法相比，半干法缩短了烘干时间，降低了胶纱的烘干程度，使缠绕过程可以在室温下进行，这样既除去了溶剂，又提高了缠绕速度和制品质量。

缠绕成形工艺的主要设备是缠绕机，由带动芯模旋转的传动机构、浸胶槽、纱架、丝束张力机构和控制系统组成。与其他成形工艺相比，纤维缠绕成形工艺生产复合材料制品具有如下特点：缠绕成形可按设计要求确定缠绕方向、层数和数量，纤维能保持连续完整，获得等强度结构；机械化、自动化程度高，制品质量高而稳定；比强度高，可超过钛合金；成本较低，生产周期短，生产效率高，劳动强度小；制品呈各向异性，强度的方向性比较明显；层间剪切强度低；制品不需机械加工；但制品的几何形状有局限性，仅适用于制造圆柱、球及某些正曲率回转体制品，但对负曲率回转体制品难以缠绕，而且设备复杂，技术难度高，投资较大，工艺质量不易控制。对于具体制品究竟是采取干法、湿法还是半干法的缠绕工艺，要根据制品的技术要求、设备情况、原材料性能及生产批量等确定。

由于缠绕成形工艺及其制品有上述特点，纤维缠绕复合材料制品在民用工业及军用工业上得到广泛应用。

七、拉挤成形工艺

拉挤成形工艺（pultrusion process）是将浸渍了树脂胶液的连续纤维，通过成形模具，在模腔内加热固化成形，在牵引机拉力作用下，连续拉拔出型材制品。拉挤成形是一种可连续制造恒定截面复合材料型材的工艺方法，与铝的挤压成形或热塑性塑料的挤出成形相似，可制造实心、空心以及各种复杂截面的制品，并且可以设计型材的性能，以满足各种工程和结构要求，如可在连续拉挤过程中，埋入金属件、木材或泡沫等。

图9-8是拉挤成形工艺示意图，典型的拉挤成形工艺由送纱、浸胶、预成形、固化成形、牵引和切割工序组成。

（1）首先，将增强纤维送入树脂槽浸渍树脂，在牵引机构的牵引下，在预成形模中按照产品形状预成形。

（2）随后，进入固化模中精成形。

（3）热固性树脂基体在热的引发下进行放热反应，固化成所需截面的型材。

（4）固化后的型材在牵引机构的牵引下，连续从热模具中出来。

（5）在空气或水中冷却。

（6）最后进入自动切割装置切成所需长度。

在成形时，树脂应充分浸透纤维，通过近似截面形状预成形模，然后在成形模中固化模压成形。热固性树脂在成形过程中经历了黏度降低、热膨胀、凝胶固化、固化收缩几个阶段。拉挤成形一般要求树脂黏度低、浸润性好、适用期长、固化快，常采用室温固化的不饱和聚酯树脂和环氧树脂。

拉挤成形工艺的特点是设备造价低，生产效率高，可连续生产任意长的各种异型制品，原材料的有效利用率高，基本上无边角废料。它只能加工不含有凹凸结构的长条状制品和板状制品。制品性能的方向性强，剪切强度较低。必须严格控制工艺参数。该工艺适用于制造各种不同截面形状的管、棒、角形、工字形、槽形、板材等型材。

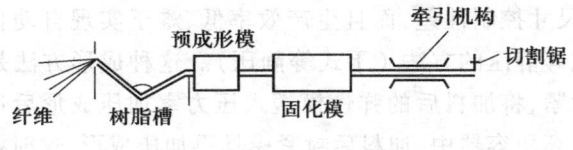

图 9-8　拉挤成形工艺示意图

第四节　陶瓷基复合材料成形工艺

制备陶瓷基复合材料(ceramic matrix composites,CMC)时,由于增强颗粒一般不需要进行特殊处理,因此颗粒增强复合材料多沿用传统陶瓷制备工艺。而对纤维增强的陶瓷基复合材料,由于纤维的处理、分散、烧结与致密等问题对复合材料的性能影响较大,因此,近年来出现了许多新的工艺。本节简要介绍其主要成形方法。

一、模压成形

模压成形(dry-pressing)又称干压成形,是将粉料装入钢模内,通过冲头对粉末单向或双向施加压力,压制成具有一定形状和尺寸压坯的成形方法。模压成形工艺一般包括原料的准备、装模、加压、保压、脱模等几个阶段。

干压成形具有工艺简单、操作方便、周期短、生产效率高、易于实现自动化等优点。此外,干压成形的坯体密度大、尺寸精确、收缩小、强度高。但干压成形时粉料易团聚,对大型坯体生产有困难,模具要求高、磨损大、加工复杂、成本高,另外模压成形时压力分布不均匀,坯体的密度不均匀,会在烧结中产生收缩不匀、分层开裂等现象。复杂形状零件的模具设计、制造较困难,因此也难于制造出形状复杂的零件。因此该方法一般适用于形状简单、尺寸较小的制品。

二、等静压成形

由于普通的金属模具干压成形的坯体密度不均匀,即坯体的应力分布与显微结构均匀性差而易产生严重的缺陷,自 20 世纪 30 年代开始采用等静压成形(isostatic forming)。等静压成形是利用液体或橡胶等在各个方向传递压力相等的原理对坯体进行压制的。等静压成形可分为湿式等静压成形和干式等静压成形两种。一般等静压指的是湿袋式等静压(也称湿法等静压),就是将粉料装入橡胶等可变形的容器中,密封后放入液压油或水等流体介质中,加压获得所需的形状。这种工艺最大的优点是粉料不需要加黏合剂、坯体密度均匀性好、所成形的制品尺寸几乎不受限制,并具有良好的烧结体性能。但此法仅适用于简单形状制品，形状和尺寸控制性差，而且生产效率低、难于实现自动化批量生产。因而出现了干袋式等静压的方法（干式等静压）。这种成形方法是将加压橡胶袋在高压容器中封紧，将加料后的弹性模送入压力室加压成形后退出来脱模。也可将模具固定在高压容器中，加料后封紧模具再加压成形，这时模具不和加压液体直接接触，可以减少模具的移动，不需要调整容器中的液面和排除多余的空气，因而能加速取出压好的坯体，可实现连续等静压。但是这种方法只是在粉料周围受压，粉体的顶部和底部都无法受到压力。而且这种方法只适用于大量压制同一类型的产品，特别是几何形状简单的产品，如管子、圆柱等。

等静压成形有很多优点，例如对模具无严格要求，压力容易调整，坯体均匀致密，烧结收缩小，不易变形开裂等。此工艺的缺点是设备比较复杂，操作烦琐，生产效率低，目前仍只限于生产具有较高要求的电子元件及其他高性能材料。

三、注浆成形

注浆成形(slip casting)也称粉浆浇注，是最古老的成形工艺之一。它首先将陶瓷颗粒悬浮于液体中，然后注入多孔质模具，由模具的气孔把料浆中的液体吸出，而在模具内留下坯体，经脱模、干燥后获得具有一定形状和强度的坯体。注浆成形的工艺过程包括料浆制备、模具制备和料浆浇注3个阶段。料浆制备是关键工序，其要求是：具有良好的流动性，足够小的黏度，良好的悬浮性，足够的稳定性等。最常用的模具为石膏模，近年来也有用多孔塑料模的。料浆浇注入模具并吸干其中液体后，拆开模具取出注件，去除多余料，在室温下自然干燥或在可调温的装置中干燥。

另外，在注浆成形方法中，金属铸造工艺中型芯的使用以及离心铸造、真空铸造、压力铸造等工艺方法也被引用于注浆成形，并形成了离心注浆、真空注浆、压力注浆等方法。离心注浆适用于制造大型环状制品，而且坯体壁厚均匀；真空注浆可有效去除料浆中的气体；压力注浆可提高坯体的致密度，减少坯体中的残留水分，缩短成形时间，减少制品缺陷，是一种较先进的成形工艺。总之，注浆成形不使用压力和钢制模具，可制造形状复杂及大型薄壁的制品，而且成本低，设备简单，但是注浆成形生产周期长，效率较低。近年来，已越来越多地被引入精细陶瓷及粉末冶金零件的制造中。

四、热压铸成形

热压铸成形(hot injection molding)是陶瓷成形常用的方法之一。成形时，先将粉料与蜡或有机高分子黏结剂混合、加热，利用蜡类材料热熔冷固的特点，把粉料与熔化的蜡料等黏合剂迅速搅和成具有流动性的料浆，然后将混合料加压注入模具,冷却凝固后成形,即可得致密的、较硬实的坯体。这种成形操作简单,模具损失小,可成形复杂制品,适用于形状比较复杂的零件,易于工业规模生产。缺点是坯体中的蜡含量较高(约23%),烧成时排蜡周期长,因此生产周期长,坯体密度较低,薄壁面大而长的制品易变形翘曲。

五、注射成形

注射成形(injection molding)是从塑料的注射成形工艺借鉴来的,它将粉料与热塑性树脂等有机物混合后,加热混炼,制成粒状粉料,用注射成形机在一定的压力和温度下注射入金属模具中,迅速冷却后,脱模取出坯体,经脱脂后就可按常规工艺烧结。这种工艺成形简单,成本低,压坯密度均匀,适用于复杂零件的自动化大规模生产,特别是高温工程陶瓷的成形。但是该法在实际应用中也存在脱脂时间长,浇口封凝后内部不均匀等问题。

六、直接氧化法

将熔融金属直接与氧化剂发生氧化反应制备陶瓷基复合材料的方法,称为直接氧化法(lanxide法),商业上称为Lanxide工艺。它是利用金属熔体在高温下与气、液或固态氧化剂,在特定条件下发生氧化反应而生成含有少量金属、致密的陶瓷基复合材料的,因此又称为气-液反应工艺。该方法具有工艺简单、成本低廉、常温力学性能(强度、韧度等)较好、反应温度低、反应速度快等优点,而且制品的形状及尺寸几乎不受限制,其性能还可由工艺调控,所以已经成为陶瓷基复合材料制备中具有吸引力的方法之一。但这种方法生产的制品中存在残余金属,很难完全被氧化或去除,使其高温强度显著下降。

七、化学气相渗透工艺

将化学气相沉积技术运用在将大量陶瓷材料渗透进增强材料预制坯件的方法称为化学气相渗透工艺(chemical vapor infiltration,CVI)。在采用如上所述的传统工艺(例如粉末烧结、热等静压等)制备先进陶瓷基复合材料时,纤维易受到热、机械、化学等作用而产生较大的损伤,从而严重影响材料的使用性能。化学气相渗透工艺可以有效地避免此类问题的发生。

如图9-9所示,CVI是将具有特定形状的纤维预制坯件置于沉积炉中,通入的气态前驱体通过扩散、对流等方式进入预制坯件内部,在一定温度(950~1 000 ℃)和压力(2~3 kPa)下由于热激活而发生复杂的化学反应,生成固态的陶瓷类物质并以涂层的形式沉积于纤维表面。随着沉积的继续进行,纤维表面的涂层越来越厚,纤维间的空隙越来越小,最终各涂层相互重叠,成为材料内的

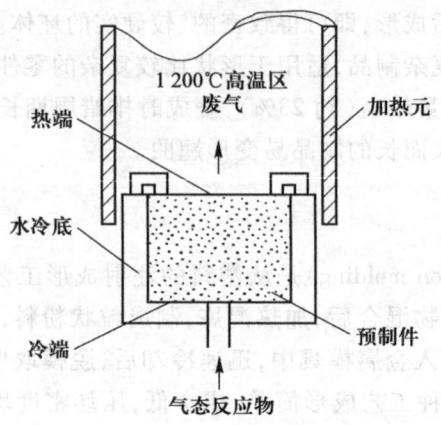

图 9-9 CVI 工艺示意图

连续相,即陶瓷基体。与粉末烧结和热等静压等常规工艺相比,CVI 工艺具有以下优点:(1) 在相对较低的温度和压力下,纤维类增强物的损伤较小,制品能够较好地保持纤维和基体的抗弯性能,可制备出高性能(特别是高断裂韧度)的陶瓷基复合材料;(2) 具有良好的可设计性,通过改变气态前驱体的种类、含量、沉积顺序、沉积工艺,可方便地对陶瓷基复合材料的界面、基体的组成与微观结构进行设计;(3) 由于不需要加入烧结助剂,所得到的陶瓷基体在纯度和组成结构上优于常规方法制备的复合材料;(4) 可成形一些较大的、形状复杂、纤维体积分数较高的陶瓷基复合材料;(5) 化学气相渗透工艺生产的陶瓷基复合材料的高温力学性能较好,但化学气相渗透工艺成形周期长,生产效率低,成本较高。

根据控制气体输送模式和反应温度不同,CVI 方法主要有:等温 CVI(ICVI)、等温强制流动 CVI、热梯度 CVI、强制流动热梯度 CVI(FCVI)和脉冲 CVI。

复习思考题

1. 什么是复合材料?复合材料常用的分类方法有哪些?
2. 复合材料有何特点?
3. 复合材料常用的基体材料和增强材料有哪些?
4. 简述复合材料的增强机制和复合原则。
5. 引起复合材料损伤的主要原因有哪些?
6. 常用的金属基复合材料(MMC)成形工艺可分为哪几类?试举例说明。
7. 什么是扩散黏结法?有何特点?

8. 什么是真空压力浸渍法？有何特点？
9. 常用的树脂基复合材料成形工艺可分为哪几类？
10. 什么是手糊成形工艺？简述其工艺过程。
11. 什么是模压成形工艺？可分为几种类型？
12. 常用的陶瓷基复合材料(CMC)成形工艺有哪些？
13. 模压成形、等静压成形和注浆成形各有何特点？适用于什么场合？
14. 直接氧化法有何特点？
15. 什么是化学气相渗透法(CVI)？有何特点？
16. 分析陶瓷基复合材料热压铸成形的工艺特点,试画出工艺原理图。

第十章 增材制造技术

本章学习指南

本章学习内容：激光光固化工艺、粉末烧结成形、三维喷涂黏结成形、喷墨技术工艺、熔融挤压堆积成形、箔材黏结工艺等常见增材制造工艺的基本原理，增材制造技术的应用与发展趋势。

本章重点：掌握激光光固化工艺、粉末烧结成形、三维喷涂黏结成形、喷墨技术工艺、熔融挤压堆积成形、箔材黏结工艺等常见增材制造工艺的基本原理，应用范围及特点，了解增材制造技术的优势和适合的应用领域，了解增材制造技术的发展。

增材制造(additive manufacturing, AM)俗称3D打印，融合了计算机辅助设计、材料加工与成形技术、以数字模型文件为基础，通过软件与数控系统将专用的金属材料、非金属材料以及医用生物材料等，按照挤压、烧结、熔融、光固化、喷射等方式逐层堆积，制造出实体物品的制造技术。相对于传统的、对原材料去除(切削)、组装的加工模式，是一种"自下而上"通过材料累加的制造方法，从无到有。这使得过去受到传统制造方式的约束而无法实现的复杂结构件制造变为可能。

"狭义"的增材制造是指不同的能量源与CAD/CAM技术结合、分层累加材料的技术体系；而"广义"增材制造则以材料累加为基本特征，以直接制造零件为目标的大范畴技术群，如图10-1所示。

近二十年来，AM技术取得了快速的发展，"快速原型制造(rapid prototyping)""三维打印(3D printing)""实体自由制造(solid free-form fabrication)"之类各异的叫法分别从不同侧面表达了这一技术的特点。基于不同的分类原则和理解方式，增材制造技术还有快速原型、快速成形、快速制造、3D打印等多种称谓，其内涵仍在不断深化，外延也不断扩展，这里所说的"增材制造"与"快速成形""快速制造"意义相同。本章主要介绍目前较为流行的几种增材制造技术。

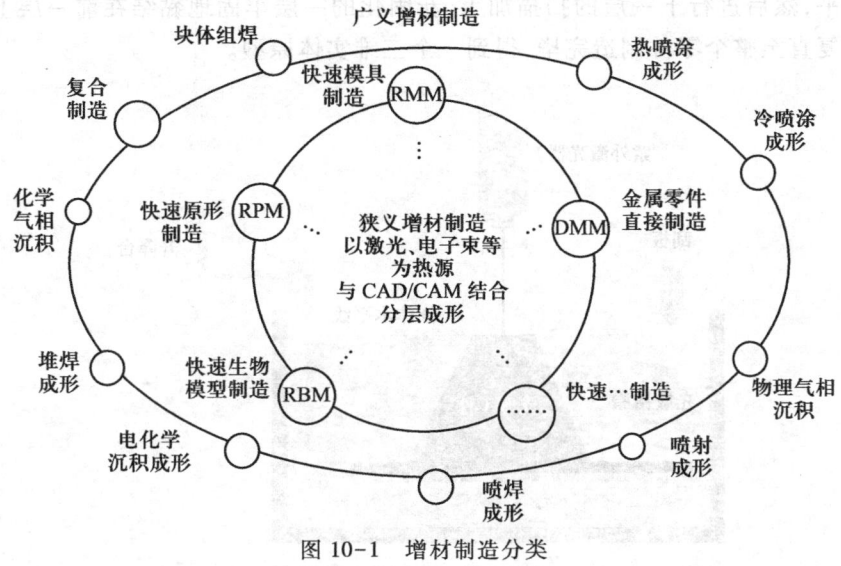

图 10-1 增材制造分类

第一节 增材制造工艺原理

一、激光光固化工艺

1. 基本原理及工艺

光固化成形工艺,也常被称为立体光刻成形,属于快速成形工艺的一种,英文名称为 stereo lithography,简称 SL,也有时被简称为 SLA(stereo lithography apparatus)。该工艺由 Charles W. Hull 于 1984 年获得美国专利,是最早发展起来的增材成形技术。自从 1988 年美国 3D Systems 公司最早推出 SLA-250 商品化增材成形设备以来,SLA 已成为目前世界上研究最深入、技术最成熟、应用最广泛的一种增材成形工艺方法。它以光敏树脂为原料,通过计算机控制紫外激光使其逐层凝固成形。这种方法能简捷、全自动地制造出表面质量和尺寸精度较高、几何形状较复杂的原型。

SLA 工艺原理如图 10-2 所示。液槽中盛满液态光敏树脂,氦-镉激光器或氩离子激光器发出的紫外激光束在控制系统的控制下按零件的各分层截面信息在光敏树脂表面进行逐点扫描,使被扫描区域的树脂薄层产生光聚合反应而固化,形成零件的一个薄层。一层固化完毕后,工作台下移一个层厚的距离,以使在原先固化好的树脂表面再敷上一层新的液态树脂,刮板将黏度较大的树脂液面刮平，然后进行下一层的扫描加工，新固化的一层牢固地黏结在前一层上，如此重复直至整个零件制造完毕，得到一个三维实体原型。

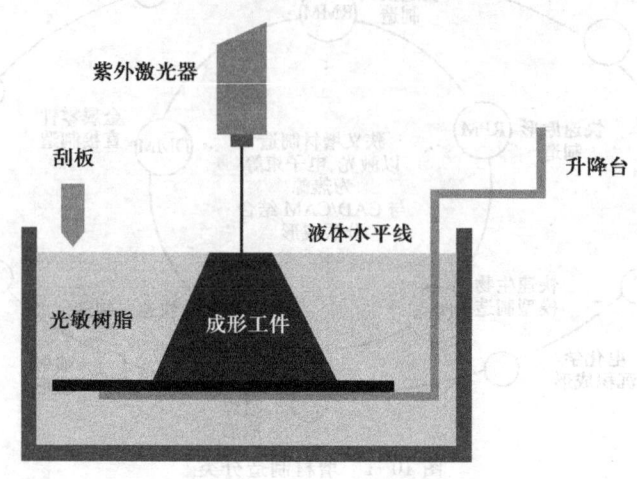

图 10-2　SLA 工艺原理

当实体原型完成后，首先将实体取出，并将多余的树脂排净。之后去掉支撑，进行清洗，然后再将实体原型放在紫外激光下整体后固化。

因为树脂材料的高黏性，在每层固化之后，液面很难在短时间内迅速流平，这将会影响实体的精度。采用刮板刮切后，所需数量的树脂便会被十分均匀地涂敷在上一叠层上，这样经过激光固化后可以得到较好的精度，使产品表面更加光滑和平整。

采用 SLA 工艺的工件一般还需要后续处理，包括清洗、去支撑、打磨、再固化等，以得到符合要求的产品。

要实现光固化快速成形，感光树脂的选择也很关键。它必须具有合适的黏度，固化后达到一定的强度，在固化时和固化后要有较小的收缩及扭曲变形等性能。更重要的是，为了高速、精密地制造一个零件，感光树脂必须具有合适的光敏性能，不仅要在较低的光照能量下固化，且树脂的固化深度也应合适。

SLA 激光光固化快速成形技术，成形表面质量较好；成形精度较高，精度在 0.1mm 左右；系统分辨率较高。适合于制作中小型工件，能直接得到树脂或类似工程塑料的产品。主要用于概念模型的原型制作，或用来做简单装配检验和工艺规划。

2. SLA 的特点

光固化成形在当前应用较多的几种 3D 打印工艺方法中，由于具有制作原型表面质量好、尺寸精度高以及能够制造比较精细的结构特征而应用最为广泛，其具体的优点如下：

（1）成形过程自动化程度高。SLA 系统非常稳定，加工开始后，成形过程可以完全自动化，直至原型制作完成。

（2）尺寸精度高。SLA 原型的尺寸精度可以达到±0.1 mm。

（3）优良的表面质量。虽然在每层固化时侧面及曲面可能出现台阶，但上表面仍可得到玻璃状的效果。

（4）可以制作结构十分复杂、尺寸比较精细的模型。尤其是对于内部结构十分复杂、一般切削刀具难以进入的模型，能轻松地一次成形。

（5）可以直接制作面向熔模精密铸造的具有中空结构的消失型。

（6）制作的原型可以一定程度地替代塑料件。

当然，和其他几种增材成形方法相比，该方法也存在着许多缺点。主要有：

（1）成形过程中伴随着物理和化学变化，制件较易弯曲，需要支撑，否则会引起制件变形。

（2）液态树脂固化后的性能尚不如常用的工业塑料，一般较脆，易断裂。

（3）设备运转及维护成本较高。由于液态树脂材料和激光器的价格较高，并且为了使光学元件处于理想的工作状态，需要进行定期的调整和严格的空间环境，其费用也比较高。

（4）使用的材料较少。目前可用的材料主要为感光性的液态树脂材料，并且在大多数情况下，不能进行抗力和热量的测试。

（5）液态树脂有一定的气味和毒性，并且需要避光保护，以防止提前发生聚合反应，选择时有局限性。

（6）有时需要二次固化。在很多情况下，经成形系统光固化后的原型树脂并未完全被激光固化，为提高模型的使用性能和尺寸稳定性，通常需要二次固化。

3. 光固化材料

用于光固化成形的材料为液态光固化树脂，或称液态光敏树脂。随着光固化成形技术的不断发展，具有独特性能的光固化树脂（如收缩率小甚至无收缩、变形小、不用二次固化、强度高等）也不断地被开发出来。

光固化成形材料根据工艺和原型使用要求，要求具有黏度低、流平快、固化速度快、固化收缩小、溶胀小、毒性小等性能特点。

目前光固化成形的建造方式分为传统的 SLA 液态光敏树脂光固化以及近年来推出的基于喷射技术的光固化。传统的光固化建造方式使用的光固化采用有 SL 系列、ACCURA 系列及 RenShape 系列、SOMOS 系列等。基于喷射技术推出的光固化材料主要为 VisiJet 系列。

（1）Vantico 公司的 SL 系列。Vantico 公司针对 SLA 成形工艺提供了 SL 系列光固化树脂材料，其中 SL5195 环氧树脂具有较低的黏性，具有较好的强度、精度并能得到光滑的表面效果，适合于可视化模型、装配检验模型以及功能模型的制造、熔模铸造模型制造以及快速模具的母模制造等。SL5510 材料是一种多用途、精确的、尺寸稳定、高产的材料，可以满足多种生产要求，并由 SL5510 制定了原型精度的工业标准，适合于较高湿度条件下的应用，如复杂型腔实体的流体研究等。SL7510 制作的原型具有较好的侧面质量，成形效率高，适于熔模铸造、硅胶模的母模以及功能模型等。SL7540 制作的原型的性能类似于聚丙烯，具有较高的耐久性，侧壁质量好，可以较好地制作精细结构，较适于功能模型的断裂试验等。SL7560 的性能类似于 ABS 材料。SL5530HT 是一种在高温条件下仍具有较好抗力的一种特殊材料，可以超过 200 ℃，适合于零件的检测、热流体流动可视化、照明器材检测、热熔工具以及飞行器高温成形等方面。SLY-C9300 可以实现有选择性的区域着色，可生成无菌原型，适用于医学领域以及原型内部可视化的应用场合。

（2）ACCUGEN 材料。ACCUGEN 材料光固化后的原型具有精度、强度和耐湿性等综合最优性能，且构建速度快且原型的稳定性好。SI10 材料固化后的原型强度和耐湿性好，原型的精度和质量好。SI20 材料光固化后呈持久的白色，具有较好的强度和耐湿性以及较快的构建速度，适用于较精密的原型、硅橡胶真空注型的母模等。SI40 系列材料光固化后的原型具有耐高温性能，高温下性能较好。SI45HC 材料固化速度快，作为功能模型具有较好的耐热耐湿性，用于 SLA250 光固化成形系统。BLUESTONE 树脂材料固化的原型具有较高的刚度和耐热性，适合于空气动力学试验、照明设备等方面的应用及用于真空注型或热成形模具的母模等。

（3）3D Systems 公司的 RenShape 系列。3D Systems 公司研制的 RenShape7800 树脂主要面向成形精确及耐久性要求较高的光固化快速原型，在潮湿环境中尺寸稳定性和强度持久性较好，黏度较低，易于层间涂覆及后处理时粘附的表层液态树脂的流干，适用于高质量的熔模铸造的母模、概念模型、功能模型及一般用途的制件等。RenShape7810 树脂与 RenShape7800 树脂的用途类似，制作的模型性能类似于 ABS，用于制作尺寸稳定性较好的高精度高强度模型，适于真空注型模具的母模、概念模型、功能模型及一般用途的制件等。RenShape7820 树脂固化后的模型颜色为黑色，适于制作消费品包装、电子产品外壳及玩具等。RenShape7840 树脂固化后的模型呈象牙白色，性能类 PP 塑料，具有较好的延展性及柔韧性，适于尺寸较大的概念模型。RenShape7870 树脂制作的模型强度与耐久性都较好,透明性优异,适于高质量的熔模铸造的母模、大尺寸物理性能与力学性能都较好的透明模型或制件的制作等。

4. 光固化成形工艺的应用

在当前应用较多的几种快速成形工艺方法中,光固化成形由于具有成形过程自动化程度高、制作原型表面质量好、尺寸精度高以及能够实现比较精细的尺寸成形等特点,使之得到最为广泛的应用。在概念设计的交流、单件小批精密铸造、产品模型、快速工模具及直接面向产品的模具等诸多方面广泛应用于航空、汽车、电器、消费品以及医疗等行业。

(1) SLA 在航空航天领域的应用

在航空航天领域,SLA 模型可直接用于风洞试验,进行可制造性、可装配性检验。航空航天零件往往是在有限空间内运行的复杂系统,在采用光固化成形技术以后,不但可以基于 SLA 原型进行装配干涉检查,还可以进行可制造性讨论评估,确定最佳的合理制造工艺。通过快速熔模铸造、快速翻砂铸造等辅助技术进行特殊复杂零件(如涡轮、叶片、叶轮等)的单件小批生产,并进行发动机等部件的试制和试验,如图 10-3a 所示为 SLA 技术制作的叶轮模型。

(a) 叶轮模型　　　　(b) 发动机关键零件　　　　(c) 导弹模型

图 10-3　光固化快速原型应用

航空领域中发动机上许多零件都是经过精密铸造来制造的,对于高精度的木模制作,传统工艺成本极高且制作时间也很长。采用 SLA 工艺,可以直接由 CAD 数字模型制作熔模铸造的母模,时间和成本可以得到显著的降低。数小时之内,就可以由 CAD 数字模型得到成本较低、结构又十分复杂的用于熔模铸造的 SLA 快速原型母模。图 10-3b 给出了基于 SLA 技术采用精密熔模铸造方法制造的某发动机的关键零件。

利用光固化成形技术可以制作出多种弹体外壳,装上传感器后便可直接进行风洞试验。通过这样的方法避免了制作复杂曲面模的成本和时间,从而可以更快地从多种设计方案中筛选出最优的整流方案,在整个开发过程中大大缩短了验证周期和开发成本。此外,利用光固化成形技术制作的导弹全尺寸模型,在模型表面表进行相应喷涂后,清晰展示了导弹外观、结构和战斗原理,其展示和讲解效果远远超出了单纯的电脑图纸模拟方式,可在未正式量产之前对其可制造性和可装配性进行检验,图 10-3c 所示为 SLA 制作的导弹模型。

(2) SLA 在其他制造领域的应用

光固化快速成形技术除了在航空航天领域有较为重要的应用之外,在其他制造领域的应用也非常重要且广泛,如在汽车领域、模具制造、电器和铸造领域等。下面就光固化快速成形技术在汽车领域和铸造领域的应用做简要的介绍。

现代汽车生产的特点就是产品的多型号、短周期。为了满足不同的生产需求,就需要不断地改型。虽然现代计算机模拟技术不断完善,可以完成各种动力、强度、刚度分析,但研究开发中仍需要做成实物以验证其外观形象、工装可安装性和可拆卸性。对于形状、结构十分复杂的零件,可以用光固化成形技术制作零件原型,以验证设计人员的设计思想,并利用零件原型做功能性和装配性检验,图 10-4a 为汽车水箱面罩原型。

光固化快速成形技术还可在发动机的试验研究中用于流动分析。流动分析技术是用来在复杂零件内确定液体或气体的流动模式。将透明的模型安装在一简单的试验台上,中间循环某种液体,在液体内加一些细小粒子或细气泡,以显示液体在流道内的流动情况。该技术已成功地用于发动机冷却系统(气缸盖、机体水箱)、进排气管等的研究。问题的关键是透明模型的制造,用传统方法时间长、花费大且不精确,而用 SLA 技术结合 CAD 造型仅需要 4~5 周的时间,且花费只为之前的 1/3,制作出的透明模型能完全符合机体水箱和气缸盖的 CAD 数据要求,模型的表面质量也能满足要求。如图 10-4b 所示为用于冷却系统流动分析的气缸盖模型。为了进行分析,该气缸盖模型装在了曲轴箱上,并配备了必要的辅助零件。当分析结果不合格时,可以将模型拆卸,对模型零件进行修改之后重装模型,进行另一轮的流动分析,直至各项指标均满足要求为止。

光固化成形技术在汽车行业除了上述用途外,还可以与逆向工程技术、快速模具制造技术相结合,用于汽车车身设计、前后保险杠总成试制、内饰门板等结构样件/功能样件试制、赛车零件制作等,图 10-4c 是基于 SLA 原型,采用 Keltool 工艺快速制作的某赛车零件的模具及产品。

在铸造生产中,模板、芯盒、压蜡型、压铸模等的制造往往是采用机加工方法,有时还需要钳工进行修整,费时耗资,而且精度不高。特别是对于一些形状复杂的铸件(例如飞机发动机的叶片、船用螺旋桨、汽车、拖拉机的缸体、缸盖等),模具的制造更是一个巨大的难题。虽然一些大型企业的铸造厂也备有一些数控机床、仿型铣等高级设备,但除了设备价格昂贵外,模具加工的周期也很

  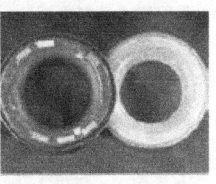

(a)汽车水箱面罩模型　　(b)气缸盖流动模型　　(c)基于SLA原型的赛车零件的模具及产品

图 10-4　光固化快速原型在汽车领域的应用实例

长,而且由于没有很好的软件系统支持,机床的编程也很困难。快速成形技术的出现,为铸造的铸模生产提供了速度更快、精度更高、结构更复杂的保障。

图 10-5a 为 SLA 技术制作的用来生产氧化铝基陶瓷芯的模具,该氧化铝陶瓷芯是在铸造生产燃气涡轮叶片时用作熔模的,其结构十分复杂,包含制作涡轮叶片内部冷却通道的结构,且精度要求高,对表面质量的要求也非常高。制作时,当浇注到模具内的液体凝固后,经过加热分解便可去除 SLA 模具,得到氧化铝基陶瓷芯。图 10-5b 是用 SLA 技术制作的用来生产消失模的模具嵌件,该消失模是用来生产标致汽车发动机变速箱拨叉的。

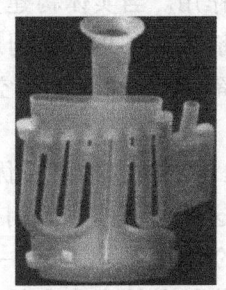

(a)用于制作氧化铝基陶瓷芯的SLA原型　　(b)用于制作变速箱拨叉熔模的SLA原型

图 10-5　SLA 原型在铸造领域的应用实例

二、粉末烧结成形

1. 基本原理及工艺

选择性激光烧结(selective laser sintering,SLS)工艺由得克萨斯大学的 Carl Deckard 和同事们在 1989 年发明。其基本理念与光造型术(SLA)类似,采用红外激光器对粉末材料进行照射,使粉末发生烧结,在计算机控制下通过层层堆积进而堆叠为三维物体的直接烧结成形的系统,其基本原理如图 10-6 所示。

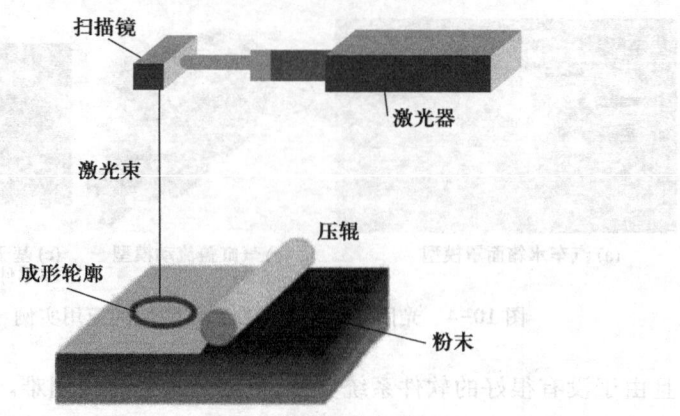

图 10-6　SLS 粉末烧结工艺原理

SLS 工艺中，采用铺粉辊将一层粉末材料平铺在已成形零件的上表面，并加热至恰好低于该粉末烧结点的某一温度，控制系统控制激光束按照该层的截面轮廓在粉层上扫描，使粉末的温度升至熔化点，进行烧结并与下面已成形的部分实现黏接。当一层截面烧结完后，工作台下降一个层的厚度，铺料辊又在上面铺上一层均匀密实的粉末，进行新一层截面的烧结，直至完成整个模型。在成形过程中，未经烧结的粉末对模型的空腔和悬臂部分起着支撑作用。当实体构建完成并在原型部分充分冷却后，粉末块上升至初始的位置，将其取出并放置到后处理工作台上，用刷子刷去表面粉末，露出加工件，其余残留的粉末可用压缩空气除去。

2. 选择性激光烧结工艺的特点

（1）烧结材料呈多样化　使用粉末材料是该项技术的主要优点之一，因为理论上任何可熔的粉末都可以用来制造模型，这样的模型可以用作真实的原型制件。以小颗粒粉末作为烧结材料，可供选择的材料来源广泛。一般来说，被烧结能源加热熔化后粉末颗粒黏度会降低，并且能够黏结在一起的材料都可以被用来作为 SLS 的烧结材料，通过材料或者各类含黏结剂的涂层颗粒制造出任何造型，适应不同的需要。目前，国内外的研究者已经用金属、高分子材料、纳米陶瓷粉末及它们的复合粉末材料成功地进行了烧结。

（2）工艺无需支撑　这主要是因为周围未被烧结的粉末起到了临时支撑作用，避免了需要单独设计制造用的支撑。同时未被烧结的粉末还可以回收重复利用，减少了烧结材料的浪费，材料利用率在几种快速成形工艺中是最高的，可以达到 100%，降低了其生产成本。

（3）适合研发新产品　从三维 CAD 模型设计到整个零件的生产完成所需时间较短，只需几小时到几十小时，而且生产过程是数字化控制，设计人员可随时进行修正和完善,减少了研发部门的劳动强度,提高了生产效率。制造过程柔性比较高。可与传统意义上的加工方法相结合使用,能够完成快速模具制造、快速铸造等,特别适合于新产品的开发。

(4)应用广泛 由于成形材料的多样化,使得 SLS 工艺适合于多种应用领域,如产品外观设计认证、高精度模具、注塑模具异形热流道的快速制作;精密金属部件的直接制造、模型论证试验、防火部件直接制造等;人体植入物、牙齿、头盖骨修复、假肢等以及医疗器械研发;新产品开发与样件验证;文化、创意、服饰、家居用品等领域的创意设计与展示等。

(5)制造过程简单自由 由于可用多种材料,选择性激光烧结工艺按采用的原料不同,可以直接生产复杂形状的原型、型腔模三维构件或部件及工具,并且产品不受零件的几何外形的复杂程度的影响。从理论上说,可以制造出几何形状或结构相当复杂的零件,尤其适于常规制造方法难以生产的零件,如含有悬臂伸出结构、槽中带有孔槽结构及内部带有空腔结构等类型的零件。

(6)精度高 依赖于使用的材料种类和粒径、产品的几何形状和复杂程度,该工艺一般能达到工件整体范围内 $\pm(0.05\sim2.5)$ mm 的公差。当粉末粒径为 0.1 mm 以下时,成形后的原型精度可达 $\pm1\%$。

(7)为传统制造方法注入新的活力 与传统工艺方法相结合,可实现快速铸造、快速模具制造、小批量零件输出等功能,为传统制造方法注入新的活力。

3. 选择性激光烧结粉末材料

粉末材料的物理性能包括粒度、颗粒形貌、粒度分布、熔点、比热等。粉末材料的这些性质对烧结件成形性(所谓成形性是指粉末材料适合选择性激光烧结的难易程度和获得合格原型件或功能件的能力)有着重大的影响,处理不好,不仅会影响成形质量,甚至会导致整个工艺无法进行。

理论上讲,所有受热后能相互黏结的粉末材料或表面覆有热塑(固)性黏结剂的粉末材料都能用作 SLS 材料。但要真正适合 SLS 烧结,要求粉末材料有良好的热塑(固)性,一定的导热性,粉末经激光烧结后要有一定的黏结强度;粉末材料的粒度不宜过大,否则会降低成形件质量;而且 SLS 材料还应有较窄的"软化-固化"温度范围,该温度范围较大时,制件的精度会受影响。

一般来讲,3D 打印激光烧结成形工艺对成形材料的基本要求包括:具有良好的烧结性能,无需特殊工艺即可快速精确地成形原型;对于直接用作功能零件或模具的原型,机械性能和物理性能(强度、刚性、热稳定性、导热性及加工性能)要满足使用要求;当原型间接使用时,要有利于快速方便的后续处理和加工工序,即与后续工艺的接口性要好。

选择性激光烧结 SLS 是一种以激光为热源烧结粉末材料成形的快速成形技

术。任何受热后能融化并黏结的粉末均可作为 SLS 3D 打印材料,包括高分子、陶瓷、蜡、石膏粉等。

(1) 高分子粉末材料　高分子粉末由于所需烧结能量小、烧结工艺简单、打印制品质量好,已成为 SLS 打印的主要原材料。满足 SLS 技术的高分子粉末材料应具有粉末熔融结块温度低、流动性好、收缩小、内应力小和强度高等特点。目前常见的适用 SLS 的热塑性树脂有聚苯乙烯(PS)、尼龙(PA)、聚碳酸酯(PC)、聚丙烯(PP)和蜡粉等。热固性树脂如环氧树脂、不饱和聚酯、酚醛树脂、氨基树脂、聚氨酯、有机硅树脂和芳杂环树脂等由于强度高、耐火性好等优点,也适用于 SLS 3D 打印成形工艺。徐林等制备了不同铝粉含量的尼龙-12 覆膜复合粉末,激光烧结成形后,尼龙与铝粉表面黏接良好,烧结过程中尼龙熔融,铝粉均匀分布在尼龙基体中,随着铝粉含量增加,烧结件的弯曲强度和模量显著提高,抗冲击强度降低,铝粉含量增多能有效抑制尼龙基体的收缩,从而提高烧结件的精度。

成形过程分为前处理、粉层激光烧结叠加以及后处理三个阶段。前处理:此阶段主要完成模型的三维 CAD 造型,并经 STL 数据转换后输入粉末激光烧结快速成形系统中。粉层激光烧结叠加:在这个阶段,设备根据原型的结构特点,在设定的建造参数下,自动完成原型的逐层粉末烧结叠加过程。当所有叠层自动烧结叠加完成后,需要将原型在成形缸中缓慢冷却至 40 ℃ 以下,取出原型并进行后处理。后处理:激光烧结后的 PS 原型件强度很低,需要根据使用要求进行渗蜡或渗树脂等补强处理。

(2) 陶瓷粉　陶瓷材料具有高强度、高硬度、耐高温、低密度、化学稳定性好、耐腐蚀等优异特性,在航空航天、汽车、生物等行业有着广泛的应用。但由于陶瓷材料硬而脆的特点使其加工成形尤其困难,特别是复杂陶瓷件需通过模具来成形。模具加工成本高、开发周期长,难以满足产品不断更新的需求。

3D 打印陶瓷粉按工艺过程可划分为逐层黏结法和直接成形法。直接成形法能直接打印更为复杂的含闭孔结构。逐层黏结法指利用喷嘴向待成型的陶瓷粉床上喷射结合剂黏结剂,打完一层后,在料床表层添加新粉,再喷黏结剂,如此重复进行,最后除去未喷射黏结剂的粉料即可得到立体物件。直接成形法是将待成形的陶瓷粉与结合剂制备成陶瓷墨水,通过 3D 打印直接成形(类似于 FDM)。

(3) 蜡粉　传统的熔模精铸用蜡(烷烃蜡、脂肪酸蜡等),其熔点较低,在 60 ℃ 左右,烧熔时间短,烧熔后没有残留物,对熔模铸造的适应性好,且成本低廉。

(4) 石膏粉　石膏粉原理与 SLA 相近,使用了 UV 固化技术,石膏粉末铺设后由一彩色喷墨打印机喷出 UV 墨水,辅以紫外光照射,将石膏黏结起来,不同色彩的 UV 墨水,构成了彩色打印。石膏是以硫酸钙为主要成分的气硬性胶凝材料,由于石膏胶凝材料及其制品有许多优良性质,原料来源丰富,生产能耗低,因而被广泛地应用于土木建筑工程领域。

(5) 树脂砂　改进砂型铸造工艺,直接打印成形型芯。用选择性激光烧结成形的树脂砂芯经后固化后可直接进行浇铸,比传统的工艺节省时间和能源。

4. 选择性激光烧结应用

(1) 快速原型制造　SLS 工艺可快速制造所设计零件的原型,并对产品及时进行评价、修正以提高设计质量;可使客户获得直观地零件模型;能制造教学、试验用复杂模型。

(2) 新型材料的制备及研发　利用 SLS 工艺可以开发一些新型的颗粒以增强复合材料和硬质合金。

(3) 快速模具和工具制造　SLS 制造的零件可直接作为模具使用,如熔模铸造、砂型铸造、注塑模型、高精度形状复杂的金属模型等;也可以将成形件经后处理后作为功能零件使用。

(4) 在医学上的应用　如图 10-7 所示为瑞典科学家用 3D 打印成功复制的拇指。

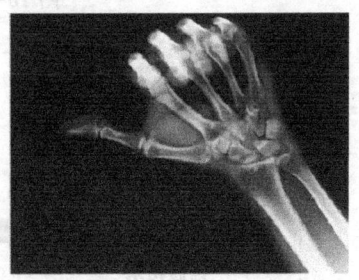

图 10-7　3D 打印复制的拇指

SLS 工艺烧结的零件由于具有很高的孔隙率,可用于人工骨的制造。根据国外对于用 SLS 技术制备人工骨进行的临床研究表明,人工骨的生物相容性良好。

三、三维喷涂黏结成形

1. 基本原理及工艺

三维印刷(three-dimension printing,3DP)技术由美国麻省理工学院的 Emanual Sachs 教授发明于 1993 年,其工作原理类似于喷墨打印机,是形式上最为贴合"3D 打印"概念的成形技术之一。3DP 工艺与 SLS 工艺也有着类似的地方,与 SLS 工艺类似,采用的都是粉末状的材料,如陶瓷、金属、塑料等粉末材料,但与其不同的是 3DP 使用的粉末并不是通过激光烧结黏合在一起的,而是通过喷头喷射黏合剂将工件的截面"印刷"出来。

首先,3DP 成形设备(图 10-8)会把工作槽中的粉末铺平,接着喷头会在计算机控制下,按照指定的路径将液态黏合剂(如硅胶)喷射在预先粉层上的指定区域中,有选择地喷射黏结剂建造层面。当一层的堆积成形完成后,成形缸下降一个距离(等于层厚:0.013~0.1 mm),供粉缸上升一高度,推出若干粉末,并被铺粉辊推到成形缸,铺平并被压实。此后不断重复上述步骤直到工件完全成形。期间未被喷射黏结剂的地方为干粉,在成形过程中起支撑作用,且成形结束后,比较容易去除。三维喷涂黏结成形工艺原理如图10-9所示。

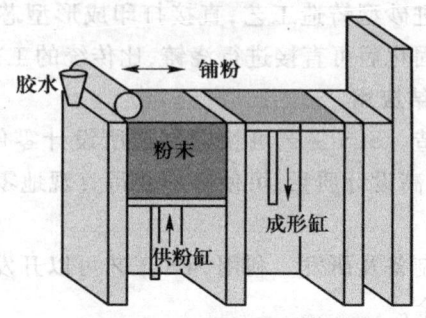

图10-8 3DP成形设备示意图

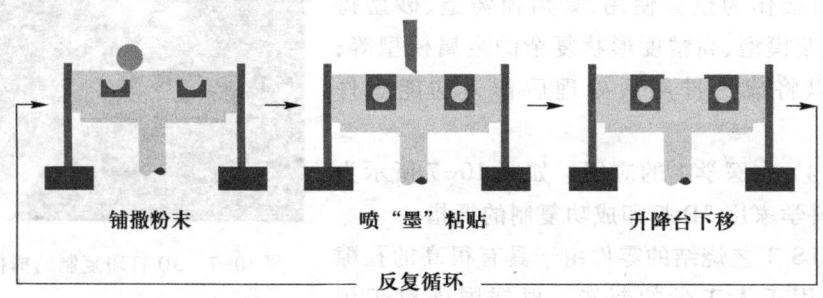

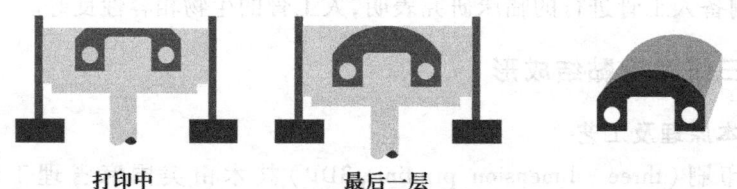

图10-9 三维喷涂黏结成形工艺原理

2. 工艺特点

3DP技术成形速度非常快,适用于生产彩色原型、结构复杂的工件、复合材料以及非均匀材质材料的零件;在成形过程中,未黏结的粉末起支撑作用,避免了需要单独设计制造的支撑,而且成形材料价格低,节约了生产成本。

3. 应用领域

适合成形小件,可用于打印概念模型、彩色模型、教学模型和铸造用的石膏原型,还可用于加工颅骨模型,方便医生进行病情分析和手术预演。

4. 3DP 应用实例

3D Systems 的 Zprinter650 是很多 3D 照相馆的标配。它采用 3DP 技术，用黏结剂黏结粉末，逐层打印成型，通过在黏结剂中添加颜料，表达丰富的色彩。阿联酋公司 Precise 曾是一家以激光蚀刻技术生产 3D 肖像及高品质企业礼品的公司。2011 年年底，公司斥资近 30 万美元，购入 Zprinter650 等整套设备，成立了一家 3D 照相馆。照相馆在扫描客户的人体数据后，建模并输入 3D 打印机以打印人像，如图 10-10 所示。

2013 年年初，中国已经涌现出不少类似 3D 照相馆。据地方媒体的报道，至少国内目前已经拥有品啦造像馆、西安非凡士 3D 照相馆、北京上拓 3D 打印体验馆、武汉 3D 记梦馆、宁波威克兄弟、杭州 Makerlab Real 3D 物像馆以及上海 EPOCH 时光机等。如图 10-11 所示的品啦造像馆制作的 3D 人像。

图 10-10　3D 照相馆的 3D "照片"

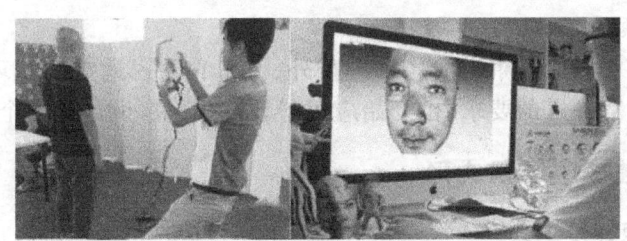

图 10-11　品啦造像馆的 3D 人像

四、喷墨技术工艺

类似于传统的二维喷墨打印，可以打印超高精细度的样件，适用于小型精细零件的快速成形。

1. 工艺流程

沿着 X 轴前后滑动，在成形室里铺上一层超薄的光敏树脂。每铺完一层后，喷头架边上的紫外光球立即发射紫外光，快速固化和硬化每层光敏树脂。这一步骤减少了使用其他技术所需的后处理过程。每打印完一层，机器内部的成形底盘就会极为精确地下沉，而喷头继续一层一层地工作，直到原型件完成。成形时使用了两种不同的光敏树脂聚合材料：一种是用来成形实体部件的成形材料，另一种类胶体的用来支撑部件的支撑材料。成形工艺原理如图 10-12 所示。

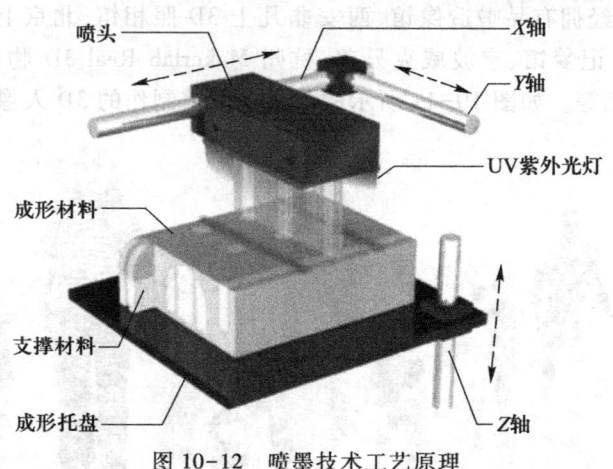

图 10-12 喷墨技术工艺原理

2. 工艺特点

打印出高质量、高细节的 3D 模型；缩短设计周期和降低研发成本；材料选择范围广；简易的支撑移除。

3. 应用领域

除了能够在制造业中生成各种模型外，由于它的占地空间和环保理念都逐步适应了现代商务区的要求，也开始应用于教育、建筑、设计等多个行业。

五、熔融挤压堆积成形

1. 基本原理及工艺

熔融挤压成形技术也称为熔融堆积成形（fused deposition modeling，FDM），是目前应用较为广泛的一种工艺，很多消费级 3D 打印机均采用的这种工艺，因为它实现起来相对容易。设备涵盖从构建快速概念模型到慢速高精密模型的不同应用区间，材料主要是聚酯、ABS 树脂、弹性体材料以及熔模铸造用蜡等。

其具体成形工艺为：熔丝材由送丝机构送至喷头，通过 FDM 加热头将热塑性丝材加热到临界状态,呈半流体状态,然后加热头会在软件控制下,根据水平分层数据,沿 CAD 确定的二维几何轨迹在 x-y 面运动,同时喷头将半流动状态的材料像挤牙膏一样挤压出来,材料堆积在成形面上瞬时凝固形成有轮廓形状的薄层。然后重复以上过程,继续熔喷沉积,直至形成整个实体造型。薄层的厚度由喷头挤丝的直径确定。成形工艺如图 10-13 所示。

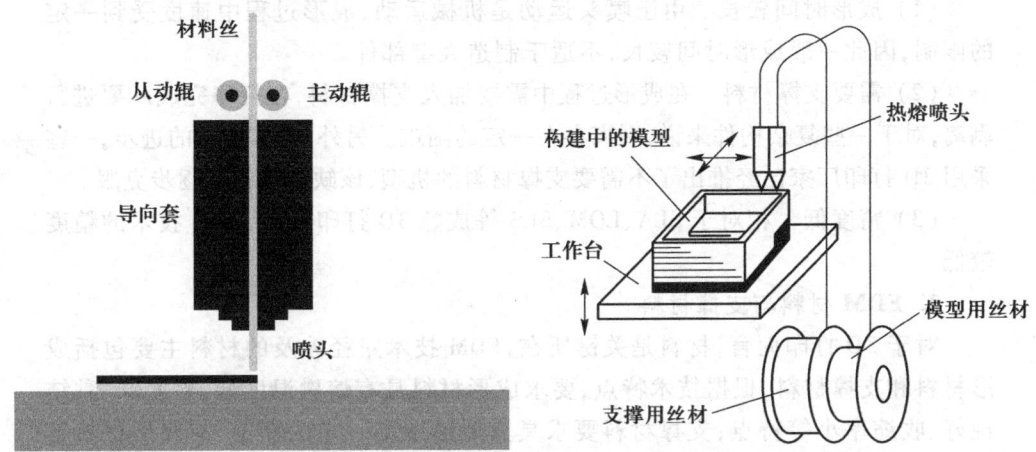

图 10-13 熔融挤压堆积成形工艺原理

FDM 加热头把热塑性材料加热到临界状态,使其呈现半流体状态,这个过程与二维打印机的打印过程很相似,只不过从打印头出来的不是油墨,而是 ABS 树脂等材料的熔融物。同时由于 3D 打印机的打印头或底座能够在垂直方向移动,所以它能让材料逐层进行快速累积,并且每层都是 CAD 模型确定的轨迹打印出确定的形状,所以最终能够打印出设计好的三维物体。

2. FDM 工艺特点

FDM 技术具有的优点包括:

(1) 易于推广 FDM 技术不采用激光器,降低了设备运营维护成本;而其成形材料也多为 ABS、PC 等生产用工程塑料,易于取得,成本较低;其原理和操作相较于其他增材制备工艺较为简单,设备、材料体积较小易于搬运,适用于多种场合。因此,相比于其他增材制造技术,其普及率更高,应用也更加广泛。目前桌面级 3D 打印机多采用 FDM 技术路径。

(2) 安全,污染小 在整个过程中只涉及热塑材料的熔融和凝固,在较为封闭的 3D 打印室内进行,并且不涉及高温、高压,没有有毒有害物质排放,操作环境安全,环境友好程度较高。

(3) 材料可回收 原料利用率高。没有使用或者使用过程中废弃的成形材料和支撑材料可以进行回收,加工再利用,能够有效提高原料的利用效率。

(4) 后处理相对简单　目前采用的支撑材料多为水溶性材料,剥离较为简单,无需化学清洗;而且其他技术路径后处理往往还需要进行固化处理,需要其他辅助设备,FDM 则不需要。

FDM 技术具有的缺点包括:

(1) 成形时间较长　由于喷头运动是机械运动,成形过程中速度受到一定的限制,因此一般成形时间较长,不适于制造大型部件。

(2) 需要支撑材料　在成形过程中需要加入支撑材料,在打印完成后要进行剥离,对于一些复杂构件来说,剥离存在一定的困难。另外,随着技术的进步,一些采用 3D 打印厂家已经推出了不需要支撑材料的机型,该缺点正在被逐步克服。

(3) 精度低　相对于 SLA、LOM、SLS 等成熟 3D 打印技术,FDM 技术的精度较低。

3. FDM 材料与支撑材料

对于 3D 打印而言,材料是关键所在,FDM 技术路径涉及的材料主要包括成形材料和支撑材料,根据技术特点,要求成形材料具有熔融温度低、黏度低、黏结性好、收缩率小等特点;支撑材料要求具有能够承受一定的高温、与成形材料不浸润、具有水溶性或者酸溶性、具有较低的熔融温度、流动性要好等特点。

一般的热塑性材料作适当改性后都可用于熔融沉积成形。同一种材料可以做出不同的颜色,用于制造彩色零件。该工艺也可以堆积复合材料零件,如把低熔点的蜡或塑料熔融丝与高熔点的金属粉末、陶瓷粉末、玻璃纤维、碳纤维等混合作为多相成形材料。到目前为止,单一成形材料一般为 ABS、石蜡、尼龙、PC 和 PPSF 等。图 10-14 为用于 FDM 的 ABS 丝材。

支撑材料有两种类型:一种是剥离性支撑,需要手动剥离零件表面的支撑;另外一种是水溶性支撑,它可以分解于碱性水溶液。

FDM 工艺多用到塑料丝,而且 FDM 工艺中的塑料丝采用热熔喷头挤出成形,热熔喷头温度的控制要求使材料挤出时既保持一定的形状又有良好的黏结性能。

熔融沉积成形设备中的热熔喷头是该工艺应用中的关键部件。除了热熔喷头以外,成形材料的相关特性(如材料的黏度、熔融温度、黏结性以及收缩率等)也是 FDM 工艺应用过程中的关键。

(1) 材料的黏度　材料的黏度低、流动性好,阻力就小,有助于材料顺利挤出。材料的流动性差,需要很大的送丝压力才能挤出,会增加喷头的启停响应时间,从而影响成形精度。

(2) 材料熔融温度　熔融温度低可以使材料在较低温度下挤出,有利于提高喷头和整个机械系统的寿命。减少材料在挤出前后的温差,能够减少热应力,

第一节 增材制造工艺原理

图 10-14 用于 FDM 的 ABS 丝材

从而提高原型的精度。

（3）黏结性 FDM 原型的层与层之间往往是零件强度最薄弱的地方，黏结性好坏决定了零件成形以后的强度。黏结性过低，有时在成形过程中因热应力会造成层与层之间的开裂。

（4）收缩率 由于挤出时，喷头内部需要保持一定的压力才能将材料顺利挤出，挤出后材料丝一般会发生一定程度的膨胀。如果材料收缩率对压力比较敏感，会造成喷头挤出的材料丝直径与喷嘴的名义直径相差太大，影响材料的成形精度。FDM 材料的收缩率对温度不能太敏感，否则会产生零件翘曲、开裂。

由以上材料特性对 FDM 工艺实施的影响来看，FDM 工艺对成形材料的要求是熔融温度低、黏度低、黏结性好、收缩率小。

FDM 工艺对支撑材料的要求是能够承受一定的高温、与成形材料不浸润、具有水溶性或者酸溶性、具有较低的熔融温度、流动性要特别好等，具体介绍如下：

（1）能承受一定高温 由于支撑材料要与成形材料在支撑面上接触，所以支撑材料必须能够承受成形材料的高温，在此温度下不产生分解与融化。由于 FDM 工艺挤出的丝比较细，在空气中能够比较快速的冷却，所以支撑材料能承受 100 ℃ 以下的温度即可。

（2）与成形材料不浸润，便于后处理 支撑材料是加工中采取的辅助手段，在加工完毕后必须去除，所以支撑材料与成形材料的亲和性不应太好。

（3）具有水溶性或者酸溶性　由于 FDM 工艺的一大优点是可以成形任意复杂程度的零件，经常用于成形具有很复杂的内腔、孔等零件，为了便于后处理，最好是支撑材料在某种液体里可以溶解。这种液体必须不能产生污染或有难闻气味。由于现在 FDM 使用的成形材料一般是 ABS 工程塑料，该材料一般可以溶解在有机溶剂中，所以不能使用有机溶剂。目前已开发出水溶性支撑材料。

（4）具有较低的熔融温度　具有较低的熔融温度可以使材料在较低的温度挤出，提高喷头的使用寿命。

（5）流动性要好　由于支撑材料的成形精度要求不高，为了提高机器的扫描速度，要求支撑材料具有很好的流动性，相对而言，黏性可以差一些。

4. FDM 应用领域

根据国际 3D 打印巨头，同时也是 FDM 发明者的 Stratasys 公司资料显示，FDM 应用领域包括概念建模、功能性原型制作、制造加工、最终用途零件制造、修整等方面，涉及汽车、医疗、建筑、娱乐、电子、教育等领域。随着技术的进步，FDM 的应用还在不断拓展。

（1）概念建模　概念建模的应用主要涉及建筑模型、人体工程学研究、市场营销和设计方面。

在建筑模型方面，计算机模拟在工程设计和建筑领域已经应用了很长一段时间。但是，建筑可视化的传统做法是使用木材或泡沫板制作建筑的等比例模型。这使得建筑师可以看到建筑在实际空间中如何矗立，以及是否存在任何可以改正的问题。而 3D 打印结合了计算机模拟的精确性和等比例模型的真实性，能够有效降低设计成本和开发时间，同时通过等比例的模型可以对建筑进行改良，增加安全性和合理性，如图 10-15 所示。

图 10-15　3D 打印建筑模型

在人体工程学研究方面，3D 打印的模型允许在开发流程期间就对人体工程学性能进行精确地测试。通过 3D 打印技术，设计人员可以创作出逼真的模型，再现产品每个单独部件的物理特性。在多次测试周期期间可以对材料进行修改，从而实现在将产品全面投入生产前对其人体工程学方面进行优化。图 10-16 为 3D 打印的符合人体工程学的键盘。

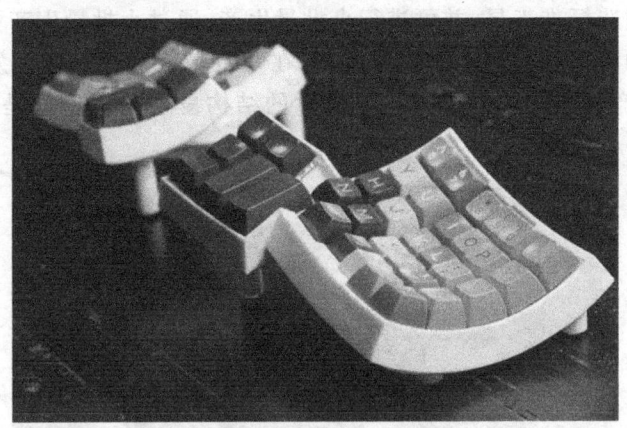

图 10-16　3D 打印的符合人体工程学的键盘

在市场营销和设计方面，利用 FDM 技术构建的模型可以进行打磨、上漆，甚至镀铬，从而达到与新产品最终外观一致的目的。图 10-17 为 3D 打印的奥斯卡小金人。FDM 使用生产级的热塑塑料，因此模型可以获得与最终产品一样的耐用性和使用感受。

图 10-17　3D 打印的奥斯卡小金人

（2）功能性原型制作　在产品设计初期，可以利用 FDM 技术快速获得产品原型，而通过 FDM 技术获得的原型本身具有耐高温、耐化学腐蚀等性能，能够通过原型进行各种性能测试，以改进最终的产品设计参数，大大缩短了产品从设计到生产的时间。

（3）制造加工　由于 FDM 技术可以采用高性能的生产级别材料，可以在很短的时间内制造标准工具，并可进行小批量生产，通过小批量生产可以使用与最终产品相同的流程和材料来创建原型，并在等待最终模具从车间发往各地的同时，即可将新产品上市。如图 10-18 所示的结构复杂的蜗轮就是通过 3D 打印制造的。

图 10-18　3D 打印制造结构复杂的蜗轮

5. FDM 快速成型应用实例

（1）丰田公司利用 FDM 技术制作母模　丰田公司采用 FDM 工艺制作右侧镜支架和四个门把手的母模，如图 10-19 所示。通过快速模具技术制作产品而取代传统的 CNC 制模方式，使得 2000 Avalon 车型的制造成本显著降低，右侧镜支架模具成本降低 20 万美元，四个门把手模具成本降低 30 万美元。FDM 工艺已经为丰田公司在轿车制造方面节省了 200 万美元。

（2）美国 Mizunos 公司利用 FDM 技术制造新产品母模　Mizuno 是世界上最大的综合性体育用品制造公司，公司计划开发一套新的高尔夫球杆，如图 10-20 所示，通常需要 13 个月的时间。FDM 的应用大大缩短了这个过程，设计出的新高尔夫球头用 FDM 制作后，可以迅速地得到反馈意见并进行修改，大大加快了造型阶段的设计验证，一旦设计定型，FDM 最后制造出的 ABS 原型就可

图 10-19　结合 FDM 工艺制造的丰田凯美瑞

以作为加工基准在 CNC 机床上进行钢制母模的加工。新的高尔夫球杆整个开发周期在 7 个月内就全部完成，缩短了 40% 的时间。目前，FDM 快速原型技术已成为 Mizuno 美国公司在产品开发过程中起决定性作用的组成部分。

图 10-20　使用 FDM 工艺制造的高尔夫球杆

（3）FDM 技术在福特汽车公司中的应用　福特公司常年需要部件的衬板，如图 10-21，当部件从一个工厂到另一个工厂的运输过程中，衬板用于支撑、缓冲和防护。衬板的前表面根据部件的几何形状而改变。福特公司一年间要采用一系列的衬板，一般地，每种衬板改型要花费成千万美元和 12 周时间制作必需的模具。新衬板的注塑消失模被联合公司选作生产部后，部件的蜡靠模采用 FDM 制作，制作周期仅 3 天。其间，必须小心的检验蜡靠模的尺寸，测出模具收缩趋向。紧接着从铸造石蜡模翻出 A2 钢模，该处理过程将花费一周时间。模具接着车削外表面，划上修改线和水平线以便机械加工。该模具在模具后部设计成中空区,以减少用钢量,中空区填入化学黏结瓷。仅花 5 周时间和一半的原来成本,而且制作的模具至少可生产 3 万套衬板。采用 FDM 工艺后,福特汽车公司大大缩短了运输部件衬板的制作周期,并显著降低了制作成本。

图 10-21　福特公司利用 FDM 工艺生产的汽车衬板

六、箔材黏结工艺

1. 箔材黏结工艺原理

箔材黏结工艺使用箔材,通过激光扫描或切刀运动直接切割箔材,继而进行逐层堆积而成形制品。相比较其他 3D 打印工艺,箔材黏结工艺具有原材料成本低廉,建造过程较为简单快捷,工艺过程容易实现等优点,因此成为早期推出并迅速得到较快发展的 3D 打印工艺方法之一。

根据三维 CAD 模型每个截面的轮廓线,在计算机控制下,发出控制激光切割系统的指令,使切割头做 X 和 Y 方向的移动。供料机构将地面涂有热熔胶的箔材(如涂覆纸、涂覆陶瓷箔、金属箔、塑料箔材)一段段的送至工作台的上方。激光切割系统按照计算机提取的横截面轮廓用二氧化碳激光束对箔材沿轮廓线将工作台上的纸割出轮廓线,并将纸的无轮廓区切割成小碎片。然后,由热压机构将一层层纸压紧并黏合在一起。可升降工作台支撑正在成形的工件,并在每层成形之后,降低一个纸厚,以便送进、黏合和切割新的一层纸。最后形成由许多小废料块包围的三维原型零件。然后取出,将多余的废料小块剔除,最终获得三维产品。其工艺原理如图 10-22 所示。

箔材黏结工艺中激光束或切刀只需按照分层信息提供的截面轮廓线逐层切割而无需对整个截面进行扫描,且不需考虑支撑。

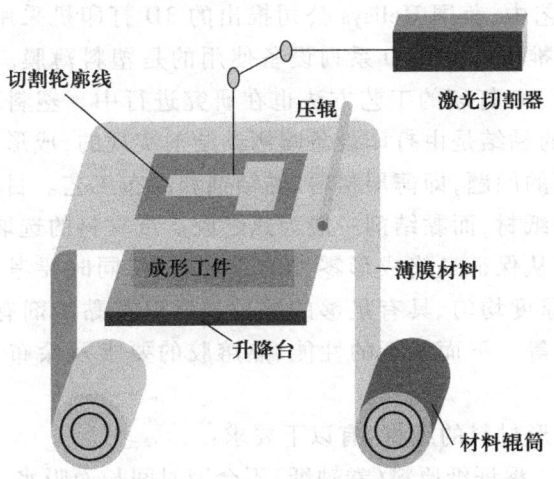

图 10-22 箔材黏结工艺的原理

2. 箔材黏结工艺特点

与其他 3D 打印工艺相比,箔材黏结工艺具有制作效率高、速度快、成本低等优点。具体优点如下:

(1)成形速度较快　由于只需要使用激光束沿物体的轮廓进行切割,无须扫描整个断面,所以成形速度很快,因而常用于加工内部结构简单的大型零件。

(2)原型精度高,翘曲变形小。

(3)原型能承受高达 200 ℃ 的温度,有较高的硬度和较好的力学性能。

(4)无需设计和制作支撑结构。

(5)可进行切削加工。

(6)废料易剥离,无须后固化处理。

(7)可制作尺寸大的原型。

(8)原材料价格便宜,原型制作成本低。

除上述优点外,箔材黏结工艺也有如下不足之处:

(1)不能直接制作塑料原型。

(2)原型的抗拉强度和弹性不够好。

(3)原型易吸湿膨胀,因此成形后应尽快进行表面防潮处理。

(4)原型表面有台阶纹理,难以构建形状精细、多曲面的零件,因此成形后需进行表面打磨。

3. 箔材

用于 3D 打印工艺中的箔材有纸材、塑料薄膜以及金属箔等。在目前实用化的3D打印工艺中,美国Helisys公司推出的3D打印机采用的是纸材,而以色列Solido公司推出的SD300系列设备使用的是塑料薄膜。同时,金属箔作为叠层材料进行3D打印的工艺方法也在研究进行中。塑料薄膜材料成型建造过程中,层间的黏结是由打印设备喷洒黏结剂实现的,成形材料制备及其要求涉及三个方面的问题,即薄层材料、黏结剂和涂布工艺。目前的成形材料中的薄层材料多为纸材,而黏结剂一般为热熔胶。纸材料的选取、热熔胶的配置及涂布工艺均要从保证最终成形零件的质量出发,同时要考虑成本。对于纸材的性能,要求厚度均匀、具有足够的抗拉强度以及黏结剂有较好的湿润性、涂挂性和黏结性等。下面就纸的性能、热熔胶的要求及涂布工艺进行简要的介绍。

对于黏结成形材料的纸材,有以下要求:

(1) 抗湿性　保证纸原料(卷轴纸)不会因时间长而吸水,从而保证热压过程中不会因水分的损失而产生变形及黏接不牢。纸的施胶度可用来表示纸张抗水能力的大小。

(2) 良好的浸润性　保证良好的涂胶性能。

(3) 抗拉强度　保证在加工过程中不被拉断。

(4) 收缩率小　保证热压过程中不会因部分水分损失而导致变形,可用纸的伸缩率参数计量。

(5) 剥离性能好　因剥离时破坏发生在纸张内,要求纸的垂直方向抗拉强度不是很大。

(6) 易打磨　表面光滑。

(7) 稳定性　成形零件可长时间保存。

黏结成形工艺中的成形材料多为涂有热熔胶的纸材,层与层之间的黏结是靠热熔胶保证的。热熔胶的种类很多,其中以EVA型热熔胶的需求量为最大,占热熔胶消费总量的80%左右。当然,在热熔胶中还要添加某些特殊的组分。LOM纸材对热熔胶的基本要求为:

(1) 良好的热熔冷固性(约70~100℃开始熔化,室温下固化)。

(2) 在反复"熔融-固化"条件下,具有较好的物理化学稳定性。

(3) 熔融状态下与纸具有较好的涂挂性和涂匀性。

(4) 与纸具有足够黏结强度。

(5) 良好的废料分离性能。

涂布工艺有涂布形状和涂布厚度两个方面。涂布形状指的是采用均匀式涂布还是非均匀涂布,非均匀涂布又有多种形状。均匀式涂布采用狭缝式刮板进行涂布,非均匀涂布有条纹式和颗粒式。一般来讲,非均匀涂布可以减小应力集中,但涂布设备比较贵。涂布厚度指的是在纸材上涂多厚的胶,选择涂布厚度的原则是在保证可靠粘接的情况下,尽可能涂的薄,以减少变形、溢胶和错移。

4. 箔材黏结工艺的应用实例

叠层实体制作快速原型工艺适合制作大中型原型件,翘曲变形较小,成形时间较短,激光器使用寿命长,制成件有良好的机械性能,适合于产品设计的概念建模和功能性测试零件。且由于制成的零件具有木质属性,特别适合于直接制作砂型铸造模样。图 10-23～图 10-26 是用箔材黏结工艺制造的各种结构形状的模型。

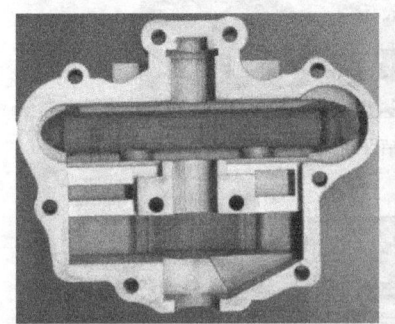 

图 10-23 用于装配检验的汽缸盖 LOM 模型

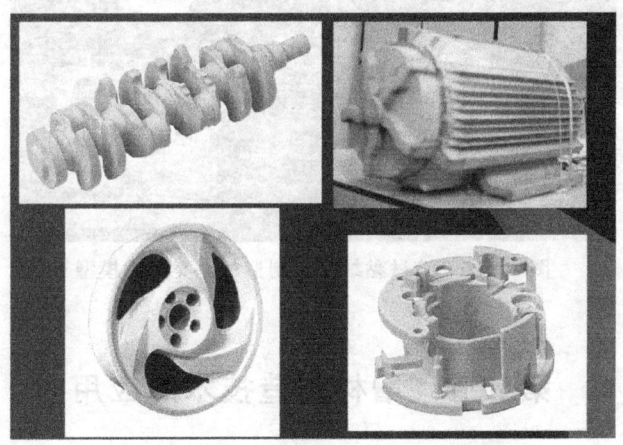

图 10-24 箔材黏结工艺制造的复杂零件模型

图 10-25　箔材黏结工艺制造的艺术品模型

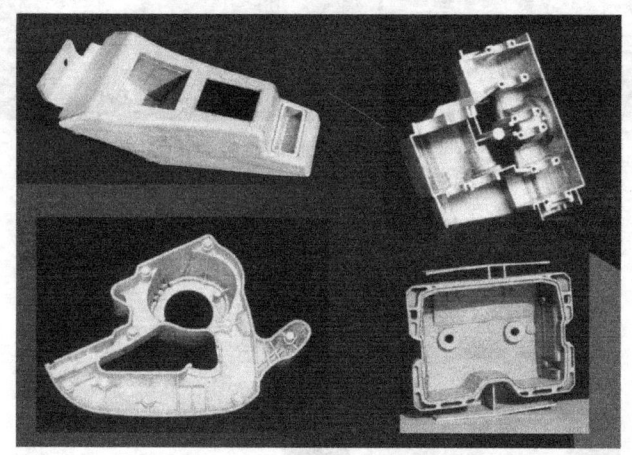

图 10-26　箔材黏结工艺制造的壳类零件模型

第二节　增材制造技术的应用

以激光束、电子束、等离子或离子束为热源,加热材料使之结合、直接制造零件的方法,称为高能束流快速制造,是增材制造领域的重要分支,在工业领域最为常见。

在航空航天工业的增材制造技术领域,金属、非金属或金属基复合材料的高能束流快速制造是当前发展最快的研究方向。

经过20多年的发展,增材制造经历了从萌芽到产业化、从原型展示到零件直接制造的过程,发展十分迅猛。美国专门从事增材制造技术咨询服务的Wohlers协会在2012年度报告中,对各行业的应用情况进行了分析。在过去的几年中,航空零件制造和医学应用是增长最快的应用领域。2012年产能规模增长25%达到21.4亿美元,2019年将达到60亿美元。增材制造技术正处于发展期,具有旺盛的生命力,还在不断发展;随着技术发展,应用领域也将越来越广泛。

高速、高机动性、长续航能力、安全高效、低成本运行等苛刻服役条件对飞行器结构设计、材料和制造提出了更高要求。轻量化、整体化、长寿命、高可靠性、结构功能一体化以及低成本运行成为结构设计、材料应用和制造技术共同面临的严峻挑战,这取决于结构设计、结构材料和现代制造技术的进步与创新。

首先,增材制造技术能够满足航空武器装备研制的低成本、短周期需求。随着技术的进步,为了减轻机体重量,提高机体寿命,降低制造成本,飞机结构中大型整体金属构件的使用越来越多。大型整体钛合金结构制造技术已经成为现代飞机制造工艺先进性的重要标志之一。美国F-22后机身加强框、F-14和"狂风"的中央翼盒均采用了整体钛合金结构。大型金属结构传统制造方法是锻造再机械加工,但能用于制造大型或超大型金属锻坯的装备较为稀缺,高昂的模具费用和较长的制造周期仍难满足新型号的快速低成本研制的需求;另外,一些大型结构还具有复杂的形状或特殊规格,用锻造方法难以制造。而增量制造技术对零件结构尺寸不敏感,可以制造超大、超厚、复杂型腔等特殊结构。除了大型结构,还有一些具有极其复杂外形的中小型零件,如带有空间曲面及密集复杂孔道结构等,用其他方法很难制造,而用高能束流选区制造技术可以实现零件的净成形,仅需抛光即可装机使用。传统制造行业中,单件小批的超规格产品往往成为制约整机生产的瓶颈,通过增材制造技术能够实现以相对较低的成本提供这类产品。

据统计,我国大型航空钛合金零件的材料利用率非常低,平均不超过10%;同时,模锻、铸造还需要大量的工装模具,由此带来研制成本的上升。通过高能束流增量制造技术,可以节省材料2/3以上,数控加工时间减少一半以上,同时无须模具,从而能够将研制成本尤其是首件、小批量的研制成本大大降低,节省国家宝贵的科研经费。

通过大量使用基于金属粉末和丝材的高能束流增材制造技术生产飞机零件,从而实现结构的整体化,降低成本和周期,达到"快速反应,无模敏捷制造"的目的。随着我国综合国力的提升和科学技术的进步,我国经济体已经处于世界经济体前列,与发达国家的一样,保证研制速度、加快装备更新速度,急需要这种新型无模敏捷制造技术——金属结构快速成形直接制造技术。

其次,增材制造技术有助于促进设计-生产过程从平面思维向立体思维的转变。传统制造思维是先从使用目的形成三维构想,转化成二维图纸,再制造成三维实体。在空间维度转换过程中,差错、干涉、非最优化等现象一直存在,而对于极度复杂的三维空间结构,无论是三维构想还是二维图纸化已十分困难。计算机辅助设计(CAD)为三维构想提供了重要工具,但虚拟数字三维构型仍然不能完全推演出实际结构的装配特性、物理特征、运动特征等诸多属性。采用增材制造技术,实现三维设计、三维检验与优化,甚至三维直接制造,可以摆脱二维制造思想的束缚,直接面向零件的三维属性进行设计与生产,大大简化设计流程,从而促进产品的技术更新与性能优化。在飞机结构设计时,设计者既要考虑结构与功能,还要考虑制造工艺,增材制造的最终目标是解放零件制造对设计者的思想束缚,使飞机结构设计师将精力集中在如何更好实现功能的优化,而非零件的制造上。在以往的大量实践中,利用增材制造技术,快速准确地制造并验证设计思想在飞机关键零部件的研制过程中已经发挥了重要的作用。另一个重要的应用是原型制造,即构建模型,用于设计评估。例如风洞模型,通过增材制造迅速生产出模型,可以大大加快"设计-验证"迭代循环。

再次,增材制造技术能够改造现有的技术形态,促进制造技术提升。利用增材制造技术提升现有制造技术水平的典型的应用是铸造行业。利用快速原型技术制造蜡模可以将生产效率提高数十倍,而产品质量和一致性也得到大大提升;利用快速制模技术可以三维打印出用于金属制造的砂型,大大提高了生产效率和质量。在铸造行业采用增材制造快速制模已渐成趋势。

3D打印技术起源于制造业战略从规模化生产到个性化需求的变迁。以快速成形工艺为代表的材料累积式成形的增材制造技术出现开始的10年间,其快速原型的Fit/From/Function在新产品开发中的显著作用有力推动了制造业快速响应市场的需求。基于快速原型的快速模具技术,可以满足样件翻制及小批量产品的需求,顺应了批量小、品种多、改型快的现代制造模式。基于喷射技术的3D打印建造方式,进一步丰富了3D打印工艺的内涵,成形材料和设备的进一步发展也拓展了3D打印技术的应用领域,零部件的单件个性化制造显示了3D打印技术的优势,其设备操作的便捷性和小型化,使得3D打印技术走进了个人办公室及个性化设计爱好者的家庭。同时,SLM、LENS、EMB等3D打印工艺的实用化,使得金属结构件可以直接快速地制造,突破了原有快速成形与3D打印工艺制造产品材料及性能的限制,使得制造业又成为3D打印技术应用领域中的主战场。

3D技术在工业制造领域的应用主要体现在以下几个方面。

(1) 新产品开发过程中的设计验证与功能验证　3D打印技术可快速地将产品设计的CAD模型转换成物理实物模型,这样可以方便地验证设计人员的设计思想和产品结构的合理性、可装配性、美观性,发现设计中的问题可及时修改。如果不进行设计验证而直接投产,则一旦存在设计失误,将会造成极大的损失。

(2) 可制造性、可装配性检验和供货询价、市场宣传　对有限空间的复杂系统,如汽车、卫星、导弹的可制造性和可装配性用3D打印方法进行检验和设计,将大大降低此类系统的设计制造难度。对于难以确定的复杂零件,可以利用3D打印技术进行试生产以确定最佳的工艺。此外,3D打印技术中的快速原型还是产品从设计到商品化各个环节中进行交流的有效手段。

(3) 单件小批和特殊复杂零件的直接生产　对于高分子材料的零部件,可用高强度的工程塑料直接增材制造,满足使用要求;对于复杂金属零件,可通过SLM等工艺获得。该项应用对航空、航天及国防工业具有特殊意义。

(4) 快速模具制造　通过各种转换技术将产品原型转换成各种快速模具,如低熔点合金模、硅胶模、金属冷喷模、陶瓷模等,也可以进行模具型芯镶嵌件以及铸造砂型的直接制作,进行中小批量零件的生产,满足产品更新换代快、批量越来越小的发展趋势。

3D技术的应用领域几乎包括了工业制造领域的各个行业,随着人们物质生活水平的不断提高,该项技术必将在制造工业得到越来越广泛的应用。

一、在汽车领域的应用

汽车制造业是3D打印技术应用效益较为显著的行业,在汽车外形及内饰件的设计、改型、装配试验,发动机、汽缸头等复杂外形的试制中均有应用。世界上几乎所有著名汽车生产商都较早地引入3D打印技术辅助其新车型的开发,并取得了显著的经济效益和时间效益。

1. 一体式汽车车身

世界首款利用3D打印技术生产的汽车已经面世。如图10-27所示,这辆叫作Urbee2的双座汽车由美国Stratasys公司和加拿大Kor Ecologic公司联合设计,包括玻璃嵌板在内的所有外部组件都是利用3D打印工艺中的熔融沉积工艺生产而成,是一辆三轮、双座混合动力车。先进的3D打印技术不仅使Urbee2具有时尚前卫的流线型外观,还减少了制造过程中对原材料的浪费。它使用电池和汽油作为动力,虽然单缸发动机制动功率只有8马力,但由于其小巧轻便,最高速度可达112 km/h。Urbee2依靠增材制造技术"打印"外壳和零部件,研究人员的主要工作包括组装和调试。发布的视频显示,这辆汽车有3个轮子,除发动机和底盘是金属,采用传统工艺生产,其余大部分材料都是塑料,整个汽车的质量为 1 200 磅(约 544 kg),花费了大约 2 500 h 打印成形,原型车的造价约为 5 万美金。

图 10-27　全球首辆利用增材制造技术生产的汽车——Urbee2

无独有偶,来自比利时的鲁汶工程联合大学的 16 名工程师利用 3D 打印技术制造了一辆全尺寸赛车,名为"阿里翁",如图 10-28 所示。这辆赛车时速从零提升至 60 英里(约合每小时 96 千米)只需要短短 4 秒钟,最高速度可达到 141 km/h。从最初的外壳设计到最终完成打印,"阿里翁"车身的整个生产过程只用了 3 周时间。制造赛车所使用的 3D 打印设备由比利时的 3D 打印公司 Materialise 制造,名为"猛犸"。通过逐层添加塑料层,形成固态三维物体,"猛犸"能够打印尺寸达到 210 cm×68 cm×80 cm 的零部件。"阿里翁"的内部结构包含在设计图中,整个打印过程非常复杂。车身左右两侧均采用复杂的冷却通道设计,左侧的冷却器和扩散器后面装有一个喷嘴,形成完美的空气流动,穿过冷却器,让冷却实现最佳化。冷却器的后面还装有风扇,以便在低速和静止时确保气流通畅。"阿里翁"右侧的冷却通道能够形成龙卷风效应,清除空气中的水分和尘土,而后进入发动机舱。"阿里翁"集成了一些独特的性能,采用了包括电动驱动机构和生物合成材料在内的一系列先进技术。

开放式设计不仅促进了爱好者进行小规模 DIY 产品的创新,而且为高科技项目的开发提供了框架,不再局限于单个公司,甚至单个国家。2011 年,美国国防高级研究计划局(DARPA)向公众收集灵感,为标志性的军用悍马车设计替代品。DARPA 发出集众人智慧的实验性作战支援车(XC2V)设计挑战,与开放式设计的汽车制造商 Local Motors 合作进行。Local Motors 在短短 14 周内——约为汽车业平均制造时间的 1/5,利用 3D 打印技术将获奖设计打造成了可运行的原型,彰显出开源社区惊人的实力和热情。如图 10-29 所示为集众多设计者智慧的借助增材制造技术的悍马替代车。

图 10-28 利用增材制造技术生产的赛车——"阿里翁"

图 10-29 增材制造技术制造的悍马替代车

维也纳工业大学的研究人员已经使用一种称为"双光子光刻"的技术,创建出只有微米级大小的 3D 物品。研究人员的突破加速了 3D 打印技术的进步,使其更适宜工业生产。过去,3D 打印的速度以"mm/s"为单位;现在以"m/s"为单位。图 10-30 中的赛车,车身长约为 285 μm(人类头发丝的平均直径为 40~120 μm),在四分钟内分 100 层打印完成。尽管这样的物体结构已经是小到微乎其微,但是人们仍希望 3D 打印机有朝一日打印出更小的物体,从而为各个领域(如医药)的创新开启新的可能性。

利用 3D 打印技术制造汽车,首先生产出单个的、一体式的汽车车身,再将其他部件填充进去,而传统的汽车制造是生产出各部分然后再组装到一起。据称,利用 3D 打印技术生产的新型汽车需要 50 个零部件左右,而一辆标准设计的汽车需要成百上千的零部件。Strati 这款车(图 10-31),只用了 40 个小时进行打印,由 2 名技工用 3 天的时间完成组装,其最高速度可达 65 km/h,而车内电池容量则允许该车行驶范围在 190~240 千米之间。

3D打印技术在整车及其车身的制造只是近期才实现的,3D打印工艺在汽车领域众多的应用主要集中在零部件方面。

图10-30 增材制造技术制造的微米级赛车

图10-31 增材制造技术制造的一体式汽车

2. 零件的原型制造与直接制造

现代汽车生产的特点就是产品的多型号、短周期。为了满足不同的生产需求,就需要不断地改型。虽然现代计算机模拟技术不断完善,可以完成各种动力、强度、刚度分析,但研究开发中仍需要做成实物以验证其外观形象、工装可安装性和可拆卸性。对于形状、结构十分复杂的零件,可以采用增材制造技术制作零件原型来验证设计人员的设计思想,并利用零件原型做功能性和装配性检验,图10-32a为采用光固化成形工艺制造的用于装配检验的汽车水箱面罩原型。

汽车发动机研发中需要进行流动分析实验。将透明的模型安装在简单的实验台上，中间循环某种液体，在液体内加一些细小粒子或细气泡以显示液体在流道内的流动情况。该技术已成功的用于发动机冷却系统（气缸盖、机体水箱）、进排气管等的研究。问题的关键是透明模型的制造，用传统方法时间长，花费大且不精确，而用 SLA 技术结合 CAD 造型仅仅需要 4~5 周的时间且花费只为之前的三分之一，制作出的透明模型能完全符合机体水箱和气缸盖的 CAD 数据要求，模型的表面质量也能满足要求。

进气道是发动机十分重要的一部分，由形状十分复杂的自由曲面构成，它对提高进气效率、改善燃烧过程有十分重要的影响。在发动机的设计过程中，需要对不同的进气道方案做气道试验，传统的方法是用手工方法加工出由十几个或几十个截面来描述的气道木模或石膏模，再用木模的砂模铸造出气道，对气道进行吹风试验找出设计不足后，还要重新修改模型。如此要反复多次，每一次都要手工修改或重新制做，费时费力，且受木模工技术水平影响很大，精度难以保证。采用增材制造技术可以一次成形多个不同的气道模型，而且形状和所设计的模型完全一致。和传统的手工制作木模的方式相比，不仅可以提高模型精度，而且能够降低制做、修改成本，缩短设计周期。如图 10-32b 所示即为用于冷却系统流动分析的气缸盖模型。

 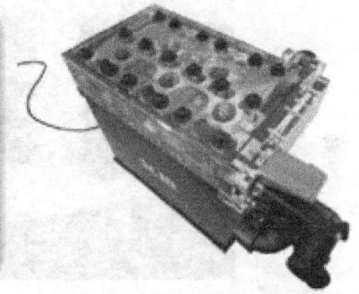

(a) 用于装配检验的汽车水箱面罩原型　　(b) 用于冷却系统流动分析的气缸盖模型

图 10-32　采用光固化成形工艺制作的汽车部件

韩国现代汽车公司采用了美国 Stratasys 公司的 FDM 系统，用于检验设计、空气动力评估和功能测试。FDM 系统在起亚的 Spectra 车型设计上得到了成功的应用，图 10-33 为韩国现代汽车公司采用 FDM 工艺制作的某车型的仪表盘。

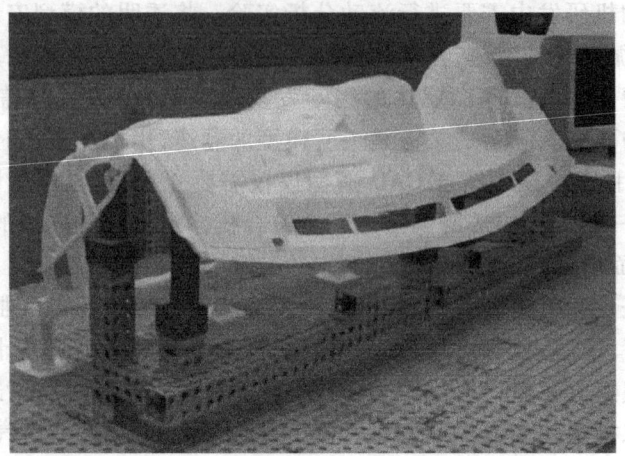

图 10-33 采用 FDM 工艺制作的某车型的仪表盘

采用 SLS 工艺快速制造内燃机进气管模型,如图 10-34 所示,可以直接与相关零部件安装,进行功能验证,快速检测内燃机运行效果以评价设计的优劣,然后进行针对性的改进以达到内燃机进气管产品的设计要求。

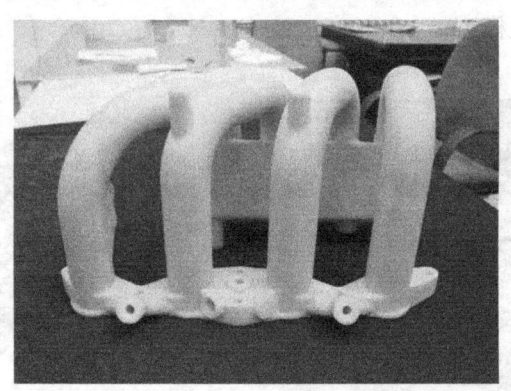

图 10-34 采用 SLS 工艺制作的内燃机进气管模型

捷豹路虎使用 Objet Connex500 生产了一个完整的仪表板通风口,如图 10-35 所示。这个仪表板通风口使用刚塑性材料的壳体和空气偏转叶片,橡胶类材料的控制旋钮和空气密封。制作完成后经过清洗和测试,证明所有叶片上的铰链和控制旋钮都符合要求。

派克汉尼汾的 RACOR 部门设计了一款用于尾气排放的过滤器,以满足柴油发动机制造商新的排放要求。该公司使用其 Fortus FDM 系统创建一个 PPSF 制作的过滤器的原型。利用该过滤器原型进行了功能设计测试,测试结果显示这个利用增材制造技术制作的过滤器性能非常好。图10-36为过滤器的数学模型及FDM工艺成形的过滤器。

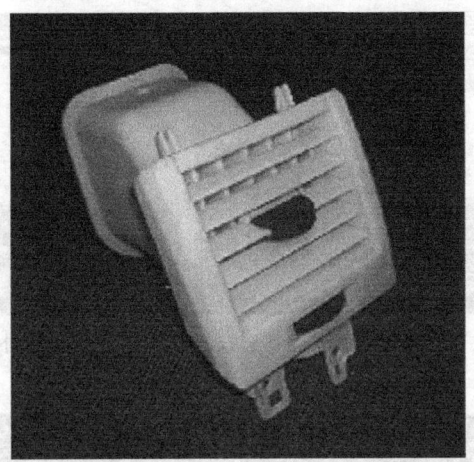

图10-35 利用Connex500制作的仪表板通风口

图10-36 过滤器的数学模型(左)及过滤器(右)

法雷奥汽车空调湖北有限公司每年生产100万组汽车空调(A/C)系统或零件。因为经营环境中的竞争异常激烈,法雷奥必须确保其研发和设计过程的总体安全性,从而能快速且经济有效地将创新产品投放市场。传统的原型设计方式往往无法满足法雷奥空调在设计方面的精度和细节要求,加工周期非常长,而利用增材制造技术制作模型具有较高的精确度和结构强度,并且材料性能非常好,完全符合技术要求,并按组件和产品要求进行早期评估。如果生产中出现问题而需要对产品进行更改,研发团队可通过立即测试修改的设计来快速进行响应。图10-37为利用增材制造技术制作的汽车空调外壳。

汽车车灯在新车开发中占据着非常重要的地位,其新颖性及其外观与整车的匹配等都是设计中必须考虑的因素。快速制造其样件并与车模安装进行整体评估,已经成为新车型开发中必须的环节。图 10-38 为利用 SLS 工艺制作的汽车车灯样机支架。

图 10-37　利用增材制造技术制作的汽车空调外壳

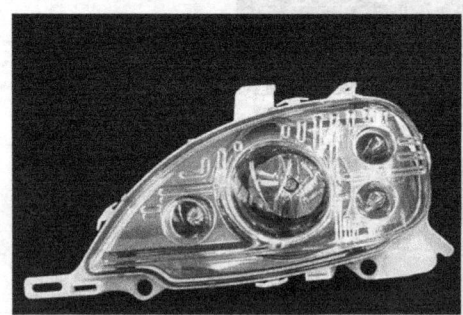
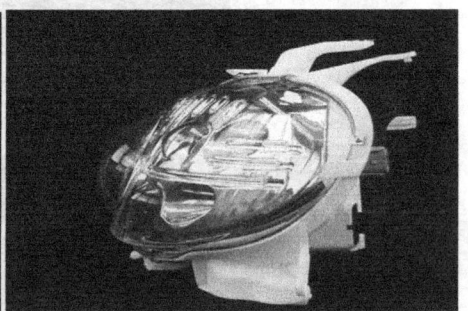

图 10-38　SLS 工艺制作的汽车车灯样机支架侧面剖视图(左)及正面(右)

不久之前,著名汽车品牌奔驰宣布将采用 3D 打印技术来制作 2018 款 S 级轿车的内饰。现在,该品牌的卡车也将跟随这个潮流拥抱 3D 打印技术了,因为奔驰的母公司戴勒姆集团宣布,从 2016 年 9 月开始用 3D 打印技术来制造奔驰卡车的备用零部件(图 10-39)。

这对于奔驰来说无疑是个好消息,因为此前都是先在德国生产出卡车备用零部件,再将它们运往世界各地的,而现在,只需就地委托 3D 打印服务商即可。这种模式能带来许多好处,比如省去昂贵的运输成本,缩短零部件的供应周期,还有就是可以按需制造,再也不需要大量囤积了。

这些 3D 打印零部件将会包括弹簧帽、电线槽、支架等许多种类,而根据奔驰的计划,它们全部会采用选择性激光烧结(SLS)技术制造。

3. 零件翻模制造

汽车整车结构十分复杂,包括大量的铸件、锻压件和注塑件等。在新型汽车开发过程中,各种零件模具的制造周期都很长,成本也较高。目前市场竞争日益

第二节 增材制造技术的应用

图 10-39　奔驰使用 3D 打印技术为卡车制造备用零件

加剧,要求产品的生产周期变短,这就需要提供更快捷的模具制造。3D 打印技术在汽车领域的快速模具制造方面取得了较好的应用。

(1) 砂型铸造

砂型铸造的木模一直以来依靠传统的手工制作,其周期长,精度低。3D 打印技术的出现为快速高精度制作砂型铸造的木模提供了良好的手段,尤其是基于 CAD 设计的复杂形状的木模制作,3D 打印技术更显示了其突出的优越性。用 3D 打印技术得到的 LOM 模型可以代替木模直接用于传统砂型铸造的母模。图 10-40 为铸铁手柄的 CAD 模型和 LOM 原型。

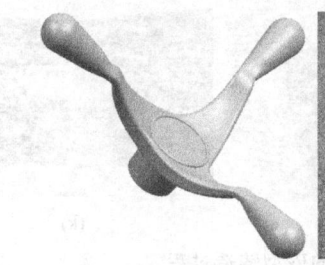　　

(a) CAD模型　　　　　(b) LOM原型

图 10-40　铸铁手柄的模型

下面以图 10-41 为例介绍某铝质零件的砂型铸造过程。首先进行铸件的三维设计(图 10-42a),然后通过布尔运算获得此铸件的砂型模具三维造型(图 10-42b),并采用喷射成型的 3DP 工艺直接制造砂型模具(图 10-42c),之后合模固定(图 10-42d),浇注铝水(图 10-42e),凝固后开模打碎砂型(图 10-42f、g),待铸件冷却(图 10-42h)后,去掉浇注系统(图 10-42i),将铸件进行后处理(图 10-42j)后,得到最终的铝质铸件(图 10-42k)。

图 10-41　砂型铸造产品(左)及木模(右)

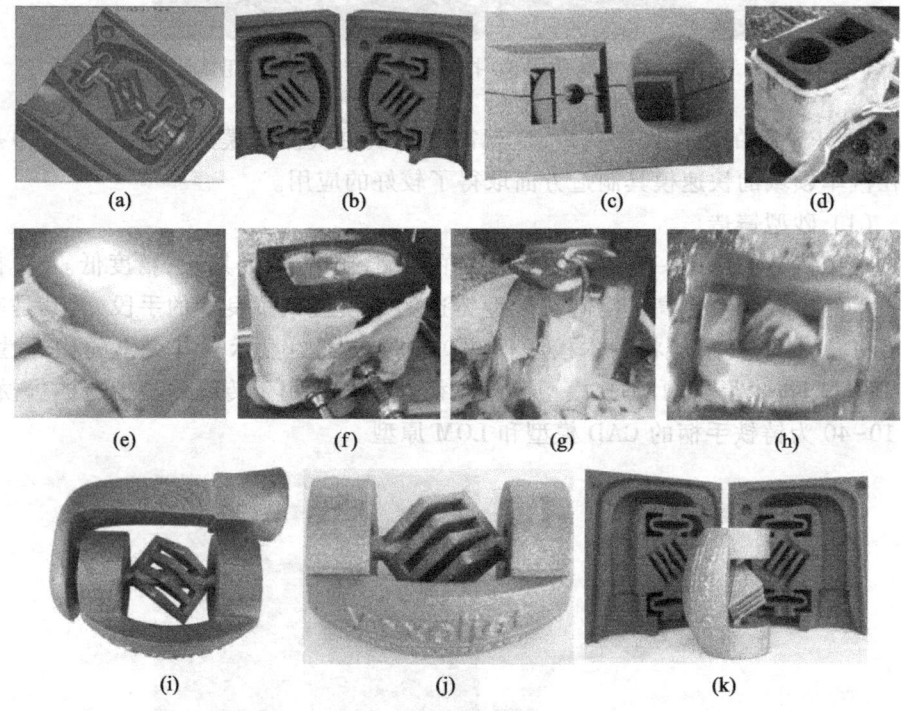

图 10-42　某铸件的砂型铸造过程

当前推出的许多系列型号的基于喷射黏结剂的 3D 打印机与原有的粉末激光烧结成形设备都可以直接将砂子制作成铸造用的砂模。图 10-43a 是用增材制造技术制作的 Imperia GP 跑车的变速箱砂型，图 10-43b 是利用砂型铸造出的变速箱。图 10-44 为铝合金车用离合器零件的 3D 设计、3D 打印的砂型以及最后的铸件，铸件尺寸为 465 mm×390 mm×175 mm，质量为 7.6 kg。砂型尺寸为 697 mm×525 mm×353 mm，总质量为 145 kg，打印用时 10 h。

（2）熔模铸造

熔模铸造也称为失蜡铸造或消失型铸造，是一种可以由几乎所有的合金材

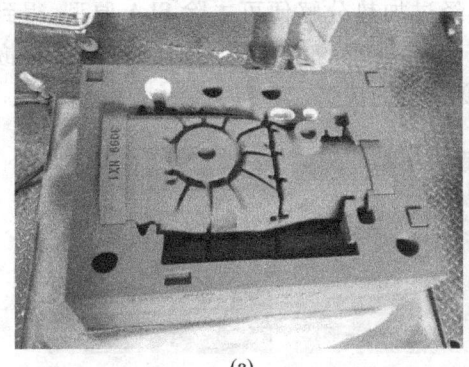 

(a)　　　　　　　　　　　　　　(b)

图 10-43　3D 打印直接制作的变速箱砂型及其铸件

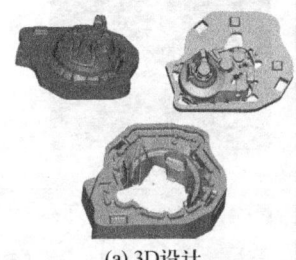 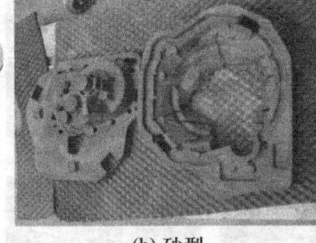 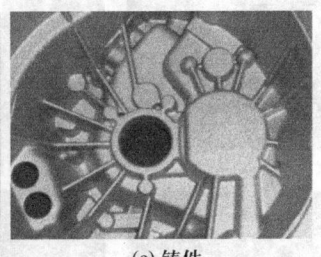

(a) 3D设计　　　　　　　(b) 砂型　　　　　　　(c) 铸件

图 10-44　3DP 工艺制作砂型模具及其铸件

料进行净形制造金属制件的精密铸造工艺，尤其适合于具有复杂结构的薄壁件的制造。3D 打印技术的出现和发展，为熔模精密铸造消失型的制作提供了速度更快、精度更高、结构更复杂的保障。尤其是 3D Systems 公司开发的 QuickCast 工艺，更加突出了增材制造技术在熔模铸造领域应用的优越性。

图 10-45 给出了某发动机壳体的熔模铸造过程。首先进行三维造型设计（图 10-45a），然后采用 SLS 工艺制造 PMMA 材质的消失型（图 10-45b），在消失型上附加蜡质的浇道等浇注系统（图 10-45c），之后反复喷涂陶瓷浆制壳（图 10-45d 至图 10-45f），制壳完毕后进行焙烧（图 10-45g），形成可用于浇注的陶瓷壳（图 10-45h），接着浇注熔化的铝水（图 10-45i），凝固后进行后处理（图 10-45j），最后去掉浇道（10-45k），得到最终铝质的发动机壳体铸件（图 10-45l）。

在应用较广泛的 3D 打印工艺中，SLA、SLS、3DP 等原型都可以用作熔模铸造的消失型。图 10-46a 为 SLA 技术制作的用来生产氧化铝基陶瓷芯的模具，该氧化铝陶瓷芯是在铸造生产燃气涡轮叶片时用的熔模，其结构十分复杂，包含制作涡轮叶片内部冷却通道的结构，且精度要求高，对表面质量的要求也很高。

制作时，当浇注到模具内的液体凝固后，经过加热分解便可去除 SLA 原型，得到氧化铝基陶瓷芯。图 10-46b 是用 SLA 技术制作的用来生产消失模的模具嵌件，该消失模用来生产标致汽车发动机变速箱的拨叉。

(a) (b) (c) (d) (e) (f) (g) (h) (i) (j) (k) (l)

图 10-45 发动机壳体熔模铸造过程

(a) (b)

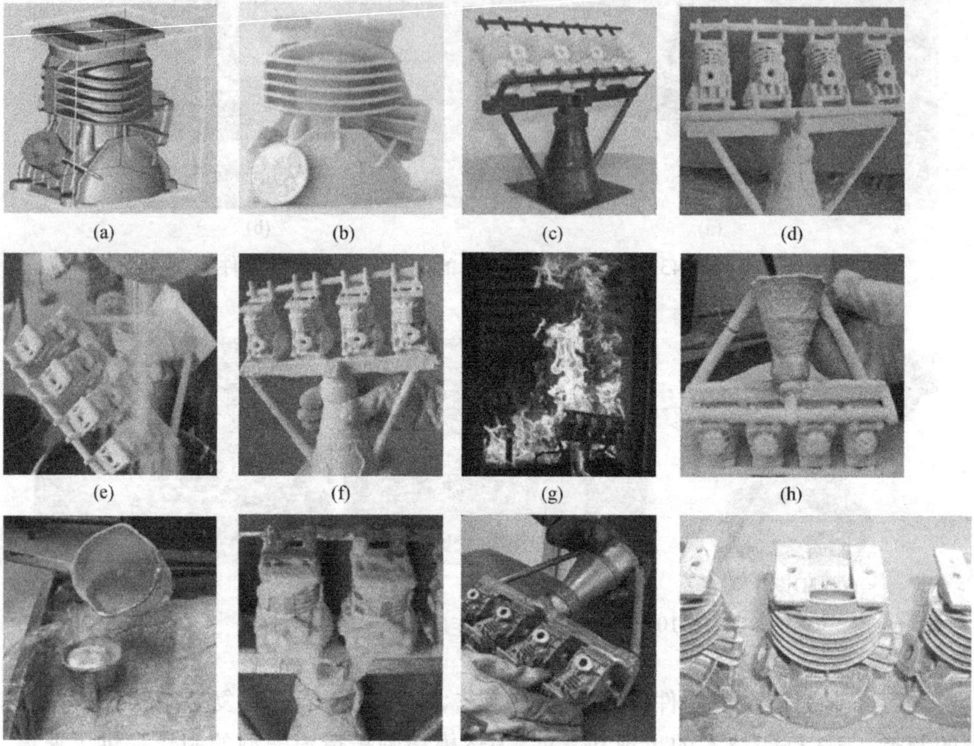

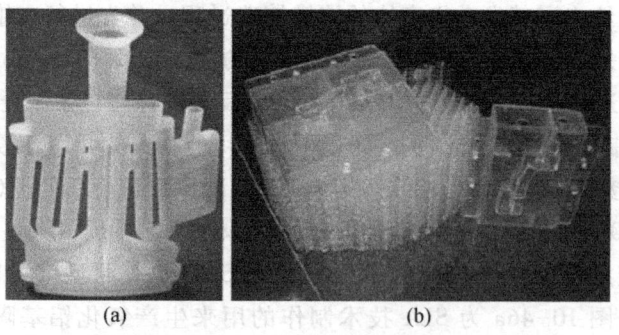

图 10-46 SLA 原型在铸造领域的应用实例

将 SLS 激光成形技术与精密铸造工艺结合起来,特别适于具有复杂形状的金属功能零件整体制造。在新产品试制和零件的单件小批生产中,不需复杂工装及模具,可大大提高制造速度,并降低制造成本。图 10-47 是利用增材制造技术制作的涡轮增压器消失型及其铸件。图 10-48 给出了若干基于 SLS 原型由熔模铸造方法制作的产品。

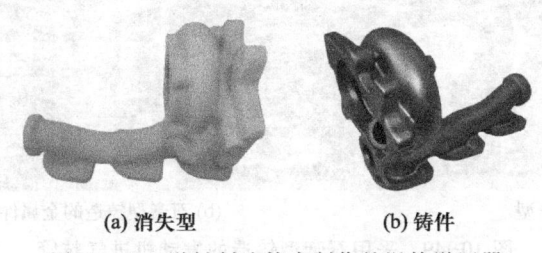

(a) 消失型　　　　　　(b) 铸件

图 10-47　增材制造技术制作的涡轮增压器

图 10-48　基于 SLS 原型由快速无模具铸造方法制作的产品

(3) 石膏型铸造

熔模铸造通常被用来从 3D 打印的原型作为消失型来制造钢质件,但对低熔点金属件,如铝镁合金件,采用石膏型铸造,效率更高。同时,铸件质量能得到有效的保证,铸造成功率较高。在石膏型铸造过程中,增材方式制造的成形件仍然是可消失模型,然后由此得到石膏模进而得到所需要的金属零件。

石膏型铸造的第一步是用 3D 打印方法获得的成形件制作可消失模,然后再将消失模埋在石膏浆体中得到石膏模,再将石膏模放进焙烧炉内培烧。消失模通过高温分解,最终完全消失干净,同时石膏模干燥硬化,此过程一般要两天左右。最后在专门的真空浇铸设备内将熔化的金属铝合金注入石膏模,冷却后,破碎石膏模得到金属件。这种生产金属件的方法成本很低,一般只有压铸模生产的 2%~5%。生产周期很短，一般只需 2~3 周。石膏型铸件的性能也可与精铸件相比，由于是在真空环境完成浇注，所以性能甚至更优于普通精密铸造。图 10-49 所示为使用石膏型铸造得到的发动机进气歧管系列产品。

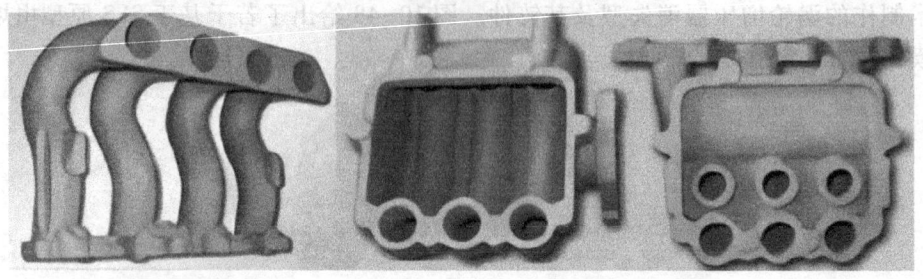

(a) 消失型　　　　　　　　　　　　(b) 石膏型铸造的金属件

图 10-49　采用石膏型铸造的发动机进气歧管

日本丰田汽车公司采用 FDM 工艺制作轿车右侧镜支架和四个门把手的母模，通过快速模具技术制作产品而取代传统的 CNC 制模方式，使得 Avalon 2000 车型（图 10-50）的制造成本显著降低，右侧镜支架模具成本降低 20 万美元，四个门把手模具成本降低 30 万美元。

利用 FDM 制作出的快速原型来制造硅橡胶模具是非常有效的，例如汽车电动窗和尾灯等的控制开关就可用这种方法制造，甚至可以通过打磨过的 FDM 母模制得透明的氨基甲酸乙酯材料的尾灯玻璃。它与实际生产的产品非常相似，与用铸造法或注塑法制作的零件没有什么差别。在整个新式 Avalon 2000 汽车的改进设计制造中，FDM 为这一计划节约的资金超过 200 万美元。

图 10-50　丰田 Avalon 2000 车型

4. 车型评估模型

利用 3D 技术制作出的车型模型能够非常直观地了解尚未投入批量生产的

车型外观及时作出评价,使汽车制造商能够根据消费者的需求及时改进车型设计,为新车型的销售创造有利条件,并避免由于盲目生产可能造成的损失。

图 10-51 给出的是某新型豪华客车用于外观评估的经过喷漆等处理的 LOM 模型,该模型大小为客车实际尺寸的 1/10。

图 10-51 某新型豪华客车用于外观评估的 LOM 模型

兰博基尼的 Aventador 旗舰型号双座型跑车可以在 2.9 s 内从 0 加速到 60 mi/h,最高速度约 230 mi/h,成本不足 40 万美元。Aventador 的核心部件是它的碳纤维增强复合材料(CFRC)外壳,长 81 in,宽 74.5 in,高 40 in,是汽车上最大的碳纤维组件。外壳仅重 324.5 lb,整个车身和底盘重量更是令人难以置信的仅有 505 lb。利用 3D 打印技术,兰博基尼实验室在两个月内建立了完整的 1/6 比例的车身和底盘原型。大大节省了设计周期,缩短了从研发到推向市场的时间。图 10-52 为增材制造模型设计的数字 Aventador 模型。

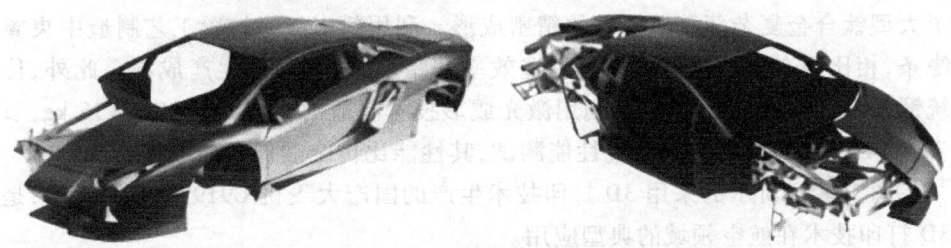

图 10-52 3D 打印模型设计的数字 Aventador 模型

二、在国防、航空航天领域的应用

国防和航空航天行业对 3D 打印也抱有很大的期望,希望能够通过 3D 打印技术的应用来削减成本和提高生产效率。航空航天产品具有形状复杂、批量小、零件规格差异大、可靠性要求高等特点,产品的定型是一个复杂而精密的过程,往往需要多次的设计、测试和改进,耗资大、耗时长,3D 打印技术以其灵活多样的工艺方法和技术优势在现代航空航天产品的研制与开发中具有独特的应用前景。3D 打印在航空航天和国防领域主要用于直接制造。其次,在设计验证过程中的应用也必不可少。相比传统制造,用 3D 打印技术进行设计验证省时省力。3D 打印还可以应用于维修领域,不仅能够极大的简化维修程序,还可以实现很多传统工艺无法实现的功能。

通过使用更先进的打印机和金属材料,航空航天和军工制造企业正在试图制造传统技术难以实现的零部件设计,比如用于卫星或喷气式战斗机的支架或工具等。

1. 单件或小批量零部件产品直接制造

航空领域需求的许多零部件通常都是单件或小批量,采用传统制造工艺,成本高,周期长。随着航空航天技术的发展,零件结构越来越复杂,力学性能要求越来越高,重量却要求越来越轻,传统工艺制造很难满足这些要求。借助 3D 打印技术制作模型进行试验及直接或间接利用 3D 打印技术制作产品,可以满足这些需要,具有显著的经济效益和时间效益。

中国 C919 大型客机风挡在高速飞行时要承受巨大动压,其窗框由钛合金制成。国内首创用 3D 打印技术成功制造了 C919 飞机窗框中央翼缘条钛合金大型主承力构件,如图 10-53 所示。该中央翼缘条最大尺寸达 2.83 m,是大型钛合金结构件,传统方法零件的加工除去量非常大,对制造技术及装备的要求高,需要大规格锻坯、大型锻造模具及万吨级以上的重型液压锻造装备,制造工艺相当复杂,生产周期长,制造成本高。西北工业大学与中国商用飞机有限公司合作,应用粉末激光烧结工艺完成了中央翼缘条的制造,最大变形量<1 mm,实现了大型钛合金复杂薄壁结构件的精密成形。利用粉末激光熔覆工艺制造中央翼缘条,相比现有技术可大大提高制造效率和精度,显著降低生产成本。此外,传统锻件毛坯重达 1 607 kg,而利用激光成形技术制造的精坯质量仅为 136 kg,节省了 91.5%的材料,并且经过性能测试,其性能比传统锻件还要好。

图 10-53 所示的采用 3D 打印技术生产的国产大飞机 C919 中央翼缘条,是 3D 打印技术在航空领域的典型应用。

图 10-54 中国航空工业集团有限公司第一飞机设计研究院在国家某重点型号研制中,将全三维数字化设计技术与最新的 3D 打印技术相结合,在北京航空航天大学的协助下,"打印"出多个满足各项标准要求的飞机部件,使"将 3D 打印技术应用于飞机研制"成为现实。无需任何机械加工或模具,就能直接从计算机三维图形数据中生成任何形状的零部件,安装到飞机上还能满足强度、刚度和使用功能上的任何要求。

图 10-53 C919 飞机中央翼缘条

图 10-54 3D 打印技术应用于飞机研制

作为使用 3D 打印技术的先驱,波音公司已经打印了用于各类飞机上的 22 000 个部件。例如,利用 3D 打印技术为新型 787 飞机制造了环境控制管道 (ECD)。由于其内部结构复杂,使用传统工艺制作 ECD 时,需要制造 20 个部件。但是,利用 3D 打印技术,波音公司可以生产出一个完整的 ECD。新部件可以减少库存,还无需装配,能降低检查和维护时间。由于 3D 打印的部件质量较小,飞机的操作质量也随之减小,从而节省了燃料。根据美国航空公司报道,飞机质量每减轻一磅,公司每年就能省下 11 000 加仑以上的燃料。波音公司和其他航空航天巨头,如通用电气公司、欧洲航空防务航天公司(EADS)、空中客车的制造商,正在进一步研究优化部件,如机翼支架,如图 10-55 所示。Ferra Engineering 公司是一家为波音公司和空中客车公司提供服务的澳大利亚航空承包商,它签下了一份利用3D打印技术制作2 m长的大型钛合金零件的合同,用于F-35联合攻击战斗机上,以减少加工时间和材料浪费。波音公司甚至设想在未来能3D打印出完整的飞机机翼。

图10-55　空中客车3D打印的金属机翼支架

通用电气公司里面有800多个3D打印的机器在使用,且空客A320客机已经使用3D打印技术,其中一个活页零件就可以减重10 kg左右。

3D打印技术的另一个优点是可以分布式制造,解决供应链问题。在某个地方大规模生产的组件需要数周才能运达装配工厂,但现场利用3D打印技术制作组件,便可以省去运输时间,减少供应链中可能出现的摩擦,降低工厂的库存量。长供应链较极端例子发生在太空探索中。"太空制造"与"月球建筑"两个团体组织正在研究在国际空间站上甚至是在火星上打印产品、工具或更换零件,以避免昂贵且花费长达10年之久的规划周期,来策划火箭发射需要携带的必要更换零件和工具。"太空制造"组织与NASA(美国航空航天局)签订了合同,目前正在进行无重力试验,计划在国际空间站上试用3D打印技术。如果研制成功,宇航员就能在需要时直接在太空制作工具和零件了(图10-56)。目前,NASA的下一架太空探索飞行器"漫游者"约有70个部件是3D打印完成的。NASA工程师也使用3D打印工艺制作产品原型,在生产前进行部件测试。

英国《每日邮报》网站报道,美国宇航局计划在轨道建造一个"太空制造厂",利用3D打印技术和机器人技术制造天线、太阳能电池板等大型设备。这个"太空制造厂"名为"SpiderFab",计划于2020年投入使用,是美国科技公司

图 10-56 "太空制造"小组正在进行 3D 打印无重力测试

Tethers Unlimited 在获得美国宇航局 50 万美元合同以后着手开发的。"SpiderFab"借助于 3D 打印和机器人技术,在太空建造和组装大型零部件,例如天线、太阳能电池板、传感器桅杆、轨道侧支索等。图 10-57 所示的为"SpiderFab"项目拟利用增材制造和机器人技术在太空建造天线、太阳能电池板、望远镜等大型设备。

图 10-57 "SpiderFab"项目利用增材制造在太空建造大型设备

目前,大型航天器零部件都是在地面上建造完成的,这些零部件可以折叠放入火箭保护罩,然后在发射到太空以后进行部署。但这种方法耗资巨大,建造的零部件尺寸还要受到保护罩体积的限制。而"SpiderFab"能以纤维制品或聚合物等材料,制造至关重要的太空零部件,并具有紧凑且耐持久"胚胎"的形态,以确保这些零件能够放入尺寸较小、成本较低的运载火箭中被发射到太空。一旦进入太空,"SpiderFab"机器人制造系统就会对材料进行处理,制造出适合太空环境的超大型结构。这种方法完全不同于传统技术，可制造大小是现在数十甚至数百倍的天线或天线阵列，从而提供适用于各类太空任务的较高功率、较高带宽、较高分辨率和较高灵敏度的大型设备。目前，采用火箭发射易碎设备的失败几率很高。SpiderFab 可显著降低采用火箭发射易碎设备的风险性。美国宇航局在研究了这项技术的可行性以后，与 Tethers Unlimited 签订了初步合作协议。在协议的第二个阶段，Tethers Unlimited 将提出和演示多种方法，确保制造高性能支持设备（如反光镜和天线）的 3D 打印等有关技术可有效运转。此外，根据与美国宇航局小企业创新研究中心（SBIR）签订的合作协议，Tethers Unlimited 还正在研制一种名为"Trusselator"的设备，这种设备可以制造桁架结构，为在太空中建造大型太阳能电池板提供支持，如图 10-58 所示。在与 Tethers Unlimited 签订合作协议以后，美国宇航局还将开展一系列开发太空 3D 打印技术的项目。

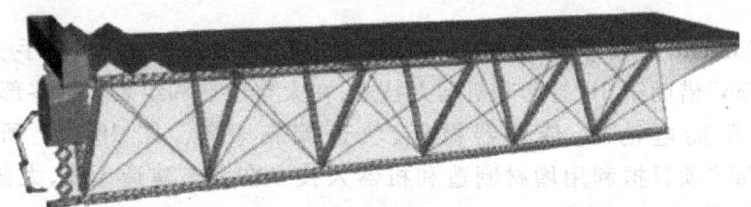

图 10-58 "Trusselator"设备在太空中建造桁架结构

某一航空领域公司的无人驾驶飞行器上一款电驱动四马达垂直起落架，通过 CAD 设计之后，采用 3D Systems 公司的 sPro SLS 设备，使用 DuraForm EX 黑色材料进行制作，如图 10-59 所示。与传统的采用纤维材料通过传统工艺制造相比，3D 打印技术显著提高了生产效率和产品制作的速度，该公司称 3D Systems 公司为其主要的贡献者。

凯利制造公司是世界最大通用航空仪器制造商。仪器仪表制造业需要严格的测试设施和坚实的质量体系，以确保飞机的飞行员飞行安全系统的功能和可靠性。M3500 仪是一种为飞行员提供飞机转率的仪器。M3500 的一个重要组成部分是环形的外壳，是聚氨酯铸件。利用传统工艺很难准确获得外壳尺寸，并且需要手工打磨。另外，改变模具设计也会增加很高的成本。快速 PSI 公司是专门的代工制造商，利用 FDM 技术使用 Ultem9085 材料为凯利制造公司制作了新的 M3500 外壳，其使用的 3D 打印设备为 FDM900mc，新的工艺尺寸公差严格控制在 0.003 in 以内，无需装配，节省了制作时间和成本，并且不需要模具，可以方便地更改材料和工艺。图 10-60 为利用 FDM 工艺制作的 M3500 仪器外壳。

RDASS4 是一个独特的无人驾驶飞行器（UAV），只有五磅重。它有四个电池供电的电动马达，使它能够在 100 ft 高度盘旋。其典型的军事应用是为装甲

第二节 增材制造技术的应用

图 10-59 电驱动四马达垂直起落架

图 10-60 利用 FDM 工艺制作的 M3500 仪器外壳

车侦查可能会带来危险的地形或建筑物。为满足这种需求，RDASS4 外壳层的塑料部件必须通过功能和碰撞测试，以确保其在碰撞后可以再次起飞。传统的方法是采用注塑成型来制作飞行器的外壳，这种工艺成本很高并且需要 6 个月的时间制造模具，工装后的任何设计变更，都需要昂贵和费时的修改。而 3D 打印技术中的 FDM 工艺可以满足 RDASS4 外壳部件的需求。研究人员现在利用 FDM 工艺，使用 Dimension 3D 打印机，可以非常迅速的制作出外壳部件，并且方便的根据制作出来的原型来更改工艺方案。图 10-61 为 RDASS4 无人机及其飞行器外壳。

在航空领域借助 3D 打印技术取代采用模具方法进行单件制作具有很大的优势，一方面节省了模具制作的成本和时间，另一方面复杂结构的制作也容易实现。据某一为航空领域提供零部件公司统计，采用 3D 打印技术使得零部件本身制作成本降低 50%~80%，制造时间减少 60%~90%，零部件质量降低 10%~50%，模具制作时间和成本降低 90% 以上。

图 10-61　RDASSA 无人机(左)及其飞行器外壳(右)

2. 新产品开发过程中的设计验证与功能验证

在飞机或航天器的制作过程中，从设计阶段就开始全盘考虑减重和安全目标，通过一次次的改进设计和模拟测试来达到目标。在工业制造领域，通常生产成本的 80% 是在设计阶段决定的，设计阶段是控制产品成本的重要环节。这条原理在航空航天领域同样适用也更加重要。航空航天产品开发中的问题都应当尽量在设计环节发现并加以解决，这是实现成本控制和质量控制的最好方式。为此，可利用 3D 打印技术制作具有功能测试性能的模型和样件，并模拟出产品的最终形态(功能形态、曲面形态等)，以验证产品结构是否合理，运动配合是否顺畅等，甚至可以制作 1∶1 的模型，将其放进风洞，进行直观的空气动力检测。

在航空航天领域，SLA 模型可直接用于风洞试验，进行可制造性、可装配性检验。航空航天零件往往是在有限空间内运行的复杂系统，在采用光固化成形技术以后，不但可以基于 SLA 原型进行装配干涉检查，还可以进行可制造性讨论评估，确定最佳的合理制造工艺。

众所周知飞机发动机引擎是非常复杂的部件，也是性能要求非常高的部件。能否制造飞机发动机，成为一个国家工业水平的代表。蒙纳士大学增材制造中心主任吴新华教授，率领团队 3D 打印出世界上第一台可以运行的飞机引擎(图 10-62)。

飞机发动机的研究从设计到最后造出产品一般需要 15 年，主要是因为很多构件很难制造，通过 3D 打印这个技术就可以使这些很困难的构件很快的

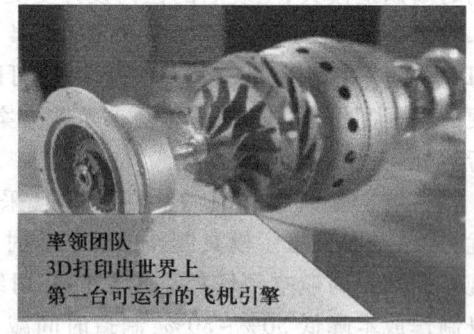

图 10-62　利用 3D 打印技术制造的飞机引擎

制造出来。3D 打印技术可以把新的发动机从研发到最后完成的时间降低到 3~5 年。

利用光固化成形技术可以制作出多种弹体外壳，装上传感器后便可直接进行风洞试验。通过这样的方法避免了制作复杂曲面模的成本和时间，从而可以更快地从多种设计方案中筛选出最优的整流方案，在整个开发过程中大大缩短验证周期和开发成本。此外，利用光固化成形技术制作的导弹全尺寸模型，在模型表面表进行相应喷涂后，清晰展示了导弹外观、结构和战斗原理，其展示和讲解效果远远超出了单纯的电脑图纸模拟方式，可在未正式量产之前对其可制造性和可装配性进行检验，如图 10-63 为 SLA 制作的导弹模型。

风洞试验是任何飞机研制必不可少的一个关键进程，以试验飞机各项气动外形性能和飞行性能等。低速风洞试验模型，要求模型数据准确，具备一定的强度，传统的加工方式加工周期长，成本高，由于比较重，试验操作也不方便，而利用 SLA 方式制作的风洞试验模型可以克服以上缺点，具有很高的经济效益，如图 10-64 为经过电化学沉积后的 SLA 飞行器风洞模型。

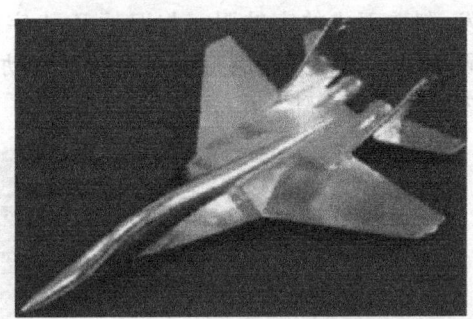

图 10-63　SLA 制作的导弹模型　　图 10-64　SLA 制作的用于风洞试验的飞行器模型

图 10-65 为利用 3D 打印技术按 1∶100 的比例制作得到的 C919 模型，主要用于多种机身涂装方案的效果快速评估。其制作过程为：首先将 IGS 格式的数据导入 Magics 软件进行缺陷数据的处理和修复，主要包括对法向方向定义相反的曲面、没有进行正常连接的曲面（曲面之间有交叉和缝隙）或在数据转换过程中出现轮廓缺失的曲面进行统一修整，将修整好的数据按 2 mm 的壁厚进行抽壳后加载到 RS6000 设备上进行原型加工，原型制成后按不同的涂装方案要求进行表面喷涂处理。相比传统的手工制模，利用 SLA 工艺进行涂装模型的制作有两个明显优势：速度快，效率高，数据处理时间约为 1 天，SLA 作缩比模型时间约为 13 h，后处理时间为 4 天；与手工模型相比，SLA 原型的精度高、数据还原性

高，如翼身融合部、引擎部分、舵面线等细节。

图 10-65　利用 SLA 技术制作的 C919 模型

美国宇航局新一代宇航服 Z-2 为宇航员将来在火星生活、工作而设计，Z-2 宇航服（图 10-66）是史上首次用 3D 激光扫描宇航员人身，并且用 3D 打印技术开发，制造而成的宇航服。与旧款 Z-1 宇航服相比，Z-2 宇航服的上半身比较坚硬，更加耐用，并且满足宇航员舱外活动的需求并嵌入了仿生学设计理念，未来该宇航服将登陆火星。

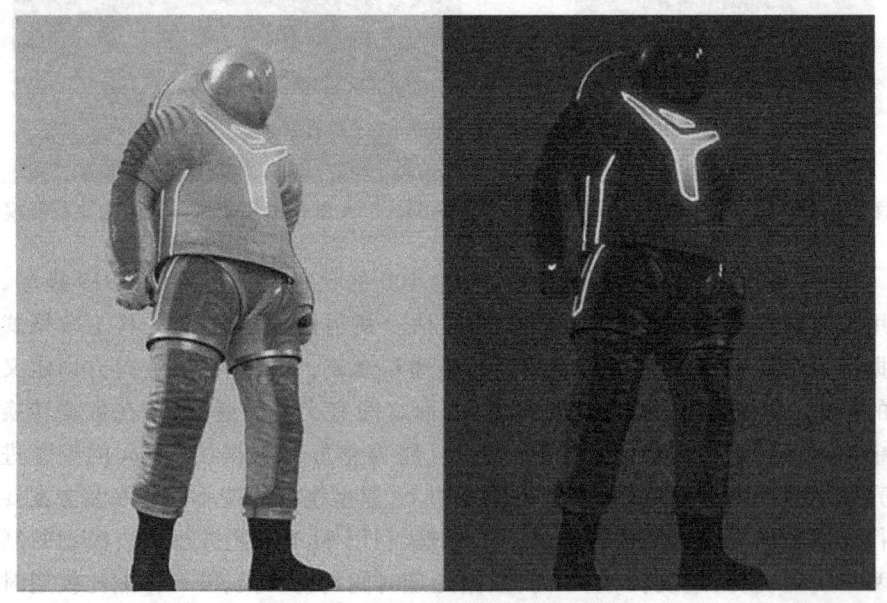

图 10-66　3D 打印技术开发宇航服

3. 航空铸件

精密熔模铸造是一种常用的近净成形制造工艺，可以做到铸造件的少无切削加工而直接使用。此种方法生产的铸件尺寸精度高（可达 CT4~6 级），表面质量好（$Ra=1.6~3.2~\mu m$），精密熔模铸造尤其适合于生产形状复杂及难切削金属材料构成的关键构件，可以显著提高金属材料的利用率，缩短产品制造周期，降低产品成本，提高企业竞争力。

航空领域中发动机上许多零件都是经过精密铸造来制造的，对于高精度的木模制作，传统工艺成本极高且制作时间也很长。采用 SLA 工艺，可以直接由 CAD 数字模型制作熔模铸造的母模，时间和成本可以得到显著的降低。数小时之内，就可以由 CAD 数字模型得到成本较低、结构又十分复杂的用于熔模铸造的 SLA 快速原型母模。图 10-67 给出了基于 SLA 技术采用精密熔模铸造方法制造的某发动机的关键零件。图 10-68a 为 3D 打印的螺旋桨砂模剖面，图 10-68b 为螺旋桨铸造成品。

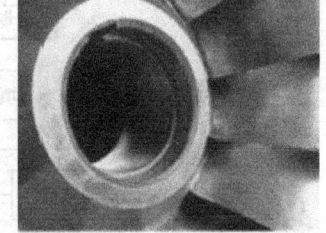

图 10-67 某发动机的关键零件

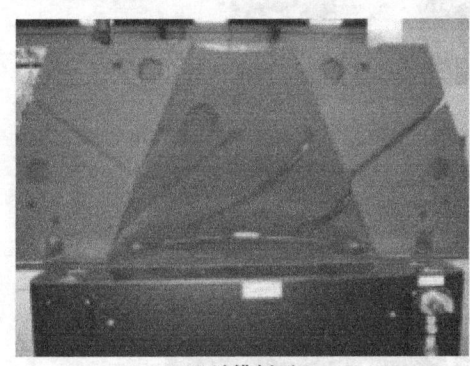

(a) 砂模剖面

(b) 铸件

图 10-68 增材制造工艺直接制作的螺旋桨

4. 零件修复

在飞机零件的加工过程中，不可避免常常因为各种原因形成的零件缺陷而导致报废，由于飞机关键零件对性能可靠性的要求极高，因此一般不允许修复使用。一些大型零件的价格昂贵，加工周期很长，通过 3D 打印技术，可以用同一材料将缺损部位修补成完整形状，修复后的性能不受影响，大大节约了时间和成本。激光直接沉积技术为航空航天、工模具等领域高附加值金属零部件的修复提供一种高性能、高柔性技术。由于工作环境恶劣，飞机结构件、发动机零部件、金属模具等高附加值零部件往往因磨损、高温气体冲刷烧蚀、高低周疲劳、外力破坏等因素导致局部破坏而失效。另外,零件制造过程中误加工损伤是其被迫失效的另一个重要原因。若这些零部件被迫报废,将使制造厂方蒙受巨大的经济损失。与传统热源修复技术相比,激光直接沉积技术因激光的能量可控性、位置可达性高等特点逐渐成为其关键修复技术。激光直接沉积技术对整体叶盘进行修复的过程如图 10-69 所示。图 10-70 为激光修复的航空发动机叶片。

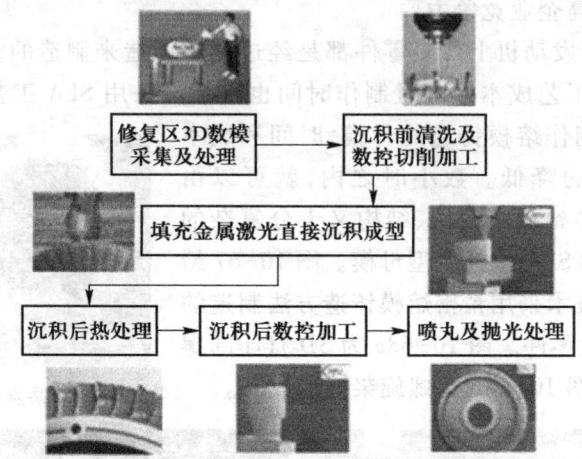

图 10-69　利用激光直接沉积技术修复整体叶盘的流程

图 10-70　激光修复的航空发动机叶片

5. 无人机机身制造

轻型无人直升机旋转翼系统的开发团队——FLYING-CAM,联手意大利 CRP 集团的知名添加剂制造材料 Windform 和激光烧结技术领导者——摩德纳,开发了一个名为"SARAH"的自动直升机空中响应系统。这款轻型无人直升机 FLYING-CAM(图 10-71)的机身结构为复合型材料,是由 CRP 利用粉末激光烧结工艺成形的。这不仅为无人机提供了快速的响应时间,还有效促进了生产的系列化,与此同时,还为无人机提供了一个可以更容易定制的平台。此外,利用粉末激光烧结技术完成的无人机"SARAH"系统,前所未有的达到了厘米级精度的3D图像情报,灵活度和精度都有了质的提升。

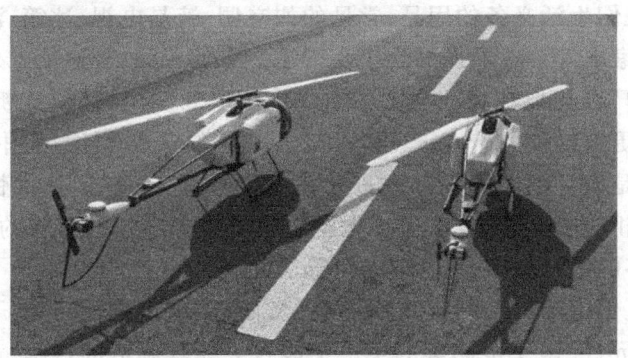

图 10-71　利用粉末激光烧结工艺制造的轻型无人直升机

航空航天业希望获得重量轻、强度大的比强度高的零件,目前正在研究符合要求的制造材料,以及制定材料及工艺标准,确保机器和构建零件的质量和一致性。据美国诺斯罗普·格鲁门公司预测,如果有合适的材料,该公司的军用飞机系统中将有1 400个部件可以用3D打印技术来制造。各种3D打印的金属部件将在未来10年内成为飞行器的通用配置。

洛克希德·马丁公司目前正在卫星制造中使用3D打印的部件。一些打印零部件已经安装在飞往木星的Juno飞船上。据所知,Juno飞船靠太阳能供电,2011年发射,计划2016年7月到达。Juno飞船上有十几个3D打印的托架,托架使用钛合金材料并通过被称为电子束熔融的增材制造工艺制造出来。

洛克希德·马丁公司计划将3D打印应用在其他航天器项目中,包括猎户座多功能乘员用车(orion multi-purpose crew vehicle)。他们已经在着手制造某些零部件,包括一个直径为7 ft的前向托架盖。前向托架盖是有史以航空航天业打印的最大的零部件之一。虽然就目前而言只是一个原型,但公司目前正在考虑直接用3D打印将其制造出来。猎户座被设想为一台在外太空运送人类的车辆,人类可以乘坐它探索小行星、月球和火星。这种实验制造也非常适合3D打印大显身手。公司也正在考虑在最先进的F-35联合攻击战斗机上使用3D打印零部件。一些用钛合金做的小部件可以用在F-35战机的机翼或尾翼上。该公司正在评估这种可能性。

三、在电子电气领域的应用

随着3D打印技术的发展,其应用范围越来越广泛。各种家电产品的外形与结构设计、装配试验与功能验证、市场宣传、模具制造等都可以应用3D打印技术。

电器是人们生活必备的用品，常见的如空调、液晶电视、冰箱、洗衣机、音响、手机、各种小家电等。这些产品为了赢得消费者的青睐，普遍追求外观的时尚和性能的稳定，厂商想要在竞争激烈的市场中获取利润，就必须不断推出更优、更好的新产品，更新换代的速度正逐年提高。而且在产品设计过程中，设计的可视化非常重要，是设计沟通和设计改进的基石。采用3D打印技术快速制作设计的实物模型，相比平面的2D模型或电脑中虚拟的3D模型，直观的3D打印模型能够体现更多的设计细节，更加直观可靠。

电器在人们生活中占据很重要的地位，而3D打印在消费电子行业占很大优势，在电子元件、电子电路等的生产中能省去模具制造的过程，大大节省时间和成本。

3D打印技术在电子电气领域中的应用主要在以下几个方面：

（1）设计沟通、设计展示，在产品设计早期，就使用3D打印设备快速制作足够多的模型用于评估，不仅节省时间，而且可减少设计缺陷。

（2）装配测试、功能测试，实现产品功能改善、生产成本降低、品质更好、市场接受度提升的目标。

（3）模具原型，加快交付周期、降低个性化定制价格、改善产品交付质量，以及提高生产效率。

1. 产品外壳零部件制造

随着消费水平的提高及消费者追求个性化生活方式的日益增长，制造业中对电器产品的更新换代日新月异。不断改进的外观设计以及因为功能改变而带来的结构改变，都使得电器产品外壳零部件的快速制作具有广泛的市场需求。在若干3D打印工艺方法中，光固化原型的树脂品质是最适合于电器塑料外壳的功能要求的，因此光固化成形在电器行业中有着相当广泛的应用。

图10-72给出的是电器产品开发中采用光固化成形技术制作的几个外壳件的原型。树脂材料是DSM公司的SOMOS11120，这些原型件的性能与塑料件极为相近，可以进行钻孔和攻丝等操作，以满足电器产品样件的装配要求。

2. 制造产品原型

利用3D打印技术制造出产品原型可以用作CAD数字模型的可视化、设计评价、干涉检验，甚至可以进行某些功能测试。另外原型能够使用户非常直观地了解尚未投入批量生产的产品外观及其性能并能及时作出评价，使厂方能够根据用户的需求及时改进产品，为产品的销售创造有利条件并避免由于盲目生产可能造成的损失。如图 10-73 所示,为验证电动工具把手的结构和功能是否符合要求,利用 SLS 粉末烧结技术制造出产品原型,提高了产品设计的效率和效果,保证了成品的品质。

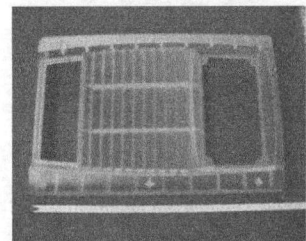 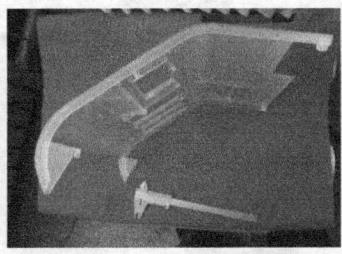 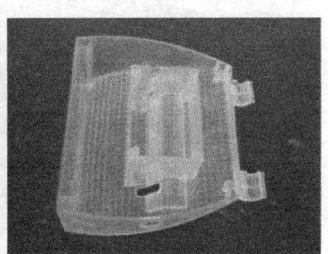

图 10-72 电器产品外壳件原型

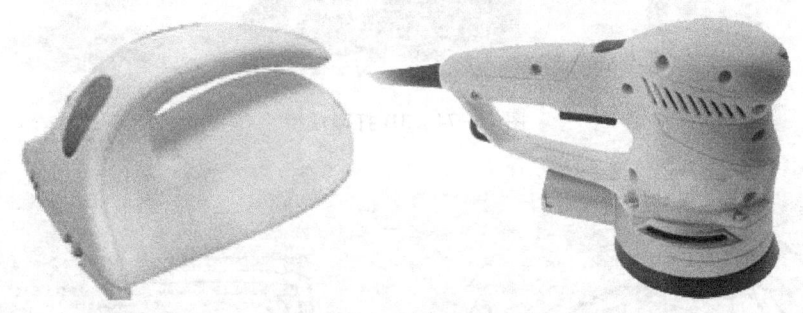

图 10-73 电动工具把手

如图 10-74 所示,松下公司使用 3D 打印机将模具的制作时间缩短了一半,成本也大大缩减,从而降低了树脂产品的生产成本。

3D 打印技术能够迅速地将设计师的设计思想变成三维实体模型,既可节省大量的时间,又能精确地体现设计师的设计理念,为产品评审决策工作提供直接、准确的模型,减少了决策工作中的不正确因素。

3. 液态金属直接印刷电子电路

印刷电子技术若能突破材料与量产的瓶颈,将颠覆许多大型生产线的商业模式。中国科学院理化技术研究所的科研团队,首次研制出纸上直接生成电子电路的技术,并做出了桌面式 3D 自动打印原型样机。经测试,该样机导电性、可靠性良好,实现了 3D 机电复合系统的直接打印。这意味着,新方法不但可以打印平面电路,还能完成立体复杂电路及其支撑件的直接生成。而打印一张 A4 纸大小的纸基电路板,目前只需要十几分钟,但对复杂电路图案,时间可能会长一些。图 10-75 为采用 3D 打印工艺打印在纸上的电子电路。

图 10-74 3D 打印模型

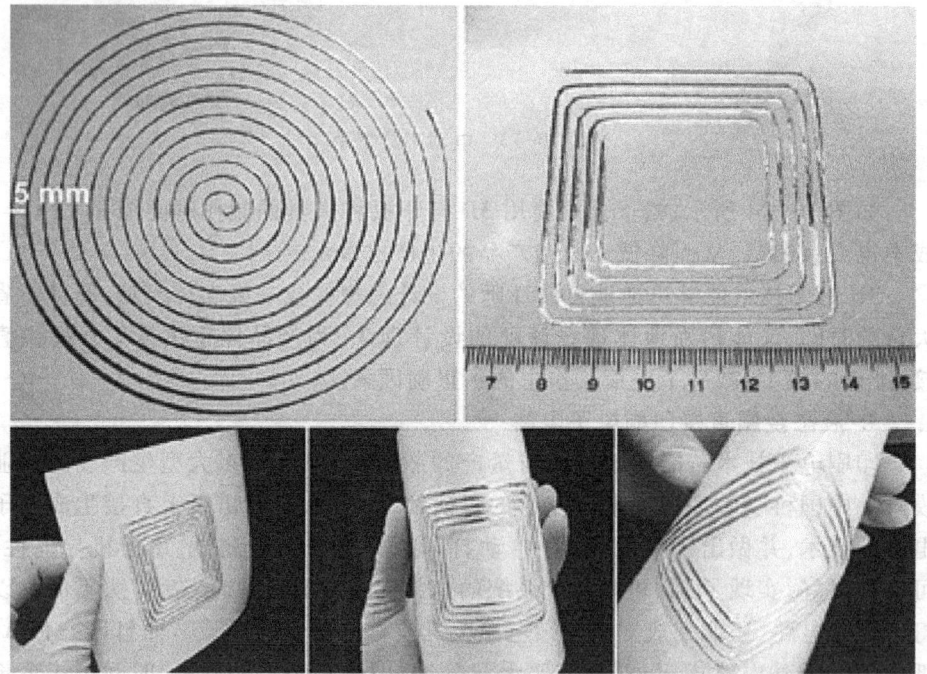

图 10-75 纸上"打印"的电子电路

常规的电路板制造工序通常较为耗时、耗材、耗能,而印刷电子方法就像印刷文字一样,直接在基板上形成能导电的线路和图案,能将传统的 7~8 道工序缩短至 3~4 道,快速灵活。但这种方法受到"墨水"的束缚。为了让印上去的"墨水"导电,常常需要采用导电聚合物或添加纳米颗粒材料并通过高温固化或特定化学反应来实现。液态金属印刷电子方法则将印刷电子向前推进了一大步,它的基本观念在于:"墨水"就是液态金属,打出来就能成为电路。传统工艺下,电子工程师若需更改电路板,需用化学药水做处理,经过刻蚀等步骤才能形成自己的设计。而新的液态金属打印方法,让漫长的设计过程变得唾手可得。

相比于常用的塑料基底,纸张具有成本低、便携、易降解、折叠,回收利用方便等特点,是一种绿色、环保、价廉的电路材料。纸张代替塑料,直接打印取代集成生产,虽然离现实还很远,但这一技术有望改变传统电子电路制造规则。个性化的电路设计方法,使其在电子工程、个性化电子元件设计和制造加工、创意设计等方面有较大的应用空间。

4. Glove One 手套形手机

如图 10-76 所示,这款 Glove One 手套形手机是设计师 Bryan Cera 的作品,是一部原型机,尚未投入商业用途。Glove One 手套形手机的每个部件都是用 3D 打印机打印出来的,其关节可灵活转动,手掌边缘都有一个物理拨号按键,拇指和小指分别作为扬声器和话筒,Glove One 的背部可以插入 SIM 卡,还拥有 USB 接口,可以用来充电。已经具备基本功能,用户可用 Glove One 手套形手机来拨打电话。

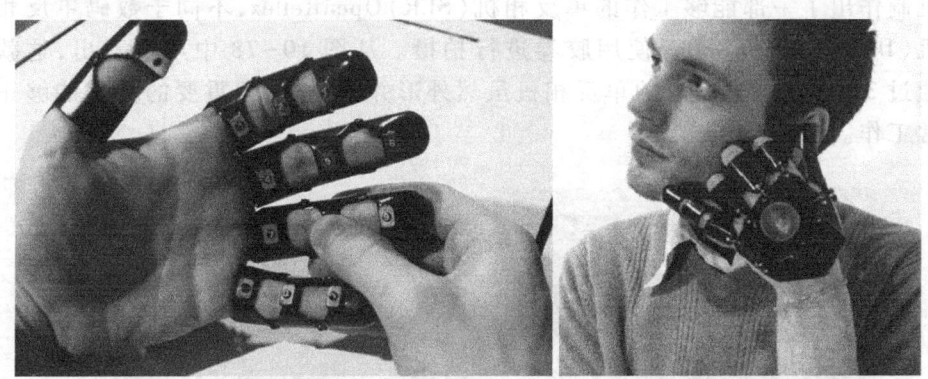

图 10-76 Glove One 手套形手机

5. 机器人电扇

哈佛大学设计学院攻读博士学位的 Andrew Payne 使用 Objet ABS 材料利用 Objet Connex 3D 打印机制作了一款机器人电扇,如图 10-77 所示。该风扇拥有内置的摄像机,并且使用面部识别软件跟踪用户脸部的位置以及作出相应的导向,将冷气引向可提供最大舒适度的区域。风扇内部有三个高扭矩伺服电动机。一个伺服电动机使风扇左右摆动,另外两个伺服电动机使独立风扇上下摇动。风扇耗能极低,大约为普通桌式风扇的三分之一。此外,它还能通过无线发送和接收来自中央建筑系统和该环境中其他设备的信息。

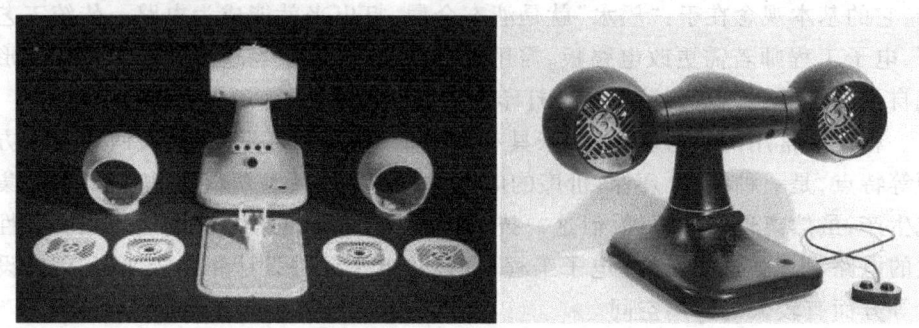

图 10-77 机器人电扇

6. 相机

对于相机来说,3D 打印技术可能会改变整个相机厂商的格局。3D 打印技术可以大幅降低相机内部外部所有零件的时间成本、设计成本以及制造成本,所以制造不再成为相机生产的重要环节,设计本身才是将来的主导。

根据国外媒体报道,法国一位名叫 Léo Marius 的 24 岁学生使用 3D 打印机制作出了一部能够工作的单反相机(SLR)OpenReflex,不同于数码单反相机(DSLR),OpenReflex 使用胶卷进行拍摄。从图 10-78 中可以看出,这款通过 3D 打印技术制成的单反相机虽然外形并不美观,但重要的是它能够正常工作。

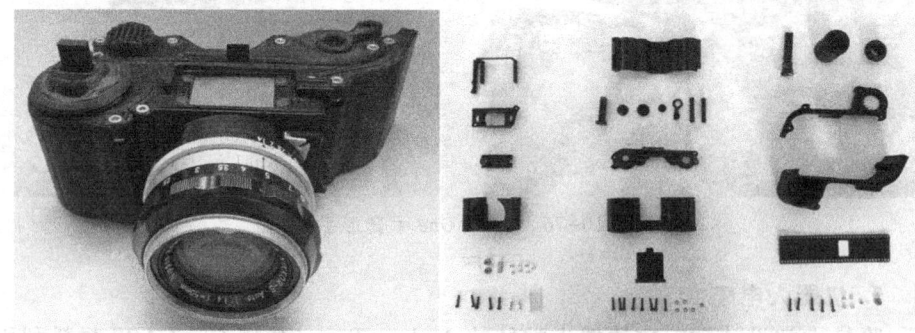

图 10-78 3D 打印的相机及其零件

该相机一款使用 35 mm 胶卷的单反相机，配备了 1/60 s 固定速度快门，通过一个非常大的释放按钮来触发。它的所有部件均由 RepRap-like ABS 3D 打印机制作，无需辅助材料。除了 3D 打印机，还需要准备激光切割机和玻璃切割机、螺丝刀、螺丝、螺栓、玻璃砂纸。零件打印时间为 15 h，所有零件处理后可以在 1 h 内组装完成，总花费不到 30 美元。OpenReflex 使用开源模拟照相机的取景器和机械快门，而且可以兼容任何摄像机镜头。

四、在光伏领域的应用

1. 晶硅太阳能电池技术进展情况

能源是人类社会存在和发展的重要物质基础。随着社会的发展，煤炭、石油等不可再生资源的日益减少，开发清洁能源迫在眉睫。太阳能作为地球上最丰富的能源而备受关注。目前，太阳能电池是人们利用太阳能的一种重要方式，可将资源无限、清洁干净的太阳能转换为电能。

光伏产业在过去 10 年中呈现 40% 以上的增长幅度，成为世界上发展最快的新兴产业之一，2013 年全球装机总量已达 38.4 GW。据不完全统计，现在我国从事太阳能新兴技术产业研究、开发、生产和应用的单位已经超过 1 000 家。自 2008 年，我国就已成为全球第一大太阳能电池生产国，太阳能电池的产量连续 5 年位列世界第一。

在当前的光伏市场中，主流产品是晶硅太阳能电池，其市场份额超过了 85%，商业化最高效率已经达到 22% 以上。预计在未来 10 年内，晶硅太阳能电池仍将占据主导地位。

随着光伏产业的发展，晶硅太阳能电池技术呈快速发展趋势，晶硅太阳能电池技术主要集中在两大方向：一是在现有电池结构和工艺的基础上，在一个或多个工序中引入新的生产工艺（如优化的表面钝化技术、选择性发射极技术、优化的表面织构化技术、点接触技术及 3D 打印电极技术等）来提高电池转换效率；二是改变现有的电池结构、工艺流程或材料（如 HIT 电池或价键饱和型太阳能电池等）来提高电池转换效率。

其中，3D 打印电极技术，由于金属材料利用率高、工艺过程简单、适合用于薄片电池，能更大程度节约电池生产成本，因而越来越受到业内关注。

2. 3D 打印电极技术在光伏领域的应用现状

目前，在 3D 打印电极方面开展研究工作的国外研究机构有以色列的 Xjet 公司、德国的 Fraunhofer ISE 研究所、Schimid 公司、Q-cell 公司、美国的 NERL 实验室、韩国的机械材料研究院等；国内开展 3D 打印技术的厂家目前有上海神舟新能源有限公司、江苏海润光伏科技有限公司和保定英利绿色能源控股有限公司等。

上述研究机构中,除江苏海润光伏科技有限公司外,其他机构所采用的3D打印技术仍是3D打印种子层加电镀的方式形成电极。采用电镀的方式会导致栅线宽度增加、粗糙,银材料利用率低,生产成本高,此外还存在环境污染的问题。这种3D打印技术被定义为"第一代3D打印技术"。"第二代3D打印技术"将采用全3D打印的方式,栅线电极一次3D打印成形,不但简化了生产工艺,同时还有助于提高电池转换效率、降低生产成本,实现精细化生产。

另外,3D打印技术除了用在晶体硅太阳能电池以外,也可以应用在薄膜电池上。如美国俄勒冈州立大学的研究者们使用3D打印技术成功地制造出了铜铟镓硒(CIGS)薄膜太阳能电池,节约了90%的原材料。麻省理工学院(MIT)则通过一台特制3D打印机将薄膜太阳能电池印刷到纸张上,这种电池目前可提供1.5%~2%的电池效率。

3. 3D打印电极技术分析

(1) 纳米银墨水的制备

在3D打印技术当中,需要采用专用的纳米银墨水,这种墨水包含的银微粒最大直径需小于喷口直径的1/10,以避免桥连和阻塞现象,考虑到喷口形状和运行次数等因素,这个比率实际上应该更小,传统的微米级导电浆料不能满足要求。而纳米银墨水所含(分散)的金属颗粒尺寸等级是在1 nm左右的产品,与传统正面银浆相比,其制备难度更大。

图10-79为纳米银墨水的制备原理,主要是利用醋酸银,通过湿化学的方法制备出平均颗粒直径为3 nm的纳米银,再与玻璃相和有机溶剂按一定的配比进行混合,最后制备出特有的纳米银墨水。其中,有机溶剂有20多种材料组成,可使银颗粒均匀分散其中而不会发生凝聚,确保3D印刷的质量,同时也可保证打印机头具有较好的性能。

(2) 3D打印技术原理

图10-80是3D打印设备的外观图,图10-81是3D打印的工作原理图。纳米银墨水通过打印机头上的小孔喷射到电池表面。每个打印机机头有200多个小孔,任何一个小孔堵住了,都有充足的替补。在打印过程中,小孔控制液滴一层一层喷射,每个小孔可控制不同的材料进行喷射。

打印设备带有真空吸盘,硅片由机械手放置于真空吸盘上吸住,通过激光对硅片进行定位后就可打印,6个机头一次打印6条细栅线(图10-82),交错打印完所有细栅线,然后旋转90°,由照相机监测,打印主栅线(图10-83),最后在250 ℃下加热,完成打印过程。整个过程都在程序监控中,如果机头出现问题,程序会自动对机头进行更换。

第二节 增材制造技术的应用　　453

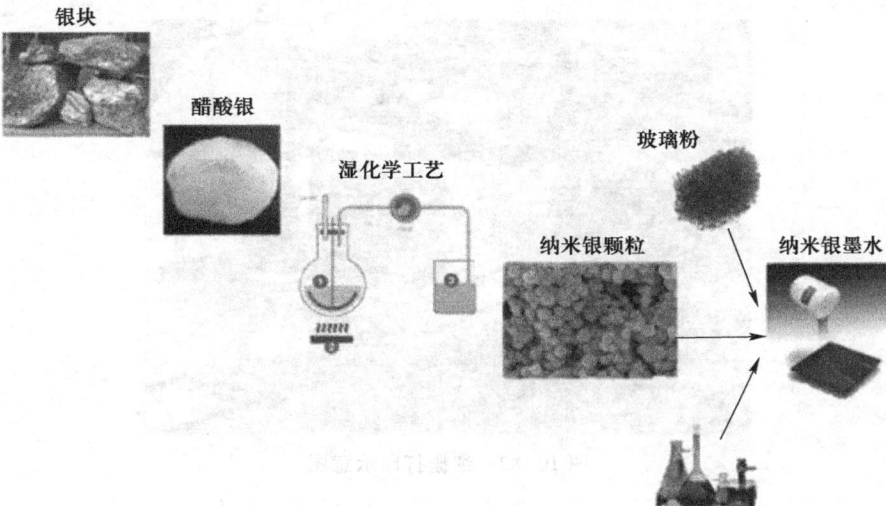

图 10-79　纳米银墨水制备原理

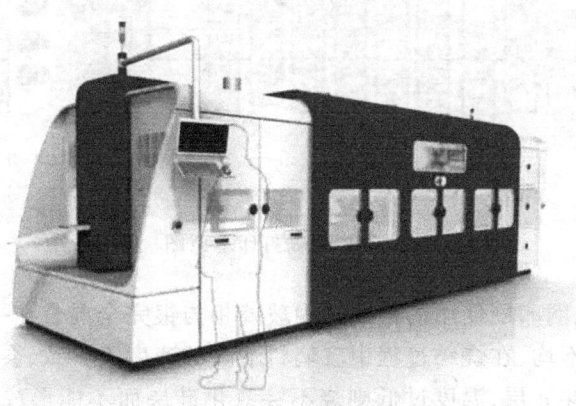

图 10-80　3D 打印设备外观图

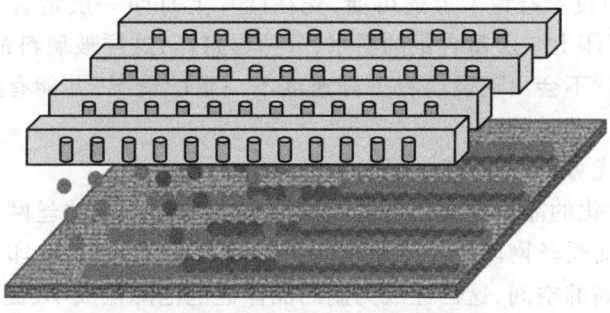

图 10-81　3D 打印设备工作原理

图 10-82 细栅打印示意图

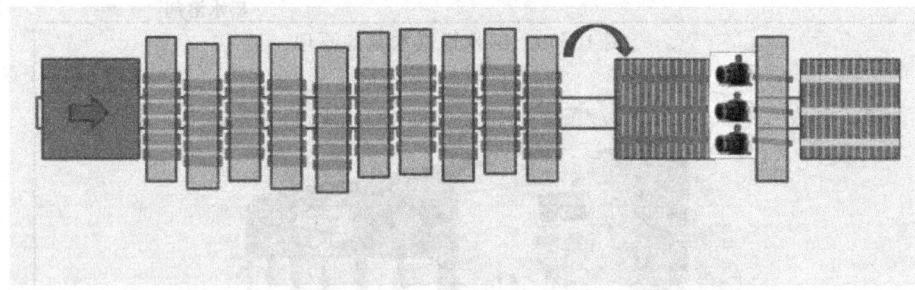

图 10-83 主栅打印示意图

另外,传统丝网印刷使用的银浆料中玻璃相与银完全混合在一起,并由于玻璃料颗粒的大小不均,在烧结过程中玻璃料下降的速度不一致,会造成如果烧结温度过高就会烧穿 n 层,温度过低则烧不穿氮化硅层而不能形成良好欧姆接触的情形。

而 3D 打印技术避免了上述可能,先在硅片上打印一层富含玻璃料和少量银的墨水,再打印上一层富含银的墨水,分两层打印,这样玻璃料都集中在下层,在烧结过程中就不会出现玻璃料下降速度不一致的情况,并能有效降低后续的烧结温度。

(3) 技术优势分析

目前,商业化的晶体硅太阳电池有 90% 以上采用传统的丝网印刷技术形成栅线电极。然而受丝网印刷技术精度和电极材料银浆的限制,印刷细栅的高宽比很难再有提高的空间,这已经成为制约晶体硅电池降低成本、提升效率的主要障碍之一。

3D 打印技术是一种新型的电极金属化技术。作为非接触式的电极制作方法,其具有以下优势:① 金属材料利用率高,工艺过程更简单,形状及陡度可控制;② 与丝网印刷相比,可以得到更细的栅线(<40 μm),分辨率是丝网印刷的 3~10 倍,速度是丝网印刷的 3 倍;③ 非接触加工特征使得 3D 打印工艺适合用于薄片电池或柔性电池的电极制作;④ 3D 打印专用的纳米银墨水颗粒比丝网印刷浆料金属颗粒更小,易于形成更佳的欧姆接触;⑤ 可混合多种不同的金属材料,且可精确叠加每一层材料,银耗量可以降低 50%,同时也有利于实现电极贱金属化。

总之,3D 打印电极作为一种非接触电极的制作方法,与丝网印刷相比具有明显地优势。作为新一代金属化技术,3D 打印必将替代传统的丝网印刷,促进光伏行业的产业化技术升级。

4. 3D 打印技术未来应用前景分析

(1) 可提升太阳能电池转换效率

太阳能电池前表面的栅线电极越细,电极遮挡所带来的光学损失就会越小。受丝网印刷精度的限制,丝网印刷栅线的宽度有一定的极限,否则就会出现严重的断栅现象。目前栅线的设计宽度为 35~45 μm,烧结后栅线宽度在 60~70 μm 左右,已接近极限值。栅线高宽比已很难再提高,同时由于印刷的栅线均匀性较差、印刷节点多等缺点,使其成为制约晶体硅电池降低成本、提升效率的一个主要障碍。高效电池的研究常采用光刻和蒸镀方法制备细栅电极,但是工艺步骤复杂,生产成本很高,无法实现产业化。

利用 3D 打印技术可直接在硅片上精确打印出 3D 正面栅线图案,细栅宽度可降低至 40 μm 以下,电极高度可以按设计要求做到非均匀分布,工艺简单、精度高。此外,还可实现分层打印不同材料,构成电极的不同功能层,并有助于形成高的高宽比,改善欧姆接触、提高电流强度和焊接性能。传统印刷结构与 3D 打印结构的比较如图 10-84 所示。

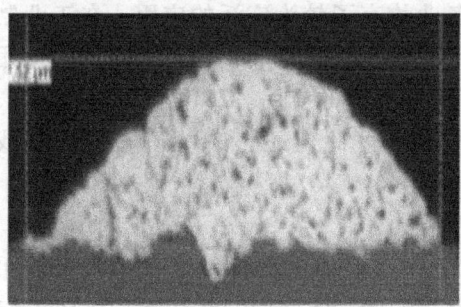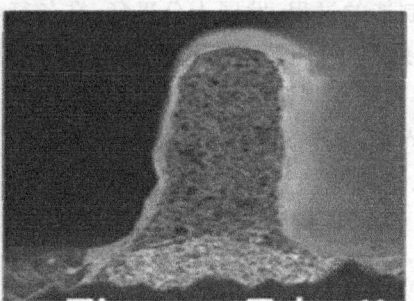

图 10-84 传统印刷结构(左)与 3D 打印结构(右)比较

(2) 可降低太阳能电池的生产成本

常规晶体硅太阳能电池的银电极材料成本约占太阳能电池非硅成本的一半。因此，减少银电极材料的用量、采用贱金属取代贵金属银是降低太阳能电池制造成本的关键。保守估计，利用 3D 打印专用的纳米银墨水可节省银电极耗量 50% 以上。如能实现电极材料的贱金属化，则电极材料的成本至少可降低 70%，太阳能电池成本将下降 0.3~0.5 元/W。

(3) 3D 打印电极材料可以和高方阻发射极完美结合

方块电阻越高，电池对短波响应越好，产生的电流强度就会越大。目前，常规电池的方块电阻可以做到 80~90 Ω，现有的银浆材料在更高的方块电阻下很难与发射极形成良好的欧姆接触。纳米银墨水材料，可以在低掺杂表面（如方块电阻达到 120 Ω 时）形成很好的欧姆接触；配合钝化工艺，可以使电池效率可以达到 20% 以上。

(4) 可广泛应用于各类太阳能电池新技术

随着电池新技术的开发，如背面钝化太阳能电池、双面太阳能电池、背结背接触电池等，太阳能电池的生产方式将会发生革命性的变革，未来晶硅太阳能电池将向更高效率、更薄硅片、更低成本方向发展。3D 打印技术可与高效电池制造完美结合，简化高效电池的制备工艺，加快低成本、高效电池的产业升级。

综上所述，3D 打印技术不仅能打印出分辨力高、导电性好的栅线，而且能够降低生产成本，可以和高方阻发射极完美结合并应用于各类太阳能电池新技术。国内外都在积极研究及应用推广该技术的发展，所以，3D 打印技术应用于太阳能电池的制造工艺将是大势所趋，这一技术也会带来太阳能电池质量和效率的大幅提高。

五、在其他领域的应用

经过 20 多年的发展，3D 打印经历了从萌芽到产业化、从原型展示到零件直接制造的过程，发展十分迅猛，在各行各业均有了较为广泛的应用。在工业制造领域，3D 打印技术除了在汽车、航空航天、电子电器等领域内有了广泛的应用之外，几乎在制造业的方方面面都得到了不同程度的应用。2014 年 11 月 10 日，全世界首款 3D 打印的笔记本电脑已开始预售。此外还有 3D 打印手表、游戏手柄、键盘等。

1. 3D 打印枪支

非营利组织 Defense Distributed 的全球首款利用增材制造技术生产的手枪已经面世，这支名叫"Liberator"的手枪（图 10-85）是由 Stratasys 的 Dimension SST 3D 打印机制造出来的，在其全部 16 个部件中有 15 个都采用 ABS 塑料来制造，唯一的例外是手枪撞针。这款手枪可以使用标准的手枪弹匣，并支持不同口径的子弹。从技术上说，Defense Distributed 的手枪还有另一个非打印部件。该组织在手枪枪身上安装了一个铁块，从而使金属探测器能发现这款手枪，从而满足《不可探测枪支法案》的要求。

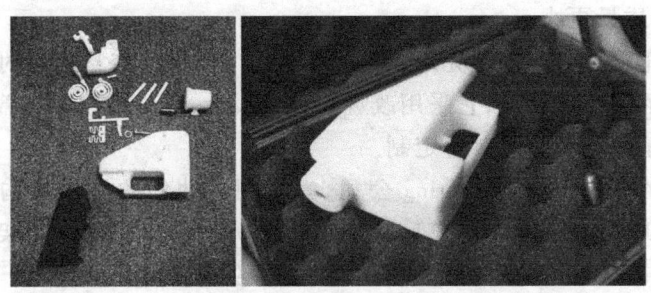

图 10-85　利用 3D 打印技术制作的手枪及其零件

2. 3D 打印自行车

这个自行车看上去像一个现代艺术雕塑，但事实上这是 3D 打印机制造的自行车框架。目前，英国两家公司基于该创新自行车框架设计，制造了首个 3D 打印金属自行车框架（图 10-86）。

图 10-86　利用 3D 打印技术制作的金属自行车

该自行车框架采用钛合金材料制成，实现了质量最小、硬度最高，但其零件仍需手动组合在一起。该项目是雷尼绍公司（英国唯一一家使用金属零件 3D 打印制造商）和自行车设计公司——帝国自行车公司合作设计的，基于帝国自行车公司的 MX-6 山地车，该自行车框架采用钛合金材料打印，拉伸强度 900

MPa 以上。

该自行车框架具有中空高强度特点，比原始材料轻 1/3。它采用"拓扑最优化"设计，意味着使用软件通过最智能化方式进行材料结构分配。雷尼绍公司指出，材料从低应力区域移除，实现承载最优化设计，从而取消一些不必要的材料，使自行车质量更小。

该自行车框架打印制造完成后连接到一个金属板，当它损坏时还可再组合在一起。雷尼绍公司指出，它采用改进型弹性设计，这一过程意味着自行车框架可依据个人精确需求进行量身定制。

以色列的 Ziv-Av Engineering 公司，为了测试他们的机械结构是否设计合理，用 SD300Pro 制作 1∶1 的模型来进行全面测试。工程师将整架自行车的三维 CAD 文档以 SDView 软件切割成几个主要的部分，并分别交由 SD300Pro 打样，再以一般的快干胶轻松地将各部位组合成一台完整的自行车。工程师惊讶地发现 PVC 样件的韧性、强度皆可有效地模拟自行车的铝合金支架。Ziv-Av 公司的工程师随即展开一系列的组装，替自行车安装刹车、椅垫、链条、踏板等。前后不到 5 天的时间，一台完整，并可完全实现功能的自行车便出现在他们眼前（图 10-87）。Ziv-Av 公司快速找出设计的盲点，并即时在电脑上修改部件的尺寸及外形。随后，一台无缺陷的自行车设计便获得公司内部以及客户的认可，并且准备立刻批量生产。

3D 打印技术将原本需要数月的工作量，变成数周的工作量。不仅节省了成本，同时缩短了折叠自行车的研发周期。图 10-88 是利用 3D 打印技术制作的折叠自行车零件。

图 10-87 通过 SD300Pro 制作的自行车

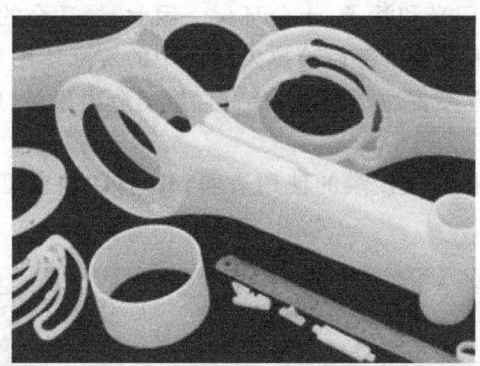

图 10-88　利用 3D 打印技术制作的折叠自行车零件

图 10-89 是一辆用 3D 打印机"打印"出来的可供真人骑乘的自行车,名为"Airbike"。它采用尼龙材料制作,其坚固程度堪比钢铝材料,但重量却比之轻 65%。英国布里斯托尔的科学家在计算机上设计出自行车后,使用 3D 打印机制造了这辆自行车。打印过程就是把熔化的尼龙粉堆积,最后"堆砌"成一辆自行车。Airbike 采用一体结构,车轮、轴承和车轴均在打印过程中制造。Airbike 可按照消费者的要求打印,无需调整,也无需进行维修或者装配。这种增材制造方式让使用细小的尼龙、碳增强塑料或者钛、不锈钢、铝等金属粉末制造产品成为可能。

图 10-89　一辆 3D 打印的自行车

3. 粗玻璃的制作

一般来说,制造玻璃制品和制造水泥一样是个高能耗产业,不过英国皇家艺术学院的 Markus Kayser 设计制作了一台能利用太阳光和沙子直接制造粗玻璃制品的 3D 打印机。这台设备在 Kayser 之前的作品"太阳能切割机"的基础上改造而来,原材料只有阳光和沙子,十分环保。因此,最适合的使用环境自然是在沙漠里。图 10-90 为埃及南部撒哈拉大沙漠中的实际使用场景,阳光在计算机控制下经过聚集后直接将沙子层层烧结,直接制造出成品,成品外观粗糙,需要深加工。

3D 打印技术在撒哈拉沙漠的使用表明,3D 打印技术可以在极端偏僻环境中使用基础资源。

图 10-90 在撒哈拉沙漠使用沙子"墨水"打印玻璃

4. 高尔夫球头

图 10-91 所示为使用 EOSINT M 250 Xtended 为成形设备,使用某种牌号的 DirectSteel 合金粉末为成形材料制作的高尔夫球模具及由模具制得的高尔夫球,该套模具可以生产两千万个高尔夫球,比传统的模具提高了 20% 的生产效率。

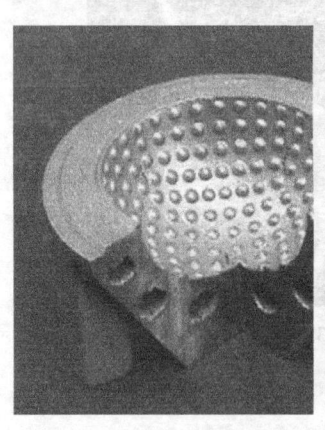

图 10-91 增材制造技术制作的高尔夫球模具及生产的高尔夫球

5. 整体扳手

传统制造业和 3D 打印的区别在于成品的形成过程。传统制造过程通常使用消减的做法，包括对研磨、锻造、弯曲、成形、切割、焊接、黏接和组装过程的组合。以生产看似简单的物体为例，比如生产一个可调节的扳手。其生产工艺涉及锻造部件、磨光、铣削和装配。整个过程中会浪费部分原材料，在金属加热和再加热的过程中产生大量的能源消耗。几乎所有的日用品都是按上述如此过程制造出来的，而且通常会更复杂。

相反，3D打印只需要层层打印就能制造出可调节的扳手。打印出来的扳手已经组装成形，如图10-92所示。经过一些后期制作工序后，如根据材料的不同，进行清洁或烘烤，扳手就可以使用了，不过目前它还无法达到锻造金属的强度。

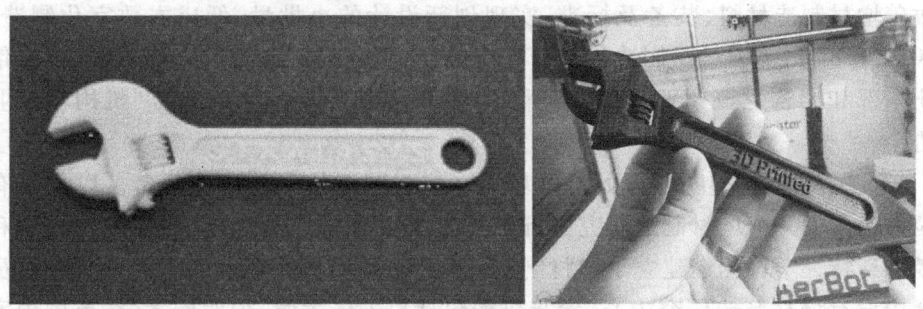

图10-92 3D打印的可调节扳手无需组装

6. 玩具水枪

从事模型制造的美国Rapid Models & Prototypes公司采用FDM工艺为生产厂商Laramie Toys制作了玩具水枪模型，如图10-93所示。借助FDM工艺制作该玩具水枪模型，通过将多个零件一体制作，减少了传统制作方式制作模型的部件数量，避免了焊接与螺纹连接等组装环节，显著提高了模型制作的效率。

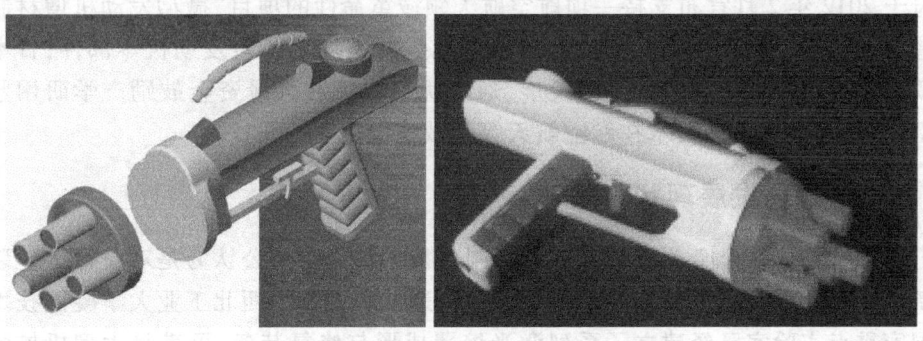

图10-93 采用FDM工艺制作玩具水枪

第三节 增材制造技术的发展现状与趋势

一、国外发展现状

欧美发达国家纷纷制定了发展和推动增材制造技术的国家战略和规划,增材制造技术已受到政府、研究机构、企业和媒体的广泛关注。2012 年 3 月,美国白宫宣布了振兴美国制造的新举措,将投资 10 亿美元帮助美国制造体系的改革。其中,白宫提出实现该项计划的三大背景技术包括了增材制造,强调了通过改善增材制造材料、装备及标准,实现创新设计的小批量、低成本数字化制造。2012 年 8 月,美国增材制造创新研究所成立,联合了宾夕法尼亚州西部、俄亥俄州东部和弗吉尼亚州西部的 14 所大学、40 余家企业、11 家非营利机构和专业协会。

英国政府自 2011 年开始持续增大对增材制造技术的研发经费。以前仅有拉夫堡大学一个增材制造研究中,诺丁汉大学、谢菲尔德大学、埃克塞特大学和曼彻斯特大学等相继建立了增材制造研究中心。英国工程与物理科学研究委员会中设有增材制造研究中心,参与机构包括拉夫堡大学、伯明翰大学、英国国家物理实验室、波音公司以及德国 EOS 公司等 15 家知名大学、研究机构及企业。

除了英国、美国外,其他一些发达国家也积极采取措施,以推动增材制造技术的发展。德国建立了直接制造研究中心,主要研究和推动增材制造技术在航空航天领域中结构轻量化方面的应用;法国增材制造协会致力于增材制造技术标准的研究;在政府资助下,西班牙启动了一项发展增材制造的专项,研究内容包括增材制造共性技术、材料、技术交流及商业模式等四方面内容;澳大利亚政府于 2012 年 2 月宣布支持一项航空航天领域革命性的项目"微型发动机增材制造技术",该项目使用增材制造技术制造航空航天领域微型发动机零部件;日本政府也很重视增材制造技术的发展,通过优惠政策和大量资金鼓励产学研用紧密结合,有力促进该技术在航空航天等领域的应用。

二、国内发展现状与趋势

大型整体钛合金关键结构件成形制造技术被国内外公认为是对飞机工业装备研制与生产具有重要影响的核心关键制造技术之一。西北工业大学凝固技术国家重点实验室已经建立了系列激光熔覆成形与修复装备,可满足大型机械装备的大型零件及难拆卸零件的原位修复和再制造。应用该技术实现了 C919 飞机大型钛合金零件激光立体成形制造。民用飞机越来越多地采用了大型整体金属结构,飞机零件主要是整体毛坯件和整体薄壁结构件,传统成形方法非常困难。中国商用飞机有限责任公司决定采用先进的激光立体成形技术来解决C919飞机大型复杂薄壁钛合金结构件的制造。西北工业大学采用激光成形技术制造了最大尺寸达2.83 m的机翼缘条零件,其最大变形量<1 mm,实现了大型钛合金复杂薄壁结构件的精密成形技术,相比现有技术可大大加快制造效率和精度,显著降低生产成本。

北京航空航天大学在金属直接制造方面开展了长期的研究工作,突破了钛合金、超高强度钢等难加工的大型整体关键构件激光成形工艺、成套装备和应用关键技术,解决了大型整体金属构件激光成形过程零件变形与开裂"瓶颈难题"和内部缺陷和内部质量控制及其无损检验关键技术,飞机构件综合力学性能达到或超过钛合金模锻件,已研制生产出了我国飞机装备中迄今尺寸最大、结构最复杂的钛合金及超高强度钢等高性能关键整体构件,并在大型客机C919等多种重点型号飞机研制生产中得到应用。

西安交通大学以研究光固化快速成形(SL)技术为主,于1997年研制并销售了国内第一台光固化快速成形机;并分别于2000年、2007年成立了教育部快速成形制造工程研究中心和快速制造国家工程研究中心,建立了一套支撑产品快速开发的快速制造系统,研制、生产和销售多种型号的激光快速成形设备、快速模具设备及三维反求设备,产品远销印度、俄罗斯、肯尼亚等国,成为具有国际竞争力的快速成形设备制造单位。

西安交通大学在新技术研发方面主要开展了LED紫外快速成形机技术、陶瓷零件光固化制造技术、铸型制造技术、生物组织制造技术、金属熔覆制造技术和复合材料制造技术的研究。在陶瓷零件制造的研究中,研制了一种基于硅溶胶的水基陶瓷浆料光固化快速成形工艺,实现了光子晶体、一体化铸型等复杂陶瓷零件的快速制造。

西安交通大学与中国空气动力研究与发展中心及成都飞机设计研究所合作开展了风洞模型制造技术的研究,围绕测压模型、测力模型、颤振模型和气弹模型等方面进行了研究工作。设计了树脂-金属复合模型的结构方案,采用有限元方法计算校核树脂-金属复合模型的强度、刚度以及固有频率。通过低速风洞试验,研究了复合模型的气动特性,并与金属模型试验数据相对比。强度校核试验显示,模型的整体性能良好,满足低速风洞的试验要求,研制的复合模型在低速风洞试验下具有良好的前景。复合材料构件是航空制造技术未来的发展方向,西安交通大学研究了大型复合材料构件低能电子束原位固化纤维铺放制造设备与技术,将低能电子束固化技术与纤维自动铺放技术相结合,研究开发了一种无需热压罐的大型复合材料构件高效率绿色制造方法,可使制造过程能耗降低 70%，节省原材料 15%，并提高了复合材料成形制造过程的可控性、可重复性，为我国复合材料构件绿色制造提供了新的自动化制造方法与工艺。

AM 已成为先进制造技术的一个重要的发展方向，其发展趋势有：(1) 复杂零件的精密铸造技术应用；(2) 金属零件直接制造方向发展，制造大尺寸航空零部件；(3) 向组织与结构一体化制造发展。未来需要解决的关键技术包括精度控制技术、大尺寸构件高效制造技术、复合材料零件制造技术。AM 技术的发展将有力地提高航空制造的创新能力，支撑我国由制造大国向制造强国发展。

我国在电子、电气增材制造技术上取得了重要进展，该技术称为立体电路技术（SEA, SLS+LDS）。电子电气领域增材技术是建立了现有增材技术之上的一种绿色环保型电路成型技术，有别于传统二维平面型印制线路板。传统的印制电路板是电子产业的粮食，一般采用传统的不环保的减法制造工艺，即金属导电线路是蚀刻铜箔后形成的。新一代增材制造技术采用加法工艺：用激光先在产品表面镭射后，再在药水中浸泡沉积上去。这类技术与激光分层制造的增材制造相结合的一种途径是：在 SLS（激光选择性烧结）粉体中加入特殊组分，先 3D 打印（增材制造成型），再用微航 3D 立体电路激光机沿表面激光电路图案，再化学镀成金属线路。

"立体电路制造工艺"涉及的 SLS+LDS 技术是我国本土企业发明的制造工艺。是增材制造在电子、电器产品领域分支应用技术，也涉及激光材料、激光机、后处理化学药水等核心要素。目前立体电路技术已经成为高端智能手机天线主要制造技术，产业界已经崛起了立体电路产业板块。

复习思考题

1. 什么是增材制造？它曾有过哪些名称？
2. 增材制造技术与传统制造技术相比有什么特点？
3. 从工艺原理上，增材制造技术有哪些种类？
4. 增材制造技术可用于哪些材料？分别用什么方法？举例说明。
5. 目前增材制造可用于哪些领域？列举 2、3 实例。
6. 增材制造技术的发展趋势是什么？将会为制造业带来怎样的影响？

参 考 文 献

[1] 孙康宁,程素娟,孙红飞.现代工程材料成形与制造技术基础.北京:机械工业出版社,2001.
[2] 师汉民,易传云.人间巧艺夺天工——当代先进制造技术.武汉:华中理工大学出版社,2000.
[3] 李成功,姚熹.当代社会经济的先导——新材料.北京:冶金出版社,1992.
[4] 孙大涌,屈贤明,张松宾.先进制造技术.北京:机械工业出版社,1999.
[5] 杨世英,陈栋传.工程塑料手册.北京:化学工业出版社,1994.
[6] 金国珍.工程塑料.北京:化学工业出版社,2001.
[7] 周玉.陶瓷材料学.哈尔滨:哈尔滨工业大学出版社,1995.
[8] 李树群,陈长勇,许基清.材料工艺学.北京:化学工业出版社,2000.
[9] 潘金生,仝建民,田民波.材料科学基础.北京:清华大学出版社,1998.
[10] 周玉生.机械制造基础(热加工部分).北京:机械工业出版社,1999.
[11] 李树群.材料工艺学.北京:化学工业出版社,2002.
[12] 孙康宁,尹衍升,李爱民.金属间化合物/陶瓷基复合材料.北京:机械工业出版社,2003.
[13] 楼白杨,刘茂森,毛志远.Fe-Al 金属间化合物的组织结构和力学性能.材料科学与工程,1995,13(2):20.
[14] 张建民,张瑞林,余瑞璜,等.Fe_3Al 的解理断裂与 FeAl 的沿晶断裂.科学通报,1994,39(8):763.
[15] 陈湘明.陶瓷材料的冷加工与热处理.材料研究学报,1996,10(3):225.
[16] 孙俊,等.晶化热处理对牙用玻璃陶瓷断裂韧性的影响.口腔颌面修复学杂志,2003,4(1):11.
[17] 张航.后期热处理对陶瓷复合材料机械加工损伤的影响.中国陶瓷,1998,34(3):15.
[18] 王昕,等.纳米氧化锆增韧微米氧化铝陶瓷中内晶型结构的形成过程与机理.硅酸盐学报,2003,31(12):656.
[19] 刘家臣,等.热处理对 Mullite/ZrO_2/SiCp 复相陶瓷结构和性能的影响.天津大学学报,1998,31(5):538.
[20] 顾守仁,等.碳、氮对 ZrO_2 相结构稳定性的作用.硅酸盐学报,1995,25(5):507.
[21] 戴金辉.无机非金属材料概论.哈尔滨:哈尔滨工业大学出版社,1999.
[22] 徐滨士.表面工程的理论与技术.北京:国防工业出版社,1999.
[23] 钱根.现代表面技术.北京:机械工业出版社,1999.
[24] 董允.现代表面工程技术.北京:机械工业出版社,2000.
[25] 赵文轸.材料表面工程导论.西安:西安交通大学出版社,1998.

［26］陈学定.表面涂层技术.北京:机械工业出版社,1994.
［27］夏立芳.金属热处理工艺学.哈尔滨:哈尔滨工业大学出版社,1998.
［28］顾国成.热浸镀.北京:化学工业出版社,1991.
［29］姜晓霞.化学镀理论及实践.北京:国防工业出版社,2000.
［30］高荣发.热喷涂.北京:化学工业出版社,1992.
［31］李景波.金属工艺学.北京:机械工业出版社,1995.
［32］王昕.机械制造基础.北京:机械工业出版社,1999.
［33］李义增.金属工艺学.北京:机械工业出版社,1998.
［34］邓文英,等.金属工艺学:上册.6版.北京:高等教育出版社,2017.
［35］高锦张.塑性成形工艺与模具设计.北京:机械工业出版社,2001.
［36］沈其文.材料成形工艺基础.武汉:华中科技大学出版社,2009.
［37］陶治.材料成形技术基础.北京:机械工业出版社,2002.
［38］张文钺.焊接冶金学(基本原理).北京:机械工业出版社,1995.
［39］邹茉莲.焊接理论及工艺基础.北京:北京航空航天出版社,1994.
［40］胡亚民.材料成形技术基础.重庆:重庆大学出版社,2000.
［41］中国机械工程学会焊接学会.焊接手册:第3卷焊接结构.2版.北京:机械工业出版社,2001.
［42］中国机械工程学会焊接学会.焊接手册:第2卷材料的焊接.2版.北京:机械工业出版社,2001.
［43］中国机械工程学会焊接学会.焊接手册:第1卷焊接方法及设备.2版.北京:机械工业出版社,2001.
［44］陈挣,周飞.材料连接原理.哈尔滨:哈尔滨工业大学出版社,2001.
［45］王东升.金属工艺学.杭州:浙江大学出版社,2001.
［46］赵熹华.焊接检验.北京:机械工业出版社,1993.
［47］梁启涵.焊接检验.北京:机械工业出版社,1980.
［48］司乃钧,许德珠.热加工工艺基础(金属工艺学).北京:机械工业出版社,1991.
［49］何德孚.焊接与连接工程学导论.上海:上海交通大学出版社,1998.
［50］何少平,许晓嫦.热加工工艺基础.北京:中国铁道出版社,1998.
［51］郑章耕.工程材料及热加工工艺基础.重庆:重庆大学出版社,1997.
［52］国家自然科学基金委员会.机械制造科学(热加工).北京:科学出版社,1995.
［53］刘康时.陶瓷工艺原理.广州:华南理工大学出版社,1990.
［54］李世普.特种陶瓷工艺学.武汉:武汉工业大学出版社,1990.
［55］中南矿冶学院粉末冶金教研室.粉末冶金基础.北京:冶金工业出版社,1975.
［56］徐廷献.电子陶瓷材料.天津:天津大学出版社,1993.
［57］西北轻工业学院.陶瓷工艺学.北京:轻工业出版社,1985.
［58］章秦娟.陶瓷工艺学.武汉:武汉工业大学出版社,1997.
［59］吕孟凯.固态化学.济南:山东大学出版社,1996.

[60] 戴金辉,等.无机非金属材料概论.哈尔滨:哈尔滨工业大学出版社,1999.
[61] 徐政,倪宏伟.现代功能陶瓷.北京:国防工业出版社,1998.
[62] 机械工业部.粉末冶金工艺学.北京:科学普及出版社,1987.
[63] 楚克尔曼 CA.粉末冶金基本知识.福敏译.北京:中国工业出版社,1964.
[64] 黄培云.粉末冶金原理.北京:冶金工业出版社,1982.
[65] 莱内尔 FV.粉末冶金原理和应用.殷声,赖和怡译.北京:冶金工业出版社,1989.
[66] 江东亮.精细陶瓷材料.北京:中国物资出版社,2000.
[67] 王零森.特种陶瓷.长沙:中南工业大学出版社,2000.
[68] 王运,叶尚川.机械工程材料.2 版.北京:机械工业出版社,1999.
[69] 沈莲.机械工程材料.北京:机械工业出版社,1999.
[70] 模具实用技术丛书编委会.塑料模具设计制造与应用实例.北京:机械工业出版社,2002.
[71] 倪礼忠,等.复合材料科学与工程.北京:科学出版社,2002.
[72] 齐乐华.工程材料及成形工艺基础.西安:西北工业大学出版社,2001.
[73] 蒋成禹.材料加工原理.哈尔滨:哈尔滨工业大学出版社,2001.
[74] 周美铃,等.材料工程基础.北京:北京工业大学出版社,2001.
[75] 肖亚航,雷改丽,傅敏士.材料成形计算机模拟的研究现状及展望.材料导报,2005,19(6).
[76] 朱彦峰,陆东元.锻造新技术.汽车工艺与材料,2007(7).
[77] 钟仁显,卢百平.金属粉末成形技术若干进展.材料导报,2008,22(3).
[78] 李维博.世界焊接技术的最新发展.上海造船,2003(2).
[79] 陈广仁,等.先进材料成形技术.科技导报,2008,26(4).
[80] 黄泽雄.塑料焊接技术新进展.世界塑料,2005,23(4).
[81] 崔静涛,兰新哲,王碧,等.陶瓷材料成形工艺研究新进展.陶瓷,2007(9).
[82] 王德拥,王丽娟.中国古代的锻造.机械工人——热加工,2007(2).
[83] 田村启治.日本铸造工业发展的历史与前景.铸造纵横,2005(4).
[84] 徐云龙,赵崇军,钱秀珍.纳米材料学概论.上海:华东理工大学出版社,2008.
[85] 曾芬芳,景旭文.智能制造概论.北京:清华大学出版社,2001.
[86] O Brauckmann.智能制造,未来工业模式和业态的颠覆与重构.张潇,郁汲,译.北京:机械工业出版社,2015.
[87] 李杰.工业大数据.邱伯华,译.北京:机械工业出版社,2015.
[88] 刘海涛.物联网技术应用.北京:机械工业出版社,2011.
[89] 解读美材料基因组计划:数据共享乃大势所趋.凤凰网.2013-12-04[引用日期2013-12-25].
[90] 王广春.3D 打印技术及应用实例.北京:机械工业出版社,2016.
[91] 王广春.增材制造技术及应用实例.北京:机械工业出版社,2014.
[92] 郑树泉,宗宇伟,董文生,等.工业大数据架构与应用.上海:上海科学技术出版社,2017.

郑重声明

高等教育出版社依法对本书享有专有出版权。任何未经许可的复制、销售行为均违反《中华人民共和国著作权法》，其行为人将承担相应的民事责任和行政责任；构成犯罪的，将被依法追究刑事责任。为了维护市场秩序，保护读者的合法权益，避免读者误用盗版书造成不良后果，我社将配合行政执法部门和司法机关对违法犯罪的单位和个人进行严厉打击。社会各界人士如发现上述侵权行为，希望及时举报，我社将奖励举报有功人员。

反盗版举报电话　　(010) 58581999　58582371
反盗版举报邮箱　　dd@hep.com.cn
通信地址　　北京市西城区德外大街4号　高等教育出版社法律事务部
邮政编码　　100120

防伪查询说明

用户购书后刮开封底防伪涂层，使用手机微信等软件扫描二维码，会跳转至防伪查询网页，获得所购图书详细信息。

防伪客服电话　　(010) 58582300